“十二五”职业教育国家规划教材
经全国职业教育教材审定委员会审定

（第三版）

建筑施工技术

主　编　张长友　白　锋
副主编　周兆银
编　写　李　根　贾顺莲
主　审　杨　东

中国电力出版社
CHINA ELECTRIC POWER PRESS

内 容 提 要

本书为“十二五”职业教育国家规划教材，是根据“建筑施工技术课程教学大纲”及本课程的教学基本要求，并参照现行施工及验收规范编写而成的。全书共分十一章，主要内容包括土方工程、地基与基础工程、砌体工程、钢筋混凝土结构工程、预应力混凝土工程、结构安装工程、钢结构工程、高层建筑主体结构工程施工、防水工程、装饰工程、冬雨期施工等。书中配有大量例题、每章均附有工程实践案例、复习思考题和习题，方便教师组织教学和学生自学。

全书体系完整，内容精练，图文并茂，深入浅出，阐述了建筑施工技术的基本规律，反映当前先进成熟的施工技术、施工工艺、施工方法。

本书可作为高职高专建筑工程技术、工程造价、工程监理专业及相关土建类专业的教材，也可作为同层次的电大、函授和夜大教材，还可作为相关工程技术人员的参考用书。

图书在版编目（CIP）数据

建筑施工技术/张长友，白锋主编. —3版. —北京：中国电力出版社，2014.8（2020.8重印）

“十二五”职业教育国家规划教材

ISBN 978-7-5123-5422-7

Ⅰ.①建… Ⅱ.①张…②白… Ⅲ.①建筑工程－工程施工－高等职业教育－教材 Ⅳ.①TU74

中国版本图书馆CIP数据核字（2014）第002772号

中国电力出版社出版、发行

（北京市东城区北京站西街15号 100005 http://www.cepp.sgcc.com.cn）

北京天宇星印刷厂印刷

各地新华书店经售

*

2004年2月第一版

2014年8月第三版 2020年8月北京第二十八次印刷

787毫米×1092毫米 16开本 26印张 633千字

定价 **68.00** 元

前　言

《建筑施工技术（第三版）》为"十二五"职业教育国家规划教材。《建筑施工技术（第二版）》为普通高等教育"十一五"国家级规划教材（高职高专教育）。经过几年的使用实践，本书不仅得到了使用院校师生的高度评价及认可，而且受到了工程各界使用者的广泛好评。本次修订将在探索普通高等教育高职高专人才培养方面取得成功经验和教学成果的基础上，经过广泛调研、反复修改与论证，对本书内容不断完善、创新，确保内容充实，突出理论性、实用性和操作性。

为了适应新技术、新工艺、新材料的应用和发展，以满足教学改革、技术创新及行业发展的需要，以及本专业毕业生具有一定实践年限后，要参加国家注册执业资格考试。因此，对本课程体系和国家注册执业资格考试大纲要求的知识体系进行优化整合，及时吸收现已成熟的新技术和新方法，密切结合现行新规范、新标准，不断完善补充新的内容，并综合读者的意见，修订如下。

（1）紧紧围绕建筑工程技术专业方向、建筑工程管理专业、工程造价专业等学生培养目标构建教学内容体系，适应相关专业的教学要求，删除已陈旧或将被淘汰的技术和内容。

（2）补充修订了基坑工程施工、土方工程机械的选择、配筋砌体工程施工、钢筋混凝土工程、钢结构安装、高层建筑主体结构工程施工、卫生间防水施工、防水工程质量控制，增加了建筑幕墙、建筑节能保温工程施工等，并对各章的案例进行了精选优化。

本书由张长友、白锋主编，周兆银副主编，参加编写的人员有山西省建筑职业技术学院白锋（第一～四章）、李根（第五章）；重庆科技学院张长友（第六～八章）、贾顺莲（第九章）、周兆银（第十、十一章）。参加本书编写的教师都是多年从事教学工作，具有丰富的教学和工程实践经验。

本书由张长友主持修订并统稿；重庆建工集团教授级高工、国际工程项目管理专家杨东担任主审，并在百忙之中对本书进行了全面的审阅，提出了不少宝贵意见，特此表示深切的谢意。在编写过程中参考了许多文献资料和有关施工经验，得到了建筑工程专业人士的大力支持和热情帮助。谨此对文献资料的作者和有关经验的创造者表示诚挚的感谢。

由于编写时间仓促和水平所限，书中不足之处在所难免，敬请读者批评指正。

编　者
2014.7

第一版前言

"建筑施工技术"是房屋建筑工程专业和建筑工程造价管理专业的一门主要专业课程。它是研究建筑工程施工中各种建筑物（构筑物）主要工种的施工工艺、施工技术和施工方法的基本规律的学科。其特点是涉及面广、实践性和综合性强、发展迅速。

本书是根据建筑施工技术课程教学基本要求，结合21世纪房屋建筑工程专业和建筑工程造价管理专业人才培养目标编写的。本书在编写过程中以工艺流程为主线，并严格遵守国家新修改的建筑工程施工质量及验收规范、规程、标准，综合运用有关学科的基础理论、基本知识和基本方法，解决建筑工程施工中的技术问题。注重理论联系实际，加强施工技能的操作性，重在实践能力、动手能力的培养，做到学以致用，能抓住建筑施工中的关键技术，确保建筑施工质量。

本书力求做到体系完整，内容精练，图文并茂，深入浅出。书中文字表达通畅，插图清晰、直观，并在每章附有例题、工程实践案例、复习思考题和习题，便于组织教学和自学。

本书在编写时，坚持了传统建筑施工技术与建筑施工新技术的有机结合，既尊重传统建筑施工技术教材的结构模式，又突出展现了建筑施工的先进技术水平，并结合了近年发展起来的建筑施工新技术、新工艺、新成就。

本书由张长友、白锋主编，重庆建工集团高级工程师杨东主审。参加编写人员有山西省建筑职业技术学院白锋（第1、2、3、4章）、李根（第5章），重庆石油高等专科学校张长友（第6、7、8章）、贾顺莲（第9章）、周兆银（第10、11章）。全书由张长友统稿。此外，本书在编写过程中结合编者多年的教学实践，吸取了施工企业工程技术人员提供的宝贵意见和建议，并参考了许多文献资料和有关施工技术的经验，谨此对文献资料的作者和有关经验的创造者表示诚挚的感谢。

由于我们编写时间比较仓促和水平有限，书中不足之处在所难免，敬请读者批评指正。

编　者

2007.2

第二版前言

本书是普通高等教育"十一五"国家级规划教材（高职高专教育），是根据全国高职高专建筑工程技术专业和工程管理类专业课程的教学基本要求编写的。"建筑施工技术"是研究建筑工程施工中各种建筑物（构筑物）主要工种的施工工艺、施工技术和施工方法的基本规律的学科。其特点是涉及面广，实践性和综合性强，发展迅速。

本书是根据建筑施工技术课程教学基本要求，结合21世纪建筑工程技术专业和工程造价专业人才培养目标编写的。在编写上力求按照"体现时代特征，突出实用性、创新性"的教材编写指导思想，综合建筑施工的特点，反映基本理论与工程实践的紧密结合，基本原理与新技术、新方法的紧密结合。鉴于我国经济建设快速发展的需要，工程建设愈来愈需要"宽口径、厚基础"的专业人才，培养"懂设计、会施工、能管理"应用型人才的定位，突出高职高专的特色。

本书在编写过程中以工艺流程为主线，并严格遵守国家新修改的建筑工程施工质量及验收规范、规程、标准，综合运用有关学科的基础理论、基本知识和基本方法，解决建筑工程施工中的技术问题；在注重理论联系实际的同时，加强施工技能的操作内容；重在实践能力、动手能力的培养，做到学以致用；突出建筑施工中的关键技术，确保建筑施工质量。

本书在编写时，坚持了传统建筑施工技术与新技术的有机结合，既尊重传统建筑施工技术教材的结构模式，又突出展现了建筑施工的先进技术水平，并结合了近年发展起来的建筑施工新技术、新工艺、新成就。书中增加了深基础的支护方法，如地下连续墙、土层锚杆、土钉墙，软弱地基的加固处理，人工挖孔桩的施工，大体积混凝土、钢管混凝土、无黏结预应力结构和现浇框架预应力结构的施工，钢结构的加工、焊接、连接、安装、涂装的施工，高层建筑主体结构的施工，新型防水、装饰施工等内容。

本书力求做到体系完整，内容精练，图文并茂，讲解深入浅出。书中文字表达通畅，插图清晰、直观。书中配有大量例题，每章均附有工程实践案例、复习思考题和习题，便于教师教学和学生自学。

本书由张长友、白锋主编，重庆建工集团高级工程师杨东主审。参加编写的人员有山西省建筑职业技术学院白锋（第1、2、3、4章）、李根（第5章），重庆科技学院张长友（第6、7、8章）、贾顺莲（第9章）、周兆银（第10、11章）。全书由张长友统稿。此外，本书在编写过程中结合编者多年的教学实践，吸取了施工企业工程技术人员提供的宝贵意见和建议，并参考了许多文献资料和有关施工技术的经验，谨此对文献资料的作者和有关经验的创造者表示诚挚的感谢。

由于编者水平所限，书中不足之处在所难免，恳请读者批评指正。

编　者

2004.2

目　　录

第一章　土　方　工　程

本章提要：本章内容包括土方工程概述、土方工程量计算及调配、土方工程施工的要点、土方工程机械化施工和爆破施工。在土方工程概述中，主要介绍土方工程的分类及特点、土的现场鉴别方法、土的工程性质、土方边坡等内容。在土方工程量计算及调配中，主要包括基坑（槽）土方量计算、场地平整土方量计算及调配等。土方工程施工要点包括土方工程施工准备、基坑（槽）施工、土方填筑与压实、验槽等。在土方工程机械化施工中，着重阐述常用土方机械的类型、性能及提高生产率的措施。在爆破施工中主要介绍爆破基本知识、炸药和药量计算、起爆技术和爆破方法。

学习要求：

（1）掌握土的工程性质、土的现场鉴别方法、边坡留设和土方调配的原则。

（2）掌握基坑（槽）、场地平整土方量计算、土壁失稳和产生流砂、管涌的原因，并能提出相应的防治措施；基坑（槽）施工、土方填筑与压实、验槽方法等。

（3）熟悉轻型井点的设计和回填土的质量要求及检验标准，常用土方机械的性能及适用范围，能正确合理地选用。

（4）了解爆破基本知识、引爆技术、爆破方法和安全技术。

土方工程是建筑工程施工中主要分部工程之一，任何一项建筑工程施工都是从土方工程开始的。在大型建筑工程中，由于土方工程量大、施工条件复杂、施工中受气候条件、工程地质和水文地质条件的影响很大，因此施工前应针对土方工程的施工特点，制定合理的施工方案。在建筑工程施工中最常见的土方工程施工包括场地平整、地下室和基坑（槽）及管沟开挖、土壁支撑、施工排水、降水、路基填筑及基坑（槽）的回填土等。

第一节　概　　述

一、土方工程的分类及特点

（一）土方工程分类

根据土方工程的施工内容与方法不同，土方工程分类有以下几种：

1. 场地平整

场地平整是指将天然地面改造成设计要求的平面所进行的土方施工过程，这类土方工程施工面积大，土方工程量大，应采用机械化作业。

2. 基坑（槽）开挖

基坑（槽）开挖指开挖宽度在 3m 以内，长宽比不小于 3 的基槽或长宽比小于 3、底面积在 $20m^2$ 以内的基坑进行的土方开挖工程。这类土方开挖时，要求开挖的标高、断面、轴线准确。因此，施工前，应制定合理的施工方案，尽量采用中小型施工机械，以提高生产效率，加快施工进度和降低工程成本。

3. 基坑(槽)回填

基础完成后，基槽、房心土需回填，为确保填方的强度和稳定性，必须正确选择填方土料与填筑方法。填筑应分层进行，并尽量采用同类土填筑。填土必须具有一定的压实密度，以避免建筑物产生不均匀沉降。

(二) 土方施工特点

1. 工程量大，劳动强度高

如大型项目的场地平整，土方量可达数百万立方米以上，面积达数十平方公里，工期长。因此，为了减轻繁重的体力劳动，提高劳动生产率，缩短工期，降低工程成本，在组织土方工程施工时，应尽可能采用机械化或综合机械化方法进行施工。

2. 施工条件复杂

土方工程施工，一般为露天作业。施工时受地下水文、地质、气候和施工地区的地形等因素的影响较大，不可确定的因素也较多。因此，施工前必须做好各项准备工作，进行充分的调查研究，详细研究各种技术资料，制定合理的施工方案。

3. 受场地限制

任何建筑物的基础都需要有一定埋置深度，土方的开挖与土方的留置、存放都受到施工场地的限制，特别是城市内施工，场地狭窄，周围建筑较多，往往由于施工方案不当，导致周围建筑设施出现安全与稳定的问题。因此，施工前必须详细了解周围建筑的结构形式，熟悉地质技术资料，制定切实可行的施工方案，充分利用施工场地。

二、土的分类与现场鉴别方法

土的种类繁多，其分类方法也很多，工程上根据开挖难易程度将土分为八类，见表1-1。其中一～四类土为土，五～八类土为岩石。表中列出土的工程分类直观的鉴别方法，就是根据开挖的难易程度和开挖中使用不同的工具和方法进行分类的。

土的开挖难易程度直接影响土方工程的施工方案，劳动量消耗和工程费用。土越硬，劳动量消耗越多，工程成本越高。

表1-1 土的工程分类

土的分类	土的名称	开挖方法及工具	可松性系数	
			K_s	K_s'
一类土(松软土)	砂，粉土，冲积砂土层种植土，泥炭(淤泥)	用锹、锄头可挖掘	1.08～1.17	1.01～1.03
二类土(普通土)	粉质黏土，潮湿的黄土，夹有碎石、卵石的砂，种植土，填筑土及亚砂土	用锹、锄头可挖掘，少许需用镐翻松	1.14～1.28	1.02～1.05
三类土(坚土)	软及中等密实黏土，重亚黏土，粗砾石，干黄土及含碎石的黄土、亚黏土，压实的填土	主要用镐，少许用锹、锄头，部分用撬棍	1.24～1.30	1.04～1.07
四类土(砂砾坚土)	重黏土及含碎石、卵石的黏土，粗卵石，密实的黄土，天然级配砂石，软泥炭岩及蛋白石	先用镐、撬棍，然后用锹挖掘，部分用楔子及大锤	1.26～1.32	1.06～1.09

续表

土的分类	土 的 名 称	开挖方法及工具	可松性系数	
			K_s	K'_s
五类土（软石）	硬石炭纪黏土，中等密实的页岩、泥炭岩、白垩土，胶结不紧的砾岩，软的石灰岩	用镐或撬棍、大锤，部分用爆破方法	1.30～1.40	1.10～1.15
六类土（次坚石）	泥岩，砂岩，砾岩，坚硬的页岩、泥灰岩，密实的石灰岩，风化花岗岩、片麻岩	用爆破方法，部分用风镐	1.35～1.45	1.11～1.20
七类土（坚石）	大理岩，辉绿岩，玢岩，粗、中粒花岗岩，坚实的白云岩、砾岩、砂岩、片麻岩、石灰岩，风化痕迹的安山石、玄武石	用爆破方法	1.40～1.45	1.15～1.20
八类土（特坚石）	安山石，玄武石，花岗片麻岩，坚实的细粒花岗岩、闪长岩、石英岩、辉长岩、辉绿岩，玢岩	用爆破方法	1.45～1.50	1.20～1.30

三、土的工程性质

土的工程性质对土方工程施工有直接影响，也是进行土方施工设计必须掌握的基本资料。土的主要工程性质有：土的可松性、土的含水量和土的渗透性。

（一）土的可松性

土的可松性是指自然状态下的土经开挖后，其体积因松散而增加，以后虽经回填压实，仍不能恢复成原来体积。由于土方工程量是以自然状态的体积来计算的，所以在土方调配、计算土方机械生产率及运输工具数量等的时候，应考虑土的可松性影响。土的可松性程度可用可松性系数表示，即

$$K_s=\frac{V_2}{V_1} \tag{1-1}$$

$$K'_s=\frac{V_3}{V'_1} \tag{1-2}$$

式中 K_s——土的最初可松性系数；

K'_s——土的最终可松性系数；

V_1——土在天然状态下的体积，m^3；

V_2——土经开挖后的松散体积，m^3；

V'_1——回填所需的天然状态下的土体积，m^3；

V_3——土经回填压实后的体积，m^3。

在土方施工中，K_s 是计算开挖工程量、施工机械及运土车辆等的主要参数，K'_s 是计算土方调配、回填用土量等的参数。

（二）土的天然含水量

土的天然含水量是指土中水的质量与土颗粒质量的百分比，其表达式为

$$w=\frac{m_w}{m_s}\times 100\% \tag{1-3}$$

式中 w——土的天然含水量，%；

m_w——土中水的质量，kg；

m_s——土中固体颗粒的质量，kg。

土的含水量大小会影响土方的开挖及填筑压实等施工，当土的含水量超过25%～30%就不能使用机械施工，含水量超过20%会造成运土车的打滑或陷车，甚至影响挖土机的使用，回填土含水量过大，压实时会产生橡皮土。因此，对含水量过大的土，施工时应采取有效的排水、降水措施。

（三）土的渗透性

土的渗透性是指土体被水透过的性质。土的渗透性用渗透性系数表示，即单位时间内水穿透土层的能力，一般由试验确定。常见土的渗透性系数见表1-2。渗透性系数是计算降低地下水时涌水量的主要参数。根据土的渗透性不同，可分为透水性土（如砂土）和不透水性土（如黏土）。

表1-2　土的渗透性系数

土的种类	K（m/d）	土的种类	K（m/d）
亚黏土、黏土	<0.1	含黏土的中砂、纯细砂	20～25
亚黏土	0.1～0.5	含黏土的细砂、纯中砂	35～50
含亚黏土的粉砂	0.5～10	纯粗砂	50～75
纯粉砂	1.5～5.0	粗砂夹卵石	50～100
含黏土的细砂	10～15	卵石	100～200

四、土方边坡

为保证土方工程施工时土体的稳定，防止塌方，保证施工安全，当挖土超过一定的深度时，应留置一定的坡度。

土方边坡的坡度以其高度 h 与底宽度 b 之比来表示。如图1-1所示，边坡可以做成直线形边坡、折线形边坡及阶梯形边坡。

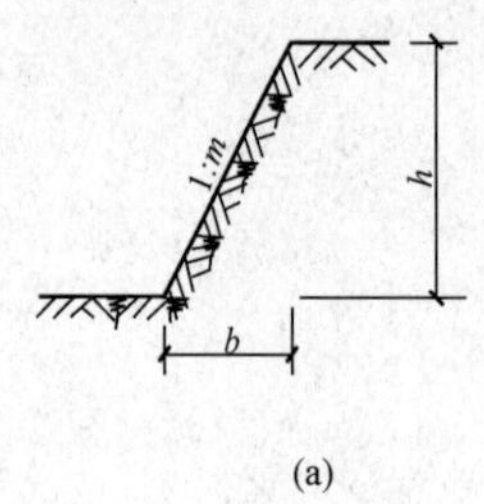

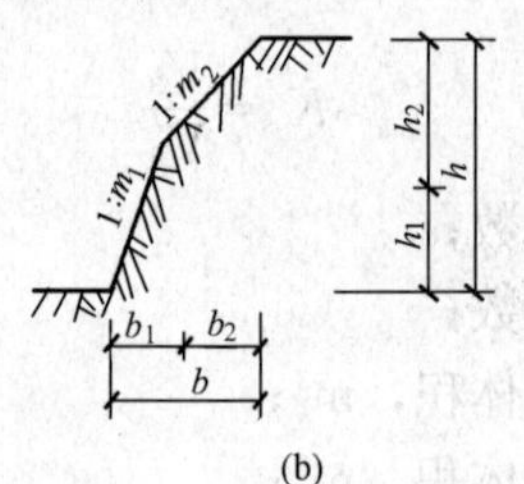

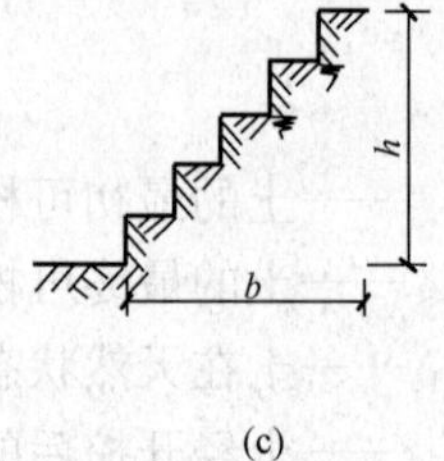

图1-1　土方边坡形式

（a）直线形；（b）折线形；（c）阶梯形

$$\text{土方边坡坡度}=\frac{h}{b}=\frac{1}{b/h}=1:m \tag{1-4}$$

式中，$m=\dfrac{b}{h}$ 称为坡度系数，即当边坡高度为 h 时，边坡宽度为 $b=mh$。

当土质均匀且地下水位低于基坑（槽）或管沟底标高时，挖方边坡可做成直立土壁而不加支撑，但深度不宜超过下列规定：

密实、中密的砂土和碎石类土　　1.0m

硬塑、可塑的粉土及粉质黏土 1.25m

硬塑、可塑的黏土和碎石类土（填充物为黏性土）1.5m

坚硬的黏土 2.0m

当地质条件良好，土质均匀且地下水位低于基坑（槽）或管沟底标高时，挖土深度在5m以内不加支撑的边坡最陡坡度应符合表1-3规定，即使按规定放坡，施工中也要随时检查边坡的稳定情况。

表1-3 深度在5m内的基坑（槽）、管沟边坡的最陡坡度（不加支撑）

土的类别	边坡坡度（高：宽）		
	坡顶无荷载	坡顶有静荷载	坡顶有动荷载
中密的砂土	1∶1.00	1∶1.25	1∶1.50
中密的碎石类土（充填物为砂土）	1∶0.75	1∶1.00	1∶1.25
硬塑的粉土	1∶0.67	1∶0.75	1∶1.00
中密的碎石类土（填充物为黏性土）	1∶0.50	1∶0.67	1∶0.75
硬塑的粉质黏土、黏土	1∶0.33	1∶0.50	1∶0.67
老黄土	1∶0.10	1∶0.25	1∶0.33
软土（经井点降水后）	1∶1.00	—	—

注 1. 静载指堆土或材料等，动载指机械挖土或汽车运输作业等。静载或动载距挖方边缘的距离应保证边坡直立壁的稳定，堆土或材料应距挖方边缘0.8m以外，高度不超过1.5m。

2. 当有成熟的施工经验时，可不受本表限制。

第二节 土方工程量计算

在土方工程施工前，通常要计算土方的工程量，根据土方工程量的大小拟定土方施工的方案，组织土方工程的施工。但土方工程的地形往往复杂，不规则，要进行精确计算比较困难。通常都是将其假设或划分成为一定的几何形状，并采用具有一定精度又与实际情况相近似的方法进行计算。

一、基坑（槽）土方量的计算

1. 基坑土方量计算

所谓基坑是指长宽比小于等于3的矩形土体，其土方量可按立体几何中棱柱体（由两个平行的平面作底的一种多面体）的体积公式计算，如图1-2所示，即

$$V=\frac{H}{6}(A_1+4A_0+A_2) \tag{1-5}$$

式中 V——土方工程量，m^3；

H——基坑深度，m；

A_1、A_2——基坑上下的底面积，m^2；

A_0——基坑中截面的面积，m^2。

2. 基槽土方量计算

基槽的土方量可以沿长度方向分段后，再用同样方法计算，如图1-3所示，即

$$V_1=\frac{L_1}{6}(A_1+4A_0+A_2) \tag{1-6}$$

式中 V_1——第一段的土方量，m^3；

L_1——第一段的长度，m。

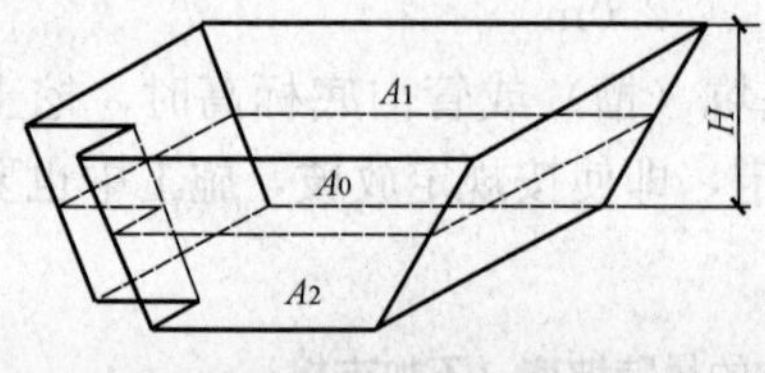

图 1-2 基坑土方量计算

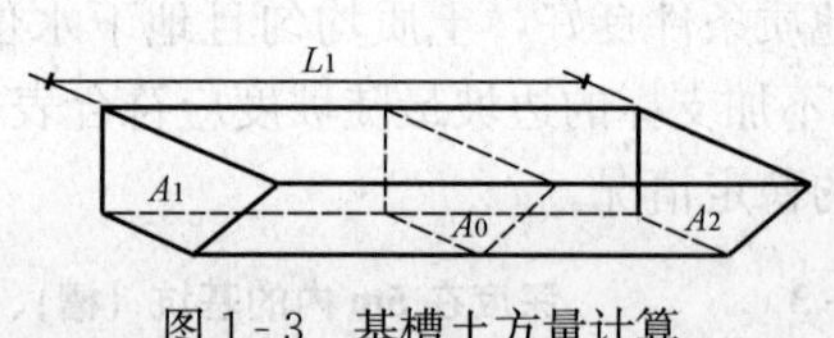

图 1-3 基槽土方量计算

则总土方量为各段的和，即

$$V=V_1+V_2+\cdots+V_n$$

式中 V_1、V_2、…、V_n——各段的土方量，m^3。

二、场地平整土方量计算

(一) 场地设计标高确定

较大面积的场地平整，正确地选择设计标高是十分重要的。选择设计标高时应考虑以下因素：满足生产工艺和运输的要求；尽量利用地形，以减少挖方数量；场地以内的挖方与填方能达到相互平衡（面积大、地形又复杂时则例外），以降低土方运输费用；要有一定的泄水坡度（≥2‰），满足排水要求；考虑最高洪水位的要求。

当设计文件上对场地标高无特定要求时，场地的设计标高，可按下述步骤和方法确定。

1. 初步计算场地设计标高

如图 1-4（a）所示，将地形图划分方格。每个方格的角点标高，一般根据地形图上相邻两等高线的标高，用插入法求得；在无地形图情况下，也可在地面用木桩打好方格网，然后用仪器直接测出。

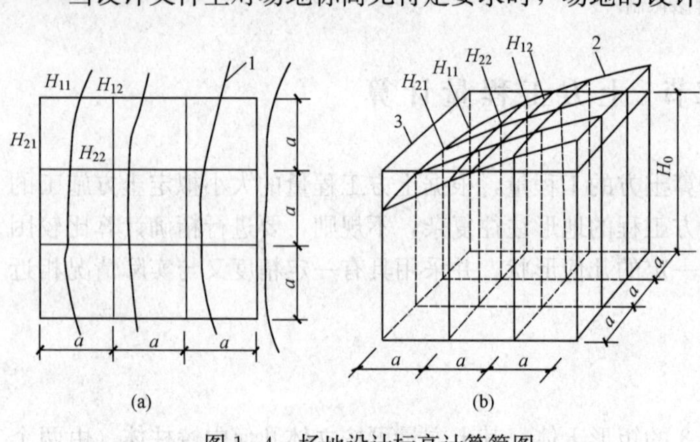

图 1-4 场地设计标高计算简图

(a) 地形图上划分方格；(b) 设计标高示意图

1—等高线；2—自然地面；3—设计标高平面

一般说来，理想的设计标高，应该使场地内的土方在平整前和平整后相等而达到挖方和填方的平衡，如图 1-4（b）所示，即

$$H_0Na^2=\sum\left(a^2\frac{H_{11}+H_{12}+H_{21}+H_{22}}{4}\right)$$

所以

$$H_0=\frac{\sum(H_{11}+H_{12}+H_{21}+H_{22})}{4N}$$

式中 H_0——所计算的场地设计标高，m；

a——方格边长；

N——方格数；

H_{11}、H_{12}、H_{21}、H_{22}——任一方格的四个角点的标高。

从图1-4可看出，H_{11}系一个方格的角点标高，H_{12}和H_{21}均系两个方格公共的角点标高，H_{22}则系四个方格公共的角点标高。如果将所有方格的四个角点标高相加，那么类似H_{11}这样的角点标高加到一次，类似H_{12}的标高加到两次，而类似H_{22}的标高则要加到四次。因此，上式可改写成下列形式

$$H_0=\frac{\sum H_1+2\sum H_2+3\sum H_3+4\sum H_4}{4N} \tag{1-7}$$

式中 H_1——一个方格仅有的角点标高，m；

H_2——两个方格共有的角点标高，m；

H_3——三个方格共有的角点标高，m；

H_4——四个方格共有的角点标高，m。

2. 计算设计标高的调整值

式（1-7）所计算的设计标高，纯系一理论数值，实际上，还需考虑以下因素进行调整。

（1）由于土具有可松性，必要时应相应地提高设计标高；

（2）由于设计标高以上的各种填方工程用土量而影响设计标高的降低，或者由于设计标高以下的各种挖方工程的挖土量而影响设计标高的提高；

（3）由于边坡填挖方土方量不等（特别是坡度变化大时）而影响设计标高的增减；

（4）根据经济比较结果，而将部分挖方就近弃土于场外，或将部分填方就近取土于场外，根据挖填土方量的变化来增减设计标高。

3. 考虑泄水坡度对设计标高的影响

如果按照式（1-7）计算出的设计标高进行场地平整，那么整个场地表面将处于同一个水平面；但实际上由于排水要求，场地表面均有一定的泄水坡度。因此，还需根据场地泄水坡度的要求（单面泄水或双面泄水），计算出场地内各方格角点实际施工时所采用的设计标高。

（1）单向泄水时，场地各点设计标高的求法。当考虑场内挖填平衡的情况下，用式（1-7）计算出的设计标高H_0，作为场地中心线的标高，如图1-5所示。场地内任一点的设计标高则为

$$H_n=H_0\pm li \tag{1-8}$$

式中 H_n——任意一点的设计标高，m；

l——该点至H_0的距离，m；

i——场地泄水坡度，不小于2‰；

±——该点比H_0点高则取“+”号，反之取“-”号。

例如欲求H_{52}角点的设计标高，则

$$H_{52}=H_0-li=H_0-1.5ai$$

（2）双向泄水时，场地各点设计标高的求法。其原理与前相同，如图1-6所示。H_0为场地中心点标高，场地内任意一点的设计标高为

$$H_n=H_0\pm l_x i_x\pm l_y i_y \tag{1-9}$$

式中 l_x、l_y——该点于$x—x$、$y—y$方向距场地中心线的距离；

i_x、i_y——该点于$x—x$、$y—y$方向的泄水坡度。

其余符号表示的内容同前。

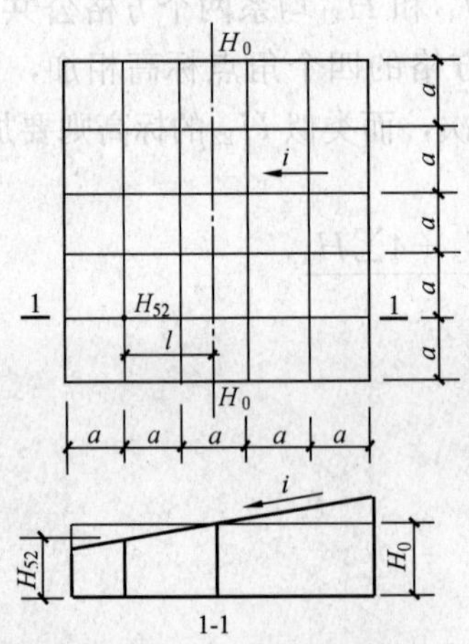

图 1-5　单向泄水坡度的场地

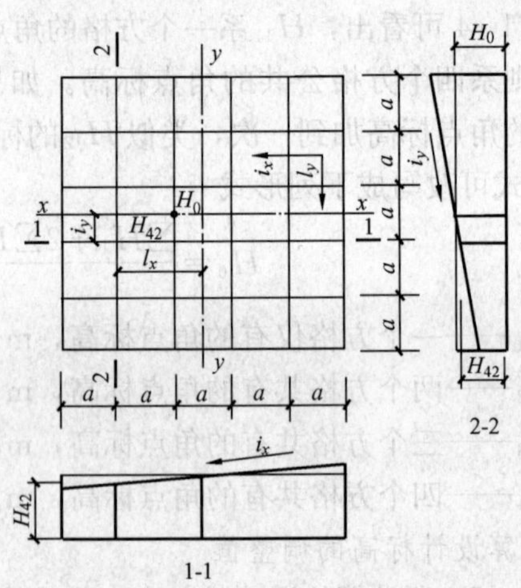

图 1-6　双向泄水坡度的场地

例如欲求 H_{42} 角点的设计标高，则

$$H_{42}=H_0-l_xi_x-l_yi_y=H_0-1.5ai_x-0.5ai_y$$

(二) 场地土方量计算

编制土方工程施工方案，以及检查验收实际土方工程数量等，都需要进行土方量的计算。场地土方量的计算方法，通常有方格网法和断面法两种。方格网法适用于地形较为平坦的地区，断面法则多用于地形起伏变化较大的地区。

1. 方格网法

用方格网控制整个场地。方格边长主要取决于地形变化的复杂程度，一般为 10～40m，通常采用 20m。根据每个方格角点的自然地面标高和实际采用的设计标高，算出相应的角点填挖高度，然后计算每一个方格的土方量（大规模场地土方量的计算可使用专门的土方工程量计算表），这样即可得到整个场地的挖、填土方总量。

场地各方格的土方量，一般可分为下述三种不同类型进行计算：

(1) 方格四个角点全部为填或全部为挖，如图 1-7 所示，其土方量为

$$V=\frac{a^2}{4}(h_1+h_2+h_3+h_4) \tag{1-10a}$$

式中　　V——挖方或填方体积，m^3；

h_1、h_2、h_3、h_4——方格角点填挖高度，均用绝对值，m。

若 $a=20$m，h 用 mm 表示，则上式可写为

$$V=h_1+h_2+h_3+h_4 \tag{1-10b}$$

(2) 方格的相邻两角点为挖方，另两角点为填方，如图 1-8 所示，其挖方部分的土方量为

$$V_{1、2}=\frac{a^2}{4}\left(\frac{h_1^2}{h_1+h_4}+\frac{h_2^2}{h_2+h_3}\right) \tag{1-11a}$$

填方部分的土方量为

$$V_{3、4}=\frac{a^2}{4}\left(\frac{h_3^2}{h_2+h_3}+\frac{h_4^2}{h_1+h_4}\right) \tag{1-11b}$$

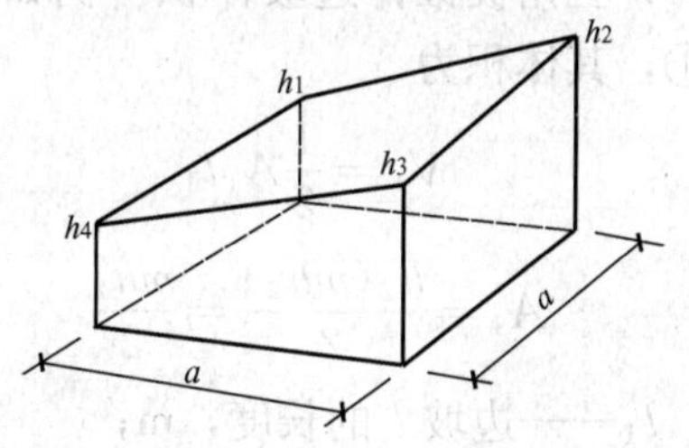

图 1-7 全挖（全填）方格

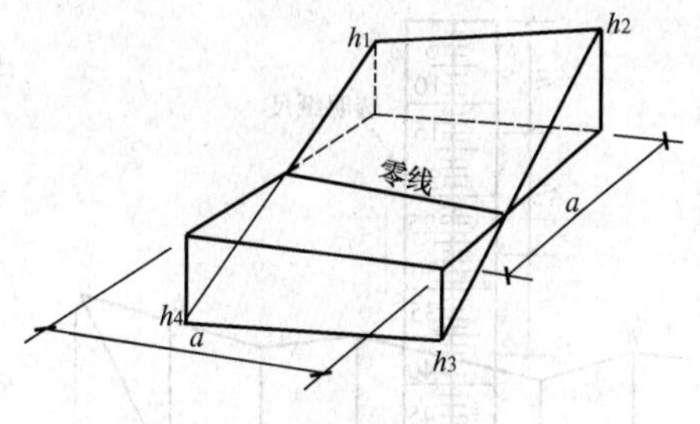

图 1-8 两挖和两填方格

(3) 方格的三个角点为挖方（或填方），另一个角点为填方（或挖方），如图 1-9 所示，其填方部分的土方量为

$$V_4=\frac{a^2}{6}\frac{h_4^3}{(h_1+h_4)(h_3+h_4)} \quad (1-12a)$$

挖方部分的土方量为

$$V_{1、2、3}=\frac{a^2}{6}(2h_1+h_2+2h_3-h_4)+V_4 \quad (1-12b)$$

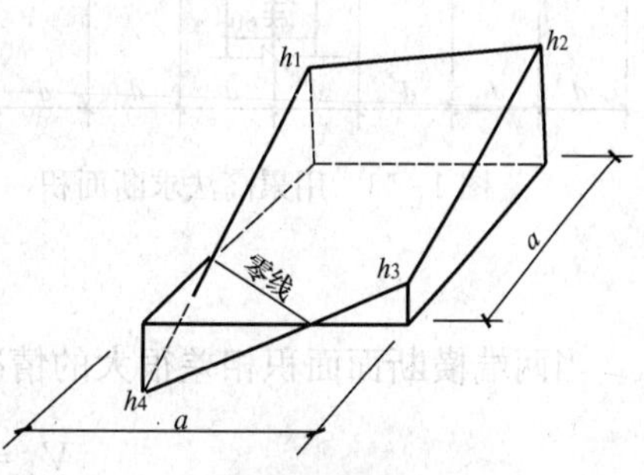

图 1-9 三挖一填（或三填一挖）方格

2. 断面法

沿场地取若干个相互平行的断面（可利用地形图定出或实地测量定出），将所取的每个断面（包括边坡断面）划分为若干个三角形和梯形，如图 1-10 所示，则面积

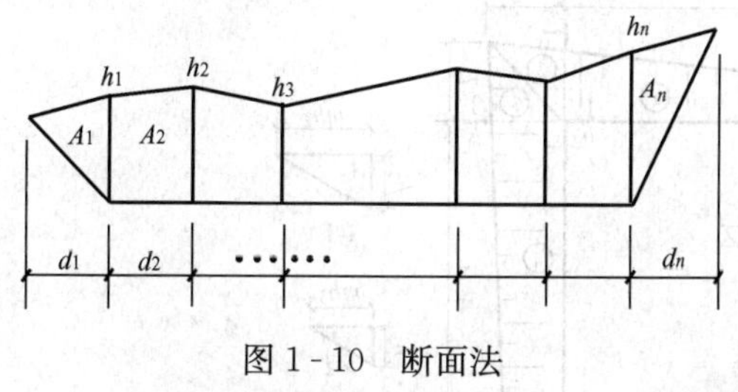

图 1-10 断面法

$$A'_1=\frac{h_1}{2}d_1;\ A'_2=\frac{h_1+h_2}{2}d_2;\ \cdots$$

而某一断面面积

$$A_i=A'_1+A'_2+\cdots+A'_n$$

若 $d_1=d_2=\cdots=d_n=d$

则 $A_i=d(h_1+h_2+\cdots+h_n)$

断面面积求出后，即可计算土方体积。设各断面面积分别为 A_1、A_2、…、A_n，相邻两断面间的距离依次为 l_1，l_2，…，l_n，则所求土方体积为

$$V=\frac{A_1+A_2}{2}l_1+\frac{A_2+A_3}{2}l_2+\cdots+\frac{A_{n-1}+A_n}{2}l_n \quad (1-13)$$

断面法求面积的一种简便方法是累高法，如图 1-11 所示。此法不需用公式计算，只要将所取的断面绘于普通方格坐标纸上（d 取值相等），用透明纸尺从 h_1 开始，依次量出（用大头针向上拔动尺子）各点标高（h_1、h_2…），累计得各点标高之和，然后将此值与 d 相乘，即为所求断面面积。

(三) 场地平整边坡土方量计算

如图 1-12 所示是一场地边坡的平面示意图。从图中可看出：边坡的土方量可以划分为两种近似的几何形体进行计算，一种为三角棱锥体（如体积 1～3，5～11），另一种为三角棱柱体（如体积 4）。

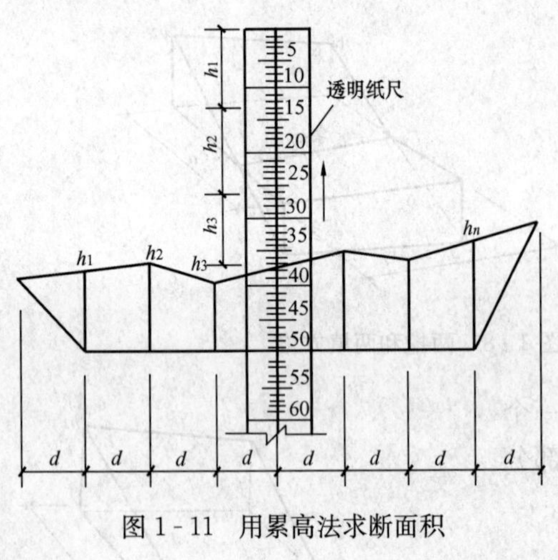

图 1-11 用累高法求断面积

(1) 三角棱锥体边坡体积 例如图 1-12 中的①，其体积为

$$V_1 = \frac{1}{3}A_1 l_1 \tag{1-14}$$

$$A_1 = \frac{h_2(mh_2)}{2} = \frac{mh_2^2}{2}$$

式中 l_1——边坡 l 的长度，m；

A_1——边坡 l 的端面积，m^2；

h_2——角点的挖土高度，m；

m——边坡的坡度系数。

(2) 三角棱柱体边坡体积 例如图 1-12 中的④，其体积为

$$V_4 = \frac{A_1 + A_2}{2} l_4 \tag{1-15a}$$

当两端横断面面积相差很大的情况下，则

$$V_4 = \frac{l_4}{6}(A_1 + 4A_0 + A_2) \tag{1-15b}$$

式中 l_4——边坡 4 的长度；

A_1、A_2、A_0——边坡 4 两端及中部的横断面面积，算法同上。

如图 1-12 所示剖面系近似表示。实际上，地表面不完全是水平的。

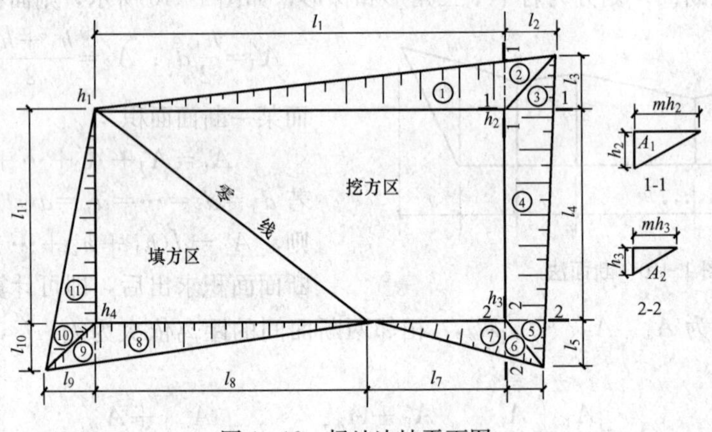

图 1-12 场地边坡平面图

(四) 场地平整土方量计算实例

某建筑场地地形图和方格网（a=20m）布置如图 1-13 所示。该场地系亚黏土，地面设计泄水坡度：i_x=3‰，i_y=2‰。建筑设计、生产工艺和最高洪水位等方面均无特殊要求。试确定场地设计标高（不考虑土的可松性影响，如有余土，用以加宽边坡），并计算挖、填土方工程量。

1. 计算角点的地面标高

根据地形图上所标等高线，用插入法求出各方格角点的地面标高。

采用插入法时，假定每两根等高线之间的地面高低是呈直线变化的。如求角点 4 的地面

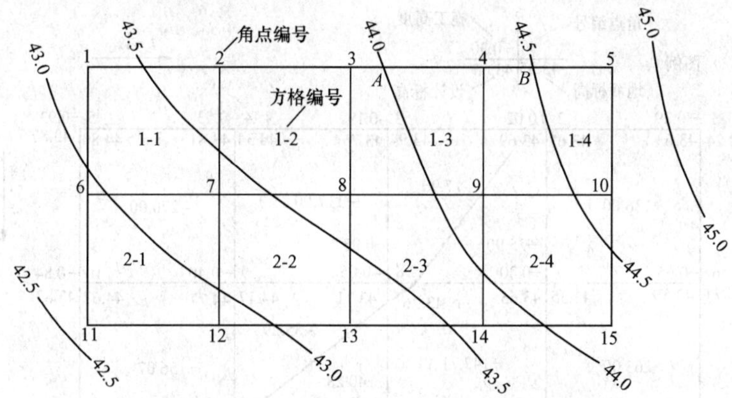

图 1-13 某建筑场地地形图和方格网布置

标高（H_4），如图 1-14 所示，根据相似三角形特性有

$$h_x : 0.5 = x : l$$

则

$$h_x = \frac{0.5}{l}x$$

得

$$H_4 = 44.00 + h_x$$

在地形图上只要量出 x 和 l 的长度，便可算出 H_4 的数值。这种计算是很烦琐的，故通常多采用图解法（其原理同上述数解法）来求得各角点的地面标高。如图 1-15 所示，用一张透明纸，上面画六根等距离的平行线（线条要尽量画的细，否则影响读数），把透明纸放到标有方格网的地形图上，将六根平行线的最外两根分别对准 A 点和 B 点，这时六根等距离的平行线将 A、B 之间的 0.5m 的高差分成五等份，于是便可直接读得角点 4 的地面标高 $H_4 = 44.34$。其余各角点标高均可用此法求出。

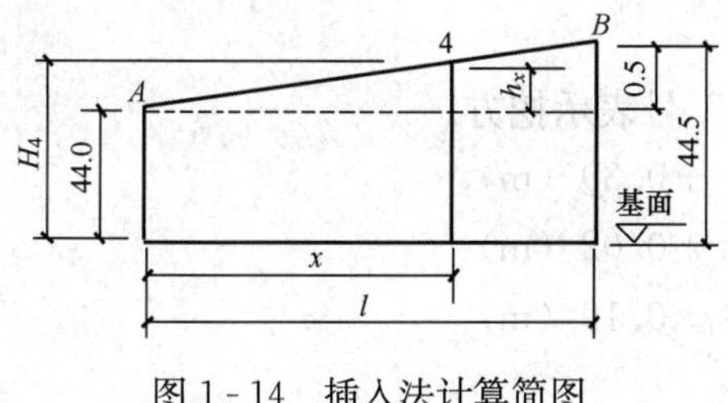

图 1-14 插入法计算简图

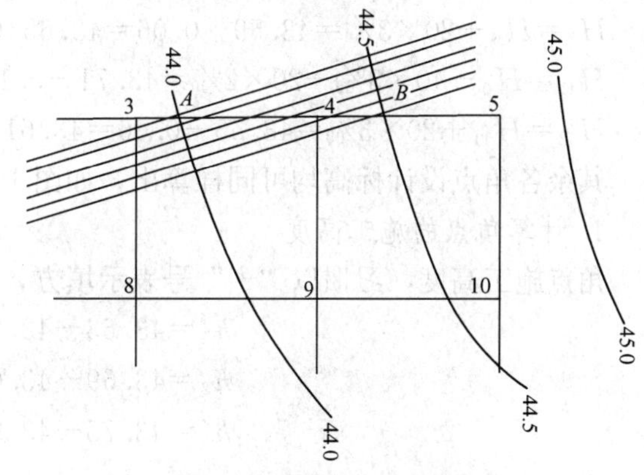

图 1-15 插入法的图解法

用图解法求得各角点标高，如图 1-16 所示。

2. 计算场地设计标高 H_0

$$\sum H_1 = 43.24 + 44.80 + 44.17 + 42.58 = 174.79(\text{m})$$

$$2\sum H_2 = 2 \times (43.67 + 43.94 + 44.34 + 44.67 + 43.67 + 43.23 + 42.90 + 42.94) = 698.72(\text{m})$$

$$4\sum H_4 = 4 \times (43.35 + 43.76 + 44.17) = 525.12(\text{m})$$

根据式（1-7），得

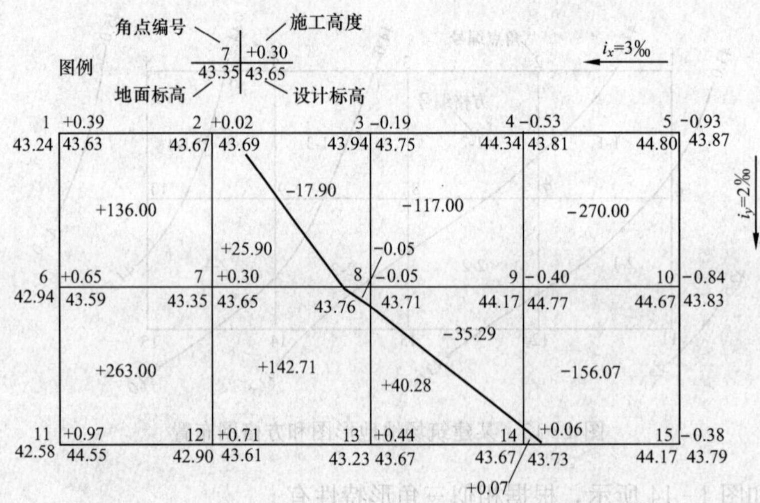

图 1-16 方格网法计算土方工程量图

$$H_0=\frac{\sum H_1+2\sum H_2+4\sum H_4}{4N}=\frac{174.76+698.72+525.12}{4\times 8}=43.71(\text{m})$$

3. 根据要求的泄水坡度计算方格角点的设计标高

以场地中心点角点 8 为 H_0，如图 1-16 所示，其余各角点设计标高为

$H_1=H_0-40\times 3‰+20\times 2‰=43.71-0.12+0.04=43.63$ (m)

$H_2=H_1+20\times 3‰=43.63+0.06=43.69$ (m)

$H_6=H_0-40\times 3‰\pm 0=43.71-0.12=43.59$ (m)

$H_7=H_6+20\times 3‰=43.59+0.06=43.65$ (m)

$H_{11}=H_0-40\times 3‰-20\times 2‰=43.71-0.12-0.04=43.55$ (m)

$H_{12}=H_{11}+20\times 3‰=43.55+0.06=43.61$ (m)

其余各角点设计标高均可同样算出，如图 1-16 所示。

4. 计算角点的施工高度

角点施工高度，习惯以“+”号表示填方，“-”号表示挖方。

$h_1=43.63-43.24=+0.39$ (m)

$h_2=43.69-43.67=+0.02$ (m)

$h_3=43.75-43.94=-0.19$ (m)

……

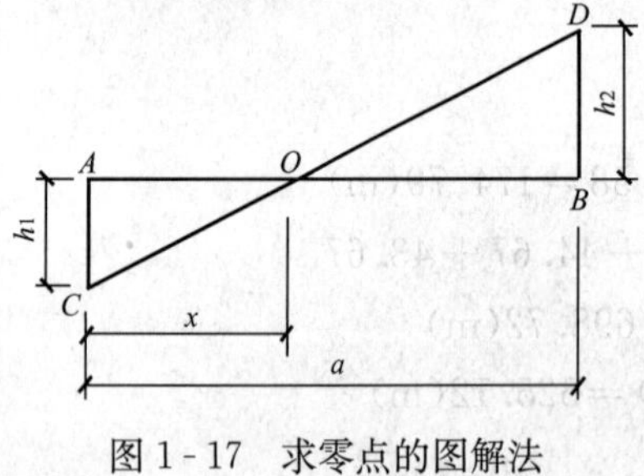

图 1-17 求零点的图解法

各角点施工高度如图 1-16 所示。

5. 标出“零线”

零线即挖方区和填方区的分界线，也就是不挖不填的线。其确定方法是先求出有关方格边线（此边线的特点一端为挖，另一端为填）上的“零点”（不挖不填的点），将相邻的零点连接起来，即为零点线。

确定零点的方法是图解法。如图 1-17 所示，用与方格网相应的比例画直线 AB，并等于方格边长 a，通

过 A、B，用另一较大的比例分别绘出 h_1 和 h_2（h_1 为填方高度，h_2 为挖方高度），连 C、D。其直线交 AB 于 O，O 即为零点。各有关方格边的零点的图解如图 1-18 所示。将得出的各零点的 x 值，用相应的比例分别标到方格网的相应方格边线上，即得零点的位置。

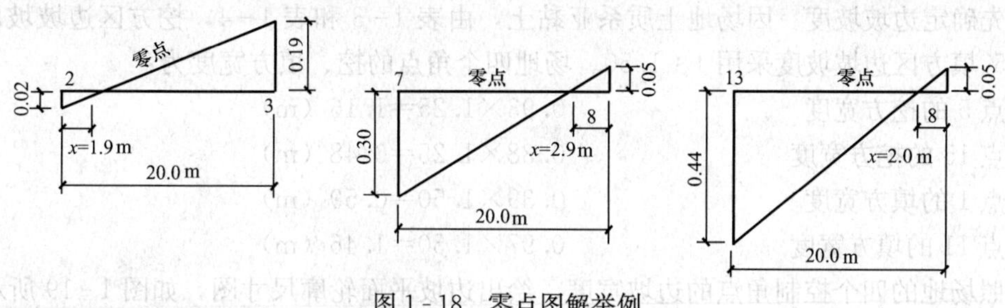

图 1-18 零点图解举例

6. 计算土方工程量

(1) 各方格土方工程量。

第一种类型的方格，即全挖或全填的方格，由式（1-10b）计算，其土方工程量为

$$V_{1-1}=h_1+h_2+h_3+h_4=39+2+30+65=+136(\mathrm{m}^3)$$

$$V_{2-1}=65+30+71+97=+263(\mathrm{m}^3)$$

$$V_{1-3}=19+53+40+5=-117(\mathrm{m}^3)$$

$$V_{1-4}=53+93+84+40=-270(\mathrm{m}^3)$$

第二种类型的方格，由式（1-11）（a 用 20m，h 单位用 mm 代入，简化为下式）计算，其土方工程量为

$$V_{1-2}^{填}=\frac{h_1^2}{h_1+h_4}+\frac{h_2^2}{h_2+h_3}=\frac{30^2}{30+5}+\frac{2^2}{2+19}=+25.90(\mathrm{m}^3)$$

$$V_{1-2}^{挖}=\frac{h_3^2}{h_1+h_3}+\frac{h_4^2}{h_1+h_4}=\frac{19^2}{2+19}+\frac{5^2}{30+5}=-17.90(\mathrm{m}^3)$$

$$V_{2-3}^{填}=\frac{6^2}{6+40}+\frac{44^2}{44+5}=+40.28(\mathrm{m}^3)$$

$$V_{2-3}^{挖}=\frac{5^2}{44+5}+\frac{40^2}{6+40}=-35.29(\mathrm{m}^3)$$

第三种类型的方格，由式（1-12）（a 用 20m，h 单位用 mm 代入，简化为下式）计算，其土方工程量为

$$V_{2-2}^{挖}=\frac{2}{3}\frac{h_4^3}{(h_1+h_4)(h_3+h_4)}=\frac{2}{3}\times\frac{5^3}{(44+5)(30+5)}=-0.05(\mathrm{m}^3)$$

$$V_{2-2}^{填}=\frac{2}{3}(2h_1+h_2+2h_3-h_4)+V_{2-2}^{挖}$$

$$=\frac{2}{3}(2\times44+71+2\times30-5)+0.05=+142.71(\mathrm{m}^3)$$

$$V_{2-4}^{填}=\frac{2}{3}\times\frac{6^3}{(40+6)(38+6)}=+0.07(\mathrm{m}^3)$$

$$V_{2-4}^{挖}=\frac{2}{3}(2\times40+84+2\times38-6)+0.07=-156.07(\mathrm{m}^3)$$

将计算出的土方工程量填入相应的方格中，如图 1-16 所示。

场地各方格土方工程量总计：挖方为 596.31m³，填方为 607.96m³。

(2) 边坡土方工程量。

首先确定边坡坡度。因场地土质系亚黏土，由表 1-3 和表 1-4，挖方区边坡坡度采用 1∶1.25。填方区边坡坡度采用 1∶1.50。场地四个角点的挖、填方宽度为：

角点 5 的挖方宽度　　0.93×1.25=1.16（m）

角点 15 的挖方宽度　　0.38×1.25=0.48（m）

角点 1 的填方宽度　　0.39×1.50=0.59（m）

角点 11 的填方宽度　　0.97×1.50=1.46（m）

按照场地的四个控制角点的边坡宽度，绘出边坡平面轮廓尺寸图，如图 1-19 所示。

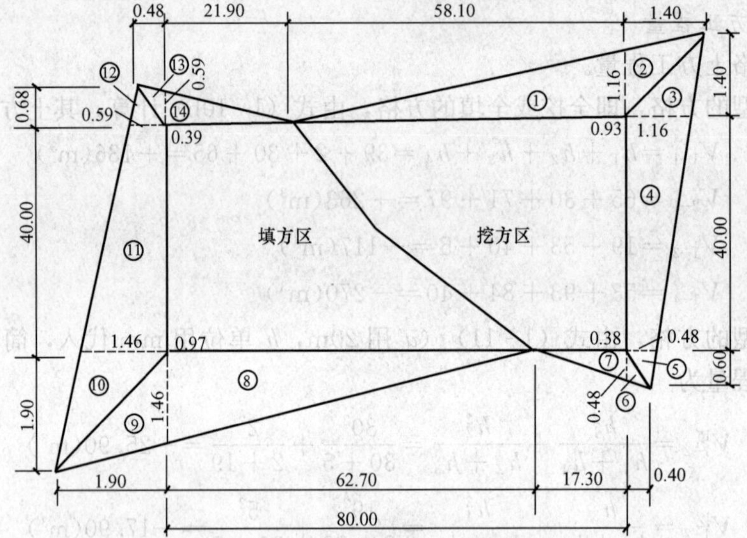

图 1-19　边坡平面轮廓尺寸图（场地 1∶1000；边坡 1∶100）

边坡土方工程量，可划分为三角棱锥体和三角棱柱体两种类型，按式（1-14）和式（1-15a）计算。

挖方区边坡土方量

$$V_1 = \frac{1}{3} \times \frac{1.16 \times 0.93}{2} \times 58.1 = -10.46(\mathrm{m}^3)$$

$$V_{2-3} = 2 \times \frac{1}{3} \times \frac{1.16 \times 0.93}{2} \times 1.4 = -0.50(\mathrm{m}^3)$$

$$V_4 = \frac{1}{2}\left(\frac{1.16 \times 0.93}{2} + \frac{0.48 \times 0.38}{2}\right) \times 40 = -12.6(\mathrm{m}^3)$$

$$V_{5-6} = 2 \times \frac{1}{3} \times \frac{0.48 \times 0.38}{2} \times 0.6 = -0.03(\mathrm{m}^3)$$

$$V_7 = \frac{1}{3} \times \frac{0.48 \times 0.38}{2} \times 17.3 = -0.52(\mathrm{m}^3)$$

挖方区边坡土方量合计为 24.11m³

填方区边坡土方量（计算从略）

$V_8=+29.47m^3$　　$V_{9-10}=+1.79m^3$

$V_{11}=+16.5m^3$　　$V_{12-13}=+0.04m^3$

$V_{14}=+0.8m^3$

填方区边坡土方量合计为 48.6m³

场地及边坡土方量总计：

挖方　596.31+24.11=620.40（m³）

填方　607.96+48.6=656.56（m³）

两者相比，填方比挖方大 36.1m³，除考虑土的可松性，填方尚可满足一部分以外，其不足的部分（尚需考虑挖方区的土有部分不能用作填方）可从加宽挖方区边坡或从场外取土解决；如有困难，可将设计标高 H_0 适当降低，如从 43.71m 降为 43.70m（每降低 0.01m，相当于挖方量增加 40×80×0.01=32m³）。

（五）土方调配

土方工程量计算完成后，即可着手土方的调配。土方调配，就是对挖土的利用、堆弃和填土三者之间的关系进行综合协调的处理。好的土方调配方案，应该是使土方运输费用达到最小，而且又能方便施工。

图 1-20 所示是土方调配的两个例子。图上注明了挖填调配区、调配方向、土方数量以及每对挖、填区之间的平均运距。如图 1-20（a）所示，共有四个挖方区，三个填方区，总挖方和总填方相等。土方调配，仅考虑场地内的挖填平衡即可解决（这种条件下的土方调配可采用线性规划的方法计算确定）。如图 1-20（b）所示，则有四个挖方区，三个填方区，挖、填工程量虽然相等，但由于地形窄长，故采取就近弃土和就近借土的办法解决土方的平衡调配。

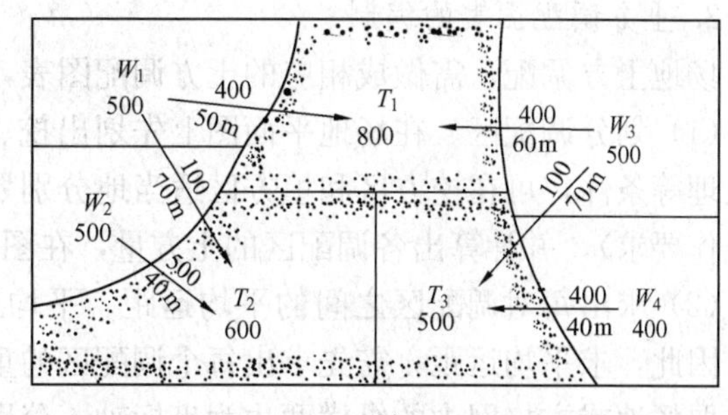

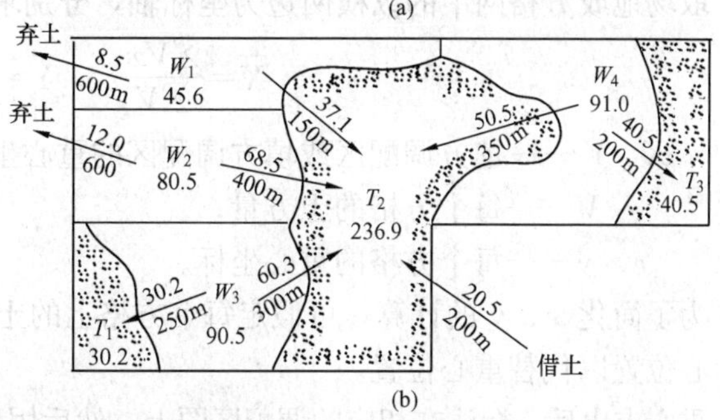

图 1-20　土方调配图

（a）场地内挖、填平衡的调配图［箭头上面的数字表示土方量（m³），箭头下面的数字表示运距］；（b）有弃土和借土的调配图［箭头上面的数字表示土方量（100m³），箭头下面的数字表示运距］

1. 土方调配原则

（1）应力求达到挖、填平衡和运距最短的原则。因为，这样做可以降低土方工程成本。但是，“我们必须学会全面地看问题”。有时仅局限于一个场地范围内的挖、填平衡，往往难以满足上述两个要求同时实现，因此，还需根据场地和周围地形条件综合考虑，必要时可以在填方区周围就近借土在挖方区周围就近弃土。

（2）土方调配应考虑近期施工与后期利用相结合的原则。当工程分批分期施工时，先期工程有土方余额应结合后期工程的需要来考虑其利用数量与堆放位置，以便就近调配。堆放位置的选择应为后期工程创造良好的工作面和施工条件，力求避免重复挖、运。如先期工程土方有欠额时，也可由后期工程地点挖取。

(3) 土方调配应采取分区与全场相结合来考虑的原则。分区土方的余额或欠额的调配，必须配合全场性的土方调配，不可只顾局部的平衡任意挖填而影响全局。

(4) 土方调配还应尽可能与大型地下建筑物的施工相结合。当大型建筑物位于填土地区而其又必须建造在天然地基上，或虽可建造在填土地基上而土方量较大时，为了避免土方的重复挖、填和运输，应将该区全部或部分地予以保留，待基础施工之后再行填土。为此，在填方保留区附近应有着相应的挖方保留区，或将附近挖方工程的余土按需要量合理堆放，以便就近调配。

(5) 选择恰当的调配方向、运输路线，使土方机械和运输车辆的功效能得到充分发挥。

总之，进行土方调配，必须根据现场的具体情况、有关技术资料、进度要求、土方施工方法与运输方法，综合考虑上述原则，并经计算比较，选择出经济合理的调配方案。

2. 土方调配图表的编制

场地土方调配，需做成相应的土方调配图表，以便施工中使用。其编制方法如下：

(1) 划分调配区。在场地平面图上先划出挖、填区的界线（即前述的零线），根据地形及地理等条件，可在挖方区和填方区适当地分别划分出若干调配区（其大小应满足土方机械的操作要求），并计算出各调配区的土方量，在图上标明，如图 1-20 所示。

(2) 求出每对调配区之间的平均运距。平均运距即挖方区土方重心至填方区重心的距离。因此，求平均运距，需先求出每个调配区的重心。其方法如下：

取场地或方格网中的纵横两边为坐标轴，分别求出各区土方的重心位置，即

$$\overline{X}=\frac{\sum Vx}{\sum V} \qquad \overline{Y}=\frac{\sum Vy}{\sum V}$$

式中 $\overline{X}$、$\overline{Y}$——挖方调配区或填方调配区的重心坐标；

V——每个方格的土方量；

x、y——每个方格的重心坐标。

为了简化 x、y 的计算，可假定每个方格上的土方是各自均匀分布的，从而用图解法求出形心位置以代替重心位置。

重心求出后，标注在相应的调配区图上，然后用比例尺量出每对调配区之间的平均运距。

(3) 画出土方调配图。在图上标出调配方向，土方数量及平均运距，如图 1-20 所示。

(4) 列出土方量平衡表。土方调配计算结果需列入土方量平衡表中。表 1-4 是图 1-20 (a) 所示调配方案的土方量平衡表。

表 1-4　　土方量平衡表

挖方区编号	挖方数量（m³）	填方区编号、填方区数量（m³）			
		T_1	T_2	T_3	合计
		800	600	500	1900
W_1	500	50 400	70 100		
W_2	500		40 500		
W_3	500	60 400		70 100	

续表

挖方区编号	挖方数量（m^3）	填方区编号、填方区数量（m^3）			
		T_1	T_2	T_3	合计
		800	600	500	1900
W_4	400			40 400	
合 计	1900				

注 表中土方数量栏右上角小方格内的数字系平均运距（有时可为土方的单位运价）。

第三节 基坑（槽）土方工程施工

一、施工准备工作

(1) 场地清理。包括清理地上和地下各种障碍物，如旧建筑，迁移树木，拆除或改建通信和电力设备，地下管线及建筑物，去除耕植物及河塘淤泥等。

(2) 地面水排除。场地积水将影响施工，必须将地面水或雨水及时排走，使场地保持干燥，以利施工，地面排水一般可采用排水沟、截水沟、挡水土坝等措施。

二、建筑物定位与放线

(一) 建筑物的定位

建筑物定位是通过施工测量将建筑总平面图规划设计的建筑物的平面位置和高程按设计要求，使用测量仪器按规定的方法和精度测设到地面上，并设置标志作为施工的依据。施工测量现场主要工作有长度的测设、角度的测设、建筑物细部点的平面位置的测设、建筑物细部点高程位置的测设及倾斜线的测设等。测角、测距和测高差是测量的基本工作。

平面控制测量必须遵循“由整体到局部”的组织实施原则，以避免放样误差的积累。大中型的施工项目，应先建立场区控制网，再分别建立建筑物施工控制网，以平面控制网的控制点为基础，测设建筑物的主轴线，根据主轴线再进行建筑物的细部放样；小规模或精度高的独立施工项目，可直接布设建筑物施工控制网。高程控制测量宜采用水准测量。

(二) 常用工程测量仪器的性能与应用

1. 水准仪

水准仪主要由望远镜、水准器和基座三个主要部分组成，是为水准测量提供水平视线和对水准标尺进行读数的一种仪器。水准仪的主要功能是测量两点间的高差 h，它不能直接测量待定点的高程 H，但可由控制点的已知高程来推算测点的高程；另外，利用视距测量原理，它还可以测量两点间的水平距离 D，但精度不高。水准仪测量时应整平，使圆气泡居中即可。

激光水准仪是在水准仪的望远镜上加装一只气体激光器而成。用激光水准仪测高程时，激光束在水准尺上显示出一个明亮清晰的光斑。可直接在尺上读数，既迅速又正确，减少了读数中可能发生的错误。另外，由于激光束射程较长，因此立尺点可距仪器更远，在平坦地区作长距离高程测量时，测站数较少，提高了测量的效率。在大面积的楼、地面抄平工作中，放一次仪器可以测量较大面积的高差，极为方便。自动安平激光水准仪测量时应整平，使圆气泡居中即可使用。

2. 经纬仪

经纬仪由照准部、水平度盘和基座三部分组成，是对水平角和竖直角进行测量的一种仪器。经纬仪的主要功能是测量两个方向之间的水平夹角 β。它还可以测量竖直角 α；借助水准尺，利用视距测量原理，还可以测量两点间的水平距离 D 和高差 h。经纬仪使用时应对中、整平，宜度盘归零。

激光经纬仪是在光学经纬仪的望远镜上加装一只激光器而成的。激光经纬仪除具有普通经纬仪的技术性能，可作一般常规测量外，又能发射激光，供作精度较高的角度坐标测量和定向竖直测量。

3. 全站仪

全站仪由电子经纬仪、光电测距仪和数据记录装置组成。全站仪在测站上一经观测，必要的观测数据如斜距、天顶距（竖直角）、水平角等均能自动显示，而且几乎是在同一瞬间内得到平距、高差、点的坐标和高程。如果通过传输接口把全站仪野外采集的数据终端与计算机、绘图机连接起来，配以数据处理软件和绘图软件，即可实现测图的自动化。

（三）建筑物的放线

建筑物的放线就是根据定位确定的轴线位置，用石灰划出基槽（坑）开挖的边线，基槽（坑）上口尺寸的确定应根据基础的设计尺寸和埋置深度、土壤类别及地下水情况，确定是否留工作面或放坡。工作面的留置要求为：砖基础不小于 150mm，混凝土及钢筋混凝土基础为 300mm。

三、土壁稳定

土壁的稳定主要是土体内摩阻力和黏结力来保持平衡的，当土体失去平衡，土壁就会引起塌方，这不仅会造成人身安全事故，同时还会影响基坑、基槽的开挖和基础的施工。

（一）土壁塌方的原因

根据工程实践调查分析，造成边坡塌方的主要原因有以下几点：

（1）边坡过陡，土体本身稳定性不够而产生塌方；

（2）基坑上边缘附近堆物过重，使土体中产生的剪应力超过土体的抗剪强度；

（3）地面水及地下水渗入边坡土体，使土体的自重增大，抗剪能力降低，从而产生塌方。

（二）防止边坡塌方的措施

1. 放足边坡

边坡的留置应符合规范的要求，其坡度大小，则应根据土壤的性质、水文地质条件、施工方法、开挖深度、工期的长短等因素而定。施工时应随时观察土壁变化情况。

2. 在边坡上堆土方或材料以及动荷载作用

在边坡上堆土方或材料以及使用施工机械时，应保持与边坡边缘有一定距离。当土质良好时，堆土或材料应距挖方边缘 0.8m 以外，高度不应超过 1.5m。在软土地区开挖时，应随挖随运，以防由于地面加荷引起的边坡塌方。

3. 做好排水工作

防止地表水、施工用水和生活废水浸入边坡土体，在雨期施工时，应更加注意检查边坡的稳定性，必要时加设支撑。

当基坑开挖完后，可采用塑料薄膜覆盖，水泥砂浆抹面、挂网抹面或喷浆等方法进行边坡坡面防护，可有效防止边坡失稳。

在土方开挖过程中，应随时观察边坡土体，当出现如裂缝、滑动等失稳迹象时，应暂停施工，必要时将施工人员和机械撤至安全地点。同时，应设置观察点，并对土体平面位移和沉降变化做好记录，随后与设计单位联系，研究相应的措施，如采用排水、支挡、减重减压和护坡等方法进行综合治理。也可采用通风疏干、电渗排水、爆破灌浆、化学加固等方法，改善滑动带岩土的性质，以稳定边坡，确保土壁的稳定性。

四、基坑开挖与支护

基坑支护与土方开挖施工必须按《危险性较大的分部分项工程安全管理办法》（建质〔2009〕87号文）的规定执行。开挖深度超过3m（含3m）或虽未超过3m但地质条件和周边环境复杂的基坑（槽）支护；开挖深度超过3m（含3m）的基坑（槽）的土方开挖工程，属于危险性较大的分部分项工程范围。开挖深度超过5m（含5m）的基坑（槽）的土方开挖、支护工程，以及开挖深度虽未超过5m，但地质条件、周围环境和地下管线复杂，或影响毗邻建筑（构筑）物安全的基坑（槽）的土方开挖、支护工程，属于超过一定规模的危险性较大的分部分项工程范围。

土方开挖的顺序、方法必须与设计要求相一致，并遵循“开槽支撑，先撑后挖，分层开挖，严禁超挖”的原则。基坑边界周围地面应设排水沟，对坡顶、坡面、坡脚采取降排水措施。

（一）浅基坑的开挖

（1）浅基坑开挖，应先进行测量定位，抄平放线，定出开挖长度，按放线分块（段）分层挖土。根据土质和水文情况，采取在四侧或两侧直立开挖或放坡，以保证施工操作安全。

当土质的天然湿度、构造、水文地质条件良好（即不会发生坍滑、移动、松散或不均匀下沉），且无地下水时，开挖基坑可不必放坡，采取直立开挖不加支护，但挖方深度、基坑长度应稍大于基础长度。超过一定的深度，应根据土质和施工具体情况进行放坡，以保证不塌方。放坡后基坑上口宽度由基坑底面宽度及边坡坡度来决定，坑底宽度每边应比基础宽出15～30mm，以方便施工操作。

（2）当开挖基坑土体含水量大而不稳定，或基坑较深，或受到周围场地限制而需用较陡的边坡或直立开挖而土质较差时，应采用临时性支撑加固。挖土时，土壁要求平直，挖好一层及时进行支护。开挖宽度较大的基坑，当在局部地段无法放坡，或下部土方受到基坑尺寸限制不能放较大坡度时，应在下部坡脚采取加固措施，如采用短桩与横隔板支撑或砌砖、毛石，或用编织袋、草袋装土堆砌成临时矮挡土墙，保护坡脚。

（3）基坑开挖程序一般是：测量放线→分层开挖→排降水、修坡→整平→留足预留土层等。相邻基坑开挖时，应遵循先深后浅或同时进行的施工程序。挖土应自上而下水平分段分层进行，边挖边检查坑底宽度及坡度，不够时及时修整至设计标高，再统一进行修坡清底，检查坑底宽度和标高，要求坑底凹凸不超过2.0cm。

（4）基坑开挖应尽量防止对地基土的扰动。当用人工挖土，基坑挖好后不能立即进行下道工序时，应预留15～30cm厚土不挖，待下道工序开始再挖至设计标高。采用机械开挖基坑时，为避免破坏基底土，应在基底标高以上预留一层由人工挖掘修整。使用铲运机、推土机时，保留土层厚度为15～20cm。使用正铲、反铲或拉铲挖土时为20～30cm。

（5）在地下水位以下挖土，应在基坑四周挖好临时排水沟和集水井，或采用井点降水，将地下水位降低至坑底以下500mm，以利挖方进行。降水工作应持续到基础（包括地下水位下回填土）施工完成。

(6) 雨期施工时，基坑应分段开挖，挖好一段浇筑一段垫层，在基坑四周围以土堤或挖排水沟，以防地面雨水流入基坑内；同时，应经常检查边坡和支撑情况，以防止坑壁受水浸泡，造成塌方。

(7) 基坑开挖时，应对平面控制桩、水准点、基坑平面位置、水平标高、边坡坡度等经常复测检查。

(8) 基坑挖完后应进行验槽，做好记录；如发现地基土质与地质勘探报告、设计要求不符时，应与有关人员研究及时处理。

(二) 浅基坑的支护

(1) 斜柱支撑：水平挡土板钉在柱桩内侧，柱桩外侧用斜撑支顶，斜撑底端支在木桃上，在挡土板内侧回填土。适用于开挖较大型、深度不大的基坑或使用机械挖土时。

(2) 锚拉支撑：水平挡土板支在柱桩的内侧，柱桩端打入土中，另一端用拉杆与锚桩拉紧，在挡土板内侧回填土。适用于开挖较大型、深度不大的基坑或使用机械挖土，不能安设横撑时使用。

(3) 型钢桩横挡板支撑：沿挡土位置预先打入钢轨、工字钢或 H 型钢桩，间距 1.0～1.5m，然后边挖土方，边将 3～6cm 厚的挡土板塞进钢桩之间挡土，并在横向挡板与型钢桩之间打上楔子，使横板与土体紧密接触。适用于地下水位较低、深度不很大的一般黏性或砂土层中使用。

(4) 短桩横隔板支撑：打入小短木桩或钢桩，部分打入土中，部分露出地面，钉上水平挡土板，在背面填土夯实。适用于开挖宽度大的基坑，当部分地段下部放坡不够时使用。

(5) 临时挡土墙支撑：沿坡脚用砖、石叠砌或用装水泥的聚丙烯编织袋、草袋装土、砂堆砌，使坡脚保持稳定。适用于开挖宽度大的基坑，当部分地段下部放坡不够时使用。

(6) 挡土灌注桩支护：在开挖基坑的周围，用钻机或洛阳铲成孔，桩直径为 400～500mm，现场浇筑钢筋混凝土桩，桩间距为 1.0～1.5m，在桩间土方挖成外拱形使之起土拱作用。适用于开挖较大、较浅（<5m）基坑，邻近有建筑物，不允许背面地基有下沉、位移时采用。

(7) 叠袋式挡墙支护：采用编织袋或草袋装碎石（砂砾石或土）堆砌成重力式挡墙作为基坑的支护，在墙下部砌 500mm 厚块石基础，墙底宽由 1500～2000mm，顶宽适当放坡卸土 1.0～1.5m，表面抹砂浆保护。适用于一般黏性土、面积大、开挖深度应在 5m 以内的浅基坑支护。

(三) 深基坑土方开挖

在深基坑土方开挖前，要制订详细的挖土施工方案。当施工现场通过放坡及加设临时支撑已经不能满足施工需要时，一般采用支护结构进行临时支挡，以保证基坑的土壁稳定。

(1) 深基坑工程的挖土方案，主要有放坡挖土、中心岛式（也称墩式）挖土、盆式挖土和逆作法挖土。前者无支护结构，后三种皆有支护结构。

(2) 防止深基坑挖土后土体回弹变形过大。施工中应采取减少基坑回弹变形的有效措施，设法减少土体中有效应力的变化，减少暴露时间，并防止基底浸水。因此，在基坑开挖至设计标高后，尽快浇筑垫层和底板。必要时，可对基础结构下部土层进行加固。

(3) 防止边坡失稳。在基坑开挖过程中，由于土质松软，开挖次序、方法不当，而造成边坡局部或大面积失稳。因此，基坑开挖时应均匀、分层、分段，放足边坡，采取相应措施以确保边坡稳定。

(4) 防止桩位移和倾斜。打桩完毕后基坑开挖，应制定合理的施工顺序和技术措施，防止桩的位移和倾斜。如果打桩后紧接着开挖基坑，由于开挖时的应力释放，再加上挖土高差形成一侧卸荷的侧向推力，土体易产生一定的水平位移，使先打设的桩易产生水平位移。在软土地区施工时，这种事故已屡有发生，值得重视。为此，在群桩基础桩打设后，宜停留一定时间，并用降水设备预抽地下水，待土中由于打桩积聚的应力有所释放，孔隙水压力有所降低，被扰动的土体重新固结后，再开挖基坑土方。而且土方的开挖宜均匀、分层，尽量减少开挖时的土压力差，以保证桩位正确和边坡稳定。

(5) 配合深基坑支护结构施工。挖土方式影响支护结构的荷载，要尽可能使支护结构均匀受力，减少变形。为此，要坚持采用分层、分块、均衡、对称的方式进行挖土。

(四) 大面积深基坑支护

高层建筑基础比较复杂，按其功能要求分为箱基、筏基两大类。箱基主要解决承载力不足问题，住宅建筑多采用箱基，埋深约 5m。商业建筑地下部分因供停车或营业需要，一般采用框架柱厚筏结构。地下两层，埋深 10m 左右。由于用地紧张，常常用足规划用地将各栋建筑的地下部分连成一片，形成大底盘。这就出现了大面积深基坑支护新的技术问题，其特点如下：

(1) 由于场地狭窄，放坡法使用条件受到限制，目前主要的支护方法为钢板桩、柱列式钢筋混凝土桩、连续墙等。对方形或圆形基坑采用拱圈。为提高支护能力，增设单层和多层锚杆或设水平支撑，如图 1-21 所示。基坑开挖要实行位移监测，确保场外道路及管道设施的安全。

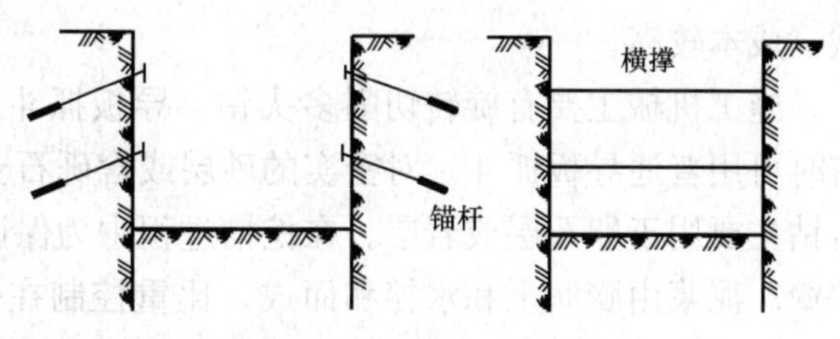

图 1-21 深基坑支护示意

(2) 利用深层搅拌法（或注浆法）加固基坑四周土体，使其成为具有低强度的防水帷幕，或直接用做护坡；或与钢筋混凝土柱列桩连用，组成防水支挡结构代替造价较高的连续墙；在软土地区可用来加固被动区土体，增加支护结构的稳定性，杜绝流砂管涌，为施工现场干作业创造条件。

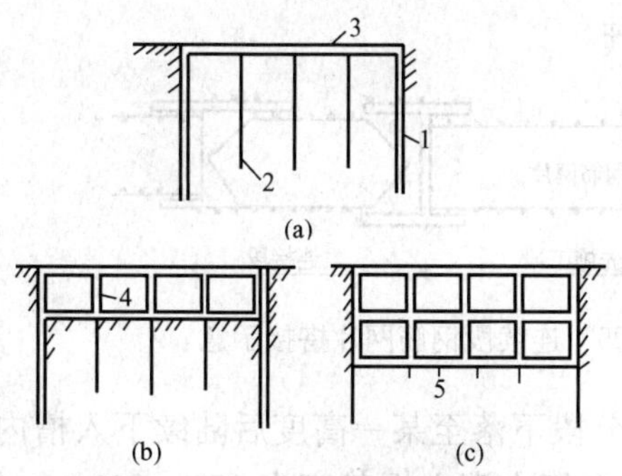

图 1-22 逆作法施工程序图

(a) 先做第一层楼面，并开始挖下层土；
(b) 做好柱及第二层楼面，开始挖下层土；
(c) 完成第二层柱及浇筑底板

1—连续墙；2—钢构柱或钢筋混凝土柱；3—楼面板；4—钢筋混凝土柱；5—底板

(3) 逆作法施工技术日益被重视。大家知道在城市内施工场地狭窄，不仅没有可能放坡，甚至施工场地也受限制，加之施工支挡可用地下室永久结构代替，各层楼板可做施工之用，并可缩短工期、节约造价。由于这些优点，自 20 世纪 70 年代已开始实行逆作法施工。逆作法的施工与正常基坑施工相反，先施工上层地下室，再施工下层地下室，最后浇筑底板。原有连续墙或柱列式钢筋混凝土桩可作为地下室的临时外墙。施工时按柱网排列，先做钢骨临时支柱，如图 1-22 所示。在地面上做最上层楼面结构。浇筑过程中预留车道、出土口，便于

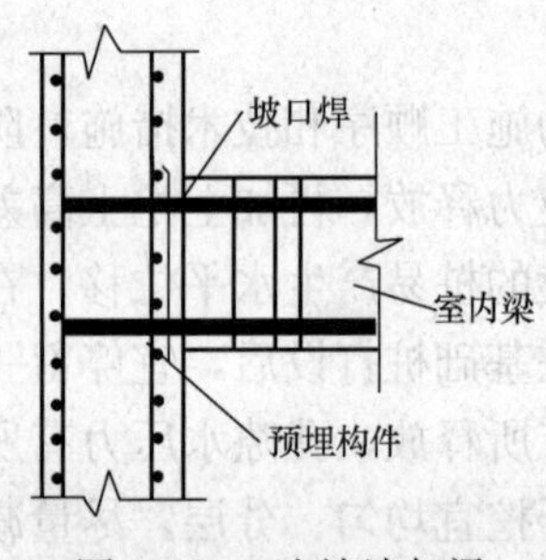

图 1-23 连续墙与梁板连接示意

挖出第一层楼面下的土方。挖完土方后，继续做第二层楼面，并浇筑钢筋混凝土柱。原有钢骨（型钢或钢管）留在柱内，便于柱、梁、板的连接。按此顺序施工，至浇完底板为止。关于梁与连续墙的连接，可在连续墙的钢筋网上的相应位置预埋构件以便焊接，如图 1-23 所示。

由于逆作法施工稳定、节省材料与工期，并解决了施工场地不足的问题，在城市中不仅用于高层建筑地下室，还用作地下车站施工，效果很好。唯一的要求在于提高施工技术，组织各工种统一步调，密切协作，才能保证质量。下面简要地介绍地下连续墙、柱列式灌注桩、锚杆、土钉墙等先进支护技术施工要点。

1. 地下连续墙（简称连续墙）

地下连续墙直接在地下利用大型机械挖槽，然后浇灌成钢筋混凝土墙体。壁厚 400～1200mm，挖掘深度一般为 30～40m，最多达 120m。开始用于防渗，逐渐发展到地下室挡土，目前已将挡土与地下室墙合一。其优点是结构整体性好、刚度大，壁厚超过 600mm 即可防渗，可在狭窄地区不用放坡完成各种形状的地下挡土墙。可做成直线的，也可做成加肋的，或做成墙柱合一的形式。施工无噪声。挖深愈大，其优越性愈显著。缺点是需用专用机械，成本较高。

施工机械主要有旋转切削多头钻、导板抓斗、冲击钻等。对土质较软、深度在 15m 左右时可用普通导板抓斗。对密实的砂层或含砾石土可选用多头钻或加重型液压导板抓斗。冲击钻主要用于卵石层或岩层。在挖槽过程中为保证槽壁不塌，需采取两条措施：第一，泥浆护壁。泥浆由膨润土和水拌和而成，比重控制在 1.1～1.2。利用泥浆比重防止地下水流入槽内及平衡槽壁压力，还兼有使土渣悬浮易于排出的作用。第二，槽长不能过长，过长可能发生槽壁坍塌。每次施工槽长一般控制在 5～8m，采用分段挖槽、分头浇灌、逐段连续施工工序，如图 1-24 所示。先完成 1、2、3 段连续墙，再施工 4、5 段。接头施工要求较严，要保证不漏水，并满足钢筋搭接长度，否则连续墙的整体作用就不能实现。施工中不同的施工单位各有其处理方法，如图 1-25 所示为其中的一种。

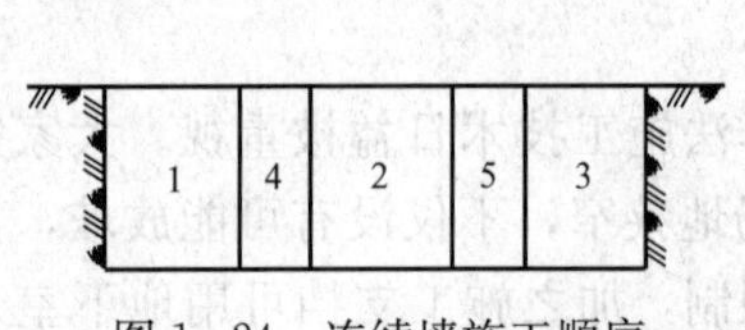

图 1-24 连续墙施工顺序

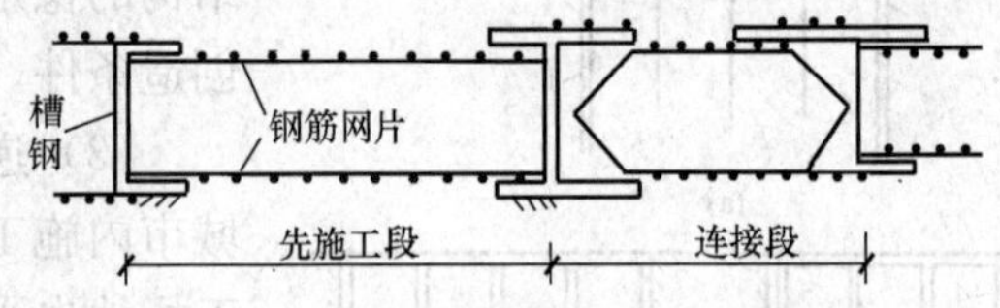

图 1-25 连续段钢筋网片搭接示意

钢筋片绑扎后，根据其重量采取成片下入槽内或分段下落至某一高度后陆续下入槽内。混凝土灌注采用套管法，先下套管，管端部有球塞，在管内灌入坍落度为 150～200mm 的混凝土，徐徐拔管，混凝土在自重下排出球塞，沉入槽底，排开泥浆，不需振捣，即可达到需要的密实度。

2. 柱列式灌注桩

柱列式灌注桩是以直径为 800～1200mm 的钢筋混凝土灌注桩为立柱，配合土锚杆或横向支撑以减少桩身弯矩的挡土结构。它的优点是可使用钻孔机械，按通常灌注桩施工方法施

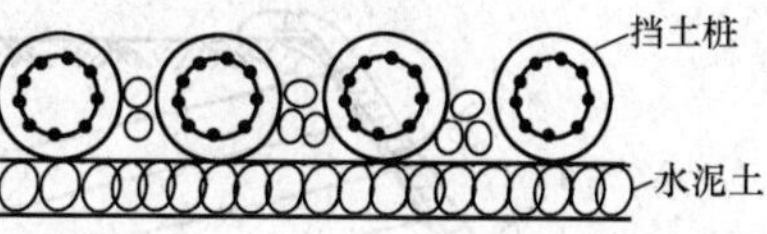

图 1-26 桩—水泥土复合体示意

工。在地下水位较低时还可用人工挖孔，施工简便，造价较低，无噪声；其缺点是整体性能较差，无防水能力。因此必须在桩顶做断面较大的圈梁，以增强其整体性。采用降水，或用水泥搅拌桩，组成具有一定强度的防渗墙，如图 1-26 所示。采用土锚杆或横向支撑时还需加纵向环梁，一般用工字钢，其尺寸需通过计算确定。待地下室施工完成后可以拆除。

柱列灌注桩的净距一般为 200～500mm，根据土的抗剪强度及开挖深度确定。

目前采用柱列式灌注桩作为地下基坑支护的施工方法较为普遍。一是因施工简便易行，二是它适合 2～3 层地下室施工要求，从综合指标分析，可能是最佳方案。

在国外还有柱列式 H 型钢桩挡土结构。在型钢之间插入木挡板作为挡土，完工后拔出，但重复使用率较低，造价较高。H 型钢桩最大的优点是便于逆作法施工，室内梁板钢筋与挡土桩的连接问题可通过焊接解决。

3. 土锚杆

土层锚杆，简称土锚杆，是在地面或深开挖的地下室墙面或基坑立壁未开挖的土层钻孔，达到设计深度后，在孔内放入钢筋或其他抗拉材料，灌入水泥浆使土层结合成为抗拉力强的锚杆。为了均匀分配传到连续墙或柱列式灌注桩上的土压力，减少墙、柱的水平位移和配筋，一端采用锚杆与墙、柱连接，另一端锚固在土层中，用以维持坑壁的稳定。如图 1-27 所示为锚杆示意图。它由三部分组成：头部连接、拉杆、锚固体。

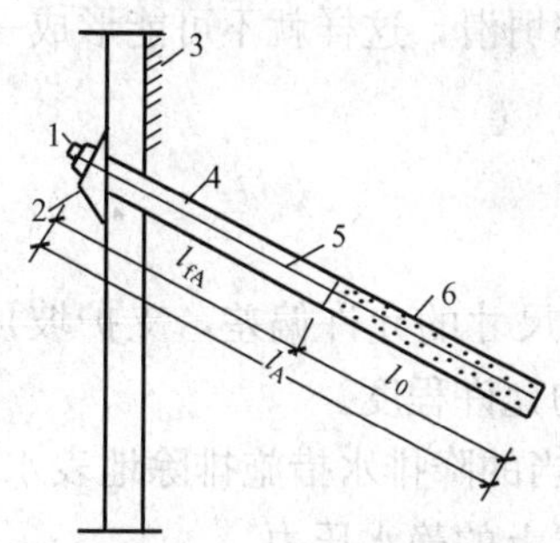

图 1-27 土层锚杆示意图
1—锚头；2—锚头垫座；3—支护；4—钻孔；5—拉杆；6—锚固体；l_0—锚固段长度；l_{fA}—非锚固段长度；l_A—锚固长度

施工机械有冲击式钻机、旋转式钻机及旋转式冲击钻机等。冲击式钻机适用于砂石层地层，旋转式钻机可用于各种地层。它靠钻具旋转切削钻进成孔，也可加套管成孔。

锚杆承受拉力，一般采用螺纹钢、钢绞线等强度高、延伸率大、疲劳强度高的材料。永久性锚杆尚需进行防腐处理。

土锚杆的施工程序为：钻孔→安放拉杆→灌浆→养护→安装锚头→张拉锚固和挖土。施工过程中，首先要掌握打孔质量，包括位置、斜度及深度。当锚杆达到预定位置后，开始加压灌浆。通常采用水泥浆和水泥砂浆，水泥砂浆比为 1∶1～1∶0.5。基坑锚杆压浆只有在锚固段进行。利用压浆塞封住段口，并在压力下使锚固段锚杆与土之间砂浆凝固，养护 7 天后即可进行张拉实验，确认达到设计压力后才最后固定。

在淤泥质软黏土中，锚杆砂浆稳固能力很差，一般不采用锚杆来解决边坡稳定问题，而用内撑支挡。支挡结构种类很多，最重要的设计原则是保证支护结构的稳定性，要考虑足够的安全度。

锚杆与支撑两者的作用相同。锚杆便于施工开挖，但造价较高；支撑便于监测，易于控制，施工开挖较困难。决定的因素还是开挖深度、土质强弱、周围有无建筑或管道等。

4. 土钉墙

土钉加固技术是在土体内嵌入一定长度和分布密度的土钉体，如图 1-28 所示。与土共

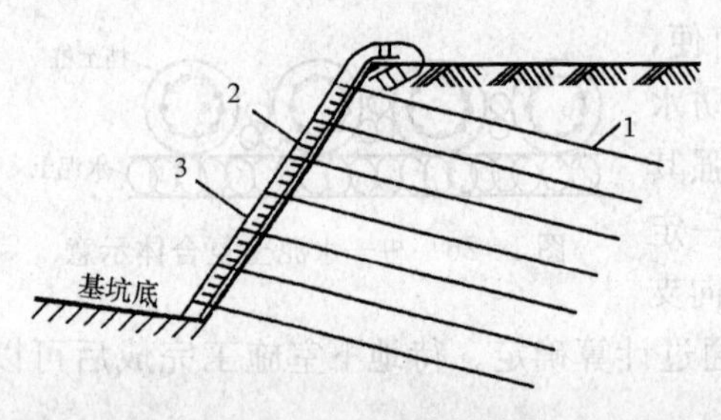

图 1-28 土钉墙的构造

1—土钉；2—铺设钢筋网；3—喷射混凝土面层

同作用，用以弥补土体自身强度的不足。它不仅提高了土体整体刚度，增加了边坡的稳定性，使基坑开挖的坡面保持稳定，而且弥补了土体的抗拉和抗剪强度低的弱点，通过相互作用，土体自身结构强度的潜力得到充分发挥，显著提高了整体稳定性。

土钉墙适用于地下水低于土坡开挖段或经过降水措施后使地下水位低于开挖层的情况。为了保证土钉墙的施工，土层在分阶段开挖时，应能保持自身稳定。为此，土钉适用于有一定黏结性的杂填土、黏性土、黄土类土及含有 30% 以上黏土颗粒的砂土边坡。此外，当采用喷射混凝土面层或坡面浅层注浆等稳定坡面措施，能够保证每一边坡台阶的自身稳定时，也可采用土钉支护体系作为稳定砂土边坡的方法。

当然，土钉技术在应用上也有其一定的局限性：土钉墙施工时一般要先开挖土层 1～2m 深，在喷射混凝土和安装土钉前需要在无支护情况下稳定几个小时，因此土体必须要有一定的“黏聚力”，否则需先进行灌浆处理，使造价增加和施工复杂。另外，土钉墙施工时要求坡面无水渗出。若地下水从坡面渗出，则开挖后坡面会出现局部坍滑，这样就不可能形成一层喷射混凝土面。

土钉墙的施工操作程序如下：

(1) 施工准备：

1) 了解工程质量要求和施工监测内容与要求，如基坑支护尺寸的允许偏差，支护坡顶的允许最大变形，对邻近建筑物、道路、管线等环境安全影响的允许程度。

2) 土钉支护宜在排除地下水的条件下进行施工。应采取恰当的降排水措施排除地表水、地下水，以避免土体处于饱和状态，有效减小或消除作用于面层上的静水压力。

3) 确定基坑开挖线、轴线定位点、水准基点、变形观测点等，并妥善保护。

4) 制定基坑支护施工组织设计，周密安排好支护施工与基坑土方开挖、出土等工序的关系，使支护与开挖密切配合，力争达到连续快速施工。

5) 选用材料：主要包括土钉钢筋、水泥、砂、外加剂等。水泥应优先选用普通硅酸盐水泥，砂选用中粗砂，干净的圆砾，粒径 2～4mm，外加剂等。

6) 施工机具准备：钻孔机具、空气压缩机、混凝土喷射机、灌浆泵、混凝土搅拌机等。

(2) 土钉墙支护结构施工工艺：

1) 开挖工作面。土钉墙开挖应分段分层进行，分层开挖深度主要取决于与暴露坡面的“直立”能力。基坑开挖和土钉墙施工应按设计要求自上而下分段分层进行。考虑到土钉施工设备，分层开挖至少要 6m 宽。开挖长度取决于交叉施工期间能保持坡面稳定的坡面面积。当要求变形小时，开挖可按两段长度分先后施工，纵向长度一般为 10m。

在机械开挖后，应辅以人工修整坡面，坡面平整度允许偏差为±20mm，在坡面喷射混凝土支护之前，坡面虚土应予以清除。

2) 喷射混凝土。通常为了防止土体松弛和崩解，必须尽快做第一层喷射混凝土，厚度不宜小于 40～50mm。所用的混凝土水泥最少含量为 400kg/m^3，并建议每 100m^2 设置一个控制“格”或“盒”，以控制现场混凝土的浇筑质量。当不允许产生裂缝时，加强养护特别重要。

3）设置土钉。土钉施工包括定位、成孔、设置钢筋、注浆等工序。钻孔工艺和方法与土层条件、施工单位的设备和经验有关。

4）铺设钢筋网。钢筋网应在喷射第一层混凝土后铺设，钢筋与第一层喷射混凝土的间隙不小于20mm。采用双层钢筋网时，第二层钢筋网应在第一层钢筋网被覆盖后铺设，另外钢筋网与土钉应连接牢固。

5）设置排水系统。施工时应提前沿坡顶挖设排水沟排除地表水，并在第一段开挖喷射混凝土期间可用混凝土做排水沟覆面。

五、施工排水

在土方开挖过程中，当基坑（槽）底面位于地下水位以下时，土的含水层被切断，地下水会不断地渗入基坑。雨季施工时，地面水也会流入基坑，为了保证施工的正常进行，施工排水常采用明沟排水法和人工降低地下水位法。

（一）明沟排水法

明沟排水法是在基坑（槽）开挖过程中，当基底挖至地下水位以下时，沿基坑四周挖一定坡度的排水沟，设集水井，使地下水沿沟流入井内，然后用水泵抽走。抽水工作应持续到基础工程施工完毕进行回填土时才能停止，如图1-29所示。在建筑工地上，基坑排水用的水泵主要有离心泵、潜水泵和软轴水泵等。

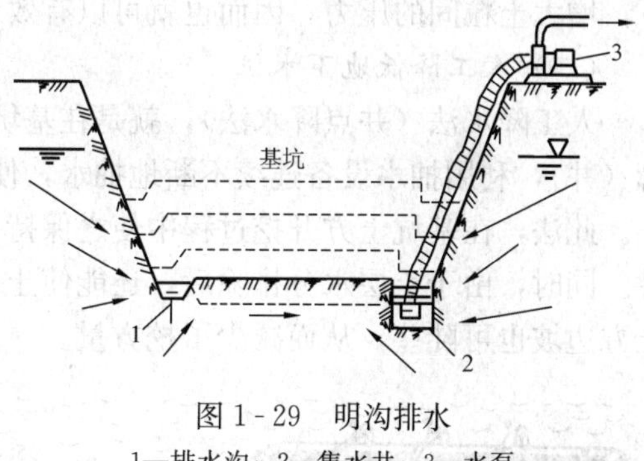

图1-29 明沟排水
1—排水沟；2—集水井；3—水泵

集水井应该设置在基坑范围以外，地下水流的上游。根据地下水流量、基坑平面形状及水泵的性能，集水井每隔20～40m设置一个，集水井的宽度一般为0.6～0.8m，深度保持低于挖土面0.8～1.0m，挖至设计标高后，井底应低于坑底1～2m，并铺设碎石滤水层，以免在抽水时将泥砂抽出，并防止井底土被扰动。排水沟一般设置在基坑周围或基槽的一侧或两侧。水沟截面应考虑基坑排水及邻近建筑物的影响，一般排水沟深度为0.5～0.8m，最小0.4m，宽度等于或大于0.4m，水沟的边坡为1∶1～1∶0.5，排水沟应有2‰～5‰的最小纵向坡度，使水流不致阻滞而淤塞。

排水沟和集水井应随挖土加深而加深，以保持水流畅通。明沟排水法设备简单，使用广泛。但当地下水位较高涌水量较大或土质为细砂或粉砂，易产生流砂，边坡塌方及管涌等现象，影响正常施工，甚至会引起附近建筑下沉，此时应采用人工降低地下水位。

当基底挖至地下水位以下时，有时坑底土会成流动状态，随地下水涌入基坑，这种现象称为流砂现象。发生流砂现象时，土完全丧失承载力，工人难以立足，土边挖边冒，难以达到设计深度，流砂严重时会引起基坑边坡塌方，附近建筑物因地基被掏空而下沉、倾斜，甚至倒塌。因此，流砂现象如果不能控制将对土方施工和附近建筑物产生很大的危害。

流砂现象产生的原因是由于地下水的水力坡度大，即动水压力大，而且动水压力的方向与土的重力方向相反，土悬浮于水中，并随地下水一起流动。动水压力指的是流动中水对土产生的作用力，这个力的大小与水位差成正比，与水流的路径成反比，与水流的方向相同。

因此，防治流砂现象的主要途径是使动水压力方向朝下和平衡或减小动水压力，其防治措施主要有：

(1) 选择在全年最低水位季节施工。因为地下水位低，坑里坑外水位差小，所以动水压力减小，也就不易产生流砂现象，至少可以减轻流砂现象。

(2) 抛大石块。往坑底抛大石块，可增加土体的压重，减小或平衡动水压力。采用此法时应组织土方的抢挖，使挖土速度大于冒砂速度，挖至标高后应立即铺草袋等并抛大石块把砂压住。

(3) 打钢板桩。沿基坑外侧打入超过基底以下深度的钢板桩，可以增加水流的路径，减小动水压力，同时可以改变水流的方向，使之向下从而达到防治流砂的目的，但施工成本较高。

(4) 采用化学压力注浆或高压水泥注浆，固结基坑周围粉砂使之形成防渗帷幕。

(5) 人工降低地下水位。使地下水位降低至基坑底下 0.5m 以下，使地下水流方向朝下，增大土粒间的压力，因而也就可以有效地制服流砂现象。此法运用广泛。

(二) 人工降低地下水位

人工降水法（井点降水法），就是在基坑开挖前，预先在基坑四周埋设一定数量的滤水管（井），利用抽水设备连续不断地抽水，使地下水位降至基底以下，直至基础施工完毕为止。此法，在基坑土方开挖过程中使之保持干燥，从根本上消除了流砂现象，改善了工作条件。同时，由于土层水分排除后，还能使土密实，增加地基土的承载能力。在基坑开挖时，土方边坡也可陡些，从而减少了挖方量。

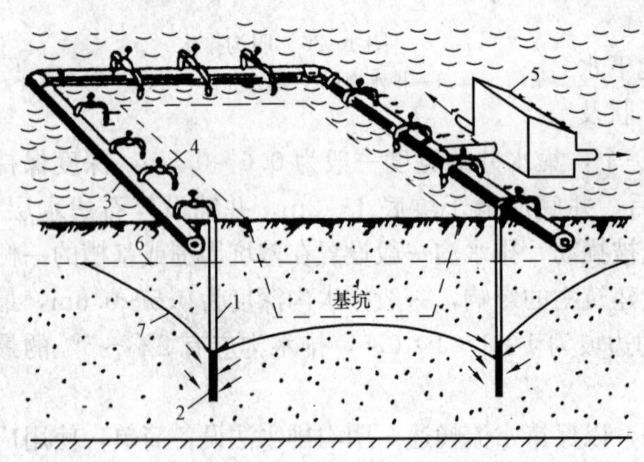

图 1-30　轻型井点法降低地下水位全貌图

1—井点管；2—滤管；3—总管；4—弯联管；5—水泵房；6—原地下水位；7—降水后水位

人工降水法有：轻型井点、喷射井点、电渗井点、管井井点及渗井井点等。施工时可根据土层的渗透性，要求降低水位的深度、设备条件及经济比较等因素确定，必要时应组织专家论证其可行性。在实际工程中，一般轻型井点应用广泛，下面介绍这类井点。

1. 轻型井点的主要设备

轻型井点的设备包括管路系统和抽水设备两部分，如图 1-30 所示。

(1) 管路系统包括滤管、井点管、弯联管及总管等。

滤管为进水口，如图 1-31 所示。采用长度 1.0～1.5m，直径为 38～55mm 的无缝钢管，管壁钻有直径为 12～18mm 梅花形的滤孔。管壁外包两层滤网，内层为细滤网，采用 3～5 孔/mm² 黄铜丝布或生丝布，外层为粗滤网，采用 0.8～1 孔/mm² 的铁丝丝布或尼龙布。为使水流畅通，在管壁与滤网间用铁丝或塑料管隔开，滤网外面再绑一层粗铁丝保护网，滤管下端为一铸铁塞头，滤管上端与井点管连接。

井点管为直径 38～51mm，长 5～7m 的钢管。井点管上端通过弯联管与总管连接。集水总管为直径100～127mm的钢管，每段长4m，其上装有间距0.8m或1.2m的短接头，并用皮管或塑料管与井点管连接。

(2) 抽水设备由真空泵、离心泵和集水箱（又叫水气分离器）等组成。工作时先开动真空泵，集水箱内部形成一定程度的真空，使地下水及空气受真空吸力的作用沿总管进入集水箱。当集水箱内的水达到一定高度时，开动离心水泵将集水箱内的水排出。

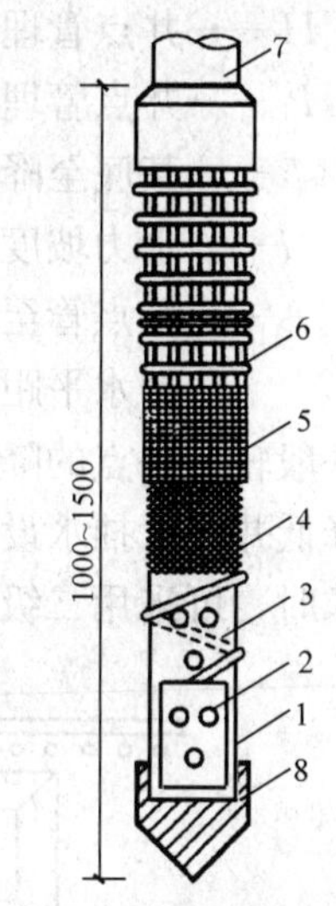

图1-31　滤管构造

1—钢管；
2—管壁上的小孔；
3—塑料管；
4—细滤网；
5—粗滤网；
6—粗铁丝保护网；
7—井点管；
8—铸铁头

2. 轻型井点的布置

轻型井点的布置应根据基坑大小与深度、土质、地下水位高低与流向、降水深度与要求及设备条件等确定。

(1) 平面布置。包括确定井点布置形式、总管的长度、井点管数量、水泵数量及位置等。根据基坑（槽）形状，轻型井点可采用单排布置、双排布置及环状布置，如图1-32～图1-34所示。单排布置适用于基坑（槽）宽度小于6m，且降水深度不超过5m的情况。井点布置在地下水流向的上游一侧，其两端的延伸长度一般不宜小于坑（槽）的宽度；双排布置适用于基坑（槽）大于6m或土质不良的情况；环形布置适用于基坑面积较大的情况。

井点管距离基坑壁一般不小于1.0m，井点管的间距应根据土质、降水深度、工程性质等确定，通常为0.8、1.2、1.6m或2.0m。

一套抽水设备的负荷长度（即集水总管长度）一般为100～120m，泵的位置应在总管长度的中间。若采用多套抽水设备时，井点系统要分段，每段长度应大致相等，分段的位置应选在基坑拐弯处，以减少总管弯头数量，提高水泵抽吸能力。

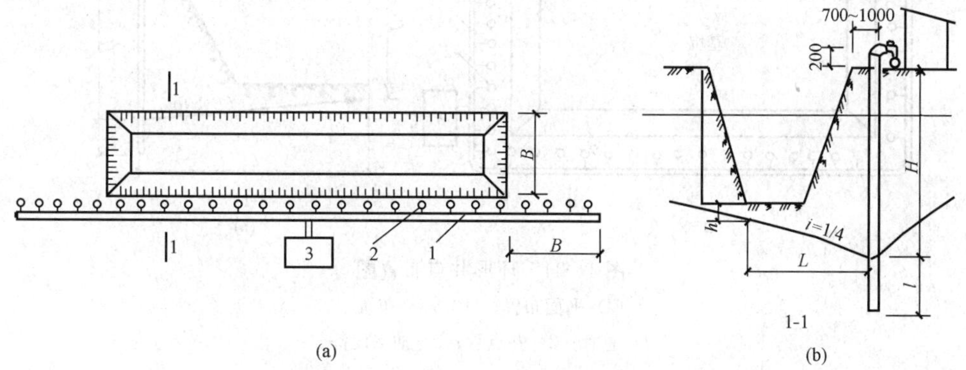

图1-32　单排线状井点的布置

(a) 平面布置；(b) 高程布置

1—总管；2—井点管；3—抽水设备

(2) 高程布置。确定井点管的埋设深度，即滤管上口至总管埋设面的距离，如图1-38所示，可按下式进行计算

$$H \geqslant H_1 + h + iL \qquad (1-16)$$

式中 H——井点管埋深，m；

H_1——井点管埋设面至基坑底的距离，m；

h——基底至降低后的地下水位线的距离，一般为 0.5～1m；

i——水力坡度，环状井点为 1/10，单排井点为 1/5～1/4，双排井点为 1/7；

L——井点管至水井中心的水平距离，当井点管为单排布置时，L 为井点管至边坡脚的水平距离，m。

一般轻型井点的降水深度在管壁处达 6～7m。当按上式计算出的 H 值大于 6～7m 时，则应降低井点管抽水设备的埋置面，以适应降水深度的要求。当一级轻型井点达不到降水深度要求时，可采用二级井点。

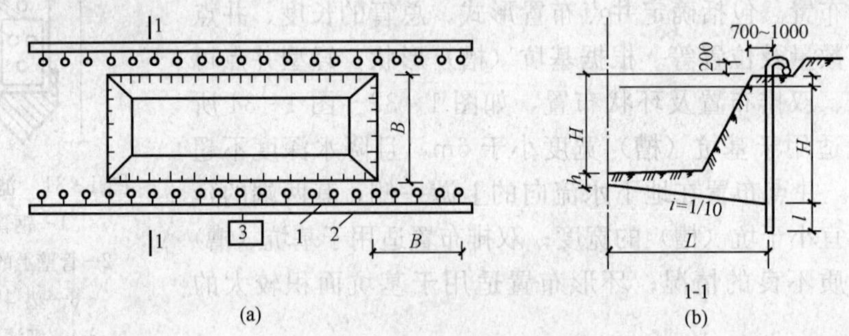

图 1-33 双排线状井点布置图

(a) 平面布置；(b) 高程布置

1—井点管；2—总管；3—抽水设备

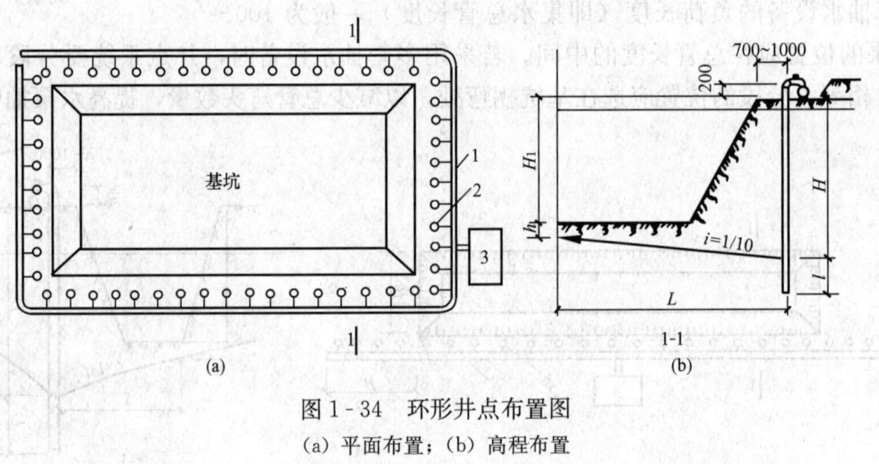

图 1-34 环形井点布置图

(a) 平面布置；(b) 高程布置

1—总管；2—井点管；3—抽水设备

3. 轻型井点的计算

轻型井点计算的目的，是求出在规定的水位降低深度下，每天排出的地下水流量，从而确定井点管的数量、间距，并确定抽水设备等。

轻型井点计算由于受水文地质和井点设备等不易确定因数的影响，要想计算出准确的结果十分困难。根据工程实践积累的经验资料分析，按水井理论进行计算，比较接近实际。

根据井底是否达到不透水层，水井可分为完整井与不完整井，即当井底到达含水层下面的不透水层顶面的井称为完整井，否则称为不完整井。根据地下水有无压力，又分为承压井与无压井，各类水井如图 1-35 所示。各类水井的涌水量计算方法不同，其中以无压完整井的理论较为完善。

(1) 涌水量的计算：对于无压完整井的环状井点系统，如图 1-36 (a) 所示。其涌水量计算公式为

$$Q=1.366K\frac{(2H-s)s}{\lg R-\lg y_0} \tag{1-17}$$

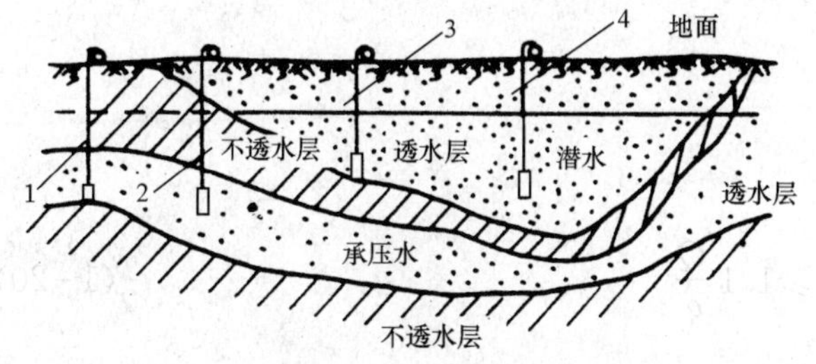

图 1-35 水井的分类

1—承压完整井；2—承压不完整井；3—无压完整井；4—无压不完整井

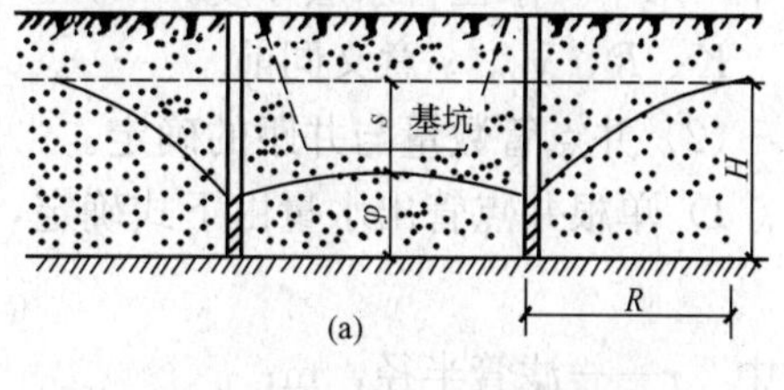

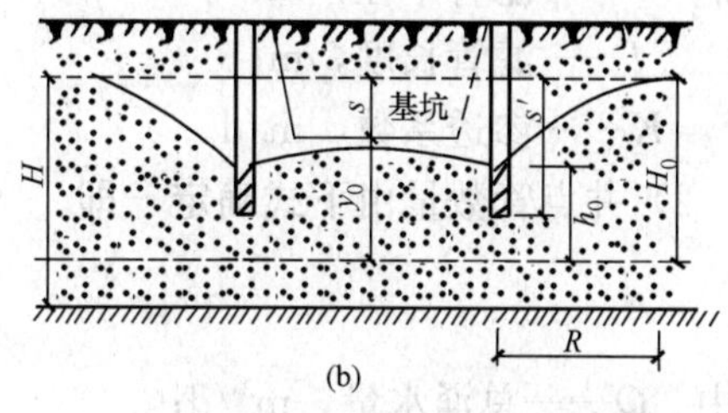

图 1-36 环状井点涌水量计算简图

(a) 无压完整井；(b) 无压不完整井

$$R=1.95s\sqrt{H_0K}$$

对于矩形基坑，当长宽比≤5 时可按下式计算

$$y_0=\sqrt{A/\pi}$$

式中 Q——井点系统的涌水量，m^3/d；

K——土的渗透系数，m/d；

H——含水层厚度，m；

H_0——降水的有效深度；

s——水位降低值，m；

R——抽水影响半径，m；

y_0——环状井点系统的假想半径，m；

A——环状井点系统所包围的面积，m^2。

渗透系数 K 值确定的是否准确，对计算结果影响较大。渗透系数的测定方法有现场抽水试验与实验室测定两种。对大型工程，一般宜采用现场抽水试验，以获取较为准确的数据。具体方法是在现场设置抽水孔，并在同一直线上设置观察井，根据抽水稳定后，观察井的水深及抽水孔相应的抽水量计算 K 值。

在实际工程中往往会遇到无压不完整井的井点系统，如图 1-36 (b) 所示。其涌水量的计算相对比较复杂，为了简化计算，仍可按式 (1-17) 计算。此时应将式中 H 换成有效深度 H_0，H_0 可查表 1-5。当算得 H_0 大于实际含水层厚度 H 时，则取 H 值。

表 1-5 有效深度 H_0 值

$s'/(s'+l)$	0.2	0.3	0.5	0.8
H_0	$1.3(s'+l)$	$1.5(s'+l)$	$1.7(s'+l)$	$1.85(s'+l)$

承压完整井环状井点涌水量计算公式为

$$Q=2.73K\frac{Ms}{\lg R-\lg y_0}\ (\mathrm{m^3/d}) \tag{1-18}$$

式中 M——承压含水层厚度，m。

K、R、y_0、s 意义同前。

(2) 井点管数量与井距的确定。

1) 单根井点管出水量由下式确定，即

$$q=120\pi rl^3\sqrt{K} \tag{1-19}$$

式中 r——滤管半径，m；

l——滤管长度，m；

K——渗透系数，m/d。

2) 井点管数量由下式确定，即

$$n\geqslant 1.1\frac{Q}{q} \tag{1-20}$$

式中 Q——总涌水量，$\mathrm{m^3/d}$；

q——单井出水量，$\mathrm{m^3/d}$。

3) 井点管间距由下式确定，即

$$D=\frac{L}{n} \tag{1-21}$$

式中 L——总管长度，m。

求出的井点管间距应大于 15 倍滤管的直径，以防由于井点管太密而影响抽水的效果，同时应尽量符合总管接头的间距模数（0.8、1.2、1.6、2.0）。最后根据实际情况确定出井点管的数量。

(3) 选择抽水设备。定型的轻型井点设备配有相应的真空泵、水泵和动力机组。真空泵的规格主要根据所需的总管长度、井点管根数及降水深度而定，水泵的流量主要根据基坑井点系统涌水量而定。在满足真空高度的条件下，可从所选水泵性能表上查出一套满足涌水量要求的机组。

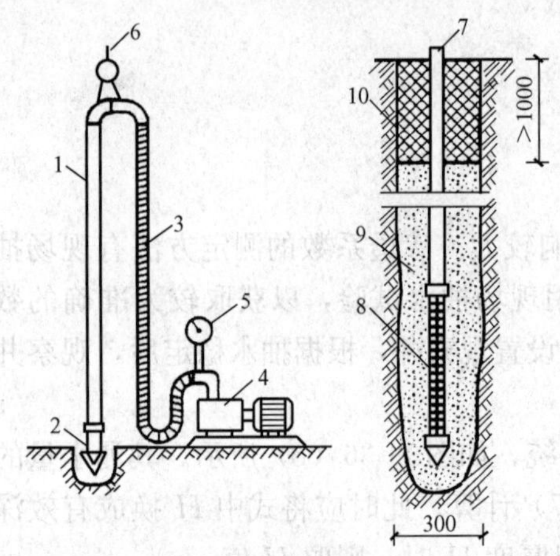

图 1-37 井点管的埋设

1—冲管；2—冲嘴；3—胶管；4—高压水泵；5—压力表；6—起重机吊钩；7—井点管；8—滤管；9—粗砂；10—黏土封口

4. 轻型井点降水法的施工

包括井点系统的埋设、安装、运行及拆除等，井点管的埋设，一般用水冲法，并分为冲孔与埋管两个过程。冲孔时，利用起重设备将冲管吊起并插在井点的位置上，如图 1-37 所示。开动高压水泵将土冲松，冲管则边冲边沉。孔洞要垂直，直径一般为 300mm，以保证井管四壁有一定厚度的砂滤层，冲孔深度宜比滤管底深 0.5m 左右，以防冲管拔出时，部分土颗粒沉于底部而触及滤管底部。

井孔冲成后，随即拔出冲管，插入井点管。井点管与孔壁之间应立即用粗砂灌实，距地面 1.0～

1.5m 深处，然后用黏土填塞密实，防止漏气。在井点管与孔壁之间填砂时，如管内的水面上升，则认为该管埋设合格。

轻型井点设备的安装程序为：先排放总管，再埋设井点管，然后用弯联管将井点管与总管连通，最后安装抽水设备。安装完毕后，先进行试抽，以检查有无漏气现象。轻型井点使用时，应连续抽水。若时抽时停，滤管易堵塞，也容易抽出土粒，使水浑浊，并引起附近建筑物由于土粒流失而沉降开裂。正常的排水是细水长流，出水澄清。轻型井点降水时，抽水影响范围较大，土层因水分排出后，土壤会产生固结，使得在抽水影响半径范围内引起地面沉降，往往会给周围的建筑物带来一定危害，要消除地面沉陷可采用回灌井点方法。即在井点设置线外 4～5m 处，以间距 3～5m 插入注水管，将井点中抽出的水经过沉淀后用压力注入管内，形成一道水墙，以防止土体过量脱水，而基坑内仍可保持干燥。

井点系统的拆除应在地下结构工程竣工后，并将基坑回填后进行。拔出井点管可借助于倒链、起重机等。所留孔洞应用砂或土填塞，对地基有防渗要求，地面下 2m 范围内用黏土填塞压实。

六、基坑验槽方法

建（构）筑物基坑挖至基底设计标高并清理后，施工单位必须会同勘察、设计、建设（或监理）等单位共同进行验槽，合格后方能进行基础工程施工。

（一）验槽时必须具备的资料和条件

（1）勘察、设计、建设（或监理）、施工等单位有关负责及技术人员到场。

（2）基础施工图和结构总说明。

（3）详勘阶段的岩土工程勘察报告。

（4）开挖完毕、槽底无浮土、松土（若分段开挖，则每段条件相同），条件良好的基槽。

（二）无法验槽的情况

（1）基槽底面与设计标高相差太大。

（2）基槽底面坡度较大，高差悬殊。

（3）槽底有明显的机械车辙痕迹，槽底土扰动明显。

（4）槽底有明显的机械开挖、未加人工清除的沟槽、铲齿痕迹。

（5）现场没有详勘阶段的岩土工程勘察报告或基础施工图和结构总说明。

（三）验槽前的准备工作

（1）察看结构说明和地质勘察报告，对比结构设计所用的地基承载力、持力层与报告所提供的是否相同。

（2）询问、察看建筑位置是否与勘察范围相符。

（3）察看场地内是否有软弱下卧层。

（4）场地是否为特别的不均匀场地、是否存在勘察方要求进行特别处理而设计方没有进行处理的情况。

（5）要求建设方提供场地内是否有地下管线和相应的地下措施。

（四）验槽的主要内容

不同建筑物对地基的要求不同，基础形式不同，验槽的内容也不同，主要有以下几点：

（1）根据设计图纸检查基槽的开挖平面位置、尺寸、槽底深度；检查是否与设计图纸相符，开挖深度是否符合设计要求。

(2) 仔细观察槽壁和槽底土质类型、均匀程度和有关异常土质是否存在，核对基坑土质及地下水情况是否与勘察报告相符。

(3) 检查基槽之中是否有旧建筑物基础、古井、古墓、洞穴、地下掩埋物及地下人防工程等。

(4) 检查基槽边坡外缘与附近建筑物的距离，基坑开挖对建筑物稳定是否有影响。

(5) 检查、核实、分析钎探资料，对存在的异常点位进行复核检查。

(五) 验槽方法

验槽方法采用观察法为主，而对基底以下的土层不可见部位，要辅以钎探法和轻型动力触探配合共同完成。

1. 观察法

(1) 观察槽壁、槽底的土质情况，验证基槽开挖深度，初步验证基槽底部土质是否与勘察报告相符，观察槽底土质结构是否被人为破坏。

(2) 基槽边坡是否稳定，是否有影响边坡稳定的因素存在，如地下渗水、坑边堆载或近距离扰动等(对难于鉴别的土质，应采用洛阳铲等手段挖至一定深度仔细鉴别)。

(3) 基槽内有无旧的房基、洞穴、古井、掩埋的管道和人防设施等。如存在上述问题，应沿其走向进行追踪，查明其基槽内的范围、延伸方向、长度、深度及宽度。

(4) 在进行直接观察时，可用袖珍式钻入仪作为辅助手段。

2. 钎探法

(1) 钎探法工艺流程是：绘制钎点平面布置图→放钎点线→核验钎点位置→就位打钎→记录锤击数→拔钎→盖孔保护→验收→灌砂。

(2) 人工(机械)钎探：采用直径 22～25mm 的钢钎，人力(机械)将大锤(穿心锤)自由下落规定的高度，锤击钎杆垂直打入土层中，记录其单位进深所需的锤数，为设计承载力、地勘结果、基土土层的均匀度等质量指标提供验收依据。

(3) 作业条件：人工挖土或机械挖土后由人工清底到基础垫层下表面设计标高，表面由人工铲平整，基坑(槽)宽、长均符合设计图纸要求；钎杆上预先用钢锯刻出以 300mm 为单位的横线，零点刻度从钎头开始。

(4) 主要机具。钎杆：用直径为 22～25mm 的钢筋制成，钎头呈 60°尖锥形状，钎长 2.1～2.6m。大锤：普通锤子，重量 8～10kg。穿心锤：钢质圆柱形锤体，在圆柱中心开孔直径为 28～30mm 穿于钎杆上部，锤重 10kg。钎探机械：专用的提升穿心锤的机械，与钎杆、穿心锤配套使用。

(5) 根据基坑平面图，依次编号绘制钎点平面布置图；按钎点平面布置图放线，孔位用白灰画线，用盖孔块压在孔位上作好覆盖保护。盖孔块宜采用预制水泥砂浆块、陶瓷锦砖、碎磨石块、机砖等。每块盖块上面必须用粉笔写明钎点编号。

(6) 就位打钎：钢钎的打入分人工和机械两种。人工打钎：将钎尖对准孔位，一人扶正钢钎，一人站在操作凳子上，用大锤打钢钎的顶端；锤举高度一般为 50cm，自由下落，将钎垂直打入土层中，也可使用穿心锤打钎。机械打钎：将触探杆尖对准孔位，再把穿心锤套在钎杆上，扶正钎杆，利用机械动力拉起穿心锤，使其自由下落，锤距为 50cm，把触探杆垂直打入土层中。

(7) 记录锤击数：钎杆每打入土层 30cm 时，记录一次锤击数。钎探深度以设计为依据；如设计无规定时，一般钎点按纵横间距1.5m梅花形布设，深度为2.1m。

(8) 拔钎、移位：用麻绳或钢丝将钎杆绑好，留出活套，套内插入撬棍或钢管，利用杠杆原理，将钎拔出。每拔出一段将绳套往下移一段，依此类推，直至完全拔出为止；将钎杆或触探器搬到下一孔位，以便继续拔钎。

(9) 灌砂：钎探后的孔要用砂灌实。打完的钎孔，经过质量检查人员和有关工长检查孔深与记录无误后，用盖孔块盖住孔眼。当设计、勘察和施工方共同验槽办理完验收手续后，方可灌孔。

(10) 质量控制及成品保护。①同一工程中，钎探时应严格控制穿心锤的落距，不得忽高忽低，以免造成钎探不准，使用钎杆的直径必须统一。②钎探孔平面布置图绘制要有建筑物外边线、主要轴线及各线尺寸关系，外圈钎点要超出垫层边线200～500mm。③遇钢钎打不下去时，应请示有关工长或技术员，调整钎孔位置，并在记录单备注栏内做好记录。④钎探前，必须将钎孔平面布置图上的钎孔位置与记录表上的钎孔号先行对照，无误后方可打钎；如发现错误，应及时修改或补打。⑤在记录表上用有色铅笔或符号将不同的钎孔（锤击数的大小）分开。⑥在钎孔平面布置图上，注明过硬或过软的钎孔号的位置，把古井或坟墓等尺寸画上，以便设计勘察人员或有关部门验槽时分析处理。⑦打钎时，注意保护已经挖好的基槽，不得破坏已经成型的基槽边坡；钎探完成后应做好标记，用机砖护好钎孔，未经勘察人员检验复核，不得堵塞或灌砂。

另外，在验槽时应重点观察柱基、墙角、承重墙下或其他受力较大部位；如有异常部位，要会同勘察、设计等有关单位进行处理。

3. 轻型动力触探

验槽时若遇到下列情况之一，应在基坑底采用轻型动力触探（现场也可用轻型动力触探代替钎探）：

(1) 持力层明显不均匀；

(2) 浅部有软弱下卧层；

(3) 有浅埋的坑穴、古墓、古井等，直接观察难以发现时；

(4) 勘察报告或设计文件规定应进行轻型动力触探时。

第四节　土方工程的机械化施工

土方工程施工中应尽量采用机械化、半机械化的施工方法，以减轻劳动强度，加快施工的进度，缩短工期，降低工程成本。

一、土方机械的主要性能

土方工程施工机械的种类很多，在场地平整及基坑、基槽土方开挖施工中常用的土方机械包括：单斗挖土机、推土机、铲运机等。

(一) 单斗挖土机

单斗挖土机是土方开挖常用的一种机械，按其行走装置的不同，分为履带式和轮胎式两类，依其工作装置的不同，可以更换为正铲、反铲、拉铲和抓铲四种，按其传动装置不同又可分为机械传动和液压传动两种，如图1-38所示。

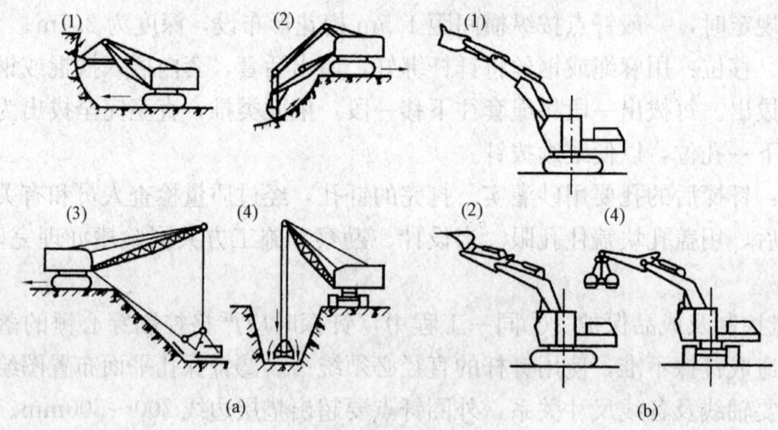

图 1-38 单斗挖土机
(a) 机械传动式；(b) 液压传动式
(1) 正铲；(2) 反铲；(3) 拉铲；(4) 抓铲

1. 正铲挖土机

正铲挖土机的工作特点是：前进向上，强制切土，挖掘力大，生产效率高。但需有汽车配合共同完成挖土运土工作。适用于开挖停机面以上1～3类土方，一般工作高度不小于1.5m，可开挖大型干燥的基坑，但需修筑坡道。

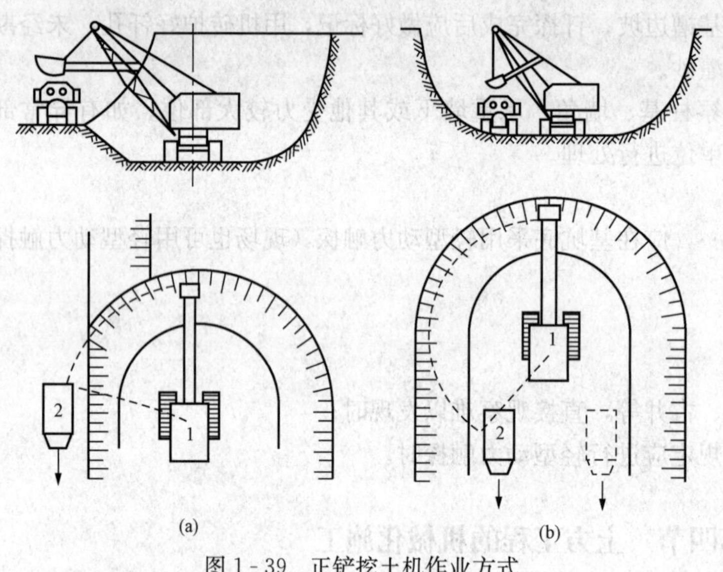

图 1-39 正铲挖土机作业方式
(a) 侧向卸土；(b) 后方卸土
1—正铲挖土机；2—自卸汽车

正铲挖土机的开挖方式，如图 1-39 所示。根据开挖路线与汽车相对位置的不同分为正向挖土，侧向装车及正向挖土，反向装车两种。正向挖土，侧向装车，铲臂卸土时角度在 90°内，且汽车行驶方便，生产效率高，应用广泛。正向挖土，反向装车，铲臂回转角度较大（一般在 180°左右），生产效率低，当开挖工作面狭小时可采用。

2. 反铲挖土机

反铲挖土机的工作特点是：后退向下，强制切土。挖土能力比正铲小。能开挖停面以下1～2类土，深度在3～5m的基坑、基槽、管沟，也可用于地下水位较高的土方开挖。反铲挖土机可以与自卸汽车配合，装土运走，也可弃土于坑槽附近。

反铲挖土机的开挖方式，如图 1-40 所示，主要有沟端开挖和沟侧开挖两种，沟端开挖挖掘宽度不受机械最大挖掘半径限制，同时可挖到最大深度。沟侧开挖，铲臂回转角度小，能将土弃于沟边较远的地方，但边坡不好控制，稳定性较差，而且挖土的深度和宽度均较小，因此，只在无法采用沟端开挖或所挖的土不需运走时采用。

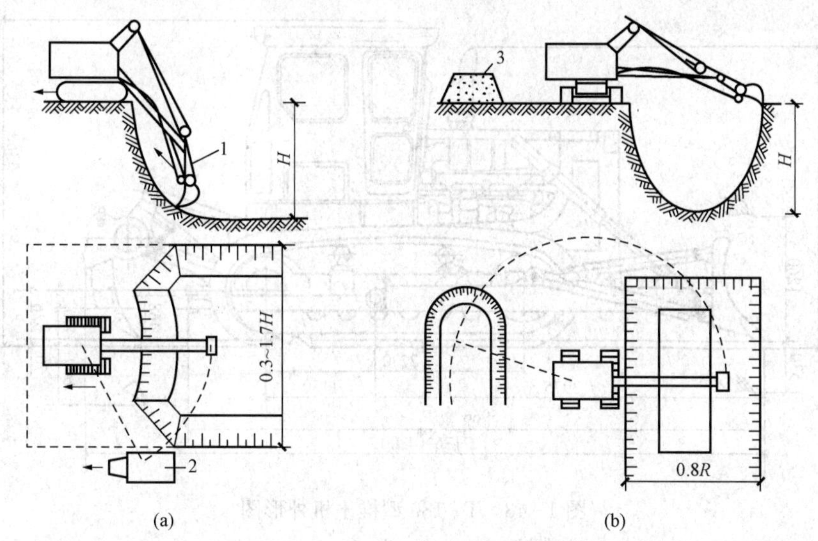

图 1-40 反铲挖土机的开挖方式

(a) 沟端开挖；(b) 沟侧开挖

1—反铲挖土机；2—自卸汽车；3—弃土堆

3. 拉铲挖土机

拉铲挖土机的土斗是用钢丝绳悬挂在挖土机长臂上，挖土时在自重作用下落到地面切入土中，其外形如图 1-41 所示。其工作特点是：后退向下，自重切土。其挖土深度和挖土半径均较大，能开挖停机面以下 1～2 类土，但是不如反铲挖土机灵活准确。拉铲挖土机适用于开挖大型基坑及水下挖土，其作业方式与反铲挖土机相同，有沟端开挖和沟侧开挖两种。

4. 抓铲挖土机

抓铲挖土机是在挖土机臂端用钢丝绳吊装一个抓斗，其外形如图 1-42 所示。其工作特点是：直上直下，自重切土。抓铲挖土机挖掘能力小，适用于开挖松软的土，在施工面狭窄而深的基坑、深槽、深井采用，可取得较好的效果，也适用于水下挖土，是地下连续墙施工挖土的专用机械。

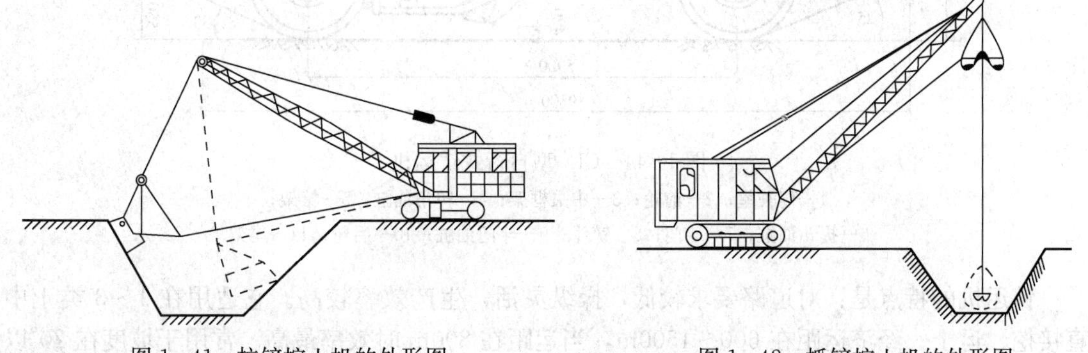

图 1-41 拉铲挖土机的外形图　　图 1-42 抓铲挖土机的外形图

(二) 推土机

推土机由拖拉机和推土铲刀组成。按铲刀的操纵机构不同，推土机分为钢索式和液压式

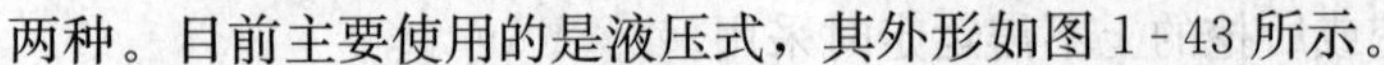
两种。目前主要使用的是液压式，其外形如图 1 - 43 所示。

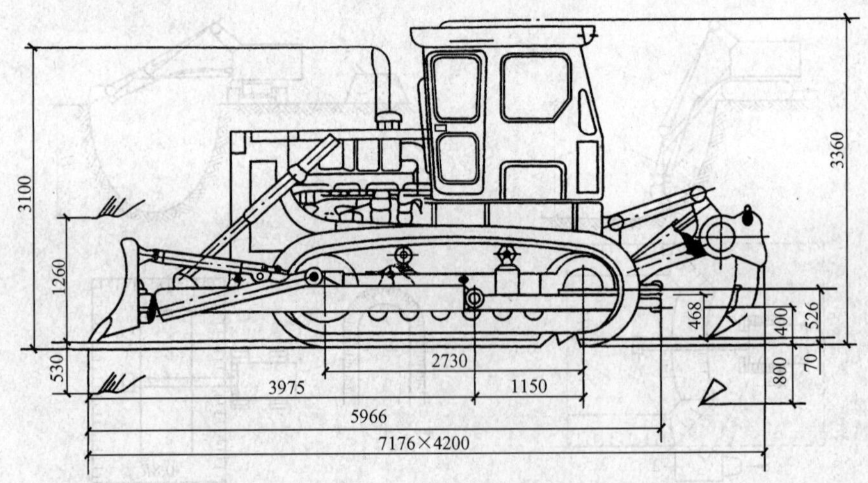

图 1 - 43　T - 180 型推土机外形图

推土机能单独完成挖土、运土和卸土工作，具有操纵灵活，运转方便，所需工作面小，行驶速度快，易于转移，能爬 30°左右缓坡的特点。适用于场地清理，土方平整，开挖深度不大的基坑以及回填作业等。

推土机经济运距在 100m 以内，效率最高的运距在 60m。为提高生产率，可采用槽形推土，下坡推土及并列推土等方法。

（三）铲运机

铲运机是一种能独立完成铲土、运土、卸土、填筑、场地平整的土方机械。按行走方式分为自行式铲运机和拖拉式铲运机两种，如图 1 - 44 所示。

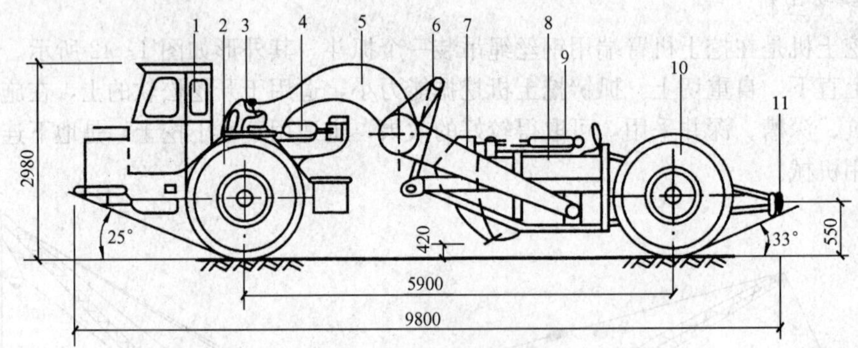

图 1 - 44　CL_7 型自行式铲运机

1—驾驶室；2—前轮；3—中央框架；4—转角油缸；5—辕架；
6—提斗油缸；7—斗门；8—铲斗；9—斗门油缸；10—后轮；11—尾架

铲运机的特点是：对道路要求较低，操纵灵活，生产效率较高。它适用在 1～3 类土中直接挖、运土。经济运距在 600～1500m，当运距在 800m 时效率最高。常用于坡度在 20°以内的大面积场地平整，大型基坑开挖及填筑路基等，不适用于淤泥层，冻土地带及沼泽地区。坚硬土开挖时需用推土机助铲或松土机配合。

二、土方工程机械的选择

在土方工程施工中合理地选择土方机械，充分发挥机械效能，并使各种机械在施工中配合，以加快施工进度，提高施工质量，降低工程成本，具有十分重要的作用。

1. 根据下列条件综合比较择优选择施工机械

(1) 基坑情况：几何尺寸大小、深浅、土质，有无地下水及开挖方式等。

(2) 作业环境：占地范围，工程量大小，地上与地下障碍物等（地上有无高压线，地下有无各种管道、管线、构筑物）。

(3) 气候与季节：冬雨期时间长短，冬期温度与雨期降水量等情况。

(4) 机械配套与供应情况。

(5) 施工工期长短和选用适宜的土方机械，达到较高的经济效益。

2. 土方机械的适用范围

各种土方机械的适用范围见表1-6。

表1-6　基坑开挖机械的适用范围

机械名称	作业特点与条件	适用范围	辅助与配用机械
推土机	1. 推平； 2. 运距100m内的推土； 3. 助铲； 4. 牵引	1. 找平表面，场地平整； 2. 短距离挖运； 3. 拖羊足碾	
铲运机	1. 找平； 2. 运距1500m内的挖运土； 3. 填筑堤坝	1. 场地平整； 2. 运距100～1500m； 3. 距离最小100m	开挖坚硬土时需要推土机助铲
正铲挖土机	1. 开挖停机面以上的土方； 2. 在地下水位以上； 3. 填方高度1.5m以上； 4. 装车外运	1. 大型基坑开挖； 2. 工程量大的土方作业	1. 外运应配备自卸汽车； 2. 工作面应有推土机配合
反铲挖土机	1. 开挖停机面以下的土方； 2. 挖土深度，随装置决定； 3. 可装土和甩土两用	1. 基坑、管沟； 2. 独立基坑	1. 外运应配备自卸汽车； 2. 工作面应有推土机配合
拉铲挖土机	1. 开挖停机面以下的土方； 2. 由于铲斗悬挂在钢丝绳上，开挖断面误差较大； 3. 可以装车也可以甩土	1. 基坑、管沟； 2. 大量的外借土方； 3. 排水不良也能开挖	1. 配备推土机创造施工条件； 2. 外运应配备自卸汽车
抓铲挖土机	1. 可直接开挖直井或在开口沉井内挖土； 2. 可以装车也可以甩土； 3. 钢丝绳牵拉，效率不高； 4. 液压式的深度有限	1. 基坑、基槽； 2. 排水不良也能开挖	外运应配备自卸汽车

3. 挖土机与运土车辆的配合计算

当挖土机挖出的土方需要运土车辆运走时，挖土机的生产率不仅取决于本身的技术性能，还取决于所选的运输工具是否与之协调。

根据挖土机的技术性能，其生产率可按式（1-22）计算

$$P=\frac{8\times 3600}{t}q\frac{K_c}{K_s}K_B \tag{1-22}$$

式中 P——挖土机的生产率，m^3/台班；

t——挖土机每次作业循环的延续时间，s；

q——挖土机的斗容量，m^3；

K_s——土的最初可松性系数，见表1-1；

K_c——挖土机土斗充盈系数（可取0.8～1.1）；

K_B——挖土机工作时间利用系数（一般为0.6～0.8）。

为了使挖土机充分发挥生产能力，应使运土车辆的载重量与挖土机的每斗土重保持一定的倍数关系，并有足够数量车辆以保证挖土机连续工作。从挖土机方面考虑，汽车的载重量越大越好，可以减少等待车辆调头的时间；从车辆方面考虑，载重量小，台班费便宜，但使用数量多，载重量大，则台班费高，但数量可以减少。最适合的车辆载重量应当是使土方施工单价为最低，可以通过核算确定。一般情况下，汽车的载重量以每斗土重的3～5倍为宜。运土车辆的数量 N 可按式（1-23）计算

$$N=\frac{T}{t_1+t_2} \tag{1-23}$$

式中 T——运输车辆每一个工作循环延续时间（由装车、重车运输、卸车、空车开回及等待时间组成），s；

t_1——运输车辆调头而使挖土机等待的时间，s；

t_2——运输车辆装满一车土的时间，s，可按式（1-24）计算

$$t_2=nT,\ n=\frac{10Q}{q\frac{K_c}{K_s}\gamma} \tag{1-24}$$

式中 n——运土车辆每车装土次数；

T——挖土机每次作业循环延续时间，s；

Q——运土车辆的载重量，t；

q——挖土机斗容量，m^3；

K_s——土的最初可松性系数，见表1-1；

K_c——挖土机土斗充盈系数（可取0.8～1.1）；

γ——土的重度，kN/m^3。

为了减少车辆的调头、等待和装土时间，装土场地必须考虑调头方法及停车位置。如果在坑边设置两个通道，使汽车不用调头，可以缩短调头和等待时间。

【例1-1】 某建筑施工企业承接了一项挖土施工任务。坑深为-4.2m，土方量为9000m^3，平均运土距为10km，合同工期为8d。施工企业现有甲、乙、丙液压挖土机各4台、2台、2台；A、B、C自卸汽车各12台、30台、18台。主要参数见表1-7和表1-8。

表 1-7 挖 土 机

型 号	甲	乙	丙
斗容量	0.50	0.75	1.00
台班产量（m^3）	400	550	700
台班单价（元/台班）	1000	1200	1400

表 1-8 自 卸 汽 车

能 力	A	B	C
运距 10km 台班运量	30	48	70
台班单价（元/台班）	330	460	730

试问：

（1）若挖土机和自卸汽车只能各取一种，数量没有限制，如何组合才是最经济的配合？并计算单方挖运直接费为多少？

（2）若每天 1 个班，安排挖土机和自卸汽车的型号、数量不变，应安排几台何种型号的挖土机和自卸汽车？

（3）按上述安排，每立方米土方的挖、运直接费为多少？

解 （1）挖土机每立方米土方的挖土直接费各为：

甲机 $\frac{1000}{400}=2.50$（元/m^3）

乙机 $\frac{1200}{550}=2.18$（元/m^3）

丙机 $\frac{1400}{700}=2.00$（元/m^3），故取丙机最经济。

（2）自卸汽车每立方米运土直接费分别为：

A 车 $\frac{330}{30}=11.00$（元/m^3）

B 车 $\frac{460}{48}=9.58$（元/m^3）

C 车 $\frac{730}{70}=10.43$（元/m^3），故取 B 车最经济。

每立方米土方挖运直接费为 2.00+9.58=11.58（元/m^3）。

（3）每天需要挖土机的数量为 $\frac{9000}{700\times 8}=1.6$（台）

故取 2 台（共有 2 台，可以满足需要）

挖土时间为 $\frac{9000}{700\times 2}=6.43$（d）

故取 6.5d<8d，可以按合同工期完成

每天需要的挖土机和自卸汽车的台数比例为 $\frac{700}{48}=14.6$（台）

则每天安排 B 自卸汽车数为 2×14.6=29.2（台），取 29 台

即配置丙挖土机2台，B自卸汽车29台，(共有30台，可以满足需要)

29台车可运土方为 $29\times48\times6.5=9048$ (m^3) >9000 (m^3)，即6.5d可以运完。

(4) 按上述安排，每立方米土方的实际挖、运直接费为

$$\frac{(1400\times2+460\times29)\times6.5}{9000}=\frac{104910}{9000}=11.66\text{（元/m}^3\text{）。}$$

第五节 土方回填与压实

建筑工程的回填土主要有地基、基坑（槽）、室内地坪、室外场地、管沟、散水等，回填土是一项很重要的工作，要求回填土应有一定的密实性，使回填土土层不致产生较大的沉陷。在实际施工中，一些建筑物沉降过大，室内地坪和散水出现大面积严重开裂，主要原因之一就是由于回填压实的密实度，没有达到设计规范的要求的缘故。

一、土料的选择

填方土料应符合设计要求，以保证填方的强度与稳定性。凡含水量过大或过小的黏土，含有8%以上的有机物（腐烂物）的土、含有5%以上的水溶性硫酸盐的土、杂土、垃圾土、冻土等均不能作为回填土。

同一填方工程应尽量采用同类土填筑；如采用不同土填筑时，必须按土类不同分层夯填，并将透水性大的置于透水性小的土层之下，以防填土内形成水囊。

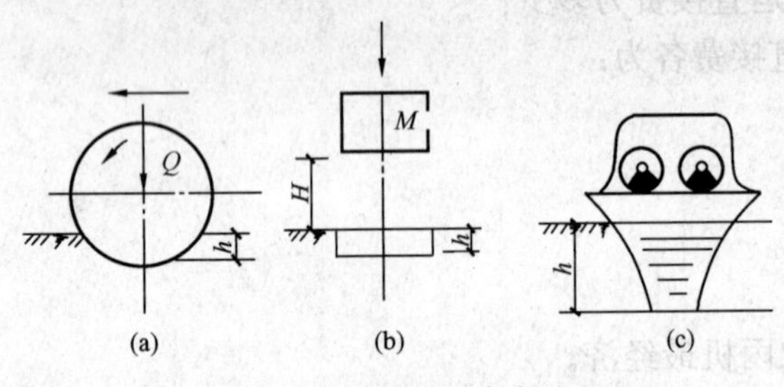

图1-45 填土压实方法

(a) 碾压法；(b) 夯压法；(c) 振动压实法

二、压实的方法

填土压实的方法一般有碾压、夯实、振动压实，如图1-45所示。利用运输工具压实，对于大面积填土工程，多采用碾压或利用运输工具压实。

1. 碾压法

碾压原理是利用沉重的滚轮碾压土壤表面，使土壤在静压力作用下压实，适用于碾压黏性和非黏性土壤。

碾压机械有：平碾、气胎碾和羊足碾。平碾是一种以内燃机为动力的自行式压路机，重量约为80～200kN，对砂土和黏性土均可压实，应用最普遍。气胎碾在工作时是弹性体，其压力均匀，填土质量好。羊足碾靠拖拉机牵引，如图1-46所示。由于它与土接触面小，单位面积压力大，故压实效果好，主要用于黏性土的压实。

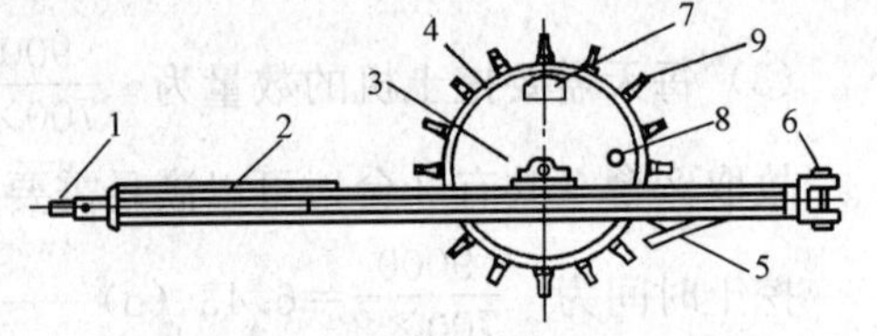

图1-46 单筒羊足碾构造示意图

1—前拉头；2—机架；3—轴承座；4—碾筒；5—铲刀；6—后拉头；7—装砂口；8—水口；9—羊蹄头

2. 振动压实法

振动压实法的原理是利用重锤振动，使土壤颗粒发生相对位移从而达到密实状态，主要用于压实非黏性土。

3. 夯实法

夯实法是利用夯锤下落的冲击力压实土壤，

主要用于小面积回填土。有人工夯实和机械夯实两种。人工夯实用木夯或石夯，但目前已使用很少。常用的机械夯实有夯锤、内燃夯土机和蛙式打夯机，如图 1-47 所示。

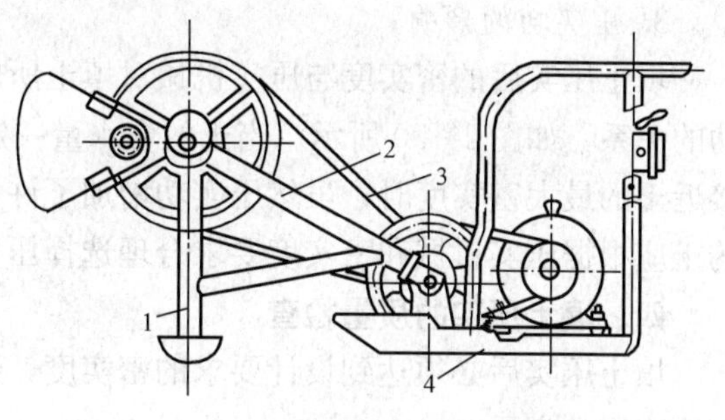

图 1-47 蛙式打夯机示意图

1—夯头；2—夯架；3—三角胶带；4—底盘

三、影响填土压实的因素

填土压实质量与许多因素有关，其中主要影响因素有：土的含水量、压实功以及每层铺土的厚度。

1. 土的含水量的影响

在同一压实功条件下，填土的含水量对压实质量有直接的影响。较为干燥的土，由于土颗粒之间的摩阻力较大而不宜压实。含水量过大时，土颗粒间的孔隙被水分占去，也不能压实。因此，只有当土具有适当含水量时水起了润滑作用，土颗粒之间的摩阻力减小，土才能被压实，如图 1-48 所示，土在含水状态下才能得到最大的密实度，因此把土达到最大密实度的含水量称为土的最佳含水量。不同的土有不同的最佳含水量，如砂土为 8%～12%、黏土为 19%～23%、粉质黏土为 12%～15%、粉土为 15%～22%。工地简单检验黏性土含水量的方法是用手将土捏成团落地开花为宜。

为保证填土压实的最佳含水量，太干的土要适当加以润湿，太湿的土要翻松、晾晒，采用均匀掺入干土等措施。

2. 铺土厚度的影响

压实机具对土的压实作用随土层的厚度增加而逐渐减小，如图 1-49 所示。其影响深度随压实机械、土的性质及含水量有关。铺土厚度应小于压实机械压土时的有效作用，铺土厚度有一个最优厚度范围，在此范围内，可使土料在获得设计要求密实度的条件下，压实机械所需的压实遍数最少，功耗费最低。可参照表 1-9 选用。

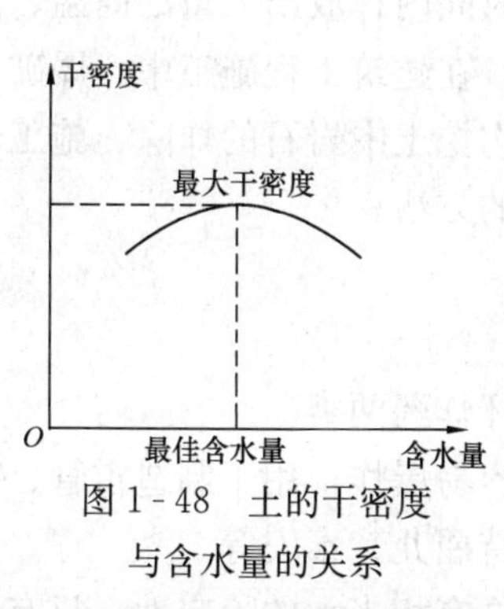

图 1-48 土的干密度与含水量的关系

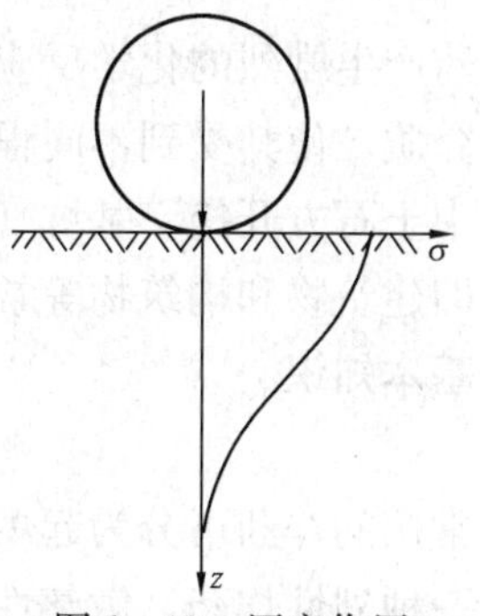

图 1-49 压实作用沿深度的变化

表 1-9 填土每层的铺土厚度和压实遍数

压实机具	每层铺土厚度（mm）	每层压实遍数
平碾	200～300	6～8
羊足碾	200～350	8～16
蛙式打夯机	200～250	3～4
人工打夯	<200	3～4

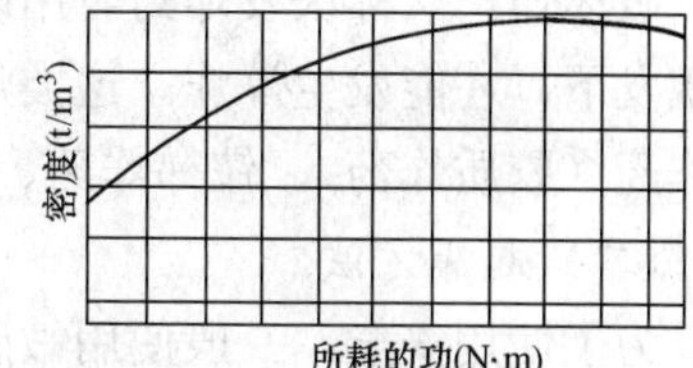

图 1-50 土的密度与压实功的关系

3. 压实功的影响

填土压实后的密实度与压实机械对填土所施加的功有一定的关系。土的密实度与所耗的功的关系，如图 1-50 所示。当土的含水量一定，在开始压实时，土的密实度急剧增加，待接近土的最大密实度时，虽然压实功增加了许多，但土的密实度变化很小，施工中，对不同的土应根据压实机械和密实度要求合理选择压实的遍数。

四、填土压实的质量检查

填土压实后必须达到设计要求的密实度，避免建筑物的不均匀沉陷。填土密实度的大小由压实系数表示。

压实系数（λ_c）土的控制干密度 ρ_d 与最大干密度 ρ_{dmax} 的比值称为压实系数。压实系数由设计规范根据不同的填方工程确定。一般场地平整，其压实系数为 0.9 左右。利用填土作为地基时，设计规范规定了各种结构类型，不同填土部位的压实系数值，例如砌体承重结构和框架结构，在地基主要持力层范围为压实系数应大于 0.96，在地基主要持力层范围以下，则为 0.93～0.96。

土的最大干密度一般在实验室用击实试验确定。土的最大干密度与规范规定的压实系数的积，称为理论填土控制干密度。在填土施工时，土的实际干密度大于或等于理论填土控制干密度时，则符合质量要求。

土的实际干密度可用“环刀法”或灌砂（水）法测定。其取样组数为：基坑回填为20～50m^2 取样一组，基槽、管沟回填每层按长度 20～50m 取样一组，室内填土每层按 100～150m^2 取样一组；场地平整填方每层按 400～900m^2 取样一组。取样部位在每层压实后的下半部。

第六节　爆　破　施　工

爆破就是炸药产生剧烈的化学反应，在极短时间内释放出大量的高温、高压的气体，冲击和压缩周围的介质，使其受到不同程度的破坏。在建筑工程施工中，爆破技术常用于场地平整、地下工程中土石方开挖、基坑（槽）或管沟挖土中岩石的炸除、施工现场树根和障碍物的清除、拆除旧建筑物和构筑物等常采用爆破的方法。

一、爆破的基本知识

（一）炸药

建筑工程中常用的炸药可分为起爆炸药和破坏炸药两类。

起爆炸药是一种烈性炸药，敏感性极高，很容易爆炸，用于制造雷管、导爆线和起爆药包等。起爆炸药主要有雷汞、叠氮铅、黑索金、持屈儿、泰安等。

破坏炸药又称次发炸药，用以作为主炸药，具有相当大的稳定性，只有在起爆炸药的爆炸激发下，才能发生爆炸。这类炸药主要有：梯恩梯（TNT）（或称之硝基甲苯）、硝化甘油炸药（胶质炸药）、铵梯炸药、黑火药等。

（二）起爆方法

为了使用安全，一般使用敏感性较低的破坏炸药。使用时，要使炸药发生爆炸，必须用起爆炸药引爆。起爆方法有：火花起爆、电力起爆和导火索（或导爆管）起爆。

1. 火花起爆

火花起爆是利用导火索在燃烧时的火花引爆雷管，先使药卷爆炸，从而使全部炸药发生爆炸。火花起爆器材有：导火索、火雷管及起爆药卷。

(1) 火雷管。普通雷管由外壳，正、副起爆炸药和加强帽三部分组成，如图1-51所示。雷管的规格有1～10号，号数愈大，威力愈大，其中以6号和8号应用最广。由于雷管内装的都是烈性炸药，遇冲击、摩擦、加热、火花就会爆炸，因此在运输、保管和使用中都要特别注意。

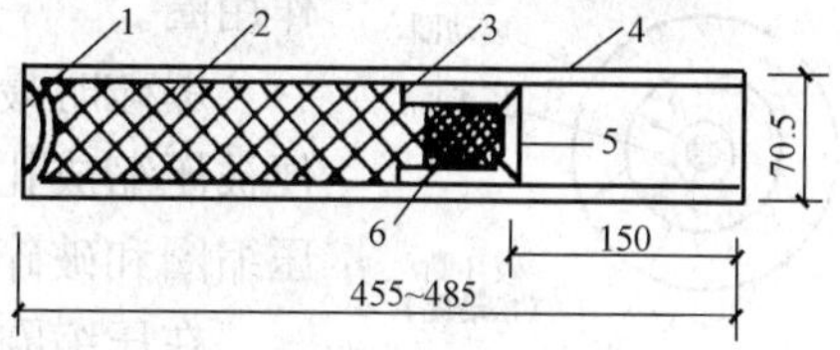

图1-51 普通雷管

1—窝槽；2—副起爆药；3—加强帽；4—管壳；5—帽孔；6—正起爆药

(2) 导火索。由黑火药药芯和耐水外皮组成，直径5～6mm。导火索的正常燃速是10mm/s；另一种为5mm/s。使用前应当做燃烧速度试验。必要时还应做耐水性试验，以保证爆破安全。

根据所需要用的长度将导火索切下（不得小于1m），将插入雷管的一段切成直角，插到与雷管中的加强帽接触为止，不要转动也不要用力压下。然后用雷管钳将导火索夹紧于雷管壳上，夹紧部分为3～5mm，此时称为火线雷管。

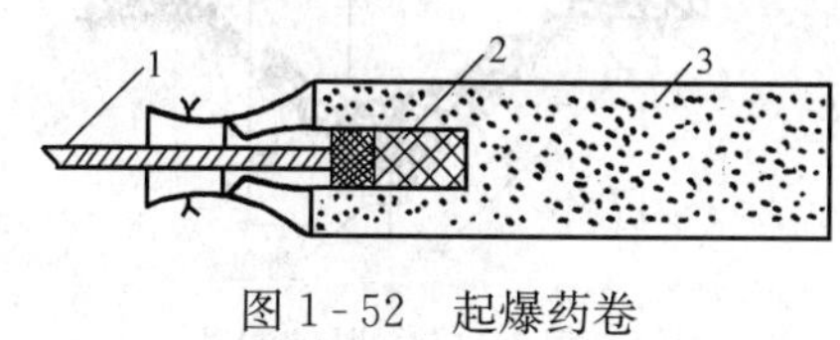

图1-52 起爆药卷

1—导火索；2—雷管；3—药卷

(3) 起爆药卷。是使主要炸药爆炸中继药包，如图1-52所示。制作时，解开药卷的一端，使包皮敞开，将药卷捏松，用木棍轻轻地在药卷中插一个孔，然后将火线雷管插入孔内，收拢包皮纸，用细麻绳绑扎。起爆药卷只能在即将装炸药前制作本次起爆需用数量，不得事先做成成品使用。

2. 电力起爆

电力起爆是利用电雷管中的电力引火剂发热燃烧使雷管爆炸，从而引起药包爆炸。大规模爆破及同时起爆较多炮眼时，多采用电力起爆。电力起爆器材有：电雷管、电线、电源及测量仪器。

电雷管是由普通雷管和电力引火装置组成，如图1-53所示，有即发电雷管和延期电雷管两种。延期电雷管是在电力引火装置与起爆药之间放上一段缓燃剂而成。延期雷管可以延长雷管爆炸时间。延长时间有：2、4、6、8、10、12s等。

电线是用来连接电雷管，组成电爆网络。通常用胶皮绝缘或塑料绝缘线，禁止使用不带绝缘包皮的电线。电源可用照明和动力电源、电池组或专供电力起爆用的各类放炮器。

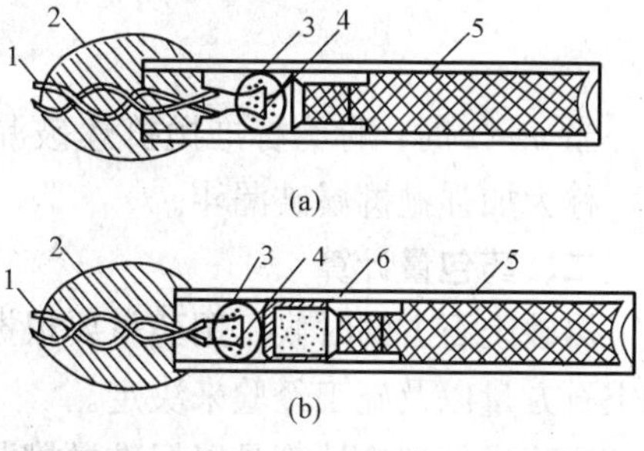

图1-53 电雷管

(a) 电雷管；(b) 延期雷管

1—脚线；2—绝缘涂胶；3—球形发火剂；4—电阻丝；5—雷管；6—缓燃剂

3. 导爆索起爆

导爆索的外线和导火索相似，但它的药芯是由高级烈性炸药组成，传爆速度达7000m/s以上。皮线绕红色线条以与导火索区别。

导爆索起爆不需雷管，但本身必须用雷管引爆。这种方法成本较高，主要用于深孔爆破和大规模的药室爆破，不宜用于一般的炮眼法爆破。

（三）破坏作用圈

爆破时介质距离爆破中心愈近，受到的破坏愈大，通常将爆破影响的范围分为几个爆破作用圈。

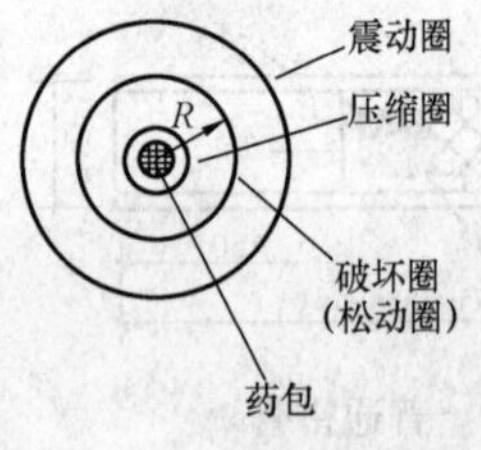

图 1-54 爆破作用圈

爆破时最靠近药包处的介质受到的压力最大，对于塑性土壤，便被压缩成孔腔；对于坚硬的岩石，便会被粉碎；这个范围称为压缩圈和破碎圈。

在压缩圈以外的介质受到的作用力虽然减弱了些，但足以使结构破坏，使其分裂成各种形状的碎块，这个范围称之为破坏圈或松动圈。在破坏以外的介质，因作用力只使其产生震动现象，故称为震动圈，以上爆破的范围，可以用一些同心圆表示，叫做爆破作用圈，如图 1-54 所示。

（四）爆破漏斗

当埋设在地下的药包爆炸后，地面就会出现一个爆破坑，一部分被炸碎了的介质被抛至坑外，一部分仍坠落在坑内。由于爆破坑形似漏斗，所以称它为爆破漏斗，如图 1-55 所示。

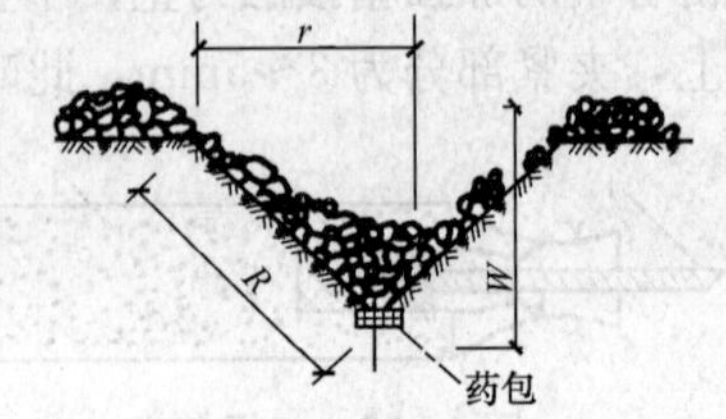

图 1-55 爆破漏斗
r—漏斗半径；R—爆破作用半径；
W—最小抵抗线（药包埋深）

爆破漏斗可用下面几个参数来表明其特征：

(1) 最小抵抗线 W，即从药包中心到临空面的最短距离。

(2) 爆破漏斗半径 r，即漏斗上口的圆周半径。

(3) 最大可见深度 h，即从坠落在坑内的介质表面到临空面最大距离。

(4) 爆破作用半径 R，即从药包中心到爆破漏斗上口边沿的距离。

爆破漏斗的实际形状是多种多样的，它随着土的性质、炸药性能、药包的大小、药包的埋置深度而不同。爆破漏斗的大小一般以爆破作用指数 n 来表示，即

$$n=\frac{r}{W} \tag{1-25}$$

当 $n=1$ 时，称为标准抛掷爆破漏斗；n 小于 1 时，称为减弱抛掷爆破漏斗；n 大于 1 时，称为加强抛掷爆破漏斗。

二、药包量计算

爆破土石方的时候，用药量要根据岩石的硬度、岩石的缝隙、临空面的多少、估计爆破的土石方量以及施工经验来决定。

炸药量的理论计算是以标准抛掷漏斗为依据。用药量的多少与漏斗内的土石方体积成正比。其药包量 Q 的基本公式为

$$Q=eqV \tag{1-26}$$

式中 q——爆破 1m^3 岩石所需的耗药量，可参考表 1-10 确定，kg/m^3；

V——被爆炸岩石的体积，m^3；

e——炸药换算系数，见表 1-11。

表 1-10　标准抛掷爆破药包的单位耗药量 q 值表

土的类别	一、二	三、四	五、六	七	八
q (kg/m³)	0.95	1.10	1.25～1.50	1.60～1.90	2.00～2.2

注　本表以 1 号露天铵梯炸药为标准计算，当用其他炸药时，须乘以换算系数 e 值。

当标准抛掷爆破时，因 $n=\frac{r}{W}=1$，即 $r=W$。又由于 $V=\frac{1}{3}\pi r^2W=\frac{1}{3}\pi W^3\approx W^3$，所以药包的炸药量为

$$Q=eqW^3 \tag{1-27}$$

当加强或减弱抛掷爆破时，其药包的药量为

$$Q=(0.4+0.6n^3)eqW^3 \tag{1-28}$$

表 1-11　炸药换算系数 e 值表

炸药名称	型　号	e	炸药名称	型　号	e
露天铵梯	1、2 号	1.00	胶质硝铵	1、2 号	0.78
煤矿铵梯	1 号	0.97	硝酸铵		1.35
煤矿铵梯	2 号	1.12	铵油炸药		1.00～1.20
煤矿铵梯	3 号	1.16	苦味酸		0.90
岩石铵梯	1 号	0.80	黑火药		1.00～1.25
岩石铵梯	2 号	0.88	梯恩梯		0.92～1.00

当仅要求松动爆破时，其药包的炸药量为

$$Q=0.33eqW^3 \tag{1-29}$$

式中，$(0.4+0.6n^3)$ 或 0.33 均是试验爆破系数。

三、爆破方法

在建筑工程中，常用的爆破方法主要有以下几种。

1. 裸露药包爆破

此法多用于炸碎岩石和大型爆破中的巨石改炮。耗药量大，约为一般浅孔法爆破的3～5倍。此法爆破效果不易控制，且岩片飞散较远而易造成事故。如图 1-56 所示为这种爆破的装药方式。

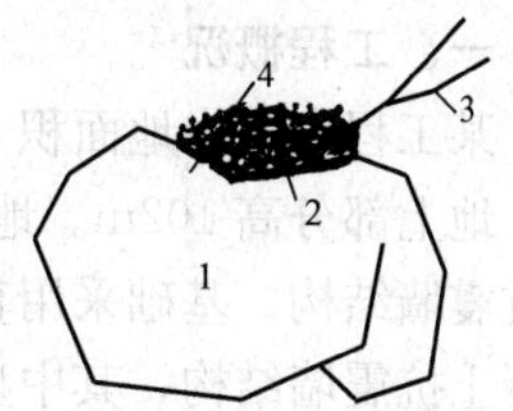

图 1-56　裸露药包爆破
1—大块岩石；2—药包；3—导火线；4—覆土

2. 浅孔爆破

浅孔爆破又称炮眼法。一般孔深为 0.5～5m，炮眼直径为28～50mm。孔眼可用风钻或人工打设。这种方法不需要复杂的钻孔设备，施工操作简便，炸药耗用量少，飞石距离近，岩石破碎较均匀，便于控制开挖面的形状和规格，且可在各种复杂地形下施工。但其爆破量小，效率低，钻孔工作量大。

炮眼布置应尽量利用临空面较多的地形；炮眼的方向应尽量与临空面平行。为了提高爆破效果，常进行台阶式爆破，如图 1-57 所示。

3. 药壶爆破

药壶爆破是在炮孔底部放入少量的炸药，经过几次爆破扩大成为圆球的形状，最后装入炸药进行爆破。此法与炮孔爆破法相比，具有爆破效果好、工效高、进度快、炸药消耗少等优点。在浅基的短桩爆破中常采用此法。

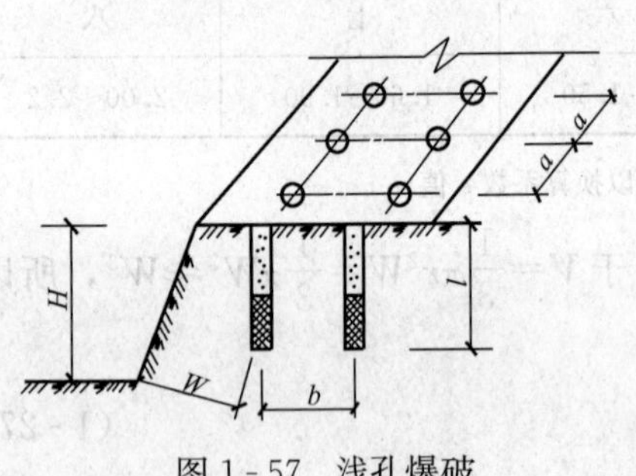

图 1-57 浅孔爆破

4. 拆除爆破

拆除爆破也叫“定向爆破”，是通过一定的技术措施，严格控制爆炸能量和爆炸规模，使爆破的声响、振动、破坏区域以及破碎物的散坍范围，控制在规定的限度之内。

在城市和工厂往往需要拆除一些旧的建筑物或构筑物，如：楼宇、厂房、烟囱、水塔以及各种基础等，常采用拆除爆破。拆除爆破考虑的因素很多，包括爆破体的几何形状和材质，使用的炸药、药量、炮眼布置及装药方式，覆盖物和防护措施及周围环境等，其中最主要的是炸药和装药量。

四、爆破安全措施

爆破工程，应特别重视安全施工。爆破作业的每一道工序，都必须仔细检查，要认真贯彻执行爆破安全方面的有关规定，尤其应注意下面几个方面：

(1) 爆破器材的领取、运输和贮存，应有严格的规章制度。雷管和炸药不得同车装运、同库贮存。仓库离工厂或住宅区等应有一定的安全距离，并严加警卫。

(2) 爆破施工前，应做好安全爆破的各项准备工作，划好安全距离，设置警戒哨。闪电雷鸣时，禁止装药接线，施工操作时严格遵守安全操作规程。

(3) 炮眼深度超过 4m 时，须用两个雷管起爆；如深度超过 10m，则不得用火花起爆。

(4) 爆破时发现拒爆，必须先查原因后再进行处理。

工程实践案例

一、工程概况

某工程大厦占地面积 $4620m^2$，建筑面积约 62 860m^2。地上 28 层（局部 30 层），地下 3 层，地上部分高 102m。地下室采用地下连续墙挡土、封水、兼作外墙，为钢筋混凝土框架—抗震墙结构。基础采用直径 700m 的沉管灌注桩。地上 1～5 层为型钢混凝土框架—钢筋混凝土抗震墙结构，其中型钢混凝土柱在地下 1 层楼面处与下部的 C60 钢筋混凝土柱连接。5 层以上为钢框架—钢支撑结构。

二、工程、水文地质及环境条件

从地面往下依次为：填土，含有建筑垃圾、块石，厚 2m；海积淤泥，软塑～流塑状态，厚 4.5～15m；中粗砂，含水饱和，厚 0.5～9m；砂质黏土、残积砂积黏土层，厚约 14m（各层总厚度达 40m 以上）。强风化花岗岩层最大厚度达 17.5m，局部中风花岗岩距地面的深度达 66m 以上。地下水位距地面 0.5～1.4m。砂层中的压力水头约 13～16m，地下水来源为生活、工业废水，大气降水，海水。本工程紧靠城市主要道路和原有建筑，地下连续墙外边线是建筑用地红线，无施工临时用地。

三、地下室逆作法结构处理措施及主要施工方法

本工程与其他地下室逆作法相比有以下不同：①地下连续墙兼作地下室外墙，但先设计和施工的地下连续墙未考虑逆作法施工阶段梁的支承点；②部分桩基承台位于有承压水的砂层中，在地下室深度范围内是流塑状态的海积淤泥，不便于逆作法施工有土方开挖和梁板支模；③设有用于逆作法施工的中心桩和临时支撑柱，地下室结构与逆作法设计基本相同。

1. 主要施工顺序

施工地下连续墙和大直径沉管灌注桩基础→连续墙范围内降水、人工挖孔施工桩基承台和地下1层以下的C60钢筋混凝土柱→挖土至－4.55m，施工－4.25m层梁板钢筋混凝土→吊装－4.25m层至地上2层型钢混凝土中的钢柱和钢梁→±0.00层和地上2层型钢混凝土施工，安装地下室内土方垂直和水平运输机具→挖土至－8.85m，施工－8.85m层梁板→挖土至－14.1m，施工地下室底板钢筋混凝土→施工－14.1～±0.00m的剪力墙、四周内套墙、二次施工用于地下各层土方开挖留洞部分的楼板钢筋混凝土。

在地上2层型钢混凝土施工后，继续地下室正作法施工的同时，往上施工2～5层型钢混凝土和5层以上的钢结构。

2. 地下连续墙施工及局部构造处理措施

考虑封水作用，地下连续墙下端嵌入残积土层中的深度不小于2m。当残积砂质黏土层的厚度小于2m时，在连续墙内预埋注浆管至连续墙下端的强风化岩层顶面。待完成连续墙混凝土浇灌后，通过注浆管高压注浆封闭连续墙下端的岩石裂缝。地下连续墙有用导向臂的抓斗式挖槽机挖土，原土淤泥制浆护壁，150kN吊车安放墙体钢筋骨架，水下浇灌混凝土。

3. 桩基础施工

沉管灌注桩采用大能量的桩锤，直径700mm的高强度厚壁无缝钢管作套管。上端激振器对套管的最大激振力需4800kN。能穿入强风化层的钢制桩靴与套管下端基本处于密封状态，桩身混凝土在无水状态激振成型，有很好的密实度。桩身最大长度可达40m，单桩设计承载力为4000kN，极限承载力达8000kN以上。

4. 桩基承台及地下1层以下柱的施工

进行基坑土方开挖前，对于桩基部位采用人工由上至下分段挖孔，分段浇钢筋混凝土护壁至桩承台底面处，然后由下至上完成承台和钢筋混凝土柱的施工，并留基础梁、地下2层梁、1层梁的暗牛腿和插筋，如图1-58所示。这种预先挖孔施工桩承台和柱的方法，实现了直接用地下室的钢筋混凝土柱作为逆作法施工的支撑柱。在人工成孔施工承台和柱的过程中采取了降水，部分孔壁、孔底注浆固结淤泥等措施。

5. －4.25m层及以上型钢混凝土柱、梁板的施工

为了防止地下连续墙因土方开挖产生过大的水平位移，对于地下1层在长度方向分成3段，先将中间段挖土至梁底，按叠合梁的施工方法先施工框架梁的钢筋混凝土至板底，作为连续墙的水平支撑，然后施工两端的梁板。当地下1层梁板混凝土达到设计强度的70%后，先采用塔吊进行地下1层至地上2层以上型钢混凝土中钢柱、钢梁安装，然后按正作法施工±0.00层和地上2层钢筋混凝土。

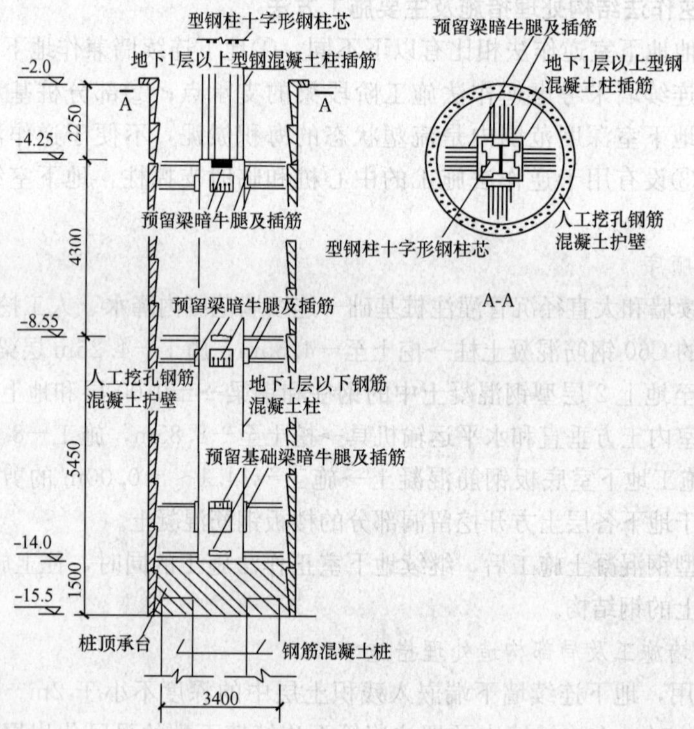

图 1-58　地下室柱及其基础施工剖面示意图

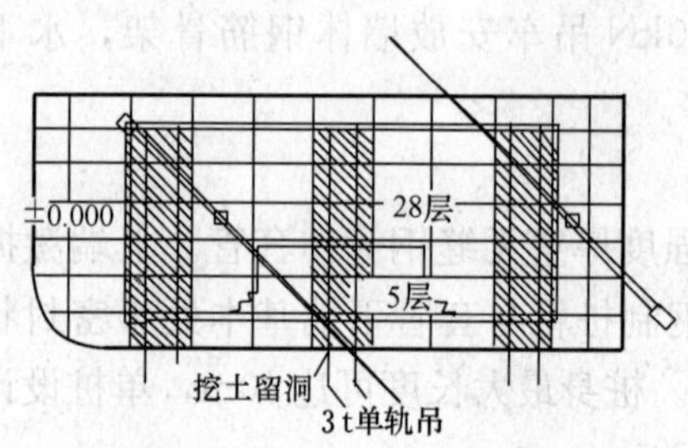

图 1-59　地下室土方挖运示意图

6. 地下室土方开挖

采用 30kN 单轨电动葫芦配合小型推土机进行坑内土方挖运。将容积为 1.5m^3 的土斗放在人工挖掘的小坑内，用小推土机直接推土进入斗内。采用 2 台电动葫芦轮流向 1 辆 100kN 汽车内装土，约 10min 就可装满。如图 1-59 所示分 3 处同时挖运土方，平均每 10min 可运走 3 车土。在与柱、地下连续墙等接触处的少量土方采用人工挖除。土方机械利用塔吊从 1 个预留孔吊出地面。

7. 地下 1～3 层梁板局部构造处理和主要施工方法

当土方挖运到地下各层板底面以下约 100mm 处时，在梁的位置挖成槽形，将开挖面的原状土拍实，浇梁底混凝土垫层。按梁底宽进行水泥砂浆找平抹光，作为梁侧模板下部的支点。固定楼板模板的背方嵌入土层内，上边与土面齐平。对于梁下有墙时，为了便于墙筋插入土中，采取在梁下木撑间填 30mm 厚的砂，使混凝土与下部未挖的土层隔离，梁板采用泵送商品混凝土。梁在地下连续墙上的支承构造处理，由于设计方案改变，原有预留孔不能使用，采取在梁的支承位置重新凿孔作为梁在连续墙上的支承点，并保留凿孔处连续墙钢筋。梁板施工构造做法，如图 1-60 所示。

8. 地下室部分剪力墙、内套墙施工方法

地下室底板混凝土施工后，可从地下 3 层开始，由下往上施工地下室部分的墙，先将施工缝处凿毛、校直墙插筋、然后按如图 1-61 所示扎筋、支模、从预留浇灌口处浇混凝土。

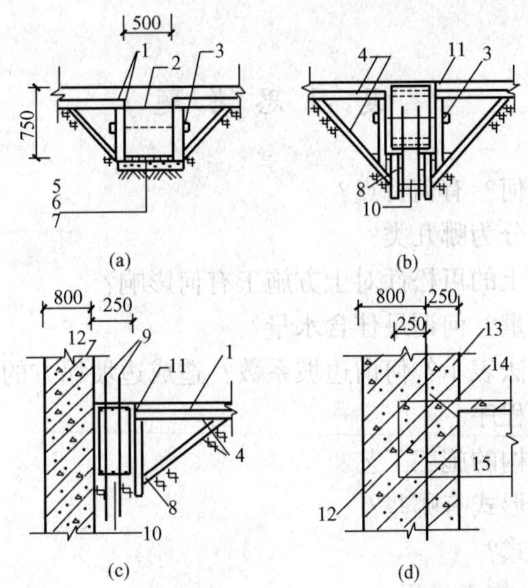

图 1-60 地下室梁、板支模及钢筋绑扎示意

1—胶合板；2—临时木撑@1200；3—ϕ12 对拉螺栓@600；
4—方木背方及斜撑@600；5—与梁等宽水泥砂浆抹光 20mm；
6—80mm 厚混凝土垫层；7—原土拍实；8—背砂@600 插入土中 200mm；
9—墙插筋；10—@600 木撑间填砂 30mm；11—250 方木盒@800；
12—地下连续墙；13—内套墙；14—墙内钢筋混凝土暗梁；
15—支承在连续墙上的梁

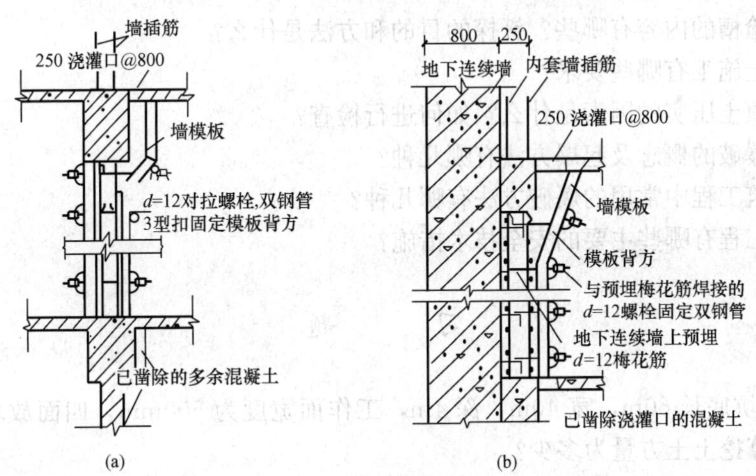

图 1-61 墙钢筋混凝土施工示意

（a）剪力墙钢筋混凝土施工；（b）内套墙钢筋混凝土施工

在内套墙施工前，对地下连续墙漏水之处采用堵漏剂封闭。在剪力墙、内导墙施工的同时完成地下 2 层、1 层和±0.00 层留洞部分楼板钢筋混凝土的施工。

四、结束语

本工程地下室逆作法施工能确保周围建筑物、地下管线、基坑护壁和施工人员的绝对安全；可地下、地上同时进行施工；地下连续墙兼作地下室外墙，地下各层梁板兼作基坑支护的内支撑，节省了材料及费用；不需像正作法那样进行内支撑的爆破及其废渣的外运，基本上避免了环境污染。

复 习 思 考 题

1. 土方工程的分类如何？有何特点？
2. 土按工程性质可以分为哪几类？
3. 何谓土的可松性？土的可松性对土方施工有何影响？
4. 何谓土的天然含水量？何谓最佳含水量？
5. 土方边坡用什么方法表示？何谓边坡系数？造成边坡塌方的原因有哪些？
6. 简述土锚杆的施工程序。
7. 简述土钉墙支护结构的施工工艺。
8. 深基坑支护结构的形式有哪些？
9. 土壁支撑有哪些形式？
10. 试述明沟排水法的施工过程。
11. 轻型井点降水法的工作原理是什么？其系统的组成和布置原则是什么？
12. 场地平整土方量计算的方法有哪几种？
13. 方格网法计算场地平整土方量的基本步骤有哪些？
14. 何谓土方调配？土方调配时应遵守哪些原则？
15. 土方施工机械有哪几种？其适用范围如何？
16. 基坑开挖应注意哪些问题？
17. 基底验槽的内容有哪些？钎探的目的和方法是什么？
18. 回填土施工有哪些要求？
19. 影响填土压实的因素是什么？如何进行检查？
20. 简述爆破的概念及起爆方法有哪几种？
21. 在建筑工程中常用的爆破方法有哪几种？
22. 土方工程有哪些主要的安全技术措施？

习 题

1. 某基坑坑底长 60m，宽 40m，深 4m，工作面宽度为 500mm，四面放坡，边坡系数为 0.5，试计算挖土土方量为多少？

2. 题 1 的基坑中，当基础体积为 $8690m^3$，则应留多少回填土（松散状态土）？若余土需外运，问外运的土方为多少方？如果用斗容量为 $3m^3$ 的汽车外运，需运多少车？（已知土的最初可松性系数 $K_s=1.14$，最终可松性系数 $K_s'=1.05$）。

3. 某基坑面积为 20m×30m，基坑深 4m，地下水位在地面以下 1m，不透水层在地面下 10m，地下水为无压水，土的渗透性系数 $K=15m/d$，基坑边坡坡度为 1∶0.5，现采用轻型井点降低地下水位，试进行轻型井点系统的布置和设计。

4. 某建筑场地方格网，如图 1-62 所示，方格网的边长为 40m×40m，试用方格网法计算场地总挖方量和总填方量。若填方区和挖方区的边坡坡度均为 1∶0.5 时，试计算场地边坡挖、填土方量。

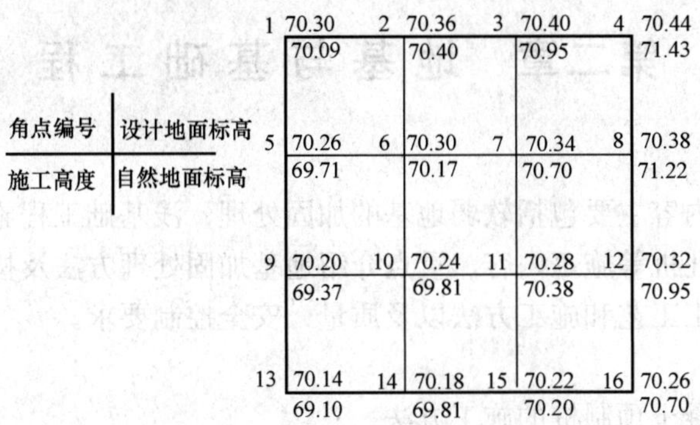

图 1-62　场地方格网示意图

第二章 地基与基础工程

本章提要：本章内容主要包括软弱地基的加固处理、浅基础工程施工、钢筋混凝土预制桩、灌注桩、人工挖孔桩等施工内容。重点介绍地基加固处理方法及检验技术，混凝土灌注桩，人工挖孔桩等施工工艺和施工方法以及质量、安全控制要求。

学习要求：

（1）了解钢筋混凝土预制桩的施工方法。

（2）熟悉软弱地基加固处理方法及检验技术 。

（3）掌握钢筋混凝土灌注桩的施工工艺原理和施工要点，以及质量事故产生的原因、预防措施。

（4）掌握人工挖孔灌注桩的施工方法和施工操作要点，质量控制及安全技术。

第一节 软弱地基的加固处理

软弱地基指高压缩土地基。高压缩性土分为自然沉积的（如淤泥、泥炭等）和人工堆积的（如建筑垃圾、生活垃圾、工业废料、炉渣等）两种。在进行软弱地基加固处理时，应根据高压缩性土的特性不同，采用不同的方法处理，否则将会造成许多人为事故。例如，在工程建设中曾经出现将强夯法用于夯击淤泥类土，导致土体变成了橡皮土，越夯越坏的情况。还有用碎石桩去改良淤泥质土，结果造成了六层房屋下沉超过 1m，并且歪斜。

一、软弱地基加固的原理

当工程结构的荷载较大，地基土质又较软弱（强度不足或压缩性大），不能作为天然地基时，可针对不同情况，采取各种人工加固处理的方法，以改善地基性质、提高承载力、增加稳定性、减少地基变形和基础埋置深度。

地基加固的原理是将土质由松变实，将土的含水量由高变低，即可达到地基加固的目的。工程实践中各种加固方法，如机械碾压法、重锤夯实法、挤密桩法、化学加固法、预压固结法、深层搅拌法等均是从这一加固原理出发的。但在拟定地基加固处理方案时，应充分考虑地基与上部结构共同工作的原则，从地基处理、建筑、结构设计和施工方面均应采取相应的措施进行综合治理，严禁单纯对地基进行加固处理，否则不仅会增加工程费用，反而难以达到理想的效果。其具体的加固措施有：

（1）改变建筑体型，简化建筑平面。具有复杂的平面和立面的建筑，即使承载力完全相同，也将引起严重的破坏。如图 2-1 所示，即为复杂体型房屋损坏的实例。实测沉降等值线证明这栋建筑发生了扭转及差异下沉，凡是高低层连接处及平面的转折部位几乎全都出现墙体开裂。因此建筑物的平面应力求简单，凡是能独立形成的单元都用沉降缝隔开。

（2）调整荷载差异。

（3）合理设置沉降缝。沉降缝位置宜设在：地基不同土层的交接处，或地基相同，土层厚薄不一致处；建筑平面的转折处；荷载或高度差异处；建筑结构或基础类型不同处；分期

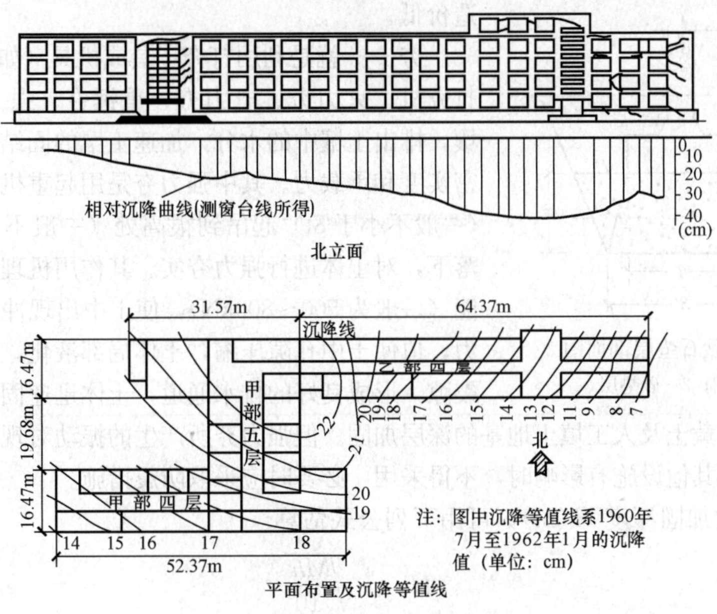

图 2-1　复杂体型房屋沉降及墙体开裂示意图

建筑的交界处；局部地下室的边缘；过长房屋的适当部位等。

(4) 采用轻型结构、柔性结构。

(5) 加强房屋的整体刚度，如采用横墙承重方案或增加横墙，增设圈梁，减小房屋的长高比，采用筏式基础、筏片基础、箱形基础等。

(6) 对基础进行移轴处理，当偏心荷载较大时，可使基础轴线偏离柱的轴线。

(7) 施工中正确安排施工顺序和施工进度。如对相邻的建筑。应先施工重、高（即荷载重、高度大）的建筑，后施工轻、低（即荷载轻、高度小）的建筑。对软土地则应放慢施工速度，以便使地基能排水固结，提高承载力。否则施工速度过快，将造成较大的孔隙水压力，甚至使地基发生剪切破坏。

二、地基加固的方法

根据地基加固的原理，可采取不同的加固方法。这些加固方法，可归纳为“挖、填、换、夯、压、挤、拌”七个字。

挖——就是挖去软土层，把基础埋置在承载力大的基岩或坚硬的土层中。此种方法当软土层不厚时，利用坚硬的土层作为天然地基较为经济。

填——当软土层很厚，又需大面积对地基进行加固处理时，则可在软土层上直接回填一层一定厚度的好土，以提高地基的承载力，减小软土层的承压力。

换——就是将挖与填相结合，即换土垫层法。此法适用于软土层较厚，仅对局部地基进行加固处理。它是将基础下面一定范围内的软弱土层挖去，而代之以人工填筑的垫层作为持力层。垫层材料有砂石、碎石、三合土［石灰∶砂∶碎砖（石）=1∶2∶4］、灰土（石灰∶土=3∶7）、矿渣、素土等，分别称砂石地基、三合土地基、粉煤灰地基。换土垫层可提高持力层的承载力，减小软土层的承压力，加速软土层排水固结，且减少基础沉降量。图 2-2 所示为砂石垫层做法，垫层厚 H 一般为 0.5～2.5m，不宜大于 3m 或小于 0.5m。采用换土垫层能有效地解决中小型工程的地基处理问题，其优点是能就地取材、施工简便、工期短、

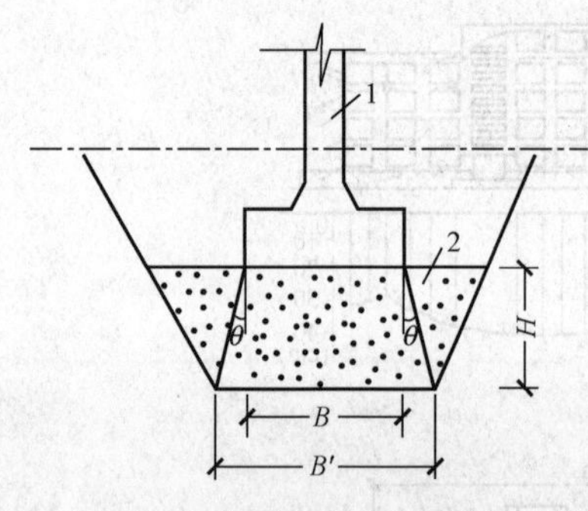

图 2-2　砂石垫层剖面图
1—基础；2—砂垫层

造价低。

夯——就是利用打夯工具或机具（如人工打夯、蛙式打夯机、火力夯、电力夯、重锤夯、强力夯等）夯击土壤，排出土壤中的水分，加速土壤的固结，以提高土壤的密实度和承载力。其中强力夯是用起重机械将大吨位夯锤（一般不小于 8t）起吊到很高处（一般不小于 6m），自由落下，对土体进行强力夯实。其作用机理是用很大的冲击能（一般为 500～800kN），使土中出现冲击波和很大的应力，迫使土中孔隙压缩，土体局部液化，夯击点周围产生裂隙，形成良好的排水通道，土体迅速固结。此法适用于黏性土、湿陷性黄土及人工填土地基的深层加固。但强力夯所产生的振动对现场周围已建成或在建的建筑物及其他设施有影响时，不得采用，必要时应采取防震措施。

强夯法有效加固深度 H(m)，可用下列公式估算

$$H = k\sqrt{\frac{Mh}{10}} \tag{2-1}$$

式中　M——夯锤重力，kN；

h——落距，m；

k——折减系数，与土质、锤型、能级、施工工艺等有关，一般黏性土取 0.5，砂性土取 0.7，黄土取 0.35～0.50。

压——就是利用压路机、羊足碾、轮胎碾等机械，碾压地基土壤，使地基压实排水固结。也可采用预压固结法，即先在地基范围的地面上，堆置重物预压一段时间，使地基压密，以提高承载力，减少沉降量。为了在较短时间内取得较好的预压效果，要注意改善预压层的排水条件，常用的方法有砂井堆载预压法、袋装砂井堆载预压法、塑料排水带堆载预压法和真空预压法。

(1) 砂井堆载预压法是在预压层的表面铺砂层，并用砂井穿过该土层，以利于排水固结，如图 2-3 所示。砂井直径一般为 300～400mm，间距为砂井直径的 6～9 倍。

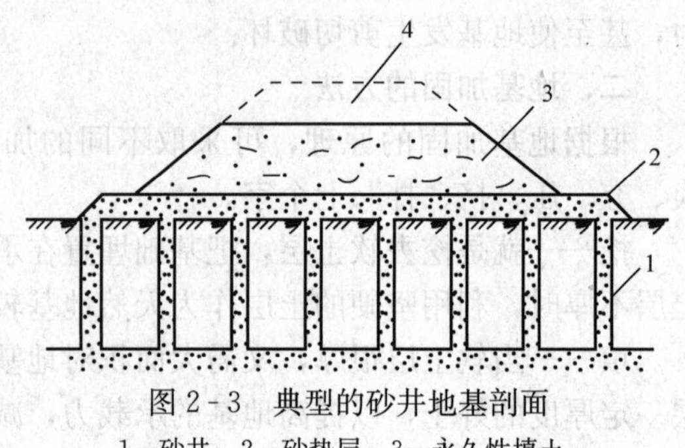

图 2-3　典型的砂井地基剖面
1—砂井；2—砂垫层；3—永久性填土；4—临时超载填土

(2) 袋装砂井堆载预压法是将砂先装入用聚丙烯编织布或玻璃纤维布、黄麻片、再生布等所制成的砂袋中，再将砂袋置于井中。井径一般为 70～120mm，间距为 1.5～2.0m。此法不会产生缩颈、断颈现象，透水性好，费用低，施工速度快。

(3) 塑料排水带堆载预压法是用插排机将塑料排水带插入软土层中，组成垂直和水平排水体系，然后堆载预压。土中孔隙水沿塑料带的沟槽上升溢出地面，从而使地基沉降固结。

(4) 真空预压法是利用大气压力作为预压载荷，无需堆载加荷。它是在地基表面砂垫层上覆盖一层不透气的塑料薄膜或橡胶布。四周密封，与大气隔绝，然后用真空设施进行抽气，使土中孔隙水产生负压力，将土中的水和空气逐渐吸出，从而使土体固结，如图 2-4

所示。为了加速排水固结，也可在加固部位设置砂井、袋装砂井或塑料排水带等竖向排水系统。

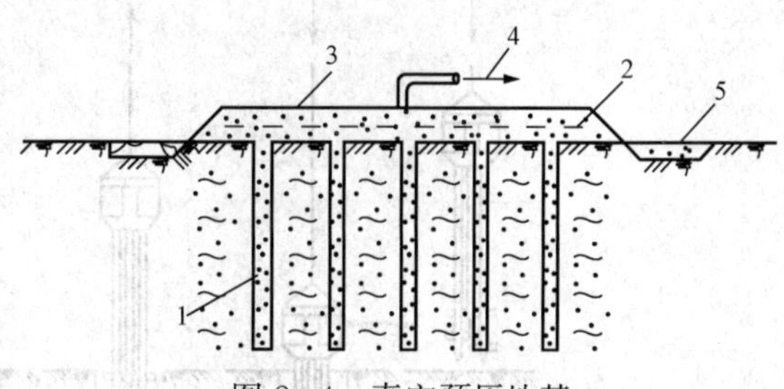

图 2-4　真空预压地基

1—砂井；2—砂垫层；3—薄膜；4—抽水、气；5—黏土

挤——先用带桩靴的工具式桩管打入土中，挤压土壤形成桩孔，然后拔出桩管，再在桩孔中灌入砂石或石灰、素土、灰土等填充料进行捣实，或者随着填充料的灌入逐渐拔出桩管。这种方法最适用于加固松软饱和土地基，其原理就是挤密土壤，排水固结，以提高地基的承载力，所以也称为挤密桩。

水泥粉煤灰碎石桩施工工艺流程，如图2-5所示。这种桩的填充料是水泥、石屑、碎石、粉煤灰和水的拌和物，是一种低强度混凝土桩，是近年发展起来的处理软弱地基的一种新方法，具有较好的技术性能和经济效果，不但能提高地基承载力，还可将荷载传递到深层地基中去。

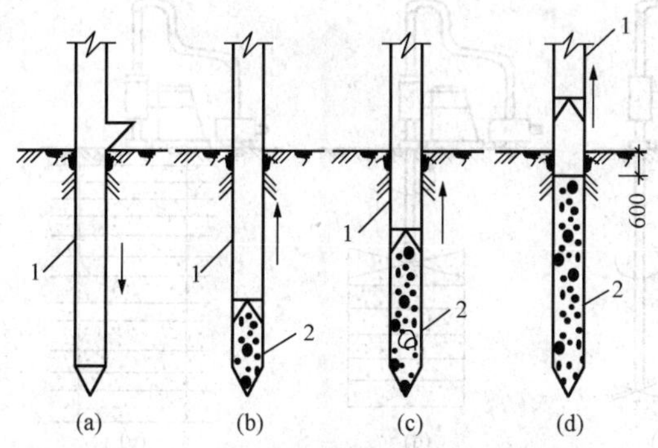

图 2-5　水泥粉煤灰碎石桩施工工艺流程

(a) 打入桩管；(b)、(c) 灌水泥、粉煤灰碎石振动拔管；(d) 成桩

1—桩管；2—水泥、粉煤灰、碎石桩

此外，根据地基土质不同，亦可采用振动成孔器或振冲器成孔后灌入砂石挤密土壤。

拌——是指用旋喷法或深层搅拌法加固地基。其原理是利用高压射流切削土壤，旋喷浆液（水泥浆、水玻璃、丙凝等），搅拌浆土，使浆液和土壤混合，凝结成坚硬的柱体或土壁。同理，化学加固中的硅化法、水泥硅化法和电动硅化法均是将水玻璃（硅酸钠（$Na_2O \cdot nSiO_2$）和氯化钙（$CaCl_2$）或水泥浆注入土中，使其扩散生成二氧化硅的胶体与土壤胶结“岩化”，亦是属于拌和的结果。

水泥土深层搅拌桩施工工艺流程，如图2-6所示。深层搅拌机定位启动后，叶片旋转切削土壤，借设备自重下沉至设计深度，然后缓慢提升搅拌机，同时喷射水泥浆或水泥砂浆进行搅拌，待搅拌机提升到地面时，再原位下沉提升搅拌一次，这样便可使浆土均匀混合形成水泥土桩。

水泥土桩由于水泥在土中形成水泥石骨架，使土颗粒凝聚、固结，从而成为具有整体性、水密性较好、强度较高的水泥加固体。在工程中除用于对软土地基进行深层加固外，也常用于深基坑的支护结构和防水、防流砂的防渗墙。

单管旋喷桩施工工艺流程，如图 2-7 所示。它是利用钻机把带有特殊喷嘴的注浆管钻至设计深度后，用高压脉冲泵将水泥浆液由喷嘴向四周高速喷射切削土层，与此同时将旋转的钻杆徐徐提升，使土体与水泥浆在高压射流作用下充分搅拌混合，胶结硬化后即形成具有一定强度的旋喷桩。

单管旋喷浆液射流衰减大，成桩直径较小。为了获得大直径截面的桩，可采用二重管（即两根同心管，分别喷水、喷浆）旋喷，或三重管（三根同心管，分别喷水、喷气、喷浆）

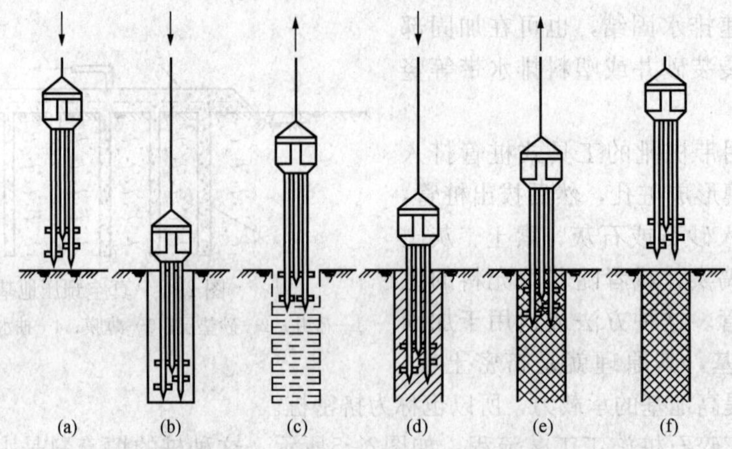

图 2-6 深层搅拌桩施工工艺流程

(a) 定位下沉；(b) 深入到设计深度；(c) 喷浆搅拌提升；
(d) 原位重复搅拌下沉；(e) 重复搅拌提升；(f) 搅拌完成形成加固体

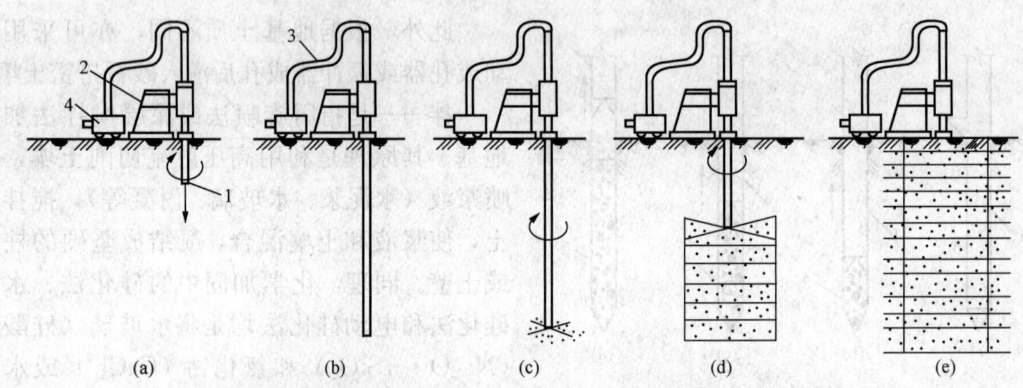

图 2-7 单管旋喷桩施工工艺流程

(a) 钻机就位钻孔；(b) 钻孔至设计标高；(c) 旋喷开始；(d) 边旋喷边提升；(e) 旋喷结束成桩
1—旋喷管；2—钻孔机械；3—高压胶管；4—超高压脉冲泵

旋喷。单管法和二重管法还可用注浆管射水成孔，无需用钻机成孔。喷浆方式有旋喷、定喷和摆喷三种，能分别获得柱状、壁状和块状加固体。为此，旋喷法可用于处理地基，控制加固范围，用于桩，地下连续墙，挡土墙，防渗墙，深基坑支护结构的施工和防管涌、流砂的技术措施。

三、常用地基检验技术

1. 基槽检验技术——轻便触探法

基坑开挖后，基底土的情况是否符合设计要求需要检验，目前施工单位常用钎探法。但是这种方法有两个缺点：一是得不到质的概念；二是人为因素影响太大，探深只有 2.5m。例如，在某工地由于对 2.5m 以下没有钎探，处理深度不够，六层楼房完成后不久就发生墙体开裂。在目前新区大面积开发情况下，局部填土较深、情况不明时，基槽检验带要检查地基承载力性质，因此应采用轻便触探试验。

轻便触探试验设备很简单，由探头、触探杆、穿心锤三部分组成，如图 2-8 所示。触探杆长 10～15m，用接头器连接后可探深至 4m。穿心锤重 10kg，自由落距为 50cm，每打入土层 30cm 的锤击数为 N_{10}，全部由人工完成操作。如发现锤击数变化过大，可取下探头，换以轻便钻头并取样。根据锤击数可作出深度与锤击数的关系曲线，用以划分土层。锤击数与承载力之间的关系见表 2-1、表 2-2。

表 2-1　　黏性土承载力标准值

N_{10}	15	20	25	30
f_k (kPa)	105	145	190	230

表 2-2　　素填土承载力标准值

N_{10}	10	20	30	40
f_k (kPa)	85	115	135	160

注　素填土指由粉土或黏性土组成的填土。

2. 标准贯入试验法

标准贯入试验法的主要设备由标准贯入器（或圆锥探头）、触探杆和穿心锤组成，如图 2-9 所示。标准贯入试验法用来配合勘察钻孔取土试验，进一步确定钻孔间土层的分布变化情况，适用于砂、粉土、黏性土及颗粒直径较小的碎石土。其设备简单，易于操作，探深可达 50 余米，在划分土层方面比较准确。通过贯入锤击数的大小，与取样结合对比可得到可靠而详尽的地质剖面。在确定土的承载力及砂的孔隙比、液化等方面属于间接测定，需要与当地土的载荷试验及其他试验结果统计之后，得出相关的经验系数才能使用。

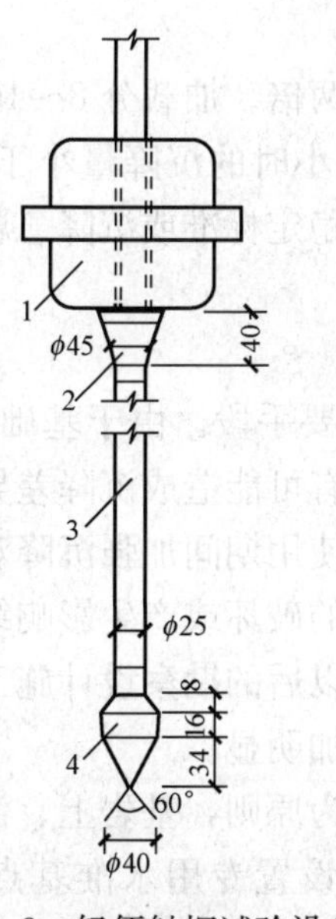

图 2-8　轻便触探试验设备

1—穿心锤；2—锤垫；3—触探杆；4—探头

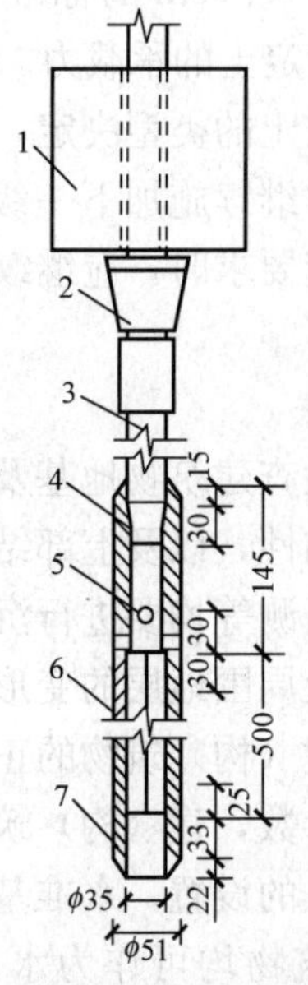

图 2-9　标准贯入试验设备

1—穿心锤；2—锤垫；3—触探杆；4—贯入器头；5—出水孔；6—由两半圆形管合成之贯入器身；7—贯入器靴

穿心锤重 63.5kg，落距高度 76cm，贯入 30cm 的锤击数为标准击数 N。目前与钻机连用，不需取土时，可改用锥形探头连续贯入。施工采用标准贯入试验的目的在于判别地层，经常用来判定预制桩桩尖持力层。在桩施工过程中，设计与施工的争议多因打入深度引起。由于钻孔取样试验很少，所绘地质剖面是宏观剖面，实际的地质情况远比地质剖面图复杂。采用柴油锤锤击打桩，桩的入土深度可用最后 10 击或 3 击的贯入度控制，但由于地层的变化，桩尖标高相差可能较大。设计人员往往坚持桩尖落在同一标高上。采用振动锤打桩时，往往是桩尖标高控制或所谓电流控制，事实证明这种控制很不可靠。在某工地桩的检测中发现承载力相差很大，实际上该场地有古河道，有些桩尖正好落在河道淤积层上，所以利用标贯快速检验手段，确定等锤击数值标高线，控制桩的入土深度，受到各方的采纳。在这种情况下，利用锥形探头连续贯入法，每 30cm 锤击数作为实测锤击数 N'。

钻杆直径为 42mm，钻杆愈长能量消耗愈大，需将锤击数 N 值进行钻杆长度校正，公式如下

$$N=\alpha N' \tag{2-2}$$

式中 N——标准贯入试验锤击数；

α ——触探杆长度校正系数，见表 2-3。

表 2-3 杆长修正系数 α

杆长（m）	≤3	6	9	12	15	18	21
α	1.00	0.92	0.86	0.81	0.77	0.73	0.70

3. 载荷试验法

建筑物基坑下的地基土通过载荷试验，确认其地基的承载力。载荷试验采用 50cm×50cm 和 70.7cm×70.7cm 的标准压板，在压板上加载，根据每级荷载下压板的沉降作出 p-s 曲线，借以判定土的承载力。

最大加载量按土的类型决定，但应不小于设计荷载的两倍。加载分 8～10 级进行，待每级沉降稳定后，才继续施加下一级荷载。稳定的标准为每小时的沉降量小于 0.1mm。当沉降速率不符合稳定要求时，应继续观测，如 24h 内达不到稳定标准或沉降急剧增大时即可停止试验。

4. 沉降观测法

沉降观测是检查建筑物地基及基础施工质量的一个重要手段。由于基础工程的隐蔽性，地基土质的不均匀性，以及上部结构荷载不均匀等因素，有可能造成沉降差异过大、房屋开裂或倾斜。滑坡监测等均要进行沉降观测。在施工期间及使用期间加强沉降观测监控，预防因沉降引起地基及周围地层的变形，造成建筑物主体结构的破坏或产生影响结构使用功能的裂缝。为了保证建（构）筑物的正常使用和安全性，并为以后的勘察设计施工提供可靠的资料及相应的沉降参数，建（构）筑物沉降观测的重要性愈加明显。

（1）水准基点的设置。水准基点设置以保证稳定可靠为原则，基岩上、深桩、深井及沉降已经稳定的建筑物均可作为水准基点。对新建筑群宜设置专用水准基点，其构造如图 2-10（a）所示。设置水准基点的位置必须在建筑物所产生的应力影响范围以外。在一个观测区内，水准基点不应少于 3 个，深度应根据土质情况决定，以不受气候、车辆振动、水位变化等因素影响为原则。

（2）观测点的布置。观测点应布置在房屋的转角处、内外墙连接处、高低层相交处及其

附近。数量不少于6个点，并按体型复杂程度、荷载差异情况酌予增加。观测点设在地面以上50～80cm处，用角钢斜埋入墙内。角钢的角点朝上，作为固定的观测点，如图2-10（b）所示。

(3) 测量要求。测量精度按Ⅱ级水准测量规定，视线长度一般在30m以内，视线高度不低于0.30m，采用闭合法。测量次数根据建筑物层数确定，但施工期内每年不少于4次，主体结构完成后6个月内每月不少于一次，以后逐渐减少观测次数，直至沉降稳定为止。

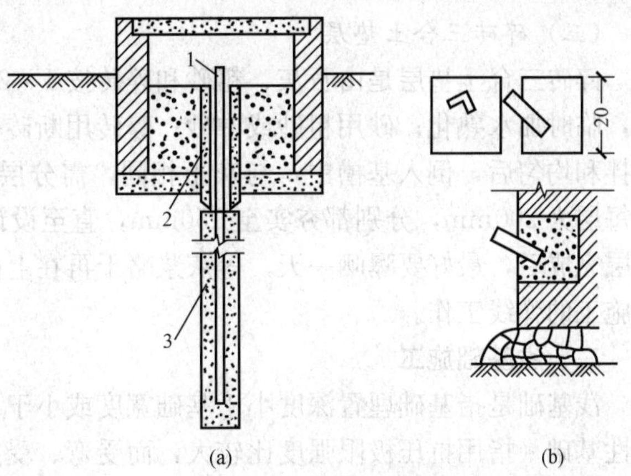

图2-10　沉降观测水准基点及观测点装置示意图

(a) 水准基点；(b) 观测点装置

1—水准标芯；2—套管；3—混凝土

第二节　浅基础工程施工

一、垫层施工

为了使基础与地基有较好的接触面，并将基础承受的上部结构荷载比较均匀地传给地基，常常在基础底部设置垫层。按地区不同，目前常用的垫层材料有：灰土、碎砖（或碎石、卵石）三合土、砂或砂石以及低强度等级的混凝土等垫层。

垫层施工以前，应检查基槽的位置、尺寸、标高是否符合设计要求，槽（坑）壁是否稳定。基槽底部如被雨雪或地下水浸软时，还必须将浸软的土层挖去，或夯填厚200mm左右的碎石（或卵石），然后才可以进行垫层施工。

（一）灰土垫层施工

灰土垫层是用石灰和黏土拌和均匀，然后分层夯实而成。灰土的体积配合比例是3∶7或2∶8，常用3∶7，故称“三七灰土”。三七灰土垫层具有就地取材、造价低廉、施工简便等优点，一般适用于地下水位较低，基槽经常处于较为干燥状态的基础。

灰土垫层施工完毕后，应及时进行基础施工，并迅速回填土。

（二）砂或砂石垫层施工

砂或砂石垫层材料，宜采用颗粒级配良好，质地坚硬的中砂、粗砂、砾砂、卵石和碎石。也可采用细砂，但宜掺入一定数量的卵石或碎石，其掺量按设计规定。此外，如石屑、工业废料经过试验合格后亦可作为垫层的材料。所用砂石材料均不含有草根、垃圾等杂质，含泥量要低于3%，石子最大粒径不宜大于50mm。

砂石垫层应注意级配必须良好，人工级配的砂、石（体积比为1∶2～1∶1）拌和均匀后，方可铺填捣实。垫层底面宜铺设在同一标高上，如深度不同，垫层面应挖成踏步搭接，施工时，应先深后浅，搭接处应注意捣实。分段施工接头也应做成斜坡，每层错开0.5～1.0m，并充分捣实。砂石垫层捣实方法根据不同条件，可选用振实、夯实或压实等方法进行。

（三）碎砖三合土垫层

碎砖三合土垫层是由石灰、粗砂和碎砖按1∶2∶4的比例拌和而成。石灰用未熟化的灰块，临时加水熟化；砂用粗砂或中砂；碎砖用断砖打碎，粒径为30～50mm。这三种材料加水拌和均匀后，倒入基槽中，与灰土相同，需分层夯实。虚铺的厚度第一层为220mm，以后每层为200mm，分别都夯实至150mm，直至设计高度为止。打夯至少三遍，碎砖三合土垫层完成后，最好要曝晒一天，等灰浆略干再在上面薄铺一层粗砂，并夯实平整，以利于基础施工的弹线工作。

二、浅基础施工

浅基础是指基础埋置深度小于基础宽度或小于5m深的基础工程。按照受力状态不同分刚性基础（指用抗压极限强度比较大，而受弯、受拉极限强度较小材料所建造的基础），如图2-11（a）所示和柔性基础（如钢筋混凝土基础，它抗压、抗弯、抗拉强度都很大），如图2-11（b）所示。刚性基础是用混凝土、毛石混凝土、毛石（或石块）、砖、碎砖（或碎石）三合土、灰土等建成，一般用于五层及五层以下（三合土基础不宜超过四层）的房屋建筑。这类基础主要承受压力，不配置受力钢筋，但基础的宽高比$\frac{b}{H}$或刚性角α有一定限制，如图2-11（a）所示，即基础的挑出部分（从砖墙边缘至基础边缘）不宜过大。柔性基础是用钢筋混凝土建成，需配置受力钢筋，基础宽度可不受宽高比的限制，主要用于建筑物上部结构荷载较大、地基较软的情况。下面介绍基础的具体施工方法。

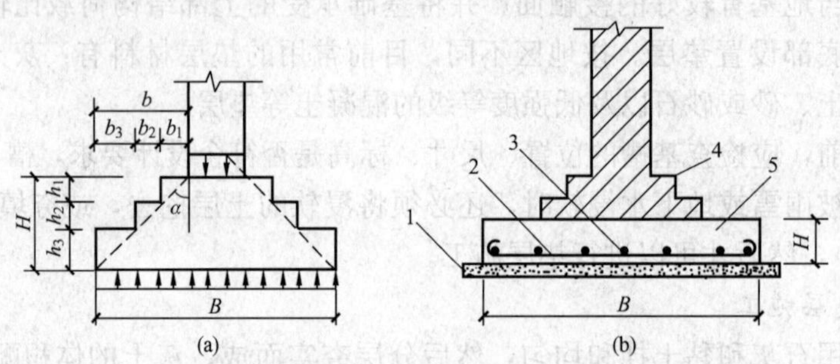

图2-11 基础

（a）刚性基础；（b）柔性（钢筋混凝土）基础

1—垫层；2—受力钢筋；3—分布钢筋；4—基础砌体的扩大部分；5—底板

α—刚性角；B—基础宽度；H—基础高度

（一）刚性基础

1. 毛石基础施工

毛石基础是用爆破法开采出的不规则石块与砂浆砌筑而成，如图2-12所示。一般在山区建筑中用得较多。

用于砌筑基础的毛石强度应满足设计要求。块体大小一般以宽和高为200～300mm，长为300～400mm较为合适。砌筑用的砂浆常用水泥砂浆、混合砂浆，其强度等级按设计要求选用。

施工时，放出基础轴线、边线，然后在适当位置立上皮数杆，如图2-13所示。拉上准线。毛石应根据皮数杆上准线分层砌筑（一般两层300mm左右）。先砌转角处的角石，角石砌好后将准线移到角石上，再砌里外两面的面石，面石要表面方正，并使方正面外露。最后砌中间部分的腹石，腹石要按石块形状交错放置，使石块间的缝隙最小。

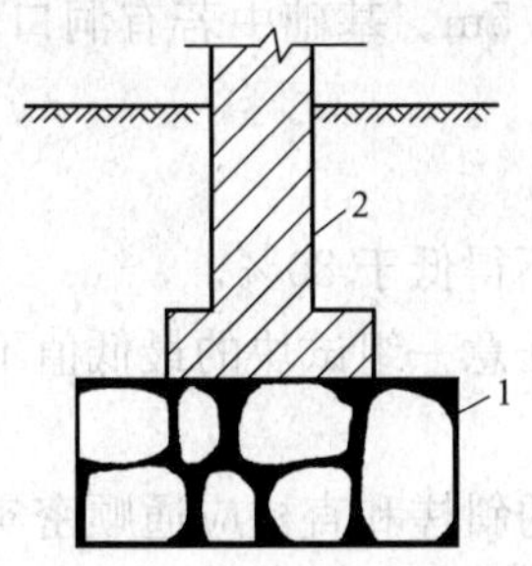

图 2-12 毛石基础

1—毛石基础；2—基础墙

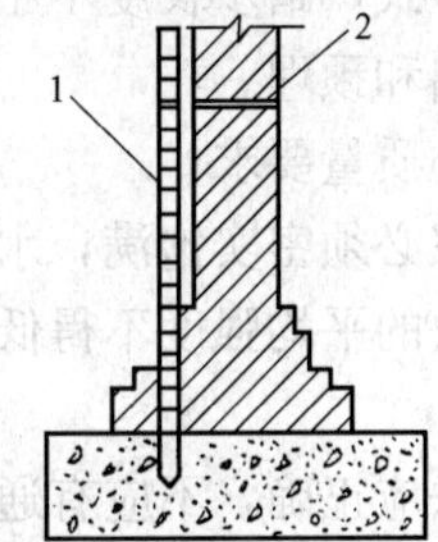

图 2-13 基础皮数杆（小皮数杆）

1—皮数杆（小皮数杆）；2—防潮层

砌筑时，第一层应选较大的且较平整的石块铺平，并使平整的面着地。砌第二层以上时，每砌一块石，应先铺好砂浆，再铺石块。上下两层石块的竖缝要互相错开，并力求顶顺交错排列，避免通缝，毛石基础的临时间断处，应留阶梯形斜槎，其高度不应超过 1.2m。基础砌好以后，毛石外露部分，应进行抹灰或勾缝。

毛石基础施工的质量要求：

(1) 砌体砂浆应密实饱满，组砌方法应正确，不得有通缝。墙面每 0.7m^2 内，应砌入丁字石一块，水平距离不应大于 2 米。

(2) 砂浆平均强度不低于设计要求的强度等级，任意一组试块的最低不得低于设计强度等级的 75%。

(3) 砌体的允许偏差在规范规定范围内。

2. 砖基础施工

砖基础是由垫层、基础砌体的扩大部分（俗称大放脚）和基础墙三部分组成，如图 2-14 所示。一般适用于土质较好，地下水位较低的地基上。

基础墙下砌成台阶形，其扩大部分有二皮一收的等高式，如图 2-14 (a) 所示和一皮一收与两皮一收相间隔式，如图 2-14 (b) 所示两种方法。间隔式砌法用料较省。每次收进时，两边各收 1/4 砖长（约 60mm）。

施工时先在垫层上弹出墙基轴线和基础砌体的扩大部分边线，然后在转角处、丁字墙基交接处、十字墙基交接处及高低踏步处立基础皮数杆。皮数杆应立在规定的标高处，因此立皮数杆时要利用水准仪进行抄平。

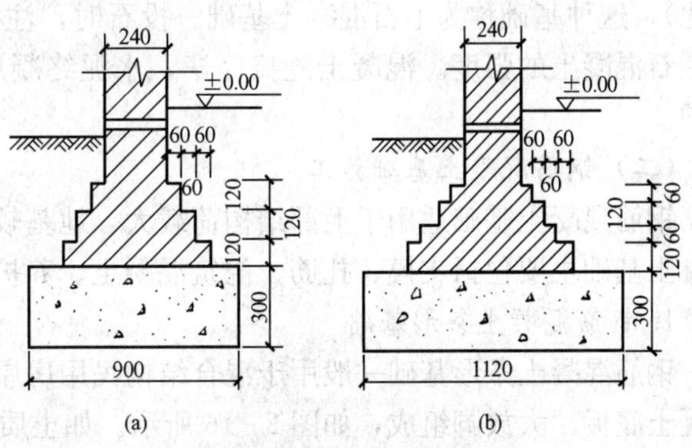

图 2-14 砖基础

(a) 等高式；(b) 间隔式

砌筑前，应先用干砖试摆，以确定排砖方法和错缝的位置。砖砌体的水平灰缝厚度和竖向灰缝宽度一般控制在 8～12mm。

砌筑时，砖基础的砌筑高度是用皮数杆来控制的，砌大放脚时，先砌好转角端头，然后以两端为标准拉好线绳进行砌筑。砌筑不同深度的基础时，应先砌深处，后砌浅处。在基础高低处要砌成踏步式，踏步长度不小于1m，高度不大于0.5m。基础中若有洞口、管道等，应按设计要求留出和预埋。

砖基础施工的质量要求：

(1) 砌筑砂浆必须密实饱满，水平灰缝的砂浆饱满度不得低于80%。

(2) 砂浆试块的平均强度不得低于设计的强度等级，任意一组试块的最低值不得低于设计强度等级75%。

(3) 组砌方法应正确，不应有通缝，转角处和交接处的斜槎和直槎应通顺密实。直槎应按规定加拉结钢筋。

(4) 预埋件、预留洞应按设计要求留置。

(5) 砖基础的允许偏差应在规范规定范围以内。

3. 混凝土与毛石混凝土基础施工

混凝土与毛石混凝土基础，如图2-15所示。适用于层数较高（三层以上）的房屋，特别是地基潮湿或地下水位较高的情况下。

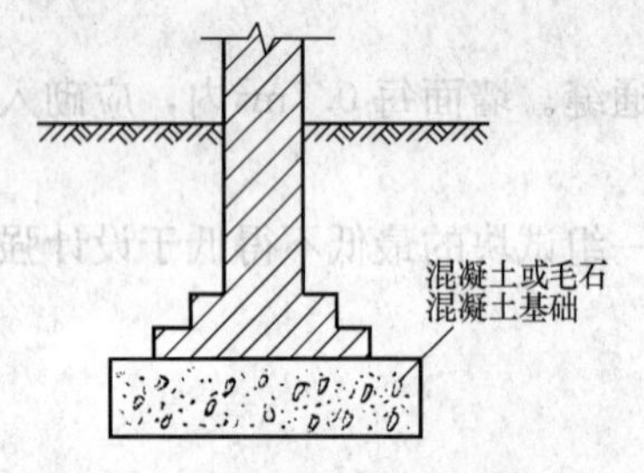

图2-15 混凝土或毛石混凝土基础

基槽经过检验，弹出基础的轴线和边线，即可进行基础施工。

基础混凝土应分层浇注，使用插入式振捣器捣实。对于阶梯形基础，每一阶梯内应分层浇筑捣实。对于锥体形基础，其斜面部分的模板要逐步地随浇捣随安装，并应注意边角处混凝土的捣实。独立基础一般应连续浇捣完毕，不能分数次浇捣。如基础上有插筋时，在浇捣过程中要保持插筋位置固定，不得使其浇捣混凝土时发生位移。

为了节约水泥，在浇筑混凝土时，可投入30%左右的毛石（30%为毛石与混凝土的体积比），这种基础称为毛石混凝土基础。投石时，注意毛石周围应包有足够的混凝土，以保证毛石混凝土的强度。混凝土浇捣完毕，水泥终凝后，混凝土外露部分要加以盖覆，浇水养护。

（二）钢筋混凝土基础施工

钢筋混凝土基础适用于上部结构荷载大，地基较软弱，需要较大底面尺寸的情况。钢筋混凝土基础主要包括支模、扎筋、浇筑混凝土、养护、拆模等工序。

1. 钢筋混凝土条形基础

钢筋混凝土条形基础一般用于混合结构民用房屋的承重墙下，是由素混凝土垫层、钢筋混凝土底板、大放脚组成，如图2-16所示。如土质较好且又较干燥时，也可不用垫层，而将钢筋混凝土底板直接做在夯实的土层上。

钢筋混凝土条形基础的主筋（受力钢筋）沿墙体横向放置在基础底面，直径一般为$\phi 8 \sim \phi 16$，分布筋沿纵向布置。混凝土保护层可采用35mm（有垫层时）或70mm（无垫层时）。

垫层干硬以后，即可进行弹线、绑扎钢筋等工作。钢筋绑扎好以后，要用水泥块垫起

(水泥块的厚度即为混凝土保护层厚度)。安装模板时，应先核对纵横轴线和标高，模板支撑要求严密牢固。浇筑混凝土前，模板和钢筋上的垃圾、泥土和钢筋上的油污等物，应清除干净，模板要浇水润湿。混凝土应分层捣实，每层厚度不得超过 30cm。基础上有插筋时，应保证插筋的位置正确。混凝土浇筑完毕，终凝以后，表面应加以覆盖和浇水养护，浇水次数视气温情况而定，只要使混凝土具有足够的湿润状态即可。混凝土养护时间：普通水泥和矿渣水泥不得少于 7 昼夜。

2. 杯形基础

杯形基础主要用于装配式钢筋混凝土柱基础，如图 2-17 所示。一般形式为杯口基础，钢筋混凝土柱与杯口接头采用细石混凝土灌缝。

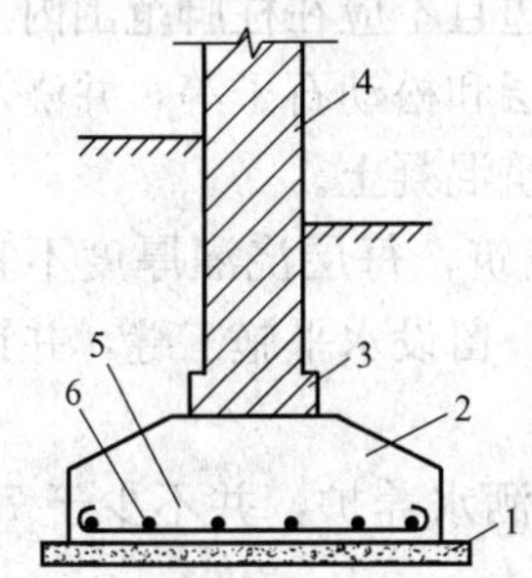

图 2-16　钢筋混凝土条形基础

1—素混凝土垫层；2—钢筋混凝土底板；3—砖砌大放脚；4—基础墙；5—受力筋；6—分布筋

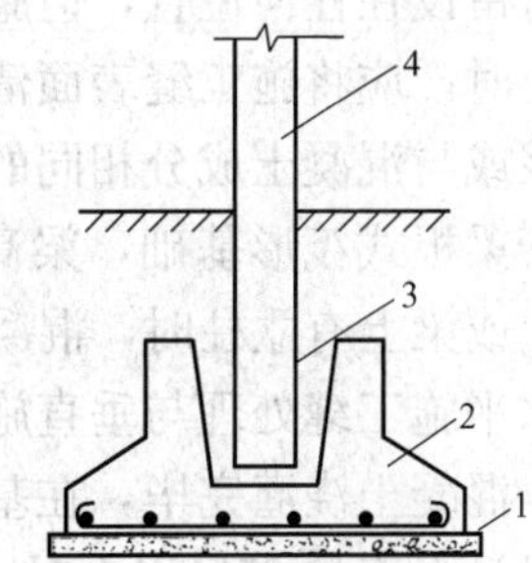

图 2-17　杯形基础

1—垫层；2—杯形基础；3—杯口；4—钢筋混凝土柱

钢筋混凝土杯形基础施工中应注意以下几点：

(1) 混凝土一般应按台阶高度分层浇筑，并用插入式振动器振实。

(2) 浇捣杯口混凝土时，应特别注意杯口模板尺寸和位置的准确性，以利柱子的安装。

(3) 杯形基础在浇筑时，应注意将杯底混凝土面比设计标高降低 50mm 左右，以使柱子制作长度有误差时便于调整。

(4) 在基础拆除模板或基坑回填土后，应根据轴线控制桩在杯口上表面弹出柱子中心线位置，以作为柱子安装时固定及校正位置的依据。在杯口内侧弹一标高控制线（杯口水平线、高程线），用作控制杯口底抄平的标高。

3. 筏形基础施工

筏形基础是由底板、梁等整体组成。当上部结构荷载较大，地基承载力较低时，可以采用筏形基础。筏形基础在外形和构造上像倒置的钢筋混凝土楼盖，分为梁板式和平板式两类，如图 2-18 所示。前者用于荷载较大的情况，后者一般在荷载不大，柱网较均匀且间距较小的情况下采用。由于筏形基础的整体刚度较大，能有效将各柱子的沉降

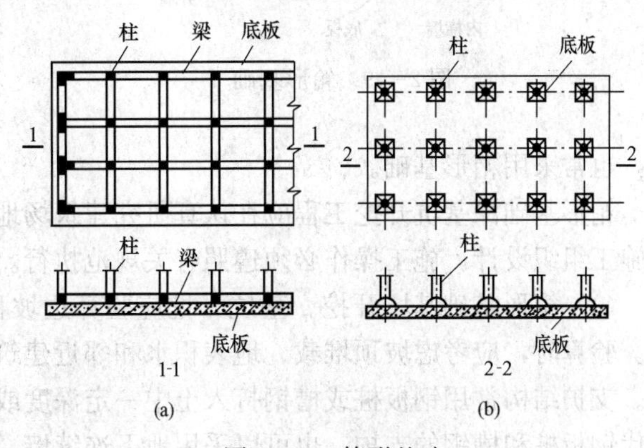

图 2-18　筏形基础

(a) 梁板式；(b) 平板式

调整得较为均匀。在多层和高层建筑中被广泛采用。其施工操作程序如下:

(1) 基坑开挖时,若地下水位较高,应采取人工降低地下水位法使基坑底下不少于500mm,保证基坑在无水情况下进行开挖施工。

(2) 筏形基础混凝土浇筑前,应清理基坑、支设模板、铺设钢筋。木模板要浇水湿润,钢模板面要涂刷隔离剂。

(3) 混凝土浇筑方向应平行于次梁长度方向,对于平板式筏形基础则应平行于基础长边方向。

(4) 混凝土应一次浇灌完成。若不能整体浇灌完成,则应留设垂直施工缝,并用木板挡住。施工缝留设位置:当平行于次梁长度方向浇筑时,应留在次梁中部1/3跨度范围内;对平板式可留设在任何位置,但施工缝应平行于底板短边且不应在柱脚范围内。在施工缝处浇灌混凝土时,应将施工缝表面清扫干净,清除水泥薄层和松动石子等,并浇水湿润,铺上一层水泥浆或与混凝土成分相同的水泥砂浆,再继续浇筑混凝土。

对于梁板式筏形基础,梁高出底板部分应分层浇筑,每层浇灌厚度不宜超过200mm。当底板上或梁上有立柱时,混凝土应浇筑到柱脚顶面,留设水平施工缝,并预埋连接立柱的插筋。水平施工缝处理与垂直施工缝相同。

(5) 混凝土浇灌完毕,在基础表面应覆盖草帘和洒水养护,并不少于7d。待混凝土强度达到设计强度的25%以上时,即可拆除梁的侧模。

(6) 当混凝土基础达到设计强度的30%时,应进行基坑回填。

4. 箱形基础施工

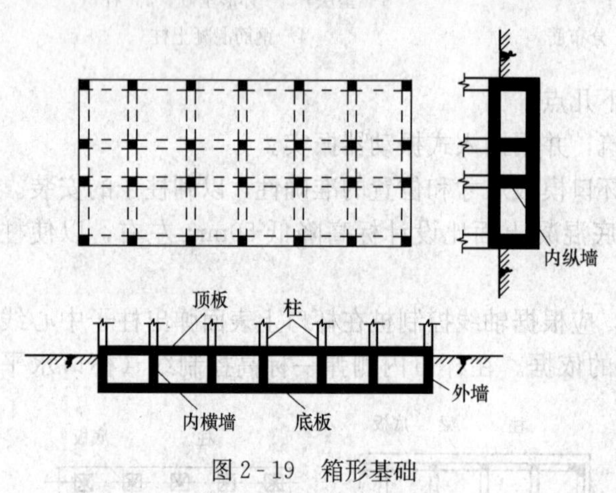

图2-19 箱形基础

箱形基础主要是由钢筋混凝土底板、顶板、侧墙及一定数量纵横墙构成的封闭箱体,如图2-19所示。它是多层和高层建筑中广泛采用的一种基础形式,以承受上部结构荷载,并把它传递给地基。箱形基础中部可在内隔墙开门洞作地下室。这种基础整体性和刚度都好,调整不均匀沉降的能力及抗震能力较强,可消除因地基变形引起的建筑物开裂。它适用于软土地基,在非软土地基出于人防,抗震考虑和设置地下室时,也常采用箱形基础。

箱形基础深基坑开挖工程应在认真研究建筑场地、工程地质和水文地质资料的基础上进行施工组织设计。施工操作必须遵照有关规范执行。

(1) 箱形基础基坑开挖。基坑开挖应验算边坡稳定性,并注意对基坑邻近建筑物的影响。验算时,应考虑坡顶堆载、地表积水和邻近建筑物影响等不利因素,必要时要求采取支护。支护结构常用钢板桩或槽钢打入土中一定深度或设置围檩,由立柱、挡板构成一个体系替代钢板桩和槽钢的支护。也可以采用地下连续墙、深层搅拌桩或钻孔桩组成排桩式的挡墙作为支护,常用在埋置相对浅一些的箱基基坑中。

(2) 基坑开挖如有地下水,应采用明沟排水或井点降水等方法,保持作业现场的干燥。

（3）箱基的基底直接承受全部建筑物的荷载，必须是土质良好的持力层。因此要保护好地基土的原状结构，尽可能不要扰动它。在采用机械挖土时，应根据土的软硬程度，在基坑底面设计标高以上，保留200～400mm厚的土层，采用人工挖除。基坑不得长期暴露，更不得积水。在基坑验槽后，应立即进行基础施工。

（4）箱形基础的底板、顶板及内外墙的支模和浇筑，可采用内外墙和顶板分次支模浇筑方法施工。外墙接缝应设榫接或设止水带。

（5）箱基的底板、顶板及内外墙宜连续浇灌完毕。对于大型箱基工程，当基础长度超过40m时，宜设置一道不小于700mm的后浇带，以防产生温度收缩裂缝。后浇带应设置在柱距三等分的中间范围内，宜四周兜底贯通顶板、底板及墙板。后浇带的施工须待顶板浇捣后至少两周以上，使用比原来设计强度等级提高一级的混凝土。在混凝土继续浇筑前，应将施工缝及后浇带的混凝土表面凿毛，清除杂物，表面冲洗干净，注意接缝质量，然后浇筑混凝土，并加强养护。

（6）箱基底板的厚度，一般都超过1.0m，其整个箱基的混凝土体积常达数千立方。因此，箱形基础的混凝土浇筑属于大体积钢筋混凝土的浇灌问题（详见第四章第三节）。

（7）箱基施工完毕，应抓紧做好基坑回填工作，尽量缩短基坑暴露时间。回填前要做好排水工作，使基坑内始终保持干燥状态。应分层夯实。

第三节　桩基础工程

一、概述

当天然地基土质不良，无法满足建筑物对地基变形和强度要求时，可采用桩基础。它是由若干根单桩组成，并在单桩的顶部用承台联结成一整体，如图2-20所示。它的作用在于将上部建筑结构的荷载传递到深处承载力较大的土层上，或使软土层挤实，以提高土壤的承载力和密实度，保证建筑物的稳定和减少其沉降量。采用桩基础施工，可省去大量的土方，支撑和排水、降水设施，能获得较好的经济效益。因此，桩基在建筑工程中得到广泛应用。

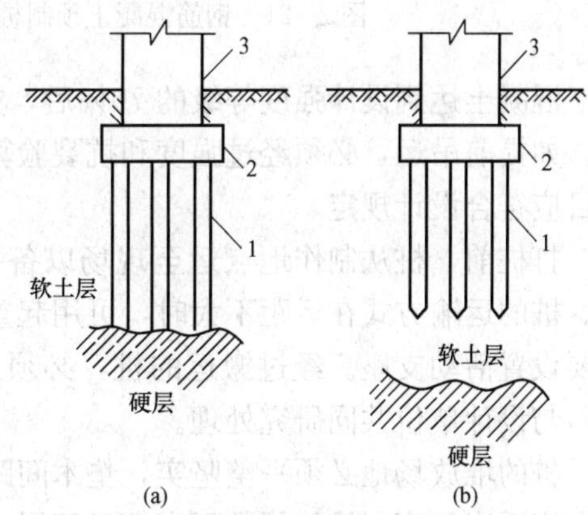

图2-20　桩基础示意图

（a）端承桩；（b）摩擦桩

1—桩身；2—桩基承台；3—上部建筑物

桩基础是一种常用的深基础形式，根据不同的目的桩基可有以下几种分类情况：

1. 荷载传递的方式不同分类

（1）端承桩。是穿过软弱土层，而达到坚硬土层的桩，如图2-20（a）所示。外部荷载通过桩身直接传给坚硬层，桩的承载力主要由桩的端部提供，一般不考虑桩侧摩阻力的作用。如果桩的细长比很大，由于桩身的压缩，桩侧摩阻力也可能发挥部分作用。

（2）摩擦桩。是悬浮在软弱土层中的桩，如图2-20（b）所示。外部荷载主要通过桩身侧表面与土层的摩阻力传递给周围的土层，桩尖部分承受的荷载很小，一般不超过10%。

(3) 端承桩与摩擦桩的区别。两者的受力不同，端承桩主要以桩尖阻力承担全部荷载，而摩擦桩主要靠桩身与土层的摩阻力承担全部荷载。其次是施工控制不同，端承桩施工时以控制贯入度为主，桩尖进入持力层深度或桩尖标高作为参考。摩擦桩施工时以控制桩尖设计标高为主，贯入度可做参考。所谓贯入度，指最后贯入度，施工中一般采用最后三次每击10锤的平均入土深度作为标准，由设计通过试桩确定。

2. 按施工方法不同分类

(1) 预制桩。是在工厂或施工现场制作的桩，包括钢筋混凝土桩、预应力混凝土桩、钢管或型钢桩等，用沉桩设备打入、压入或振入土中。

(2) 灌注桩。是在施工现场的桩位上用机械或人工成孔，然后在孔内灌注混凝土而成。根据成孔方法不同分为钻孔、挖孔、沉管和爆扩等灌注桩。

二、钢筋混凝土预制桩施工

(一) 桩的制作、起吊、运输和堆放

钢筋混凝土预制桩常用的有混凝土实心方桩和预应力混凝土空心管桩。直径一般为250～550mm，单桩长度根据打桩机桩架高度，一般不超过27m，超过时，需分段制作，打桩时逐段连接。较短的桩多在预制厂生产，较长的桩可在现场或现场附近制作，如图2-21所示。

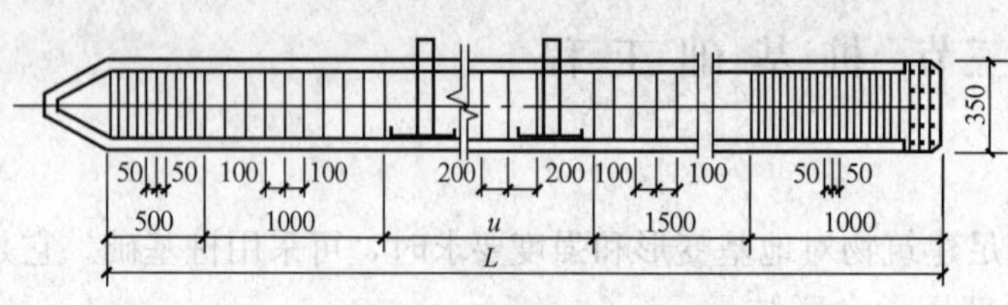

图2-21 钢筋混凝土预制桩

预制桩的配筋应符合设计要求，混凝土的强度等级为C30～C40。现场制作混凝土预制桩时，混凝土浇筑应由桩顶向桩尖连续浇注捣实，一次完成，制作完后，养护的时间不少于7天。

混凝土达到设计强度等级的70%后，方可起吊，达到设计强度等级的100%方可进行运输。如提前吊运，必须经过强度和抗裂验算合格。桩在起吊时，必须保证平稳，吊点位置和数目应符合设计规定。

打桩前，桩从制作地点运至现场以备打桩，并根据打桩顺序随打随运，以避免二次搬运。桩的运输方式在运距不大时，可用起重机吊运，当运距较大时，常用平板拖车，并且桩下要设置活动支座。经过搬运的桩，必须进行外观检查，如质量不符合要求，应视具体情况，与设计单位共同研究处理。

桩的堆放场地必须平整坚实，垫木间距应根据吊点确定，并应设在同一垂线上，最下层垫木应适当加宽，堆放层数不宜超过四层。不同规格的桩，应分别堆放。

(二) 锤击沉桩(打入法)施工

锤击法是利用桩锤的冲击能量将桩沉入土中，锤击沉桩是钢筋混凝土预制桩最常用的沉桩方法。

1. 打桩设备及选择

打桩设备包括桩锤、桩架和动力装置。

桩锤——其作用是对桩施加冲击力，将桩沉入土中。

桩架——其作用是将桩吊到打桩位置，并在打入过程中引导桩的方向，保证桩锤能沿要

求方向冲击。

动力装置——其作用是提供沉桩的动力，包括启动桩锤用的动力设施，如卷扬机、锅炉、空气压缩机等。

(1) 桩锤的选择。施工中常用的桩锤有落锤、单动气锤、双动气锤、柴油桩锤和液压桩锤，其适用范围见表2-4。

表2-4　桩锤适用范围

桩锤种类	适用范围	优缺点	附注
落锤	1. 宜打各种桩； 2. 土、含砾石的土和一般土层均可使用	构造简单，使用方便，冲击力大，能随意调整落距，但锤击速度慢，效率较低	落锤是指桩锤用人力或机械拉升，然后自由落下，利用自重夯击桩顶
单动气锤	适宜打各种桩	构造简单，落距短，对设备和桩头不宜损坏，打桩速度及冲击力较落锤大，效率较高	利用蒸汽或压缩空气的压力将锤头上举，然后由锤头的自重向下冲击沉桩
双动气锤	1. 宜打各种桩，便于打斜桩； 2. 用压缩空气时，可在水下打桩； 3. 可用于拔桩	冲击次数多，冲击力大，工作效率高，可不用桩架打桩，但设备笨重，移动较困难	利用蒸汽锤或压缩空气的压力将锤头上举及下冲，增加夯击能量
柴油桩锤	1. 宜用于打木桩、钢筋混凝土桩、钢板桩； 2. 适于在过硬或过软的土层中打桩	附有桩架、动力等设备，机架轻、移动便利，打桩快，燃料消耗少，重量轻和不需要外部能源。但在软弱土层中，起锤困难，噪音和振动大，存在油烟污染公害	利用燃油爆炸，推动活塞，引起锤头跳动
振动桩捶	1. 适宜于打钢板桩、钢管桩、钢筋混凝土桩和木桩； 2. 宜用于砂土、塑性黏土及松软砂黏土； 3. 在卵石夹砂及紧密黏土中效果较差	沉桩速度快，适应性大，施工操作简易安全，能打各种桩并帮助卷扬机拔桩	利用偏心轮引起激振，通过刚性连接的桩帽传到桩上
液压桩捶	1. 适宜于打各种直桩和斜桩； 2. 适用于拔桩和水下打桩； 3. 适宜于打各种桩	不需外部能源，工作可靠操作方便，可随时调节锤击力大小，效率高，不损坏桩头，低噪音，低振动，无废气公害。但构造复杂，造价高	一种新型打桩设备，冲击缸体由液压油提升和降落。并且在冲击缸体下部充满氮气，用以延长对桩施加压力的过程获得更大的贯入度

桩锤的类型应根据施工现场情况，机具设备条件及工作方式和工作效率等条件选择。

桩锤类型选定之后，还应确定桩锤的重量，一般选择锤重比桩稍重为宜。桩锤过重，所需动力设备大，不经济；桩锤过轻，桩锤产生的冲击能量大部分被桩吸收，桩不易打入，且桩头容易打坏。因此打桩时，一般采用重锤低击和重锤快击的方法效果较好。

(2) 桩架的选择。桩架的选择应考虑桩锤类型、桩的长度和施工条件等因素。桩架高度一般按桩长＋桩锤高度＋滑轮组高＋起锤移位高度＋安全工作间隙等决定。

桩架的形式多种多样，常用的有步履式桩架及履带式桩架两种。

1）步履式桩架如图 2-22 所示，液压步履式打桩机以步履方式移动桩位和回转，不需枕木和钢轨，机动灵活，移动方便，打桩效率高。

2）履带式桩架，如图 2-23 所示，它以履带式起重机为底盘，并增加由导杆和斜撑组成的导架，性能比多功能桩架灵活，移动方便，适用范围较广。

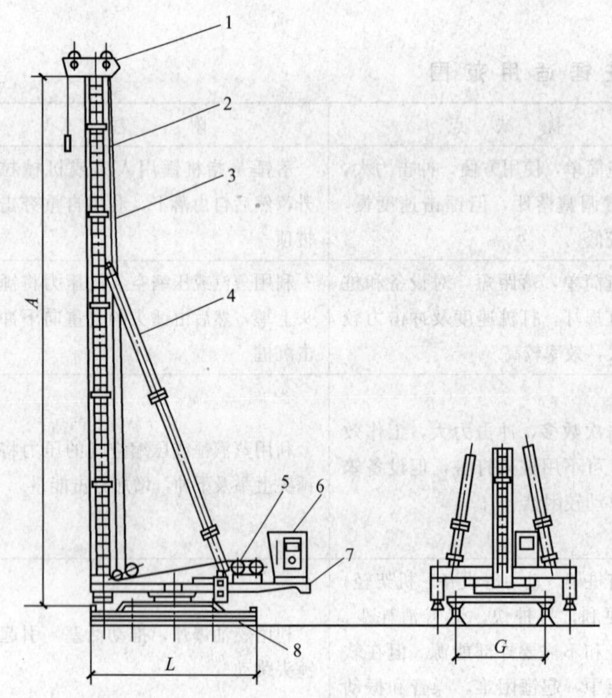

图 2-22 步履式桩架

1—顶部滑轮组；2—悬杆锤；3—锤和桩起吊用钢丝线；4—斜撑；5—吊锤与桩用卷扬机；6—司机室；7—配重；8—步履底盘

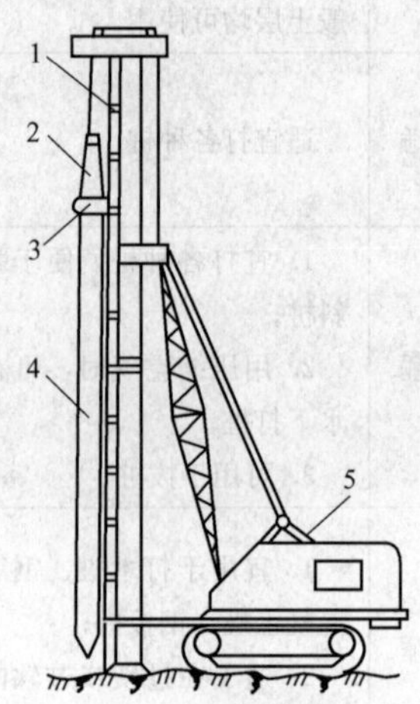

图 2-23 履带式桩架

1—导架；2—桩锤；3—桩帽；4—桩身；5—车体

(3) 动力装置。动力装置的配置根据所选的桩锤性质决定，当选用蒸汽锤时，则需配备蒸汽锅炉和卷扬机。

2. 施工前的准备工作

打桩前应熟悉有关图纸资料，制定桩基工程施工技术措施，做好施工准备工作。

(1) 清除影响施工的地上和地下的障碍物，平整施工场地，做好排水工作。

(2) 定位放线。根据基础施工图确定的桩基础轴线，并将桩的准确位置测设到地面上，桩位可用钉桩标出，桩基轴线偏差不得超过 70mm，桩位标志应妥善保护。

(3) 确定打桩顺序。由于预制桩打入土中后会对土体产生挤密作用，一方面能使土体密实，但同时在桩距较近时会使桩相互影响，或造成打桩下沉困难，或使先打的桩因受水平挤压而造成位移和变位，或被垂直挤拔造成浮桩，所以群桩施工时，为保证打桩工程质量，应根据桩的密集程度、桩的规格、长短和桩架移动方向来确定选择打桩顺序。当桩距小于等于 4d（桩径）时，桩较密集，可采取由中间向两侧对称施打，或由中间向四周施打，如图 2-24所示。当桩距大于 4d 时，可根据施工的方便确定打桩的顺序。

当桩规格、埋深、长度不同时，宜先大后小，先深后浅，先长后短施打，当一侧毗邻建

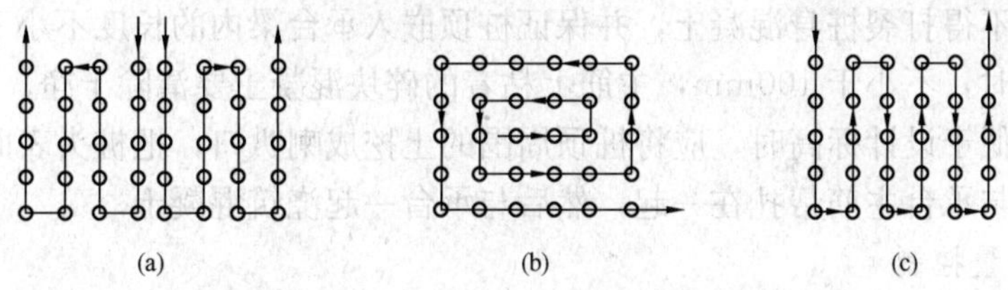

图 2-24 打桩的顺序
(a) 自中间向两侧对称进行；(b) 自中间向四周进行；
(c) 由一侧向单一方向（逐排）进行

筑物时，应由建筑一侧向另一方向施打。当桩头高出地面时，桩宜采取后退打。

(4) 设置水准点。为了检查桩的入土深度，在打桩现场附近设水准点，其位置应不受打桩影响，数量不得少于两个，同时，桩在打入前应在桩身的侧面，画上标尺，或在桩架上设置标尺，以便观测桩身入土深度。

(5) 试桩。试桩主要是了解桩的贯入深度，持力层强度，桩的承载力以及施工过程中可能遇到的各种问题和反常情况等。经过试桩，可以校核拟订的设计是否完善，并为确定打桩方案及打桩的技术要求，保证质量措施提供依据。试桩应按设计规定进行，一般试桩数量不少于 3 根，并做好施工详细记录。

3. 打入桩的施工工艺

(1) 打入桩的施工程序。

打入桩的施工程序包括：桩机就位、吊桩、打桩、送桩、接桩、拔桩、截桩等。

(2) 施工操作要点：

1) 桩机就位：桩机就位时应垂直平稳，导杆中心与打桩方向一致，并检查桩位是否正确。桩机的垂直偏差不超过 0.5%，水平位置的偏差不超过 100～150mm。

2) 吊桩：桩机就位后，将桩运至桩架下，用桩架上的滑轮组将桩提升就位（吊桩）。吊桩时吊点的位置和数量与桩预制起吊时相同。当桩送至导杆内，校正桩垂直度，其偏差不超过 0.5%，然后固定桩帽和桩锤，使桩帽和桩锤在同一铅垂线上，确保桩的垂直下沉。

3) 打桩：打桩开始时锤的落距不宜过大，当桩入土一定深度稳定后，桩尖不易发生偏移时，可适当增大落距，并逐渐提高到规定的数值。

打桩宜采取"重锤低击"。重锤低击时，桩锤对桩头的冲击小，回弹也小，桩头不易损坏，大部分的能量用于克服桩身与土的摩阻力和桩尖阻力，桩能较快的沉入土中。

4) 送桩：当桩顶标高低于自然地面，则需用送桩管将桩送入土中，桩与送桩管的纵轴线应在同一直线上，拔出送桩管后，桩孔应及时回填或加盖。

5) 接桩：当设计桩较长时，需分段施打，则需在现场进行接桩。常用的接桩方法有：焊接法、法兰接法和浆锚式法。

6) 拔桩：在打桩过程中，打坏的桩须拔掉。拔桩的方法视桩的种类、大小和打入土中的深度来确定。一般较轻的桩或打入松软土壤中的桩，或深度在 1.5～2.5m 以内的桩，可以用一根圆木杠杆来拔出。较长的桩，可用钢丝绳绑牢，借助桩架或支架利用卷扬机拔出。也可用千斤顶或专门的拔桩机进行拔桩。

7) 截桩：（桩头处理）为使桩身和承台连为整体，构成桩基础，因此，当打完桩后经过有关人员验收，即可开挖基坑（槽），按设计要求的桩顶标高，将桩头多余部分凿去（可用人工或风镐）但不得打裂桩身混凝土，并保证桩顶嵌入承台梁内的长度不小于 50mm，当桩主要承受水平力时，不小于 100mm，主筋上粘着的碎块混凝土要清除干净。

当桩顶标高低于设计标高时，应将桩顶周围的土挖成喇叭口，把桩头表面凿毛，剥出主筋并焊接接长，与承台主筋帮扎在一起，然后与承台一起浇筑混凝土。

4. 打桩的质量控制

打桩的质量检查包括桩的偏差、最后贯入度和沉桩标高，桩顶、桩身是否打坏以及对周围环境是否造成严重危害。

打桩质量必须满足贯入度或标高的设计要求，垂直偏差不应大于桩长的 1%，钢筋混凝土桩打入后在平面上与设计位置的允许偏差不超过 100～150mm。

在打桩过程中发现桩头被打碎，最后贯入度过大，桩尖标高达不到设计要求，桩身被打断，桩位偏差过大，桩身倾斜等严重质量，都应当会同设计单位研究，采取有效措施加以处理。

三、钢筋混凝土灌注桩施工

钢筋混凝土灌注桩是直接在施工现场桩位上就地成孔，然后在孔内放入钢筋骨架浇注混凝土而成的桩。

灌注桩根据成孔的方法不同，可分为干作业成孔，泥浆护壁成孔，套管成孔，爆扩成孔，人工挖孔等灌注桩。其适用范围见表 2-5。

表 2-5 灌注桩适用范围

项次	项目		适用范围
1	干作业成孔	螺旋钻	地下水位以上的黏性土、砂土及人工填土
		钻孔扩底	地下水位以上的坚硬、硬塑的黏性土及中密以上的砂土
		机动洛阳产	地下水位以上的黏性土，稍密及松散的砂土
2	泥浆护壁成孔	冲抓 冲击 回转钻	碎石土、砂土、黏性土及风化岩
		潜水钻	黏性土、淤泥、淤泥质土及砂土
3	套管成孔	锤击振动	可塑、软塑、流塑的黏性土，稍密及松散的砂土
4	爆扩成孔		地下水位以上的黏性土、黄土、碎石土及风化岩石

(一) 干作业成孔灌注桩

干作业成孔灌注桩是先用钻机在桩位处进行钻孔，然后将钢筋骨架放入桩孔内，再浇筑混凝土而成的桩，如图 2-25 所示。目前常用螺旋钻孔机。螺旋钻孔机是利用动力旋转钻杆，向下切削土壤，削下的土便沿整个钻杆上升涌出孔外，成孔直径一般为 300～600mm，

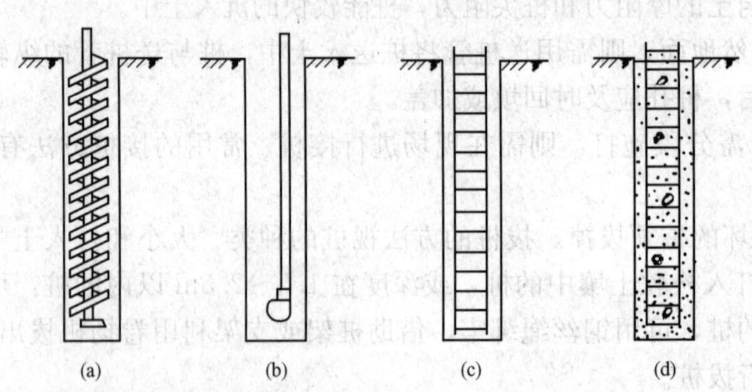

图 2-25 干作业成孔灌注桩工艺过程

(a) 钻孔；(b) 空钻清土后掏土；(c) 放入钢筋骨架；(d) 浇筑混凝土

钻孔深度 8～20m。

螺旋钻开始钻孔时，应保持钻杆垂直，位置正确，防止因钻杆晃动引起扩大孔径及增加孔底虚土。在钻孔过程中，要随时清理孔口积土。如发现钻杆跳动，机架晃动，钻不进去或钻头发出响声时，说明钻机有异常情况，应立即停止，检查处理。当遇到地下水、塌孔、缩孔等情况时，应会同有关单位研究处理。当钻孔钻到预定深度后，先在原处空钻清土，然后停钻提起钻杆。

桩孔钻成并清孔后，吊放钢筋骨架，浇筑混凝土。混凝土浇筑时应随浇随振，每次高度不得大于 1.5m。

(二) 泥浆护壁成孔灌注桩

在地下水位较高的软土地区，采用干作业成孔灌注桩施工时，往往造成成孔施工的困难，如塌孔、缩颈等质量事故，因此为保证成孔质量，需采用泥浆护壁措施，用泥浆保护孔壁，防止塌孔和排出土渣形成桩孔。

泥浆护壁成孔灌注桩施工工艺流程，如图 2-26 所示。

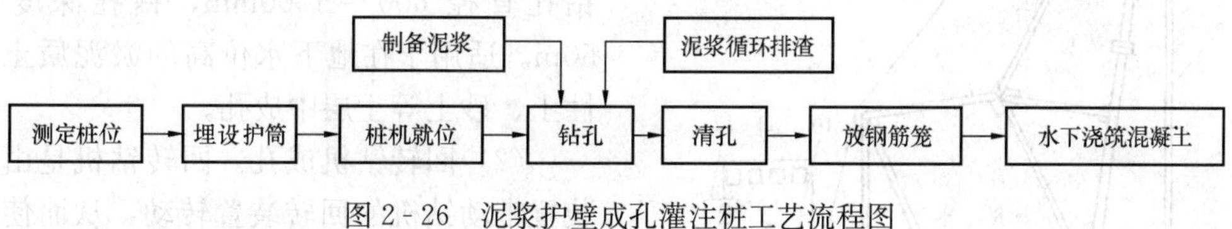

图 2-26 泥浆护壁成孔灌注桩工艺流程图

1. 埋设护筒

(1) 护筒的作用。护筒是由 4～8mm 的钢板制成，内径应比桩径大 100mm，上部留有 1～2 个溢浆口，高度约 1.5～2m。其作用是固定桩孔位置，保护孔口，增加桩孔内水压，以防塌孔及成孔时引导钻头方向。

(2) 护筒的埋设。因护筒起定位作用，所以埋设位置应准确稳定，护筒中心线与桩位中心线偏差不得大于 50mm。护筒埋设应牢固密实，护筒与坑壁之间用黏土填实，以防漏水。护筒的埋设深度一般不宜小于 1.0～1.5m。护筒顶面高于地面 0.4～0.6m，并应保持孔内泥浆面高于地下水位 1m 以上，防止塌孔。当灌注桩混凝土达到设计强度 25%以后，方可拆除护筒。

2. 制备泥浆

(1) 护壁泥浆的作用。为保证泥浆护壁成孔灌注桩的成孔质量，应在钻孔过程中，随时补充泥浆并调整泥浆的比重。其作用是：

1) 泥浆在桩孔内吸附在孔壁上，将孔壁上空隙填塞密实，防止漏水，保持孔内的水压，可以稳固土壁，防止塌孔。

2) 泥浆具有一定的黏度，通过泥浆的循环可将切削下的泥渣悬浮后排出，起携砂、排土的作用。

3) 泥浆对钻头有冷却和润滑的作用，可以提高钻孔速度。

(2) 泥浆的制备。制备泥浆的方法可根据钻孔土质确定。在黏性土和粉质黏土中成孔时，可采用自配泥浆护壁，即在孔中注入清水，使清水和孔中钻头切削来的土混合而成。在砂土或其他土中钻孔时，应采用高塑性黏土或膨润土加水配制护壁泥浆。

(3) 泥浆的比重要求。施工中应经常测定泥浆比重，见表 2-6 并定期测定浓度、含水率和胶体率等指标，对施工中废弃的泥浆、渣应按环境保护的有关规定处理。

表 2-6 不同土层中护壁泥浆比重

名　称	黏土或粉质	砂土或较厚夹砂层	砂夹卵石或易塌孔土层
比　重	1.1～1.2	1.1～1.3	1.3～1.5

3. 成孔

泥浆护壁成孔灌注桩成孔的方法有：潜水钻机成孔、回旋钻机成孔、冲击钻成孔、冲抓锥成孔等。

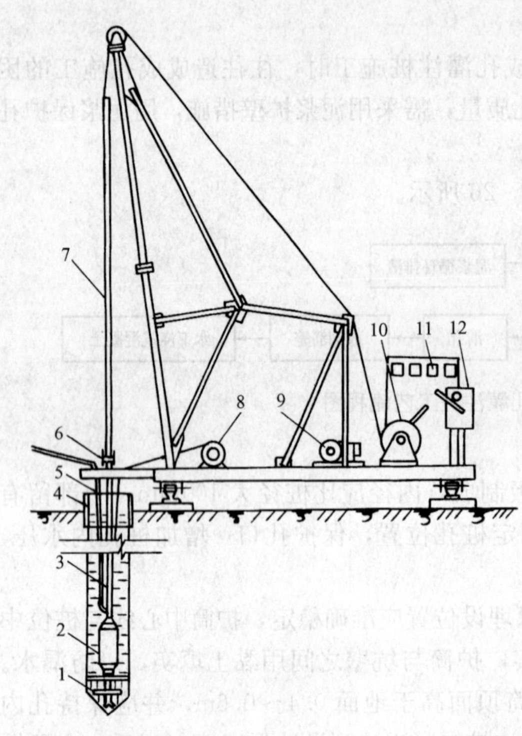

图 2-27　潜水钻机示意图

1—钻头；2—潜水钻机；3—电缆；4—护筒；5—水管；6—滚轮支点；7—钻杆；8—电缆盘；9—卷扬机；10—控制箱；11—电流电压表；12—起动开关

(1) 潜水钻机成孔。潜水钻机的工作部分由封闭式防水电机、减速机和钻头组成，工作部分潜入水中，如图 2-27 所示。这种钻机体积小，重量轻、桩架轻便、移动灵活，钻进速度快（0.3～2m/min），噪音小，钻孔直径 600～1500mm，钻孔深度可达 50m。适用于在地下水位高的淤泥质土、黏性土、砂土等土层中成孔。

(2) 回转钻机成孔。回转钻机是由动力装置带动钻机的回转装置转动，从而使钻杆带动钻头转动，由钻头切削土壤，这种钻机性能可靠，噪音和振动小，效率高，质量好，适用于松散土层、黏性土层、砂砾层、软硬岩层等各种地质条件。

(3) 冲击钻成孔。冲击钻是把带钻刃的重钻头（又称冲抓）提高，靠自由下落的冲击力来削切土层或岩层，排出碎渣成孔。它适用于碎石土、砂土、黏性土及风化岩层等，桩径可达 600～1500mm。

(4) 冲抓锥成孔。冲抓锥成孔是将冲抓锥头提升到一定高度，锥斗内有压重铁块和活动抓片，下落时抓片张开，钻头自由下落冲入土中，然后开动卷扬机拉升钻头，此时抓片闭合抓土，将冲抓锥整体提升至地面卸土，依次循环成孔。如图 2-28 所示，适用于松散土层，如腐殖土、砂土、黏土等。

(5) 成孔过程的排渣方法。

1) 抽渣筒排渣，如图 2-29 所示，构造简单，操作方便，抽渣时一般需将钻头取出孔外，放入抽渣筒，下部活门打开，泥渣进入筒内，上提抽渣筒，活门在筒内泥渣的重力作用下关闭，将泥渣排出孔外。

2) 泥浆循环排渣，可分为正循环排渣法和反循环排渣法。正循环排渣法是泥浆由钻杆内部沿钻杆从端部喷出，携带钻下的土渣沿孔壁向上流动，由孔口将土渣带出流入沉淀池，经沉淀的泥浆流入泥浆池，由泵注入钻杆，如此循环，沉淀的泥渣用泥浆车运出场外，如图 2-30 所示。反循环排渣法是泥浆由孔口流入孔内，同时砂石泵沿钻杆内部吸渣，使钻下的土渣由钻杆内腔吸出并排入沉淀池，沉淀后流入泥浆池。反循环排渣法排渣效率高，如图2-31所示。

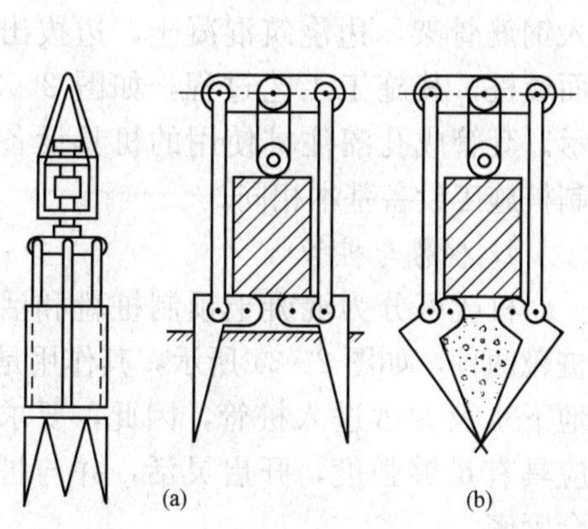

图2-28　冲抓锥斗

（a）抓土；（b）提土

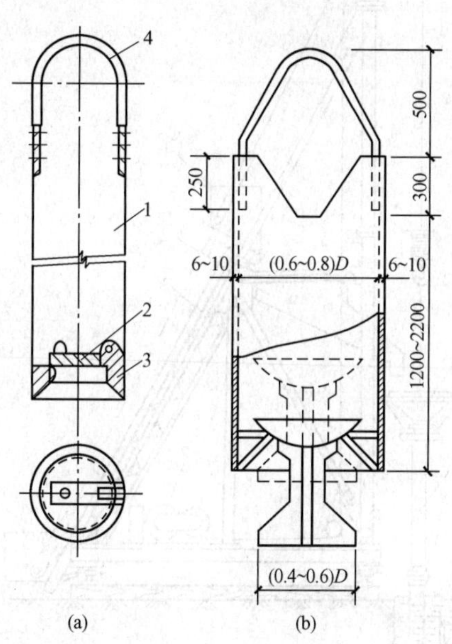

图2-29　抽渣筒

（a）平阀抽渣筒；（b）碗形活门抽渣筒

1—筒体；2—平阀；3—切削管轴；4—提环

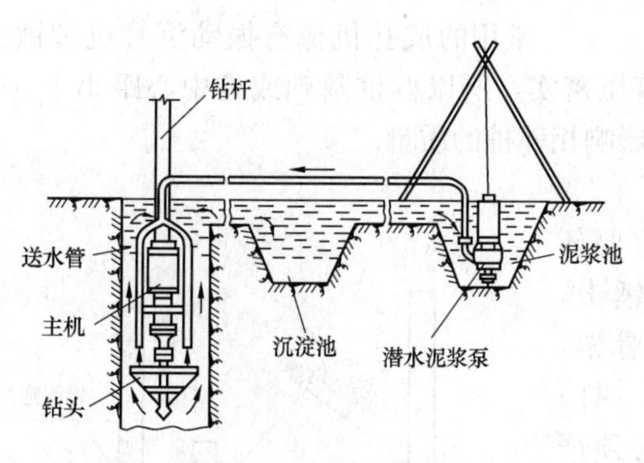

图2-30　正循环排渣法

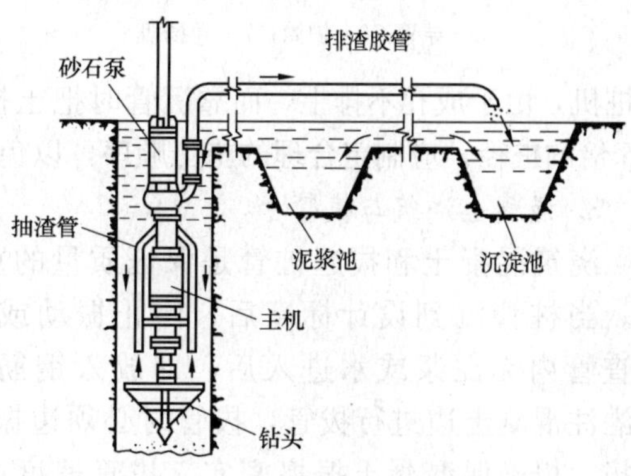

图2-31　反循环排渣法

4．清孔

当钻孔达到设计要求深度后，应进行成孔质量的检查和清孔，清除孔底沉渣、淤泥，以减少桩基的沉降量，保证成桩的承载力。清孔可采用泥浆循环法或抽渣筒排渣法。如孔壁土质较好不易塌孔时，也可用空气吸泥机清孔。

清孔后的泥浆相对密度，当在黏土中成孔时，泥浆比重应控制在1.1左右，土质较差时应控制在1.15～1.25。在清孔过程中必须随时补充足够的泥浆，以保持浆面的稳定，一般应高于地下水位1.0m以上。清孔满足要求后，应立即安放钢筋笼，浇筑混凝土。

5．浇筑水下混凝土

泥浆护壁成孔灌注桩混凝土的浇筑是在泥浆中进行的，故为水下浇筑混凝土。常用的方

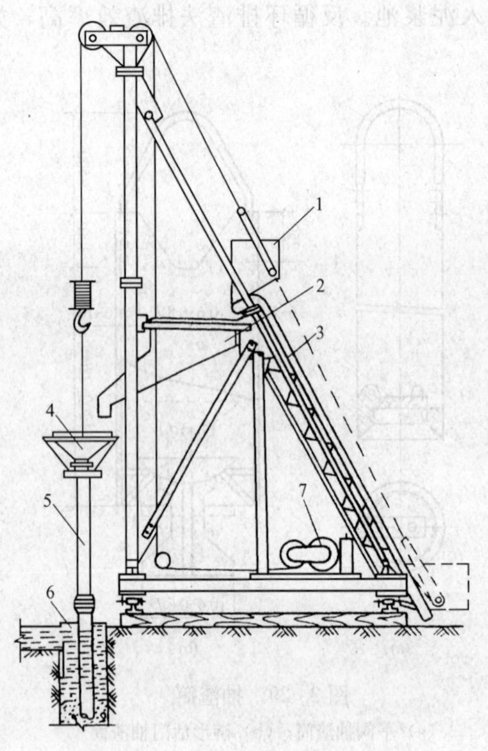

图 2-32 水下浇筑混凝土示意图
1—上料斗；2—送料斗；3—滑道；4—漏斗；
5—导管；6—护筒；7—卷扬机

法主要有：导管法和泵送混凝土。如图 2-32 所示。

(三) 套管成孔灌注桩

套管成孔灌注桩是利用锤击或振动方法将带有桩尖（桩靴）的桩管（钢管）沉入土中成孔。当桩管打到要求深度后，放入钢筋骨架，边浇筑混凝土，边拔出桩管而成桩，其施工工艺过程，如图 2-33 所示。套管成孔灌注桩使用的机具设备与预制桩施工设备基本相同。

1. 桩靴与桩管

桩靴可分为混凝土预制桩靴和活瓣式桩靴两种，如图 2-34 所示，其作用是阻止地下水及泥砂进入桩管，因此，要求桩靴应具有足够强度，开启灵活，并与桩管贴合紧密。

桩管一般采用无缝钢管，直径 270～600mm。其作用是形成桩孔，因此，要求桩管具有足够的刚度和强度。

2. 成孔

常用的成孔机械有振动沉管机和锤击沉桩机，由于成孔不排土，而靠沉管时把土挤压密实，所以群桩基础或桩中心距小于 3～3.5 倍的桩径，应制定合理的施工顺序，以免影响相邻桩的质量。

3. 混凝土浇筑与拔管

浇筑混凝土和拔起桩管是保证质量的重要环节。当桩管沉到设计标高后，停止振动或锤击，检查管内无泥浆或水进入后，即放入钢筋骨架，边灌注混凝土边进行拔管，拔管时必须边振（打）边拔，以确保混凝土振捣密实。拔管速度必须严格控制。当采用振动沉桩时，桩尖为预制的，不宜大于 4m/min，如采用活瓣桩尖时，不宜大于 2.5m/min；当采用锤击沉管时，宜控制在 0.8～1.2m/min。

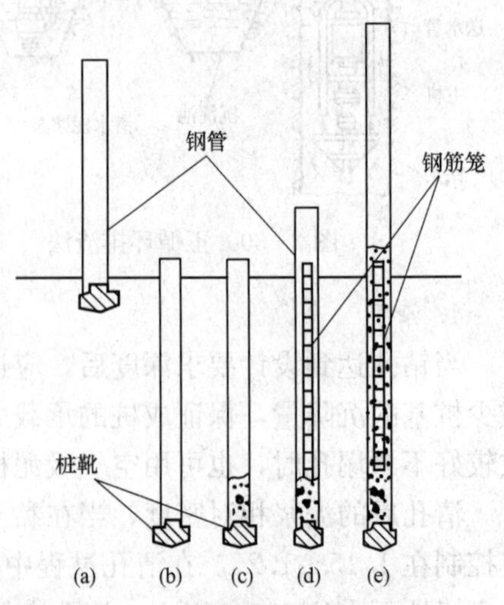

图 2-33 套管灌注桩施工过程
(a) 就位；(b) 沉套管；(c) 初灌混凝土；
(d) 放钢筋笼、灌注混凝土；(e) 拔管成桩

拔管时根据承载力的要求不同，拔管可分别采用单打法、复打法和反插法。

(1) 单打法，即一次拔管法，拔管时每提升 0.5～1.0m，振动 5～10s 后，再拔管 0.5～1.0m，如此反复进行，直至全部拔管完毕为止。

(2) 复打法，是在同一桩孔内进行两次单打，

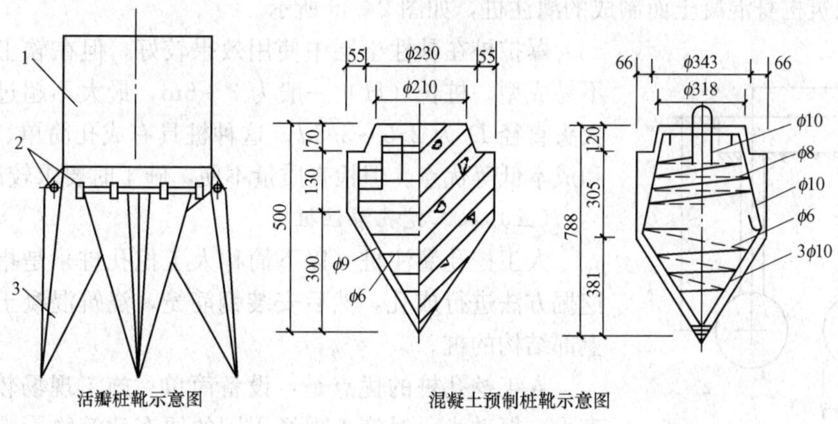

图 2-34 桩靴示意图

1—桩管；2—锁轴；3—活瓣

或根据需要进行局部复打，如图 2-35 所示。复打桩施工程序为：在第一次沉管，浇筑混凝土，拔管完毕后，清除桩管外壁上的污泥，立即在原桩位上再次安设桩靴，进行第二次复打沉管，使第一次浇筑未凝固的混凝土向四周挤压以扩大桩径，然后再浇筑第二次混凝土，拔管方法与单打桩相同。施工时应注意：两次沉管轴线应重合，复打桩施工必须在第一次浇筑的混凝土初凝以前，完成第二次混凝土的浇筑和拔管工作；钢筋骨架应在第二次沉管后放入桩管内。

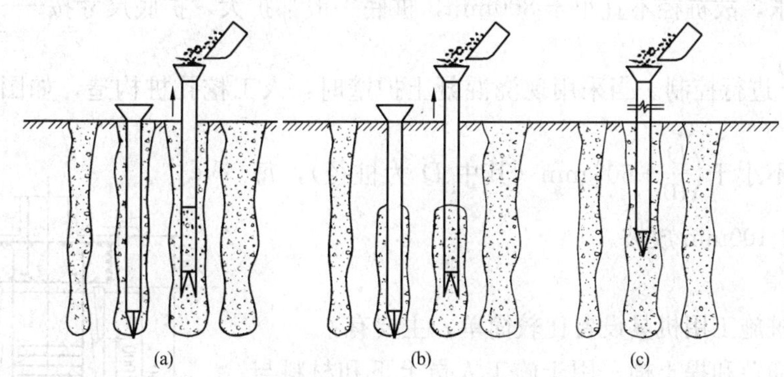

图 2-35 复打法示意图

(a) 全部复打桩；(b)、(c) 局部复打桩

(3) 反插法，即将桩管每提升 0.5～1.0m，再下沉 0.3～0.5m，在拔管过程中分段浇筑混凝土，使管内混凝土始终不低于地表面，或高于地下水位 1.0～1.5m 以上，如此反复进行，直至拔管完毕。拔管速度不应超过 0.5m/min。

套管成孔灌注桩的承载力比同等条件的钻孔灌注桩提高 50%～80%。单打桩截面比沉入的钢管扩大 30%，复打桩扩大 80%，反插桩扩大 50%左右。因此，套管成孔灌注桩具有采用小钢管浇筑出大断面桩的效果。

(四) 爆扩成孔灌注桩

爆扩成孔灌注桩又称爆扩桩，它是用钻孔或爆扩法成孔，孔底放入炸药，再灌入适量的混凝土压爆，然后引爆，使孔底形成扩大头，此时，孔内混凝土落入孔底空腔内，再放置钢筋骨架，浇筑桩身混凝土而制成的灌注桩，如图 2 - 36 所示。

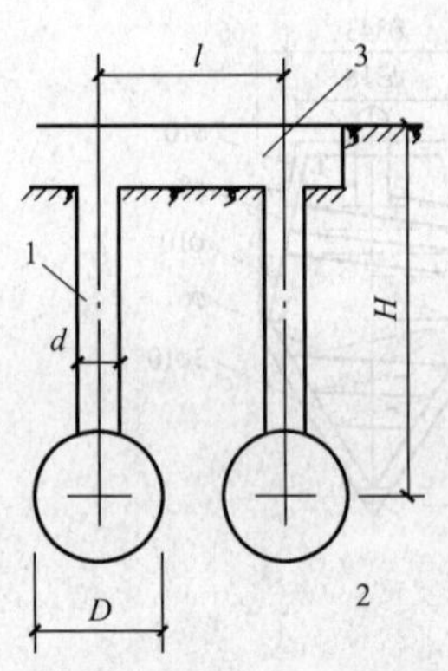

图 2 - 36 爆扩桩示意图

1—桩身；2—扩大头；3—桩台

爆扩桩在黏性土层中使用效果较好，但在软土及砂土中不易成型。桩长（H）一般为 3～6m，最大不超过 10m。扩大头直径 D 为 2.5～3.5d。这种桩具有成孔简单、节省劳力和成本低等优点。但检查质量不便，施工时要求较严格。

（五）人工挖孔灌注桩

人工挖孔灌注桩（以下简称人工挖孔桩）是指采用人工挖掘方法进行成孔，然后安装钢筋笼，浇筑混凝土成为支承上部结构的桩。

人工挖孔桩的优点是：设备简单；施工现场较干净；噪声小，振动小，对施工现场周围的原有建筑物影响小；施工速度快，可按施工进度要求决定同时开挖桩孔的数量，必要时，各桩孔可同时施工；土层情况明确，可直接观察到地质变化情况，桩底沉渣能清除干净，施工质量可靠。当高层建筑采用大直径的混凝土灌注桩时，人工挖孔比机械成孔具有更大的适应性。因此，近年来随着我国高层建筑的发展，人工挖孔桩得到较广泛的采用，特别在施工现场狭窄的市区修建高层建筑时，更显示其特殊的优越性，但人工挖孔桩施工，工人在井下作业，施工安全应予以特别重视，要严格按操作规程施工，制订可靠的安全措施。人工挖孔桩的直径除了能满足设计承载力的要求外，还应考虑施工操作的要求，故桩径不宜小于 800mm，桩底一般都扩大，扩底尺寸按$\frac{D_1-D}{2}:h=1:4$，$h_1\geqslant\frac{D_1-D}{4}$进行控制。当采用现浇混凝土护壁时，人工挖孔桩构造，如图 2 - 37 所示。护壁厚度一般不小于$\left(\frac{D}{10}+50\right)$mm（其中 D 为桩径），每步高 1m，并有 100mm 放坡。

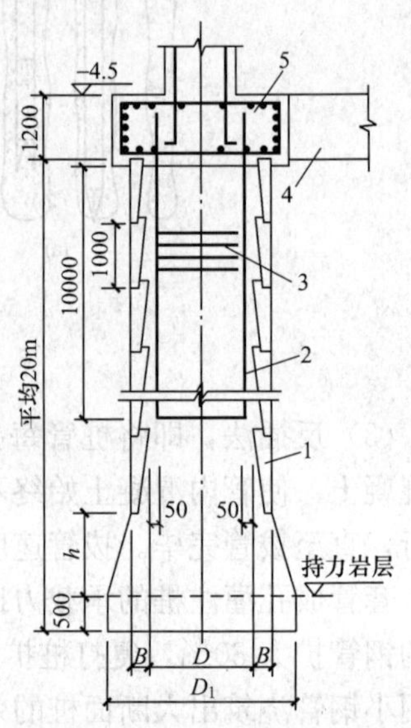

图 2 - 37 人工挖孔桩构造图

1—护壁；2—主筋；3—箍筋；4—地梁；5—桩帽

1. 施工机具

人工挖孔桩施工用机具设备比较简单，主要有：

(1) 电动葫芦和提土桶。用于施工人员上下和材料与弃土的垂直运输用。

(2) 潜水泵。用于抽出桩孔中的积水。

(3) 鼓风机和输风管。用于向桩孔强制送入新鲜空气。

(4) 镐、锹、土筐等挖土工具。若遇到坚硬的泥土或岩石，还需准备风镐等。

(5) 照明灯、对讲机、电铃等。

2. 施工工艺

为了确保人工挖孔桩施工过程中的安全，必须考虑防止土体坍滑的支护措施。支护的方法很多，例如可采用现浇混凝土护壁、喷射混凝土护壁、型钢或木板桩工具式护壁、沉井等。下面以采用现浇混凝土分段护壁为例说明人工挖孔桩的施工工艺流程：

（1）按设计图纸放线、定桩位。

（2）开挖土方。采取分段开挖，每段高度决定于土壁保持直立状态的能力，一般0.5～1.0m为一施工段，开挖范围为设计桩径加护壁的厚度。

（3）支设护壁模板。模板高度取决于开挖土方施工段的高度，一般为1m，由4块至8块活动钢模板（或木模板）组合而成。

（4）在模板顶放置操作平台。平台可与角钢和钢板制成半圆形，两个合起来即为一个整圆，用来临时放置混凝土和浇筑混凝土用。

（5）浇筑护壁混凝土。护壁混凝土要注意捣实，因它起着防止土壁塌陷与防水的双重作用。第一节护壁厚宜增加100～150mm，上下节护壁用钢筋拉结。

（6）拆除模板继续下一段的施工。当护壁混凝土强度达到1MPa，常温下约为24h方可拆除模板，开挖下一段的土方，再支模浇筑护壁混凝土，如此循环，直至挖到设计要求的深度。

（7）排除孔底积水，浇筑桩身混凝土。当混凝土浇筑至钢筋笼的底面设计标高时，再安放钢筋笼，继续浇筑桩身混凝土。浇筑混凝土时，混凝土必须通过溜槽；当高度超过3m时，应用串筒，串筒末端离孔底高度不宜大于2m，混凝土宜采用插入式振动器捣实。

3. 挖孔桩施工中应注意的几个问题

（1）桩孔的质量要求必须保证。根据挖孔桩的受力特性，桩孔中心线的平面位置偏差要求不宜超过50mm，桩的垂直度偏差要求不超过0.5%，桩径不得小于设计直径。

为了保证桩孔的平面位置和垂直度符合要求，在每开挖一施工段，安装护壁模板时，可用十字架放在孔口上方，预先标定好的轴线标记，在十字架交叉中点悬吊垂球以对中，使每一段护壁符合轴线要求，以保证桩身的垂直度。

桩孔的挖掘应由设计人员根据现场土层实际情况决定，不能按设计图纸提供的桩长参考数据来终止挖掘。对重要工程挖到比较完整的持力层后，再用小型钻机向下钻一个深度不小于桩底直径三倍的深孔取样鉴别，确认无软弱下卧层及洞隙后才能终止。

（2）注意防止土壁坍落及流砂事故。在开挖过程中，如遇到有特别松散的土层或流砂层时，为防止土壁坍落及流砂，可采用钢护筒或预制混凝土沉井等作为护壁高度减少到300～500mm，待穿过松软层或流砂层后，再按一般方法边挖掘边浇筑混凝土护壁，继续开挖桩孔。流砂现象严重时则可采用井点降水。

（3）浇筑桩身混凝土时，应注意清孔及防止积水。桩身混凝土宜一次连续浇筑完毕，不留施工缝。浇筑前，应认真清除干净孔底的浮土、石渣。

（4）必须制订好安全措施。人工挖孔桩施工，工人在孔下作业，施工安全应予以特别重视，要严格按操作规程施工，制订可靠的安全措施。例如：施工人员进入孔内必须戴安全帽；孔内有人时，孔上必须有人监督防护；护壁要高出地面150～200mm，孔周围要设置0.8m高的安全防护栏杆；孔下照明要用安全电压；开挖深度超过10m时，应设置鼓风机，排除有害气体等。

四、灌注桩施工质量要求

灌注桩的成桩质量检查包括成孔及清孔、钢筋笼制作及混凝土搅拌和灌注三个工序过程的质量检查。成孔及清孔时主要检查已成孔的中心位置、孔深、孔径、垂直度、孔底沉渣厚度；钢筋笼制作安放时主要检查钢筋规格、焊条规格、品种、焊口规格、焊缝长度、焊缝外观和质量、主筋和箍筋的制作偏差及钢筋笼安放的实际位置等；混凝土搅拌和灌注时主要检查原材料质量与计量、混凝土配合比、坍落度等。对于沉管灌注桩还要检查打入深度、桩锤标准、桩位及垂直度等。

桩基验收应包括下列资料：

(1) 工程地质勘察报告、桩基施工图、图纸会审纪要、设计变更及材料代用通知单等；

(2) 经审定的施工组织设计、施工方案及执行中的变更情况；

(3) 桩位测量放线图，包括工程桩位线复核签证单；

(4) 成桩质量检查报告；

(5) 单桩承载力检测报告；

(6) 基坑挖至设计标高的桩基竣工平面图及桩顶标高图。

灌注桩施工的允许偏差应符合表 2-7 的规定。

表 2-7　灌注桩施工允许偏差值

序号	成孔方法		桩径偏差（mm）	垂直度允许偏差（%）	桩位允许偏差（mm）	
					单桩、条形基沿垂直轴线方向和群桩基础中的边桩	条形桩基沿轴线方向和群桩基础中间桩
1	泥浆护壁冲（钻）孔桩	d≤1000mm	−0.1d 且≤−50	1	d/6 且不大于 100	d/4 且不小于 150
		d≥1000mm	−50		100+0.01H	150+0.01H
2	锤击（振动）沉管、振动冲击沉管成孔	d≤500mm	−20	1	70	150
		d≥500mm			100	150
3	螺旋钻、机动洛阳铲钻扩孔底		−20	1	70	150
4	人工挖孔桩	现浇混凝土护壁	±50	0.5	50	150
		长钢套管护壁	±20	1	100	200

注　1. 桩径允许偏差的负值是指个别断面。
2. 采用复打、反插法施工的桩径允许偏差不受本表限制。

五、桩基工程的安全技术

(1) 机具进场要注意危桥、陡坡、陷地和防止碰撞电杆、房屋等，以免造成事故。

(2) 在打桩过程中遇有地坪隆起或下陷时，应随时对机架及路轨调整垫平。

(3) 机械司机，在施工操作时要思想集中，服从指挥信号，不得随便离开工作岗位，并经常注意机械运转情况，发现异常及时纠正。

(4) 在打桩时桩头垫料严禁用手拨正，不要在桩锤未打到桩顶即起锤或过早刹车，以免损坏桩机设备。

(5) 成孔钻机操作时，注意钻机安全平稳，以防止钻架突然倾倒或钻具突然下落而发生事故。

工程实践案例

一、工程概况

某住宅楼工程，为 12 层框架结构，建筑面积为 8546m^2，基础为钢筋混凝土灌注桩，其直径为325mm，桩长为12m。在施工中为有效控制和防止成桩过程中出现桩身断裂、颈缩等现象，在施工中必须采取相应的技术措施。

二、施工工艺

钢筋混凝土灌注桩的主要施工工艺为：测定桩位→桩机就位→振动沉管→吊放钢筋笼→灌筑封底混凝土→测灌入度→灌入混凝土→边拔管边振动→局部反插→灌筑混凝土至设计标高→桩机移位。

三、造成桩体出现断桩、颈缩等质量事故的原因

判断是否发生断桩、颈缩等质量问题，可以通过混凝土的灌入量加以确定，即混凝土的灌入量当比计算量有明显减少。造成混凝土灌入量比计算量小、充盈系数达不到要求的原因是：

（1）未按反插操作规程进行作业。反插部位错误，反插幅度不明。

（2）混凝土配合比不当。石子粒径过大、级配不好，混凝土坍落度过小。

（3）封底混凝土形成塞子。

（4）拔管速度过快。

四、施工中应采取的措施

1. 控制混凝土的配制，防止混凝土发生拒落

（1）保证混凝土的坍落度符合设计要求，一般控制在68mm内。

（2）保证配制混凝土骨料具有良好的级配，控制石子的粒径在40mm以内。

（3）认真分析地质报告，明确地下水位标高，准确投入封底混凝土，避免使其投入过早或过晚。

2. 严格控制拔管的速度

（1）拔管的速度应控制在2.5m/min范围内，并且每拔应静停10s左右。

（2）为有效控制拔管的速度，应在桩管的外壁上标注明显的高度尺寸，为拔管提供相应的速度依据。

（3）不能为加快施工进度，而加快拔管的速度。

（4）对于地质报告中出现相邻部位地质层土质相差极大的部位，控制拔管速度应在0.92m/min内，并要求局部加大反插力度。

3. 严格按操作规程作业控制反插的部位和反插的幅度

（1）每拔1m应反插0.5m，反插的次数为底部多中部少。

（2）根据浮标观测混凝土位置和混凝土灌入量。对照计算混凝土灌入量的大小，当不符合要求时，应增加局部反插次数。

复习思考题

1. 试述软弱地基加固的原理和加固措施。

2. 加固地基的方法有哪些？试述这些方法加固地基的机理。

3. 将地基处理与上部结构共同工作相结合可采取哪些措施？

4. 常用地基检验技术有哪些？

5. 常用基础垫层有哪些？

6. 毛石基础施工质量有哪些要求?
7. 砖基础施工质量有哪些要求?
8. 桩基由哪两部分组成?按受力特点桩分几类?有何区别?
9. 预制钢筋混凝土桩的制作要求是什么?
10. 钢筋混凝土预制桩起吊及运输要求是什么?
11. 钢筋混凝土预制桩堆放要求是什么?
12. 如何确定桩架的高度和选择桩锤?
13. 打桩前准备工作有哪些?
14. 如何确定合理的打桩顺序?打桩顺序有哪几种?
15. 试述钢筋混凝土预制桩的施工工艺。
16. 灌注桩按成孔方法分为几种?它们的适用范围是什么?
17. 护筒的作用与埋设要求是什么?
18. 泥浆护壁成孔灌注桩施工时泥浆的作用是什么?如何制备?
19. 泥浆护壁成孔灌注桩施工时排渣的方法有哪几种?内容是什么?
20. 简述套管成孔灌注桩的施工工艺。
21. 人工挖孔桩的概念及特点是什么?
22. 桩基工程的验收和安全技术有哪些要求?

第三章 砌 体 工 程

本章提要：本章内容主要包括砖砌体、石砌体、中小型砌块、配筋砌体施工、砌筑用的脚手架等，重点介绍砌筑用的脚手架及垂直运输设施，砌体的施工工艺、组砌原则、质量控制及检查方法。

学习要求：

（1）熟悉砖砌体、石砌体、砌块砌体的施工工艺流程，掌握砖砌体、石砌体、砌块砌体、配筋砌体施工的质量要求及检验方法。

（2）了解脚手架的类型、构造及适用范围，熟悉垂直运输设施的选用及布置要求。掌握脚手架的搭设要求和安全技术措施。

砌体工程是利用砂浆将砖、石、砌块砌筑成设计要求的构筑物或建筑物的施工过程。砌体结构是一种古老的传统结构，从古至今，一直被广泛应用，如埃及的金字塔、我国的万里长城，西安的大、小雁塔、南京明孝陵的无梁殿等。这种结构具有就地取材、造价低、耐久性、耐火性好、施工简便、同时具有良好的保温隔热性等优点，但抗震能力较低，砌筑劳动强度较大，不利于工业化施工。此外，黏土砖还存在与农业争地等问题。因此从节能、节地考虑，应限制黏土砖的使用。利用工业废料或天然材料研制各种中小型砌块或各种轻质高强的新型墙体材料，既是砌体改革的一个方向，也是处理工业废料的一个良好途径。

第一节 砌 筑 用 脚 手 架

砌筑用脚手架是墙体砌筑过程中堆放材料和工人进行操作的临时设施。工人在地面或楼面上砌筑砖墙时，劳动生产率受砌砖的砌筑高度影响。在距地面 0.6m 左右时生产效率最高，砌筑到一定高度，必须按要求不搭设脚手架。考虑砌砖工作效率及施工组织等因素，每次搭设脚手架的高度确定为 1.2m 左右，称为"一步架高度"，又叫做砖墙的可砌高度。在地面或楼面上砌墙，砌到 1.2m 高度左右应搭设脚手架后再继续砌筑。

一、脚手架的作用和要求

（一）脚手架的作用

脚手架的作用是：工人可以在脚手架上进行施工操作，材料也可按规定在架子上堆放，有时还要在架子上进行短距离的水平运输。

（二）脚手架的基本要求

脚手架是砌体工程的辅助工具，在建筑物施工中，都需要搭设脚手架，当建筑物竣工后应全部拆除，不留任何痕迹。脚手架与施工安全有着密切关系，必须符合如下基本要求：

（1）脚手架的各部分材料要有足够强度，应能安全地承受上部的施工荷载和自重。施工荷载包括操作人员自重、工具设备的重量和所允许堆放材料的总重量。

（2）脚手架要有足够的稳定性，不发生变形、倾斜或摇晃现象，以确保施工人员人身安全。

(3) 脚手架板道上要有足够面积，以满足工人操作、堆放材料和运输的要求。

(4) 脚手架必须保证安全，符合高空作业的要求。对脚手架的绑扎、护身栏杆、挡脚板、安全网等应按有关规定执行。

(5) 脚手架属于周转性重复使用的临时设施，要力求构造简单，装拆方便，损耗小。

(6) 要因地制宜，就地取材，尽量节约架子用料。

(三) 脚手架的载荷要求

现行施工规范对脚手架的荷载规定为：砌筑工程每平方米 2700N，装饰工程每平方米 2000N，里脚手架每平方米 2500N，挑脚手架每平方米 1000N。特殊情况要通过计算来决定。在脚手架上堆砖，只许单行侧摆三层。由于脚手架搭拆频繁，施工载荷变动大，安全系数一般不小于 3，垂直运输架的安全系数也取 3，吊盘的动力系数取 1.3，脚手架上附设小扒杆时，超重量不得大于 300kg，并将该脚手架加固。

(四) 留设脚手眼的规定

单排外落地式脚手架应在墙面上留设脚手眼，作为小横杆在墙上的支点，但在下列部位不允许留设脚手眼。

(1) 土坯墙、土打墙、空心砖墙、空斗墙、独立砖柱、半砖墙以及 180mm 厚的砖墙；

(2) 砖过梁上及与过梁成 60°角的三角形范围；

(3) 宽度小于 1m 的窗间墙；

(4) 梁或梁垫之下，以及其左右各 500mm 的范围内；

(5) 门窗洞口两侧$\frac{3}{4}$砖和距转角 $1\frac{3}{4}$砖的范围内；

(6) 设计规定不允许设置脚手眼的部位。

二、脚手架的分类

脚手架的分类按搭设位置的不同，分外脚手架和里脚手架。凡搭在建筑物外圈的架子，称外脚手架；凡搭设在建筑物内部的架子，称里脚手架。按脚手架所用的材料分为木、竹和钢制脚手架等。

三、外脚手架

(一) 钢管扣件式脚手架

1. 钢管扣件式脚手架的构造

钢管扣件式脚手架是由钢管和扣件组成，如图 3-1 所示。扣件为钢管与钢管之间的连接件，其基本形式有三种：直角扣件、旋转扣件和对接扣件，如图 3-2 所示，用于钢管之间的直角连接、直角对接长或成一定角度的连接。

钢管扣件式脚手架的主要构件有：立杆、大横杆、斜杆和底座等，一般均采用外径 48mm，壁厚 3.5mm 的焊接钢管。立杆、大横杆、斜杆的钢管长度 4～6.5m，小横杆的钢管长度 2.1～2.3m。底座有两种，一种用厚为 8mm、边长为 150mm 的钢管做底板，用外径 60mm，壁厚 3.5mm，长 150mm 的钢管做套筒，两者焊接而成，如图 3-3 所示；另一种是用可锻铸铁铸成，底板厚 10mm，直径 150mm，插芯直径 36mm，高 150mm。

钢管扣件式脚手架的构造形式有双排和单排两种，单排脚手架搭设高度不超过 30m，一般不宜用于半砖墙、轻质空心砖墙、砌块墙体。

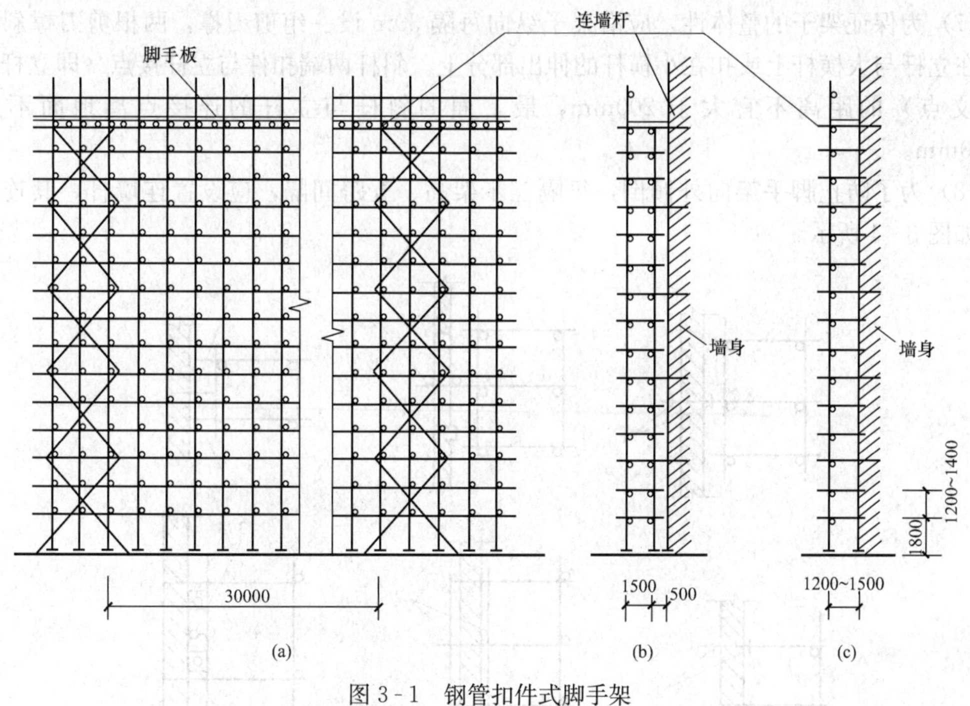

图 3-1 钢管扣件式脚手架

(a) 正立面图；(b) 侧立面图（双排）；(c) 侧立面图（单层）

2. 钢管扣件式脚手架的架设要点

(1) 在搭设脚手架前，要对底座、钢管、扣件进行检查，钢管要平直，扣件和螺栓要光洁、灵敏，变形、损坏严重者不应使用。

(2) 搭设范围的地基要夯实整平，做好排水处理，如地基土质不好，则底座下垫以木板或垫块。立杆要竖直，垂直度允许偏差不得大于 1/200。相邻两根立杆接头应错开 500mm。

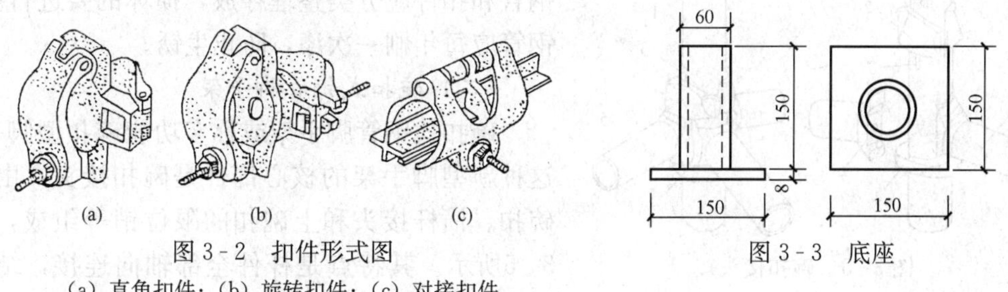

图 3-2 扣件形式图

(a) 直角扣件；(b) 旋转扣件；(c) 对接扣件

图 3-3 底座

(3) 大横杆在每一面脚手架范围内的纵向水平高低差，不宜超过 1 匹砖的厚度。同一步内外两根大横杆的接头，应相互错开，不宜在同一跨度间内。在垂直方向相邻的两根大横杆的接头也应错开，其水平距离不宜小于 500mm。

(4) 小横杆可紧固于大横杆上，靠近立杆的小横杆可紧固于立杆上。双排脚手架小横杆靠墙的一端应离开墙面 50～150mm。

(5) 各杆件相交伸出的端头，均应大于 100mm，以防止滑脱。

(6) 扣件连接杆件时螺栓的松紧度必须适宜。如用测力扳手校核操作人员的手劲，以扭力矩控制在 40～50N·m 为宜，最大不超过 60N·m。

(7) 为保证架子的整体性，应沿架子纵向每隔 30m 设一组剪刀撑，两根剪刀撑斜杆分别扣在立杆与大横杆上或扣在小横杆的伸出部分上。斜杆两端扣件与立杆接点（即立杆与横杆的交点）的距离不宜大于 200mm，最下面的斜杆与立杆的连接点离地面不宜大于 500mm。

(8) 为了防止脚手架向外倾倒，每隔三步架高、五跨间隔，应设置连墙杆，其连接形式，如图 3-4 所示。

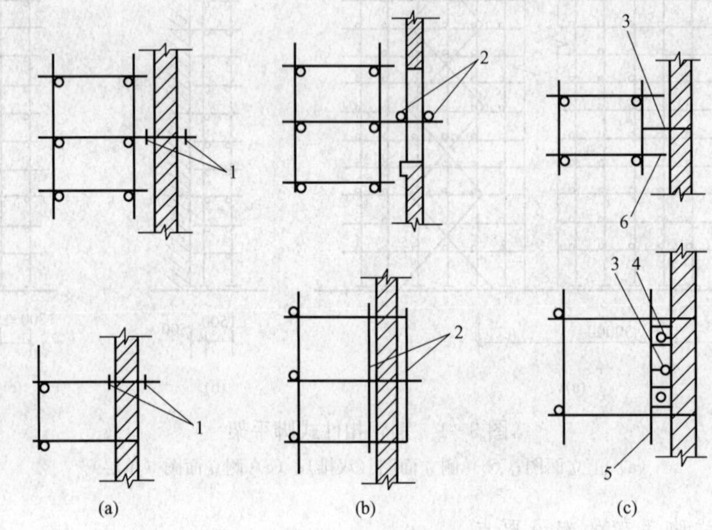

图 3-4 连墙杆的做法

1—两只扣件；2—两根短管；3—拉结铅丝；4—木楔；5—短管；6—横杆

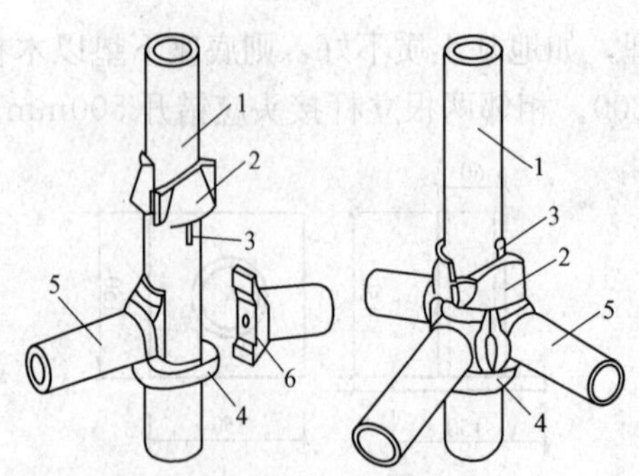

图 3-5 碗扣接头

1—立杆；2—上碗扣；3—限位销；4—下碗扣；5—横杆；6—横杆接头

(9) 拆除钢管扣件式脚手架时，应按照自上而下的顺序，逐根往下传递，不要乱扔。拆下的钢管和扣件应分类整理存放，损坏的要进行整修。钢管应每年刷一次漆，防止生锈。

(二) 碗扣式钢管脚手架

碗扣式钢管脚手架或称多功能碗扣型脚手架。这种新型脚手架的核心部件是碗扣接头，由上下碗扣、横杆接头和上碗扣的限位销等组成，如图 3-5所示。其特点是杆件全部轴向连接，结构简单，力学性能好，接头构造合理，工作安全可靠，装拆方便，不存在扣件丢失的问题。

1. 碗扣式钢管脚手架的组成与构配件

碗扣式钢管脚手架的主要构配件有立杆、顶杆、横杆、斜杆和底座等组成，如图 3-6 所示。立杆和顶杆各有两种规格，在杆上均焊有间距为 600mm 的下碗扣，每一碗扣接头可同时连接 4 根横杆，可以构成任意高度脚手架，立杆接长时，接头应错开，至顶层再用两种顶杆找平。

辅助构件用于作业面及附壁拉结等的杆件，如用于作业面的间横杆、脚手板、斜道板、挡脚板、挑梁和架梯等；用于连接的立杆连接销、直角销、连接撑等；用于其他用途的立杆

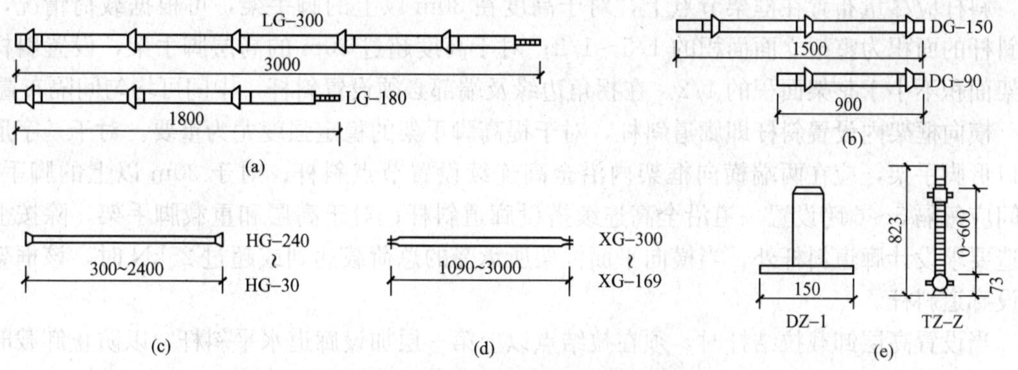

图 3-6　碗扣式脚手架主要构配件

(a) 立杆；(b) 顶杆；(c) 横杆；(d) 斜杆；(e) 底座

托撑、立杆可调撑、横托撑和安全网支架等。

专用构件有支撑柱垫座、支撑柱转角座、支撑柱可调座、提升滑轮、悬挑架和爬升挑架等。

2. 碗扣式钢管脚手架的搭设操作要求

碗扣式钢管脚手架用于构件双排外脚手架时，一般立杆横向间距取 1.2m，横杆步距取 1.8m，立杆纵向间距可根据建筑物结构、脚手架搭设高度及作业荷载等具体要求确定，有 0.9m，1.2m，1.5m，1.8m 和 2.4m 等多种尺寸供选用，并选择相应的横杆。双排脚手架的一般构造如图 3-7 所示。

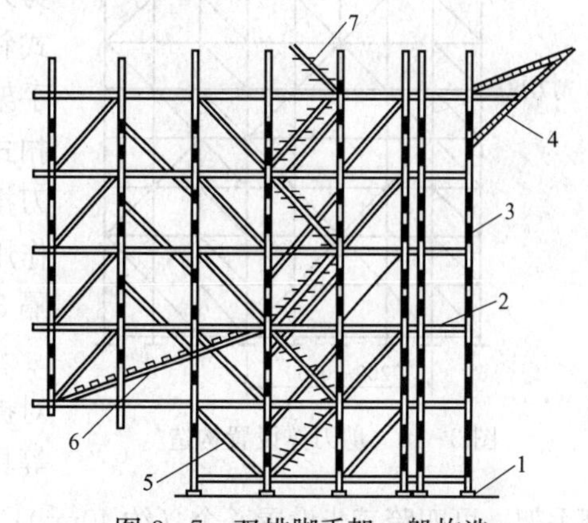

图 3-7　双排脚手架一般构造

1—垫座；2—横杆；3—立杆；4—安全网支架；5—斜杆；6—斜脚手板；7—梯子

(1) 斜杆设置。斜杆可增强脚手架的稳定性，斜杆与立杆的连接和横杆与立杆的连接相同，其节点构造如图 3-8 所示。对于不同尺寸的框架应配备相应长度的斜杆。斜杆可装成节点斜杆（即斜杆接头同横杆接头装在同一碗扣接头内），或装成非节点斜杆（即斜杆接头同横杆接头不装在同一碗扣接头内），其结构如图 3-9 所示。

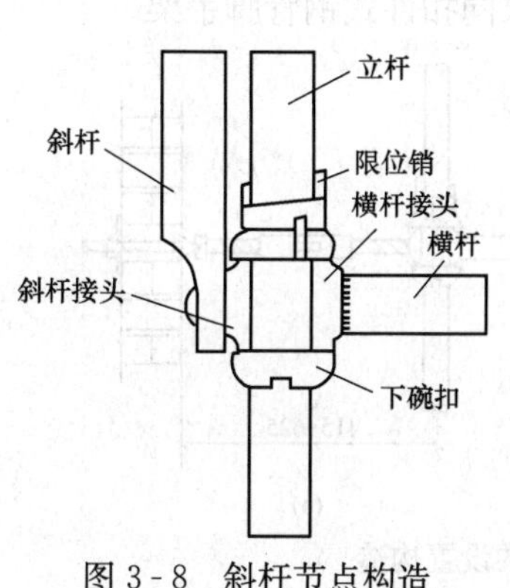

图 3-8　斜杆节点构造

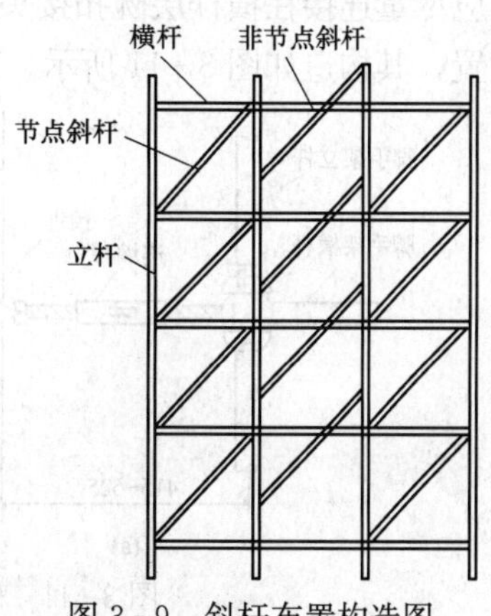

图 3-9　斜杆布置构造图

斜杆应尽量布置在框架节点上，对于高度在30m以上的脚手架，可根据载荷情况，设置斜杆的面积为整架立面面积的1/5～1/2；对于高度超过30m的高层脚手架，设置斜杆的框架面积不小于整架面积的1/2。在拐角边缘及端部必须设置斜杆，中间可均匀间隔布置。

横向框架内设置斜杆即廊道斜杆，对于提高脚手架的稳定强度尤为重要。对于一字形及开口形脚手架，应在两端横向框架内沿全高连续设置节点斜杆；对于30m以上的脚手架，中间应每隔5～6跨设置一道沿全高连续搭设廊道斜杆；对于高层和重载脚手架，除按上述构造要求设计廊道斜杆外，当横向平面框架所承受的总荷载达到或超过25kN时，该框架应增设廊道斜杆。

当设置高层卸载拉结杆时，须在拉结点以上第一层加设廊道水平斜杆，以防止卸载时水平框架变形。斜杆既可碗扣脚手架系列斜杆，也可用钢管和扣件代替。

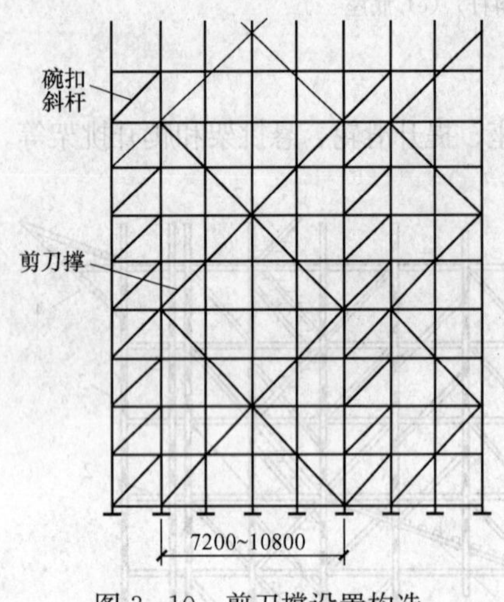

图3-10　剪刀撑设置构造

(2) 剪刀撑。竖向剪刀撑的设置应与碗扣式斜杆的设置相配合，一般高度在30m以下的脚手架，可每隔4～5跨设置一组沿全高连续搭设的剪刀撑，每道剪刀撑跨越5～7根立杆，设剪刀撑跨内不再设碗扣式斜杆；对于高度在30m以上的高层脚手架，应沿脚手架外侧的全高方向连续设置，两组剪刀撑之间用碗扣式斜杆，其设置构造如图3-10所示。纵向水平剪刀撑对于增强水平框架的整体性，均匀传递连墙撑的作用具有重要意义。对于30m以上高层脚手架，应每隔3～5步架设置一层连续的闭合的纵向水平剪刀撑。

(3) 连墙撑。是脚手架与建筑物之间的连接件，对提高脚手架的横向稳定性、承受偏心荷载和水平荷载等具有重要作用。一般情况下，对于高度在30以下的脚手架，可四跨三步设置一个（约40m²）；对于高层及重载脚手架，则要适当加密，50m以下的脚手架至少应三跨三步布置一个（约25m²）；50m以上的脚手架至少应三跨二步布置一个（约20m²）。连墙撑设置应尽量采用梅花形布置方式。另外当设置宽挑架、提升滑轮、安全网支架和高层卸荷拉结杆等构件时，应增设连墙撑，对于物料提升架也要相应地增设连墙撑数目。连墙撑应尽量连接在横杆层碗扣接头内，同脚手架、墙体保持垂直，并随建筑物及架子的升高及时设置，其构造如图3-11所示。其他搭设要求同扣件式钢管脚手架。

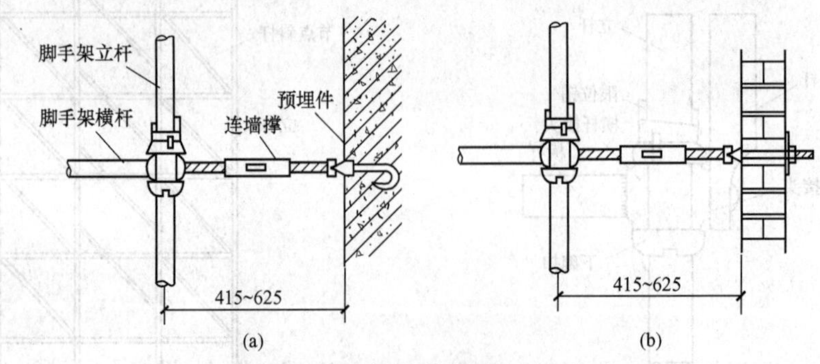

图3-11　碗扣式连墙撑的设置构造

(a) 混凝土墙固定连墙撑；(b) 砖墙固定用连墙撑

(4) 高层卸荷拉结杆。主要是为了减轻脚手架荷载而设计的一种构件。高层卸荷拉结杆设置要根据脚手架的高度和作业荷载而定，一般每 30m 高卸荷一次，但总高度在 50m 以下的脚手架不用卸荷。卸荷层应将拉结杆同每一根立杆连接卸荷。设置时将拉结杆一端用预埋件固定在墙体上，另一端固定在脚手架横杆层下碗扣底下，中间用索具螺旋调节拉力，以达到悬吊卸荷目的，其构造形式如图 3-12 所示。卸荷层要设置水平廊道斜杆，以增强水平框架刚度。另外，要用横托同建筑物顶紧，以平衡水平力。上下两层增设连墙撑。

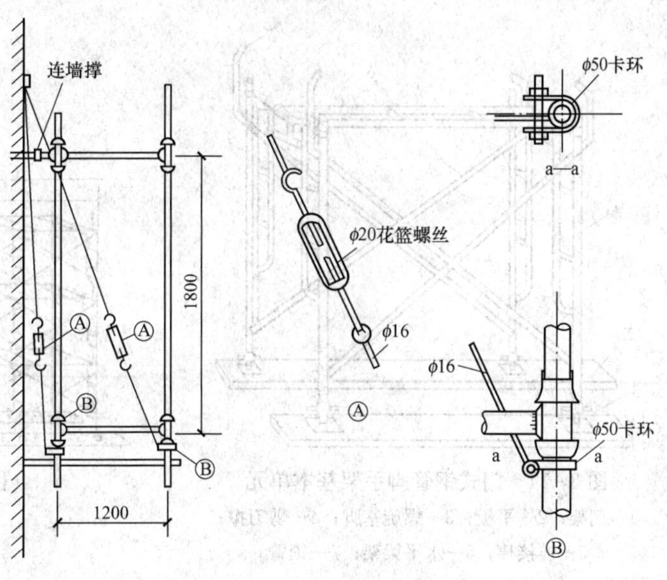

图 3-12 卸荷拉结杆布置

对一般建筑物的外脚手架，在拐角处两直角交叉的排架要连在一起，以增强脚手架的整体稳定性。连接形式可以采用直接拼接法和直角撑搭接法两种，如图 3-13 所示。直角撑搭接可实现任意部位直角交叉。

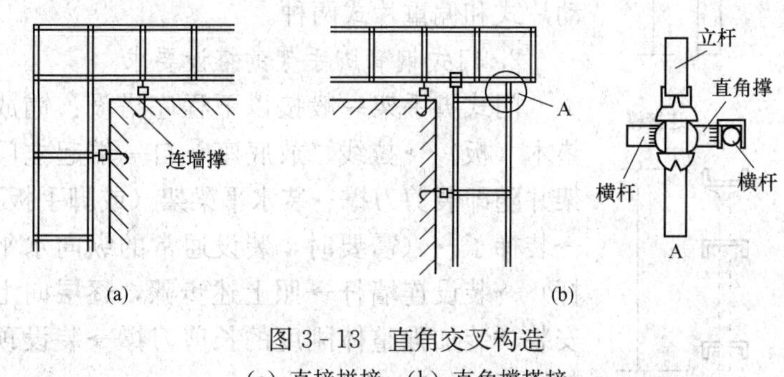

图 3-13 直角交叉构造
(a) 直接拼接；(b) 直角撑搭接

碗扣脚手架还可搭设为单排脚手架、满堂脚手架、支撑架、移动式脚手架、提升井架和悬挂挑式脚手架等。

3. 碗扣式钢管脚手架的拆除

当脚手架使用完成后，应制定拆除方案，拆除前应对脚手架作一次全面检查，清除所有多余物件，并设立拆除区，严禁人员进入。

在拆架前先拆连墙撑。

拆除顺序应自上而下逐层拆除，不允许上下两层同时拆除。连墙撑只能在拆到该层时才允许拆除。

(三) 门式钢管脚手架

门式钢管脚手架又称多功能门式脚手架，是目前国际应用最普遍的脚手架之一。

1. 门式钢管脚手架的组成及构造

门式钢管脚手架由门式框架、剪刀撑和水平梁架或脚手板构成基本单元，如图 3-14 所示。将基本单元连接起来（或增加梯子和栏杆等部件）即构成整片脚手架，如图 3-15 所示。这种脚手架的搭设高度一般限制在 45m 以内。施工荷载限定为：均布载荷 1816N/m²，或作用于脚手板跨中的集中荷载1916N。

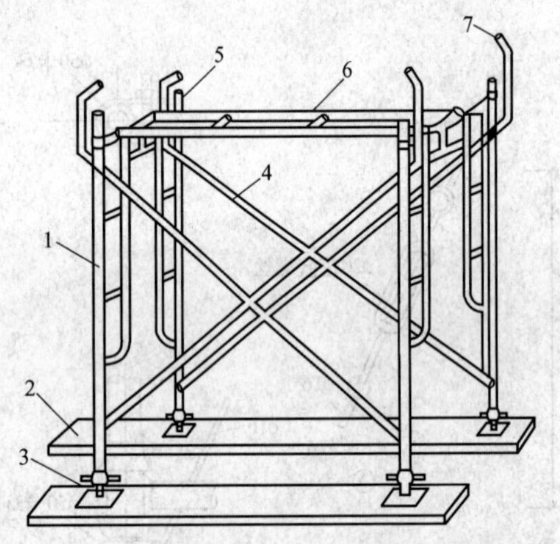

图3-14 门式钢管脚手架基本单元

1—门架；2—平板；3—螺旋基脚；4—剪刀撑；5—连接棒；6—水平梁架；7—锁臂

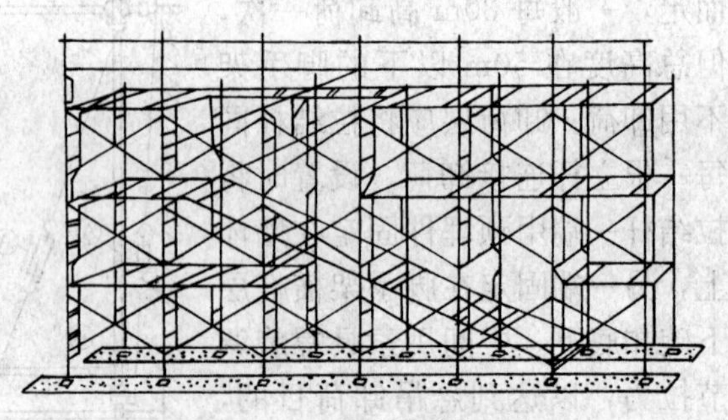

图3-15 整片门式脚手架

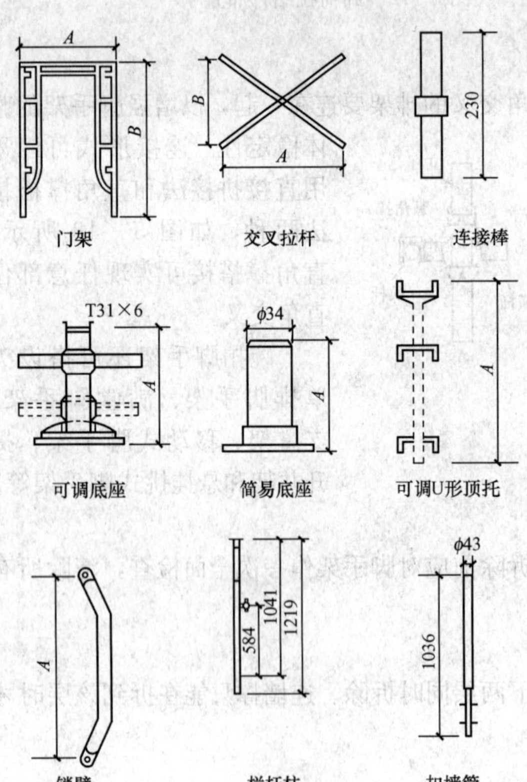

图3-16 门式脚手架主要部件

门式脚手架的主要部件如图3-16所示。门式脚手架之间的连接是采用方便可靠的自锚结构，如图3-17所示，常用形式有：制动片式和偏重片式两种。

2. 门式钢管脚手架的搭设要求

门式脚手架一般按以下程序搭设：铺放垫木（板）→拉线、放底座→自一端起立门架并随即装剪刀撑→装水平梁架（或脚手板）→装梯子→（需要时，装设通常的纵向水平杆）→装设连墙杆→照上述步骤，逐层向上安装→装加强整体刚度的长剪刀撑→装设顶部栏杆。

搭设门式脚手架时基座必须严格夯实抄平，并铺平调底座，以免发生塌陷和不均匀沉降。门架的顶部和底部用纵向水平杆和扫地杆固定。门架之间必须设置剪刀撑和水平梁架（或脚手板），其间连接应可靠，以确保脚手架的整体刚度。整片脚手架必须适量放置水平加固杆，前三层要每层设置，三层以上则每隔三层设一道。使用连墙管或连墙器将脚手架和建筑结构紧密连接，连墙点的最大间距在垂直方向为6m，在水平方向为8m。高层脚手架应增加连墙点布设密度。连墙点一般做法如图3-18所示。脚手架在转角处必须做好与墙连接牢靠，并利用钢管和回转扣件把处于相交方向的门架连接起来。

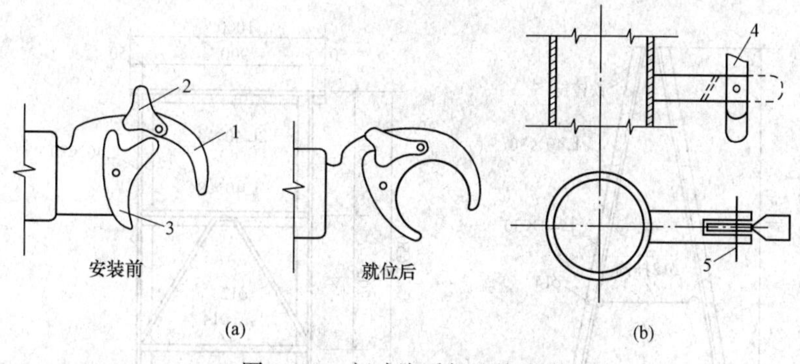

图 3-17 门式脚手架连接形式

(a) 制动片式挂扣；(b) 偏重片式锚扣

1—固定片；2—主制动片；3—被制动片；4—ϕ10 圆钢偏重片；5—铆钉

3. 门式钢管脚手架的拆除

拆除门式脚手架时应自上而下进行，部件拆除顺序与安装顺序相反。不允许将拆除的部件直接从高空掷下。应将拆下的部件分品种捆绑后，使用垂直吊运设备将其运至地面，集中堆放保管。

四、里脚手架

里脚手架是搭设在建筑物内部的一种脚手架，一般用于墙体高度不大于 4m 的房屋。混合结构房屋墙体砌筑多采用工具式里脚手架，将脚手架搭设在各层楼板上，待砌完一层墙体，即将脚手架全部运到上一个楼层上。使用里脚手架，每一层楼只需要搭设 2～3 步架。里脚手架所用工料较少，比较经济，因而被广泛采用。但是，用里脚手架砌外墙时，特别是清水墙，工人在外墙的内侧操作，要保证外侧砌体表面平整度、灰缝平直度及不出现游丁走缝现象，对工人在操作技术上要求较高。常用的里脚手架有：

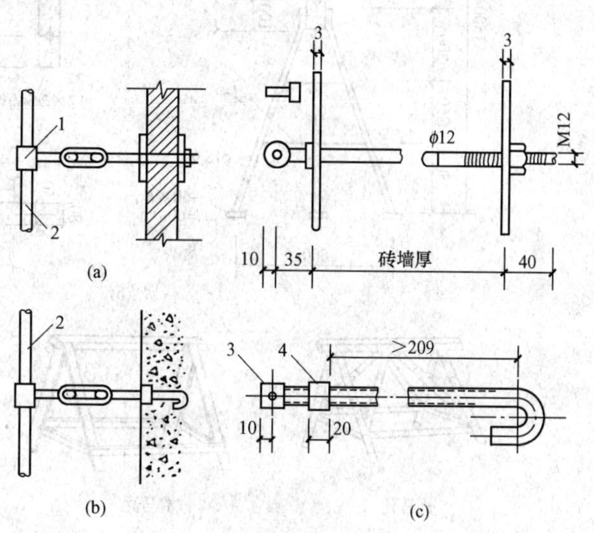

图 3-18 连墙点的一般做法

(a) 夹固式；(b) 锚固式；(c) 预埋连墙件

1—扣件；2—门架立杆；3—接头螺钉；4—连接螺母 M12

1. 角钢（钢筋、钢管）折叠式里脚手架

如图 3-19 (a) 所示，其架设间距砌墙时宜为 1.2～2.0m，粉刷时宜为 2.2～2.5m。

2. 支柱式里脚手架

如图 3-19 (b) 所示，由若干支柱和横杆组成，上铺脚手板。搭设间距砌墙时宜为 2.0m，粉刷时不超过 2.5m。

3. 木、竹、钢制马凳式里脚手架

如图 3-19 (c) 所示，马凳距离不大于 1.5m，上铺脚手板。

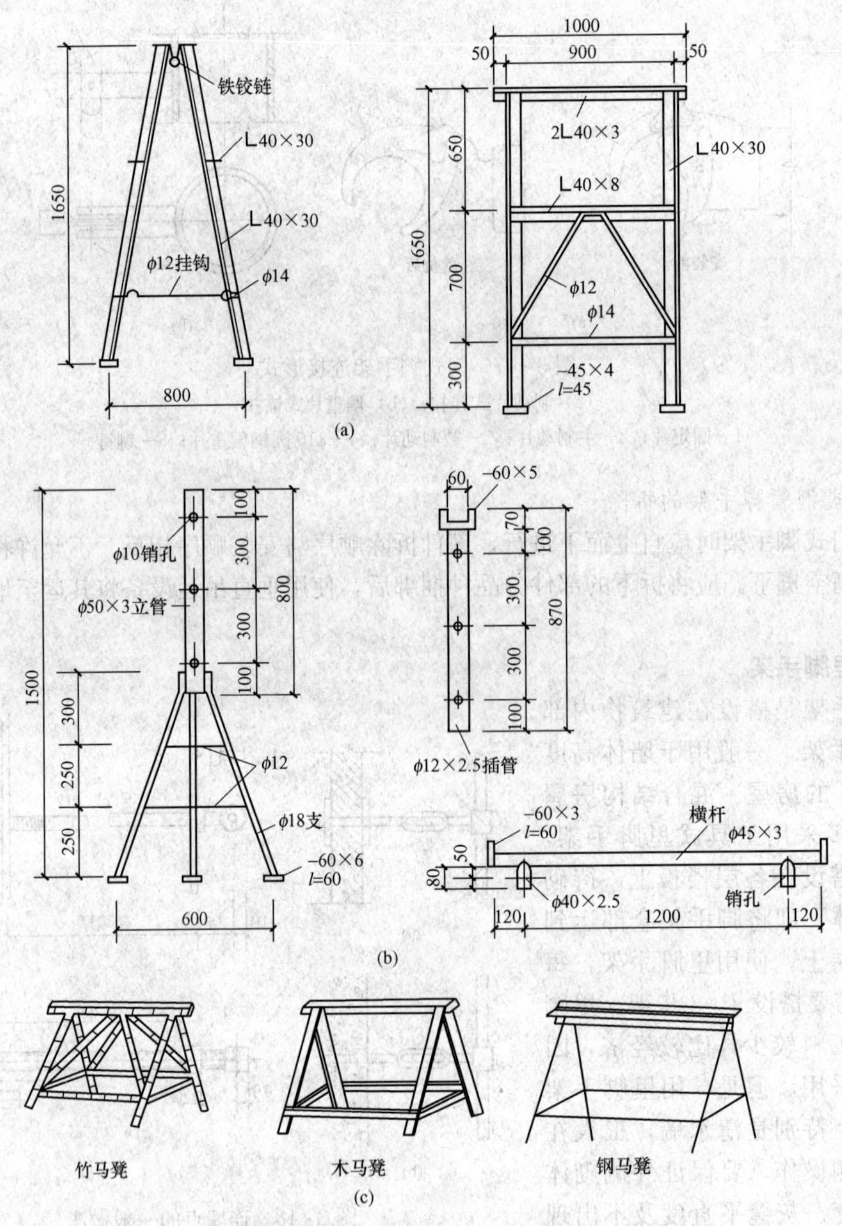

图 3-19 里脚手架

五、脚手板

(一) 脚手板种类

1. 木脚手板

木脚手板常用不少于 50mm 厚的杉木板或松木板，宽 200～250mm，长 3～6m。凡有腐朽、扭曲、破裂及大横透节的木板均不能使用。为了防止在使用过程中端头裂开，可在距端头 80mm 处用 10 号铁丝箍线 2～3 圈，用钉子钉紧。

2. 竹脚手板

(1) 竹片并列脚手板：用宽 50mm 竹片侧叠成宽 250mm 竹板，用 8～10mm 螺栓横穿竹板拧紧，螺栓间距500～600mm，离端头100～250mm。此种板，制作简便，刚度较大。缺点是受荷后易扭动。

（2）钢竹脚手板：利用钢管或角钢作直挡，$\phi8$～$\phi10$钢筋作横挡，焊成爬梯式。横挡间距500～600mm，距端头100～200mm，在横挡间穿编竹片。

3. 薄钢脚手板

薄钢脚手板是由厚1.5～2mm热扎钢板冷压制成。板面有$\phi25$凸圆孔，板端有连接卡口，便于两板首尾相接。每块板宽250mm，长2～4m。

4. 钢木脚手板

用角钢框及木板条制成的脚手板。

（二）脚手板使用铺设要求

1. 脚手板铺设

铺设脚手板要平，搁稳两头，不得有探头板。木、竹脚手板可以对接铺，也可以搭接铺，搭接长度应不少于200mm，上下层板要顺车行方向顺接，如图3-20所示。

2. 对接头铺法

钢脚手板或钢木脚手板应采用对接头铺法，对接头处两块脚手板下均搁有小横杆，小横杆离板头不大于150mm。铺设时，应以一端铺起，逐块顺序铺设。平道每隔9m，斜道每隔3m立设一个固定扣，与小横杆扎紧固定。

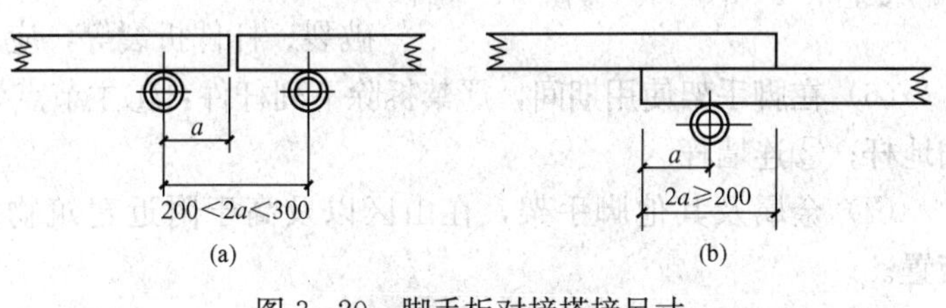

图3-20 脚手板对接搭接尺寸

（a）脚手板对接；（b）脚手板搭接

3. 脚手板的维护

脚手板用后应及时维护，堆置于干燥平坦处，并成垛堆放，下垫高200mm以上，上应有遮盖，以免日晒雨淋造成变形开裂。

六、安全网的挂设方法

安全网是用直径9mm的麻、棕绳或尼龙绳编织而成的。宽约3m，长约6m，网眼50mm左右。安全网每平方米面积上承受荷载不小于1600N。安全网的挂设方法：

（1）里脚手砌外墙，外墙四周必须挂安全网。当墙上有窗口时，在上下两窗口处的里、外侧墙面各绑一道夹墙横杆，从下窗口伸出斜杆，斜杆顶部绑一道大横杆，把安全网挂在上窗口横杆与大横杆之间，斜杆下部绑在下窗口的横杆上，再在每根斜杆顶上拉一根麻绳，把网绷起，如图3-21所示。

（2）高层、多层建筑使用外脚手施工时，也要挂设安全网，建筑物低于三层时，安全网可从地面上撑起，距地面约3～4m；建筑物在三层以上时，安全网应随外墙砌高而逐层上升，每升一次为一个楼层的高度。砌体高度大于4m时，要开始设安全网。有出入口处架设安全网，在网上应加铺竹席一层，以确保安全。

七、脚手架使用安全注意事项

确保脚手架使用安全是施工中的重要问题，因此，在脚手架使用中一般应做好以下几个方面的问题：

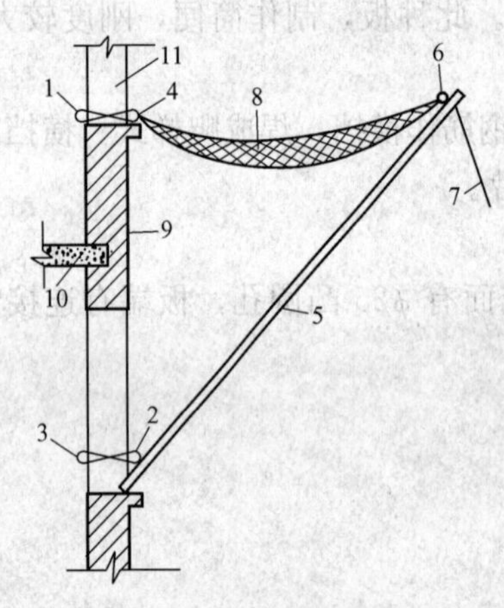

图 3-21 安全网搭设

1～3—水平杆；4—内水平杆；5—斜杆；6—外水平杆；7—拉绳；8—安全网；9—外端；10—楼板；11—窗口

(1) 做好安全宣传教育，制定安全措施，按照安全技术规程搭设、使用和拆除脚手架；

(2) 在搭设前要制定周密的作业方案，进行安全措施和详细的技术交底。按规定位置设置安全网、护栏、挡板等安全装置。

(3) 脚手架所用材料和加工质量必须符合规定要求，不得使用不合格品。

(4) 脚手架搭设人员必须是经过按现行国家标准《特种作业人员安全技术考核管理规则》(GB5036) 考核合格的专业架子工。上岗人员应定期体检，合格者方可持证上岗。

(5) 在搭设和使用过程中，要经常进行检查，暂停工程复工和大风、大雨、大雪后对脚手架须进行全面的检查，发现倾斜、沉陷、悬空、接头松动、扣件破裂、杆件折裂等，应及时加固。

(6) 在脚手架使用期间，严禁拆除下列杆件：①主节点处的纵、横向水平杆，纵、横向扫地杆；②连墙杆。

(7) 金属及其他脚手架，在山区以及高于附近建筑物的地方，雷雨季节应设置防雷装置。

(8) 金属脚手架上设置电焊机等电器设备时，应放在干燥的木板上。施工用电线路须按安全规定架设。

(9) 搭拆脚手架时，地面应设围栏和禁戒标志，并派专人看守，严禁非操作人员入内。脚手架的拆除作业应按确定的拆除程序进行。连墙杆应在位于其上的全部可拆杆件都拆除之后才能拆除。拆下的杆配件应以安全的方式运出和吊下，严禁向下抛掷。在拆除过程中，应做好配合、协调动作，禁止单人进行拆除较重杆件等危险性作业。

第二节 砖砌体施工

一、施工前的准备

(一) 砖的准备

砖应按设计要求的数量、品种、强度等级及时组织进场，按砖的强度等级、外观、几何尺寸进行验收，并检查出厂合格证。常温下施工时，砖应提前 1～2 天浇水湿润，以水侵入砖内 10mm 左右为宜，避免砖干燥吸收砂浆中过多的水分而影响黏结力，并可除去砖面上的粉末。但浇水过多会产生砌体走样或滑动，施工操作困难。

(二) 砂浆的准备

砌筑用砂浆有水泥砂浆、石灰砂浆和混合砂浆。砂浆在砌体中的作用是传递上部荷载，黏结砌体，提高砌体的整体强度。砂浆种类选择及其等级的确定，应根据设计要求而定。一般水泥砂浆主要用于潮湿环境和强度要求较高的砌体。石灰砂浆主要用于砌筑干燥环境中以及强度要求不高的砌体。混合砂浆主要用于地面以上强度要求较高的砌体。

砂浆的配合比应根据设计要求经试验确定。砂浆配料应采用重量比，配料要准确。水泥进场使用前，应分批对其强度、安定性进行复检。检验批应以同一厂家、同一编号为一批。当在使用中对水泥质量有怀疑或水泥出厂超过三个月时，应复查试验，并按其试验结果使用。不同品种的水泥，不得混合使用。砂浆中的砂不得含有害杂物，含泥量不应超过5%。制备混合砂浆的石灰膏，应经筛网过滤，并经充分熟化，熟化时间不少于7天，严禁使用脱水硬化的石灰膏。

砂浆宜采用机械搅拌，拌制时间，自投料完成后算起，不得少于2min。砂浆应随拌随用，水泥砂浆与混合砂浆必须分别在拌后的3h和4h内使用完毕，如气温在30℃以上，则必须分别在2h和3h内用完。

（三）机具准备

砌筑前，必须按施工组织设计要求组织垂直和水平运输机械。其中垂直运输机械是影响砌筑工程施工速度的重要因素。

常用的垂直运输机具有井架、龙门架、建筑施工电梯，塔式起重机（详见第六章）。

（1）井架，如图3-22所示。通常带一个起重臂和吊盘，起重臂起重能力为5～10kN，在其外伸工作范围内也可进行一定的水平运输。吊盘起重量为10～15kN，可放置运料小车或其他散装材料。搭设高度一般为40m左右，用缆风绳保持其稳定性。

（2）龙门架是由两根立柱和横梁组成的门架。在龙门架上设置滑轮、导轨、吊盘、缆风绳等，进行材料、机具等的垂直运输。根据立柱结构不同，其起重量为5～15kN，门架高度为15～30m。近年来为适应高层建筑施工的需要，采用附着方式的龙门架技术得到较快发展，如MSS－100型龙门架的架设高度可达100m、SSE100型可达80m等。

（3）建筑施工电梯，如图3-23所示。人货两用建筑施工电梯吊笼安装在井架的外侧，沿齿条式轨道升降。它附着在外墙或建筑结构上，可载荷1.0～1.2t，可载人12～15人，可随建筑主体结构施工往上接高100m，特别适用于高层建筑水平运输。除可由塔式起重机进行外，也可用双轮手推车或机动翻斗车进行。

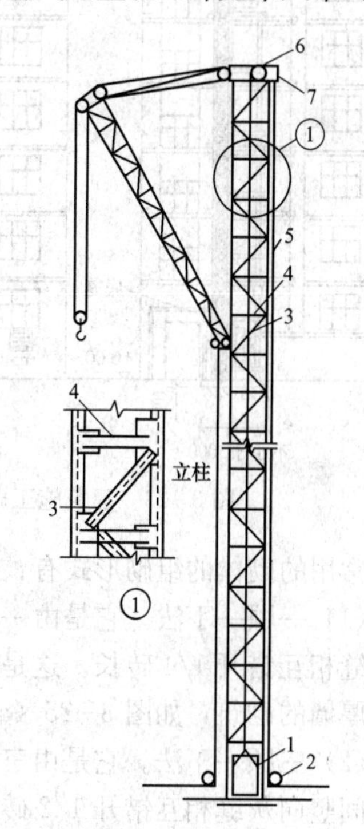

图3-22 井架
1—吊盘；2—导向滑轮；3—斜撑；4—平撑；5—立柱；6—天轮；7—缆风绳

除准备施工必需的机械设备外，还应按施工要求准备脚手架、砌筑工具、质量检查工具（靠尺、皮数杆、百格网）等。

二、砖砌体的施工

砌砖施工通常包括抄平、放线、摆砖样、立皮数杆、砌筑、清理和勾缝等工序。

1. 抄平

砌砖前应在基础顶面或楼面上定出各楼层标高，并用M7.5的水泥砂浆或C10细石混凝土找平，使各段砖墙能在同一标高位置开始砌筑。

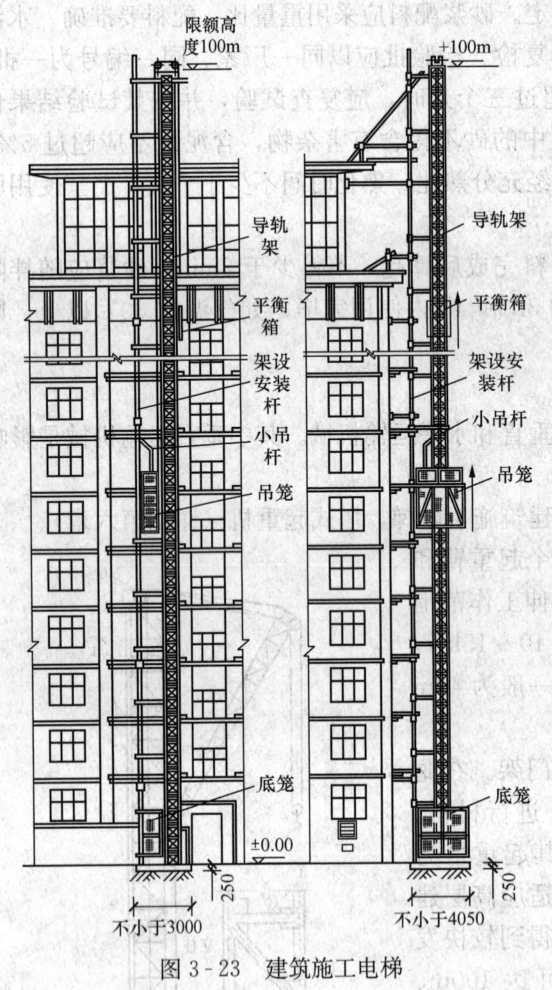

图 3-23 建筑施工电梯

2. 放线

确定各段墙体砌筑的位置。根据轴线桩或龙门板上轴线位置，在做好的基础顶面，弹出墙身中线及边线，同时弹出门洞口的位置。二层以上墙的轴线可以用经纬仪或锤球将轴线引上，并弹出各墙的轴线、边线、门窗洞口位置线，如图 3-24 所示。

3. 摆砖样

摆砖样是为选定组砌的形式，在基础顶面放线位置试摆砖样（不铺灰），尽量使门窗垛等处符合砖的模数，偏差小时可通过调整竖向灰缝，以减少砍砖数量，并使砌体灰缝均匀、整齐，同时可提高砌筑的效率。

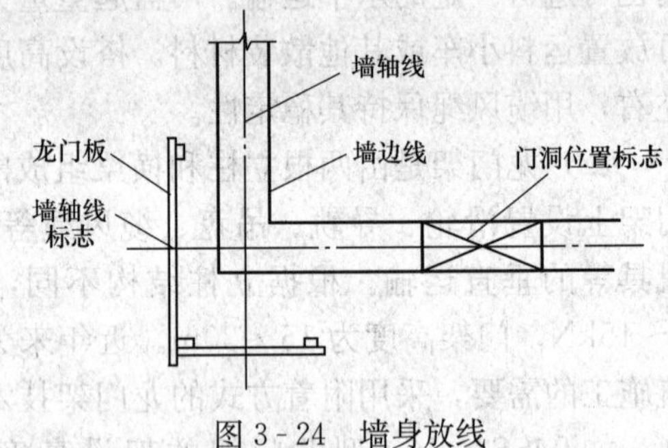

图 3-24 墙身放线

常用的砌体的组砌形式有：

(1) 一顺一丁法。它是由一皮中全部顺砖与一皮中全部丁砖相互交替叠砌而成。上下皮的竖缝相互错开 1/4 砖长。这是目前最常采用的一种组砌形式。主要适用于一砖、一砖半及二砖厚墙的砌筑，如图 3-25 (a) 所示。

(2) 三顺一丁法。它是由三皮中全部是顺砖与一皮中全部是丁砖相互叠砌而成。上下皮顺砖间竖向灰缝相互错开 1/2 砖长，下皮顺砖与丁砖间竖向灰缝相互错开 1/4 砖长。主要适用于一砖、一砖半厚墙的砌筑，如图 3-25 (b) 所示。

(3) 梅花丁式。它是在同一皮砖中，采用砌两块顺砖后再砌一块丁砖的方法砌成。上皮丁砖位于下皮顺砖中部，上下皮的竖向灰缝亦相互错开 1/4 砖长。主要适用于一砖、一砖半厚墙的砌筑，如图 3-25 (c) 所示。

4. 立皮数杆

皮数杆是指在一根硬木方杆上划有每皮砖和灰缝厚度，以及门窗洞口、过梁、楼板、梁底、预埋件等标高位置，一根木制方杆，如图 3-26 所示。它的作用是砌筑时控制砌体竖向尺寸的准确，同时可以保证砌体的垂直度。

皮数杆一般立于房屋的四大角，内外墙交接处、楼梯间以及洞口多的地方，砌体较长

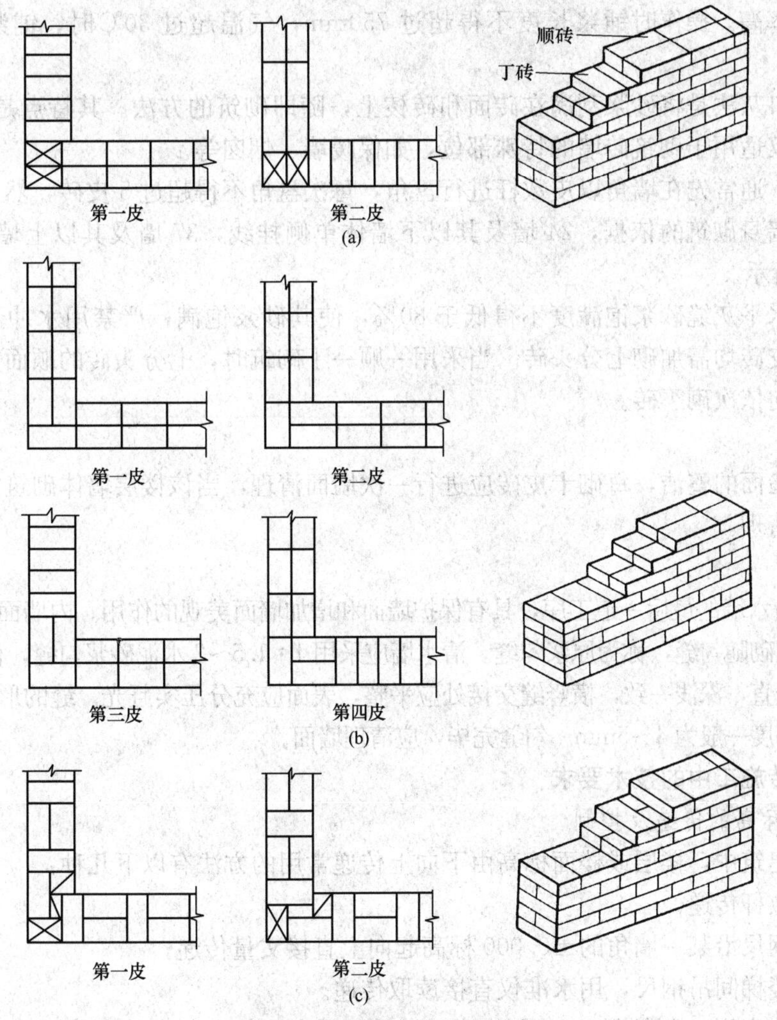

图 3-25　砖墙各种组砌形式

(a) 一顺一丁；(b) 三顺一丁；(c) 梅花丁

时，每隔 10～15m 增设一根。皮数杆固定时，应用水准仪抄平，并用钢尺量出楼层高度，定出本楼层楼面标高，使皮数杆上所画室内地面标高与设计要求标高一致。

5. 砌筑

砖砌体的砌筑方法较多，与各地的习惯、使用的工具有关，常用的砌筑方法有："三一"砌砖法、挤浆法和满口灰法等，其中最常用的是"三一"砌砖法和挤浆法。

(1)"三一"砌砖法，即一块砖、一铲灰、一挤揉，并将挤出的砂浆刮去的砌筑方法。其特点是灰缝饱满，黏结力好，墙面整洁。砌筑实心墙时宜选用"三一"砌砖法。

(2) 挤浆法，即先在墙顶面铺一段砂浆，然后双手或单手拿砖挤入砂浆中，达到下齐边、上齐线，横平竖直要求。其特点是：可连续组砌几块砖，减少烦琐的动作，平推平挤可使灰

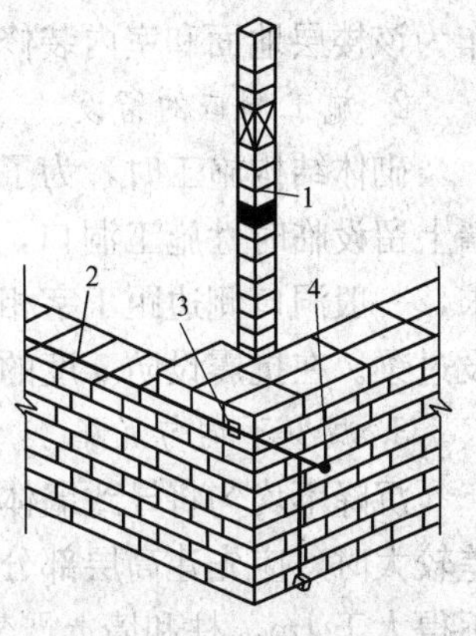

图 3-26　皮数杆示意图

1—皮数杆；2—准线；
3—竹片；4—铁钉

缝饱满，效率高。操作时铺浆长度不得超过750mm，气温超过30℃时，铺浆长度不得超过500mm。

(3) 满口灰法是将砂浆刮满在砖面和砖棱上，随即砌筑的方法。其特点是砌筑质量好，但效率低，仅适用于砌筑砖墙的特殊部位，如保暖墙、烟囱等。

砌砖时，通常先在墙角以皮数杆进行盘角，每次盘角不得超过5皮砖，然后将准线挂在墙侧，作为墙身砌筑的依据，24墙及其以下墙体单侧挂线，37墙及其以上墙体双侧挂线，如图3-26所示。

砖砌体水平灰缝砂浆饱满度不得低于80%，使其砂浆饱满，严禁用水冲浆灌缝。砖墙转角处，每皮砖均需加砌七分头砖。当采用一顺一丁砌筑时，七分头砖的顺面方向依次砌顺砖，丁面方向依次砌丁砖。

6. 清理

为保持墙面的整洁，每砌十皮砖应进行一次墙面清理，当该楼层墙体砌筑完毕后，应进行落地灰的清理。

7. 勾缝

勾缝是清水墙的最后一道工序，具有保护墙面和增加墙面美观的作用。内墙面或混水墙可采用砌筑砂浆随砌随勾缝，称为原浆勾缝。清水墙应采用1∶1.5～2水泥砂浆勾缝，称为加浆勾缝。勾缝应横平竖直，深浅一致，横竖缝交接处应平整，表面应充分压实赶光。缝的形式有凹缝和平缝等，凹缝深度一般为4～5mm。勾缝完毕，应清理墙面。

三、砌砖施工中的技术要求

1. 楼层标高的传递及控制

在楼房建筑中，楼层或楼面标高由下向上传递常用的方法有以下几种：

(1) 皮数杆传递；

(2) 用钢尺沿某一墙角的±0.000标高起向上直接丈量传递；

(3) 在楼梯间吊钢尺，用水准仪直接读取传递。

每层楼墙砌到一定高度（一般为1.2m）后，用水准仪在各内墙面分别进行抄平，并在墙面上弹出离室内地面高500mm的水平线（“+0.500”标高线），俗称“50线”。这条线可作为该楼层地面和室内装修施工时，控制标高的依据。

2. 施工洞口的留设

砌体结构施工时，为了使装修阶段的材料运输和人员能通过，常常在外墙和单元楼分隔墙上留设临时性施工洞口，为保证墙身的稳定和人身安全，留设洞口的位置应符合规范要求，一般洞口侧边距丁字相交的墙面不小于500mm，洞口净宽度不应超过1m，而且洞顶宜设过梁。在抗震设防9度的建筑物上留设洞口时，必须与设计单位研究决定。

3. 减少不均匀沉降

沉降不均匀将导致墙体开裂，对结构危害很大，砌体施工时要严加注意。若房屋相邻高差较大时，应先建高层部分；分段施工时，砌体相邻施工段的高差，不得超过一个楼层，也不得大于4m，柱和墙上严禁施加大的集中荷载（如架设起重机），以减少灰缝变形而导致砌体沉降。现场施工时，砖墙每天砌筑的高度不宜超过1.8m，雨天施工时，每天砌筑高度不宜超过1.2m。

四、砖砌体的质量要求

砖砌体的质量要求为：横平竖直、灰浆饱满、上下错缝、接槎可靠。

1. 横平竖直

（1）横平，即要求每一皮砖必须保持在同一水平面上，每块砖必须摆平。为此，在施工时首先做好基础或楼面抄平工作。砌筑时严格按皮数杆挂线，将每皮砖砌平。

（2）竖直，即要求砌体表面轮廓垂直平整，竖向灰缝必须垂直对齐，对不齐而错位时，称为游丁走缝，影响砌体的外观质量。

墙体垂直与否，直接影响砌体的稳定性，墙面平整与否，影响墙体的外观质量。在施工过程要做到“三皮一吊，五皮一靠”，随时检查砌体的横平竖直，检查墙面的平整度可用塞尺塞进靠尺与墙面的缝隙中，检查此缝隙的大小；检查墙面垂直度时，可用2m靠尺靠在墙面上，将线锤挂在靠尺上端缺口内，使线与尺上中心线重合。

2. 灰浆饱满

砂浆在砌体中的主要作用是传递荷载，黏结砌体。砂浆饱满不够将直接影响砌体内力的传递和整体性，所以施工验收规范规定砂浆饱满度水平灰缝不低于80%，且灰缝厚度控制在8～12mm之间。影响砂浆饱满度的主要因素有：

（1）砂浆的和易性：和易性好的砂浆不仅操作方便，而且铺灰厚度均匀，也容易达到砂浆饱满度要求。水泥砂浆的和易性要比混合砂浆的差，虽然混合砂浆的抗压强度比水泥砂浆低，因此砌体结构施工时常采用混合砂浆进行砌筑。

（2）砖的湿润程度：干砖上墙使砂浆的水分被吸收，影响砖与砂浆间的黏结力和砂浆饱满度。因此，砖在砌筑前必须浇水湿润，使其含水率达到10%～15%左右。

（3）砌筑方法：掌握正确的砌筑方法可以保证砌体的砂浆饱满度，通常采用“三一”砌砖法较好。

（4）在砌筑过程中，砌体的水平灰缝砂浆饱满度，每步架至少应抽查3处（每处3块砖）饱满度平均值不得低于80%。

（5）检查砂浆饱满度的方法是：掀起砖，将百格网放于砖底浆面上，看粘有砂浆的部分占格数以百分率计。

3. 上下错缝

为了保证砌体有一定的强度和稳定性，应选择合理的组砌形式，使上下两皮砖的竖缝相互错开至少1/4的砖长。不准出现通缝。否则在垂直荷载的作用下，砌体会由于“通缝”丧失整体性而影响强度。同时，纵横墙交接、转角处，应相互咬合牢固可靠。

4. 接槎可靠

为保证砌体的整体稳定性，砖墙转角处和交接处应同时砌筑。对不能同时砌筑而需临时间断，先砌的砌体与后砌筑的砌体之间的接合处称为接槎。接槎方式合理与否对砌体的整体性影响很大，尤其是抗震设防区的接槎质量将直接影响房屋的抗震能力，必须予以足够的重视。为使接槎牢固，须保证接槎部分的砌体砂浆饱满，一般应砌成斜槎，斜槎的长度不应小于高度的2/3，如图3-27所示。临时间断处的高差不得超过一步脚手架的高度。对留斜槎确有困难时，除转角外也可留直槎，但必须做成阳槎，即从墙面引出不小于120mm的直槎，如图3-28所示。并设拉结筋，拉结筋的设置应沿墙高每500mm设一道，每道按墙厚120mm设一根$\phi 6$钢筋，伸入墙内长度每边不小于500mm。

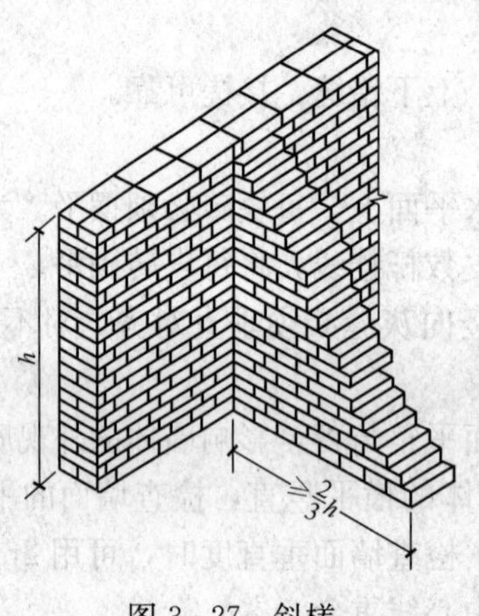

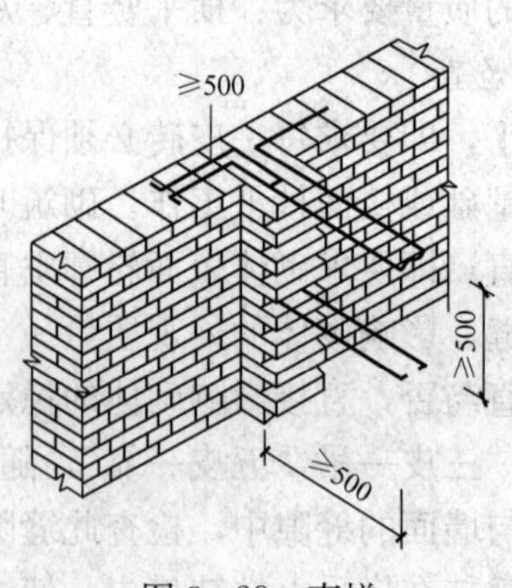

图 3-27 斜槎　　　　图 3-28 直槎

砖砌体的位置及垂直度允许偏差应符合表 3-1 的规定。

表 3-1　　砖砌体的位置及垂直度允许偏差

项次	项目			允许偏差（mm）	检验方法
1	轴线位置偏移			10	用经纬仪和尺检查或用其他测量仪器检查
2	垂直度	每层		5	用 2m 托线板检查
		全高	≤10m	10	用经纬仪、吊线和尺检查，或用其他测量仪器检查
			>10m	20	

砖砌体的一般尺寸允许偏差应符合表 3-2 的规定。

表 3-2　　砖砌体一般尺寸允许偏差

项次	项目		允许偏差（mm）	检验方法	抽检数量
1	基础顶面和楼面标高		±15	用水平仪和尺检查	不应少于 5 处
2	表面平整度	清水墙、柱	5	用 2m 靠尺和楔形塞尺检查	有代表性自然间 10%，但不应少于 3 间，每间不应少于 2 处
		混水墙、柱	8		
3	门窗洞口高、宽(后塞口)		±5	用尺检查	检验批洞口的 10%，且不应少于 5 处
4	外墙上下窗口偏移		20	以底层窗口为准，用经纬仪和吊线检查	检验批的 10%，且不应少于 5 处
5	水平灰缝平直度	清水墙	7	拉 10m 线和尺检查	有代表性自然间 10%，但不应少于 3 间，每间不应少于 2 处
		混水墙	10		
6	清水墙游丁走缝		20	吊线和尺检查，以每层第一皮砖为准	有代表性自然间 10%，但不应少于 3 间，每间不应少于 2 处

第三节 混凝土小型砌块施工

为了节约能源，保护土地资源，利用工业废料，适应建筑业的发展需要，国家正在限制并逐渐淘汰黏土砖，从根本上改变过去的“秦砖汉瓦”的落后状态。许多新型墙体材料正在被使用，普通混凝土小型空心砌块和以煤渣、陶粒为粗骨料的轻骨料混凝土小型空心砌块，是常见的新型墙体材料。它具有自重轻、机械化和工业化程度高、施工速度快、生产工艺和施工方法简单且可大量利用工业废料等优点。

一、混凝土小型空心砌块的规格

小型空心砌块的规格见表3-3。

表3-3　混凝土小型空心砌块的规格

<table>
<tr><th>项次</th><th>名 称</th><th>规 格</th><th>尺 寸</th><th>备 注</th></tr>
<tr><td rowspan="6">1</td><td rowspan="6">普通混凝土
小型空心砌块</td><td>主规格</td><td>390×190×190</td><td rowspan="6">最小壁厚30mm
最小肋厚30mm</td></tr>
<tr><td rowspan="5">辅助规格</td><td>290×190×190</td></tr>
<tr><td>190×190×190</td></tr>
<tr><td>90×190×190</td></tr>
<tr><td>590×190×190</td></tr>
<tr><td>90×90×56</td></tr>
<tr><td rowspan="5">2</td><td rowspan="5">煤渣混凝土
小型空心砌块</td><td>主规格</td><td>390×190×190</td><td rowspan="5">最小壁厚30mm
最小肋厚30mm</td></tr>
<tr><td rowspan="4">辅助规格</td><td>290×190×190</td></tr>
<tr><td>190×190×190</td></tr>
<tr><td>90×190×190</td></tr>
<tr><td>90×90×56</td></tr>
<tr><td rowspan="4">3</td><td rowspan="4">陶粒混凝土
小型空心砌块</td><td>主规格</td><td>390×240×190</td><td rowspan="4">最小壁厚30mm
最小肋厚25mm</td></tr>
<tr><td rowspan="3">辅助规格</td><td>290×240×190</td></tr>
<tr><td>90×240×190</td></tr>
<tr><td>90×240×56</td></tr>
</table>

小型砌块按强度等级分为：MU15、MU10、MU7.5、MU5.0四级。按外形尺寸允许偏差和外观要求分为优等品、一等品及合格品三个等级，除框架填充墙，住宅和其他民用建筑内隔墙、围护墙可用合格品等级外，其他工程部位均不得使用低于一等品等级的小型砌块。

二、混凝土小型空心砌块施工

（一）施工前准备工作

1. 编制砌块排列图

砌块施工前，应根据施工图纸的平面、立面尺寸，先绘出小型砌块排列图。在立面图上按比例绘出纵横墙，标出楼板、大梁、过梁、楼梯、孔洞等位置，在纵横墙上绘出水平灰缝线，然后以主规格为主、其他型号为辅，按墙体错缝搭砌的原则和竖缝大小进行排列。在墙体上大量使用的主要规格砌块，称为主规格砌块；与其他相搭配使用的砌块，称为副规格砌块。排列时应根据小型砌块规格、灰缝厚度和宽度、门窗洞口尺寸、过梁与圈梁的高度、芯柱或构造柱位置、预留洞大小、管线、开关、插座敷设部位等进行对孔、错缝搭接排列。

2. 砌块的准备与堆放

施工时所用的小型砌块的产品龄期不应小于 28 天。砌筑时应清除小型砌块表面污物和芯柱用小型砌块孔洞底部的毛边，剔除外观不合格的砌块。承重墙体严禁使用断裂小型砌块。小型砌块的强度等级必须符合设计要求，进场后应进行见证取样，抽检的数量为：每一生产厂家，每一万块小型砌块至少抽检一组。用于多层以上建筑基础和底层的小型砌块抽检数量不应少于 2 组。

砌块的堆放位置应在施工总平面图上周密安排，应尽量减少二次搬运，使场内运输路线最短，以便于砌筑时起吊。堆放场地应平整夯实，使砌块堆放平稳，并做好排水工作；砌块不宜直接堆放在地面上，应堆在草袋、煤渣垫层或其他垫层上，以免砌块底面玷污。砌块的规格、数量必须配套，不同类型分别堆放。堆置高度不宜超过 1.6m，堆垛上应有标志，垛间应留适当通道。

3. 施工机具准备

除应准备好砌块垂直、水平运输和吊装的机械外，还要准备安装砌块的专用夹具和有关工具。

(二) 砌块施工工艺

1. 砌块施工顺序

砌块的施工顺序一般按施工段依次进行，其次序为先外后内、先远后近、先下后上。砌块砌筑时应从转角处或定位砌块处开始的外墙同时砌筑，在相邻施工段之间留阶梯形斜槎。砌筑应满足错缝搭接、横平竖直、表面清洁的要求。

2. 砌块施工的要点

(1) 砌块砌筑时，在天气干燥炎热的情况下，可提前喷水润湿；对轻骨料混凝土砌块，可提前 2 天适当浇水湿润。砌块表面有浮水时，不得施工。

(2) 砌块砌筑应随铺随砌，砌体灰缝应横平竖直。水平灰缝须用座浆法满铺，砌块全部壁肋或多排孔砌块底面；竖向灰缝应采取平铺端面法，即将砌块端面朝上铺满砂浆再上墙挤紧，然后加浆插捣密实。饱满度水平灰缝不得低于 90%，竖向灰缝不得低于 80%。水平灰缝厚度和竖向灰缝宽度应为 10mm，不得小于 8mm，也不应大于 12mm。

(3) 砌块砌筑形式必须每皮顺砌，上下皮砌块应对孔，并且竖缝相互错开 1/2 砌块长。当因设计原因无法对孔时，可错孔砌筑，搭接长度不应小于 90mm，否则应水平灰缝中设置 $\phi 4$ 钢筋点焊网片，网片两端距该垂直缝各大于 400mm。

(4) 墙体转角处和纵横墙交接处应同时砌筑。墙体临时间断处应设在门窗洞口边并砌成斜槎，严禁留直槎。斜槎水平投影长度应大于等于斜槎高度，如图 3-29 所示。非承重隔墙不能与承重墙或柱同时砌筑时，应在连接处承重墙或柱的水平灰缝中预埋 $\phi 4$ 钢筋点焊网片 ($2\phi 6$ 钢筋) 做拉结筋，其间距沿墙或柱高不得大于 400mm，埋入墙内与伸出墙外的每边长度均不小于 600mm，如图 3-30 所示。

(5) 对设计规定或施工所需的孔洞、管道、沟槽和预埋件等，必须在砌筑时预埋或预留，不得在已砌筑的墙体打洞和凿槽。

(6) 墙体分段施工时的分段位置宜设置在伸缩缝、沉降缝、防震缝、构造柱或门窗洞口处。相邻施工段的砌筑高度不得超过一个楼层高度，也不宜大于 4m。每日砌筑高度宜控制在 1.4m 或一步脚手架高度范围内。

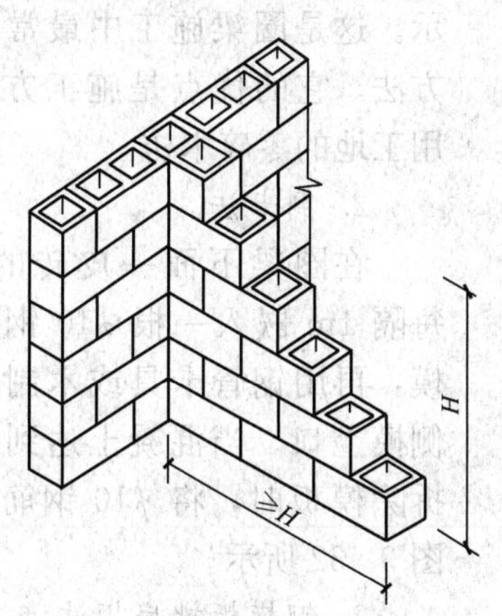

图 3-29 空心砌块墙斜槎

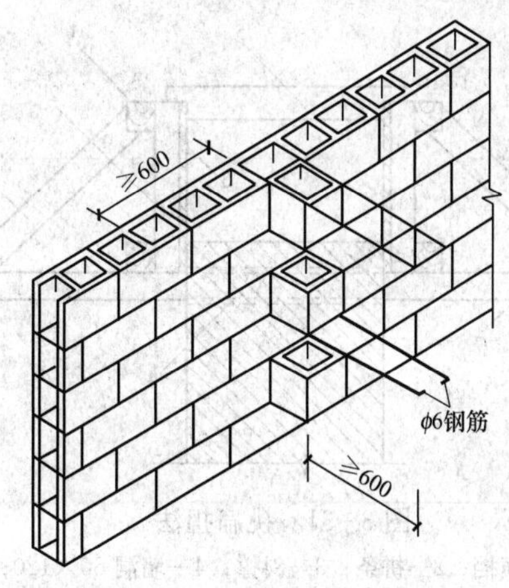

图 3-30 空心砌块墙直槎

第四节 配筋砌体工程施工

由于砌混结构房屋的墙体是由红砖或砌块砌筑而成的，屋盖及楼盖普遍采用预制楼板，所以砌混结构房屋的整体性较差，刚度大，不利于抗震。为了提高砌混结构房屋的整体性，提高其抗震能力，必须设置圈梁和构造柱。

一、圈梁

圈梁又称腰箍。主要作用是增强房屋的整体刚度。圈梁常设在基础顶面以及楼板、檐口和门窗过梁处。为节约材料，便于施工，应尽可能将圈梁与过梁合一，外墙及部分内墙上的圈梁必须交圈。圈梁一般采用钢筋混凝土制作，分现浇和预制两种。

（一）圈梁的设置

预制钢筋混凝土楼盖、屋盖、横墙承重时，应按表 3-4 的要求设置圈梁。纵墙承重时，应每层设置圈梁。

表 3-4　　预制钢筋混凝土楼（屋）盖设置圈梁要求

墙　类	抗　震　烈　度		
	6、7	8	9
外墙及内纵墙	屋盖处及隔层楼盖处	屋盖及每层楼盖处	屋盖及每层楼盖处
内横墙	同上；屋盖处间距不应大于 7m；楼盖处间距不应大于 15m；构造柱对应部位	同上；屋盖处沿所有横墙，且间距不应大于 7m；楼盖处间距不应大于 7m；构造柱对应部位	同上；各层所有横墙

（二）圈梁的施工

圈梁的施工应按照钢筋混凝土结构施工的一般要求进行。现对圈梁的支模方法介绍如下：

1. 挑扁担法

在圈梁底面下一皮砖处留一孔洞，在孔中穿入 50×100 木枋作扁担，再竖立两侧模板，

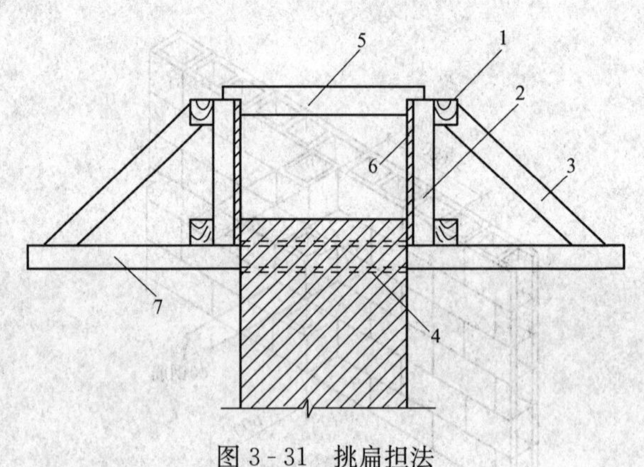

图 3-31　挑扁担法
1—横档；2—拼条；3—斜撑；4—墙洞 60×120；
5—临时撑头；6—侧模；7—扁担木 50×100

用夹条及斜撑支牢，如图 3-31 所示。这是圈梁施工中最常用的支模方法。它的优点是施工方便，可利用工地的零碎木枋。

2. 倒卡法

在圈梁下面一皮砖的灰缝中，每隔 1m 嵌入一根 $\phi10$ 钢筋支承侧模，再用钢管卡具或木制卡具卡于侧模上口。当混凝土达到一定强度拆除模板时，将 $\phi10$ 钢筋抽出，如图 3-32 所示。

3. 钢模板挑扁担法

挑扁担法常用钢模板，下口夹牢一皮砖以固定宽度，上口用马钉或卡具固定宽度。如图 3-33 所示。

二、构造柱

钢筋混凝土构造柱是从构造角度考虑设置的。结合建筑物的防震等级，在建筑物的四角，内外墙交接处，以及楼梯门、电梯间的四个角的位置设置构造柱。构造柱应与圈梁紧密连接，使建筑物形成一个空间骨架，从而提高砖混结构的整体刚度和稳定性，增强建筑物的抗震能力。

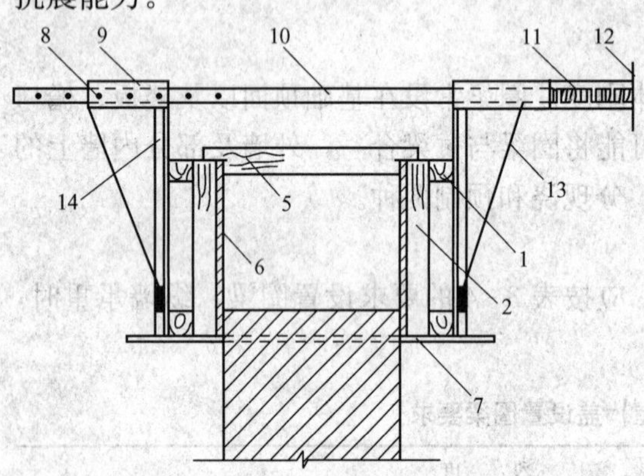

图 3-32　倒卡法
1、2、5、6—同图 3-31；7—$\phi10$ 钢筋；8—$\phi8$ 销钉；
9—$\phi25$ 钢管；10—$\phi22$ 钢筋；11—方牙丝杆及套管；
12—套管钢筋；13—$\phi10$ 钢筋；14—$\phi25\times3$ 角钢

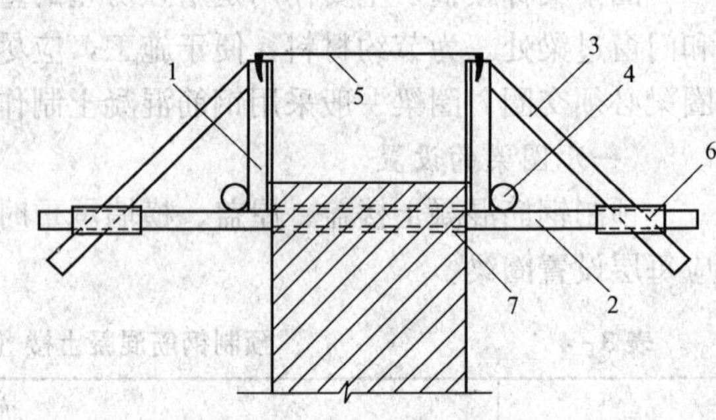

图 3-33　钢模板挑扁担法
1—钢模板；2—钢管；3—斜撑；4—钢管夹头；
5—马钉；6—扣件；7—墙洞

1. 构造柱的设置

砖混结构构造柱的设置应符合表 3-5 的要求。

构造柱应沿整个建筑物高度对正贯通，不应使层与层之间构造柱相互错位。突出屋顶的楼电梯间，构造柱应伸到顶部，并与顶部圈梁连接，内外墙交接处应沿墙高每隔 500mm 设 $2\phi6$ 拉结钢筋，且每边伸入墙内不应小于 1m。局部突出的屋顶间的顶部及底部均应设置圈梁。

表 3-5　　多层砖房构造柱设置

<table>
<tr><th colspan="4">房 屋 层 数</th><th colspan="2" rowspan="2">设 置 的 部 位</th></tr>
<tr><th>6度</th><th>7度</th><th>8度</th><th>9度</th></tr>
<tr><td>四、五</td><td>三、四</td><td>二、三</td><td></td><td rowspan="3">外墙四角，错层部位横墙与外纵墙交接处，较大洞口两侧，大房间内外墙交接处</td><td>7～8度时，楼、电梯间的四角</td></tr>
<tr><td>六、八</td><td>五、六</td><td>四</td><td>二</td><td>隔一开间（轴线）横墙与纵外墙交接处，山墙与内纵墙交接处
7～9度时，楼、电梯间的四角</td></tr>
<tr><td></td><td>七</td><td>五、六</td><td>三、四</td><td>内墙（轴线）与外墙交接处，内墙局部较小墙垛处
7～9度时，楼、电梯间的四角
8度时无洞口内横墙与内纵墙交接处
9度时内纵墙与横墙（轴线）交接处</td></tr>
</table>

2. 构造柱的构造措施

（1）多层黏土砖房屋设置构造柱最小截面可采用 240mm×180mm，纵向钢筋可采用 4ϕ12，箍筋采用 ϕ4～ϕ6，其间距不宜大于 250mm。当设防抗震烈度为 7 度时，多层砖房超过 6 层；8 度时多层砖房超过 5 层及 9 度时，构造柱的纵向钢筋宜采用 4ϕ14，箍筋间距不应大于 200mm，房屋四角的构造柱截面和钢筋可适当增大，如图 3-34 所示。

（2）构造柱必须与圈梁连接，在柱与圈梁相交的节点处应适当加密柱的箍筋，加密范围在圈梁上下均不应小于 450mm 或 1/6 层高；箍筋距离不宜大于 100mm。

（3）墙与构造柱连接处应砌成马牙槎，每一马牙槎高度不宜超过 300mm，混凝土小型空心砌块不应超过 200mm，且应沿高每 500mm 设置 2ϕ6 水平拉结钢筋，每边伸入墙内不宜小于 1m，如图 3-35 所示。

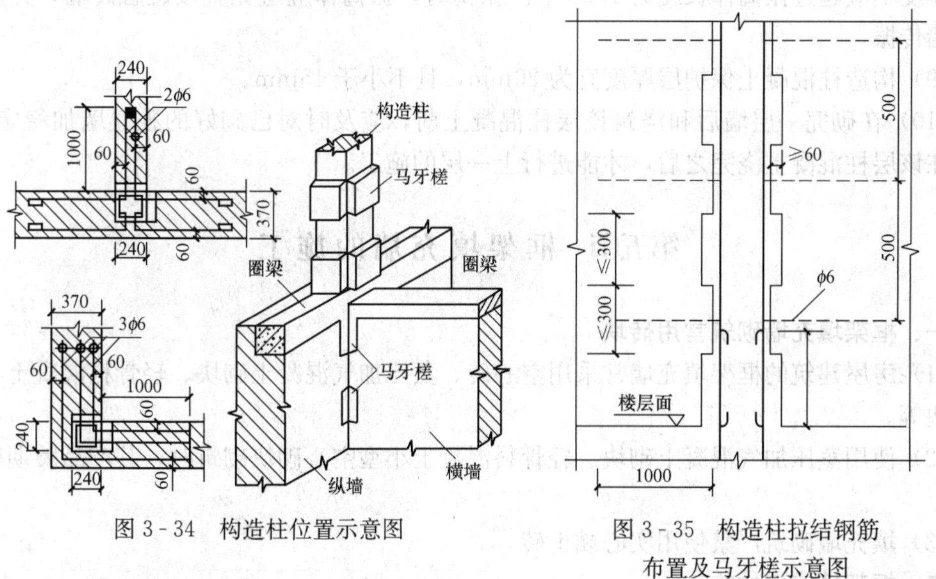

图 3-34　构造柱位置示意图

图 3-35　构造柱拉结钢筋布置及马牙槎示意图

（4）构造柱可不必单独设置柱基或扩大基础面积，构造柱应伸入室外地面标高下 500mm。

（5）构造柱的竖向钢筋应做成弯钩，接头可以采用绑扎，其搭接长度宜为 35 倍钢筋直径，在搭接接头长度范围内箍筋间距不应大于 100mm。

（6）对于底层框架砖房的第二层以上部分构造柱，除按上述原则执行外，构造柱纵向钢筋宜锚固在底层框架柱内，钢筋锚固长度不小于 35 倍钢筋直径。当构造柱钢筋（纵向）锚固在框架梁内时，除满足锚固长度外，还应对框架梁相应位置作适当加强。

（7）底层框架砖房设置构造柱的截面不宜小于 240mm×240mm，纵向钢筋不宜少于 4ϕ14。箍筋间距不宜大于 200mm。

（8）箍筋弯钩应为 135°，平直长度为 10 倍钢筋直径。

3. 构造柱的施工

（1）构造柱的施工程序为：绑扎钢筋、砌砖墙、支模、浇灌混凝土柱。

（2）构造柱钢筋规格、数量、位置必须正确，绑扎前必须进行除锈和调直处理。

（3）构造柱从基础到顶层必须垂直，对准轴线，在逐层安装模板前，必须根据柱轴线随时校正竖筋的位置和垂直度。

（4）构造柱的模板可用木模或钢模，在每层砖墙砌好后，立即支模。模板必须与所在墙的两侧严密贴紧，支撑牢靠，防止板缝漏浆。

（5）在浇筑构造柱混凝土前，必须将砖砌体和模板洒水湿润，并将模板内的落地灰、砖渣和其他杂物清除干净。

（6）构造柱的混凝土坍落度宜为 50～70mm，以保证浇捣密实，亦可根据施工条件、季节不同，在保证浇捣密实的条件下加以调整。

（7）构造柱的混凝土浇筑可分段进行，每段高度不宜大于 2m。在施工条件较好并能确保浇筑密实时，亦可每层一次浇筑完毕。

（8）浇捣构造柱混凝土时，宜用插入式振捣棒，分层捣实。振捣棒随振随拔，每次振捣层的厚度不应超过振捣棒长度的 1.25 倍。振捣时，振捣棒应避免直接碰触砖墙，并严禁通过砖墙传振。

（9）构造柱混凝土保护层厚度宜为 20mm，且不小于 15mm。

（10）在砌完一层墙后和浇筑该层柱混凝土前，应及时对已砌好的独立墙加稳定支撑，必须在该层柱混凝土浇完之后，才能进行上一层的施工。

第五节 框架填充墙的施工

一、框架填充墙砌筑常用砖块

（1）房屋建筑的框架填充墙常采用空心砖、蒸压加气混凝土砌块、轻骨料混凝土小型空心砌块等。

（2）使用蒸压加气混凝土砌块、轻骨料混凝土小型空心砌块砌筑时，其产品龄期应超过 28 天。

（3）填充墙砌筑严禁使用实心黏土砖。

二、框架填充墙的施工

（1）填充墙采用烧结多孔砖、烧结空心砖进行砌筑时，应提前 2 天浇水湿润。采用蒸压加气混凝土砌块砌筑时，应向砌筑面适量浇水。

（2）墙体的灰缝应横平竖直，厚薄均匀，并应填满砂浆，竖缝不得出现透明缝、瞎缝。

（3）多孔砖应采用一顺一丁或梅花丁的组砌形式。多孔砖的孔洞应垂直面受压，砌筑前应先进行试摆。

(4) 填充墙的拉结筋的设置：框架柱和梁施工完后，就应按设计砌筑内外墙体，墙体应与框架柱进行锚固，锚固拉结筋的规格、数量、间距、长度应符合设计要求。当设计无规定时，一般应在框架柱施工时预埋锚筋，锚筋的设置为沿柱高每 500mm 配置 2ϕ6 钢筋，伸入墙内长度，一二级框架宜沿墙全长设置，三四级框架不应小于墙长的 1/5，且不应小于 700mm，锚筋的位置必须准确。砌体施工时，将锚筋凿出并拉直砌在砌体的水平砌缝中，确保墙体与框架柱的连接。有的锚筋由于在框架柱内伸出的位置不准，施工中把锚筋打弯甚至扭转使之伸入墙身内，从而失去了锚筋的作用，会引起墙身与框架间出现裂缝。因此，当锚筋的位置不准时，将锚筋拉直用 C20 细石混凝土浇筑至与砌体模数吻合，一般厚度为 20～50mm。实际工程中，为了解决预埋锚筋位置容易错位的问题，往往采用在框架柱施工时，在规定留设锚筋位置处预留铁件或沿柱高设置 2ϕ6 预埋钢筋，当进行砌体施工前，按设计要求的锚筋间距将其凿出与锚筋焊接。当填充墙长度大于 5m 时，墙顶部与梁应有拉结措施，墙高度超过 4m 时，应在墙高中部设置与柱连接的通长的钢筋混凝土水平墙梁。

(5) 采用轻骨料混凝土小型空心砌块或蒸压加气混凝土砌块施工时，墙底部应先砌烧结普通砖或多孔砖，或现浇混凝土坎台等，其高度不宜小于 200mm。

(6) 卫生间、浴室等潮湿房间在砌体的底部应现浇捣宽度不少于 120mm、高度不小于 100mm 的混凝土导墙，待达到一定强度后再在上面砌筑墙体。

(7) 门窗洞口的侧壁也应用烧结普通砖镶框砌筑，并与砌块相互咬合。填充墙砌至接近梁底、板底时，应留一定空隙，待填充墙砌筑完毕并应至少间隔 7 天后采用烧结普通砖侧砌，并用砂浆填塞密实，以提高砌块砌体与框架间的拉结。

(8) 若设计为空心石膏板隔墙时，应先在柱和框架梁与地坪间加木框，木框与梁柱的联系可用膨胀螺栓等办法连接，然后在木框内加设木筋，木筋的间距应根据空心石膏板宽度而定。当空心石膏板的刚度及强度满足要求时，可直接安装。

框架本身在建筑中构成骨架，自成体系，在设计中只承受本层隔墙、板及活荷载所传给它的压力，故施工时不准许先砌墙，后浇筑框架梁，这样会使框架梁失去作用，并增加底层框架梁的应力，甚至发生事故。

三、质量要求

(1) 砖、砌块和砌筑砂浆的强度等级应符合设计要求。

(2) 填充墙砌体一般尺寸允许偏差应符合表 3-6 规定。

(3) 填充墙砌体的砂浆饱满度及检查方法应符合表 3-7 规定。

(4) 填充墙砌体的灰缝厚度和宽度应正确。空心砖、轻骨料混凝土小型砌块的砌体灰缝应为 8～12mm。蒸压加气混凝土砌块砌体的水平灰缝厚度及竖向灰缝宽度分别宜为 15mm 和 20mm。

表 3-6　填充墙砌体的一般尺寸允许偏差值表

项次	项目		允许偏差（mm）	检验方法
1	轴线位移		10	用尺检查
2	垂直度	小于或等于 3m	5	用 2m 靠尺或吊线、尺检查
		大于 3m	10	
3	表面平整度		8	用 2m 靠尺和楔形塞尺检查

续表

项次	项　目	允许偏差（mm）	检　验　方　法
4	门窗洞口高、宽（后塞口）	±5	用尺检查
5	外墙上、下窗口偏移	20	用经纬仪或吊线检查

表 3-7　填充墙砌体砂浆饱满度及检验方法

砌　体　分　类	灰　缝	饱满度及要求	检　验　方　法
空心砖砌体	水　平	≥80%	采用百格网检查块材底面砂浆的黏结痕迹面积
	垂　直	填满砂浆，不得有透明缝、瞎缝、假缝	
加气混凝土砌块和轻骨料混凝土砌块	水平、垂直	≥80%	

第六节　砌筑工程的安全技术

(1) 在操作之前必须检查操作环境是否符合安全要求，道路是否通畅，机具是否完好，安全设施和防护用品是否齐全，经检查符合要求后方可施工。

(2) 砌基础时，应检查和注意基坑土质的变化情况，堆砖应离槽（坑）边 1m 以上。

(3) 砌筑高度超过一定高度时，应搭设脚手架。脚手架必须牢固稳定，架上堆放材料不得超过规定荷载标准值，堆砖高度不得超过三皮侧砖，同一脚手板上的操作人员不得超过两人。按规定搭设安全网。

(4) 严禁在墙顶站立划线、勾缝、清扫墙面或做检查工作。不准用不稳定的工具或物体在脚手板上面垫高而继续作业。

(5) 砍砖时应面向内墙面，工作完毕应将脚手板和砖墙上的砖、灰浆清扫干净，防止掉落伤人。

(6) 已砌好的山墙，应用临时联系杆放置在各跨山墙上，或加设支撑，防止倒塌。

(7) 雨天或每日下班时，应做好防雨准备，以防雨水冲走砂浆，致使砌体倒塌。

(8) 垂直运输的机具（如吊笼、钢丝绳等），必须满足负荷要求。吊运时应随时检查，不得超载。对不符合规定的应及时采取措施。

(9) 起吊砌块的夹具要牢固，就位放稳后，方可松开夹具。

工　程　实　践　案　例

一、工程概况

某七层混合结构，建筑面积为 1513m^2，基础为钢筋混凝土条形基础，砖墙承重，基础墙及底层墙用 MU10 普通黏土砖，二层及二层以上用 MU10 多孔黏土砖，内隔墙为三孔砖；楼板为现浇钢筋混凝土楼板，板厚 120mm。

内墙做法为：起居室、卧室采用 15mm 厚 1∶1∶6 混合砂浆打底，刮仿瓷涂料；厨房、卫生间采用瓷砖贴面；外墙为 20mm 厚 1∶3 水泥砂浆打底、1∶2 水泥砂浆罩面、米黄色外墙涂料；楼地面为 40mm 厚细石混凝土，内配 ϕ4@200 双向钢筋；屋面采用红色亚光大波形瓦；木制实心门；白色塑钢窗户和阳台。该建筑的标准层平面图，如图 3-36 所示。

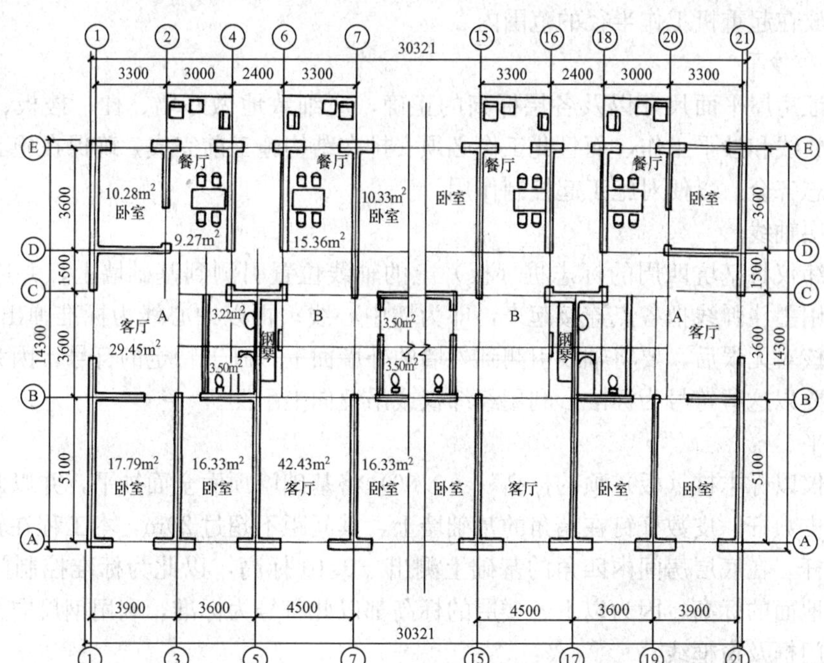

图 3-36 标准层平面图

二、主体结构施工方案

（一）垂直运输设备的布置

根据本工程的特点，垂直运输采用一台附着式塔式起重机和一台自升式龙门架。塔式起重机的工作效率取决于运输的高度、材料堆放的远近、场内布置的合理性、起重机司机技术的熟练程度和装卸工配合等因素。一般塔式起重机向三层楼运输，每小时可工作 10～13 吊次，因此应根据作业班的工作对数与他们的作业点，计算总的运输量，并确定塔吊的吊次。若超过一台塔式起重机一班制作业的能力，则可以另行安排预先赶运一些材料等（如砖、脚手架、过梁、门窗框等）。塔式起重机综合吊运时，通过采取以下措施可提高工作效率：

（1）充分利用塔式起重机的起重能力以减少吊次。如多构件一次吊运；采用大容量的砂浆料斗；采用集装式的砖笼吊运砖块等。

（2）避免二次搬运，减少总吊次。如预制构件组织随吊随运，脚手架做到一次即吊运到使用的位置上。

（3）合理紧凑地布置施工平面，减少起重机每次吊运的时间。如混凝土、砂浆搅拌站布置在拟建建筑物的适中位置，使起重机能直接吊到混凝土料斗、砂浆料斗；砖的堆放尽可能放在靠近拟建建筑物旁；构配件、半成品放在起重机的工作半径以内，而且靠近使用地点。

（4）合理安排施工顺序，保证起重机连续、均衡地施工。

（二）施工前的准备

1．材料、构配件、半成品的进场

基础施工阶段，由于有大量的土方和回填，因场地限制，主体结构施工阶段所需的材料及构配件、半成品进场，如砖、模板等，不能大量进场，所以在基础施工后期，按施工平面布置图的要求，利用起重机将主体施工所需的材料、构配件和半成品组织进场。此时，应注意将材料堆放在起重机工作半径的范围内。

2. 放线和抄平

为了保证房屋平面尺寸以及各层标高的正确，应细致地做好墙、柱、楼板、门窗等轴线、标高的放线和抄平工作，而且此工作必须安排在结构施工前完成，确保在施工到相应部位时测量标志齐全，以便对施工起控制作用。

（1）底层轴线。

利用经纬仪将基坑四周的标志桩（板）上的轴线位置引测到基础墙上，并应定出若干点，然后，用墨斗弹线把各点连接起来，即为墙中心线；再以中心线为标准弹出墙的边线。墙身轴线经核对无误后，要将轴线引测到外墙的外墙面上，画上特定的符号，因为以上各楼层的轴线都要以这些符号为标准，利用经纬仪或吊锤向上引测。

（2）抄平。

用水准仪以标志桩（板）顶的标高（±0.00）将基础墙顶面全面抄平，并以此为标准立一层墙身的皮数杆。皮数杆钉在墙角的基础墙上，其间距不超过20m，本工程在轴线交叉均应设置皮数杆。在底层房间内四角的基础上测出－0.10 标高，以此为标准控制门窗洞口的高度和室内地面的标高，因为以上各楼层的标高都以此符号为标准，利用钢尺向上引测。

（3）画门框及窗框线。

根据弹好的轴线和设计图纸上门框的位置尺寸，弹出门框并画上符号。当墙体高度将要砌至窗台底时，按窗洞口尺寸在墙面上画出窗框的位置，其符号与门框相同。门、窗洞口标高已画在皮数杆上，可用皮数杆来控制。

3. 摆砖样

在基础墙上（或窗台面上），根据墙身长度和组砌形式，先用砖块试摆，使墙体每一皮砖块排列和灰缝宽度均匀，并尽可能的少砍砖。摆砖样对墙身质量、美观、砌筑效率、节省材料都有很大影响，拟组织有经验的工人进行。

（三）施工层的划分

砌筑可以达到的高度与人的身高有关，而通常为从脚底以下 0.2m 处砌至 1.2～1.6m 高，超过这个范围对砌筑质量和作业效率都会产生很大影响。因此，需要搭设脚手架，在脚手架上再继续向上砌筑。

施工层的高度还与天气、砂浆强度等级及砖的含水量等有关，雨天或采用低标号砂浆或砖的含水量过大时，则相应减少施工层的高度，避免水平灰缝中砂浆受压流淌，使砌体发生歪斜变形。本工程层高 2.8m，扣除楼板及圈梁高度，砌体高度为 2.4m，故分为两个施工层砌筑，每层 1.2m。砌筑时砖的含水量控制在 5%～8%，以保证砌筑质量。

本工程主体结构标准层砌筑施工顺序安排如下：

放线→砌筑施工层墙→搭设脚手架（里脚手架）→砌筑第二施工层墙→楼板与圈梁模板的支设→楼板与圈梁钢筋绑扎→楼板与圈梁混凝土浇筑。

三、施工步骤

（一）砌筑墙体

砌墙先从墙角开始，墙角的砌筑质量对整个房屋的砌筑质量影响很大。

砖墙砌筑时，从结构整体性来看最好是内外墙同时砌筑，这样施工可使内外墙连接牢固，也有利于砂浆的均匀压缩沉实，避免砌体产生裂缝。本工程施工时，由于后期装修工程所需的材料，主要靠龙门架运输，考虑运输需要，应在各单元的横隔墙上留设施工洞口，洞口高度 1.5m，宽度 1.2m，并在洞口上方放置钢筋混凝土过梁，洞口两侧沿高每 500mm 设 2ϕ6 拉结钢筋，伸入墙内不小于 500mm，端部应设有 90°的弯钩。

（二）脚手架的搭设

脚手架采用外脚手架和里脚手架两种。外脚手架从地面向上搭设，随墙体的不断砌高而逐步搭设，在砌筑施工时它既作为砌筑墙体的辅助作业平台，又起到安全防护作用。外脚手架主要用于在后期室外装修施工。外脚手架的立杆、横杆、斜撑等均采用 ϕ48/3.5 钢管，连接点用扣件连接。里脚手架搭设在楼面上，砌完一个楼层的砖墙后，搬到上一个楼层。本工程采用门架式里脚手架。

复 习 思 考 题

1. 脚手架的作用和要求是什么？
2. 脚手架如何进行分类？
3. 对脚手架有哪些基本要求？
4. 脚手眼留置有哪些规定？
5. 常用外脚手架有哪些？
6. 钢管扣件式脚手架的主要构件有哪些？
7. 简述碗扣式钢管脚手架搭设要点。
8. 简述安全网的要求和挂设方法。
9. 脚手架的使用有哪些安全技术要求？
10. 砖砌体施工前应进行哪些准备工作？
11. 砖为什么要提前进行浇水湿润？湿润的标准是什么？
12. 皮数杆的作用是什么？怎样安放皮数杆？
13. 砖砌体的施工工艺是什么？有哪些技术要求？
14. 砖砌体质量要求的内容是什么？如何保证这些质量要求？
15. 框架填充墙的施工技术要求有哪些？
16. 小型砌块的规格有哪些？其施工工艺有何要求？
17. 砌筑工程的安全技术要求有哪些？

第四章 钢筋混凝土结构工程

本章提要：本章内容主要包括模板工程、钢筋工程和混凝土工程。在模板工程中，主要介绍了模板的构造、安装及拆除，重点阐述现浇结构中常用模板的构造特点，模板设计等。在钢筋工程中主要介绍了钢筋种类、性能、加工、连接、安装方法和质量要求，重点阐述钢筋的进场验收检查，钢筋连接、配料、加工安装及代换方法。在混凝土工程中，全面介绍了混凝土的原材料、制备、运输、浇筑、养护、质量检查等。

学习要求：

(1) 掌握混凝土结构工程的特点及施工过程、钢筋与混凝土共同工作的原理。

(2) 了解模板的构造要求、受力特点，掌握模板设计、安装、拆除的要求。

(3) 了解钢筋的种类、性能及进场验收检查，掌握钢筋连接方法及配料、代换的计算方法。

(4) 掌握混凝土运输、浇筑、养护、质量检查评定方法。

钢筋混凝土是由钢筋和混凝土两种材料结合成一体的结构材料。混凝土主要是由水泥、砂、石和外加剂按照一定的用量比例搅拌成均匀的拌和物。混凝土浇筑成型后是一种很好的人工石材，它和天然石料一样，具有很高的抗压强度，但其受拉性能极差，限制了它的使用范围。钢筋是一种强度很高的结构材料，作为抗压使用时，由于受到截面尺寸和形状的影响，会产生压曲效应（材料受压时，未达到破坏强度而发生弯曲，失去稳定，不能承受压力的现象），不能充分发挥其强度作用。为了充分发挥两种材料各自的优势，将两种材料结合起来使用，即在构件的受压部分用混凝土，在构件受拉部分放置钢筋，利用钢筋抗拉强度高的特点，让其承担构件工作时所受的拉力。钢筋和混凝土性质虽然不同，但能共同工作，主要具备以下三个条件：

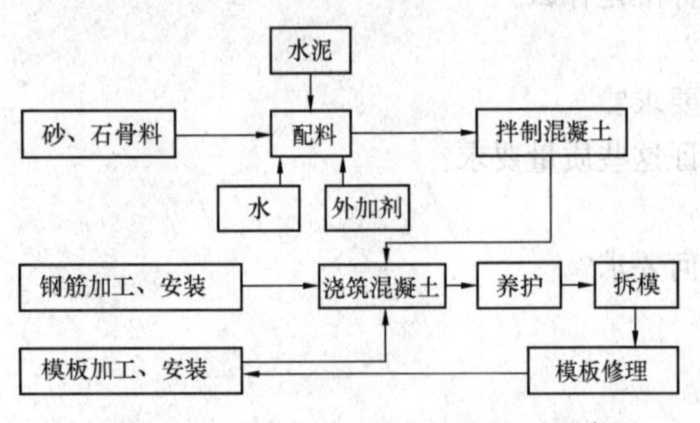

图 4-1　钢筋混凝土结构工程施工程序图

(1) 钢筋和混凝土两种材料之间存在着较强的黏结力。当混凝土硬化后，领先黏结力将钢筋紧紧地握裹在混凝土中，以至在外力作用下结构发生破坏，也不会出现分离。

(2) 混凝土在硬化过程中产生收缩，体积缩小，混凝土将钢筋压紧，钢筋与混凝土之间产生的摩阻力，防止钢筋滑动。施工时，在钢筋端部加弯钩和采用螺纹钢筋，增强了钢筋与混凝土之间黏结力。

(3) 钢筋与混凝土有相近的温度线性膨胀系数。钢筋的温度线性膨胀系数为 0.000012，混凝土的温度线性膨胀系数为 0.00001～0.000014。这样，当外界温度变化产生热胀冷缩时，不会因两种材料胀缩不一样而产生温度应力而破坏黏结力。

钢筋混凝土结构工程按施工方法分为现浇钢筋混凝土结构工程和装配式钢筋混凝土结构工程，本章重点介绍现浇钢筋混凝土结构工程的施工。现浇钢筋混凝土结构工程包括钢筋工程、模板工程和混凝土工程，其施工工艺流程如图 4-1 所示。由于施工过程多，所以在施工前要做好充分准备，在施工中应合理组织，各工种之间应密切配合。否则，将会影响施工进度和质量。

第一节 模 板 工 程

模板工程的施工工艺包括：模板的选材、选型、设计、制作、安装、拆除和周转等过程。模板工程是钢筋混凝土工程的重要组成部分，特别是在现浇钢筋混凝土结构施工中占主导地位，决定施工方法和施工机械的选择，直接影响工期和造价。一般情况下，模板工程费用占结构工程费用的30%左右，劳动量占50%左右，工期约为总工期的1/2。

一、模板的作用、组成及基本要求

由水泥、石子、砂子、水及外加剂经过搅拌机搅拌出的混凝土具有一定的流动性，需要灌注在与构件形状尺寸相同的模型内，经过凝结硬化，才能成为需要的结构构件。模板就是使钢筋混凝土结构或构件成型的模型。

钢筋混凝土结构或构件的模板由模板及支撑系统两部分组成。

模板的形状和尺寸要与结构构件相同，并应具有一定的强度和刚度，以保证在混凝土自重、施工荷载及混凝土侧压力的作用下，不破坏，不变形。

支撑系统是保证模板形状、尺寸及其空间位置正确的支撑体系。根据不同的结构构件及其空间位置来选择和设计不同的支撑系统。支撑系统既要保证模板的空间位置的准确性，又要承受模板、钢筋、混凝土的自重及施工荷载。所以要求支撑系统具有足够的强度、刚度和稳定性，在上述荷载作用下不沉陷，不变形，不破坏。

因此，在现浇钢筋混凝土结构施工中，对模板和支撑系统的基本要求是：

(1) 要保证结构和构件各部分的形状、尺寸及相互位置的正确性；

(2) 具有足够的强度、刚度和稳定性；

(3) 构造简单，装拆方便，能多次周转使用；

(4) 接缝严密，不得漏浆。

二、模板的分类

(1) 模板按其所用的材料不同，可分为木模板、钢模板、钢木模板、胶合板模板、塑料模板、玻璃钢模板等。目前，钢模板应用广泛，如图4-2所示。

(2) 模板按其装拆方法不同，可分为固定式、移动式和永久式。固定式是指一般常用的模板和支撑安装完毕后位置不变动，待所浇筑的混凝土达到规定的强度标准值后，方可拆除。移动式是指模板和支撑安装完毕后，随混凝土浇筑而移动，直到混凝土结构全部浇筑结束才一次拆除，如滑升模板、隧道模板。永久式是指模板在混凝土浇筑以后与结构连成整体，不再拆除，常用的如叠合板。

(3) 模板按规格形式不同，可分为定型模板（如小钢模板）和非定型模板（如木模板等散装模板）。

(4) 按结构类型可分为基础模板、柱模板、墙模板、梁和楼板模板、楼梯模板等。

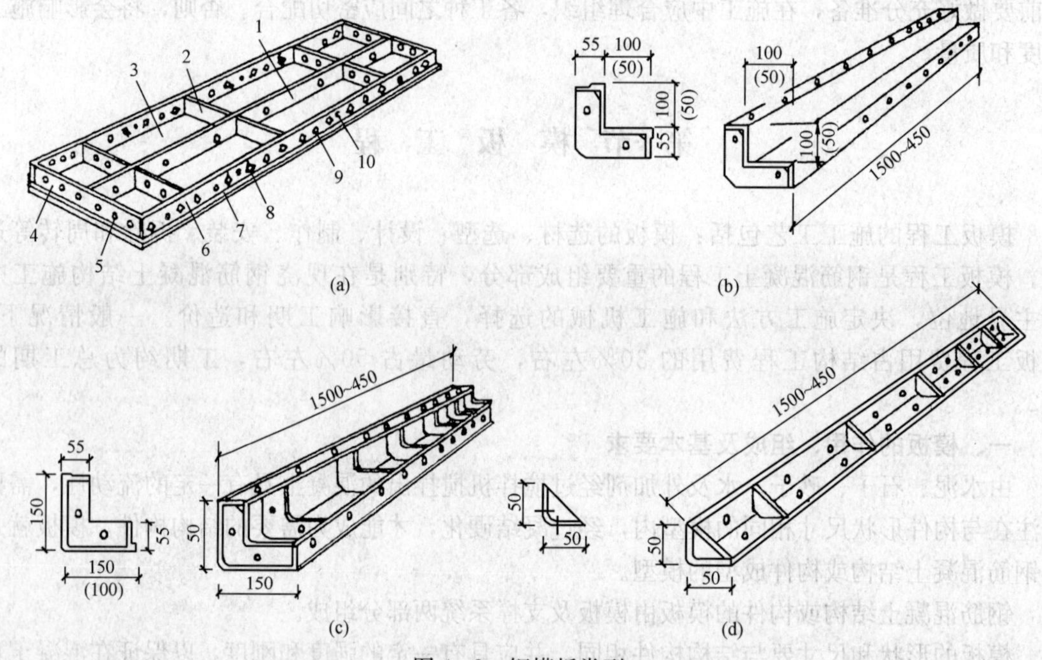

图 4-2　钢模板类型

(a) 平板模板；(b) 阳角模板；(c) 阴角模板；(d) 连接角模

1—中纵肋；2—中横肋；3—面板；4—横肋；5—插销孔；6—纵肋；7—凸棱；8—凸鼓；9—U 形卡孔；10—钉子孔

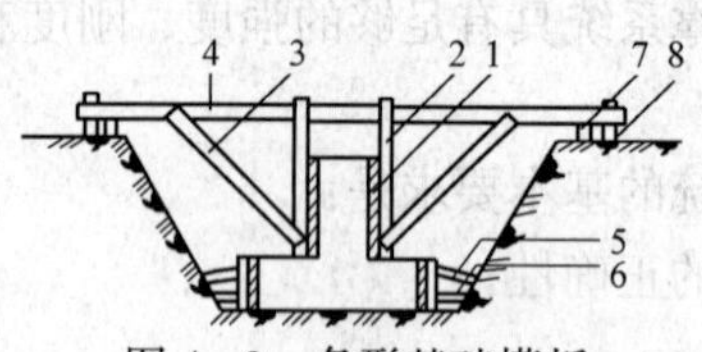

图 4-3　条形基础模板

1—上阶侧板；2—上阶吊木；3—上阶斜撑；4—轿杠；5—下阶斜撑；6—水平撑；7—垫板；8—木桩

三、现浇结构中常用模板的构造与安装

1. 基础模板

基础的特点是高度较小而体积较大，基础模板一般利用地基或基槽（基坑）进行支撑。安装阶梯形基础模板时，要保证上下模板不发生相对位移。如土质良好，基础也可进行原槽浇筑混凝土。基础支模方法和构造如图 4-3、图 4-4 所示。

2. 柱模板

柱子的断面尺寸不大但比较高。因此，柱模板的构造和安装主要考虑保证垂直度及抵抗新浇混凝土的侧压力，与此同时，也要便于浇筑混凝土、清理垃圾与钢筋绑扎等。如图 4-5 所示为矩形柱模板，由平面模板和柱箍组成，柱箍除使平面模板保持柱的形状外，还要承受由模板传来的新浇混凝土的侧压力，因此柱箍的间距取决于侧压力的大小及模板的刚度。柱模板顶部开有与梁模板连接的缺口，底部开有清理孔，高度超过 3m 时应沿高度方向每隔 2m 左右开设混凝土灌筑口，以防混凝土浇筑时发生分层离析。安装时应校正其相邻两个侧面的垂直度，检查无误

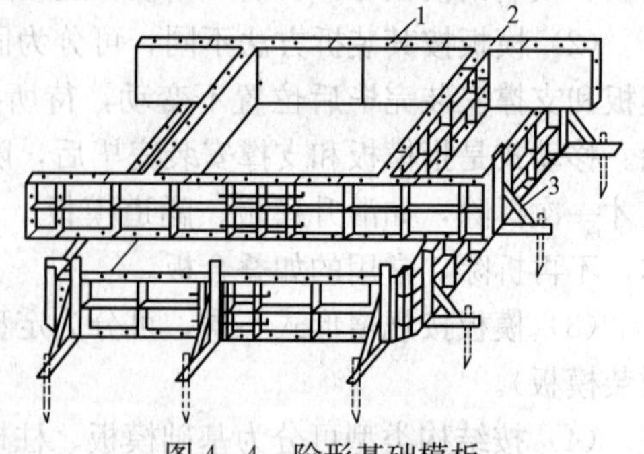

图 4-4　阶形基础模板

1—扁钢连接件；2—T 形连接件；3—角钢三角撑

后，即用斜撑钉牢固定。

3. 梁模板

梁的跨度较大而宽度不大。梁底一般是架空的，混凝土对梁侧模板有水平侧压力，对梁底模板有垂直压力，因此梁模板及支架必须能承受这些荷载而不致发生超过规范允许的过大变形。

梁模板主要由底模、侧模、夹木及其支架系统组成，如图 4-6 所示。为承受垂直荷载，在梁底模板下每隔一定间距（800～1200mm）用顶撑顶住。顶撑可以用圆木、方木或钢管制成。顶撑底要加垫一对木楔块以调整标高。为使顶撑传下来的集中荷载均匀地传给地面，在顶撑底加铺垫板。多层建筑施工中，应使上、下层的顶撑在同一条竖向直线上。侧模板用长板条加拼条制成，为承受混凝土的侧压力，底部用夹木固定，上部由斜撑和水平拉条固定。

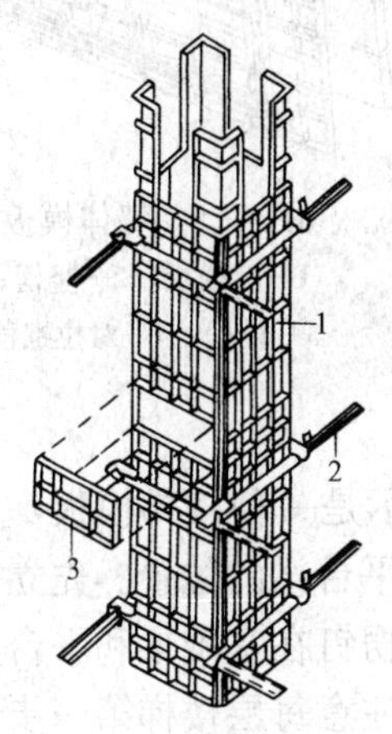

图 4-5　柱模板

1—平面钢模板；2—柱箍；3—浇筑孔盖板

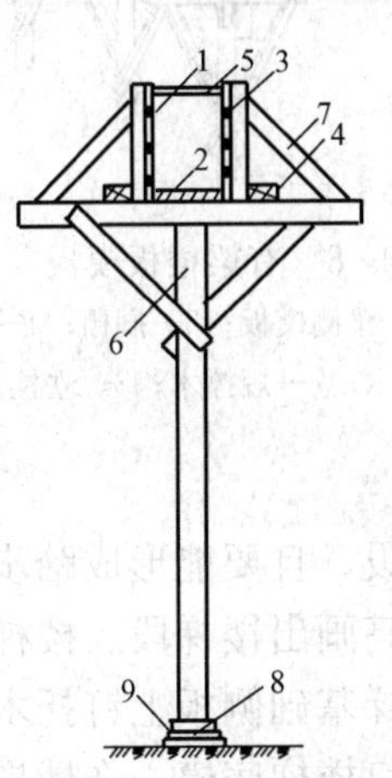

图 4-6　单梁模板

1—侧模板；2—底模板；3—侧模拼条；4—夹木；5—水平拉条；6—顶撑；7—斜撑；8—木楔；9—木垫板

单梁的侧模板一般拆除的较早，因此，侧模板包在底模板的外面。柱的模板与梁的侧模板一样，可较早拆除，梁的模板也不应伸到柱模板的开口内，如图 4-7 所示。同样次梁模板也不应伸到主梁侧板的开口内。

当梁跨度等于或大于 4m 时，模板应起拱，如设计无要求时，钢模的起拱高度为全跨长度的（1～2）/1000，木模的起拱高度为（2～3）/1000。

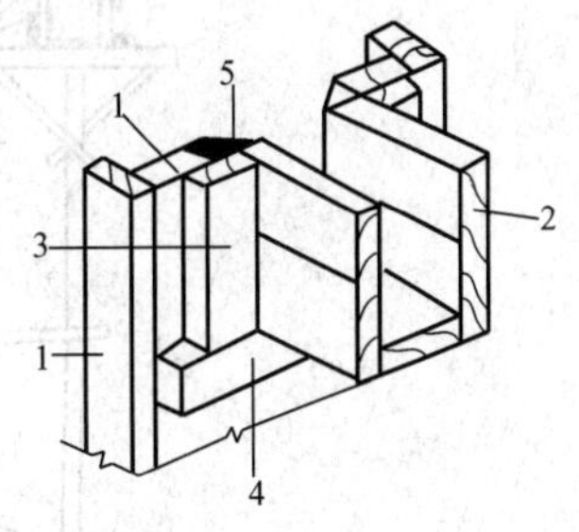

图 4-7　梁模板连接

1—柱侧板；2—梁侧板；3、4—衬口档；5—斜口小木条

4. 楼板模板

楼板的特点是面积大而厚度一般不大，因此横向侧压力很小，楼板模板及支撑系统主要是承受混凝土的垂直荷载和施工荷载，保证模板不变形下垂。楼板模板是由底模和横楞组成，横楞下方由支柱承担上部荷载。如图 4-8 所示。

梁与楼板支模，一般先支梁模板后支楼板的横楞，再依次支设下面的横杠和支柱。在楼板与梁的连接处靠托木支撑，经立档传至梁下支柱。楼板底模板铺在横楞上。

5. 墙体模板

墙体具有高度大而厚度小的特点，其模板主要承受混凝土的侧压力，因此，必须加强面板刚度并设置足够的支撑以确保模板不变形和不发生位移，如图 4-9 所示。

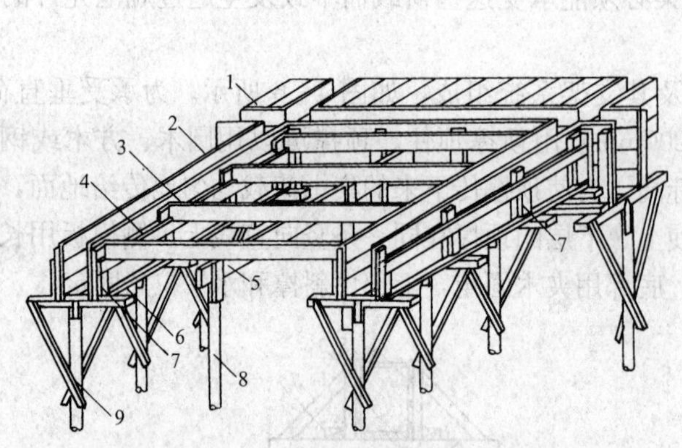

图 4-8 有梁楼板模板

1—楼板模板；2—梁侧模板；3—搁栅；4—横档支撑；5—杠木；6—夹木；7—短撑木；8—立柱；9—顶撑

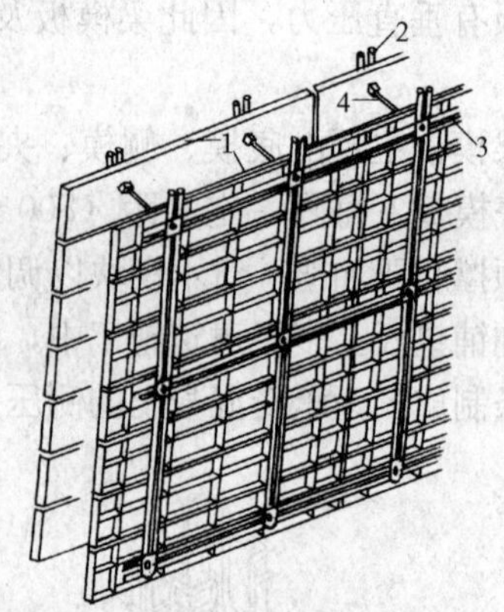

图 4-9 墙体模板

1—墙模板；2—竖楞；3—横楞；4—对拉螺栓

6. 楼梯模板

楼梯模板要倾斜支设，且要能形成踏步。如图 4-10 所示是一种楼梯模板，安装时，在楼梯间的墙上按设计标高画出楼梯段、楼梯踏步及平台板、平台梁的位置。先立平台梁、平台板的模板，然后在楼梯基础侧板上钉托木，楼梯模板的斜楞钉在基础梁和平台梁侧板外的托木上。在斜楞上面铺钉楼梯底模。在楼梯段模板放线时要注意每层楼梯第一步和最后一个踏步的高度，常因疏忽了楼地面面层的厚度不同，造成踏步高低不同的现象而影响使用。

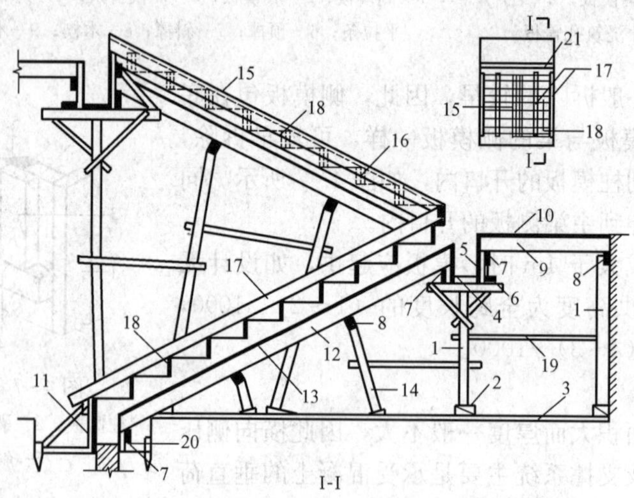

图 4-10 楼梯模板

1—支柱；2—木楔；3—垫板；4—平台梁底板；5—梁侧板；6—夹板；7—托木；8—杠木；9—木楞；10—平台底板；11—梯基侧板；12—斜木楞；13—楼梯底板；14—斜向顶撑；15—边板；16—横档板；17—反三角板；18—踏步侧板；19—拉杆；20—木桩；21—平台梁模

四、模板安装与拆除要求

1. 模板的安装质量要求

模板及其支承结构的材料和质量，应符合规范规定和设计要求。模板安装时，为了便于模板的周转和拆卸，梁的侧模板应在底模的外面，次梁的模板不应伸到主梁模板开口的里面。模板安装好后应卡紧撑牢，不得发生不允许的下沉与变形。

2. 模板的拆除要求

混凝土成型后，经过一段时间养护，当强度达到一定要求时，即可拆除模板。模板的拆除日期，取决于混凝土硬化的快慢、各个模板的用途、结构的性质、混凝土硬化时的气温。及时拆模，可提高模板的周转率，加快工程进度。如过早拆摸，混凝土会因为未达到一定强度而不能担负本身重力或受外力而变形，甚至断裂，造成重大的质量事故。现浇结构的模板及支架的拆除，如设计无要求时，应符合下列规定：

（1）侧模。应在混凝土强度能保证其表面及棱角不因拆模板而受损坏时，方可拆除。

（2）底模。应在与结构同条件养护的试块达到表 4-1 的规定强度时，方可拆除。

表 4-1　　现浇结构拆模时所需混凝土强度

结构类型	结构跨度（m）	按设计混凝土强度标准值的百分率计（%）
板	≤2	50
	>2，≤8	75
	>8	100
梁、拱、壳	≤8	75
	>8	100
悬臂构件	≤2	75
	>2	100

注　设计混凝土强度标准值系指相应的混凝土立方体抗压强度标准值。

（3）快速施工的高层建筑的梁和楼板模板。如 3～5d 完成一层结构，其底模及支柱拆除时，应对所用混凝土的强度发展情况进行核算，确保下层楼板及梁能安全承载，方可拆除。

3. 拆模顺序

拆模应按一定的顺序进行。一般应遵循先支后拆、后支先拆，先非承重部位、后承重部位以及自上而下的原则。重大复杂模板的拆除，事前应制订拆除方案。

（1）柱模。单块组拼的应先拆除钢楞、柱箍和对拉螺栓等连接、支撑件，再由上而下逐步拆除；预组拼的则应先拆除两个对角的卡件，并作临时支撑后，再拆除另两个对角的卡件，待吊钩挂好，拆除临时支撑，方能脱模起吊。

（2）墙模。单块组拼的在拆除对拉螺栓、大小钢楞和连接件后，自上而下逐步水平拆除；预组拼的应在挂好吊钩，检查所有连接件是否拆除后，方能拆除临时支撑，脱模起吊。

（3）梁、楼板模板。应先拆梁侧模，再拆楼板底模，最后拆除梁底模；拆除跨度较大的梁下支柱时，应先从跨中开始分别拆向两端。多层楼板模板支柱的拆除，应按下列要求进行：上层楼板正在浇筑混凝土时，下一层楼板的模板支柱不得拆除，再下一层楼板模板的支柱，仅可拆除一部分；跨度 4m 及 4m 以下的梁下均应保留支柱，其间距不得大于 3m。

4. 拆模注意事项

(1) 拆模时，操作人员应站在安全处，以免发生安全事故。

(2) 拆模时应尽量不要用力过猛、过急，严禁用大锤和撬棍硬砸、硬撬，以避免混凝土表面或模板受到损坏。

(3) 拆下的模板及配件，严禁抛扔，要有人接应传递，按指定地点堆放；并做到及时清理、维修和涂刷好隔离剂，以备待用。在拆除模板过程中，如发现混凝土有影响结构安全的质量问题时，应暂停拆除，经过处理后，方可继续拆除。

五、模板设计

定型模板和常用的模板拼板，在其适用范围内一般不须进行设计或验算。但对于一些特殊结构、新型体系的模板，或超出适用范围的模板则应进行设计和验算。

模板系统的设计，包括选型、选材、荷载计算、结构计算、拟订制作安装和拆除方案及绘制模板图等。模板及其支架的设计应根据工程结构形式、荷载大小、地基土类别、施工设备和材料供应等条件进行。

(一) 模板设计原则与步骤

1. 设计的主要原则

(1) 要保证构件的形状尺寸及相互位置的正确。

(2) 要使模板有足够的强度、刚度和稳定性，能够承受新浇混凝土的重量和侧压力，以及各种施工载荷，变形不大于 2mm。

(3) 力求构造简单、装拆方便，不妨碍钢筋绑扎，保证混凝土浇筑时不漏浆。

(4) 配制模板应优先选用通用的、大块的模板，使其种类和块数及木模镶拼量最少。

(5) 模板长向拼接宜采用错开布置，以增加模板的整体刚度；当拼接集中布置时，应使每块模板有两处钢楞支承。

(6) 内钢楞应垂直模板长度方向布置，直接承受模板传来的荷载；外钢楞应与内钢楞互相垂直，用来承受内钢楞传来的荷载或用以加强模板结构的整体刚度和调整平直度，其规格不得小于内钢楞。

(7) 对拉螺栓和扣件应根据计算配置，并应采取措施减少钢模板上的钻孔。

(8) 支承柱应有足够的强度和稳定性，一般节间长细比宜小于 110，安全系数 $K>3$；支撑系统对于连续形式或排架形式的支承柱，应配置水平支撑和剪刀撑，以保证其稳定性。

2. 设计步骤

(1) 根据施工组织设计对施工区段的划分、施工工期和流水作业的安排，应先明确需要配制模板的层段数量。

(2) 根据工程情况和现场施工条件决定模板的组装方法，如现场是散装散拆，还是预拼装；支撑方法是采用钢楞支撑，还是采用桁架支撑等。

(3) 根据已确定配模的层段数量，按照施工图纸中梁、柱、墙、板等构件尺寸，进行模板组配设计。

(4) 进行夹箍和支撑件等的设计计算和选配工作。

(5) 明确支撑系统的布置、连接和固定方法。

(6) 确定预埋件的固定方法、管线埋设方法以及特殊部位（如预留孔洞）的处理方法。

(7) 根据所需钢模板、连接件、支撑及架设工具等列出统计表，以便于备料。

(二) 模板的选材、选型

模板材料从土模、砖模、木模、钢模等单一材质向钢木组合模、钢竹胶合板组合模、新型玻璃钢模等复合材料逐步发展。应根据各地的特点和工程具体情况，因地制宜地选择模板材料。现阶段我国木材资源紧缺、竹材资源十分丰富，以竹代钢、以竹代木是模板材料的发展趋势，应大力提倡采用竹胶板模板、钢框竹胶合板模板、人造板模板等。

模板型式主要根据混凝土结构的特点和施工方法选择。如对高层或多层建筑现浇楼板，宜采用大幅面的胶合板或纤维板；对墙、柱宜选用钢框胶合板为面板的工具式模板；对井字梁和密肋楼盖选用塑料模板或永久性砂浆模板可加快施工进度、减少工程费用等。

(三) 荷载及荷载组合

在设计和验算模板、支架时应考虑下列荷载：

1. 模板及支架自重标准值

根据模板设计图纸确定模板及其支架的自重标准值，肋形楼板及无梁楼板的荷载可按表4-2采用。

表4-2 楼板模板自重参考表 kN/m²

项次	模板构件名称	木模板	定型组合钢模板
1	平板的模板及小楞的自重	0.3	0.5
2	楼板模板的自重（其中包括梁的模板）	0.5	0.75
3	楼板模板及其支架的自重（楼层高度为4m以下）	0.75	1.1

2. 新浇筑混凝土自重标准值

对普通混凝土可采用$24kN/m^2$，对其他混凝土可根据实际重力密度确定。

3. 钢筋自重标准值

应根据设计图纸确定。对一般梁板结构，每立方米钢筋混凝土的钢筋自重可按楼板1.1kN、梁1.5kN取用。

4. 施工人员及设备荷载标准值

(1) 计算模板及直接支承模板的小楞时，对均布荷载取为$2.5kN/m^2$，另应以集中荷载2.5kN再进行验算，比较两者所得的弯矩值，取其大者采用。

(2) 计算直接支承小楞结构构件时，均布活荷载取$1.5kN/m^2$。

(3) 计算支架立柱及其他支承结构构件时，均布活荷载为$1.0kN/m^2$。

对大型浇筑设备，如上料平台、混凝土输送泵等，按实际情况计算；混凝土堆集料高度超过100mm以上者，按实际高度计算；模板单块宽度小于150mm时，集中荷载可分布在相邻的两块板上。

5. 振捣混凝土时产生的荷载标准值

对水平面模板为$2kN/m^2$；对垂直面模板为$4kN/m^2$（作用范围在新浇混凝土侧压力的有效压头高度之内）。

6. 新浇混凝土对模板侧面的压力标准值

影响新浇混凝土对模板侧压力的因素很多，如水泥品种与用量、骨料种类、水灰比、外加剂等混凝土原材料和混凝土浇筑时温度、浇筑速度、振捣方法等外界施工条件及模板情况、构件厚度、钢筋用量及排放位置等，这些都是影响混凝土对模板侧压力的因素。其中混凝土的容积密度、浇筑时混凝土的温度、坍落度、外加剂、浇筑速度以及振捣方法等影响较大，是计算混凝土侧压力的控制因素。

当采用内部振捣器时，新浇筑混凝土作用于模板的最大侧压力，可按下列两式计算，并取两式中的较小值作为侧压力的较大值。

$$F = 0.22\gamma_c t_0 \beta_1 \beta_2 V^{1/2} \tag{4-1}$$

$$F = \gamma_c H \tag{4-2}$$

式中 F——新浇筑混凝土对模板的最大侧压力，kN/m²。

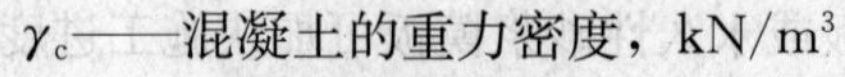

γ_c——混凝土的重力密度，kN/m³。

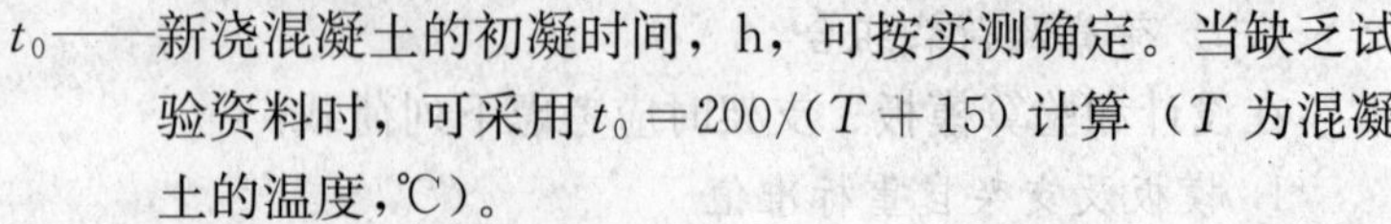

t_0——新浇混凝土的初凝时间，h，可按实测确定。当缺乏试验资料时，可采用 $t_0 = 200/(T+15)$ 计算（T 为混凝土的温度，℃）。

V——混凝土的浇筑速度，m/h。

H——混凝土侧压力计算位置处至新浇筑混凝土顶面的总高度，m。

β_1——外加剂影响修正系数。不掺外加剂时取 1.0，掺具有缓凝作用的外加剂时取 1.2。

β_2——混凝土坍落度影响修正系数，当坍落度小于 30mm 时取 0.85，50～90mm 时取 1.0，110～150mm 时取 1.15。

图 4-11 混凝土侧压力计算分布图

混凝土侧压力的计算分布图形，如图 4-11 所示。图中 h 为有效压头高度（m），可按 $h = \frac{24}{F}$ 计算。

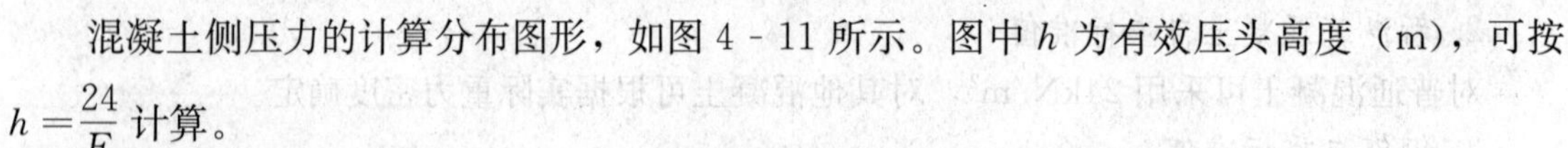

7. 倾倒混凝土时产生的水平荷载标准值

倾倒混凝土时对垂直面板产生的水平载荷按表 4-3 采用。

表 4-3 **倾倒混凝土时产生的水平荷载**

项次	向模板中供料方法	水平荷载（kN/m²）
1	用溜槽、串筒或导管输出	2
2	用容量 0.2m³ 以及小于 0.2m³ 的运输器具倾倒	2
3	用容量在 0.2～0.8m³ 范围内的运输器具倾倒	4
4	用容量大于 0.8m³ 的运输器具倾倒	6

8. 风荷载标准值

对风压较大地区及受风荷载作用易倾倒的模板，尚需考虑风荷载作用下的抗倾倒稳定性。风荷载标准值按 GB 50009—2001《建筑结构荷载规范》的规定采用，其中基本风压除按不同地形调整外，可乘以 0.8 的临时结构调整系数。即风荷载标准值为

$$w_k = 0.8\beta_z \mu_s \mu_z w_0 \tag{4-3}$$

式中 w_k——风荷载标准值，kN/m²；

β_z——高度 z 处的风振系数；

μ_s——风荷载体型系数；

μ_z——风压高度变化系数；

w_0——基本风压，kN/m^2。

将上述1～8项荷载值乘以表4-4中的相应荷载分项系数即可计算得出模板及其支架的荷载设计值。然后再根据结构形式按表4-5进行荷载效应的组合。

（四）模板设计的计算规定

对模板的设计，由于我国目前还没有临时性工程的设计规范，故荷载效应组合（荷载折减系数）只能按工程结构设计规范执行。

表4-4　荷载分项系数

项次	荷载类别	分项系数
1	模板及支架自重	1.2
2	新浇混凝土自重	
3	钢筋自重	
4	施工人员及施工设备荷载	1.4
5	振捣混凝土产生的荷载	
6	新浇混凝土对模板侧面的压力	1.2
7	倾倒混凝土时产生的荷载、风荷载	1.4

表4-5　参与模板及其支架荷载效应组合的各项荷载

项　目	荷载类别	
	计算承载能力	验算刚度
平板和薄壳的模板及其支架	1+2+3+4	1+2+3
梁和拱模板的底板及支架	1+2+3+5	1+2+3
梁、拱、柱（边长≤300mm）、墙（厚≤100mm）的侧面模板	5+6	6
大体积结构、柱（边长>300mm）、墙（厚>100mm）的侧面模板	6+7	6

模板系统的设计计算，原则上与永久结构相似，计算时要参照相应的设计规范。确定计算简图时，要根据模板的具体构造，对不同的构件在设计时所考虑的重点也有所不同，例如：定型模板、梁模板、楞木等主要考虑抗弯强度及挠度；对于支柱、井架等系统主要考虑受压稳定性；对于桁架应考虑上弦杆的抗弯、抗拉能力；对于木构件，则应考虑支座处抗剪及承压等问题。

计算模板和支架的强度时，由于是一种临时性结构，建议钢材的允许应力可适当提高；木材的允许应力可根据木结构设计规范提高30%。

(1) 对钢模板及其支架的设计应符合现行国家标准GB 50017—2003《钢结构设计规范》的规定，其截面塑性发展系数取1.0；其荷载设计值可乘以系数0.85予以折减。

(2) 采用冷弯薄壁型钢应符合现行国家标准GB 50018—2002《冷弯薄壁型钢结构技术规范》的规定，其荷载设计值不应折减。

(3) 对木模板及其支架的设计应符合现行国家标准GB 50005—2003《木结构设计规范》

的规定；当木材含水率小于25%时，其荷载设计值可乘以系数0.90予以折减。

(4) 其他材料的模板及其支架的设计应符合有关的专门规定。

(5) 当验算模板及其支架的刚度时，其最大变形值不得超过下列允许值：

1) 对结构表面外露的模板，为模板构件计算跨度的1/400。

2) 对结构表面隐蔽的模板，为模板构件计算跨度的1/250。

3) 支架的压缩变形值或弹性挠度，为相应的结构计算跨度的1/1000。

支架的立柱或桁架应保持稳定，并用撑拉杆件固定。当验算模板及其支架在自重和风荷载作用下的抗倾倒稳定性时应符合有关的专门规定。

(五) 模板结构设计例题

1. 墙模板设计实例

某工程墙体模板采用组合钢模板组拼，墙高3m，厚18cm，宽3.3m。

钢模板采用P3015（1500mm×300mm）分两行竖排拼成。内钢楞采用2根ϕ51×3.5钢管，间距为750mm，外钢楞采用同一规格钢管，间距为900mm。对拉螺栓采用M18，间距为750mm，如图4-12所示。

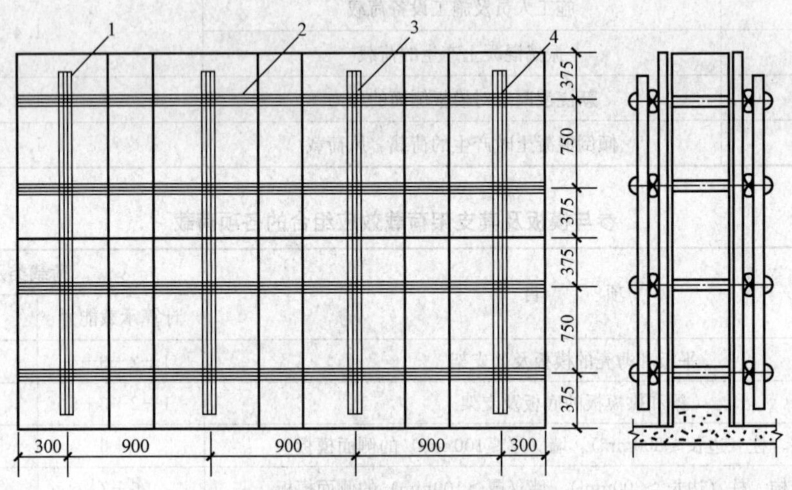

图4-12 组合钢模板拼装图

1—钢模；2—内楞；3—外楞；4—对拉螺栓

混凝土自重（γ_c）为24kN/m³，强度等级C20，坍落度为7cm，采用0.6m³混凝土吊斗卸料，浇筑速度为1.8m/h，混凝土温度为20℃，用插入式振捣器振捣。

钢材抗拉强度设计值：Q235钢为2150MPa，普通螺栓为1700MPa。钢模的允许挠度：面板为1.5mm，钢楞为3mm。

试验算：钢模板、钢楞和对拉螺栓是否满足设计要求。

解 (1) 荷载设计值。

1) 混凝土侧压力。

第一步，混凝土侧压力标准值，按公式计算。其中$t_0=\dfrac{200}{20+15}=5.71$。

$$F_1=0.22\gamma_c t_0\beta_1\beta_2V^{1/2}=0.22\times24\,000\times5.71\times1\times1\times1.8^{\frac{1}{2}}=40.4\ (\text{kN/m}^2)$$

$$F_2=\gamma_0 H=24\times3=72\ (\text{kN/m}^2)$$

取两者中的小值，即取 $F_1=40.4\text{kN/m}^2$。

第二步，混凝土侧压力设计值，即

$$F=F_1\times 分顷系数\times 折减系数=40.4\times 1.2\times 0.85=41.21(\text{kN/m}^2)$$

2）倾倒混凝土时产生的水平荷载，查表 4-3 为 4kN/m^2。

荷载设计值为 $4\times 1.4\times 0.85=4.76$（$\text{kN/m}^2$）。

3）按表 4-5 进行荷载组合。

$F'=41.21+4.76=45.97(\text{kN/m}^2)$

（2）验算。

1）钢模板验算。

查施工手册，P3015 钢模板（$\delta=2.5\text{mm}$）截面特征，$I_{xj}=26.97\times 10^4\text{mm}^4$，$W_{xj}=5.94\times 10^3\text{mm}^3$。

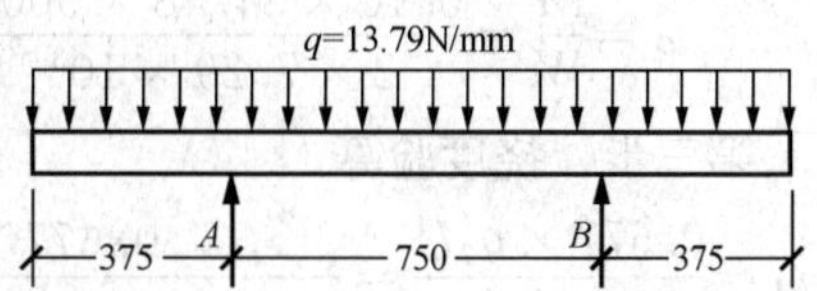

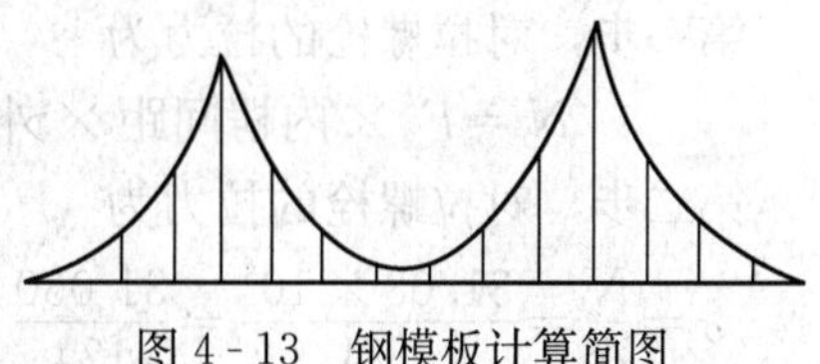

图 4-13　钢模板计算简图

第一步，计算简图，如图 4-13 所示。

化为线均布荷载：$q_1=F'\times 0.3/1000=\dfrac{45.97\times 0.3}{1000}=13.79(\text{N/mm})$（用于计算承载力）；$q_2=F\times 0.3/1000=\dfrac{41.21\times 0.3}{1000}=12.36(\text{N/mm})$（用于

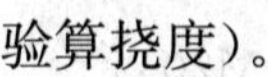

验算挠度）。

第二步，抗弯强度验算。

$$M=\frac{q_1m^2}{2}=\frac{13.79\times 375^2}{2}=97\times 10^4(\text{N}\cdot\text{mm})$$

受弯构件的抗弯承载能力公式为

$$\sigma=\frac{M}{W}=\frac{97\times 10^4}{5.94\times 10^3}=1630(\text{MPa})<f=2150(\text{MPa})(可以)$$

第三步，挠度验算。

$$\omega=\frac{q_2m}{24EI_{xj}}(-l^3+6m^2l+3m^3)=\frac{12.36\times 375\times(-750^3+6\times 375^2\times 750+3\times 375^3)}{24\times 2.06\times 10^5\times 26.97\times 10^4}$$

$$=1.28(\text{mm})<[\omega]=1.5(\text{mm})(可以)$$

2）内钢楞验算，查施工手册，2 根 $\phi 51\times 3.5\text{mm}$ 的截面特征为

$$I=2\times 14.81\times 10^4\text{mm}^4,W=2\times 5.81\times 10^3\text{mm}^3$$

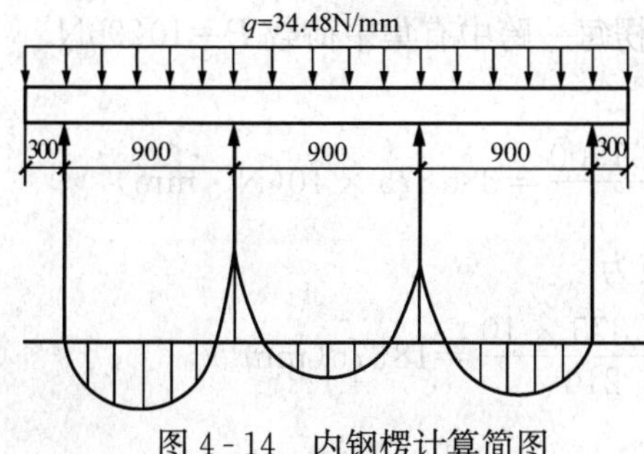

图 4-14　内钢楞计算简图

第一步，计算简图。化为线均布荷载：$q_1=F'\times 0.75/1000=\dfrac{45.97\times 0.75}{1000}=34.48(\text{N/mm})$（用于计算承载力）；$q_2=F\times 0.75/1000=\dfrac{41.21\times 0.75}{1000}=30.9(\text{N/mm})$（用于验算挠度）。

第二步，抗弯强度验算。当 $\alpha=0.4l$（即 $\alpha/l=0.4$）方能按图 4-14 计算。由于内钢楞两端的伸臂长度（300mm）与基本跨度（900mm）之比，$300/900=0.33<0.4$，则伸臂端头挠度比基本跨度挠度小，故可按近似三跨连续梁计算。

由公式

$$M=0.10q_1l^2=0.10\times 34.48\times 900^2$$

抗弯承载能力为

$$\sigma=\frac{M}{W}=\frac{0.10\times 34.48\times 900^2}{2\times 5.81\times 10^3}=\frac{2792.9}{11.62}$$

$$=2403.5\text{MPa}>2150\text{MPa}(不可以)$$

改用2根□60×40×2.5作为钢楞后，查施工手册，$I=2\times 21.88\times 10^4\text{mm}^4$，$W=2\times 7.29\times 10^3\text{mm}^3$，其抗弯承载能力为

$$\sigma=\frac{M}{W}=\frac{0.10\times 34.48\times 900^2}{2\times 7.29\times 10^3}=\frac{2792.9}{14.58}=1915.6(\text{MPa})<2150\text{MPa}(可以)$$

第三步，挠度验算。

$$\omega=\frac{0.677\times q_2l^4}{100EI}=\frac{0.677\times 30.9\times 900^4}{100\times 2.06\times 10^5\times 2\times 21.88\times 10^4}=1.52(\text{mm})<3.0\text{mm}(可以)$$

3）对拉螺栓验算，查施工手册，M18螺栓净截面面积$A=174\text{mm}^2$。

第一步，对拉螺栓的拉力为

$$N=F'\times 内楞间距\times 外楞间距=45.97\times 0.75\times 0.9=31.03(\text{kN})$$

第二步，对拉螺栓的拉力为

$$\sigma=\frac{N}{A}=\frac{31.03\times 10^3}{174}=\frac{31\,030}{174}=1783(\text{MPa})\approx 1700\text{MPa}(可以，也可改用\text{M20})$$

2. 梁模板设计实例

梁高1200mm，宽400mm，净跨7600mm，试计算梁底模独自设立支撑的情况。

梁底模板每米长度上的荷载为

模板自重=1400N/m

钢筋混凝土重1.2×0.4×2400==11520（N/m）

振动荷载200×0.4=800N/m

垂直荷载合计=13720N/m

梁底模板的横楞间距为750mm，每根横楞受力为：14920×0.75=10290N。横楞下用纵楞支设，也可用桁架支设，如图4-15所示。

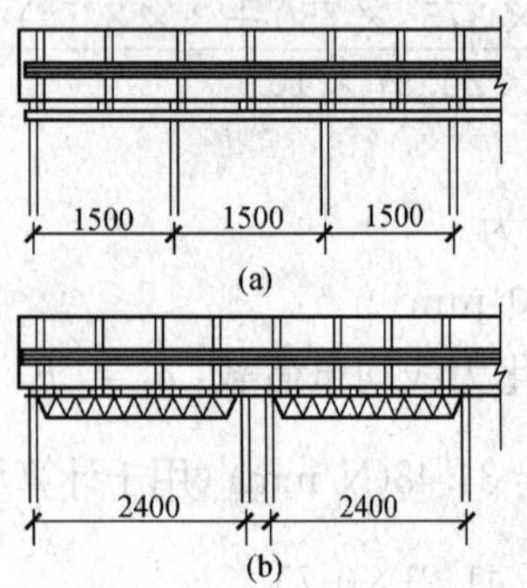

图4-15　梁底模板支承布置

（a）钢楞支模；（b）桁架支模

解　（1）纵楞支模。确定纵楞支点间距$l=1500\text{mm}$，即每隔一道横楞设一组支柱，则纵楞每一跨中有集中荷载$P=10290\text{N}$。

纵楞最大弯矩为

$$M_{\max}=\frac{Pl}{4}=\frac{10\,290\times 1500}{4}=385\,875\times 10(\text{N}\cdot\text{mm})$$

纵楞截面应具有抵抗矩为

$$W=\frac{M_{\max}}{f}=\frac{385\,875\times 10}{210}=18\,375(\text{mm}^3)$$

试用4［80mm×40mm×2mm，

$W=9.28\times 10^3\text{mm}^3$，$I=37.13\times 10^4\text{mm}$，验算纵楞的应力和挠度如下：

最大应力为

$$\sigma_{\max}=\frac{M_{\max}}{W}=\frac{385\ 875\times10}{4\times9.28\times10^{3}}=1039.5(\text{MPa})<[\sigma]=1600\text{MPa}$$

最大挠度为

$$\omega_{\max}=\frac{Pl^{3}}{48EI}=\frac{10\ 290\times1500^{3}}{4\times48\times2.1\times10^{5}\times37.13\times10^{4}}=2.32(\text{mm})<[\omega]=3\text{mm}(\text{可以})$$

按间距为1500mm，每组支柱受力约为：(10290×3)/2=15435N。选用YJ-27型钢管作支柱，其最大使用长度时查施工手册，容许荷载每根为12000N，故每组采用2根。

(2) 桁架支模。梁的净跨为7600mm，可取用跨度为2400mm的轻型桁架分三段支设见如图4-15 (b) 所示。这种桁架有8个节点，间距为300mm，故梁底横榀间距应为300mm。这种桁架每一节点的容许荷载从表4-6查得为2400N，则每榀桁架能承载2400N×8=19200N。梁每2400mm一段的荷载为2.4×14920=35808N，则每段应由两榀桁架并列。每组桁架用4根YJ-27型钢管架支撑。

表4-6 轻型桁架节点容许荷载

适用跨度范围 L (mm)	节点间距 (mm)	节点荷载 (N)	相应挠度 ω (mm)
$2100\leqslant L<2500$	300	2400	$\leqslant L/400$
$2500\leqslant L<3000$	300	1700	$\leqslant L/450$
$3000\leqslant L<3500$	300	1000	$\leqslant L/430$

3. 柱模板设计实例

框架柱截面为600mm×800mm，侧压力和倾倒混凝土产生的荷载合计为60kN/m²（设计值），采用组合钢模板，选用[80×43×5槽钢做柱箍，柱箍间距(l)为600mm，试验算其强度和刚度。

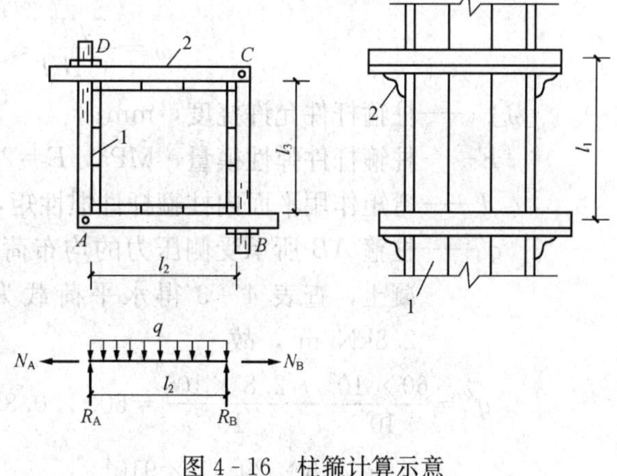

图4-16 柱箍计算示意
1—钢模板；2—柱箍

解 (1) 计算简图，如图4-16所示。

$$q=Fl_1\times0.85$$

式中 q——柱箍 AB 所承受的均布荷载设计值，kN/m；

F——侧压力和倾倒混凝土荷载，kN/m²；

0.85——折减系数。

则

$$q=\frac{60\times10^{3}}{10^{6}}\times600\times0.85=36(\text{N/mm})\times0.85=30.6\text{N/mm}$$

(2) 强度验算，钢结构计算公式为

$$\frac{N}{A_{n}}+\frac{M_{x}}{\gamma_{x}W_{nx}}\leqslant f$$

$$M_{x}=\frac{ql_{2}^{2}}{8}$$

式中 N——柱箍承受的轴向拉力设计值，N；

A_n——柱箍杆件净截面面积，mm^2；

M_x——柱箍杆件最大弯矩设计值，N·mm；

γ_x——弯矩作用平面内，截面塑性发展系数，因受振动荷载，取 $\gamma_x=1.0$；

W_{nx}——弯矩作用平面内，受拉纤维净截面抵抗矩，mm^3；

f——柱箍钢杆件抗拉强度设计值，MPa，$f=2150$MPa。

由于组合钢模板面板肋高为 55mm，故

$$l_2=b+(55\times2)=800+110=910(\text{mm})$$

$$l_3=a+(55\times2)=600+110=710(\text{mm})$$

$$l_1=600$$

$$N=\frac{a}{2}q=\frac{600}{2}\times30.6=9180(\text{N})$$

$$M_x=\frac{1}{8}ql_2^2=\frac{30.6\times910^2}{8}=3167482.5(\text{N}\cdot\text{mm})$$

$$\gamma_x=1$$

A_n 查施工手册，[18×43×5 为 $1024mm^2$

W_{nx}查施工手册，[18×43×5 为 $25.3\times10^3mm^3$

则 $\frac{N}{A_n}+\frac{M_x}{\gamma_xW_{nx}}=\frac{9180}{1024}+\frac{3\ 167\ 482.5}{25.3\times10^3}=8.96+125.20=1341.6(\text{MPa})<f=2150\text{MPa}$(可以)

(3) 挠度验算。

$$\omega=\frac{5q'l_2^4}{384EI}\leqslant[\omega]$$

式中 $[\omega]$——柱箍杆件允许挠度，mm；

E——柱箍杆件弹性模量，MPa，$E=2.05\times10^5$MPa；

I——弯矩作用平面内柱箍杆件惯性矩，mm^4；查施工手册；

q'——柱箍 AB 所承受侧压力的均布荷载设计值，kN/m，假设采用串筒倒倾混凝土，查表 4-3 得水平荷载为 $2kN/m^2$，则其设计荷载为 $2\times1.4=2.8kN/m^2$，故

$$q'=\frac{60\times10^3}{10^6}-\frac{2.8\times10^3}{10^6}=600\times0.85=29.17(\text{N/mm})$$

则 $$\omega=\frac{5\times29.17\times910^4}{384\times2.05\times10^5\times101.3\times10^4}=\frac{100\ 016.60}{79\ 743.36}=1.25\text{mm}<[\omega]=\frac{l_2}{500}=\frac{910}{500}=1.82(\text{mm})(\text{可以})$$

4. 板模板设计实例

某框架结构现浇混凝土板，采用组合钢模及钢管支架支模。板厚 100mm，其支模尺寸为 4.8m×3.3m，楼层高度为 4.5m，要求做配板设计及模板结构布置与验算。

解 (1) 主要配板方案。

若模板以其长边沿 4.95m 方向排列，可列出几种方案：

方案①：34P3015+2P3009，两种规格，共 36 块；如图 4-17 所示；

方案②：22P3015＋33P3006，两种规格，共55块；如图4-18所示；

方案③：22P3015＋22P3009，两种规格，错缝排列，共44块。

若模板以其长边沿3.3m方向排列，可列出几种方案：

方案④：34P3015＋2P3009，两种规格，共36块；

方案⑤：16P3015＋32P3009，两种规格，错缝排列，共48块。

方案③、⑤模板错缝排列，刚性好，宜用于预拼吊装方案。方案①模板规格及块数少，比较合适。方案②模板块数较多。综合比较取方案①。

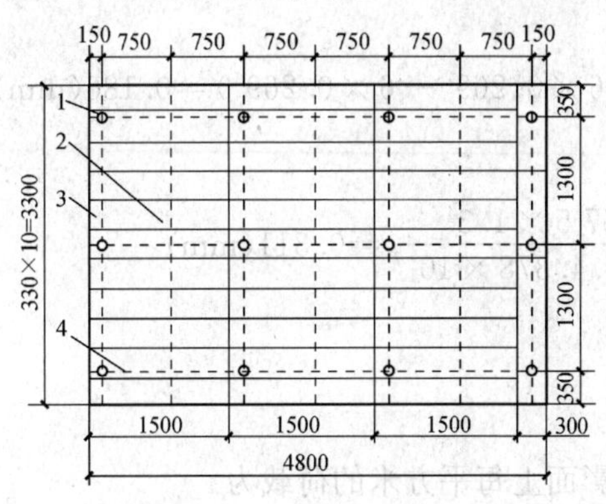

图4-17　配板方案①

1—钢管支柱；2—内钢楞；3—钢模板；4—外钢楞

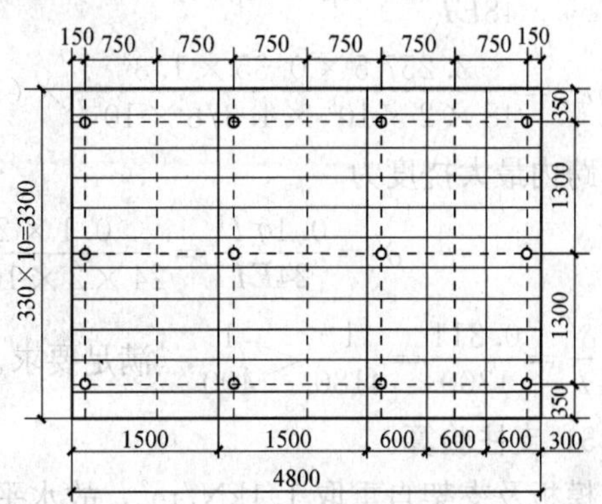

图4-18　配板方案②

(2) 内外钢楞验算。

内外钢楞用矩形钢管60×44×2.5，内钢楞间距为0.75m，外钢楞间距1.3m，支架采用ϕ48×3.5钢管搭接接长，各支柱间布置双向水平撑上、下两道，并适当布置剪刀撑。

(3) 结构计算。

1) 荷载计算。

2) 内钢楞验算。

矩形钢管截面抵抗弯矩$W=1.458\times10^{-5}\text{m}^3$，惯性矩$I=4.378\times10^{-7}\text{m}^4$，弹性模量$E=2\times10^8\text{kN/m}^2$，强度设计值$f=2.1\times10^5\text{kN/mm}^2$；内钢楞计算简图如图4-19所示，悬臂$a=0.35\text{m}$，内跨长$l=1.3\text{m}$；令$\beta=a/l=0.269$；作用荷载$q=5.51\times0.75=4.1325\text{kN/m}$。

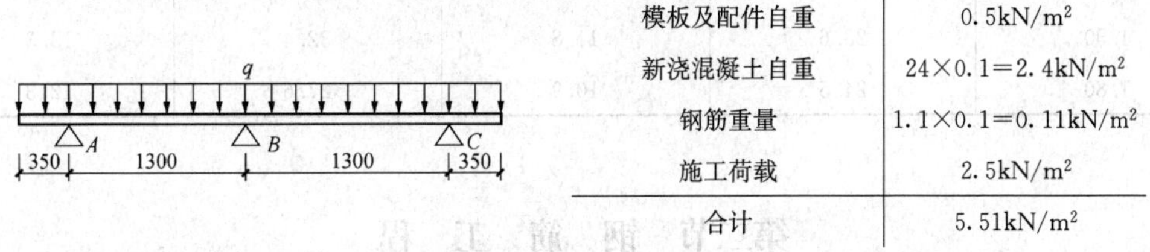

模板及配件自重	0.5kN/m^2
新浇混凝土自重	$24\times0.1=2.4\text{kN/m}^2$
钢筋重量	$1.1\times0.1=0.11\text{kN/m}^2$
施工荷载	2.5kN/m^2
合计	5.51kN/m^2

图4-19　计算简图

求A、B点弯矩，即

$$M_A=\frac{qa^2}{2}=\frac{4.1325\times0.35^2}{2}=0.2531(\text{kN}\cdot\text{m})$$

$$M_B=\frac{1}{8}ql^2(1-2\beta^2)$$

$$=\frac{1}{8}\times 4.1325\times 1.3^2\times(1-2\times 0.269^2)=0.7466(\text{kN}\cdot\text{m})$$

最大抗弯强度为

$$Q=\frac{M_B}{W}=\frac{0.7466}{1.458\times 10^{-5}}=5.121\times 10^4(\text{kN/m}^2)<2.1\times 10^5\text{kN/m}^2\text{，满足要求。}$$

令 $q'=(5.51-2.4)\times 0.75=2.2575$ (kN/m)，则悬臂端挠度为

$$\delta=\frac{q'al^3}{48EI}(1-6\beta^2-6\beta^3)$$

$$=\frac{2.2575\times 0.35\times 1.3^3}{48\times 2\times 10^8\times 4.378\times 10^{-7}}\times(1-6\times 0.269^2-6\times 0.269^3)=0.186(\text{mm})$$

跨内最大挠度为

$$\delta'=\frac{0.1q'l^4}{24EI}=\frac{0.1\times 2.2575\times 1.3^4}{24\times 2\times 10^8\times 4.378\times 10^{-7}}=0.311(\text{mm})$$

$$\frac{\delta'}{l}=\frac{0.311}{1300}=\frac{1}{4180}<\frac{1}{400}\text{，满足要求。}$$

3）支柱验算。

模板及支架自重取 1.1kN/m^2，故水平投影面上每平方米的荷载为

$$1.1+2.4+0.11+2.5=6.11(\text{kN/m}^2)$$

每一中间支柱所受荷载为

$$6.11\times 1.3\times 1.5=11.91(\text{kN})$$

根据表 4-7，当采用 $\phi 48\times 3.5$ 钢管，用扣件搭接接长，横杆步距为 1.5m 时，每根钢管的容许荷载为 13.3kN，大于支架支柱所受的荷载 11.91kN，故模板及支架安全。

表 4-7 钢管支架立柱容许荷载

横杆步距 L (m)	$\phi 48\times 3.0$ 钢管		$\phi 48\times 3.5$ 钢管	
	对 接	搭 接	对 接	搭 接
	N (kN)	N (kN)	N (kN)	N (kN)
1.0	34.4	12.8	39.1	14.5
1.25	31.7	12.3	36.2	14.0
1.50	28.6	11.8	32.4	13.3
1.80	24.5	10.9	27.6	12.3

第二节 钢 筋 工 程

一、钢筋的分类及验收堆放

（一）钢筋的分类

钢筋混凝土结构中常用的钢材有钢筋和钢丝两类。钢筋分为热轧钢筋和余热处理钢筋。热轧钢筋分为热轧光圆钢筋和热轧带肋钢筋，热轧带肋钢筋的牌号由 HRB 和牌号的屈服点最小值构成。热轧带肋钢筋分为 HRB335、HRB400、HRB500 三个牌号。光圆钢筋的牌号

为 HPB300。余热处理钢筋的牌号为 RRB400。钢筋按直径大小分为：钢丝（直径 3～5mm)、细钢筋（直径 6～10mm)、中粗钢筋（直径 12～20mm）和粗钢筋（直径大于 20mm)。钢丝有冷拔钢丝、碳素钢丝及刻痕钢丝。直径大于 12mm 的粗钢筋一般轧成长度为 6～12m 一根；钢丝及直径为 6～12mm 的细钢筋一般卷成圆盘。此外，根据结构的要求还可采用其他钢筋，如冷轧带肋钢筋、冷轧扭钢筋、热处理钢筋及精轧螺纹钢筋等。

（二）钢筋的进场验收

钢筋运到工地时，应有出厂质量合格证明书、试验报告单，并按品种、批号及直径分批验收，每批重量为热轧钢筋不超过 60t，钢绞线为 20t。验收内容包括钢筋牌号和外观检查，并按有关规定取样进行机械性能试验，钢筋的性能包括化学成分及力学性能（屈服点、抗拉强度、伸长率及冷弯指标)。

1. 外观检查

应对钢筋进行全数外观检查。检查内容包括钢筋是否平直、有无损伤，表面是否有裂纹、油污及锈蚀等，弯折过的钢筋不得敲直后作受力钢筋使用，钢筋表面不应有影响钢筋强度和锚固性能的锈蚀或污染。

2. 力学性能试验

应按 GB 1499.2—2007《钢筋混凝土用钢　第 2 部分：热轧带肋钢筋》、GB 1499.1—2008《钢筋混凝土用钢　第 1 部分：热轧光圆钢筋》、GB 13014—1991《钢筋混凝土用余热处理钢筋》等标准的规定，抽取试件作力学性能检验，即为进场复验。若有关标准中对进场检验数量做了具体规定，遵照执行即可；若有关标准中只有对产品出厂检验数量做了规定，则在进场检验时，检查数量可按下列情况确定：

(1) 当一次进场的数量大于该产品的出厂检验批量时，应划分为若干个出厂检验批量，然后按出厂检验的抽样方案执行；

(2) 当一次进场的数量小于或等于该产品的出厂检验批量时，应作为一个检验批量，然后按出厂检验的抽样方案执行；

(3) 对连续进场的同批钢筋，当有可靠依据时，可按一次进场的钢筋处理。

各类钢筋对检验批及检验方案的要求不尽相同。热轧带肋钢筋按重量不大于 60t 为一批，每批应由同一牌号、同一炉罐号、同一规格、同一品种、同一交货状态的钢筋组成。允许由同一牌号、同一冶炼方法、同一浇筑方法的不同炉罐号的钢筋组成混合批，但各炉罐号含碳量之差不大于 0.02%，含锰量之差不大于 0.15%。

（三）钢筋的堆放

当钢筋运进施工现场后，必须严格按批分等级、牌号、直径、长度挂牌分别堆放，并注明数量，不得混淆。钢筋应尽量堆入仓库或料棚内。条件不具备时，应选择地势较高，土质坚实，较为平坦的露天场地存放。在仓库或场地周围挖排水沟，以利泄水。堆放时钢筋下面要加垫木，离地不宜少于 200mm，以防钢筋锈蚀和污染。钢筋成品要分工程名称和构件名称，按号码顺序存放。

二、钢筋的连接

钢筋作为一种大宗建筑材料，在运输时受运输工具的限制，当钢筋直径 $d<12$mm 时，一般以圆盘形式供货；当直径 $d\geqslant 12$mm 时，则以直条形式供货，直条长度一般为 6～12m，由此带来了混凝土结构施工中不可避免的钢筋连接问题。目前钢筋的连接方法有机械连接、

焊接连接和绑扎连接三类。机械连接由于其具有连接可靠、作业不受气候影响、连接速度快等优点，目前已广泛应用于粗钢筋的连接；焊接连接和绑扎连接是传统的钢筋连接方法，与绑扎连接相比，焊接连接可节约钢材、改善结构受力性能、提高工效、降低成本，目前对直径 $d>28$mm 的受拉钢筋和直径 $d>32$mm 的受压钢筋已不推荐采用绑扎连接，轴心受拉及小偏心受拉杆件的纵向受力钢筋不得采用绑扎搭接接头。本节介绍机械连接和焊接连接。

（一）钢筋机械连接

钢筋机械连接是通过机械手段将两根钢筋进行对接，其方法有钢筋冷挤压连接、锥形螺纹钢筋连接、活套式组合带肋钢筋和套筒灌浆连接等。机械连接方法具有工艺简单、节约钢材、改善工作环境、接头性能可靠、技术易掌握、工作效率高、节约成本等优点。

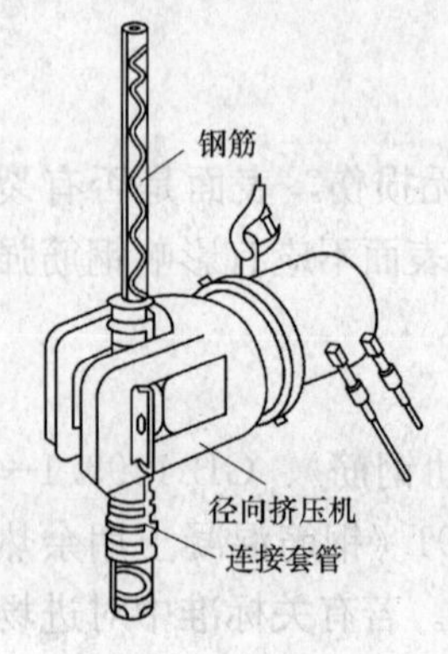

图 4-20 径向挤压套管连接

1. 钢筋冷挤压连接

钢筋冷挤压连接是将两根待连接钢筋插入一个金属套管，然后采用挤压机和压模，在常温下对金属套管加压，使两根钢筋紧固成一体。冷挤压连接具有操作简单、对中度高、钢筋连接质量优于钢筋母材的力学性能、连接速度快、安全可靠、无明火作业、不污染环境等优点。冷挤压连接又分径向挤压套管连接和轴向挤压套管连接两种。

（1）径向挤压套管连接。钢筋径向挤压套管连接是沿套管直径方向从套管中间依次向两端用带有梅花齿形内模的钢筋压接机对套筒外壁沿径向加压，如图 4-20 所示，使套筒和钢筋发生冷塑性变形，套筒金属和钢筋紧密地咬合在一起，使钢套筒的塑性变形程度加剧，这种塑性变形把插在套管里的两根钢筋的纵、横肋紧紧咬合成一体。继续加压，进一步完成连接硬化，使接头强度可达到 110～140MPa，从而完成钢筋的连接工作。它适用于带肋钢筋连接，可连接直径为 16～40mm 的钢筋。

（2）轴向挤压套管连接。钢筋轴向挤压套管连接是用挤压设备沿钢筋轴线冷挤压金属套管，使之产生塑性变形，依靠变形后的钢套筒与被连接钢筋纵、横肋产生的机械咬合作用，使套筒与钢筋成为整体的连接方法，如图 4-21 所示。它适用于连接直径为 16～32mm 的竖向、斜向和水平钢筋或相差一个型号直径的带肋钢筋连接。

挤压用设备主要有挤压机、超高压泵等。挤压机由油缸、压模、压模座、导杆等组成。

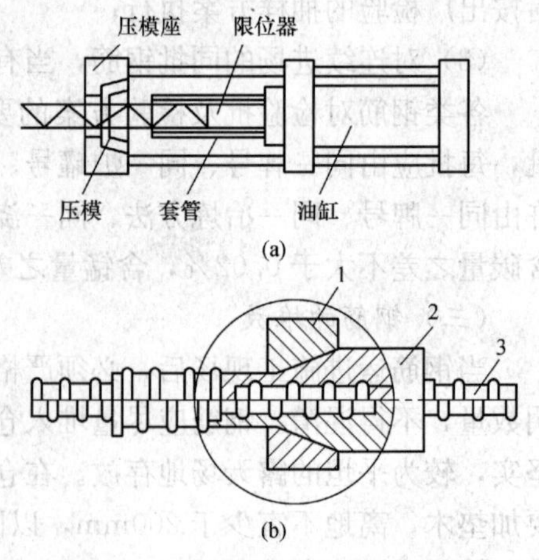

图 4-21 轴向冷挤压套管连接
(a) 钢筋半接头挤压；
(b) 钢筋套筒径向挤压连接
1—压模；2—钢套筒；3—钢筋

2. 锥形螺纹套筒钢筋连接

锥形螺纹套筒钢筋连接，如图 4-22 所示是将两根待接钢筋的端部用套丝机做出锥形外丝，用力矩扳手将两根钢筋端部旋入预先加工成锥形螺纹的套筒，形成机械式钢筋接头。

可连接直径为 16～40mm 的同径或异径的竖向、水平或任何倾角的钢筋，不受钢筋有无花纹及含碳量的限制。当连接异径钢筋时，所连接钢筋直径

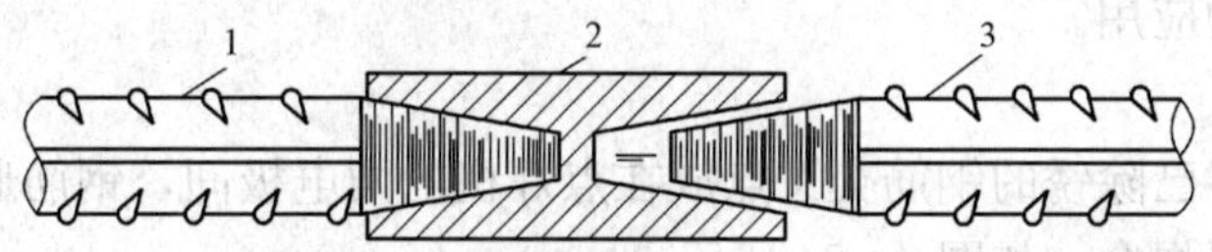

图 4－22　锥形螺纹套筒钢筋连接
1—已连接的钢筋；2—套筒；3—未连接的钢筋

之差不应超过 9mm。锥形螺纹钢筋连接速度快、对中性好、工艺简单、安全可靠、无明火作业、不污染环境、节约钢材和能源、可全天候施工，有明显的技术、经济和社会效益，适用于按一、二级抗震设防的一般工业与民用房屋及构筑物的现浇混凝土结构的梁、柱、板、墙、基础的钢筋连接施工，但不得用于预应力钢筋或经常承受反复动荷载及承受高应力疲劳荷载的结构。

3. 直螺纹套筒连接

直螺纹套筒连接是将两根待接钢筋端头切削或滚压出直螺纹，然后用带直内丝的钢套筒将钢筋两端拧紧的连接方法。这种方法适用于直径 16～40mm 的各种钢筋的连接，该方法综合了套筒挤压连接和锥螺纹连接的优点，是一种钢筋连接的新技术。它具有接头强度高、质量稳定、施工方便、不用电源、全天候施工、对中性好、施工速度快等优点，是目前应用最广泛的粗钢筋连接方法。

4. 活套式组合带肋钢筋连接

活套式组合带肋钢筋连接的接头是由两个特制的半圆形套筒和箍组成，连接时将半圆形套筒扣合在两根待接的钢筋端头上，再将套筒两端的箍用专用压钳沿轴向压紧，使之与钢筋母材形成一个整体，与钢筋共同作用。这是一种新型的钢筋机械连接方式，是对等强钢筋连接技术的重大改进，也是除精轧螺纹钢筋连接外，一种不改变钢筋母材几何形状及机械力学性能的连接方式。

5. 套筒灌浆连接

套筒灌浆连接技术是将连接钢筋插入内部带有凹凸部分的高强圆形套筒，再由灌浆机灌入高强度无收缩灌浆材料，当灌浆材料硬化后，套筒和连接钢筋便牢固地连接在一起。这种连接方法在抗拉强度、抗压强度及可靠性方面均能满足要求。

采用套筒灌浆连接对钢筋不施加外力和热量，不会发生钢筋的变形和内应力。该工艺适用范围广，可应用于不同种类、不同外形、不同直径的变形钢筋的连接。施工操作时无需特殊设备，对操作人员无特别技能要求，安全可靠、无噪声、无污染、受气候环境变化影响小。可见套筒灌浆连接是一项值得推广和发展的连接技术。

（二）钢筋焊接连接

焊接连接是利用焊接技术将钢筋连接起来的传统钢筋连接方法，与机械连接相比最大的优点是，节约钢材、改善结构受力性能、提高工效，接头成本低。但焊接是一项专门技术，要求对焊工进行专门培训，持证上岗；施工受气候、电流稳定性的影响；接头质量不如机械连接可靠。钢筋焊接常用方法有对焊，电阻点焊、电弧焊和电渣压力焊。此外，还有气压焊、埋弧压力焊等。

1. 对焊

对焊是钢筋接触对焊的简称，是利用对焊机使两段钢筋接触，通过低电压强电流，把电能转换为热能，待钢筋加热到一定温度后，再以轴向压力顶锻，使两根钢筋焊合在一起，对焊原理如图 4－23 所示。对焊具有成本低、质量好、工效高，并对各种钢筋均能使用的特点，因而得到普遍的应用。

2. 电阻点焊

电阻点焊就是将已除锈的钢筋交叉点放在点焊机的两电极间，钢筋通电发热至一定温度后，加压使焊点金属焊合，如图 4-24 所示。

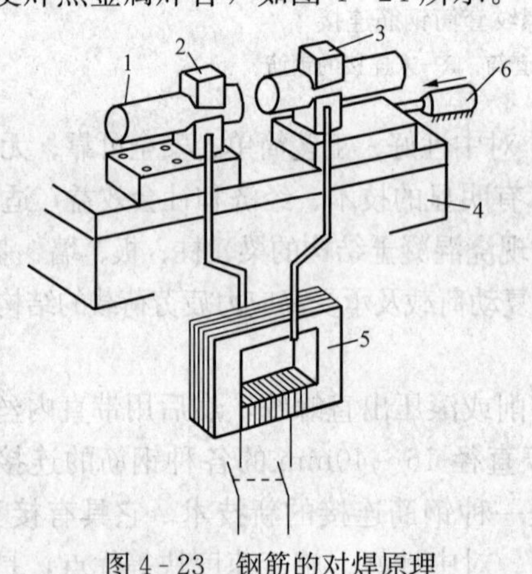

图 4-23 钢筋的对焊原理

1—钢筋；2—固定电机；3—可动电机；4—机座；5—变压器；6—压力机构

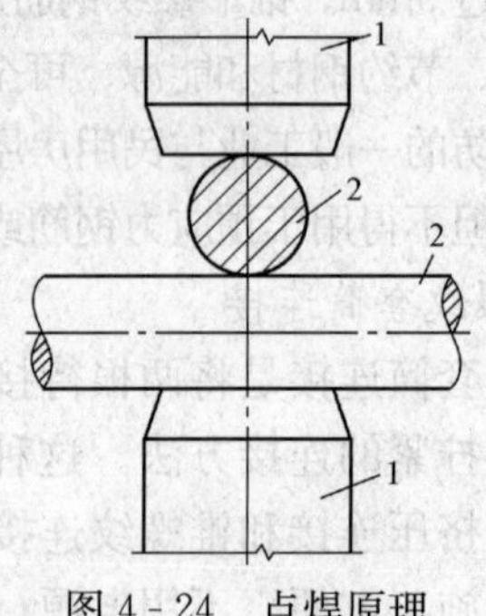

图 4-24 点焊原理

1—电极；2—钢筋

在各种预制构件中，利用点焊机进行交叉钢筋焊接，使单根钢筋成型为各种网片、骨架，以代替人工绑扎，是实现生产机械化、提高工效、节约劳动力和材料（钢筋端部不需弯钩）、保证质量、降低成本的一种有效措施。而且采用焊接骨架和焊接网片，可使钢筋在混凝土中更好地锚固，可提高构件的刚度和抗裂性，因此钢筋骨架成型应优先采用点焊。

3. 电弧焊

电弧焊是利用弧焊机在焊条与焊件之间产生高温电弧，使焊条和电弧燃烧范围内的焊件熔化，待其凝固后便形成焊缝或接头，如图 4-25 所示。其中电弧是指焊条与焊件金属之间空气介质出现的强烈持久的放电现象。

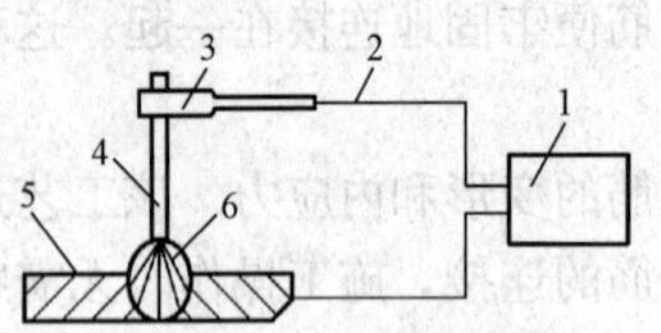

图 4-25 电弧焊原理

1—电源；2—导线；3—焊钳；4—焊条；5—焊件；6—电弧

电弧焊的应用非常广泛，常用于钢筋的搭接接长、钢筋与钢板的焊接、装配式钢筋混凝土结构接头的焊接、钢筋骨架的焊接及各种钢结构的焊接等。

电弧焊使用的弧焊机有交流弧焊机、直流弧焊机两种，常用的为交流弧焊机。电弧焊的接头型式主要有搭接焊、帮条焊、坡口焊和预埋铁件 T 形接头的焊接四种型式。

(1) 搭接接头。焊接时，先将主钢筋的端部按搭接长度预弯，使被焊钢筋与其在同一轴线上，并采用两端点焊定位，焊缝宜采用双面焊，当双面施焊有困难时，也可采用单面焊。搭接焊接头如图 4-26 所示，这种接头适用于焊接直径为 10～40mm 的 HPB300、HRB335 级钢筋。

焊接时，最好采用双面焊。如图 4-26（a）所示为双面焊缝，不带括弧的数字适用于 HPB300 级钢筋，括弧内数字适用于 HRB335、HRB400 级钢筋。如采用单面焊缝如图 4-26（b）所示所标尺寸均需加倍。焊接前，钢筋最好预弯，以保证两钢筋的轴线在一直线上。

(2) 帮条接头。帮条焊接头如图4-27所示中，这种接头型式适用于直径为10～40mm的HPB300、HRB335、HRB400和HRB500级钢筋连接。帮条焊时最好采用双面焊缝。选用帮条时宜选用与焊接筋同直径、同级别的钢筋制作。

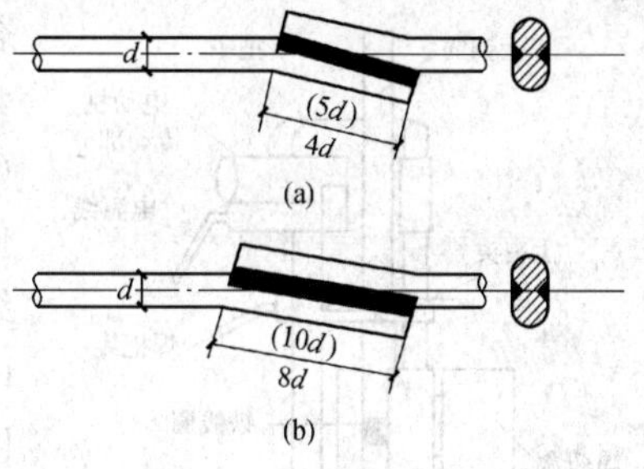

图4-26　搭接接头

(a) 双面焊缝；(b) 单面焊缝

当帮条与主筋的级别不同时，应按钢筋的计算强度进行换算。所采用帮条的总截面应满足：当被焊接钢筋为HPB300级时，应不小于被焊接主筋截面的1.2倍；当被焊接钢筋为HRB335级时，不小于被焊接主筋截面的1.5倍；主筋端面间的间隙应为2～5mm，帮条和主筋间用四点对称定位焊接加以固定。

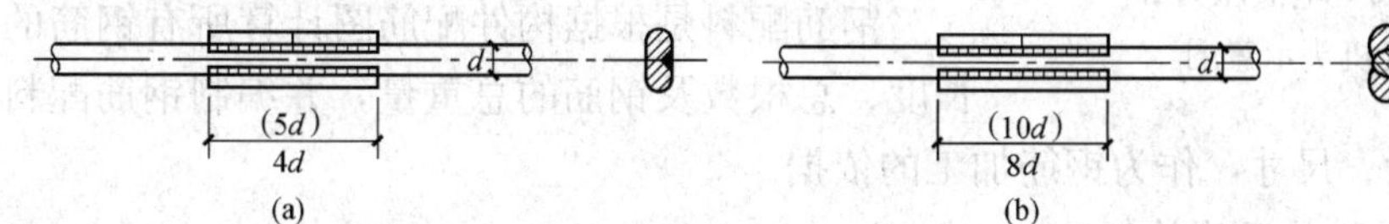

图4-27　帮条接头

(a) 双面焊缝；(b) 单面焊缝

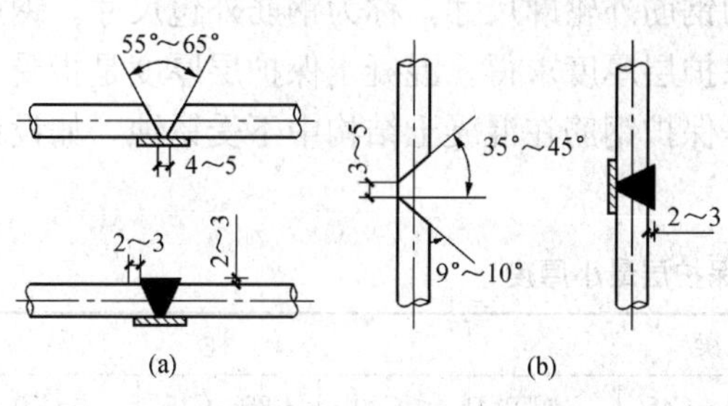

图4-28　钢筋坡（剖）口接头

(a) 坡口平焊；(b) 坡口立焊

当帮条直径与焊接筋相同时，帮条级别可比主筋低一个级别，当帮条级别与主筋相同时，帮条直径可比主筋小一个规格。

钢筋搭接接头与帮条接头焊接时，焊缝厚度应不小于0.3d，且大于4mm；焊缝宽度不小于0.7d，且不小于10mm。

(3) 坡（剖）口接头。分为平焊和立焊，如图4-28所示。适用于直径为10～40mm的HPB300、HRB335、HRB400、HRB500级钢筋连接。当焊接HRB500及HRB400级钢筋时，应先将焊件加温处理。坡口接头较上两种接头节约钢材。

(4) 钢筋与预埋件接头。可分对接接头和搭接接头两种。对接接头又分为角焊和穿孔塞焊，如图4-29所示，当钢筋直径为6～25mm时，可采用角焊；当钢筋直径为20～30mm时，宜采用穿孔塞焊。角焊缝焊脚K对于HPB300级钢筋不小于钢筋直径的0.5倍，对于HRB335级钢筋不小于钢筋直径的0.6倍。

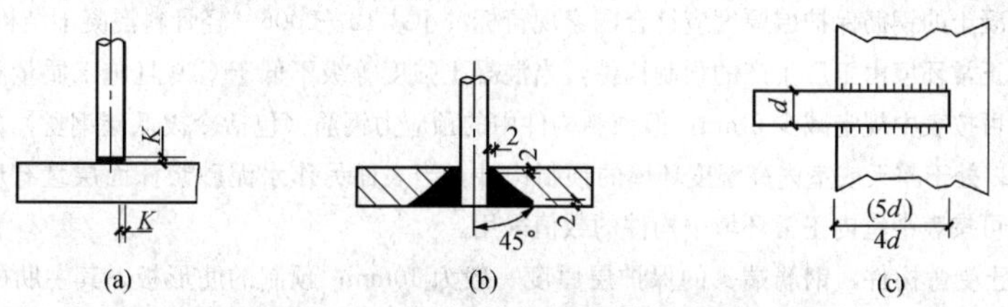

图4-29　钢筋与预埋件的焊接

(a) 角焊；(b) 穿孔塞焊；(c) 搭接焊

4. 电渣压力焊

电渣压力焊是利用电流通过渣池产生的电阻热将钢筋端部熔化，然后施加压力使钢筋焊

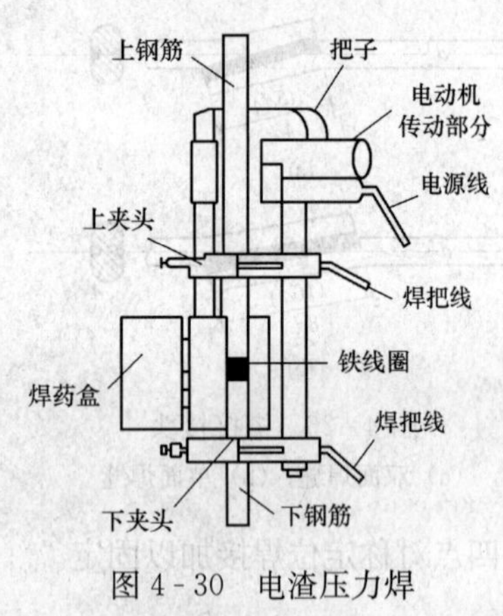

图 4-30 电渣压力焊焊接机头示意图

合。主要用于现浇结构中异径差在 9mm 以内，直径为 14～40mm 的 HPB300、HRB335、HRB400 级钢筋的竖向或斜向（倾斜度在 4∶1 内）接长。这种焊接方法操作简单、工作条件好、工效高、成本低，比电弧焊接头节电 80%以上，比绑扎连接和帮条搭接节约钢筋 30%，提高工效 6～10 倍。电渣压力焊设备包括焊接电源、焊接夹具和焊剂盒等，如图 4-30 所示。电渣压力焊焊接工艺包括引弧、造渣、电渣和挤压四个过程。

三、钢筋的配料与加工

（一）钢筋的配料

钢筋配料是根据构件配筋图计算所有钢筋的直线下料长度、总根数及钢筋的总重量，并编制钢筋配料单，绘出钢筋加工形状、尺寸，作为钢筋加工的依据。

1. 钢筋下料长度的计算

钢筋切断时的直线长度称为下料长度。

结构施工图中注明的钢筋尺寸是指加工后的钢筋外轮廓尺寸，称为钢筋外包尺寸。钢筋的外包尺寸是由构件的外形尺寸减去混凝土的保护层厚度求得。混凝土保护层厚度是指受力钢筋外边缘至混凝土构件表面的距离。其作用是保护钢筋在混凝土结构中不受锈蚀，如设计无要求时，应符合表 4-8 规定。

表 4-8　受力钢筋的混凝土保护层最小厚度

环境类别		墙			梁			柱		
		≤C20	C25～C45	≥C50	≤C20	C25～C45	≥C50	≤C20	C25～C45	≥C50
一		20	15	15	30	25	25	30	30	30
二	a	—	20	20	—	30	30	—	30	30
	b	—	25	25	—	35	30	—	35	30
三		—	30	30	—	40	35	—	40	35

注 1. 受力钢筋外边缘至混凝土表面的距离，除符合表中规定外，不应小于钢筋的公称直径。

2. 机械连接接头连接件的混凝土保护层厚度应满足受力钢筋保护层最小厚度的要求，连接件之间的横向净距不宜小于 25mm。

3. 设计使用年限为 100 年的结构：一类环境中，混凝土保护层厚度应按表中规定增加 40%。

4. 轻骨料混凝土的钢筋保护层厚度应符合国家现行标准 JGJ 12—2006《轻骨料混凝土结构技术规程》的规定。

5. 处于室内正常环境由工厂生产的预制构件，当混凝土强度等级不低于 C20 且施工质量有可靠保证时，其保护层厚度可按表中规定减少 5mm，但预制构件中的预应力钢筋（包括冷拔低碳钢丝）的保护层厚度不应小于 15mm；处于露天或室内高湿度环境的预制构件，当表面另作水泥砂浆抹面层且有质量保证措施时，保护层厚度可按表中室内正常环境中构件的数值采用。

6. 钢筋混凝土受弯构件，钢筋端头的保护层厚度一般为 10mm；预制的肋形板，其主肋的保护层厚度可按梁考虑。

7. 板、墙、壳中分布钢筋的保护层厚度不应小于 10mm；梁柱中箍筋和构造钢筋的保护层厚度不应小于 15mm。

为增强钢筋与混凝土的黏结，钢筋末端一般需加工成弯钩形式。一般在 HPB300 级钢筋两端做成180°的弯钩。而HRB335、HRB400变形钢筋虽与混凝土黏结性能较好，但有时要求应有一定的锚固长度，钢筋末端需作90°或135°弯折，如柱钢筋的下部、箍筋及附加钢筋。直径较小的钢筋有时需作成135°的斜钩。钢筋外包尺寸不包括弯钩的增加长度，所以钢筋的下料长度应考虑弯钩增加长度。

由以上分析可知，钢筋的下料长度根据其形状不同由以下公式确定

直线钢筋下料长度＝构件长度－保护层厚度＋弯钩增加长度

弯起钢筋下料长度＝直段长度＋斜段长度－量度差值＋弯钩增加长度

箍筋下料长度＝直段长度＋弯钩增加长度－量度差值

以上钢筋若需搭接，还应增加钢筋搭接长度，钢筋接头的搭接长度应符合表4-14有关规定。

（1）量度差值：钢筋弯折后的量度差值与钢筋的弯折角度和钢筋直径有关。按现行施工及验收规范的弯曲直径（D）进行测算的结果，弯折不同角度的量度差值（又称弯曲调整值）见表4-9。

表4-9　钢筋弯曲调整值

钢筋弯曲角度	30°	45°	60°	90°	135°
钢筋弯曲调整值	$0.35d_0$	$0.5d_0$	$0.85d_0$	$2d_0$	$2.5d_0$

注　d_0为钢筋直径。

（2）弯钩增加长度：弯钩的形式有半圆钩、直弯钩、斜弯钩三种，如图4-31所示，按图示弯心直径为$2.5d_0$，平直部分$3d_0$，其计算值为：半圆钩为$6.25d_0$，直弯钩为$3.5d_0$，斜弯钩为$4.9d_0$（d_0为钢筋直径）。但在实际下料时，弯钩增加长度常根据具体条件，采取经验数据，见表4-10。

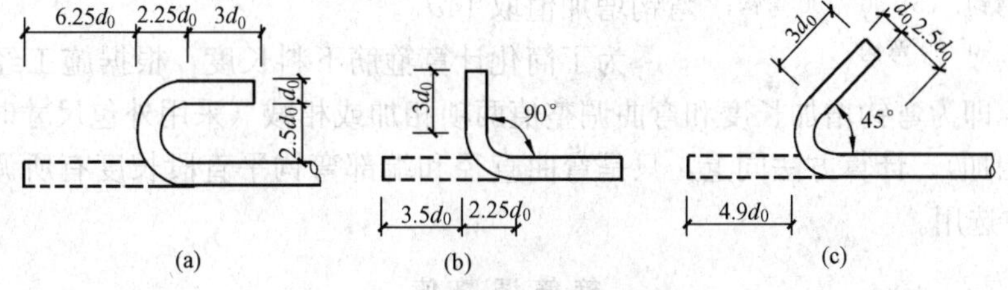

图4-31　钢筋端头的弯钩形式

表4-10　半圆钩增加长度参考表（用机械弯）

钢筋直径（mm）	6	8～10	12～18	20～28	32～36
一个弯钩长度（mm）	40	$6d_0$	$5.5d_0$	$5d_0$	$4.5d_0$

（3）弯起钢筋斜长：斜长的计算如图4-32所示，斜长系数见表4-11。

表4-11　弯起钢筋斜长系数表

弯起角度	$\alpha=30°$	$\alpha=45°$	$\alpha=60°$
斜边长度S	$2h_0$	$1.41h_0$	$1.15h_0$
底边长度L	$1.732h_0$	h_0	$0.575h_0$
增加长度$S-L$	$0.268h_0$	$0.41h_0$	$0.575h_0$

注　h_0为弯起高度。

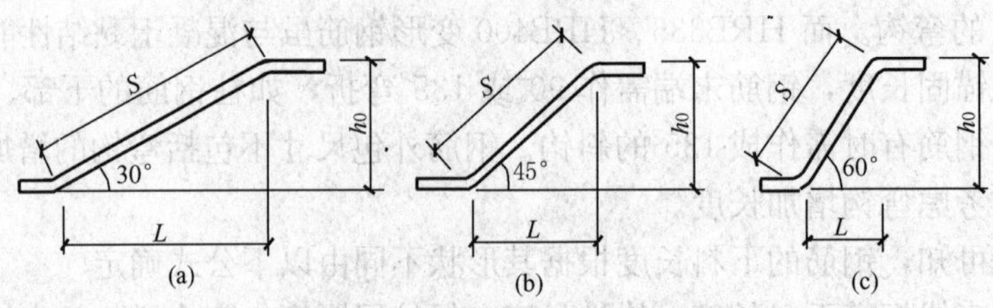

图 4-32 弯起钢筋斜长计算简图

(a) 弯起角度 30°；(b) 弯起角度 45°；(c) 弯起角度 60°

(4) 箍筋弯钩增加值。箍筋末端的弯钩形式如图 4-33 所示，一般结构可按图 4-33 (b)、(c) 所示形式加工；有抗震要求和受扭的构件，应按图 4-33 (a) 所示形式加工。当设计无具体要求时，用 HPB300 级钢筋或冷拔低碳钢丝制作的箍筋，其弯钩的弯心直径应大于受力钢筋直径，且不小于箍筋直径的 2.5 倍；弯钩直径平直部分的长度，对一般结构不宜小于箍筋直径的 5 倍，对有抗震要求的结构不应小于箍筋直径的 10 倍。

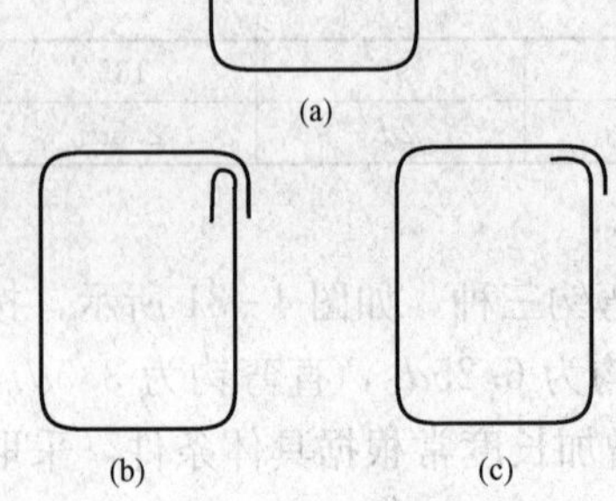

图 4-33 箍筋末端弯钩形式

(a) 135°/135°弯钩；(b) 90°/180°弯钩；(c) 90°/90°弯钩

箍筋弯 90°弯钩时，两个弯钩增值为 2×(0.285＋4.785)，当取 $D=2.5d_0$，平直段为 $5d_0$ 时，两个弯钩增加值可取 $11d_0$。

箍筋弯 90°/180°弯钩时，两个弯钩增加值为 (1.07＋5.57)＋(0.285＋4.785)＝1.335＋10.355，当取 $D=2.5d_0$，平直段为 $5d_0$ 时，两个弯钩增加值取 $14d_0$。

箍筋弯 135°/135°弯钩时，两个弯钩增加值为 2×(0.68＋5.18)，当取 $D=2.5d_0$，平直段为 $5d_0$ 时，两个弯钩增加值取 $14d_0$。

为了简化计算箍筋下料长度，根据施工经验一般采用箍筋调整值，即为弯钩增加长度和弯曲调整值两项相加或相减（采用外包尺寸时相减，采用内皮尺寸时相加），计算方法同上，只是弯曲直径和端部弯钩平直段长度有所调整，可直接在表 4-12 中选用。

表 4-12 **箍筋调整值**

箍筋周长量度方法	箍筋直径 (mm)			
	4～5	6	8	10～12
量外包尺寸	40	50	60	70
量内皮尺寸	80	100	120	150～170

2. 配料计算的注意事项

(1) 在设计图纸中，钢筋配置的细节问题没有注明时，一般可按构造要求处理。

(2) 配料计算时，要考虑钢筋的形状和尺寸，在满足设计要求的前提下，要有利于加工和安装。

(3) 配料时，还要考虑施工需要的附加钢筋。

【例 4-1】 某建筑物第一层楼共有 5 根 L1 梁，梁的配筋如图 4-34 所示，试作 L1 梁的钢筋配料单。

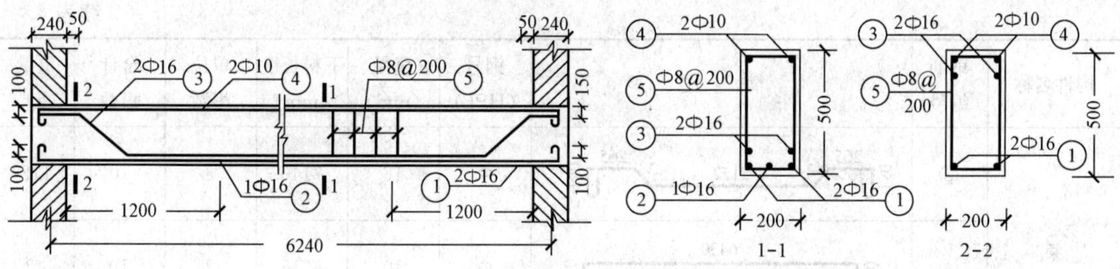

图 4-34　L1 梁配筋详图

解　①号钢筋。

梁端头保护层厚 C 为 25mm，则钢筋外包尺寸为

$6240+240+2\times100-2\times25=6630\text{mm}$

下料长度 $=6630+2\times6.25d-2\times2d$

$\qquad=6630-2\times2\times16+2\times6.25\times16=6766\text{mm}$

②号钢筋。

下料长度 $=(6240-2\times120-2\times1200)+2\times6.25d$

$\qquad=3600+2\times6.25\times16=3800\text{mm}$

③号钢筋，弯起角度为 45°。

两端直段长度 $=240+50-25=265\text{mm}$

弯起高度 $h=$ 梁高 $-2C-16-10-2\times25=500-2\times25-16-10-2\times25=374\text{mm}$

弯起斜段长度 $1.41h=1.41\times374=527\text{mm}$

中间直段长度 $=6240+240-2\times25-2\times265-2\times374=5152\text{mm}$

下料长度 $=(2\times265+5152+2\times527+2\times150)+2\times6.25d-4\times0.5d-2\times2d$

$\qquad=7036+2\times6.25\times16-4\times0.5\times16-2\times2\times16=7140\text{mm}$

④号钢筋，外包尺寸与①号钢筋相同。

下料长度 $=6630+2\times6.25d-2\times2d$

$\qquad=6630+2\times6.25\times10-2\times2\times10=6715\text{mm}$

⑤号箍筋，本例为量度箍筋的内皮尺寸，查表 4-12，调整值为 120mm。

宽度内皮尺寸 $=200-2\times25=150\text{mm}$

高度内皮尺寸 $=500-2\times25=450\text{mm}$

下料长度 $=2\times(150+450)+120=1320\text{mm}$

箍筋的个数为 $n=(6430/200)+1\approx33$ 个

L1 梁的钢筋配料单见表 4-13。

表 4-13　L1 梁的钢筋配料单

构件名称	钢筋编号	简图	钢号(HPB)	直径(mm)	下料长度(mm)	单位根数	合计根数	重量(kg)
某层楼 L1 梁(共 5 根)	①	100 6430 100	Φ	16	6766	2	10	106
	②	3600	Φ	16	3800	1	5	30

续表

构件名称	钢筋编号	简图	钢号(HPB)	直径(mm)	下料长度(mm)	单位根数	合计根数	重量(kg)
某层楼L1梁(共5根)	③	150 265 527 5152 527 265 150	Φ	16	7140	2	10	112
	④	100 6430 100	Φ	10	6715	2	10	42
	⑤	450 150	Φ	8	1320	33	165	85
合计		Φ8：85kg；Φ10：42kg；Φ16：248kg；总重：375kg						

由于钢筋的配料既是钢筋加工的依据，同时也是签发工程任务单和限额领料的依据。故配料计算时要仔细，计算完成后还要认真复核。

为了加工方便，根据配料单上的钢筋编号，分别填写钢筋料牌，如图4-35所示，作为钢筋加工的依据。加工完成后，应将料牌系于钢筋上，以便绑扎成型和安装过程中识别。注意料牌必须准确无误，以免返工浪费。

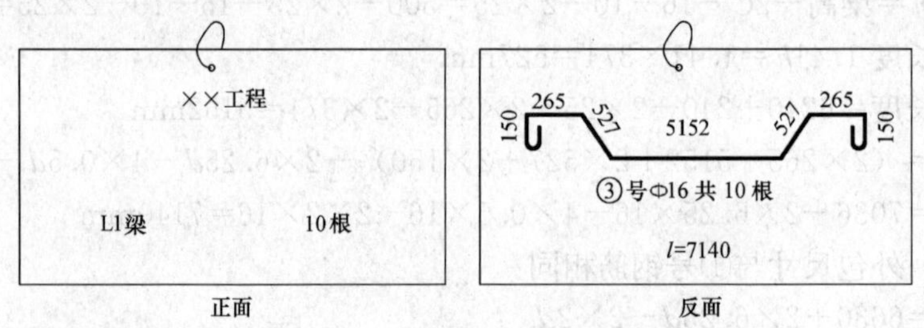

图4-35 钢筋料牌

（二）钢筋的代换

施工中如供应的钢筋品种和规格与设计图纸要求不符时，可以进行代换。但代换时，必须充分了解设计意图和代换钢材的性能，严格遵守规范的各项规定。对拉裂性要求高的构件，不宜用光面钢筋代换带肋钢筋；钢筋代换时不宜改变构件中的有效高度；凡属重要的结构和预应力钢筋，在代换时应征得设计单位的同意，代换后的钢筋用量不宜大于原设计用量的5%，也不低于2%，且应满足规范规定的最小钢筋直径、根数、钢筋间距、锚固长度等要求。

1. 钢筋代换方法

钢筋代换的方法有三种：

(1) 当结构构件是按强度控制时，可按强度等同原则代换，称“等强代换”。即

$$n_2 \geqslant \frac{n_1 d_1^2 f_{y1}}{d_2^2 f_{y2}} \tag{4-4}$$

式中　d_1、n_1、f_{y1}——原设计钢筋的直径、根数和设计强度；

d_2、n_2、f_{y2}——拟代换钢筋的直径、根数和设计强度。

上式有两种特例：

① 设计强度相同、直径不同的钢筋代换

$$n_2 \geqslant n_1 \frac{d_1^2}{d_2^2} \tag{4-5}$$

② 直径相同，设计强度不同的钢筋代换

$$n_2 \geqslant n_1 \frac{f_{y1}}{f_{y2}} \tag{4-6}$$

(2) 当构件按最小配筋率控制时，可按钢筋面积相等的原则代换，称“等面积代换”。即

$$A_{s1} = A_{s2} \tag{4-7}$$

式中　A_{s1}——原设计钢筋的计算面积；

A_{s2}——拟代换钢筋的计算面积。

(3) 当结构构件按裂缝宽度或挠度控制时，钢筋的代换需进行裂缝宽度或挠度验算。

钢筋代换后，有时由于受力钢筋直径加大或根数增多，而需要增加排数，则构件截面的有效高度 h 减小，截面强度降低，此时需复核截面强度。对矩形截面的受弯构件，可根据弯矩相等，按下式复核截面强度。

$$N_2\left(h_{02} - \frac{N_2}{2\alpha_1 f_c b}\right) \geqslant N_1\left(h_{01} - \frac{N_1}{2\alpha_1 f_c b}\right) \tag{4-8}$$

式中　N_1——原设计钢筋拉力；

N_2——代换钢筋拉力；

h_{01}、h_{02}——代换前后钢筋的合力点至构件截面受压边缘的距离（即构件截面的有效高度）；

f_c——混凝土的轴心抗压强度设计值；

b——构件截面宽度；

α_1——系数，当混凝土强度等级不超过 C50 时，取为 1.0，当混凝土强度等级为 C80 时，取为 0.94，其间按线性内插法确定。

【例 4-2】　某墙体设计配筋为（HPB300）ϕ 14@200，施工现场现无此钢筋，拟用（HPB300）ϕ 12 的钢筋代换，试计算代换后每米几根。

解　因钢筋的级别相同，所以可按面积相等的原则进行代换。

代换前墙体每米设计配筋的根数为 $n_1 = \frac{1000}{200} = 5$（根）

$$n_2 \geqslant \frac{n_1 d_1^2}{d_2^2} = \frac{5 \times 14^2}{12^2} = 6.8$$

所以取 $n_2 = 7$ 根，即代换后每米 7 根（HPB300）ϕ 12 的钢筋。

【例 4-3】 某构件原设计用 7 根（HRB335）Φ 10 钢筋，现拟用（HPB300）ϕ 12 钢筋代换，试计算代换后的钢筋根数。

解　因钢筋强度和直径均不相同，应按下式进行计算

$$n_2 \geqslant \frac{n_1 d_1^2 f_{y1}}{d_2^2 f_{y2}} = \frac{7 \times 1^2 \times 300}{1.2^2 \times 270} = 5.4$$

故取 $n_2=6$ 根，即用 6 根（HPB300）Φ12 的钢筋代换。

2. 钢筋代换时的相关规定

钢筋代换时，必须充分了解设计意图和代换材料性能，并严格遵守现行 GB 50010—2010《混凝土结构设计规范》的各项规定。凡重要结构中的钢筋代换，应征得设计单位同意。钢筋代换应注意以下事项：

（1）对某些重要构件，如吊车梁、薄腹梁、桁架下弦等，不宜用 HPB300 级钢筋代换 HRB335 和 HRB400 级钢筋。

（2）有抗震要求的梁、柱和框架，不宜用强度等级较高的钢筋代换原设计钢筋。

（3）钢筋代换后，应满足配筋构造规定，如钢筋的最小直径、间距、根数、锚固长度等。

（4）同一截面内可同时配有不同种类和直径的代换钢筋，但每根钢筋的直径差不应过大（如同品种钢筋的直径差值一般不大于 5mm），以免构件受力不均。

（5）梁的纵向受力钢筋与弯起钢筋应分别代换，以保证正截面与斜截面强度。

（6）偏心受压构件（如框架柱、有吊车的厂房柱、桁架上弦等）或偏心受拉构件钢筋代换时，不取整个截面配筋量计算，应按受力面（受压或受拉）分别代换。

（7）当构件受裂缝宽度和挠度控制时，代换后应进行裂缝宽度和挠度验算。但以小直径钢筋代换大直径钢筋、强度等级低的钢筋代换强度等级高的钢筋，则可不作裂缝宽度验算。

（三）钢筋加工

钢筋加工包括调直、除锈、切断、接长、弯曲等工作。随着施工技术的发展，钢筋加工已逐步实现机械化和工厂化。

1. 钢筋调直

钢筋调直可利用冷拉进行。若冷拉只是为了调直，而不是为了提高钢筋的强度，则调直冷拉率：HPB300 级钢筋不宜大于 4%，HRB335、HRB400 和 RRB400 级钢筋不宜大于 1%。如果所使用的钢筋无弯钩弯折要求时，调直冷拉率可适当放宽，HPB300 级钢筋不大于 6%；HRB335、HRB400 级钢筋不超过 2%。除利用冷拉调直外，粗钢筋还可采用锤直和板直的方法。直径为 4～14mm 的钢筋可采用调直机进行调直。

2. 钢筋除锈

为了保证钢筋与混凝土之间的握裹力，在钢筋使用前，应将其表面的油渍、漆污、铁锈等清除干净。钢筋的除锈，一是在钢筋冷拉或调直过程中除锈，这对大量钢筋除锈较为经济；二是采用电动除锈机除锈，对钢筋局部除锈较为方便；三是采用手工除锈（用钢丝刷、砂盘）、喷沙和酸洗除锈等。

3. 钢筋切断

钢筋下料时须按下料长度切断。钢筋剪切可采用钢筋切断机或手动切断器。后者一般只用于切断直径小于 12mm 的钢筋；前者可切断 40mm 的钢筋；大于 40mm 的钢筋常用氧乙炔焰或电弧割切或锯断。钢筋的下料长度应力求准确，其允许偏差为±10mm。

4. 钢筋弯曲

钢筋下料后，应按弯曲设备特点及钢筋直径和弯曲角度进行画线，以便弯曲成设计所要求的尺寸。钢筋弯曲成型后，形状、尺寸必须符合设计要求。

四、钢筋的绑扎安装与验收

钢筋混凝土的浇捣过程中，为了使钢筋不发生变形和位移，充分发挥钢筋在混凝土中的作用，必须采用绑扎或焊接的方法，把不同形状的若干单根钢筋组合成钢筋网片或骨架。钢筋网片、骨架的制作方法有预制法和现场绑扎法两种。钢筋网片和骨架绑扎成型，简便易行，是土木工程中普遍采用的方法。

（一）钢筋网片、骨架制作前的准备工作

钢筋网片、骨架制作成型的正确与否，直接影响着结构构件的受力性能，因此，必须重视并妥善组织这一技术工作。

1. 熟悉施工图纸

在学习施工图纸时，要明确各个单根钢筋的形状及各个细部的尺寸，确定各类结构的绑扎程序，如发现图纸中有错误或不当之处，应及时与工程设计部门联系协同解决。

2. 核对钢筋配料单及料牌

学习施工图纸的同时，应核对钢筋配料单和料牌，再根据配料单和料牌核对钢筋半成品的钢号、形状、直径和规格数量是否正确，有无错配、漏配及变形，如发现问题，应及时整修增补。

3. 工具、附件的准备

绑扎钢筋用的工具和附件主要有扳手、铁丝、小撬棒、马架、画线尺等，还要准备水泥砂浆垫块或塑料卡等保证保护层厚度的附件以及钢筋撑脚或混凝土撑脚等保护钢筋网片位置正确的附件等。

绑扎钢筋的铁丝一般采用 20～22 号铁丝或镀锌铁丝，其中 22 号铁丝只用于绑扎直径 12mm 的钢筋。

水泥砂浆垫块的厚度应等于保护层厚度。垫块的平面尺寸：当保护层厚度等于或小于 20mm 时为 30mm×30mm，大于 20mm 时为 50mm×50mm；当在垂直方向使用垫块时，可在垫块中埋入 20 号铁丝，以便将垫块捆绑在钢筋上；水泥砂浆垫块呈梅花形均匀交错布置。塑料卡的形状有两种：塑料垫块和塑料环圈。塑料垫块在两个方向均有凹槽，能适应两种保护层厚度，用于水平构件（如梁、板）；塑料环圈用于垂直构件（如柱、墙），要用时钢筋从卡嘴进入卡腔，由于塑料环圈有弹性，可使卡腔的大小能适应钢筋直径的变化。钢筋撑脚所用钢筋直径根据浇筑的混凝土构件的厚度确定，通常每隔 1m 放置一个，呈梅花形交错布置。

4. 画钢筋位置线

平板或墙板的钢筋，在模板上画线；柱的箍筋，在两根对角线主筋上画点；梁的箍筋，在架立筋上画点；基础的钢筋，在两向各取一根钢筋上画点或在固定架上画线。钢筋接头的画线，应根据到料规格，结合规范对有关接头位置、数量的规定，使其错开并在模板上画线。

5. 研究钢筋安装顺序，确定施工方法

在熟悉施工图纸的基础上，要仔细研究钢筋安装的顺序，特别是在比较复杂的钢筋安装工程中，应先确定每根钢筋穿插就位的顺序，并结合现场实际情况和技术工人的水平以减少绑扎困难。

（二）钢筋网片、骨架的制作与安装

1. 钢筋网片、骨架的钢筋搭接长度

（1）当纵向受拉钢筋的绑扎搭接接头面积百分率不大于 25%时，其最小搭接长度应符合表 4-14 的规定。搭接接头面积百分率按同一连接区段计算，GB 50010—2010《混凝土结构设计规范》规定，同一连接区段为 1.3*L*（*L* 为搭接长度），接头面积百分率是这个连接区段内搭接钢筋的面积与全部钢筋面积的比值。

表 4-14　　纵向受拉钢筋的最小搭接长度

钢筋种类	混凝土强度等级			
	C15	C20～C25	C30～C35	≥C40
HPB300 级光圆钢筋	45*d*	35*d*	30*d*	25*d*
HRB335 级带肋钢筋	55*d*	45*d*	35*d*	30*d*
HRB400 级带肋钢筋	—	55*d*	40*d*	35*d*

（2）当纵向受拉钢筋搭接接头面积百分率大于 25%，但不大于 50%时，其最小搭接长度应按表 4-14 中的数值乘以系数 1.4 取用；当接头面积百分率大于 50%时，应按表 4-14 中的数值乘以系数 1.6 取用。

（3）当符合下列条件时，纵向受拉钢筋的最小搭接长度应根据上述两项规定确定，并按下列规定进行修正：

当带肋钢筋的直径大于 25mm 时，其最小搭接长度应按相应数值乘以系数 1.1 取用。

对环氧树脂涂层的带肋钢筋，其最小搭接长度应按相应数值乘以系数 1.25 取用。

当在混凝土凝固过程中受力钢筋易受扰动时（如滑模施工），其最小搭接长度按相应数值乘以系数 1.1 取用。

对末端采用机械锚固措施的带肋钢筋，其最小搭接长度可按相应数值乘以系数 0.7 取用。

当带肋钢筋的混凝土保护层厚度大于搭接钢筋直径的 3 倍且配有箍筋时，其最小搭接长度可按相应数值乘以系数 0.8 取用。

对有抗震设防要求的结构构件，其受力钢筋的最小搭接长度对一、二级抗震等级应按相应数值乘以系数 1.15 取用；对三级抗震等级应按相应数值乘以系数 1.05 取用。

在任何情况下，受拉钢筋的搭接长度不应小于 300mm。

（4）纵向受压钢筋搭接时，其最小搭接长度应根据上述三项的规定确定相应数值后，再乘以系数 0.7 取用；在任何情况下，受压钢筋的搭接长度不应小于 200mm。

（5）在受力钢筋搭接长度范围内，必须按设计要求配置箍筋，当设计无明确要求时，应符合下列规定：

箍筋直径不应小于 0.25*d*，*d* 为搭接钢筋的较大直径。

受拉搭接区段，箍筋间距不应大于 5*d*，且不应大于 100mm，*d* 为搭接钢筋的较小直径。

受压搭接区段，箍筋间距不应大于 10*d*，且不应大于 200mm，*d* 为搭接钢筋的较小直径。

当柱中纵向受力钢筋直径大于 25mm 时，应在搭接接头两个端面外 100mm 范围内各设置两个箍筋，其间距宜为 50mm。

（6）焊接钢筋骨架和焊接钢筋网片采用绑扎搭接连接时，接头不宜设置在受力较大处。焊接钢筋骨架和焊接钢筋网片在受力方向的搭接长度不应小于表 4-14 中相应数值的 0.7 倍，且在受拉区不得小于 250mm，在受压区不宜小于 200mm，焊接钢筋网片在非受力方向的搭接长度不宜小于 100mm。

2. 钢筋网片、骨架的预制与安装

预制钢筋网片和钢筋骨架应根据结构配筋特点及起重运输能力来分段，一般钢筋网片的分块面积为 6～20m^2，钢筋骨架分段长度为 6～12m。为了防止钢筋网片、骨架在运输和安装过程中发生歪斜变形，应采取临时加固措施。钢筋网片和骨架的吊点应根据其尺寸、重量、刚度来确定。宽度大于 1m 的水平钢筋网片采用四点起吊；跨度小于 6m 的钢筋骨架采用两点起吊；跨度大、刚度差的钢筋骨架应采用横吊梁四点起吊。

3. 钢筋网片、骨架的现场制作与安装

由于受到钢筋网片、骨架运输条件和变形控制的限制，多采用现场进行绑扎安装钢筋的方法。现场绑扎安装钢筋时，要根据不同构件的特点和现场条件，确定绑扎顺序，如厂房柱，一般是先绑下柱，再绑牛腿，后绑上柱；桁架，一般是先绑腹杆，再绑上、下弦，后绑节点；在框架结构中是先绑柱，其次是主梁、次梁、边梁，最后是楼板钢筋。

（1）基础钢筋。钢筋网的绑扎：四周两行钢筋交叉点应每点扎牢，中间部分交叉点可相隔交错扎牢，但必须保证受力钢筋不发生位移。双向主筋的钢筋网，则须将全部钢筋相交点扎牢。绑扎时应注意相邻绑扎点的铁丝扣要成八字形，以免网片歪斜变形。

基础底板采用双层钢筋网时，在上层钢筋网下面应设置钢筋撑脚或混凝土撑脚。以保证钢筋位置正确，钢筋撑脚每隔 1m 放置一个，其直径选用：当板厚 $h \leqslant 300$mm 时为 8～10mm，当板厚 $h=300 \sim 500$mm 时为 12～14mm，当 $h>500$mm 时为 16～18mm。钢筋的弯钩应朝上，双层钢筋网的上层钢筋弯钩应朝下，不要倒向一边。独立柱基础受力为双向弯曲，其底面长边钢筋应放在短边钢筋的下面。现浇柱与基础连接用的插筋，其箍筋应比柱的箍筋缩小一个柱筋直径，以便连接；插筋位置一定要固定牢靠，以免造成柱轴线偏移。

（2）柱钢筋。先将插筋上的锈皮、水泥浆等污垢清扫干净，并整理调直插筋。按事先计算好的箍筋数量将箍筋套在基础或楼层顶板插筋上，然后立柱的四角主筋并与插筋扎牢，再立其余主筋。每根柱钢筋与插筋绑扎不得少于两扣箍筋，绑扎扣要向内，便于箍筋向上移动。在立好的柱钢筋上画线，将箍筋依线往上移动，由上往下宜采用缠扣绑扎，箍筋与主筋垂直，箍筋转角与主筋的交点均要绑扎，主筋与箍筋平直部分的相交点成梅花形交错绑扎，各箍筋的接头即弯钩重合处，应沿柱子竖向交错布置。框架梁、牛腿及柱帽等的钢筋，应放在柱的纵向钢筋内侧。柱钢筋的绑扎，应在模板安装前进行。

（3）梁、板钢筋。梁、板钢筋绑扎时应防止水电管线将钢筋抬起或压下，纵向受力钢筋采用双层排列时，两排钢筋之间应垫以直径≥25mm 的短钢筋，以保持其净距离。箍筋的接头（弯钩叠合处）应交错布置在两根架立筋上，其余同柱。板的钢筋网绑扎与基础相同，但应注意板上部的负筋，要防止被踩下，特别是雨篷、挑檐、阳台等悬臂板，要严格控制负筋位置，以免拆模后这些构件断裂。板、次梁与主梁交叉处，板的钢筋在上，次梁的钢筋居中，主梁的钢筋在下。当有圈梁或垫梁时，主梁的钢筋在上。框架节点处钢筋穿插十分稠密时，应特别注意梁顶面主筋间的净距要保证 30mm，以便于浇筑混凝土。梁钢筋的绑扎与模板安装之间的配合关系：当梁的高度较小时，梁的钢筋架空在梁顶上绑扎，然后再落位；当梁的高度较大（≥1.2m）时，梁的钢筋宜在梁底模上绑扎，其两侧模或一侧模后装。

(4) 墙钢筋。采用双层钢筋网时，在两层钢筋之间应设置撑铁，以固定钢筋间距，撑铁可用直径6～10mm的钢筋制成，按1m左右间距相互错开布置。墙的钢筋网片绑扎同基础，钢筋的弯钩应朝内。墙（包括水塔壁、烟囱筒身、池壁等）的垂直钢筋每段长度不宜超过4m（钢筋直径$d \leqslant 12$mm）或6m（直径$d > 12$mm），水平钢筋每段长度不宜超过8m，以利于绑扎。墙的钢筋，可在基础钢筋绑扎后、浇筑混凝土前插入基础内。

（三）钢筋网片、骨架的验收

钢筋网片、骨架绑扎安装完毕后，浇混凝土前应进行验收，并作好隐蔽工程记录。检查的内容主要有以下几方面：

(1) 钢筋的级别、直径、根数、间距、位置和预埋件的规格、位置、数量是否与设计图相符，要特别注意悬挑结构，如阳台、挑梁、雨棚等的上部钢筋位置是否正确，浇筑混凝土时是否会被踩下。

(2) 钢筋接头位置、数量、搭接长度是否符合规定。

(3) 钢筋绑扎是否牢固，钢筋表面是否清洁，有无污物、铁锈等。

(4) 混凝土保护层是否符合要求等。

钢筋工程属于隐蔽工程，在浇筑混凝土前应对钢筋及预埋件进行验收，并做好隐蔽工程记录，以便查证。

第三节 混 凝 土 工 程

混凝土工程包括配料、搅拌、运输、浇捣、养护等过程。在整个工艺过程中，各工序紧密联系又相互影响，如对其中任一工序处理不当，都会影响混凝土工程的最终质量。对混凝土的质量要求，不但要具有正确的外形，而且要获得良好的强度、密实性和整体性，因此，在施工中对每一个环节采取适当合理的措施保证混凝土工程质量是一个很重要的问题。

一、混凝土配合比的确定

混凝土配合比应根据材料的供应情况、设计混凝土强度等级、混凝土施工和易性的要求等因素来确定，并应符合合理使用材料和经济的原则。合理的混凝土配合比应能满足两个基本要求：既要保证混凝土的设计强度，又要满足施工所需要的和易性。对于有抗冻、抗渗等要求的混凝土，尚应符合相关的规定。

（一）施工配合比的换算

混凝土设计配合比是根据完全干燥的砂、石骨料确定的，但实际使用的砂、石骨料一般都含有一些水分，而且含水量经常随气象条件发生变化。所以，在拌制时应及时测定砂、石骨料的含水率，并将设计配合比换算为骨料在实际含水量情况下的施工配合比。

若混凝土的实验室配合比为水泥∶砂∶石∶水＝$1:S:G:W$，而现场测出砂的含水率为W_s，石的含水率为W_g，则换算后的施工配合比为

$$1:S(1+W_s):G(1+W_g):(W-SW_s-GW_g) \tag{4-9}$$

【例4-4】 已知设计配合比为$C:S:G:W=439:566:1202:193$，经测定砂子的含水率为3%，石子的含水率为1%，求每立方米混凝土的材料用量和混凝土施工配合比。

解 每立方米混凝土的材料用量为

水泥 $C=439kg$（不变）

砂子 $S'=S(1+W_s)=566(1+3\%)=583kg$

石子 $G'=G(1+W_g)=1202(1+1\%)=1214kg$

水 $W'=193-(566\times3\%+1202\times1\%)=164kg$

故施工配合比为 439∶583∶1214∶164。

（二）施工配料

求出混凝土施工配合比后，还须根据工地现有搅拌机的装料容量进行配制。

【例 4-5】 如［例 4-4］，采用搅拌机的出料容量为 400L 时，求每搅拌一次（即一盘）混凝土的装料数量。

解 每搅拌一次（即一盘）混凝土的装料数量为

水泥＝439×0.4＝175.6kg（实用 150kg，即三袋水泥）

$$砂子=583\times\frac{150}{439}=199.2kg$$

$$石子=1214\times\frac{150}{439}=414.8kg$$

$$水=164\times\frac{150}{439}=56kg$$

【例 4-6】 已知某混凝土的实验室配合比为 280∶820∶1100∶199（为每立方米混凝土用量），已测出砂的含水率为 3.5%，石子的含水率为 1.2%，搅拌机的出料容积为 400L，若采用袋装水泥（50kg 一袋），求每搅拌一罐混凝土所需各种材料的用量。

解 混凝土的实验室配合比折算为

$$1:S:G:W=1:2.93:3.98:0.71$$

将原材料的含水率考虑进去计算出施工配合比为

$$1:3.03:3.98:0.56$$

每搅拌一罐混凝土水泥用量为 280×0.4＝112kg（实用两袋水泥 100kg）

则搅拌一罐混凝土砂用量为 100×3.03＝303kg

搅拌一罐混凝土石子用量为 100×3.98＝398kg

搅拌一罐混凝土水用量为 100×0.56＝56kg

（三）严格控制材料称量

施工配合比确定以后，就需对材料进行称量，称量是否准确将直接影响混凝土的强度。为严格控制混凝土的配合比，搅拌混凝土时应根据计算出的各组成材料的一次投料量，采用重量准确投料。其重量偏差不得超过以下规定：水泥、外掺混合材料为±2%；粗、细骨料为±3%；水、外加剂溶液为±2%。各种衡量器应定期校验，经常保持准确。骨料含水量应经常测定，雨天施工时，应增加测定次数。

（四）混凝土外加剂

为了改善混凝土的性能，提高其经济效果，以适应新结构、新技术发展的需要，大力改进混凝土制备、养护工艺以及砂、石级配的同时，还广泛地采用掺外加剂的办法，以改善混凝土的性能，加速工程进度或节约水泥，满足混凝土在施工和使用中的一些特殊要求，保证工程顺利进行。

外加剂的种类繁多，按其作用不同可分为减水剂（塑化剂）、早强剂、促凝剂、缓凝剂、引气剂（加气剂）、防水剂、抗冻剂、保水剂、膨胀剂和阻锈剂等，商品外加剂往往是复合型的外加剂。

1. 减水剂

减水剂是一种表面活性材料，加入混凝土中，定向吸附于水泥颗粒表面，增加了水泥颗粒之间的静电斥力，对水泥颗粒起扩散作用，能把水泥凝胶体中所包含的游离水释放出来，从而能保证混凝土工作性能不变而显著减少拌和用水量，降低水灰比，改善和易性，增加流动性，节约水泥，有利于混凝土强度的增长及物理性能的改善。对于不透水性要求较高的、大体积的、泵送的混凝土等，采用减水剂最为合适。

2. 早强剂

早强剂可使混凝土加速其硬化过程，提高早期强度，对加速模板周转、加快工程进度、节约冬期施工费用。常用早强剂有氯化钙、硫酸钠、硫酸钾等，可根据工程实际情况选用。但氯化物对钢筋有锈蚀作用，并影响混凝土收缩性，故钢筋混凝土氯盐掺量不得超过水泥质量的1%（无筋混凝土为3%），否则应加入阻锈剂，并禁止使用于预应力结构和大体积混凝土中。

3. 促凝剂

起加速水泥的凝结硬化作用，用于快速施工、堵漏、喷射混凝土等，其作用与早强剂略有区别。常用的速凝剂与水泥在加水拌和时立即反应，使水泥中的石膏丧失其缓慢作用，促使C_3A迅速水化，并在溶液中析出其水化物，导致水泥浆迅速凝固。如掺入水泥质量2.5%～3.5%的711速凝剂，水灰比0.4左右，可使水泥在5min内初凝，10min内终凝，抗渗性、抗冻性和黏结能力都有所提高，前7d强度比不掺者高，但7d以后强度则较不掺者低。

4. 缓凝剂

缓凝剂是延长混凝土从塑性状态转化到固性状态所需的时间，并对其后期强度的发展无明显影响的外加剂，它广泛应用于油井工程、大体积混凝土和气候炎热地区的混凝土工程及长距离运输的混凝土。缓凝剂具有缓凝、延长水化热放热时间等功用，多与减水剂复合应用。如我国常用的糖蜜缓凝剂，当掺量为水泥质量的0.2%～0.4%时，可缓凝2～3h，减水5%～8%，节约水泥10%左右，并可减小混凝土收缩，提高其抗渗性。

5. 引气剂

混凝土中渗入引气剂，能产生很多密闭的微气泡，可增加水泥浆体积，减小砂石之间的摩擦力及切断与外界相通的毛细孔道，因而可改善混凝土的和易性，减少拌和用水量，提高抗渗、抗冻和抗化学侵蚀能力，适用于水工结构。但混凝土的强度一般随含气量的增加而下降，使用时应严格控制掺量，一般松香热聚物、松香酸钠的掺用量为水泥质量的0.01%，铝粉加气剂掺用量为0.03%。含气量控制在3%～6%范围内，相应减少用水量，对强度损失不大。

6. 防水剂

防水剂是用以配制防水混凝土的方法之一。其种类较多，如用按水泥质量的0.05%松香酸钠和0.075%的氯化钙配制成的复合加气剂防水混凝土，其防渗能力可达1.2～3.5MPa，用水玻璃配制的混凝土不仅能防水，而且还有很大的黏结力和速凝作用，对于修补工程和堵塞漏水有很好的效果。

7. 抗冻剂

抗冻剂可以在一定负温度范围内，保持混凝土水分不受冻结，并促使其凝结、硬化。如氯化钠、碳酸钾可降低冰点；氯化钙不仅能降低冰点，而且还可起促凝作用。目前常用的亚硝酸钠与硫酸盐复合剂，对钢筋无腐蚀，能适用于－10℃环境下的施工，而且对混凝土有明显的塑化作用，其效果优于氯化钙、碳酸钾等抗冻剂。缺点主要是用量较大时有盐析现象，影响结构美观。

8. 阻锈剂

阻锈剂实质上是一种比铁具有更强还原性的离子化合物，掺入混凝土后以减少金属失去电子的趋势，从而起到防锈的目的。在混凝土中掺有氯盐等可腐蚀钢筋的外加剂时，往往同时使用阻锈剂。常用阻锈剂有亚硝酸钠、草酸钠、硫代硫酸钠和苯甲酸等。

其他外加剂可查有关材料手册。但在选用时应注意：在正式使用外加剂之前，应该进行相应的试验，以决定适当的掺量；使用时要准确控制掺量，相应调整水灰比及均匀搅拌。

二、混凝土的拌制

混凝土的拌制是将水泥、水、粗细骨料和外加剂等原材料混合在一起，进行均匀拌和的过程。搅拌后的混凝土要求匀质，且达到设计要求的和易性和强度。

（一）搅拌机的选择

目前普遍使用的搅拌机根据其搅拌机理可分为自落式搅拌机和强制式搅拌机两大类。

1. 自落式搅拌机

自落式搅拌机搅拌鼓筒内壁装有叶片，随着鼓筒的转动，叶片不断将混凝土拌和料提高，然后利用物料的重量自由下落，达到均匀拌和的目的。自落式搅拌机筒体和叶片磨损较小，易于清理，但搅拌力量小，动力消耗大，效率低，主要用于搅拌流动性和低流动性混凝土。

2. 强制式搅拌机

强制式搅拌机是利用搅拌筒内运动着的叶片强迫物料朝着各个方向运动，由于各物料颗粒的运动方向、速度各不相同，相互之间产生剪切滑移而相互穿插、扩散，从而在很短的时间内，使物料拌和均匀，其搅拌机理被称为剪切搅拌机理。

强制式搅拌机具有搅拌质量好、速度快、生产效率高、操作简便及安全等优点，但机件磨损严重，强制搅拌机适用于搅拌干硬性或低流动性混凝土和轻骨料混凝土。

（二）混凝土搅拌站

搅拌站是生产混凝土的场所，根据混凝土生产能力、工艺安排、服务对象的不同，搅拌站可分为现场混凝土搅拌站和大型预拌混凝土搅拌站两类。

1. 现场混凝土搅拌站

现场混凝土搅拌站由于使用期限不长，一般采用简易形式，以减少投资。为了减轻工人的劳动强度，改善劳动条件，提高生产效率，现场混凝土搅拌站正在逐步向机械化和自动化方向发展。图 4-36 所示为一个简易的现场混凝土搅拌站示意图。它结构简单，制作方便，不需专用设备，易于装拆搬运。砂、石运到工地堆场后，用卷扬机牵动手扶拉铲将砂、石送到卸料斗内。在卸料斗下设有计量计，沙、石、水泥经计量后卸入搅拌

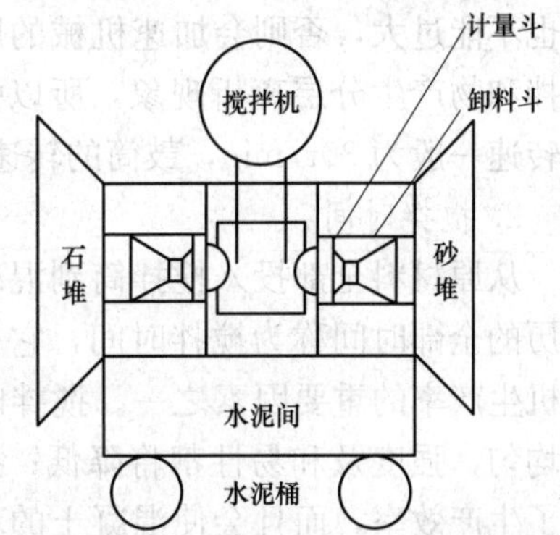

图 4-36　现场混凝土搅拌站示意图

机上料斗内，然后被提升送至搅拌筒内搅拌。沙、石装料和计量工作能自动进行。整个搅拌站只需四人操作就能完成各项工作。

2. 大型预拌混凝土搅拌站

大型混凝土搅拌站有单阶式和双阶式两种。

(1) 单阶式混凝土搅拌站是由皮带螺旋输送机等运输设备一次将原材料提升到需要高度后，靠自重下落，依次经过储料、称量、集料、搅拌等程序，完成整个搅拌生产流程，如图 4-37 所示。单阶式搅拌站具有工作效率高、自动化程度高、占地面积小等优点，但一次投资大。

(2) 双阶式混凝土搅拌站是将原材料一次提升后，依靠材料的自重完成储料、称量、集料等工艺，再经第二次提升进入搅拌机进行搅拌，如图 4-38 所示。双阶式搅拌站的建筑物总高度较小，运输设备较简单，和单阶式相比投资相对要少，但材料需经两次提升进入拌筒，其生产效率和自动化程度较低，占地面积较大。

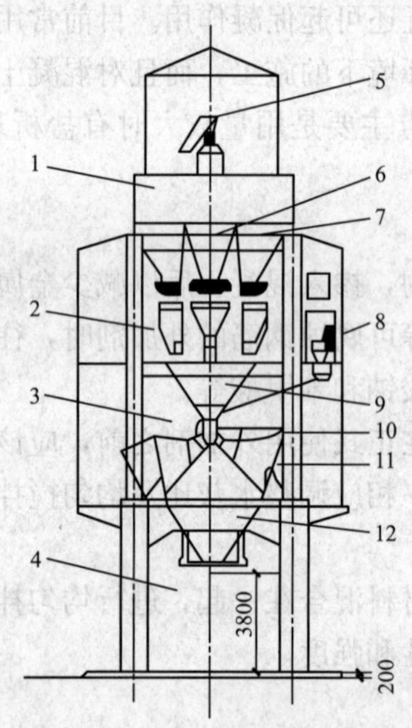

图 4-37 单阶式混凝土搅拌站

1—料仓层；2—称量层；3—搅拌层；4—底层；5—旋转布料器；6—水泥料仓；7—砂、石料仓；8—集中控制筒；9—集料斗；10—两路滑槽；11—搅拌机；12—混凝土漏斗

(三) 搅拌制度的确定

为了获得均匀优质的混凝土拌和物，除合理选择搅拌机的型号外，还必须正确地确定搅拌制度，包括搅拌机的转速、搅拌时间、装料容积及投料顺序等。

1. 搅拌机转速

对自落式搅拌机，转速过高时，混凝土拌和料会在离心力的作用下吸附于筒壁不能自由下落；而转速过低时，既不能充分拌和，又将降低搅拌机的生产率。为此搅拌机转速应满足下式的要求，即

$$n=\frac{13}{\sqrt{R}}\sim\frac{16}{\sqrt{R}} \tag{4-10}$$

式中 R——搅拌筒半径，m。

对于强制搅拌机虽不受重力和离心力的影响，但其转速也不能过大，否则会加速机械的磨损，同时也易使混凝土拌和物产生分层离析现象，所以强制式搅拌机叶片转轴的转速一般为 30r/min，鼓筒的转速为 6～7r/min。

2. 搅拌时间

从原材料全部投入搅拌筒到混凝土拌和物开始卸出所经历的全部时间称为搅拌时间，它是影响混凝土质量及搅拌机生产率的重要因素之一。搅拌时间过短，混凝土拌和不均匀，强度及和易性都将降低；搅拌时间过长，不仅降低了生产效率，而且会使混凝土的和易性降低或产生分层离析现象。搅拌时间的确定与搅拌机型号、骨料品种和粒

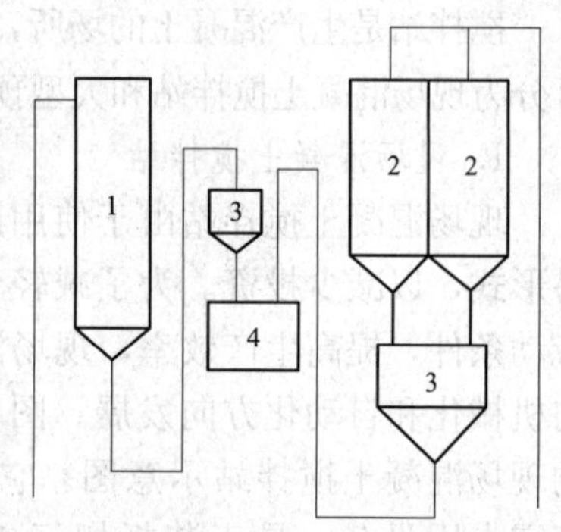

图 4-38 双阶式混凝土搅拌站

1—水泥仓；2—骨料储料斗；3—称量系统；4—搅拌机

径以及混凝土的和易性等有关。混凝土搅拌的最短时间可按表 4-15 采用。

表 4-15　混凝土搅拌的最短时间　s

混凝土的坍落度（mm）	搅拌机机型	搅拌机的出料量（L）		
		＜250	250～500	＞500
≤30	强制式	60	90	120
	自落式	90	120	150
＞30	强制式	60	60	90
	自落式	90	90	120

注　1. 掺有外加剂时，搅拌时间应适当延长；

2. 当采用其他形式的搅拌设备时，搅拌的最短时间应按设备说明书的规定或经试验确定；

3. 全轻混凝土宜用强制式搅拌机搅拌，砂轻混凝土可采用自落式搅拌机搅拌，但时间应延长 60～90s。

3. 装料容积

搅拌机的装料容积指搅拌一罐混凝土所需各种原材料松散体积的总和。为了保证混凝土得到充分拌和，装料容积通常只为搅拌机几何容积的 1/2～1/3。一次搅拌好的混凝土体积称为出料容积，约为装料容积的 0.5～0.75（又称出料系数）。如 J1-400 自落式移动搅拌机，其装料容积为 400L，出料容积 260L。搅拌机不宜超载，如装料超过装料容积的 10%，就会影响混凝土拌和物的均匀性，反之，装料过少又不能充分发挥搅拌机的效能。

4. 投料顺序

在确定混凝土各种原材料的投料顺序时，应考虑如何保证混凝土的搅拌质量，减少机械磨损和水泥飞扬，减少混凝土的粘罐现象，降低能耗和提高劳动生产率等。目前采用的投料顺序有一次投料法、二次投料法。

（1）一次投料法。这是目前广泛使用的一种方法，也就是将砂、石、水泥依次放入料斗后再和水一起进入搅拌筒进行搅拌。这种方法工艺简单、操作方便。当采用自落式搅拌时常用的加料顺序是先倒石子，再加水泥，最后加砂。这种投料顺序的优点就是水泥位于砂石之间，进入拌筒时可减少水泥飞扬，同时砂和水泥先进入拌筒形成砂浆，可缩短包裹石子的时间，也避免了水向石子表面聚集产生的不良影响，可提高搅拌质量。

（2）二次投料法。二次投料法又可分为预拌水泥砂浆法和预拌水泥净浆法。

预拌水泥砂浆法是指先将水泥、砂和水投入拌筒搅拌 1～1.5min 后，加入石子再搅拌 1～1.5min。

预拌水泥净浆法是先将水和水泥投入拌筒搅拌 1/2 搅拌时间，再加入砂石搅拌到规定时间。

由于预拌水泥砂浆或水泥净浆对水泥有一种活化作用，因而搅拌质量明显高于一次投料法。若水泥用量不变，混凝土强度可提高 15%左右，或在混凝土强度相同的情况下，可减少水泥用量 15%～20%。

当采用强制式搅拌机搅拌轻骨料混凝土时，若轻骨料在搅拌前已经预湿，则合理的加料顺序应是：先加粗细骨料和水泥搅拌 30s，再加水继续搅拌到规定时间；若在搅拌前轻骨料未经预湿，则先加粗、细骨料和总用水量的 1/2 搅拌 60s 后，再加水泥和剩余 1/2 用水量搅拌到规定时间。

三、混凝土运输

混凝土搅拌完毕后应及时将混凝土运输到浇筑地点。其运输方案应根据施工对象的特点、混凝土的工程量、运输距离、道路、气候条件、运输的客观条件及现有设备等综合进行考虑。

(一)运输混凝土的基本要求

(1)保证混凝土的浇筑量。尤其是在不允许留施工的情况下,混凝土运输必须保证其浇筑工作能够连续进行,为此,应按混凝土最大浇筑量和运距来选择运输机具设备的数量及型号。同时,也要考虑运输机具设备与搅拌机设备的配合,一般运输机具的容积是搅拌机出料容积的倍数。

(2)混凝土在运输过程中应保持其匀质性,不分层、不离析、不漏浆,运到浇筑地点后应具有规定的坍落度,并保证有充足的时间进行浇筑和振捣。若混凝土到达浇筑地点时已出现离析或初凝现象,则必须在浇筑前进行二次搅拌,待拌和为匀质的混凝土后方可浇筑。

应选用不漏浆、不吸水的容器运输混凝土,且在使用前用水湿润,以避免吸收混凝土内的水分导致混凝土坍落度过分减少。

(3)混凝土应以最少的转运次数和最短的时间,从搅拌地点运至浇筑现场,在混凝土初凝前浇筑完毕,混凝土从搅拌机中卸出到浇筑完毕的延续时间不宜超过表 4 - 16 的规定。

表 4 - 16　混凝土从搅拌机中卸出到浇筑完毕的延续时间　min

混凝土强度等级	气温	
	不高于 25℃	高于 25℃
不高于 C30	120	90
高于 C30	90	60

注　1. 对掺有外加剂或采用快硬水泥拌制的混凝土,其延续时间应按试验确定;
2. 对轻骨料混凝土,其延续时间应适当缩短。

(4)当混凝土从运输工具中自由倾倒时,由于骨料的重力克服了物料间的黏聚力,大颗粒骨料明显集中于一侧或底部四周,从而与砂浆分离即出现离析,当自由倾倒高度超过 2m 时,这种现象尤其明显,混凝土将严重离析。为保证混凝土的质量,采取相应预防措施,规范规定:混凝土自高处倾落的自由高度不应超过 2m;否则,应使用串筒、溜槽或振动溜管等工具协助下落,并应保证混凝土出口的下落方向垂直,串筒的向下垂直输送距离可达 8m。串筒及溜管外形,如图 4 - 39 所示。

在运输过程中混凝土坍落度往往会有不同程度的减少,减少的原因主要是运输工具失水漏浆、骨料吸水、夏季高温天气等。为保证混凝土运至施工现场后能顺利浇筑,运输工具应严密不漏浆,运输前用水湿润容器;夏季应采取措施防止水分大量蒸发;雨天则应采取防水措施。

(二)混凝土运输机具

运输混凝土的机具很多,根据工程情况和设备配置选用。

混凝土运输机具的种类繁多,一般分为间歇式运输机具(如手推车、自卸汽车、机动翻斗车、搅拌运输车,各种类型的井架、桅杆、塔吊以及其他起重机械等)和连续式运输机具(如皮带运输机、混凝土泵等)两类,可根据施工条件进行选用。其中,混凝土搅拌运输车可长距离运送，是今后发展的方向。

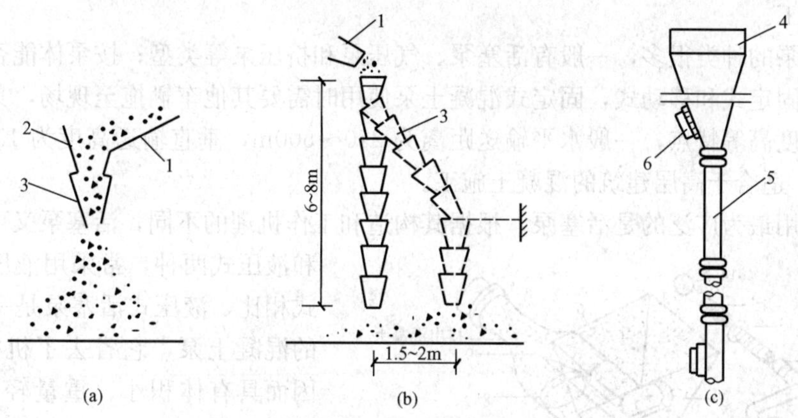

图 4 - 39　防止混凝土离析的措施

(a) 溜槽；(b) 串筒；(c) 振捣溜管

1—溜槽；2—挡板；3—串筒；4—漏斗；5—节管；6—振动器

手推车主要用于短距离水平运输，具有轻巧、方便的特点，其容量为 0.07～0.1m³，机动翻斗车具有轻便灵活、速度快、效率高、能自动卸料、操作简便等特点，容量为 0.4m³，一般与出料容积为 400L 的搅拌机配套使用，适用于短距离混凝土的运输或砂石等散装材料的倒运。

混凝土搅拌运输车是一种用于长距离运输混凝土的施工机械，它是将运输混凝土的搅拌筒安装在汽车底盘上，把在预拌混凝土搅拌站生产的混凝土成品装入拌筒内，然后运至施工现场。在整个运输过程中，混凝土搅拌筒始终在作慢速转动，从而使混凝土在长途运输后，仍不会出现离析现象，以保证混凝土的质量。当运输距离很长，采用上述运输工具难以保证运输质量时，可采用装载干料运输、拌和用水另外存放的方法，当快到浇筑地点时方加水搅拌，待到达浇筑地点时混凝土也已搅拌完毕，便可卸料进行浇筑。混凝土搅拌运输车的外形，如图 4 - 40 所示。

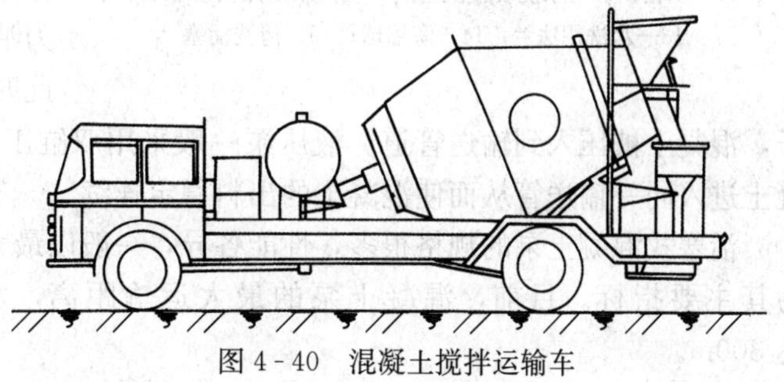

图 4 - 40　混凝土搅拌运输车

井架主要用于多层或高层建筑施工中混凝土的垂直运输，由井架、卷扬机、吊盘、自动倾卸吊斗、拔杆和钢丝缆风绳组成。具有构造简单、装拆方便、投资少的优点，起重高度一般为 25～40m。

塔式起重机是高层建筑施工中垂直和水平的主要运输机械，把它和一些浇筑用具配合起来，可很好地完成混凝土的运输任务。

利用泵送混凝土是当今混凝土工程施工中的一项先进技术，也是今后的发展趋势。混凝土泵的工作原理就是利用泵体的挤压力将混凝土挤压进管路系统并到达浇筑地点，同时完成水平运输和垂直运输。混凝土泵连续浇筑混凝土、施工速度快、生产效率高，工人劳动强度明显降低，还可提高混凝土的强度和密实度。混凝土泵适用于一般多高层建筑、水下及隧道等工程的施工。

混凝土泵的种类很多，一般有活塞泵、气压泵和挤压泵等类型；按泵体能否移动，混凝土泵可分为固定式和移动式，固定式混凝土泵使用时需要其他车辆拖至现场，具有输送能力强、输送高度高等特点，一般水平输送距离为250～600m，垂直输送高度为150m，输送能力60m^3/h，适合于高层建筑的混凝土施工。

目前应用最为广泛的是活塞泵，根据其构造和工作机理的不同，活塞泵又可分为机械式和液压式两种，常采用液压式。与机械式相比，液压式活塞泵是一种较为先进的混凝土泵，它省去了机械传动系统，因而具有体积小、重量轻、使用方便、工作效率高等优点。液压泵还可进行逆运转，迫使混凝土在管路中作往返运动，有助于排除管道堵塞和处理长时间停泵问题。其工作原理如图4-41所示。

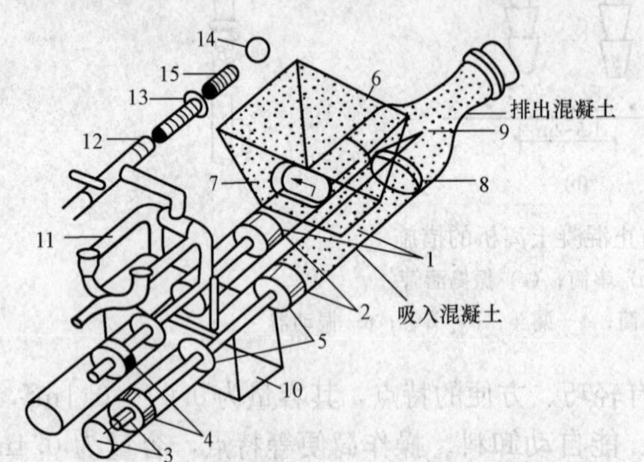

图4-41 液压活塞式混凝土泵工作原理图

1—混凝土缸；2—推压混凝土活塞；3—液压缸；4—液压活塞；5—活塞杆；6—料斗；7—吸入阀门；8—排出阀门；9—Y形管；10—水箱；11—水洗装置换向阀；12—水洗用高压软管；13—水洗用法兰；14—海绵球；15—清洗活塞

混凝土拌和料进入料斗后，吸入端片阀打开，排出端片阀关闭，液压作用下活塞左移，混凝土在自重和真空吸力作用下进入液压缸。由于液压系统中压力油的进出方向相反，使得活塞右移，此时吸入端片阀关闭，压出端片阀打开，混凝土被压入到输送管道。液压泵一般采用双缸工作，交替出料，通过Y形管后，混凝土进入同一输送管从而使混凝土的出料稳定连续。

活塞式混凝土泵的规格很多，性能各异，一般以最大泵送距离和单位时间最大输出量作为其主要指标。目前，混凝土泵的最大运输距离，水平运输可达800m，垂直运输可达300m。

混凝土输送管一般采用钢管制作，管径有100、125、150mm几种规格，标准管长3m，还有1m和2m长的配套管，另外还有90°、45°、30°、15°等不同角度的弯管，用于布管时管道弯折处使用。管径的选择就根据混凝土骨料的最大粒径、输送距离、输送高度和其他工程条件来决定，为防止堵塞，石子的最大料径与输送管径之比：碎石为1∶3，卵石为1∶2.5。

管道布置时应符合“路线短、弯道少、接头密”的原则。布置水平管道时，应由远到近，将管道布置到最远的浇筑点，然后在浇筑过程中逐渐向泵的方向拆管。地面水平管一般是固定的，楼面水平管则需每浇筑一层就重新铺设一次。垂直管可以沿建筑物外墙或外柱铺接，也可利用塔吊的塔身设置，垂直管道应在底部设置基座，以防止管道因重力和冲击而下沉，并在竖管下部设逆止阀，防止停泵时混凝土倒流。

混凝土泵的最大输送距离是根据施工现场实际情况而定的。混凝土泵所能输送的最大距离性能表中标明的垂直与水平距离指的是输送管全为水平管或全为垂直管的最大输送距离，而实际输送管道是由直管、弯管、锥形管、软管等组成，各种管的阻力不同，计算输送距离时，一般须先将这些管道换算成水平直管状态。换算后得到的最大总长度应小于该混凝土泵性能标明的最大水平输送距离。

在采用泵送混凝土前，先开机用水湿润管道，然后泵送水泥浆或水泥砂浆，使管道处于充分湿润状态后，再正式泵送混凝土。如开始时就直接泵送混凝土，管道在压力状态下大量吸水，导致混凝土坍落度明显减少，则会出现堵管等质量事故，因而在泵送混凝土前充分湿润管道非常必要。

混凝土的供应能力应保证混凝土泵连续工作，尽量避免中途停歇。若混凝土供应能力不足时，宜减慢泵送速度，以保证混凝土泵连续工作。如果中途停歇时间超过 45min 或混凝土出现离析时，应立即用压力水冲洗管道，避免混凝土凝固在管道内。压送时，不要把料斗内剩余的混凝土降低到 200mm 以下，否则混凝土泵易吸入空气，导致堵塞。高温条件下施工时，需在水平输送管上覆盖两层湿草袋，以防止阳光直照，并每隔一定时间洒水湿润，这样能使管道中的混凝土不至于吸收大量热量而失水，导致管道堵塞。输送管线宜直，转弯宜缓，接头应严密，如管道向下倾斜，应防止混入空气，产生阻塞。

四、混凝土的浇筑成型

混凝土的浇筑成型就是将混凝土拌和料浇筑在符合设计要求的模板内，加以捣实并使其达到设计强度、质量要求，并满足正常使用要求的结构或构件。混凝土的浇筑成型过程包括浇筑、捣实及养护，是混凝土施工的关键，对于混凝土的密实性、结构的整体性和构件尺寸的准确性都起着决定性的作用。

（一）混凝土浇筑前的准备工作

（1）混凝土浇筑前应检查模板的标高、尺寸、位置、强度、刚度等内容是否满足要求，模板接缝是否严密；钢筋及预埋件的数量、型号、规格、摆放位置、保护层厚度等是否满足要求；模板中的垃圾应清理干净，木模板应浇水湿润，但不允许留有积水。

（2）对钢筋及预埋件应检查钢筋的级别、直径、排放位置及保护层厚度是否符合设计和规范要求，并认真作好隐蔽工程记录。

（3）准备和检查材料、机具等；注意天气预报，不宜在雨雪天气浇筑混凝土。

（4）做好施工组织工作和技术、安全交底工作。

（二）混凝土浇筑的一般规定

（1）混凝土应在初凝前浇筑，如已有初凝现象，则应进行一次强力的搅拌，使其恢复流动性后，方可入模；如有离析现象，则须重新搅拌后才能浇筑。

（2）为防止混凝土浇筑时产生分层离析现象，混凝土的自由倾落高度一般不宜超过 2m；在竖向结构（如墙、柱）中浇筑混凝土的自由倾落高度不得超过 3m；对于配筋较密或不便捣实的结构，混凝土的自由倾落高度不宜超过 0.6m；否则应采取串筒、斜槽、溜管等下料，如图 4－37 所示。

（3）浇筑竖向结构的混凝土之前，底部应先浇入 50～100mm 厚与混凝土成分相同的水泥砂浆，以避免蜂窝及麻面现象。

（4）为了使混凝土振捣密实，混凝土必须分层浇筑，其浇筑层的厚度应符合表 4－17 的规定。

表 4-17 混凝土浇筑层厚度 mm

捣实混凝土的方法		浇筑层厚度
插入式振捣		振捣器作用部分长度的 1.25 倍
表面振动		200
人工振捣	在基础、无筋混凝土或配筋稀疏的结构中	250
	在梁、墙板、柱结构中	200
	在配筋密列的结构中	150
轻骨料混凝土	插入式振捣	300
	表面振动（振动时需加荷）	200

（5）为保证混凝土的整体性，浇筑工作应连续进行。当由于技术上或施工组织上的原因必须间歇时，其间歇时间应尽可能缩短，并应在前层混凝土凝结之前，将上层混凝土浇筑完毕。间歇的最长时间应按所用水泥品种及混凝土条件确定，且不超过表 4-18 的规定，当超过时应留置施工缝。

表 4-18 混凝土运输、浇筑和间歇的允许时间 min

混凝土强度等级	气温	
	不高于 25℃	高于 25℃
不高于 C30	210	180
高于 C30	180	150

注 当混凝土中掺有促凝剂或缓凝型外加剂时，其允许时间应根据试验结果确定。

（6）施工缝位置应在混凝土浇筑之前确定，并宜留置在结构受剪力较小且便于施工的部位。柱应留水平缝，梁、板、墙应留垂直缝。

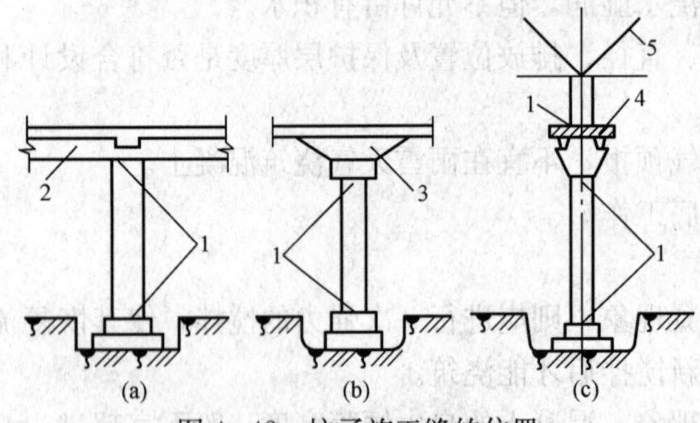

图 4-42 柱子施工缝的位置

（a）肋形楼板柱；（b）无梁楼板柱；（c）吊车梁柱

1—施工缝；2—梁；3—柱帽；4—吊车梁；5—屋架

施工缝的留设位置应符合下列规定：柱子施工缝宜留在基础的顶面、梁或吊车梁牛腿的下面、吊车梁的上面、无梁楼板柱帽的下面，如图 4-42 所示；与板连成整体的大截面梁，施工缝留置在板底面以下 20～30mm 处。当板下有梁托时，留在梁托下部；单向板的施工缝留置在平行于板的短边的任何位置；有主次梁的楼板宜顺着次梁方向浇筑，施工缝应留置在次梁跨度的中间 1/3 范围内，如图 4-43 所示；墙体的施工缝留置在门洞口过梁跨中 1/3 范围内，也可留在纵横墙的交接处；双向楼板、大体积混凝土结构、拱、弯拱、薄壳、蓄水池、斗仓、多层刚架及其他结构复杂的工程，施工缝的位置应按设计要求留置。

以上是指普通混凝土结构施工中关于施工缝留设的一些注意事项。对于承受动力作用的设备基础，要求又有所不同，规范规定：承受动力作用的设备基础，不应留置施工缝，当必须留置时，应征得设计单位同意；在设备基础的地脚螺栓范围内施工缝的留置位置，应符合下列要求：水平施工缝必须低于地脚螺栓底部且与地脚螺栓底部的距离应大于 150mm；当地脚螺栓直径小于 30mm 时，水平施工缝可留置在不小于地脚螺栓埋入混凝土部分总长度的 3/4 处；垂直施工缝，其与地脚螺栓中心线的距离不得小于 250mm，且不得小于螺栓直径的 5 倍；在处理动力设备基础的施工缝时，应满足下列规定：标高不同的两个水平施工缝，其高低结合处应做成台阶形，台阶的高宽比不得大于 1.0，在水平施工缝上继续浇筑混凝土前，应对地脚螺栓进行一次观测校准；垂直施工缝处应加插筋，直径为 12～16mm，长度 500～600mm，间距 500mm，在台阶式施工缝的垂直面上也应补插钢筋。

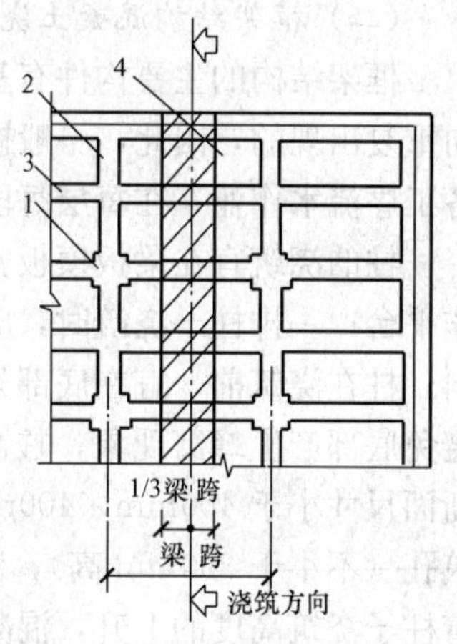

图 4-43　有梁板的施工缝位置

1—柱；2—主梁；3—次梁；4—板

在施工缝处继续浇筑之前，须待已浇筑的混凝土抗压强度达到 1.2N/mm² 后才能进行，而且需对施工缝作一些处理，以增强新旧混凝土的连接，尽量降低施工缝对结构整体性带来的不利影响。处理办法是：先在已硬化的混凝土表面上，清除水泥浮浆、松动石子以及软弱混凝土层，混凝土表面应凿毛，并加以充分湿润、冲洗干净，且不得留有积水；然后在浇筑混凝土前先在施工缝处抹 10～15mm 厚与混凝土成分相同的一层水泥砂浆；浇筑混凝土时，需仔细振捣密实，使新旧混凝土结合紧密。施工中，应严格按照上述规定进行，以保证混凝土工程的质量和整体强度。

（7）混凝土初凝之后、终凝之前应防止振动。

（8）在混凝土浇筑过程中，应随时注意模板及其支架、钢筋、预埋件及预留孔洞的情况，当出现不正常的变形、位移时，应及时采取措施进行处理，以保证混凝土的施工质量。

五、混凝土的浇筑

（一）基础混凝土浇筑

1. 柱基础混凝土浇筑

民用建筑常见柱基形式为台阶式基础。台阶式基础施工时一般按台阶分层浇筑，中间不允许留施工缝；倾倒混凝土时宜先边角后中间，使混凝土充满模板；各台阶之间最好留有一定时间间歇，给下面台阶混凝土一段初步沉实的时间，以避免上下台阶之间出现裂缝，同时也便于上一台阶混凝土的浇筑。一般是按顺序先浇柱基的第一级，再依次施工第二级，但必须在第一级混凝土初凝前完成第二级混凝土的浇筑。

工业建筑中多采用预制柱，相对应基础形式为杯形基础。杯形基础施工中需注意保证其杯口底部标高的准确性，一般是浇筑到杯口底时先振实混凝土并停歇片刻，待其初步沉实后，再浇筑杯口芯模四周的混凝土，且尽可能缩短振动时间，同时混凝土浇筑应在杯口芯模两侧对称进行，以免杯口位置不准。

柱基础施工时，还需注意连接钢筋的位置，若发生位移和倾斜，需立即进行纠正。

2. 设备基础混凝土浇筑

如设计无规定，设备基础在施工时不允许留施工缝。分层浇筑时，每层厚度宜控制在 200～300mm 之间，浇筑时从低处开始，沿长边方向从一端向另一端进行浇筑；设备基础上一般留有地脚螺栓、预埋管道、预留螺栓等，在这些部位浇筑混凝土时需控制好混凝土的上升速度，以免发生位移或偏移；对于大直径地脚螺栓，在混凝土浇筑过程中应用经纬仪随时观测，发现误差及时纠正。

（二）框架结构混凝土浇筑

框架结构的主要构件有基础、柱、梁、楼板等。其中框架梁、板、柱等构件是沿垂直方向重复出现的，因此，一般按结构层来分层施工。如果平面面积较大，还应分段进行，以便各工序流水作业，在每层每段中，浇筑顺序为先浇柱，后浇梁、板。

柱的浇筑宜在梁板模板安装后进行，以便利用梁板模板稳定柱模并作为浇筑混凝土的操作平台；一排柱子浇筑时，应从两端向中间推进，以免柱模板在横向推力作用下向另一方倾斜；柱在浇筑前，宜在底部先铺一层50～100mm厚与所浇混凝土成分相同的水泥砂浆，以避免底部产生蜂窝现象；柱高在3m以下时，可直接从柱顶浇入混凝土，若柱高超过3m，断面尺寸小于400mm×400mm，并有交叉箍筋时，应在柱侧模每段不超过2m的高度开浇筑孔（不小于300mm高），装上斜溜槽分段浇筑，也可采用串筒直接从柱顶进行浇筑；随着柱子浇筑高度的上升，混凝土表面将积聚大量浆水而可能造成混凝土强度不均匀现象，宜在浇筑到适当的高度时，适量减少混凝土的配合比用水量。

如柱、梁和板混凝土是一次连续浇筑，则应在柱混凝土浇筑完毕后停歇1～1.5h，待其初步沉实，排除泌水后，再浇筑梁、板混凝土。

梁、板混凝土一般同时浇筑，浇筑方法应先将梁分层浇捣成阶梯形，当达到板底位置时与板的混凝土一同浇捣，如图4-44、图4-45所示当梁高超过1m时，可先单独浇筑梁混凝土，水平施工缝设置在板下20～30mm处。

（三）剪力墙混凝土浇筑

剪力墙混凝土浇筑除遵守一般规定外，在施工门窗洞部位时，应先在洞口两侧同时浇筑，且两侧混凝土面高差不能太大，以防止门窗洞口部位模板移动；窗户部位应先浇筑窗台下部混凝土，停歇片刻后再浇筑窗间墙；在浇混凝土之前宜先在墙身底部浇筑50～100mm厚与混凝土成分相同的水泥砂浆。

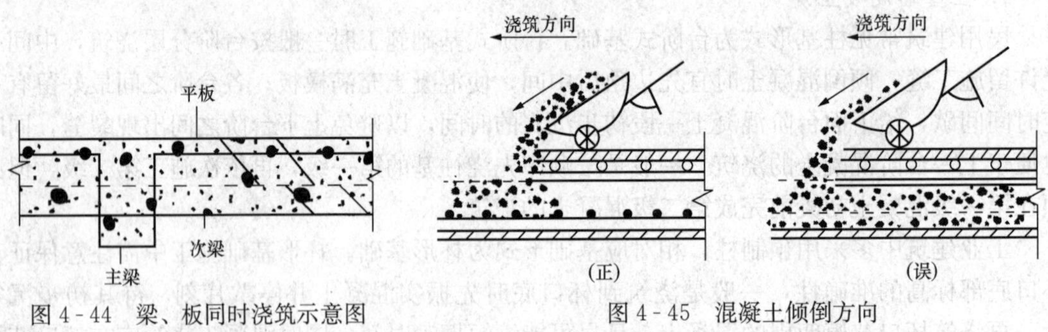

图4-44　梁、板同时浇筑示意图　　　图4-45　混凝土倾倒方向

（四）大体积混凝土的浇筑

大体积混凝土是指厚度大于或等于1.5m，长、宽较大，施工时水化热引起混凝土内的最高温度与外界温度之差不低于25℃的混凝土结构。一般多为建筑物、构筑物的基础，如高层建筑中常用的整体钢筋混凝土筏形基础和箱形基础等。

大体积混凝土结构的施工特点：一是整体性要求较高，往往不允许留设施工缝，一般都要求连续浇筑；二是结构的体量较大，浇筑后的混凝土产生的水化热量大，并聚积在内部不易散发，从而形成混凝土内外较大的温差，引起较大的温差应力。因此，大体积混凝土施工时，为保证结构的整体性应合理确定混凝土浇筑方案，为保证施工质量应采取有效的技术措施降低混凝土内外温差。

1. 浇筑方案的选择

大体积混凝土工程施工应符合 GB 50496—2009《大体积混凝土施工规范》的规定。为了保证混凝土浇筑工作能连续进行，避免留设施工缝，应在下一层混凝土初凝之前，将上一层混凝土浇捣完毕。因此，在组织施工时，首先应按下式计算每小时需要浇筑混凝土的数量即浇筑强度：

$$V=BLH/(t_1-t_2)\ (\mathrm{m^3/h}) \tag{4-11}$$

式中　V——每小时混凝土浇筑量，$\mathrm{m^3/h}$；

B、L、H——分别为浇筑层的宽度、长度、厚度，m；

t_1——混凝土初凝时间，h；

t_2——混凝土运输时间，h。

根据混凝土的浇筑量，计算所需要搅拌机、运输工具和振动器的数量，并据此拟定浇筑方案和进行劳动组织。大体积混凝土浇筑时，浇筑方案可以选择整体分层连续浇筑施工或推移式连续浇筑施工方式，如图 4-46 所示，保证结构的整体性。混凝土浇筑宜从低处开始，沿长边方向自一端向另一端进行。当混凝土供应量有保证时，亦可多点同时浇筑。

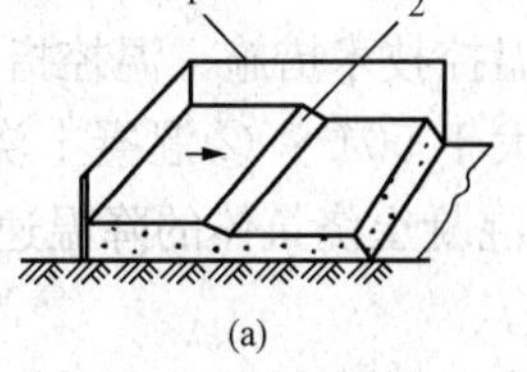

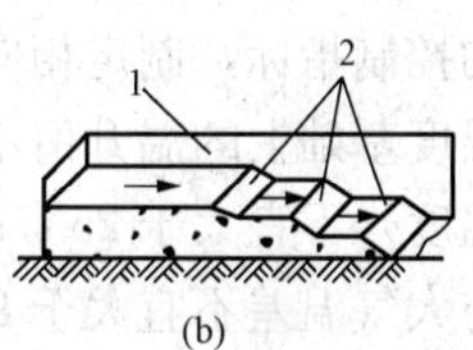

图 4-46　大体积混凝土的浇筑方案

(a) 整体分层连续浇筑施工；

(b) 推移式连续浇筑施工

1—模板；2—新浇筑的混凝土

2. 大体积混凝土的振捣

(1) 大体积混凝土应采取振捣棒振捣。

(2) 为保证结构的整体性，混凝土应连续浇筑，要求下层混凝土在初凝前将上层混凝土浇筑振捣完毕，这样很容易在上、下浇筑层之间形成泌水层，它将使混凝土强度降低，影响层与层的整体性等不良后果。若采用自流方式和抽汲方法排除泌水，会带走一部分水泥浆，影响混凝土的质量。常用的处理方法是在下层泌水处铺一层干硬性混凝土，对混凝土进行二次振捣后，立即浇筑上一层混凝土，可收到较好的效果。还可以在混凝土中掺入一定数量的减水剂，则可大大减少泌水现象。

3. 大体积混凝土的养护

(1) 大体积混凝土应进行保温保湿养护，在混凝土浇筑完毕后，除应按普通混凝土进行常规养护外，尚应及时按温控技术措施的要求进行保温养护。

(2) 保湿养护的持续时间不得少于 14d，应经常检查塑料薄膜或养护剂涂层的完整情况，保持混凝土表面湿润。

4. 混凝土温度裂缝的产生原因

混凝土在凝结硬化过程中，水泥进行水化反应会产生大量的水化热。强度增长初期，水化热产生越来越多，蓄积在大体积混凝土内部，热量不易散失，致使混凝土内部温度显著升高，而表面散热较快，这样在混凝土内外之间形成温差，混凝土内部产生压应力，而混凝土外部产生拉应力，当温差超过一定程度后，就易拉裂外表混凝土，即在混凝土表面形成裂缝。在混凝土内逐渐散热冷却产生收缩时，由于受到基岩或混凝土垫层的约束，接触处将产生很大的拉应力，一旦拉应力超过混凝土的极限抗拉强度，便在约束接触处产生裂缝，甚至形成贯穿裂缝，这将严重破坏结构的整体性，对于混凝土结构的承载能力和安全极为不利，在工程施工中必须避免。

5. 大体积混凝土防裂技术措施

由于水泥水化热引起混凝土浇筑体内部温度剧烈变化，使混凝土浇筑体早期塑性收缩和混凝土硬化过程中的收缩增大，使混凝土浇筑体内部的温度、收缩应力剧烈变化，而导致混凝土浇筑体或构件发生裂缝。因此，应在大体积混凝土工程设计，设计构造要求，混凝土强度等级选择，混凝土后期强度利用，混凝土材料选择，混凝土配合比的设计、制备、运输、施工，混凝土的保温保湿养护及在混凝土浇筑硬化过程中浇筑体内温度及温度应力的监测和应急预案的制定等技术环节，采取一系列的技术措施。

(1) 大体积混凝土工程施工前，宜对施工阶段大体积混凝土浇筑体的温度、温度应力及收缩应力进行试算，并确定施工阶段大体积混凝土浇筑体的升温峰值，里表温差及降温速率的控制指标，制定相应的温控技术措施。温控指标应符合下列规定：①混凝土浇筑体在入模温度基础上的温升值不宜大于50℃；②混凝土浇筑体的里表温差（不含混凝土收缩的当量温度）不宜大于25℃；③混凝土浇筑体的降温速率不宜大于2.0℃/d；④混凝土浇筑体表面与大气温差不宜大于20℃。

(2) 大体积混凝土配合比的设计除应符合工程设计所规定的强度等级、耐久性、抗渗性、体积稳定性等要求外，尚应符合大体积混凝土施工工艺特性的要求，并应符合合理使用材料、减少水泥用量、降低混凝土绝热温升值的要求。

(3) 在确定混凝土配合比时，应根据混凝土的绝热温升、温控施工方案的要求等，提出混凝土制备时粗细骨料和拌和用水及入模温度控制的技术措施。如降低拌和水温度（拌和水中加冰屑或用地下水），骨料用水冲洗降温，避免暴晒等。

(4) 在混凝土制备前，应进行常规配合比试验，并应进行水化热、泌水率、可泵性等对大体积混凝土控制裂缝所需的技术参数的试验，必要时其配合比设计应当通过试泵送。

(5) 大体积混凝土应选用中、低热硅酸盐水泥或低热矿渣硅酸盐水泥，大体积混凝土施工所用水泥其3d的水化热不宜大于240kJ/kg，7d的水化热不宜大于270kJ/kg。

(6) 大体积混凝土配制可掺入缓凝、减水、微膨胀的外加剂，外加剂应符合现行国家标准GB 8076—2008《混凝土外加剂》、GB 50119—2003《混凝土外加剂应用技术规范》和有关环境保护的规定。

(7) 及时采用覆盖保温保湿材料进行养护，并加强测温管理。

(8) 超长大体积混凝土应选用留置变形缝、后浇带或采取跳仓法施工控制结构不出现有害裂缝。

(9) 结合结构配筋，配置控制温度和收缩的构造钢筋。

(10) 大体积混凝土浇筑宜采用二次振捣工艺，浇筑面应及时进行二次抹压处理，减少表面收缩裂缝。

(五) 后浇带混凝土的浇筑

后浇带是在现浇钢筋混凝土结构施工过程中，为了克服由于温度、收缩等而可能产生的有害裂缝，在施工期间设置的临时伸缩缝。后浇带将结构分为若干段，以有效削减温度收缩应力，待所浇筑的混凝土经一段时间的养护干缩后，再在后浇带中浇筑补偿收缩混凝土。后浇带通常根据设计要求留设，并将分块缝保留一段时间（若设计无要求，则至少保留 28d）后再将分块的混凝土结构浇筑连成整体。后浇带的设置距离，应考虑有效降低温度和收缩应力的条件下，通过计算来获得。在正常的施工条件下，有关规范对后浇带的规定是：如混凝土置于室内和土中，后浇带的设置距离为 30m，露天为 20m。后浇带的宽度应考虑施工简便，避免应力集中。一般宽度为 800～1000mm。在后浇带施工缝处，钢筋必须贯通。后浇带的构造，如图 4-47 所示。

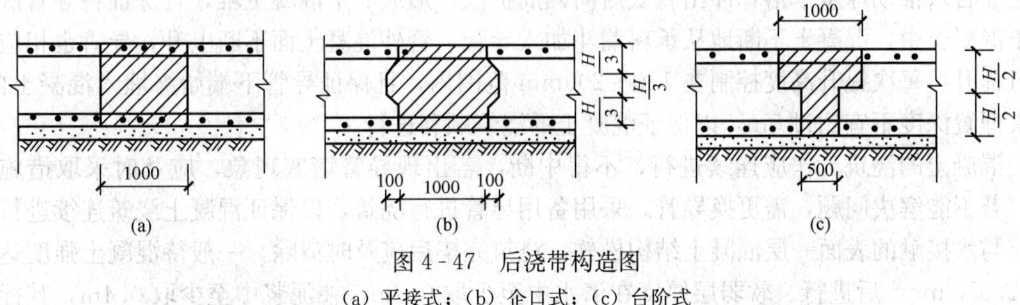

图 4-47　后浇带构造图

(a) 平接式；(b) 企口式；(c) 台阶式

后浇带混凝土浇筑应严格按照施工技术方案进行。在浇筑混凝土前，必须将整个混凝土表面按照施工缝的要求进行处理。填充后浇带混凝土可采用微膨胀或无收缩水泥，也可采用普通水泥加入相应的外加剂拌制，但必须要求填筑混凝土的强度等级比原来结构强度提高一级，并保持至少 15d 的湿润养护。

（六）水下混凝土的浇筑

在灌注桩、地下连续墙等基础工程以及水利工程施工中，常会需要直接在水下浇筑混凝土，地下连续墙是在泥浆中浇筑混凝土。水下或泥浆中浇筑混凝土一般采用导管法，其特点是：利用导管输送混凝土并使其与环境水或泥浆隔离，依靠管中混凝土自重，挤压导管下部管口周围的混凝土在已浇筑的混凝土内部流动、扩散，边浇筑边提升导管，直至混凝土浇筑完毕。

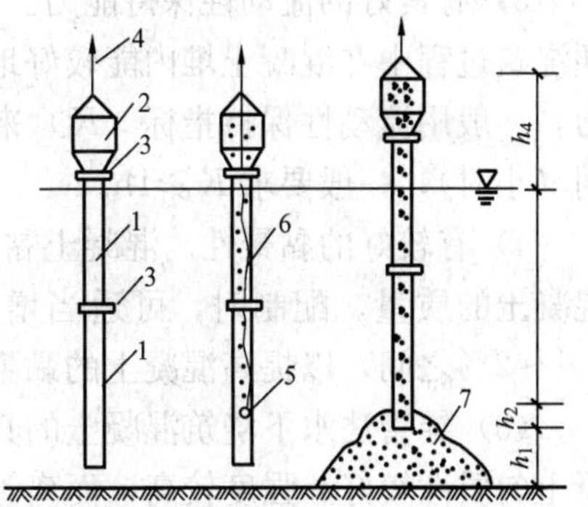

图 4-48　导管法水下浇筑混凝土

1—钢导管；2—漏斗；3—接头；4—吊索；5—隔水塞；6—铁丝；7—混凝土

采用导管法，可以避免混凝土与水或泥浆的接触，保证混凝土中骨料和水泥浆不产生分离，从而保证了水下浇筑混凝土的质量。

(1) 导管法所用的设备及浇筑方法。导管法浇筑水下混凝土的主要设备有金属导管、承料漏斗和提升机具等，如图 4-48 所示。

导管一般由钢管制成，管径为 200～300mm，每节管长 1.5～2.5m。各节管之间用法兰盘加止水胶皮垫圈通过螺栓密封连接，拼接时注意保持管轴垂直，否则会增大提管阻力。

承料漏斗一般用法兰盘固定在导管顶部，起着盛混凝土和调节导管中混凝土量的作用，承料漏斗的容积应足够大，以保证导管内混凝土具有必需的高度。

在施工过程中，承料漏斗和导管悬挂在提升机具上。常用的提升机具有卷扬机、起重机、电动葫芦等，一般是通过提升机来操纵导管下降或提升，其提升速度可任意调节。

球塞可用软木、橡胶、泡沫塑料等制成，其直径比导管内径小15～20mm。

在施工时，先将导管沉入水中底部距水底约100mm处，用铁丝或麻绳将球塞悬吊在导管内水位以上0.2m处（球塞顶上铺2～3层稍大于导管内径的水泥袋纸，上面再撒一些干水泥，以防混凝土中的骨料嵌入球塞与导管的缝隙，卡住球塞），然后向导管内浇筑混凝土。

待导管和装料漏斗装满混凝土后，即可剪断吊绳，进行混凝土的浇筑。水深10m以内时，可立即剪断，水深大于10m时，可将球塞降到导管中部或接近管底时再剪断吊绳，混凝土靠自重推动球塞下落，冲出管底后向四周扩散，形成一个混凝土堆，且保证将导管底部埋于混凝土中，混凝土不断地从承料漏斗加入导管，管外混凝土面不断上升，导管也相应地进行提升，每次提升高度控制在150～200mm范围内，且保证导管下端始终埋入混凝土内，最大埋置深度不宜超过5m，以保证混凝土的浇筑顺利进行。

混凝土的浇筑工作应连续进行，不得中断，若出现导管堵塞现象，应及时采取措施疏通，若不能解决问题，需更换导管，采用备用导管进行浇筑，以保证混凝土浇筑连续进行。

与水接触的表面一层混凝土结构松软，浇筑完毕后应及时清除，一般待混凝土强度达到2～2.5N/mm^{2}后进行。软弱层厚度在清水中至少取0.2m，在泥浆中至少取0.4m，其标高控制应超出设计标高。

(2) 对混凝土的要求。

1) 有较大的流动性。水下浇筑的混凝土是靠重力作用向四周流动而完成浇筑和密实，因而混凝土必须具有较好的流动性。管径在200～250mm时，坍落度取值宜为180～200mm；采用管径300mm的导管浇筑，坍落度取值为150～180mm。

2) 控制粗骨料粒径。为保证混凝土顺利浇筑不堵管，要求粗骨料的最大粒径不得大于导管内径的1/5，也不得大于钢筋净距的1/4。

3) 有良好的流动性保持能力。要求混凝土在一定时间内，其原有的流动性不下降，以便浇筑过程中在混凝土堆内能较好地扩散成型，也就是要求混凝土具有良好的流动性保持能力，一般用流动性保持指标（K）来表示，即为混凝土坍落度不低于150mm时所持续的时间（小时），一般要求$K \geqslant 1h$。

4) 有较好的黏聚性。混凝土黏聚性较强时，不易离析和泌水，在水下浇筑中才能保证混凝土的质量。配制时，可适当增加水泥用量，提高砂率至40%～47%；泌水率控制在1%～2%之间，以提高混凝土的黏聚性。

(3) 导管法水下浇筑混凝土的其他要求。混凝土从导管底部向四周扩散，靠近管口的混凝土匀质性较好、强度较高，而离管口较远的混凝土易离析，强度有所下降。为保证混凝土的质量，导管作用半径取值不宜大于4m，当多根导管共同浇筑时，导管间距不宜大于6m，每根导管浇筑面积不宜大于30m^2。当采用多根导管同时浇筑混凝土时，应从最深处开始，并保证混凝土面水平、均匀上升，相邻导管下口的标高差值应不超过导管间距的1/15～1/20。

导管法水下浇筑混凝土的关键：一是保证混凝土的供应量应大于导管内混凝土必须保持的高度和开始浇筑时导管埋入混凝土堆内必需的埋置深度所要求的混凝土量；二是严格控制导管提升高度，且只能上下升降，不能左右移动，以避免造成管内返水。

(七) 喷射混凝土的浇筑

喷射混凝土是利用压缩空气将混凝土由喷射机的喷嘴，以较高的速度（50～70m/s）喷射到岩石、工程结构或模板的表面。在隧道、涵洞、竖井等地下建筑物的混凝土支护、薄壳结构和喷锚支护等都有广泛的应用，具有不用模板、施工简单、劳动强度低、施工进度快等优点。

喷射混凝土施工工艺分为干式和湿式两种。混凝土在“微潮”（水灰比 0.1～0.2）状态下输送至喷嘴处加压喷出者，为干式喷射混凝土；将水灰比为 0.45～0.50 的混凝土拌和物输送至喷嘴处加压喷出者，为湿式喷射混凝土。湿式与干式喷射混凝土相比，湿式混凝土喷射施工具有施工条件好，混凝土的回弹量小等优点，应用较为广泛。

1. 材料要求

（1）水泥。优先选用硅酸盐水泥和普通硅酸盐水泥，标号不得低于 32.5 号。

（2）细集料。细集料宜采用质地坚硬、圆滑、洁净及颗粒级配良好的中粗砂，细度模数 M_x=2.5～3.0 为宜，含水量控制在 6%左右。

（3）粗集料。粗集料宜采用坚硬密实，具有足够强度的卵石、碎石均可，最大粒径小于 20mm，其中 5～10mm 的量占 55%，10～20mm 的量占 45%。

（4）外加剂。喷射混凝土多掺加速凝剂，以缩短混凝土的初凝和终凝时间，同时为增加流动性，还掺加减水剂。外加剂应根据水泥品种和集料质地经试验选定。

（5）喷射混凝土拌和用水，应使用人畜饮用的水质，不得使用污水，酸性水及海水。

2. 施工操作要点

（1）湿喷机泵送混凝土前，先用稠度 10cm 的白灰膏 40～80L 泵入管内，以便润滑管路，减少管路磨损，提高工作效率。

（2）管路尽量缩短，避免弯曲。

（3）当混凝土注满输料管并从喷枪口喷出时，再加速凝剂，不得提前启动速凝装置，避免污染作业环境。

（4）湿喷机在工作过程中，泵压力表的读数不应大于 2MPa，如发现压力过大或挤压辘轮不转动，说明发生管堵现象，应立即停机疏通管道。

（5）无论何种原因造成湿喷机不能正常工作并不能及时排堵时，应采取压缩空气或其他搭配，将管道内的混凝土疏通清洗干净，严防混凝土在泵口和管道内初凝。

（八）钢管混凝土的浇筑

钢管混凝土即将普通混凝土填入薄壁圆形钢管内而形成的组合结构，如图 4-49 所示。钢管混凝土可借助内填混凝土增加钢管壁的稳定性，又可借助钢管对核心混凝土的约束作用，使核心混凝土处于三向受压状态，从而使核心混凝土具有更高的抗压强度和抗变形能力。

钢管混凝土即由钢管对混凝土实行套箍强化的一种套箍混凝土，其他形式的套箍混凝土如图 4-50 所示。它们是借助密排的螺旋形箍筋、方格钢筋网和复合方形箍筋来实现混凝土的套箍强化。钢管混凝土具有强度高、重量轻、塑性好、耐疲劳、耐冲击等优点，在施工方面也具有一定的优点：钢管本身可兼作模板，可省去支模和拆

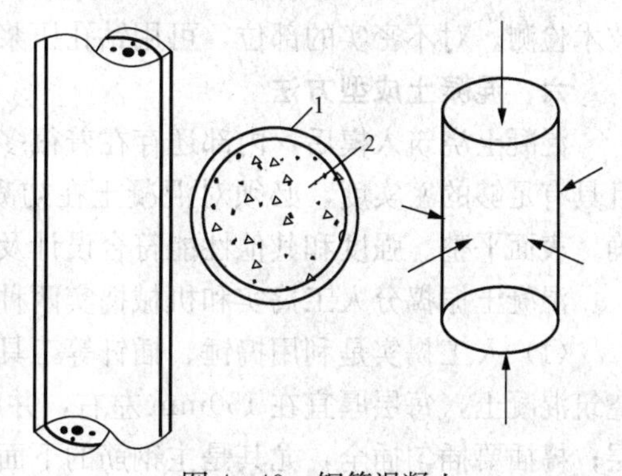

图 4-49 钢管混凝土
1—钢管；2—混凝土

模的工作；钢管兼有钢筋和箍筋的作用，制作钢管比制作钢筋骨架省工、省时；钢管即劲性承重骨架，可省去支撑，能缩短工期，施工不受季节限制。

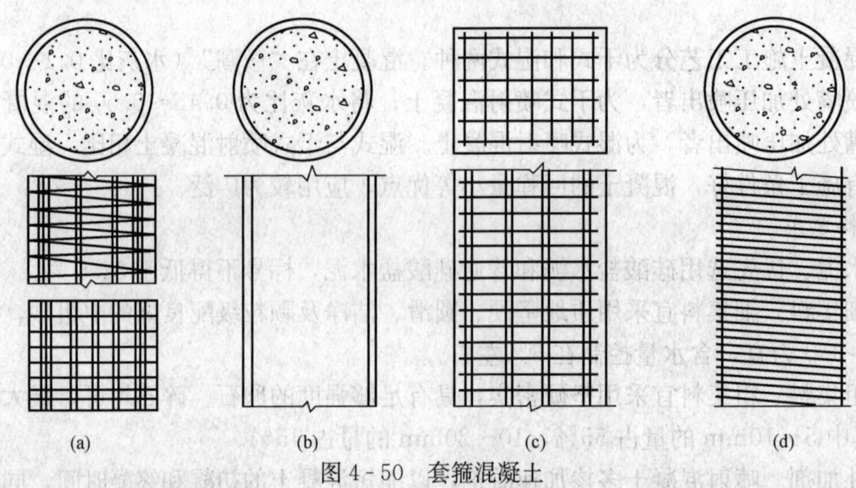

图 4-50 套箍混凝土

(a) 螺旋式和环形箍；(b) 钢管；(c) 横向方格钢筋网；(d) 预应力螺旋钢丝

钢管混凝土最适合大跨、高层、重载和抗震、抗暴结构的受压杆件。钢管可用直缝焊接的钢管、螺旋形缝焊接钢管和无缝钢管。钢管直径不得小于 100mm，壁厚不宜小于 4mm。为减小变形和从经济角度考虑，钢管混凝土结构的混凝土强度等级不宜低于 C30。

钢管混凝土的特点是它的钢管即模板，有很好的强度和密封性。在一般情况下，钢管内部无钢管骨架，混凝土浇筑十分方便。混凝土自钢管上口浇筑，用振捣器振捣。管径大于 350mm 都可用附着式捣动器捣实。对大直径钢管还可高空抛落振实混凝土，而无须振捣，抛落高度不应小于 4m。混凝土浇筑宜连续进行，需留施工缝时，应将管口封闭，以免杂物落入。

当浇筑至钢管顶端时，可使混凝土稍微溢出，再将留有排气水的层间横隔板或封顶板紧压在管端，随即进行点焊。待混凝土达到 50%设计强度时，再将层间横隔板或封顶板按设计要求进行补焊。有时也将混凝土浇至稍低于钢管端部，待混凝土达到 50%设计强度后，再用同强度等级的水泥砂浆补填注管口，再将层间横隔板或封顶板一次封焊到位。

管内混凝土的浇筑质量，可用敲击钢管的方法进行初步检查，如有异常，可用超声脉冲技术检测。对不密实的部位，可用钻孔压浆法进行补强，然后将钻孔补焊封牢。

六、混凝土成型方法

混凝土浇筑入模后，内部还存在着很多空隙。为了使混凝土充满模板内的每一部分，而且具有足够的密实度，必须对混凝土在初凝前进行捣实成型，使混凝土构件外形及尺寸正确、表面平整、强度和其他性能符合设计及使用要求。

混凝土振捣分人工捣实和机械捣实两种方式。

(1) 人工捣实是利用捣锤、插钎等工具的冲击力来使混凝土密实成型。捣实时必须分层浇筑混凝土，每层厚宜在 150mm 左右，并应注意布料均匀，每层确保捣实后方能浇筑上一层；捣插要插匀插全，尤其是主钢筋的下面、钢筋密集处、石子较多处、模板阴角处及施工缝应特别注意捣实，而且增加捣插次数比加大捣插力效果更好；用木槌敲击模板时，用力要适当，避免造成模板位移。

（2）机械捣实是利用振动器的振动力以一定的方式传给混凝土，使之发生强迫振动破坏水泥浆的凝胶结构，降低了水泥浆的黏度和骨料之间的摩擦力，提高了混凝土拌和物的流动性，使混凝土密实成型。机械捣实混凝土效率高、密实度大、质量好，且能振实低流动性或干硬性混凝土，因此，一般应尽可能使用机械捣实。

混凝土的振动机械按其工作方式不同，可分为内部振动器、表面振动器、外部振动器和振动台等，如图4-51所示。

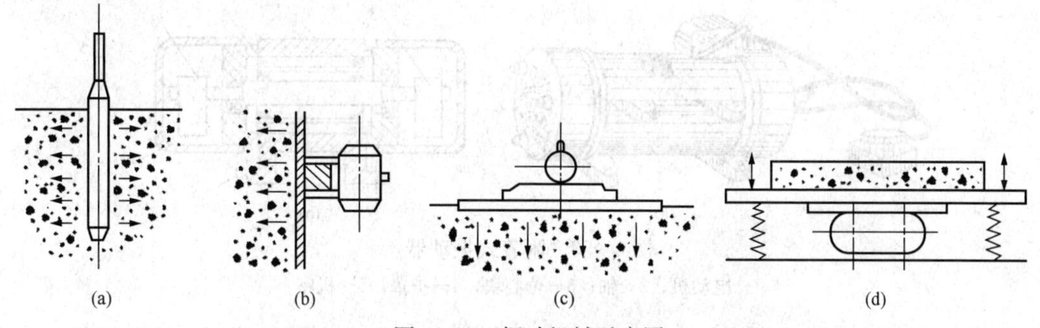

图4-51　振动机械示意图

(a) 内部振动器；(b) 外部振动器；(c) 表面振动器；(d) 振动台

（1）内部振动器。又称插入式振动器，它由振动棒、软轴和电动机三部分组成，如图4-52所示。

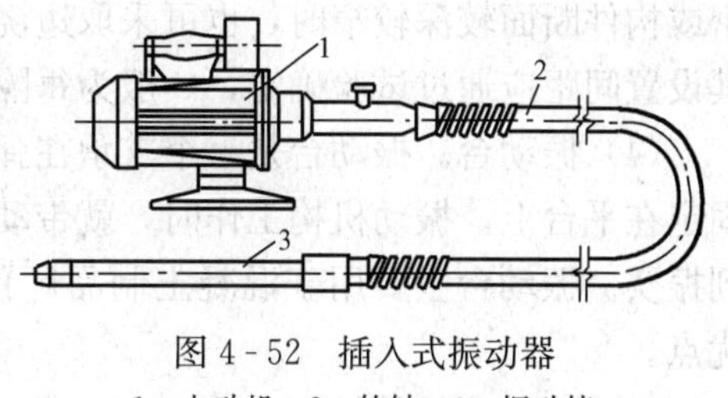

图4-52　插入式振动器

1—电动机；2—软轴；3—振动棒

振动棒是振动器的工作部分，内部装有偏心振子，电机开动后，由于偏心振子的作用使整个棒体产生高频微幅的振动。振动器工作时，依靠插入混凝土中的振动棒产生的振动力，使混凝土密实成型。插入式振动器的适用范围非常广泛，可用于大体积混凝土、基础、柱、梁、墙、厚度较大的板及预制构件的捣实工作。

插入式振动器时的振捣方法有两种：一种是垂直振捣，即振动棒与混凝土表面垂直，其特点是容易掌握插点距离、控制插入深度（不得超过振动棒长度的1.25倍）、不易产生漏振、不易触及钢筋和模板、混凝土受振后能自然沉实、均匀密实；另一种是斜向振捣，即振动棒与混凝土表面成一定角度，其特点是操作省力、效率高、出浆快、易于排除空气、不会发生严重的离析现象、振动棒拔出时不会形成孔洞。

使用插入式振动器垂直操作时的要点是："直上和直下，快插与慢拔；插点要均匀，切勿漏插点；上下要插动，层层要扣搭；时间掌握好，密实质量佳。"

分层振捣混凝土时，每层厚度不应超过振动棒长的1.25倍；在振捣上一层时，应插入下层50mm左右，以消除两层之间的接缝，同时必须在下层混凝土初凝以前完成上层混凝土的浇筑。

振动时间要掌握恰当，时间过短混凝土不易被捣实；时间过长又可能使混凝土出现离析。一般每个插入点的振捣时间为20～30s，使用高频振动器时最短不应小于10s，而且以混凝土表面呈现浮浆，不再出现气泡，表面不再沉落为准。

（2）表面振动器。又称平板式振动器。它是将在电动机转轴上装有左右两个偏心块的振动器固定在一个平板上。电机开动后，带动偏心块高速旋转，从而使整个设备产生振动，通过平板将振动传给混凝土。其振动作用深度较小（150～250mm），仅适用于厚度较薄而表面较大的结构或预制构件，如平板、楼地面、屋面等构件。

(3) 外部振动器。又叫附着式振动器，如图 4-53 所示，它是固定在模板外侧的横挡或竖挡上，振动器的偏心块旋转时产生的振动力通过模板传给混凝土，从而使混凝土被振捣密实。它适用于振捣钢筋较密、厚度较小等不宜使用插入式振动器的结构。

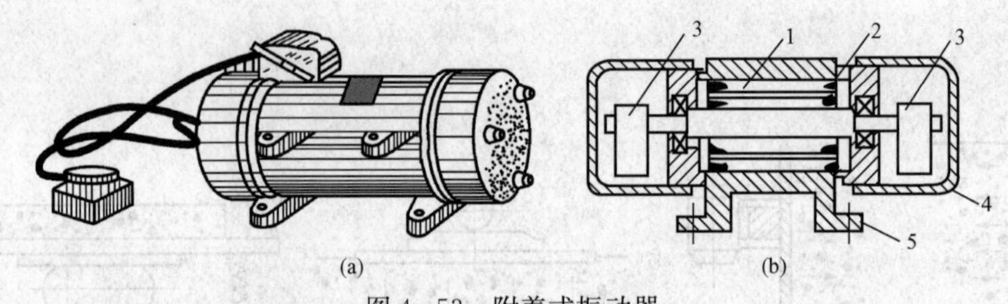

图 4-53　附着式振动器

1—电动机；2—轴；3—偏心块；4—护罩；5—机座

使用外部振动器时，当构件尺寸较大时，需在构件两侧安设振动器同时进行振捣；一般是在混凝土入模后开动振动器进行振捣，混凝土浇筑高度须高于振动器安装部位，当钢筋较密或构件断面较深较窄时，也可采取边浇筑边振动的方法；外部振动器应与模板紧密连接，其设置间距应通过试验确定，一般为每隔 1～1.5m 设置一个。

(4) 振动台。振动台是一个支承在弹性支座上的工作平台，平台下面有振动机构，模板固定在平台上。振动机构工作时，就带动工作台一起振动，从而使工作台上的构件混凝土得到振实。振动台主要用于混凝土制品厂预制构件的振捣，具有生产效率高、振捣效果好的优点。

七、混凝土的养护

混凝土成型后，为保证水泥水化作用能正常进行，应及时进行养护。养护的目的是为了保证混凝土凝结和硬化所需的湿度和适宜的温度，促使水泥水化作用充分发展，它是获得优质混凝土必不可少的措施。混凝土中拌和水的用量虽比水泥水化所需的水量大得多，但由于蒸发，骨料、模板和基层的吸水作用以及环境条件等因素的影响，可使混凝土内的水分降低到水泥水化必需的用量之下，从而妨碍了水泥水化的正常进行。因此，如果混凝土养护不及时、不充分，不仅易产生收缩裂缝、降低强度，而且会影响到混凝土的耐久性及其他性能。实践表明，未养护的混凝土与经充分养护的混凝土相比，其 28d 抗压强度将降低 30%左右，一年后的抗压强度约降低 5%，由此可见，养护对混凝土工程的重要性。

(一) 混凝土养护原理

新浇筑的混凝土，当它还未达到充分的强度时，如湿度低、遭遇干燥，使混凝土中多余的水分过早蒸发，就会产生很大的收缩变形，出现干缩裂纹，从而影响混凝土的整体性和耐久性。但当混凝土已有充分的强度后，再遭遇干燥，就不致产生裂纹现象。所以，应当采取措施使混凝土的收缩现象尽量推迟到混凝土充分硬化后再出现，这是因为混凝土的收缩在初级阶段最为强烈，而随混凝土龄期的增长则逐渐减弱。

因此，混凝土的脱水现象和干缩裂纹，主要与湿度和温度有关，如能加强养护，使混凝土在硬化期间（尤其是初凝硬化期）经常处于潮湿状态，避免水分过早蒸发；或使混凝土在较高的温度和湿度条件下，加速其硬化过程，即可防止出现脱水和减轻干缩的影响，或不再受到干缩的影响。

（二）混凝土养护方法

混凝土养护常用方法主要有自然养护、加热养护和蓄热养护。其中蓄热养护多用于冬季施工，加热养护可用于冬季施工和预制构件的生产。

1. 自然养护

自然养护是指在自然气温条件下（平均气温高于+5℃），用适当的材料对混凝土表面进行覆盖、浇水、保温等养护措施，使混凝土水泥的水化作用在所需的适当温度和湿度条件下顺利进行。自然养护又分为覆盖浇水养护和塑料薄膜养护。

（1）覆盖浇水养护。覆盖浇水养护是指混凝土在浇筑完毕后3～12h内，可选用草帘、芦席、麻袋、锯木、湿土和湿砂等适当材料将混凝土表面覆盖，并经常浇水使混凝土表面处于湿润状态的养护方法。

混凝土的养护时间与水泥品种有关，对于采用硅酸盐水泥、普通硅酸盐水泥或矿渣硅酸盐水泥拌制的混凝土，不得少于7d，对掺加缓凝型外加剂或有抗渗性要求的混凝土，不得少于14d；每日浇水的次数以能保持混凝土具有足够的湿润状态为宜，一般气温在15℃以上时，在混凝土浇筑后最初3昼夜中，白天至少每3h浇水一次，夜间也应浇水两次；在以后的养护中，每昼夜应浇水3次左右；在干燥气候条件下，浇水次数应适当增加。

大面积结构如地坪、楼板、屋面等可采用蓄水养护。对于贮水池一类工程可于拆除内模，混凝土达到一定强度后注水养护；对于地下结构或基础，可在其表面涂刷沥青乳液或用回填土代替洒水养护。

（2）塑料薄膜养护。塑料薄膜养护就是以塑料薄膜为覆盖物，使混凝土表面与空气隔绝，可防止混凝土内的水分蒸发，水泥依靠混凝土中的水分完成水化作用而凝结硬化，从而达到养护目的。塑料薄膜养护有两种方法：

1）薄膜布直接覆盖法。薄膜布直接覆盖法是指用塑料薄膜布把混凝土表面敞露部分全部严密地覆盖起来，保证混凝土在不失水的情况下得到充分的养护。其优点是不必浇水，操作方便，能重复使用，能提高混凝土的早期强度，加速模具的周转。这种方法较覆盖浇水养护混凝土可提高温度10～20℃。

2）喷洒塑料薄膜养生液法。喷洒塑料薄膜养生液法是指将塑料溶液喷涂在混凝土表面，溶液挥发后在混凝土表面结成一层塑料薄膜，使混凝土表面与空气隔绝，封闭混凝土内的水分不再被蒸发，从而完成水泥水化作用。这种养护方法一般适用于表面积大或浇水养护困难的情况。

2. 加热养护

自然养护成本低、效果较好，但养护期长。为了缩短养护期，提高模板的周转率和场地的利用率，一般生产预制构件时，宜采用加热养护。加热养护是通过对混凝土加热来加速混凝土的强度增长。常用的方法有蒸气室养护、热模养护等。

蒸气室养护就是将混凝土构件放在充满蒸气的养护室内，使混凝土在高温高湿度条件下，迅速达到要求的强度。蒸气养护过程分为静停、升温、恒温和降温四个阶段。

热模养护属于蒸汽养护，蒸汽不与混凝土接触，而是喷射到模板上加热模板，热量通过模板与刚成型的混凝土进行交换。此法养护用汽少，加热均匀，既可用于预制构件，又可用于现浇墙体。

八、混凝土的质量检查

混凝土质量检查包括施工中质量检查和施工后质量检查。施工过程中检查主要是对混凝土拌制和浇筑过程中所用材料的质量及用量、搅拌地点和浇筑地点的坍落度、运输及浇筑等方面的检查，在每一工作班内至少检查两次；当混凝土配合比由于外界影响有变动时，应及时检查；对混凝土的搅拌时间也应随时检查。施工完成后的检查主要是对已完成混凝土的外观质量检查及其强度检查，对有抗冻、抗渗要求的混凝土，尚应进行抗冻、抗渗性能检查。

混凝土的质量检查贯穿于工程施工的全过程，只有对每一个施工环节认真施工、加强监督管理，才能保证最终获得合格的混凝土产品。

(一) 混凝土外观检查

混凝土结构构件拆模后，从外观上检查其结构尺寸是否正确、有无掉棱缺角等现象，表面有无麻面、蜂窝、露筋、裂缝、孔洞等缺陷，预留孔道是否通畅无堵塞，如有此类情况应加以修正。

麻面是构件表面呈现无数的小凹点，而无钢筋外露现象。产生原因主要是模板表面粗糙、清理不干净、接缝不严密发生漏浆或振捣不充分等。

蜂窝是指结构构件中出现蜂窝状的窟窿，骨料间有空隙存在。形成原因主要是材料配合比不准确，浆少石多，振捣中严重漏浆或振捣不充分等原因。

露筋是指结构构件内的钢筋没有被混凝土包裹住而暴露在外，产生原因主要是垫块位移，钢筋紧贴模板，使混凝土保护层厚度不够所致；石子粒径过大、配筋过密、水泥砂浆不能充满钢筋四周；混凝土振捣不密实、漏振等。对于面积较小且数量不多的蜂窝、麻面、露筋、露石的混凝土表面，可在表面进行修补。具体办法是先用钢丝刷或压力水洗刷基层，洗去软弱层后，再用1∶2～1∶2.5的水泥砂浆抹平即可。

对于较大面积的蜂窝、露筋和露石应按其全部深度凿去薄弱的混凝土层和个别突出的混凝土颗粒，然后用钢丝刷或压力水将表面冲洗干净，再用比原混凝土强度等级高一级的细骨料混凝土填塞，并仔细振捣密实。

孔洞是指混凝土结构构件局部没有混凝土，形成空腔。产生原因主要是混凝土漏振、混凝土离析、石子成堆、泥块、冰块、杂物等掺入混凝土中等。一般处理方法是将混凝土表面按施工缝的方法进行处理，即先将孔洞处松软的混凝土和突出的骨料颗粒剔除掉，顶部要凿成斜面，以免形成死角，然后用清水冲洗干净，保持湿润状态，用与混凝土内成分相同的水泥砂浆或水泥浆将结合面抹一遍，再用比原混凝土强度等级高一级的细骨料混凝土浇筑，振捣密实并加强养护。为减少新旧混凝土之间的孔隙，水灰比可控制在0.5以内，并掺水泥用量万分之一的铝粉，分层捣实。

裂缝是混凝土结构常见的质量缺陷，产生的原因较复杂，如养护不当、表面失水过多，温差过大等易产生干缩裂缝或温度裂缝，地基不均匀沉降造成构件产生贯穿性裂缝，对结构危害极大。裂缝修补方法根据具体情况而定。对于结构构件承载力和整体性影响较小的表面细小裂缝可先用压力水将裂缝冲洗干净，再用水泥浆填补。当裂缝较大较深时，需先将裂缝凿成凹槽，用压力水冲洗干净后，再用1∶2～1∶2.5的水泥砂浆或环氧胶泥填补。对于结构整体性和承载能力有明显影响或影响结构防水、防渗性能的裂缝，应根据实际情况采用灌浆的方法进行修补，对于宽度大于 0.5mm 的裂缝可采用水泥灌浆；对于宽度小于 0.5mm 的裂缝，可采用化学灌浆。

（二）混凝土浇筑后的强度检验

混凝土强度检验主要是指抗压强度的检验。它包括两个方面的目的：一是作为评定结构构件是否达到设计的混凝土强度等级的依据，是混凝土质量的控制性指标，应采用标准试件的混凝土强度。二是为结构构件拆模、出池、出厂、吊装、张拉、放张及施工期间临时负荷时的混凝土强度，应采用与结构构件同条件养护的标准尺寸试件的混凝土强度确定。

1. 试件的制作

用于检验结构构件混凝土质量的试件，应在混凝土浇筑地点随机制作，采用标准养护。评定强度用试块在标准养护条件下养护 28d，再进行抗压强度试验，所得结果就作为判定结构或构件是否达到设计强度等级的依据。

混凝土抗压强度试验的试块是边长为 150mm 的立方体，实际施工中允许采用的混凝土试块的最小尺寸应根据骨料的最大粒径确定，当采用非标准尺寸的试块时，应将其抗压强度值乘以折算系数，换算为标准尺寸试件的抗压强度值。

2. 试件的留置

混凝土强度检验的试件的留置应符合下列规定：

（1）每拌制 100 盘且不超过 $100m^3$ 的同配合比的混凝土，其取样不得少于一次。

（2）每工作班拌制的同配合比的混凝土不足 100 盘时，其取样不得少于一次。

（3）每一现浇楼层同配合比的混凝土，其取样不得少于一次；同一单位工程每一验收项目中同配合比的混凝土，其取样不得少于一次。

（4）配合比有变化时，则每种配合比均应取样。

（5）每次取样应至少留置一组（3 个）标准养护试件；同条件养护试件的留置组数，可根据实际需要而定。

3. 每组试件的强度

每组 3 个试件应在浇筑地点制作，在同盘混凝土中取样：

（1）取 3 个试件强度的算术平均值。

（2）当 3 个试件强度中的最大值和最小值之一与中间值之差超过中间值的 15%时，取中间值。

（3）当 3 个试件强度中的最大值和最小值与中间值的差均超过中间值的 15%时，该组试件不应作为强度评定的依据。

4. 强度的评定

混凝土强度应分批进行验收。同一验收批的混凝土应由强度等级相同、生产工艺及配合比基本相同的混凝土组成，对现浇混凝土结构构件，尚应按单位工程的验收项目划分验收批，每个验收项目应按现行国家标准《建筑安装工程质量检验评定统一标准》确定。对同一验收批的混凝土强度，应以同批内标准试件的全部强度代表值来评定。

（1）当混凝土的生产条件在较长时间内能保持一致，且同一品种混凝土的强度变异性能保持稳定时，应由连续的三组试件代表一个验收批，其强度应满足下列要求：

$$m_{fcu} \geqslant f_{cu,k} + 0.7\sigma_0 \quad (4-12)$$

$$f_{cu,min} \geqslant f_{cu,k} - 0.7\sigma_0 \quad (4-13)$$

当混凝土强度等级不高于C20时，应满足：

$$f_{cu,min} \geqslant 0.85 f_{cu,k} \tag{4-14}$$

当混凝土强度等级高于C20时，应满足：

$$f_{cu,min} \geqslant 0.90 f_{cu,k} \tag{4-15}$$

式中 m_{fcu}——同一验收批混凝土强度的平均值，N/mm²；

$f_{cu,k}$——设计的混凝土强度标准值，N/mm²；

σ_0——验收批混凝土的强度标准差，N/mm²；

$f_{cu,min}$——同一验收批混凝土强度的最小值，N/mm²。

验收批混凝土强度的标准差，应根据前一检验期内同一品种混凝土试件的强度数据，按下列公式确定

$$\sigma_0 = \frac{0.59}{m} \sum_{i=1}^{m} \Delta f_{cu,i} \tag{4-16}$$

式中 $\Delta f_{cu,i}$——前一检验批内第 i 验收批混凝土试件中最大值与最小值之差；

m——前一检验期内验收批总批数。

每个检验期持续时间不应超过三个月，且在检验期内验收批总批数不得少于15组。

(2) 当混凝土的生产条件不能满足前面的规定，即在较长时间内不能保持一致，其强度变异性能不稳定，或在前一检验期内的同一品种混凝土没有足够的强度数据用以确定验收批混凝土强度标准差时，应由不少于10组的试件代表一个验收批，其强度应同时符合下列要求：

$$m_{fcu} - \lambda_1 S_{fcu} \geqslant 0.9 f_{cu,k} \tag{4-17}$$

$$f_{cu,min} \geqslant \lambda_2 f_{cu,k} \tag{4-18}$$

式中 S_{fcu}——验收批混凝土强度的标准差，N/mm²；

λ_1、λ_2——合格判定系数，按表4-19取用。

表4-19 合格判定系数

试件组数 n	10～14	15～24	≥25
λ_1	1.70	1.65	1.6
λ_2	0.90	0.85	

验收批混凝土强度的标准差 S_{fcu} 应按下式计算：

$$S_{fcu} = \sqrt{\frac{\sum_{i=1}^{n} f_{cu,i}^2 - nm f_{cu}^2}{n-1}} \tag{4-19}$$

式中 $f_{cu,i}$——验收批内第 i 组混凝土试件的强度值，N/mm²；

n——验收批内混凝土试件的总组数。

当 S_{fcu} 的计算值小于 $0.06 f_{cu,k}$ 时，取 $S_{fcu} = 0.06 f_{cu,k}$。

(3) 对零星生产的预制构件的混凝土或现场搅拌批量不大的混凝土，可采用非统计法评定。此时，验收批混凝土的强度必须同时满足下列要求：

$$m_{fcu} \geqslant 1.15 f_{cu,k} \tag{4-20}$$

$$f_{cu,min} \geqslant 0.95 f_{cu,k} \tag{4-21}$$

(4) 当对混凝土试件强度的代表性有怀疑时，可采用非破损检验方法（如回弹法、超声

法等）或从结构、构件中钻取芯样的方法，按国家现行有关标准的规定，对结构构件中的混凝土强度进行推定，作为处理的依据。

（三）混凝土常见的质量问题与防治措施

1. 混凝土常见的质量问题

(1) 麻面。麻面是结构构件表面上呈现无数的小凹点，而无钢筋暴露现象。这一类问题一般是由于模板润湿不够，不严密，捣固时发生漏浆或振捣不足，气泡未排出，以及捣固后没有很好养护而产生的。

(2) 露筋。露筋是钢筋暴露在混凝土外面。产生露筋的主要原因是混凝土浇筑时垫块发生位移，钢筋紧贴模板，混凝土保护层厚度不够，或因缺边、掉角所致。

(3) 蜂窝。蜂窝是结构构件中形成有蜂窝状的窟窿，骨料间有空隙存在。这种现象主要是由于配合比不准确，砂少石多，或搅拌不匀、浇筑方法不当、振捣不合理，造成分层离析，或因模板严重漏浆等原因存在。

(4) 孔洞。孔洞是指混凝土结构内存在着空隙，局部地或全部地没有混凝土。这主要是由于混凝土捣空，砂浆严重分离，石子成堆，砂子和水泥分离而产生，或混凝土受冻，泥块杂物掺入等所致。

(5) 裂缝。结构构件产生裂缝的原因比较复杂，有温度裂缝、干缩裂缝和外力引起的裂缝。原因主要有模板局部沉陷，拆模时受到剧烈振动，温差过大，养护不良，水分蒸发过快等。

(6) 缝隙与夹层。缝隙与夹层是将结构分隔成几个不相连的部分。产生的原因主要是施工缝、温度缝和收缩缝处理不当以及混凝土中含有垃圾杂物所致。

(7) 缺棱掉角。缺棱掉角是指构件角边上的混凝土局部残损掉落。产生的主要原因是混凝土浇筑前模板未充分湿润，使棱角处混凝土中水分被模板吸去，水分不充分，强度降低，拆模时棱角损坏；另外，拆模过早或拆模后保护不好，也会造成棱角损坏。

(8) 混凝土强度不足。产生混凝土强度不足的原因主要是由于混凝土配合比设计、搅拌、现场浇筑和养护 4 个方面造成的。

1) 配合比设计方面：有时不能及时测定水泥的实际活性，影响了混凝土配合比设计的正确性；另外，套用混凝土配合比时选用不当，外加剂用量控制不准，都可能导致混凝土强度不足。

2) 搅拌方面：任意增加用水量；配合比以重量投料，称量不准；搅拌时颠倒投料顺序及搅拌时间过短等，造成搅拌不均匀，导致混凝土强度降低。

3) 现场浇筑方面：主要是施工中振捣不实及发现混凝土有离析现象时，未能及时采取有效措施来纠正。

4) 养护方面：主要是不按规定的方法、时间对混凝土进行养护，以致造成混凝土强度降低。

2. 混凝土质量缺陷的防治和处理

(1) 表面抹浆修补。对于数量不多的小蜂窝、麻面、露筋、露石的混凝土表面，主要是保护钢筋和混凝土不受侵蚀，可用 1：2～1：2.5 水泥砂浆抹面修整。在抹砂浆前，须用钢丝刷或加压力的水清洗湿润，抹浆初凝后要加强养护工作。

对结构构件承载能力无影响的细小裂缝，可将裂缝加以冲洗，用水泥浆抹补。如果裂缝开裂较深时，应将裂缝附近的混凝土表面凿毛，或沿裂缝方向凿成深为15～20mm、宽为100～200mm的V形凹槽，扫净并洒水湿润，先刷水泥净浆一层，然后用1∶2～1∶2.5水泥砂浆分2～3层涂抹，总厚度控制在10～20mm，并压实抹光。

(2) 细石混凝土填补。当蜂窝比较严重或露筋较深时，应除掉附近不密实的混凝土和突出的骨料颗粒，用清水洗刷干净并充分润湿后，再用比原来强度等级高一级的细石混凝土填补并仔细捣实。

对孔洞事故的补强，可在旧混凝土表面采用处理施工缝的方法处理，将孔洞处疏松的混凝土和突出的石子剔凿掉，孔洞顶部要凿成斜面，以免形成死角，用水刷洗干净，保持湿润72h后，用比原混凝土强度等级高一级的细石混凝土捣实。混凝土的水灰比宜控制在0.5以内，并掺入水泥用量万分之一的铝粉，分层捣实。以免新旧混凝土接触面上出现裂缝。

(3) 水泥灌浆与化学灌浆。对于影响结构承载力，或者防水、防渗性能的裂缝，为恢复结构的整体性和抗渗性，应根据裂缝的宽度、性质和施工条件等，采用水泥灌浆或化学灌浆的方法予以修补。一般对宽度大于0.5mm的裂缝，可采用水泥灌浆；宽度小于0.5mm的裂缝，宜采用化学灌浆。化学灌浆所用的灌浆材料，应根据裂缝的性质、缝宽和干燥情况选用。作为补强用的灌浆材料，常用的有环氧树脂浆液（能修补缝宽0.2mm以上的干燥裂缝）和甲凝（能修补缝宽0.05mm以上的干燥细微裂缝）等。作为防渗堵漏用的灌浆材料，常用的有丙凝（能灌入0.01mm以上的裂缝）和聚氨酯（能灌入0.015mm以上的裂缝）。

3. 混凝土强度的其他检验方法

(1) 钻芯检验法。当需要对混凝土结构物的强度复验，或由于其他原因需要重新核实结构物的承载能力时，可以在结构物上钻取芯样，作抗压强度试验，以确定混凝土的强度等级。由于芯样是在结构物上直接钻取的，因此所得结果能较真实地反映结构物的强度情况。

钻取混凝土芯样是采用内径为100mm或150mm的金刚石或人造金刚石薄壁钻头钻取高度和直径均为100mm或150mm的芯样。钻取芯样的数量视实际需要而定，芯样的两个墙面须使用切割机切割平整，如表面不平可用硫黄、硫黄砂浆环氧水泥等材料抹平。取芯部位应该是在结构或构件受力较小的部位，避开主筋、预埋件和管线的位置，便于钻芯机的安装与操作的部位。钻芯检验法对薄壁构件不能采用。

(2) 回弹法。回弹法是利用回弹仪根据事前预测好的硬度—强度曲线，来测定结构或构件的抗压强度。回弹仪可直接测得结构或构件已硬化的表层混凝土的硬度数据。因此，需要事先对混凝土表面的碳化深度准确地测定，只有确定表层和内部的质量一致时，所测得强度才是该构件的平均强度。

当混凝土存在内部缺陷或表层与内部质量有明显差别，遭受化学腐蚀或火灾，硬化期间遭受冻伤，长期处于高温、潮湿环境，粗骨料粒径大于60mm，测试部位曲率半径小于250mm等情况下不宜采用回弹法。

(3) 超声法。超声法是利用超声波在密实度不同的混凝土中行进速度不同的原理，将超声波检测发射器放出的超声波，经过混凝土后在接收器中记录下来，通过仪器读数，按事先建立的强度与速度的关系曲线，换算成所需要测定的混凝土强度的一种测试方法。

超声波测定混凝土强度时，因参数太多，难度较大。构件的几何尺寸、配筋情况、混凝土的配合比、浇灌方向、养护方法、测试时的含水量、温度、预加荷载的影响以及测试技术等都会影响测试结果。

超声波可以较准确检测混凝土的缺陷位置、大小和性质，因而它是用来判断混凝土连续性、均匀性、整体性的一种常用方法。

(4) 超声回弹综合法。超声回弹综合法是建立在超声波传播速度和回弹值同混凝土抗压强度之间相互联系的基础之上。以声速和回弹值综合反映混凝土的抗压强度，因而可以较好地反映整个混凝土的质量情况。综合法与单一法相比可以抵消一些影响因素的干扰，相互弥补各自的不足，因此精度高、适应范围广，已在混凝土工程上广泛应用。

第四节 钢筋混凝土工程的安全技术

在现场安装模板时，所用工具应装在工具包内，当上下交叉作业时，应戴安全帽。垂直运输模板或其他材料，应有统一指挥，统一信号。拆模时有专人负责安全监督，或设立警戒标志。高空作业人员应经过体格检查，不合格者不得进行高空作业。高空作业应穿防滑鞋，系好安全带。模板在安全系统未钉牢固之前，不得上下；未安装好的梁底板或挑檐等模板的安装与拆除必须有可靠的技术措施，确保安全。非拆模人员不准在拆模范围内通行。拆除后的模板的朝天钉应向下，并及时运到指定地点堆放，然后拔除钉子，分类堆放整齐。

在高空绑扎和安装钢筋，须注意不要将钢筋集中堆放在模板或脚手架的某一部位，以确保安全，特别是悬臂构件，更要检查支架是否牢靠。在脚手架上不要随便放置工具、箍筋或短钢筋，避免放置不稳滑下伤人。焊或扎结竖向放置的钢筋骨架时，不得站在已绑扎或焊接好的箍筋上工作。搬运钢筋的工人须带帆布垫肩、围裙及手套；除锈工人应戴口罩及风镜；电焊工应戴防护镜并穿工作服。300～500mm 的钢筋短头禁止用机器切割，吊装高处的钢筋骨架时，在高空作业的工人应拴好安全带并穿防滑鞋。在有电线通过的地方安装钢筋时，必须特别小心谨慎，勿使钢筋碰着电线。

在进行混凝土施工前，应仔细检查脚手架，工作台和马道是否绑扎牢固，如有空头板应及时搭好，脚手架应设保护栏杆。运输马道宽度：单行道应比手推车的宽度大 400mm 以上；双行道应比两车宽度大 700mm 以上，搅拌机、卷扬机、皮带运输和振动器等接电要安全可靠，绝缘接地装置良好，并应进行试运转。搅拌台上操作人员应戴口罩，搬运水泥工人应戴口罩和手套，有风时带好防风眼镜，搅拌机应由专人操作，中途发生事故，应立即切断电源进行修理。运转时不得将铁锹伸入搅拌筒内卸料；其外露装置应加保护罩。在井字架和拔杆运输时，应设专人指挥，井字架上卸料人员不能将头或脚伸入井字架内，在起吊时禁止在拔杆下站人。振动器操作人员必须穿胶鞋，振动器必须设专门防护性接地装置，避免火线漏电发生危险，夜间施工应有足够的照明，深坑和潮湿地点施工，应使用 36V 以下低压安全照明。

工 程 实 践 案 例

一、工程概况

某市邮电大厦，地上 30 层，地下 2 层，裙房 4 层，总建筑面积 36300m^2。内筒外框，筒体为钢筋混凝土剪力墙，柱为钢管混凝土柱，共 22 根如图 4 - 54 所示，地上高度 108.8m。

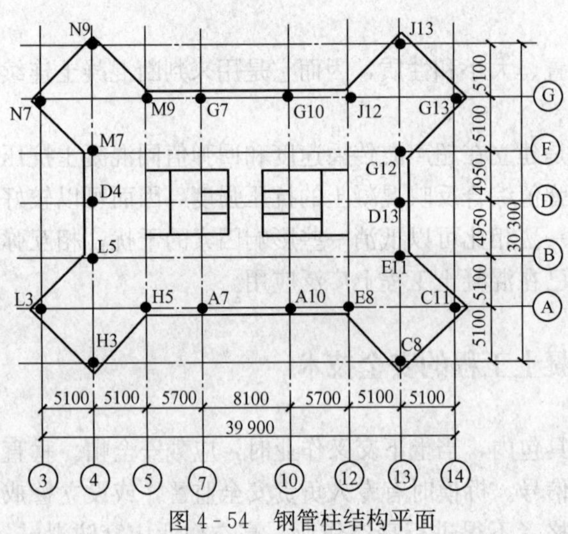

图 4-54 钢管柱结构平面

邮电大厦钢管混凝土柱设计直径为720mm。钢管壁厚一2～10层为14mm，11～30层为12mm，采用Q235A钢板按设计尺寸卷制，自行卷制钢管较成品钢管降低成本14%。按现场施工条件，确定2个楼层作为一个组合件依次对接，钢管制作长度7.2～8.4m。钢管混凝土柱与梁连接采用暗牛腿，与密肋梁板连接采用节点筋板，如图4-55所示。地下室暗牛腿部位内设衬板，外焊加强环，如图4-56所示。上下节钢管连接处设内衬加强管，内衬管内焊丁字形肋板，使管壁与管内混凝土共同受力。

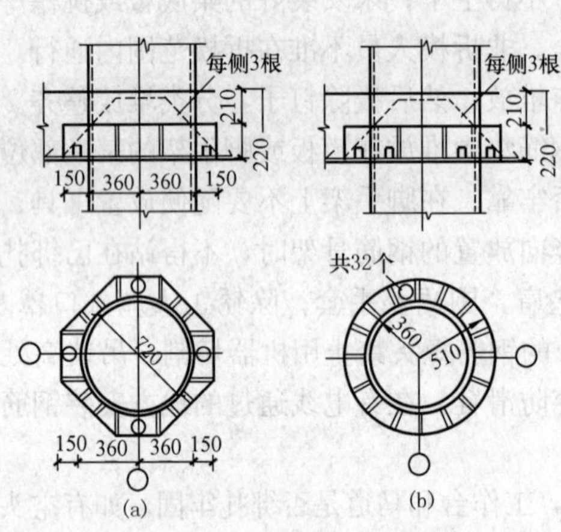

图 4-55 柱板节点示意

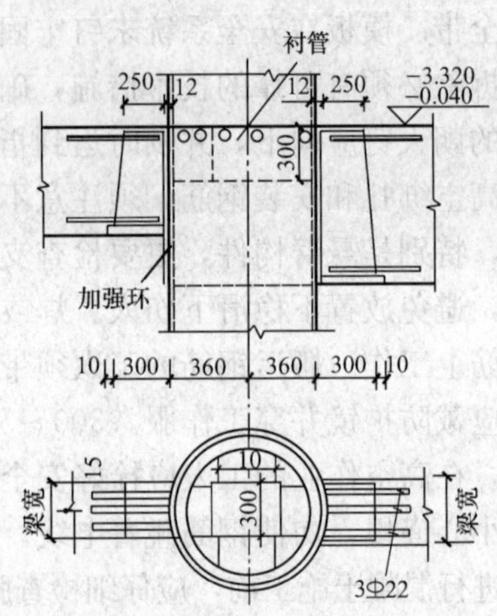

图 4-56 柱梁节点示意

(用于地下室)

二、钢管柱的制作

钢管柱要求各部件的制作、焊接的尺寸、位置、标高准确。为了减少现场工作量，保证质量，钢管及各部件制作、组焊集中在工厂完成（略），经检验合格运至现场安装。

三、钢管柱与基础底板的连接

柱基础设计为在混凝土底板面下落300mm预埋外径1170mm、内径620mm钢板圆环，如图4-57所示。为保证位置、标高的准确及平整度小于2mm要求，在底板钢筋绑扎完后，按预埋板规格做成一个稳定的支架，按垫层上放线位置直接落于垫层。在预埋钢板上钻孔，让锚固筋穿过孔洞，调整标高及板面平整度后，进行塞焊

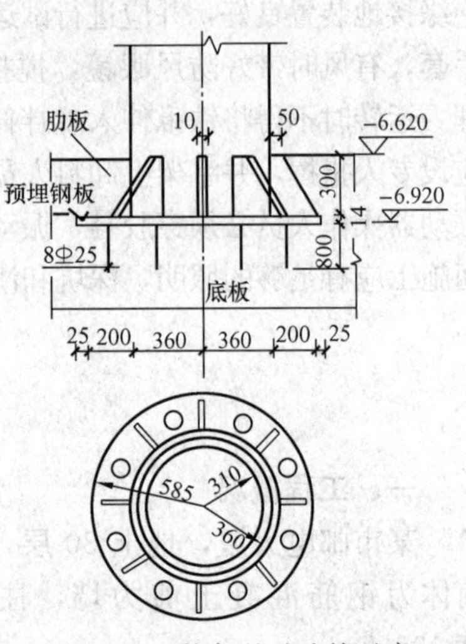

图 4-57 柱与基础连接示意

焊接。底板混凝土浇筑时，两侧对称浇筑，防止位移。

四、钢管柱的现场安装方法

1. 吊装设备与方法

现场吊装利用现场施工的TL-150型塔吊，塔吊臂长50m，钢管柱吊装在40m范围内，单根柱最大重量29kN，塔吊起重量能满足要求，起吊方法采用两点捆绑垂直起吊。

2. 第一节钢管柱的安装

安装前先清理预埋钢板面，按柱安装方向（应与柱身方向吻合）划出十字线，在线上标出柱半径，焊定位板。安装时，调整柱身划线与预埋钢板划线重合，柱外皮与柱半径标点重合后，塞紧定位板。利用顶拉杆调整垂直度，顶拉杆一端焊于预埋钢板上，一端焊于柱身钢管上。垂直度调整好后，将柱脚与肋板焊牢。

3. 钢管柱在现场对接

钢管柱从地下室至顶层无变径，只存在同径连接。将吊起的上节柱按母线位置缓慢地插入下节柱内衬管上。上下线稍有偏移时，可采用特制厚钢板抱箍钳调整。上节柱插入内衬管过程中，由于内衬管与钢管内壁局部存在摩擦，导致就位困难，可在上下柱接口处设顶拉杆，相互垂直方向各设1根，待顶拉到位后，再利用顶拉杆调整垂直度。符合要求后，焊接防变形卡板，如同4-58所示。卡板对称设4块，然后进行钢管对接焊施工，防变形卡板和顶拉杆在对接焊完成后拆除，并将其焊点打磨平整。

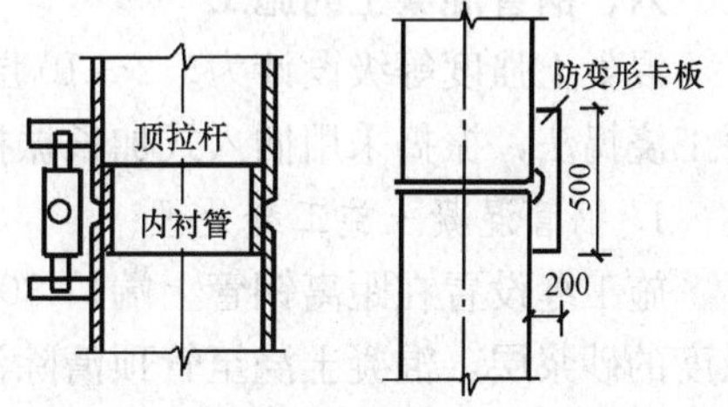

图4-58 顶拉杆及防变形卡板

4. 垂直度控制

用2台经纬仪在相互垂直的方向观测，为方便观测，先行安装角部钢管柱。观测时，经纬仪对中于柱轴线，十字竖丝对准柱脚处柱外边线点，观测者由柱脚从下向上观测柱身母线，同时指挥安装人员调整顶拉杆，直至柱顶母线与经纬竖丝重合。另外，对接环缝焊接好后，卸去卡板，对柱身垂直进行复合，并做好垂直度偏差值记录，以便下次安装调整，防止出现累积误差。

随着建筑高度增加及平面形状尺寸的限制，垂直观测经纬仪只能放在安装层楼板上。鉴于此，应将经纬仪架立在尽可能远离被观测柱的位置，使观测的水平距离达到最大；合理安排安装顺序，避免柱本身的阻挡影响观测。

5. 对接焊施工

现场对接焊采用人工焊，接口焊缝为熔透二级焊缝，分次焊满。焊接过程中，易产生较大的焊接残余变形，导致垂直度偏差。因此，应采取如下措施：

(1) 每根柱从下至上固定焊工，明确责任；

(2) 对称施焊，即分段反向对称顺序进行施焊；

(3) 严格控制同类型焊机及焊接电流等参数；

(4) 对接前根据上节柱安装偏差值，计算后在管口实行机械打磨，保持焊缝间隙基本一致；

(5) 增设防变形卡板。

五、钢管柱安装质量控制

(1) 按设计图绘出柱位图，并按顺序编号，核对土建图纸，确定每根柱的节点标高和节点做法，然后制定工艺方案及焊接工艺规程，指导施工。

(2) 凡为Ⅱ级焊缝，必须进行50%超声波无损探伤，不符合要求即进行返修，同一部位返修不宜超过3次。对Ⅲ级焊缝进行外观质量检查，表面不得有气孔、裂纹、夹渣等缺陷，咬边深度不得大于0.5mm，长度不大于总长的10%。对不符合要求的焊接，要作补焊，并作打磨处理。焊角高度必须满足焊接工艺规定要求，雨天严禁施焊。

(3) 焊工必须有岗位操作证并具有丰富的钢结构焊接施工经验，施工中建立焊接记录卡，焊接柱与焊工编号相对应。

(4) 加工好的钢管柱运达现场后，进行尺寸、外观检验2次，符合要求方可安装。

(5) 钢管柱安装允许偏差：立柱中心线偏差±5mm；各立柱垂直度偏差为L/1000；立柱顶面标高+0～−20mm；立柱顶面不平度±5mm。

六、钢管混凝土的施工

混凝土强度等级设计为−2～10层C40，11～30层C30。钢管混凝土的浇筑，采用立式手工浇捣法，振捣采用插入式加长振捣棒。

1. 钢管混凝土施工缝处理

施工缝设置在距离钢管上端口300mm处，每次浇混凝土前铺设200mm厚与混凝土等强度的砂浆层，混凝土浇至管顶清除浮浆层至坚硬混凝土面加盖养护。

2. 钢管混凝土泌水空鼓现象的处理

泌水：钢管的密闭性使混凝土中水分无法析出，加上振捣棒在狭小管内振捣，粗骨料相对下沉，砂浆上浮，混凝土中多余水分上浮至管顶，在管顶形成砂浆层和泌水层。施工初期，水层最大达250mm。

空鼓：混凝土在硬化过程中的收缩导致管壁与混凝土黏结不紧密。

针对以上问题，应对钢管混凝土施工的各个环节进行分析，并采取如下措施：

(1) 严格控制碎石级配，钢管混凝土所有碎石必须是5～40mm连续级配。

(2) 调整配合比，确定水灰比为0.4，坍落度为20mm。在混凝土中掺入了12%UEA膨胀剂配制成补偿收缩混凝土，并掺入NF高效减水剂，增强混凝土的黏聚性与和易性，减小用水量。

(3) 一次投料振捣高度不超过1.5m，用混凝土体积控制高度，振捣时间以混凝土面无气泡泛出为准，设专人监控。

经过这些措施的施行，基本消除了浇捣过程中出现的泌水现象，管顶浮浆也得到了很好的控制。

对于空鼓现象，我们在后期的检查中发现，调整配合比控制振捣方法后空鼓现象明显减少，每层平均两处。对可能空鼓处进行钻孔观察，根本无法观测到管壁与混凝土之间的空隙。会同甲方、设计、监理和质监部门共同对空鼓进行高压注浆试验，无法注进，经以上单位确认已不影响质量。

七、施工效果

该邮电大厦钢管混凝土柱工程在工期、质量及经济效益等方面效果很好。钢管柱尺寸、位置、标高准确，垂直度允许偏差项目合格率达98.6%，管内混凝土密实，经市质监站专项检验，评为优良。

复习思考题

1. 试述模板的作用与要求。
2. 试述基础、柱、梁模板的构造与安装步骤。
3. 跨度在 4m 及 4m 以上的梁模板为什么需要起拱？
4. 如何确定模板拆除的时间？模板拆除时应注意哪些问题？
5. 如何进行钢筋的进场验收？
6. 什么叫钢筋冷拉？冷拉的目的及要求有哪些？
7. 钢筋连接的方法有哪几种？它们各适用什么范围？
8. 影响钢筋焊接质量的主要因素有哪些？
9. 试述钢筋电弧焊的接头型式和适用范围。
10. 如何计算钢筋的下料长度？如何编制钢筋的配料单？
11. 如何进行钢筋的代换？钢筋代换应注意哪些事项？
12. 钢筋绑扎和安装有哪些要求？
13. 如何进行混凝土的制备和搅拌？
14. 混凝土搅拌时其搅拌制度有哪些？
15. 对混凝土运输有哪些要求？
16. 泵送混凝土对材料有哪些要求？
17. 泵送混凝土主要设备有哪些？
18. 混凝土浇筑时有哪些基本要求？
19. 何谓施工缝？施工缝留设的原则是什么？如何对施工缝进行处理？
20. 常用混凝土振捣器的种类及其适用范围是什么？
21. 大体积混凝土施工有哪些特点？
22. 大体积混凝土施工方案有哪几种？
23. 大体积混凝土早期产生温度裂绝，可采取哪些措施？
24. 喷射混凝土施工操作的要点有哪些？
25. 混凝土自然养护应注意什么问题？
26. 混凝土质量检查的内容包括哪些？如何确定结构混凝土强度是否合格？
27. 钢筋混凝土工程常见的质量问题有哪些？如何进行防治和处理？
28. 试述钢筋混凝土工程的安全技术要求。

习　题

1. 试计算如图 4-59 所示 L1 梁中钢筋的下料长度，并编制钢筋配料单（设该梁共有 5 根）。

2. 某工程现浇楼板设计图纸配筋为每米 6 根 $\phi12$ 的钢筋，现场无 $\phi12$ 钢筋，只有 $\phi10$ 的钢筋，应用每米多少根进行代换？

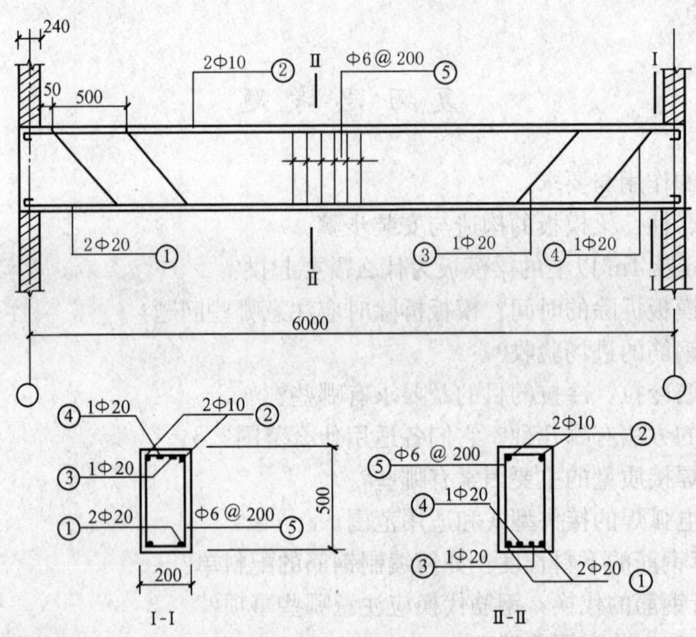

图 4-59 L1 梁配筋图

3. 某大梁的主筋原设计为 5 根 HRB335 级直径 20mm 的钢筋（f_y＝310MPa），现拟用 HPB300 级钢筋（f_y=270MPa）代换，已知梁的宽度为 300mm，试计算所需钢筋的断面，并选用适当的根数与直径。

4. 某结构采用 C20 混凝土，实验室配合比为 1∶2.12∶4.37∶0.62，施工现场实测砂的含水率为 3%，石子含水率为 1%，试计算施工配合比。若采用 400L 搅拌机搅拌，每立方米混凝土水泥用量为 270kg，试计算搅拌一盘混凝土各种材料的一次投料量。

第五章　预应力混凝土工程

本章提要：本章系统地介绍预应力混凝土的概念和基本原理，先张法、后张法和无黏结预应力混凝土的施工。在先张法里，重点介绍了张拉设备、台座、夹具和张拉工艺；在后张法里，重点介绍了张拉机械、锚具、预应力筋的制作及张拉工艺；无黏结预应力混凝土的施工一般应用在高层或较大跨度的结构施工中，本章对无黏结预应力筋和双向预应力筋的敷设、端部处理及张拉工艺也作了阐述。

学习要求：

（1）了解预应力混凝土的概念和基本原理，优点及发展概况。

（2）了解先张法的施工工艺，预应力张拉应力的控制和放张。

（3）熟悉预应力张拉方法中的后张法和无黏结预应力混凝土等的施工工艺。

（4）掌握后张法中的预应力筋的制作。预应力值建立和传递的原理、张拉设备、台座、锚具、夹具的类型及性能；构件制作孔道留设方法；张拉程序建立的依据；张拉力的计算和控制；质量控制及技术措施。

（5）掌握无黏结预应力筋的敷设和张拉锚固工艺。

第一节　概　　述

一、预应力混凝土的基本概念

1. 何谓预应力

预应力是预加应力的简称，这一名词的出现虽为时不长，只有几十年的历史，然而人们对预加应力原理的应用却由来已久，在日常生活中稍加注意就会找到一些熟悉例子。如用竹箍的木桶，如图5-1所示，还有洗脸盆、洗衣盆、洗澡盆、水桶等在我国日常生活中应用已有几千年的历史。当套紧竹箍时，竹箍由于伸长而产生拉应力，而由木板拼成的桶壁则产生环向压应力。如木板板缝之间预先施加的压应力超过水压引起的拉应力，木桶就不会开裂和漏水。这种木桶的制造原理与现代预应力混凝土圆形水池的原理是完全一样的。这是利用预加应力来抵抗预期出现的拉应力的一个典型例子。

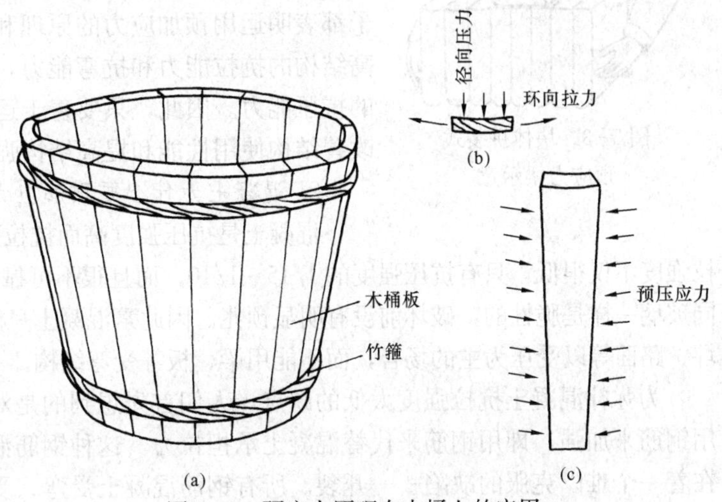

图5-1　预应力原理在木桶上的应用
(a) 木桶；(b) 竹箍分离体图；(c) 板块分离体

木锯如图 5-2 所示是另一个熟悉的例子。当锯条来回运动锯割木料时，就会使锯条的一部分受拉而另一部分受压。这种薄而狭长的锯条本身并没有什么抗压能力，但由于预先拧紧绳子而受有预拉应力，当预拉应力超过锯木时引起的压应力，锯条就始终处于受拉状态，就不致发生压屈失稳破坏。这是利用预加拉应力以抵抗使用时出现的压应力的一个典型例子。当整理书架需要搬运书本时，人们常采用如图 5-3 所示的搬书方法。由于受到双手抱书所加的压力，这列书就如同一根梁一样可以承担全部书本的重量。这和用后张预应力束将若干混凝土预制块体拼成预应力梁的原理基本上也是一样的。

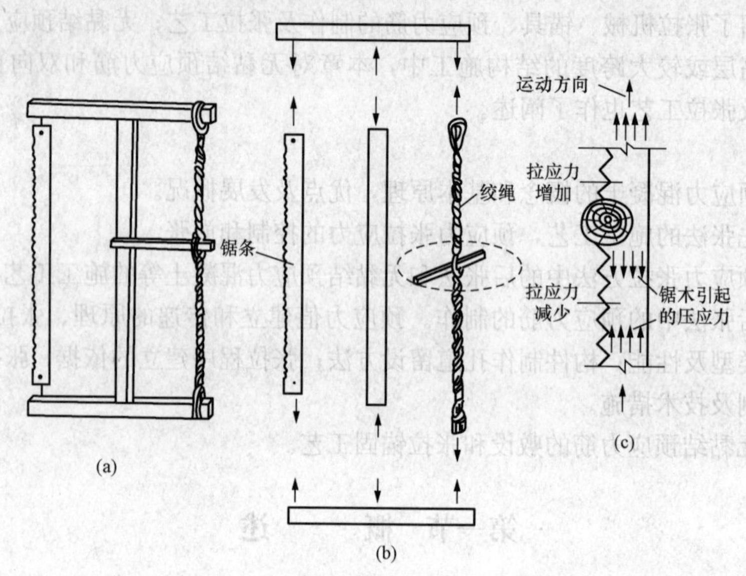

图 5-2　预应力原理在木锯上的应用

(a) 中国式木锯；(b) 木锯各杆件分离体图；(c) 锯片的受力图

图 5-3　块体拼装式预应力梁示意

类似的例子还能举出一些，例如施工现场装卸红砖用的一次可以手提 5 块砖的砖夹子、自行车车轮的辐条等等。这些例子都表明运用预加应力的原理和技术，既可用预加压应力来提高结构的抗拉能力和抗弯能力，又可用预加拉应力来提高结构的抗压能力。因此，只要善于运用，就可以利用预加应力获得改善结构使用性能和提高结构强度的效果。

2. 混凝土为什么要预加应力

混凝土是抗压强度高而抗拉强度低的一种结构材料。它的抗拉强度不仅很低，只有抗压强度的 1/15～1/10，而且很不可靠。它的抗拉变形能力也很小，如同玻璃一样是脆性的，破坏前没有明显预兆。因此素混凝土只能用于柱墩、重力式挡土墙、地坪、路面等以受压为主的场合，而不能用梁、板等受弯结构。

为弥补混凝土抗拉强度太低的缺点，人们首先想到的是对混凝土预期出现拉应力的部位用钢筋来加强，即用钢筋来代替混凝土承担拉力。这种钢筋混凝土用途广、优点多，但也存在着一个难以克服的缺陷——开裂。所有钢筋混凝土受弯、受拉构件，不管配筋少还是配筋多，在使用状态下几乎无不开裂，以致影响它的应用范围与发展前途。

3. 预应力混凝土的概念

“预应力混凝土是根据需要，人为地引入某一数值与分布的内应力，用以部分或全部抵消外荷载应力的一种加筋混凝土”。

这一定义的学科性、专业性都很强，但通俗性不足，不易为一般土建工程人员以及非专业人员所理解与接受。实际上预应力筋对结构所起的作用，既可以理解为产生与使用荷载应力方向相反的预加应力，也可以理解为产生与使用荷载方向相反的预加反向荷载或反向力。如果我们从荷载的概念出发，预应力混凝土可以定义为：“预应力混凝土是根据需要，人为地引入某一数值的反向荷载，用以部分或全部抵消使用荷载的一种加筋混凝土”。

为了进一步阐明什么是预应力混凝土，特以梁为例来说明。一根梁在荷载作用下将产生弯曲，并使梁的下部受拉，上部受压，如图 5-4 所示。如果我们用素混凝土来做一根梁，则在一定荷载 q 的作用下，很快就会断裂，如图 5-5 所示。这是由于混凝土如同天然石材一样，是一种脆性材料，它的抗压能力很大，而抗拉能力很小的缘故（约为抗压能力的 1/10)。

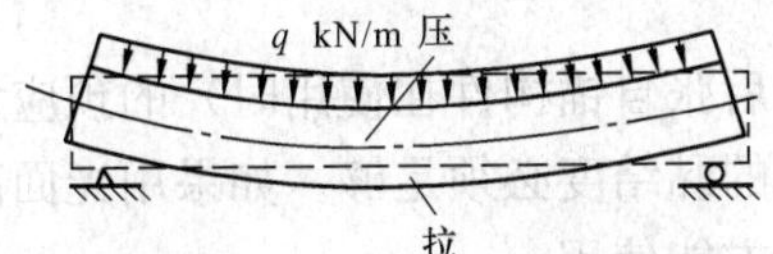

图 5-4 梁的受力情况

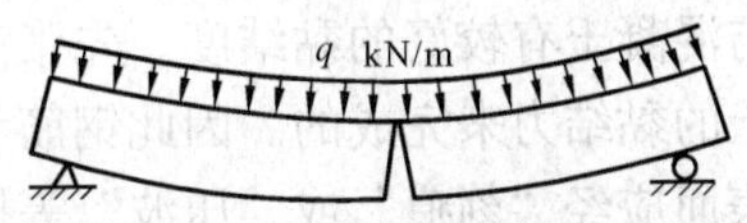

图 5-5 素混凝土梁

为了解决混凝土材料抗拉不足抗压有余的矛盾，人们就在梁弯曲时将产生裂缝的受拉区，配置了抗拉性能很好的钢筋，用来承受梁弯曲时产生的拉力，这就是通常所称的钢筋混凝土梁，如图 5-6 所示。然而在素混凝土梁中配置了钢筋以后，虽然提高了梁的抗拉能力，但是仍不完善，还有缺陷。这主要是钢筋强度很高，应变能力很强的韧性材料，通常每米拉长 20～50mm 也不会产生裂缝，而混凝土则是应变能力很小的脆性材料，通常每米只能拉长 0.1～0.15mm，超过这个数值就会产生断裂。而在钢筋混凝土构件中，两者是黏结在一起构成一个整体，在荷载作用下是共同受力共同变形的。如图 5-6 所示的普遍钢筋混凝土梁，在外荷载 q 作用下，虽然不会断裂，但是将产生裂缝，只是这种裂缝有时不易被人察觉而已。实际上普通钢筋混凝土梁，在正常荷载作用下总是带有裂缝的，这就大大影响了结构的耐久性。如果我们要使梁不出现裂缝，则钢筋中的应力只能达到 20～30N/mm²，这样就大大限制了钢筋强度的发挥。如果要充分利用钢筋的强度，则梁又将产生很大的裂缝和挠曲变形，影响结构的耐久性和使用。为了解决这个新的矛盾，人们采用了对受拉区混凝土施加“预（压）应力”这一有效方法，即在结构承受外荷载之前，先在它使用时可能产生拉应力的区域，用某种方法施加压力，促使其产生预压应力。这样，当构件在使用荷载下产生拉应力时，必须先抵消这部分预压应力，然后才能随着荷载的增加，使受拉区的混凝土受拉开裂。如图 5-6 所示的钢筋混凝土梁，如果在受拉区先对钢筋进行张拉，并利用它的回缩力使受拉区混凝土得到预压，如图 5-7（a）所示，则在上述荷载 q 的作用下，梁下缘产生的拉应力仅能使预压应力减小（抵消其中一部分或全部)。这种施加预（压）应力的钢筋混凝土梁，就叫预应力钢筋混凝土梁。通常在正常使用荷载下，预应力钢筋混凝土梁的下缘不会产生裂缝，如图 5-7（b）所示。

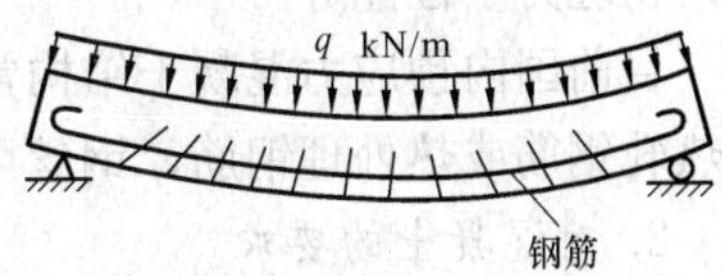

图 5-6 钢筋混凝土梁

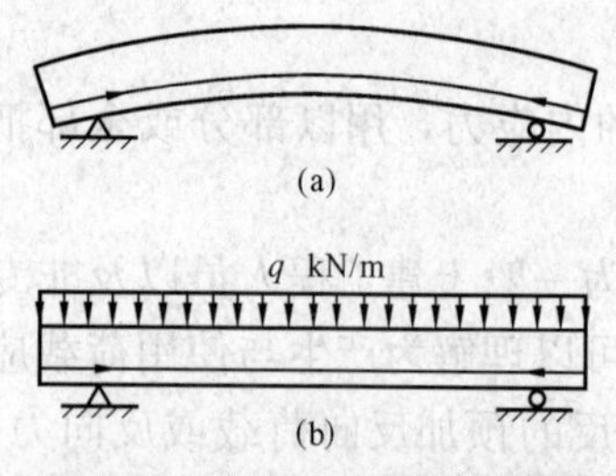

图 5-7 预应力钢筋混凝土梁
(a) 施加预压应力时；(b) 使用时

二、预应力混凝土的材料

预应力混凝土抗裂性的高低，取决于钢筋的预拉应力值。钢筋预拉力愈高，混凝土预压力愈大，构件的抗裂性就愈好。要建立较高的预应力，就必须具有高强度的钢筋和高强度混凝土。所以，高强材料的提供，促使产生预应力混凝土，预应力混凝土的发展又对材料提出更高的要求。

1. 对钢材的要求

(1) 高强度。混凝土预应力的大小取决于钢筋（线）的张拉应力，而构件制作过程中将出现各种应力损失，钢材强度越高，损失率越小，经济效果也越高，因此当具备条件时，应尽量采用强度高的钢材作预应力筋。

(2) 具有一定的塑性。钢筋切断时要具有一定的延伸率，当构件处于低温荷载下，更应注意塑性要求，否则可能发生脆性破坏。一般冷拉热轧钢筋的延伸率不小于6%，钢丝、钢铰线要求不小于4%。

(3) 与混凝土有较好的黏结度。先张法构件（后张自锚构件在使用时）的预应力是靠钢筋和混凝土的黏结力来完成的。因此钢筋和混凝土的黏结度必须足够。如果用光面高强钢丝配丝时，表面应经“刻痕”或“压波”等措施处理方能使用。

(4) 有良好的加工性能，如可焊性。钢筋经过“镦粗”（冷镦或热镦）后，不影响其原来的物理力学性能等。

目前国内预应力混凝土结构常用的钢材可分为两类：钢丝和钢筋。钢筋可用冷拉Ⅱ、Ⅲ级热轧钢筋或热处理钢筋，钢丝可用高强碳素钢丝或冷拔低碳钢丝等。

2. 对混凝土的要求

(1) 高强度。因为只有高强混凝土充分利用高强钢材，共同承受外力，从而可以减小构件的截面尺寸，减轻构件自重并节约原材料用量。

(2) 收缩、徐变小，弹性模量高，有利于减少预应力损失。混凝土强度高了，抗拉、抗剪、黏结强度也都高，从而提高抗裂能力。

(3) 尽可能做到快硬、早强。因为只有快硬，早强才能尽早施加预应力，加快施工进度，提高台座或锚具的使用率。

当前国内预应力钢筋构件中所用混凝土的强度等级常为C40～C50，个别达到C60～C80，一般不低于C30。

三、预应力混凝土与钢筋混凝土的比较

预应力混凝土与普通钢筋混凝土相比，具有如下优点：

(1) 提高了混凝土的抗裂度和刚度。因为预应力的作用增强了混凝土的抗拉能力，可以使混凝土不致过早地出现裂缝（推迟裂缝出现时间），同时还可以按照构件的特点，控制它在使用过程中不出现裂缝。由于予加应力作用，构件承受荷载后，向下弯的程度减小，提高了构件的刚度。

(2) 增加构件的耐久性。预应力钢筋混凝土可避免构件出现裂缝，构件内的钢筋就不容易锈蚀，因而相应地延长了构件的使用年限。

(3) 节约材料。预应力钢筋混凝土可以合理地应用高强度钢材，所以钢材和混凝土用料都能相应地减少。

(4) 减轻构件自重。由于采用了高强材料，构件截面尺寸相应减小，自重也就减轻了。

(5) 扩大了高、大、重型结构的预置装配化程度。

(6) 抗疲劳性能优于钢筋混凝土。因在反复荷载作用下，预应力筋的应力波动幅度小。

尽管预应力混凝土有上述优点，但也带来了另一方面的问题，就是制作构件时增加了张拉工序、灌浆机具以及锚固装置等专用设备，同时制作技术也比钢筋混凝土复杂得多。所以跨度较小的梁和板，不承受拉力的拱与柱子等就不适宜采用预应力结构。因此，不是在任何场合都可以用预应力混凝土来代替普通钢筋混凝土的，而是两者各有合理应用范围。

第二节 先张法施工

先张法是在浇筑混凝土之前，在台座或模板上先张拉预应力钢筋，用夹具临时固定，然后浇筑混凝土。待混凝土达到规定强度（一般不低于混凝土设计强度标准值的75%），保证预应力筋与混凝土有足够的黏结力时，放张或切断预应力筋，借助于混凝土与预应力筋之间的黏结，对混凝土产生预压应力，如图 5-8 所示。

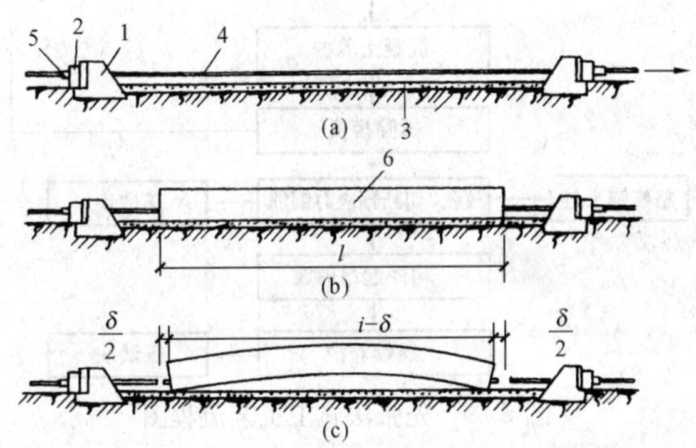

图 5-8 先张法生产示意图

(a) 预应力筋张法；(b) 混凝土浇筑和养护；(c) 放张预应力筋

1—台座；2—横梁；3—台面；4—预应力筋；5—夹具；6—构件

先张法施工工艺流程如图 5-9 所示。

先张法采用台座法生产时，预应力筋的张拉、锚固，混凝土构件的浇筑、养护和预应力筋放张等工序皆在台座上进行，预应力筋的张拉力由台座承受。用机组流水法和传送带法生产时，预应力筋的拉力由钢模承受。先张法适用于生产定型的中小型构件，如空心板、屋面板、吊车梁、檩条等。

下面着重介绍台座法生产预应力混凝土构件时的台座、夹具、张拉机具和预应力混凝土施工工艺。

一、先张法施工设备

(一) 台座

台座是先张法生产的主要设备之一，它承受预应力筋的全部张拉力。因此，台座应具有足够的强度、刚度和稳定性。

台座构造型式有墩式台座、槽式台座等。选用时根据构件种类、张拉力的大小和施工条件而定。

1. 墩式台座

生产空心板、平板等平面布筋的混凝土构件时，由于张拉力不大，可利用简易墩式台座。如图 5-10 所示。

生产中型构件或多层叠浇构件，如图 5-11 所示的墩式台座，台座局部加厚，以承受部分张拉力。

台座的长度和宽度应根据场地大小、构件类型和产量而定，一般长度为 100～150m，宽度为 2m。在台座的端部应留出张拉操作用地和通道，两侧要有构件运输和堆放的场地。

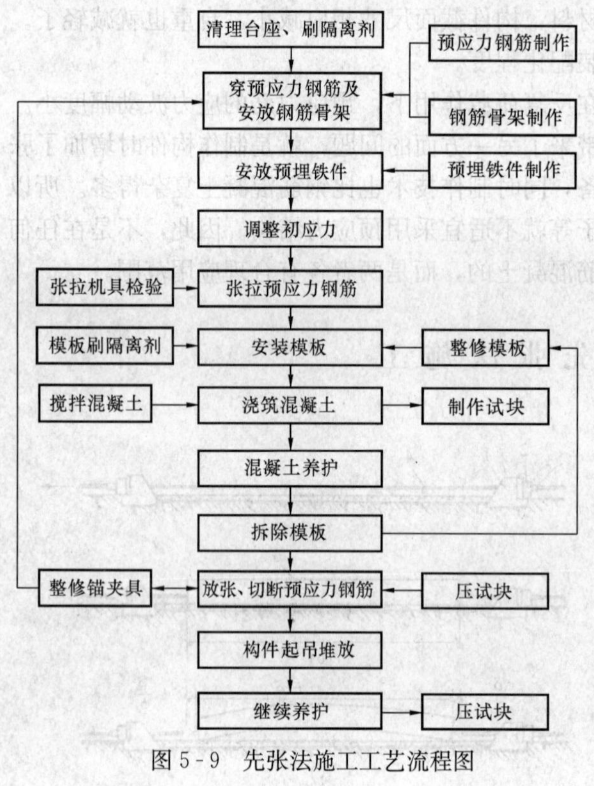

图 5-9　先张法施工工艺流程图

墩式台座是由承力台墩、台面、横梁组成。目前常用的是用现浇钢筋混凝土制成的、由承力台墩与台面共同受力的台座。

承力台墩设计时，应进行稳定性和强度验算。稳定性指台座的抗倾覆能力和抗滑移能力。抗倾覆验算的计算简图如图 5-12 所示，按下式验算

$$K_0=\frac{M'}{M}\geqslant 1.5 \tag{5-1}$$

$$M=Te$$

式中　K_0——台座的抗倾覆安全系数；

M——由张拉力产生的倾覆力矩，kN·m；

e——张拉力合力 T 的作用点到倾覆转动点 O 的力臂，m；

M'——抗倾覆力矩，kN·m。

如忽略土压力，则

$$M'=G_1l_1+G_2l_2 \tag{5-2}$$

抗滑移能力按下式验算

$$K_c=\frac{T_1}{T}\geqslant 1.3 \tag{5-3}$$

式中　K_c——抗滑移安全系数；

T——张拉力合力，kN；

T_1——抗滑移的力，kN。

对独立的台墩，由侧壁上压力和底部摩阻力等产生对与台面共同工作的台墩，其水平推力几乎全部传给台面，不存在滑移问题，可不作抗滑移计算，此时应验算台面的强度。

台座强度验算时，支承横梁的牛腿，按柱子牛腿计算方法计算其配筋；墩式台座与台面接触的外伸部分，按偏心受压构件计算；台面按轴心受压杆件计算；横梁按承受均布荷载的简支梁计算，其挠度应控制在 2mm 以内，且不得产生翘曲。

台面伸缩缝可根据当地温差和经验设置，一般约 10m 设置一条。

2. 槽式台座

槽式台座由端柱、传力柱、柱垫、横梁和台面等组成，既可承受张拉力，又可作蒸汽养护槽，适用于张拉力较大的大型构件，如吊车梁、屋架等。槽式台

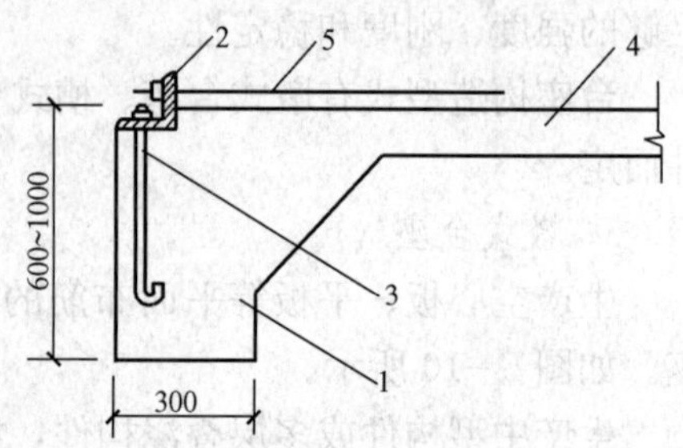

图 5-10　简易墩式台座

1—卧梁；2—角钢；3—预埋螺栓；4—混凝土台面；5—预应力钢丝

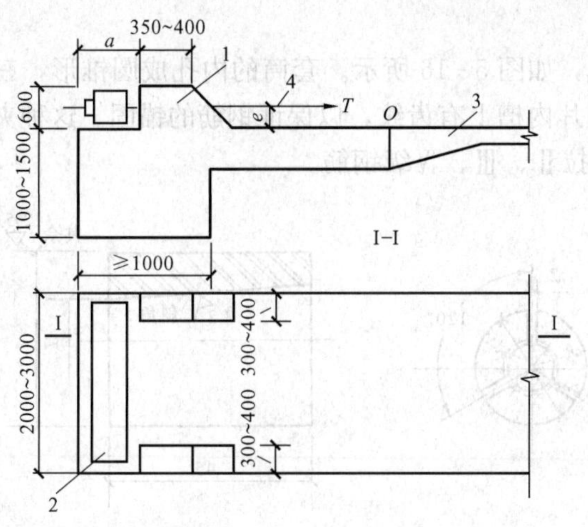

图 5-11　墩式台座

1—混凝土墩；2—钢横梁；3—局部加厚的台面；4—预应力筋

座构造，如图 5-13 所示。

槽式台座亦需进行强度和稳定性计算。端柱和传力柱的强度按钢筋混凝土结构偏心受压构件计算。端柱抗倾覆力矩由端柱、横梁自重及部分张拉力组成。

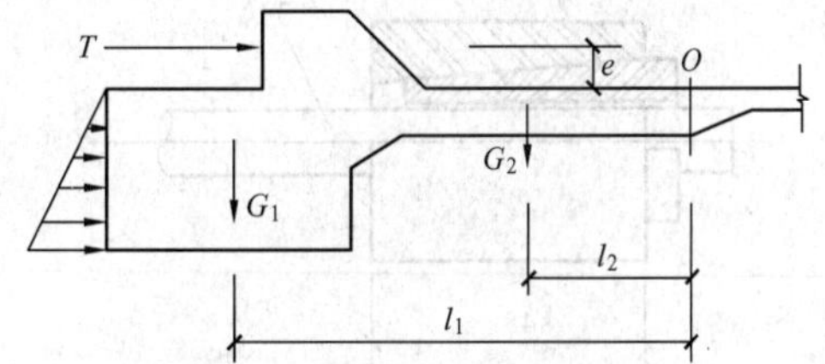

图 5-12　墩式台座抗倾覆验算简图

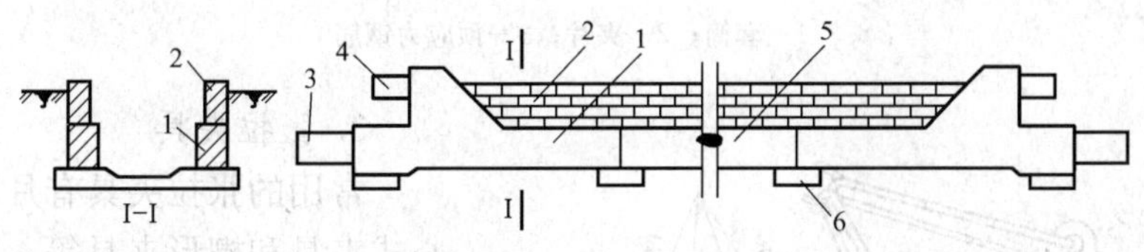

图 5-13　槽式台座

1—钢筋混凝土端柱；2—砖墙；3—下横梁；4—上横梁；5—传力柱；6—柱垫

（二）夹具

先张法中采用的夹具按其用途不同，可分为两类：一类是将预应力筋固定在台座上的锚固夹具，另一类是张拉时夹持预应力筋用的张拉夹具。

1. 钢丝锚固夹具

（1）钢质锥形夹具。钢质锥形夹具是常用的单根钢丝夹具，适用于锚固直径 3～5mm 的冷拔低碳钢丝和碳素（刻痕）钢丝。它由套筒和销子组成，如图 5-14 所示。套筒为圆柱形，中间开圆锥形孔。

（2）镦头夹具，如图 5-15 所示。将钢丝端部冷镦或热镦形成粗头，通过承力板或梳筋板锚固。镦头夹具用于预应力钢丝固定端的锚固。

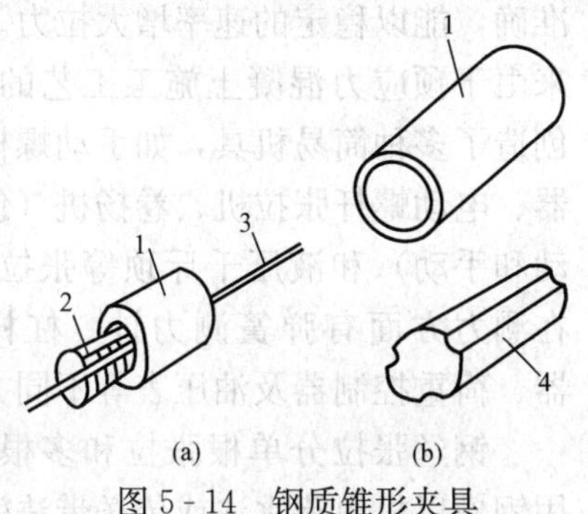

图 5-14　钢质锥形夹具

(a) 圆锥齿板式；(b) 圆锥槽式

1—套筒；2—齿板；3—钢丝；4—锥塞

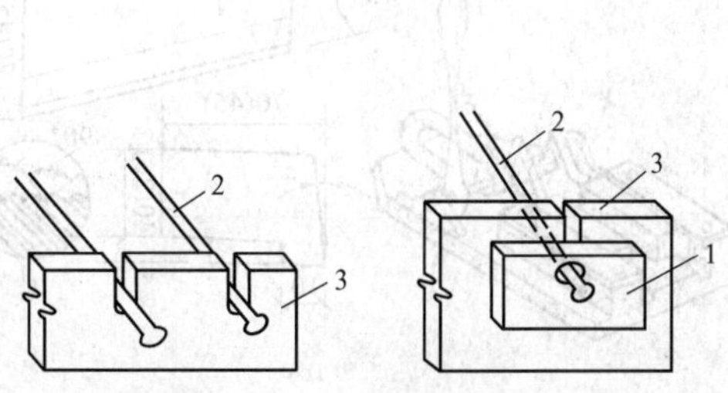

图 5-15　固定端镦头夹具

1—垫片；2—镦头钢丝；3—承力板

2. 钢筋锚固夹具

圆套筒三片式夹具是由夹片与套筒组成，如图 5-16 所示。套筒的内孔成圆锥形，三个夹片互成120°，钢筋平持在三夹片中心，夹片内槽上有齿纹，以保证钢筋的锚固。这种夹具适用于夹持直径为 12mm、14mm 的单根冷拉Ⅱ、Ⅲ、Ⅳ级钢筋。

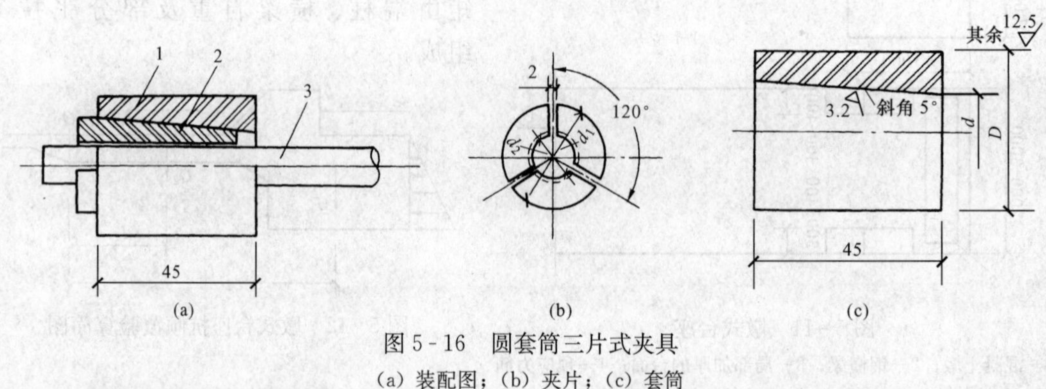

图 5-16 圆套筒三片式夹具

(a) 装配图；(b) 夹片；(c) 套筒

1—套筒；2—夹片；3—预应力钢筋

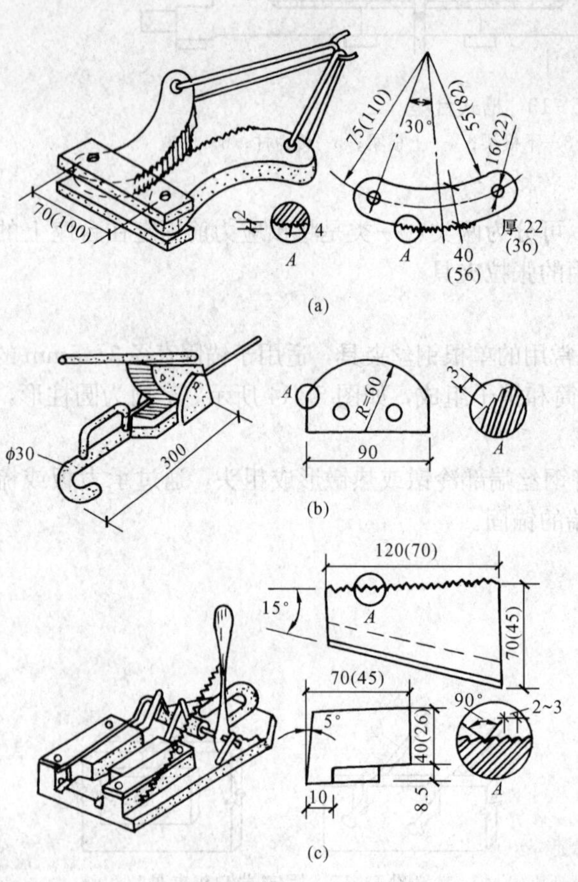

图 5-17 张拉夹具

(a) 月牙形夹具；(b) 偏心式夹具；(c) 楔形夹具

3. 张拉夹具

常用的张拉夹具有月牙形夹具、偏心式夹具和楔形夹具等，如图 5-17 所示。单根粗钢筋之间的连接或粗钢筋与螺杆的连接可采用钢筋连接器，如图 5-18所示，是套筒双拼式连接器。

4. 夹具的要求

先张法的夹具、连接器的静载锚固性能，应符合 I 类锚具的效率系数 η_a 的要求，效率系数应大于或等于 0.95。并应具有良好的自锚与松锚性能。

(三) 张拉设备

张拉设备要求简易可靠，控制应力准确，能以稳定的速率增大拉力。近年来由于预应力混凝土施工工艺的完善，创造了多种简易机具，如手动螺杆张拉器、电动螺杆张拉机、卷扬机（包括电动和手动）和液压千斤顶等张拉机具。在测力方面有弹簧测力计、杠杆测力器、荷重控制器及油压表等不同方法。

钢丝张拉分单根张拉和多根张拉。用钢模以机组流水法或传送带法生产构件多用多根张拉，此时钢丝以镦头锚固在锚固板上，用油压千斤顶进行张拉；在台座上生产构件多为单根进行张拉，可采用电动卷扬机、电动螺杆张拉机等进行张拉。

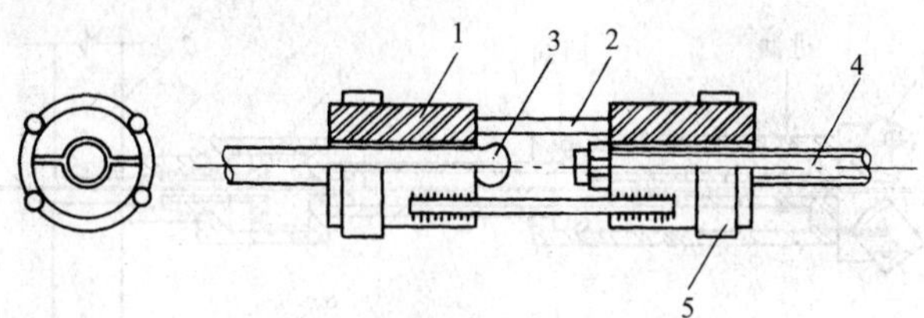

图 5-18　套筒双拼式连接器

1—半圆套筒；2—连接筋；3—钢筋镦头；4—工具式螺丝杆；5—钢圈

1. 卷扬机张拉、杠杆测力的张拉装置

张拉机由电动卷扬机、杠杆测力装置及张拉夹具等组成，装在窄轨小车上，如图 5-19 所示。使用时根据钢丝的拉力，先挂好砝码，用张拉夹具夹紧钢丝后，开动卷扬机，即可张拉钢丝。

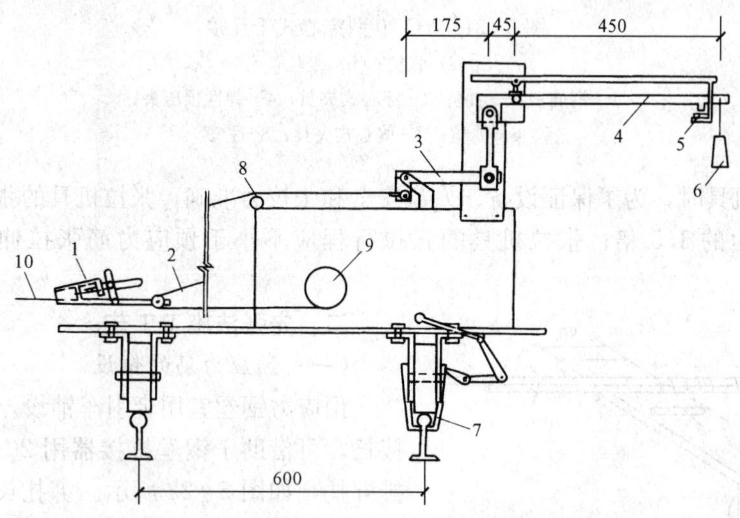

图 5-19　卷扬机张拉、杠杆测力装置示意图

1—钳式张拉夹具；2—钢丝绳；3、4—杠杆；5—断电器；6—砝码；7—夹轨器；8—导向轮；9—卷扬机；10—钢丝

2. 电动螺杆张拉机

电动螺杆张拉机由螺杆、顶杆、张拉夹具、弹簧测力计等组成，如图 5-20 所示。使用时，先用张拉夹具夹紧钢丝，然后开动电动机，通过皮带、齿轮，使齿轮和螺母（外有齿、内有螺纹）转动，由于齿轮螺母只能旋转，不能移动，迫使螺杆作直线运动而张拉钢丝。

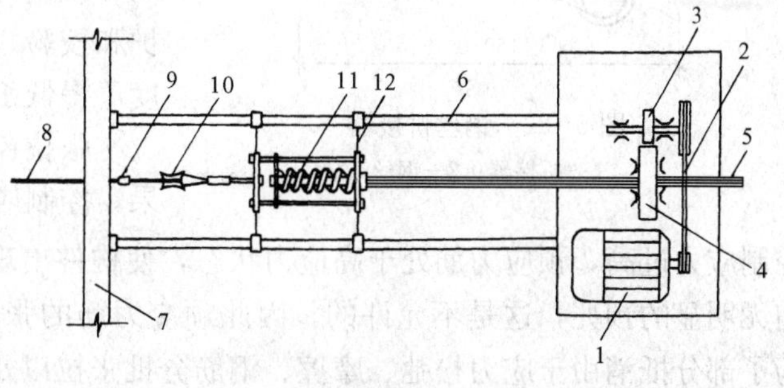

图 5-20　电动螺杆张拉机

1—电动机；2—皮带；3—齿轮；4—齿轮螺母；5—螺杆；6—顶杆；7—台座横梁；8—钢丝；9—锚固夹具；10—张拉夹具；11—弹簧测力计；12—滑动架

3. 穿心式千斤顶

张拉直径 12～20mm 的单根钢

筋、钢绞线或小型钢丝束，可用YC-20型穿心式千斤顶，如图5-21所示。张拉时，前油嘴回油、后油嘴进油，被偏心夹具夹紧的钢筋随着液压缸的伸出而被拉伸。

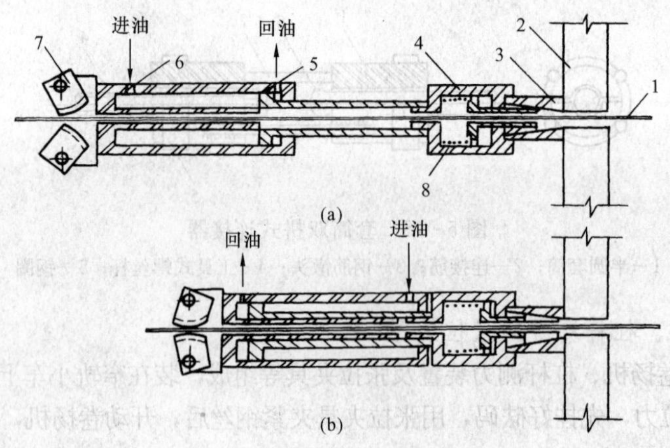

图5-21 YC-20型穿心式千斤顶

(a) 张拉；(b) 复位

1—钢筋；2—台座；3—穿心式夹具；4—弹性顶压头；

5、6—油嘴；7—偏心式夹具；8—弹簧

选择张拉机具时，为了保证设备、人身安全和张拉力准确，张拉机具的张拉力应不小于预应力筋张拉力的1.5倍；张拉机具的张拉行程应不小于预应力筋张拉伸长值的1.1～1.3倍。

二、先张法施工工艺

(一) 预应力筋的铺设

预应力钢丝宜用牵引车铺设。如遇钢丝需要接长，可借助于钢丝拼接器用20～22号铁丝密排绑扎，如图5-22所示。绑扎长度：对冷拔低碳钢丝不得小于40倍钢丝直径；对高强刻痕钢丝不得小于80倍钢丝直径。

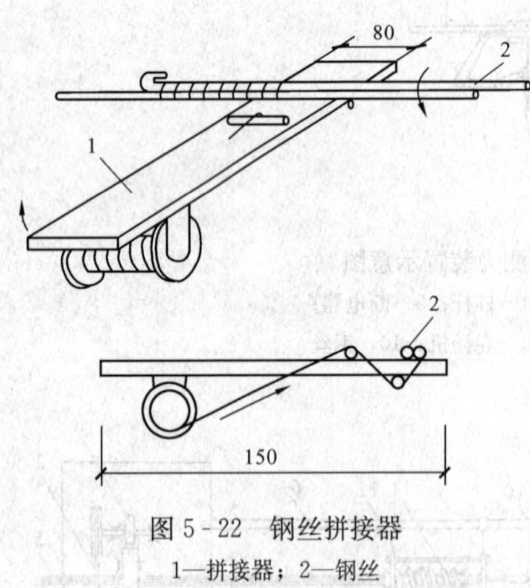

图5-22 钢丝拼接器

1—拼接器；2—钢丝

(二) 预应力筋的张拉

预应力筋张拉所用机具设备及仪表应定期维护和校验。校验张拉设备用的试验机或测力计精度不得低于±2%。校验期限不宜超过半年。

张拉控制应力的数值直接影响预应力的效果，控制应力越高，建立的预应力值则越大。但控制应力过高，预应力筋处于高应力状态，使构件出现裂缝时的荷载与破坏荷载接近，破坏前无明显的预兆，这是不允许的。因此预应力筋的张拉控制应力（σ_{con}）应符合设计规定；为了部分抵消由于应力松弛、摩擦、钢筋分批张拉以及预应力筋与张拉台座之间的温差因素产生的预应力损失，施工中预应力筋需超张拉时，可比设计要求提高5%，但其最大张拉控制应力不得超过表5-1的规定。

张拉程序可按下列之一进行：

$$0 \rightarrow 105\%\sigma_{con} \xrightarrow{\text{持荷 2min}} \sigma_{con}$$

或

$$0 \rightarrow 103\%\sigma_{con}。$$

表 5-1　　**最大张拉控制应力允许值**

钢　　种	张拉方法	
	先张法	后张法
碳素钢丝、刻痕钢丝、钢绞线	$0.80f_{ptk}$	$0.75f_{ptk}$
热处理钢筋、冷拔低碳钢丝	$0.75f_{ptk}$	$0.70f_{ptk}$
冷拉钢筋	$0.95f_{ptk}$	$0.90f_{ptk}$

注　f_{ptk}为预应力筋极限抗拉强度标准值。

建立上述张拉程序的目的是为了减少预应力松弛损失。所谓“松弛”，即钢材在常温、高应力状态下具有不断产生塑性变形的特点。松弛的数值与控制应力和延续时间有关，控制应力高松弛也大，所以钢丝、钢绞线的松弛损失比冷拉热轧钢筋大；松弛损失还随着时间的延续而增加，但在第一分钟内可完成损失总值的50%左右，24h内则可完成80%。上述张拉程序，如先超张拉$5\%\sigma_{con}$再持荷2min，则可减少50%以上的松弛损失。超张拉$3\%\sigma_{con}$，亦是为了弥补预应力钢筋的松弛等原因所造成的预应力损失。

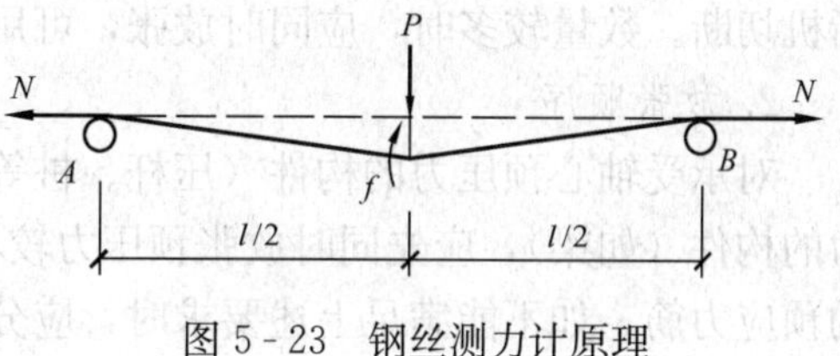

图 5-23　钢丝测力计原理

多根钢丝同时张拉断裂和滑脱的钢丝数量，不得超过构件同一截面钢材总根数的5%，且严禁相临两根预应力钢丝断裂和滑脱。构件在浇筑混凝土前发生断裂或滑脱的预应力钢丝必须予以更换。

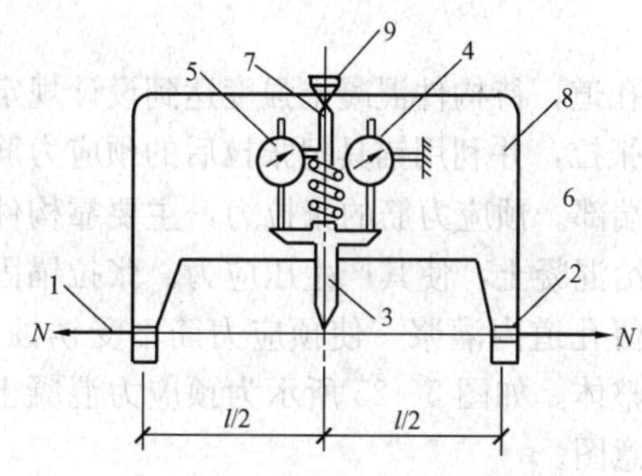

图 5-24　2CN-1 型钢丝测力计

1—钢丝；2—挂钩；3—测头；4—测挠度百分表；5—测力百分表；6—弹簧；7—推杆；8—表架；9—螺丝

同时张拉多根预应力钢丝时，应预先调整初应力（$10\%\sigma_{con}$），使其相互之间的应力一致。张拉后应抽查钢丝的应力值，其偏差不得大于设计规定预应力值的±5%。测定钢丝的应力可用测力计，其原理如图5-23所示：在受拉钢丝的某一段l设两支点A、B，在AB段中点加一横向力P，则钢丝的挠度f和其拉力N的关系为

$$N=\frac{Pl}{4f} \tag{5-4}$$

如l取定值，f为常数，则N与P成正比。2CN-1型钢丝测力计即根据这一原理制成，如图5-24所示。使用时先用挂钩2钩住钢丝，旋转螺丝使测头与钢丝接触，此时表4、表5的读数均为零，进一步旋转螺丝9，使挠度百分表4的读数达某一常数（实验确定）时，从测力百分表5的读数便可知钢丝的拉力N。该测力计的精度为2%，使用前应经过标定。

（三）混凝土的浇筑与养护

确定预应力混凝土的配合比时，应尽量减少混凝土的收缩和徐变，以减少预应力损失。

预应力筋张拉、绑扎和立模工作完成之后，即应浇筑混凝土，每条生产线应一次浇筑完毕。为保证钢丝与混凝土有良好的黏结，浇筑时振动器不应碰撞钢丝，混凝土未达到一定强度前也不允许碰撞或踩动钢丝。

预应力混凝土可采用自然养护或湿热养护。当预应力混凝土进行湿热养护时，应采取正确养护制度以减少由于温差引起的预应力损失。

（四）预应力筋放张

放张预应力筋时，混凝土强度必须符合设计要求。如设计无要求时，不得低于设计混凝土强度标准值的75%。放张过早会由于预应力筋回缩而引起较大的预应力损失。

1. 放张方法

配筋不多的中小型钢筋混凝土构件，钢丝可用砂轮锯或切断机切断等方法放张。配筋多的钢筋混凝土构件，钢丝应同时放张，如逐根放张，则最后几根钢丝将由于承受过大的拉力而突然断裂，易使构件端部开裂。放张后预应力筋的切断顺序，一般由放张端开始，逐次切向另一端。

预应力筋为钢筋时，对热处理钢筋及冷拉Ⅳ级钢筋，不得用电弧切割，宜用砂轮锯或切断机切断。数量较多时，应同时放张，可用油压千斤顶、砂箱、楔块等装置。

2. 放张顺序

对承受轴心预压力的构件（压杆、桩等），所有预应力筋应同时放张。对承受偏心预压力的构件（如梁），应先同时放张预压力较小区域的预应力筋，再同时放张预压力较大区域的预应力筋。如不能满足上述要求时，应分阶段、对称、相互交错地进行放张，以防止在放张过程中，构件产生翘曲、裂纹及预应力筋断裂等现象。

第三节 后张法施工

后张法是先制作构件，在构件中预先留出相应的孔道，待构件混凝土强度达到设计规定的数值后，在孔道内穿入预应力筋，用张拉机具进行张拉，并利用锚具把张拉后的预应力筋锚固在构件的端部。预应力筋的张拉力，主要靠构件端部的锚具传给混凝土，使其产生压应力。张拉锚固后，立即在预留孔道内灌浆，使预应力筋不受锈蚀，并与构件形成整体。如图5-25所示为预应力混凝土后张法生产示意图。

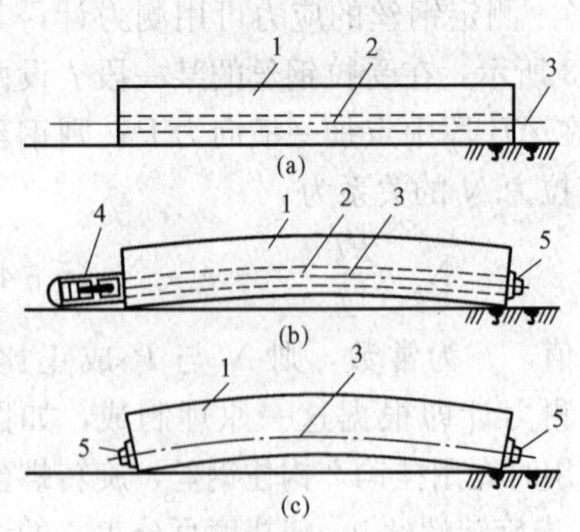

图5-25 预应力混凝土后张法生产示意图

(a) 制作混凝土构件；(b) 张拉钢筋；(c) 锚固和孔道灌浆

1—混凝土构件；2—预留孔道；3—预应力筋；4—千斤顶；5—锚具

后张法的生产工艺流程，如图5-26所示。其优点是直接在构件上张拉，不需要专门的台座，现场生产时可避免构件的长途搬运，所以适宜于在现场生产的大型构件，特别是大跨度的构件，如薄腹梁、吊车梁和屋架等。后张法又可作为一种预制构件的拼装手段，可先在预制厂制作小型块体，运到现场后，穿入钢筋，通过施加预应力拼装成整体。但后张法需要在钢筋两端设置专门的锚具，这些锚具永远留在构件上，不能重复使用，耗用钢材较多，且要求加工精密，费用较高；同时由于留孔、穿筋、灌浆及锚具部分预压应力局部集中处需加强配筋等原因，使构件端部构造和施工操作都比先张法复杂，所以造价一般比先张法要高。

一、预留孔道

（一）预应力筋孔道的留设

预应力的孔道形状有直线、曲线和折线三种。孔道的直径与布置，主要根据预应力混凝土构件或结构的受力性能，并参考预应力筋张拉锚固体系特点与尺寸确定。

1. 孔道直径

对粗钢筋，孔道的直径应比预应力筋直径、钢筋对焊接头处外径、需穿过孔道的锚具或连接器外径大 10～15mm。

对钢丝或钢绞线，孔道的直径应比预应力钢丝束外径或锚具外径大 5～10mm，且孔道面积应大于预应力筋面积的两倍。

2. 孔道布置

预应力筋孔道之间的净距不应小于 50mm，孔道至构件边缘的净距不应小于 40mm，凡需要起拱的构件，预留孔道宜随构件同时起拱。

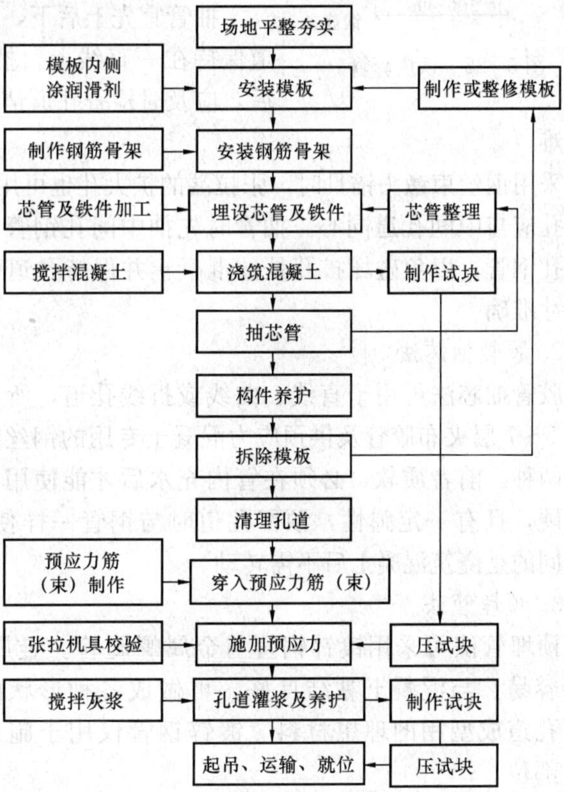

场地平整夯实
模板内侧涂润滑剂 → 安装模板 ← 制作或整修模板
制作钢筋骨架 → 安装钢筋骨架
芯管及铁件加工 → 埋设芯管及铁件 ← 芯管整理
搅拌混凝土 → 浇筑混凝土 → 制作试块
抽芯管
构件养护
拆除模板
清理孔道
预应力筋（束）制作 → 穿入预应力筋（束）
张拉机具校验 → 施加预应力 ← 压试块
搅拌灰浆 → 孔道灌浆及养护 → 制作试块
起吊、运输、就位 ← 压试块

图 5-26　后张法生产工艺流程示意图

（二）孔道成型方法

预应力筋的孔道成型方法有钢管抽芯法、胶管抽芯法和预埋管法等。孔道成型时要保证孔道的尺寸与位置准确，孔道平顺，接头不漏浆，端部预埋钢板垂直于孔道中心线等。

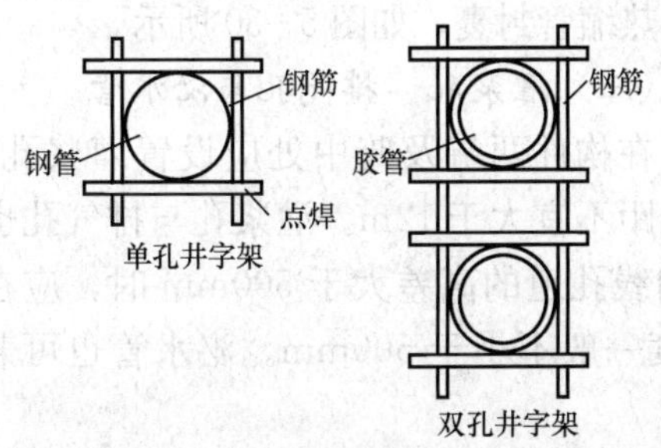

图 5-27　固定钢管或胶管位置的井字架

1. 钢管抽芯法

钢管抽芯用于直线孔道。所用钢管平直，钢管表面必须圆滑，预埋前除锈、刷油。钢管在构件中每隔 1.0～1.5m 设置一个钢筋井字架，如图 5-27 所示，以固定钢管位置，井字架与钢筋骨架扎牢。长孔道两根接头处采用 0.5mm 厚铁皮做成的套管连接，如图 5-28 所示。套管要与钢管紧密贴合，以防漏浆堵塞孔道。钢管一端钻 16mm 的小孔，以备插入钢筋棒，转动钢管。抽管前每隔 10～15min 应转动钢管一次。

抽管宜在混凝土初凝之后，终凝以前进行，以用手指按压混凝土表面无明显指纹时为

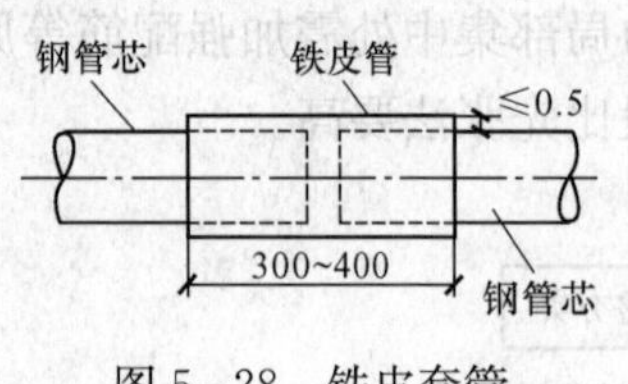

图 5-28 铁皮套管

宜。常温下抽管时间约在混凝土灌筑后 3～6h。抽管过早易造成塌孔事故；太晚混凝土与钢管黏结牢固，抽管困难，甚至抽不出来。

抽管宜先上后下，用人工或卷扬机进行。抽管方向应与孔道保持在一直线上。抽管时必须速度均匀、边抽边转。抽管后，应及时检查孔道情况，并做好孔道清理工作，防止以后穿筋困难。

采用钢丝束镦头锚具时，张拉端的扩大孔也可用钢管抽芯成型，如图 5-29 所示。端部扩大孔应与中间孔道同心。抽管时先抽中间孔钢管，后抽扩孔钢管，以免碰坏扩孔处的混凝土并保持孔道清洁和尺寸准确。

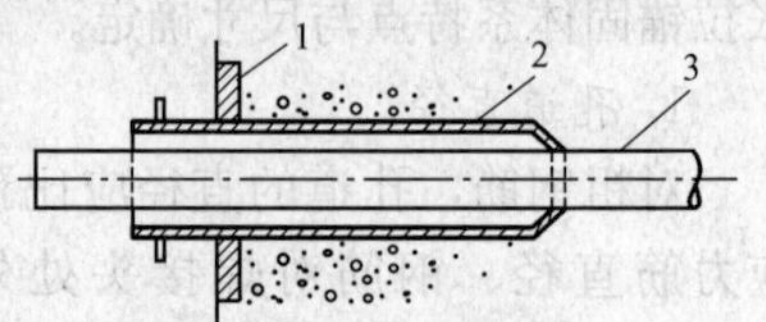

图 5-29 张拉端扩大孔用钢管抽芯成型

1—预埋钢板；2—端部扩大孔的钢管；3—中间孔的钢管

2. 胶管抽芯法

胶管抽芯法可用于直线、曲线或折线孔道，所用胶管有 5～7 层夹布胶管及供预应力混凝土专用的钢丝网胶皮管两种。前者质软，必须在管内充水后才能使用；后者质硬，且有一定弹性，预留孔道时与钢管一样使用，所不同的是浇筑混凝土后不需转动。

3. 预埋管法

预埋管法可采用镀锌钢管与金属螺旋管。金属螺旋管重量轻、刚度好、弯折方便、连接容易、与混凝土黏结良好，可做成各种形状的预应力筋孔道，是现行后张法预应力筋孔道成型用的理想材料。镀锌钢管仅用于施工周期长的超高竖向孔道或有特殊要求的部位。

螺旋管的合格性检验包括抵抗集中荷载试验、抵抗均布荷载试验、承受荷载后抗渗漏试验、弯曲抗渗试验、轴向拉伸试验等。

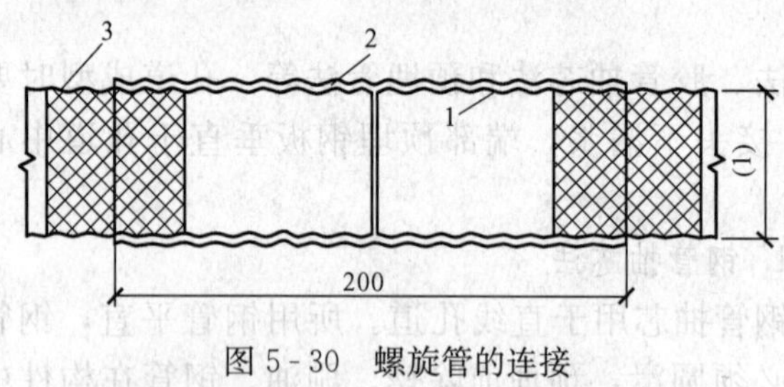

图 5-30 螺旋管的连接

1—螺旋管；2—接头管；3—密封胶带

螺旋管的连接，采用大一号同型螺旋管。接头管的长度在管径为 ϕ40～ϕ65 时取 200mm；ϕ70～ϕ85 时取 250mm；ϕ90～ϕ100 时取 300mm，其两端用密封胶带或塑料热缩管封裹，如图 5-30 所示。

(三) 灌浆孔、排气孔与泌水管

在构件两端及跨中处应设置灌浆孔，其孔距不宜大于 12m。灌浆孔与排气孔也可设置在锚具或铸铁喇叭管处。对立式制作的梁，当曲线孔道的高差大于 500mm 时，应在孔道的每个峰顶处设置泌水管，泌水管伸出梁面的高度一般不小于 500mm。泌水管也可兼作灌浆管用。

对一般预制构件，可采用木塞留孔。木塞应抵紧钢管、胶管或螺旋管，并应固定，严防混凝土振捣时脱开。对现浇预应力结构金属螺旋管留孔，可在螺旋管上开口，用带嘴的塑料弧形压板与海绵垫片覆盖并用铁丝扎牢，再接通塑料管（外径 20mm，内径 16mm），如图 5-31所示。

二、预应力筋制作

(一) 锚具及预应力筋的制作

在后张法中，预应力筋、锚具和张拉机具是配套的。目前，后张法中常用的预应力筋有单根粗钢筋、钢筋束（或钢绞线束）和钢丝束三类。它们是由冷拉Ⅱ、Ⅲ、Ⅳ级钢筋、碳素钢丝和钢绞线制作的。锚具有多种类型，锚具须具有可靠的锚固能力。

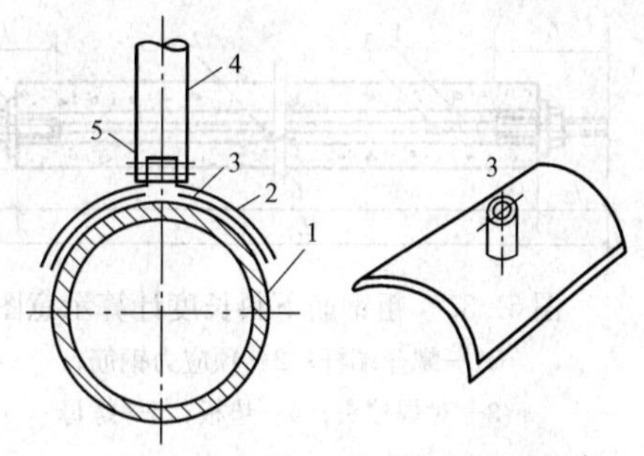

图 5-31 螺旋管上留灌浆孔

1—螺旋管；2—海绵垫；3—塑料弧形压板；4—塑料管；5—铁丝扎紧

1. 单根粗钢筋

(1) 锚具。单根粗钢筋的预应力筋，张拉端一般用螺丝端杆锚具；固定端一般用帮条锚具或镦头锚具。螺丝端杆锚具由螺丝端杆和螺母及垫板组成，如图 5-32 所示。螺丝端杆与预应力筋对焊连接，张拉设备张拉螺丝端杆用螺母锚固。这种锚具适用于锚固直径 18～36mm 的Ⅱ、Ⅲ级钢筋。帮条锚具是由一块方形或圆形衬板与三根互成 120°的钢筋帮条与预应力钢筋端部焊接而成，如图 5-33所示。适用于锚固直径在 12～40mm 的冷拉Ⅱ、Ⅲ级钢筋。

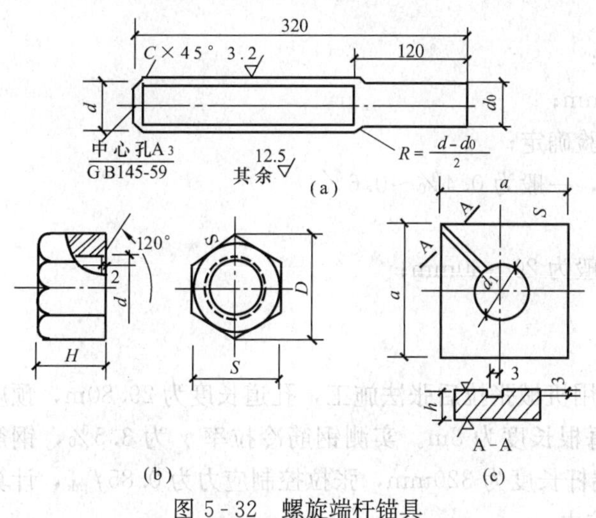

图 5-32 螺旋端杆锚具

(a) 螺丝端杆；(b) 螺母；(c) 垫板

镦头锚具是由镦头和垫板组成。当预应力筋直径在 22mm 以内时，端部镦头可用对焊机热镦，将钢筋及铜棒夹入对焊机的两电极中，使钢筋端面与紫铜棒接触，进行脉冲式通电加热，当钢筋加热至红色呈可塑状态时，即逐渐加热加压，直至形成镦头为止，如图 5-34 所示。当钢筋直径较大时可采用加热锻打成型。

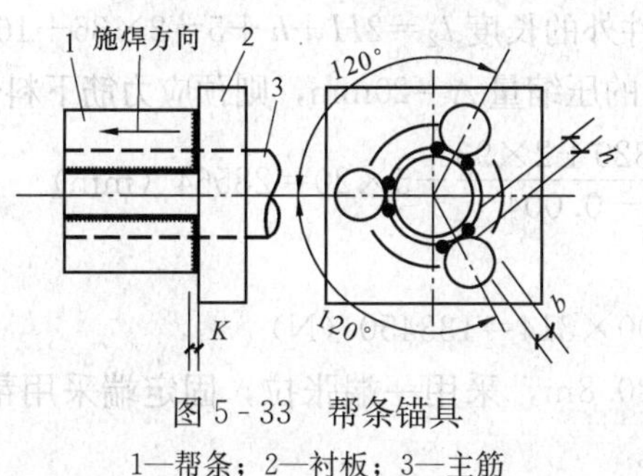

图 5-33 帮条锚具

1—帮条；2—衬板；3—主筋

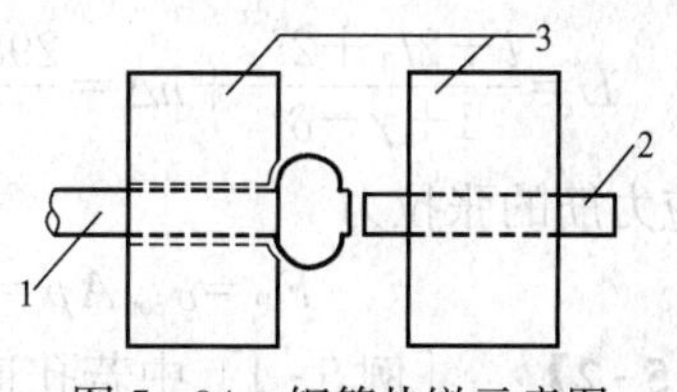

图 5-34 钢筋热镦示意图

1—钢筋；2—紫铜棒；3—电极

(2) 预应力筋制作。单根粗钢筋预应力筋的制作，包括配料，对焊、冷拉等工序。预应力筋的下料长度应计算确定，计算时要考虑结构的孔道长度、锚具厚度、千斤顶长度、焊接接头或镦头的预留量、冷拉伸长值、弹性回缩值、张拉伸长值等。现以两端用螺丝端杆锚具预应力筋为例，如图 5-35 所示，其下料长度计算如下：

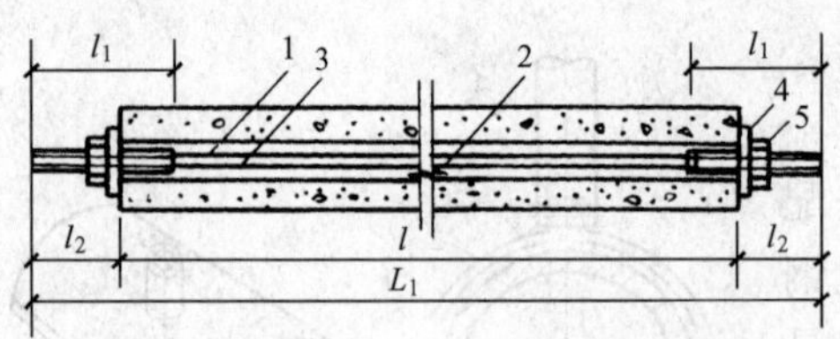

图 5-35 粗钢筋下料长度计算示意图
1—螺丝端杆；2—预应力钢筋；
3—对焊接头；4—垫板；5—螺母

预应力筋的成品长度（即预应力筋和螺丝端杆对焊并经冷拉后的全长）L_1

$$L_1=l+2l_2 \tag{5-5}$$

预应力筋（不包括螺丝端杆）冷拉后需达到的长度 L_0

$$L_0=L_1-2l_2 \tag{5-6}$$

预应力筋（不包括螺丝端杆）冷拉前的下料长度 L

$$L=\frac{L_0}{l_1+\gamma-\delta}+n\Delta \tag{5-7}$$

张拉端 $$l_2=2H+h+5 \tag{5-8}$$

锚固端 $$l_2=H+h+10 \tag{5-9}$$

式中 l——构件的孔道长度；

l_2——螺丝端杆伸出构件外的长度；

l_1——螺丝端杆长度，一般为 320mm；

γ——预应力筋的冷拉率，可由试验确定；

δ——预应力筋的冷拉弹性回缩率，一般为 0.4%～0.6%；

n——对焊接头数量；

Δ——每个对焊接头的压缩量，一般为 20～30mm；

H——螺母高度；

h——垫板厚度。

【例 5-1】 预应力混凝土屋架，采用机械张拉后张法施工，孔道长度为 29.80m，预应力筋为冷拉Ⅲ级钢筋，直径为 20mm，每根长度为 8m。实测钢筋冷拉率 γ 为 3.5%，钢筋冷拉后的弹性回缩率 δ 为 0.4%，螺丝端杆长度为 320mm，张拉控制应力为 $0.85f_{ptk}$，计算预应力钢筋的下料长度和预应力筋的张拉力。

解 因屋架孔道长度大于 24m，宜采用螺丝端杆锚具，两端同时张拉，螺母厚度取 36mm，垫板厚度取 16mm，则螺丝端杆伸出构件外的长度 $l_2=2H+h+5=2\times36+16+5=93$ (mm)，对焊接头数 $n=3+2=5$，每个对焊接头的压缩量 $\Delta=20$mm，则预应力筋下料长度

$$L=\frac{l-2l_1+2l_2}{1+\gamma-\delta}+n\Delta=\frac{29800-2\times320+2\times93}{1+0.035-0.004}+5\times20=28564\ (\text{mm})$$

预应力筋的张拉力

$$F_P=\sigma_{con}Ap=0.85\times500\times314=133450\ (\text{N})$$

【例 5-2】 ［例 5-1］中若孔道长度为 20.8m，采用一端张拉，固定端采用帮条锚具和镦头锚具，分别计算预应力钢筋的下料长度。

解 (1) 帮条锚具取 3 根 ϕ14 长 50mm 的钢筋帮条，垫板取 15mm 厚 50×50mm 的钢板，则：

预应力筋的成品长度 $L_1=l+l_2+l_3=20800+93+(50+15)=20958$ (mm)

预应力筋（不含螺丝端杆锚具）冷拉后长度 $L_0=L_1-l_1=20958-320=20638$ (mm)

预应力筋（不含螺丝端杆锚具）下料长度

$$L=\frac{L_0}{1+\gamma-\delta}+n\Delta=\frac{20638}{1+0.035-0.004}+（2+1）\times20=20077（mm）$$

(2) 镦头锚具长度可取 2.25 倍钢筋直径加垫板厚度 15mm，即 $l_4=2.25\times20+15=60$（mm），则预应力筋（不含螺丝端杆锚具）下料长度

$$L=\frac{l+l_2+l_4-l_1}{1+\gamma-\delta}+n\Delta=\frac{20638+93+60-320}{1+0.035-0.004}+（2+1）\times20=20077（mm）$$

2. 钢筋束和钢绞线束

(1) 锚具。钢筋束和钢绞线束目前使用的锚具有 JM 型、XM 型、QM 型和镦头锚具等。

1) JM 型锚具。是由锚环与六片夹片组成，如图 5-36 所示。夹片呈扇形，用两侧的半圆槽锚固预应力筋。

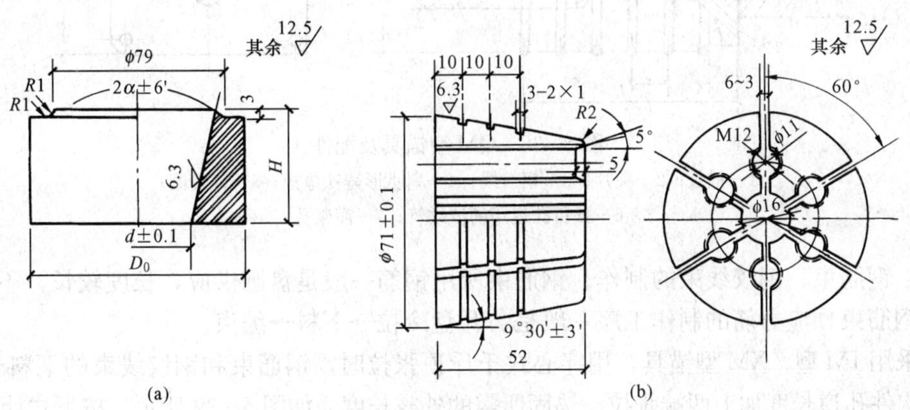

图 5-36 JM 型锚具

(a) 锚环；(b) 绞 JM-12-6 夹片

JM 型锚具可用于锚固 3～6 根直径为 12mm 的光圆或变形的钢筋束，也可用于锚固 5、6 根直径为 12mm 或 15mm 的钢绞线束。JM 型锚具也可作工具锚重复使用，但如发现夹筋孔的齿纹有轻度损伤时，即应改为工作锚使用。

2) XM 型锚具。是一种新型锚具。它既可用于锚固钢绞线束，又可用于锚固钢丝束；既可锚固单根预应力筋，又可锚固多根预应力筋；当用于锚固多根预应力筋时，既可单根张拉，逐根锚固，又可成组张拉，成组锚固；它既可用作工作锚，又可用作工具锚。XM 型锚具通用性好，锚固性能可靠，施工方便，且便于高空作业。XM 型锚具由锚环和三块夹片组成，如图 5-37 所示。

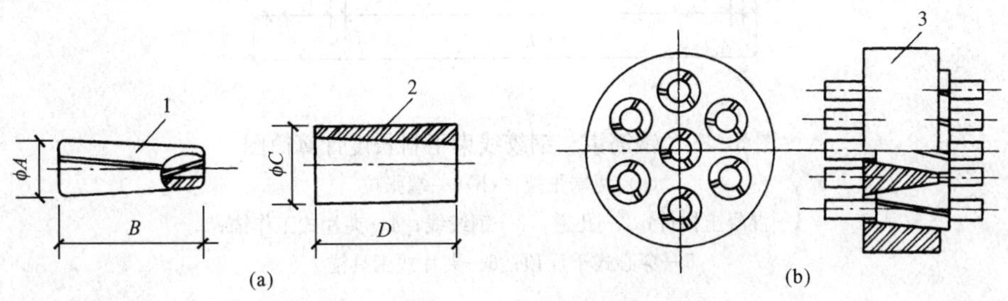

图 5-37 XM 型锚具

(a) 单根 XM 型锚具；(b) 多根 XM 型锚具

1—夹片；2—锚环；3—锚板

3）QM 型锚具。也是由锚板与夹片组成，但与 XM 型锚具不同之处是锚孔是直的，锚板顶面是平的，夹片垂直开缝。此外，备有配套喇叭形铸铁垫板与弹簧圈等，由于灌浆孔设在垫板上，锚板尺寸可稍小。该体系还配有专门工具锚。QM 型锚具及其有关配件的形状，如图 5-38 所示。这种锚具适用于锚固 4～31ϕ^j12 和 3～19ϕ^j15 钢绞线束。

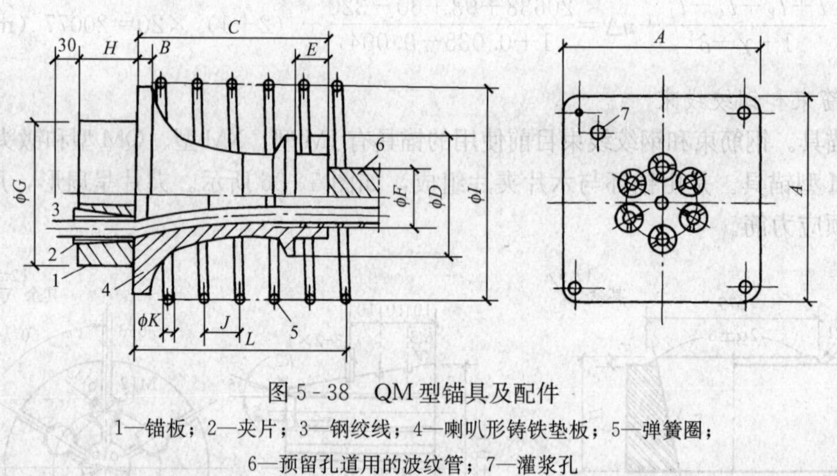

图 5-38 QM 型锚具及配件

1—锚板；2—夹片；3—钢绞线；4—喇叭形铸铁垫板；5—弹簧圈；6—预留孔道用的波纹管；7—灌浆孔

(2) 钢筋束、钢绞线束的制作。钢筋束所用钢筋一般是盘圆供应，长度较长，不需对焊接长。钢筋束预应力筋的制作工序一般是：开盘冷拉→下料→编束。

当采用 JM 型、XM 型锚具，用穿心式千斤顶张拉时，钢筋束和钢绞线束的下料长度 L，应等于构件孔道长度加上两端张拉、锚固所需的外露长度。如图 5-39 所示，按下式计算

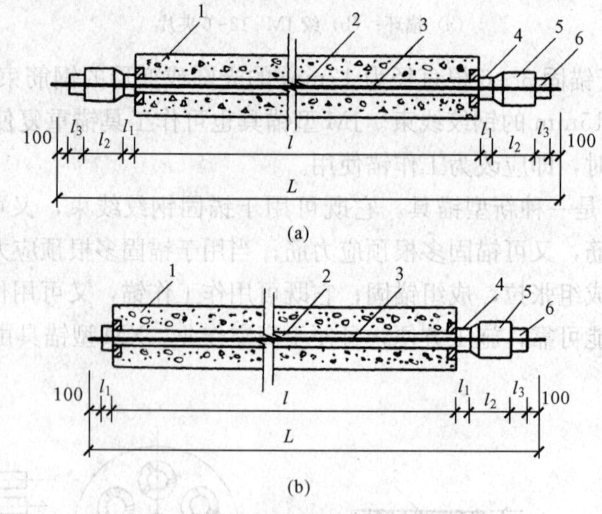

图 5-39 钢筋束、钢绞线束下料长度计算简图

(a) 两端张拉；(b) 一端张拉

1—混凝土构件；2—孔道；3—钢绞线；4—夹片式工作锚；5—穿心式千斤顶；6—夹片式工具锚

两端张拉时

$$L = l + 2(l_1 + l_2 + l_3 + 100) \tag{5-10}$$

一端张拉时

$$L = l + 2(l_1 + 100) + l_2 + l_3 \tag{5-11}$$

式中 l——构件的孔道长度，mm；

l_1——工作锚厚度，mm；

l_2——穿心式千斤顶长度，mm；

l_3——夹片式工具锚厚度，mm。

热处理钢筋、冷拉Ⅳ级钢筋及钢绞线下料切断时，宜采用切断机或砂轮锯切断，不得采用电弧切割。钢绞线切断前，在切口两侧各 50mm 处，应用铅丝绑扎，以免钢绞线松散。

钢绞线束或钢筋束预应力筋的编束，主要是为了保证穿入构件孔道中的预应力筋束不发生扭结。编束工作是将钢筋或钢绞线理顺以后，用铅丝每隔 1m 左右绑扎成束，在穿筋时尽可能注意防止扭结。

3. 钢丝束

(1) 锚具。钢丝束一般由几根到几十根直径 3～5mm 平行的碳素钢丝组成。目前采用的锚具有钢质锥形锚具和钢丝束镦头锚具等。

1) 钢质锥形锚具（又称弗压锚具）。由锚环和锚塞组成，如图 5-40 所示。用于锚固以锥锚式双作用千斤顶张拉的钢丝束。

2) 钢丝束镦头锚具。用于锚固 12～54 根 $\phi 5$ 碳素钢丝的钢丝束。分 DM5A 型和 DM5B 型，DM5A 型用于张拉端，由锚杯和螺母组成；DM5B 型用于固定端，仅有一块锚板。如图 5-41 所示。

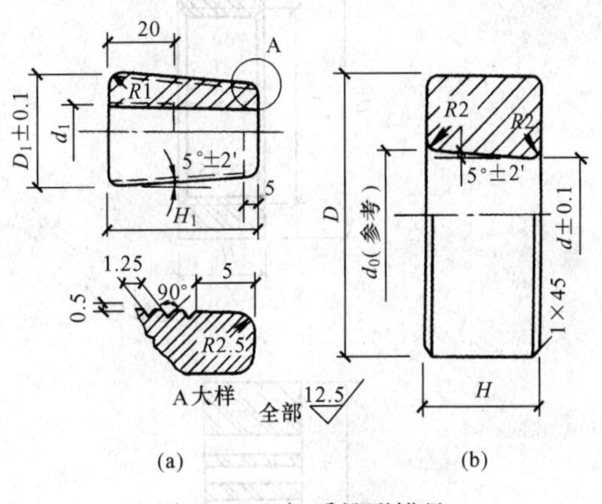

图 5-40 钢质锥形锚具

(a) 锚塞；(b) 锚环

张拉时，张拉螺杆一端与锚杯内丝扣连接，另一端与拉杆式千斤顶的拉头连接，当张拉到控制应力时，锚杯被拉出，则拧紧锚杯外丝扣上的螺母加以锚固。

(2) 钢丝束的制作。随着锚具型式的不同，钢丝束制作方法也有差异。一般需经下料、编束和安装锚具等工序。

当用钢质锥形锚具、XM 型锚具、QM 型锚具时，预应力钢丝束的制作和下料长度计算基本上与预应力钢筋束同。

对钢丝束镦头锚固体系，如采用镦头锚具一端张拉时，应考虑钢丝束张拉锚固后螺母位于锚杯中部，钢丝的下料长度 L，可按如图 5-42 所示，用下式计算

$$L = L_0 + 2a + 2\delta - 0.5(H - H_1) - \Delta L - C \tag{5-12}$$

式中 L_0——孔道长度；

a——锚板厚度；

δ——钢丝镦头留量，一般取钢丝直径的 2 倍；

H——锚杯高度；

H_1——螺母高度；

ΔL——张拉时钢丝伸长值；

C——混凝土弹性压缩，当其值很小时可略去不计。

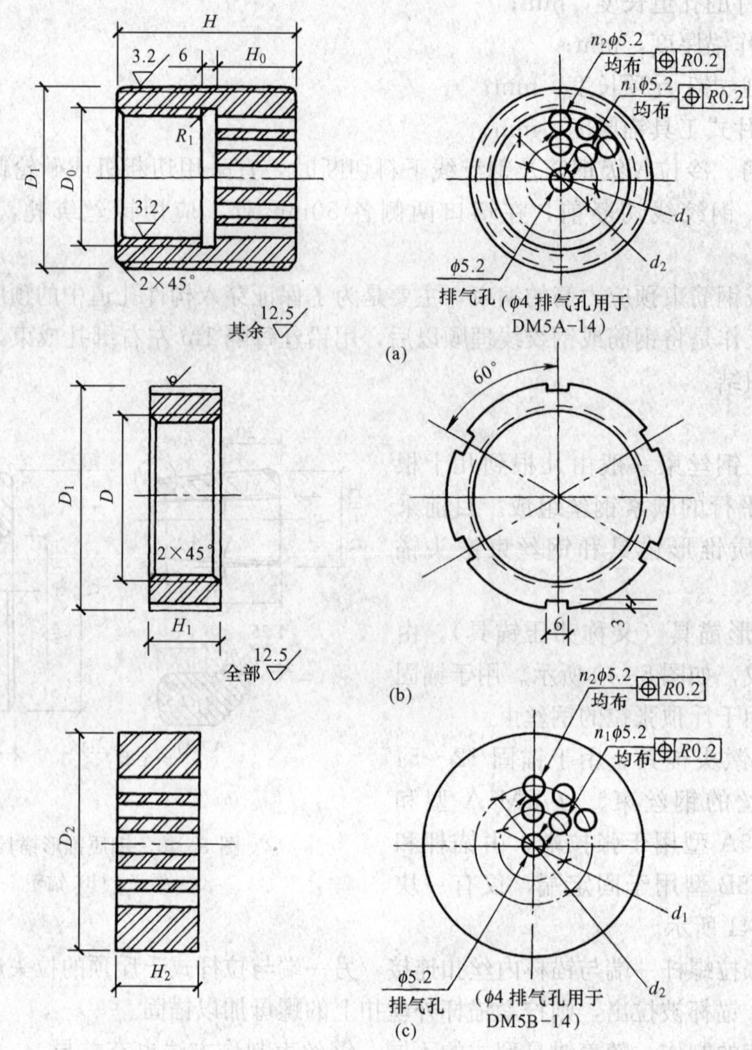

图 5-41　镦头锚具

(a) DM5A 锚杯；(b) DM5A 螺母；(c) DM5B 锚板

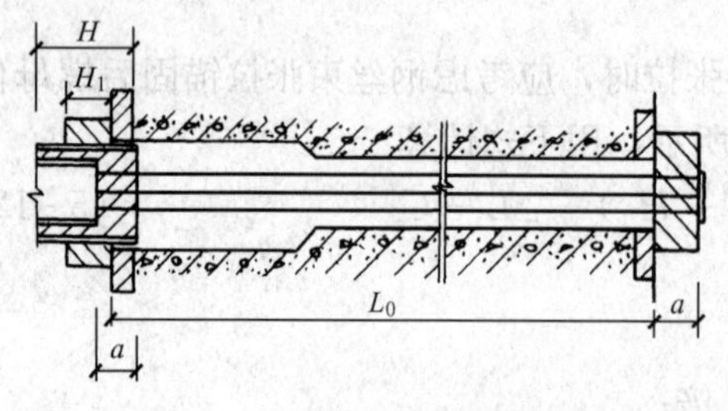

图 5-42　用镦头锚具时钢丝下料长度计算简图

【例 5-3】　某预应力混凝土屋架，采用机械张拉法施工。孔道长度为 23.80mm，预应力筋为 18ϕb5（甲级 1 组）冷拔低碳钢丝束。两端采用镦头锚具，一端张拉，张拉控制应力为 $0.65f_{ptk}$。计算预应力钢丝的下料长度和预应力筋张拉力。

解　张拉端锚具为 DM5A-18 型镦头锚具；固定端为 DM5B-18 型镦头锚具，张拉机械为 YC-60 型穿心式双作用千斤顶。锚杯高度 H 为 70mm，螺帽高度 H_1 为 25mm，锚板厚度 a 为 30mm，钢丝镦头留量取 $\delta=2\times5=10$（mm）。

预应力筋张拉力

$$F_P=\sigma_{con}A_P=0.65\times650\times\left(18\times\frac{3.14\times5^2}{4}\right)=149248\ (N)$$

张拉时钢丝伸长值

$$\Delta L=\sigma_{con}\frac{l}{E_3}=0.65\times650\times\frac{23800}{2.0\times10^5}=50\ (mm)$$

预应力钢丝的下料长度

$$L=L_0+2a+2\delta-0.5(H-H_1)-\Delta L-C$$
$$=23800+2\times30+2\times10-0.5\times(70-25)-50-0=23808\ (mm)$$

（二）钢丝下料与编束

1. 钢丝下料

消除应力钢丝放开后是直的，可直接下料。钢丝下料时如发现钢丝表面有毛接头或机械损伤，应注意随时剔除。

采用镦头锚具时，同时钢丝下料长度的相对差值（指同束最长与最短钢丝之差）不应大于 $L/5000$，L—钢丝下料长度，且不得大于 5mm。钢丝下料可用钢管限位法或用牵引索在拉紧状态下进行。钢管限位法下料，如图 5-43 所示。钢管固定在木板上，钢管内径比钢丝直径大 3～5mm，钢丝穿过钢管至另一端限位器时，用 DL10 型冷镦器切断。限位器与切断器切口间的距离，即为钢丝的下料长度。

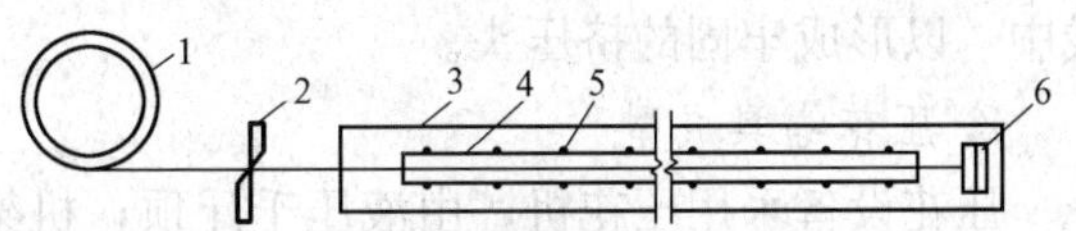

图 5-43　钢管限位法下料

1—钢丝；2—切断器刀口；3—木板；4—ϕ10 黑铁管；5—铁钉；6—角铁挡头

2. 钢丝编束

钢丝束两端钢丝的排列顺序应一致，钢丝不得交叉，穿束与张拉顺序不紊乱，因此，每束钢丝都必须进行编束。编束方法与所用锚具形式应协调。

采用镦头锚具时，根据钢丝分圈布置的特点，首先将内圈和外圈钢丝分别用铁丝顺序编扎，然后将内圈钢丝放在外圈钢丝内扎牢。为了简化钢丝编束，钢丝的一端可直接穿入锚杯，另一端距端部约 200mm 处编束，这样穿锚板时钢丝就不会紊乱。钢丝束的中间部分可根据长度适当扎几道。

采用钢质锥形锚具时，钢丝编束有空心束和实心束两种方法，但都需要用圆盘梳丝板理顺钢丝，并在距钢丝端部 50～100mm 处编扎一道。

（三）碳素钢丝镦头

1. 镦头设备

Φ^S5 碳素钢丝的镦头，采用 LD10 型钢丝冷镦器。Φ^S7 碳素钢丝的镦头，采用 LD20 型钢丝冷镦器，其镦头力为 200kN。

2. 镦头的形式与质量

钢丝镦粗的形式通常有蘑菇型和平台型两种。前者受锚板的硬度影响大，如锚板较软，镦头易陷入锚孔而断于镦头处；后者由于有平台，受力性能较好。

为了保证镦头质量，应预先制作 6 个镦头试件，进行外观检查与拉伸试验。镦头的外形检查要求：①钢丝的镦头尺寸不得小于规定值；②允许有纵向不贯通的钢丝镦头裂缝，但不允许出现已延伸到母材或将镦头分为两半或水平裂缝；也不允许出现因镦头夹片造成的钢丝显著刻痕。镦头的拉伸试验应满足镦头强度要求。试镦合格后方可正式镦头。

(四) 钢绞线下料与编束

钢绞线下料时，应制作一个简易的铁笼，将钢绞线盘装在铁笼内，从盘卷中央逐步抽出，以防止在下料过程中钢绞线紊乱，并弹出伤人。

钢绞线的下料宜用砂轮切割机切割，不得采用电弧切割。

钢绞线的编束用 20 号铁丝绑扎，间距 1～1.5m。编束时应先将钢绞线理顺，并尽量使各根钢绞线松紧一致。如单根穿入孔道，则不编束。

(五) 钢绞线固定端钢具组装

1. 挤压锚具组装

挤压设备采用 YJ45 型挤压机，由液压千斤顶、机架和挤压模组成。挤压机工作时，千斤顶的活塞杆推动套筒通过喇叭形模具，使套筒变细，硬钢丝螺旋圈脆断并嵌入套筒与钢绞线中，以形成牢固的挤压头。

2. 压花锚具成型

压花设备采用压花机，由液压千斤顶，机架和夹具组成。压花机的最大推力为 350kN，行程为 70mm。

三、穿束

预应力筋穿入孔道，简称穿束，穿束需要解决两个问题是穿束时机和穿束方法。

(一) 穿束时机

根据穿束与浇筑混凝土之间的先后关系，可分为先穿束和后穿束两种。

1. 先穿束法

先穿束法即在浇筑混凝土之前穿束。按穿束与预埋螺旋管之间的配合，又可分为以下两种情况：

(1) 先穿束后装管：即将预应力筋先穿入钢筋骨架内，然后将螺旋管逐节从两端套入并连接；

(2) 先装管后穿束：即将螺旋管先安装就位，然后将预应力筋穿入。

2. 后穿束法

后穿束法即在浇筑混凝土之后穿束。此法可在混凝土养护期内进行，不占工期，便于用通孔器或高压水通孔，穿束后即可张拉，易于防锈，但穿束较为费力。

(二) 穿束方法

根据一次穿入数量，可采用整束穿和单根穿。钢丝束应整束穿；钢绞线既可整束穿也可单根穿，但优先用整束穿。穿束工作可由人工、卷扬机和穿束机进行。

四、张拉机具设备

预应力筋的张拉工作，必须配置成套的张拉机具设备。后张法用张拉设备主要由液压千斤顶、高压油泵和外接油管三部分组成。

(一) 液压千斤顶

目前常用的张拉预应力筋的千斤顶有液压千斤顶（代号为 YL)、穿心千斤顶（代号为 YC）和锥锚式千斤顶（代号为 YZ）三种。液压千斤顶的额定张拉力为 180～500kN。

1. YL 型千斤顶

YL 型千斤顶主要适用于张拉采用螺丝端杆锚具的粗钢筋和钢丝束，采用镦头锚具的钢丝束。常用的有 YL-60 型千斤顶。

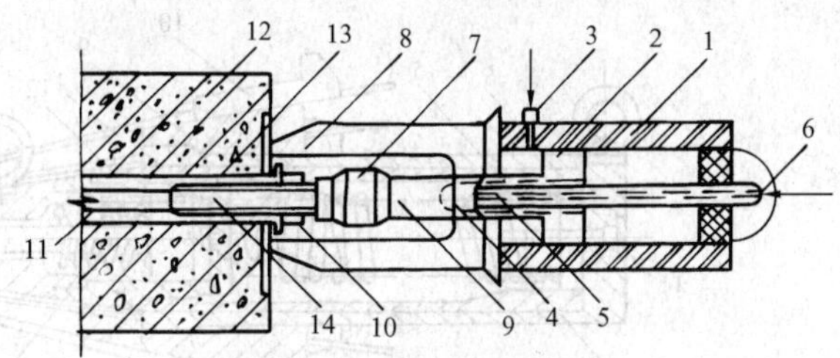

图 5 - 44 用拉杆式千斤顶张拉单根粗钢筋的工作原理图

1—主缸；2—主缸活塞；3—主缸进油孔；4—副缸；5—副缸活塞；6—副缸进油孔；7—连接器；8—传力架；9—拉杆；10—螺母；11—预应力筋；12—混凝土构件；13—预埋铁板；14—螺丝端杆

YL-60 型千斤顶是一种通用性的拉杆式液压千斤顶。它由主缸 1、主缸活塞 2、副缸 4、副缸活塞 5、连接器 7、传力架 8、拉杆 9 等组成，如图 5 - 44 所示。

2. YC 型千斤顶

YC 型预应力千斤顶，是一种适应性很强的千斤顶，它适用于张拉采用 JM12 型、QM 型、XM 型的预应力钢丝束、钢筋束和钢绞线束。配置撑脚和拉杆等附件后，又可作为拉杆式千斤顶使用。在该千斤顶前端装上分束顶压器，并在千斤顶与撑套之间用钢管接长后可作为 YZ 型千斤顶使用。张拉钢质锥形锚具。因此，YC 型千斤顶是目前最常用的张拉千斤顶之一。YC 型千斤顶的张拉力，一般有 180kN、200kN、600kN、1200kN 和 3000kN，张拉行程由 150mm 至 800mm 不等，基本上已经形成各种张拉力和不同张拉行程的千斤顶系列。YC 型千斤顶，根据使用功能不同，又可分为 YC 型、YCD 型、YCQ 型等系列产品。现以 YC-60 型千斤顶为例，说明其工作原理，如图 5 - 45 所示。

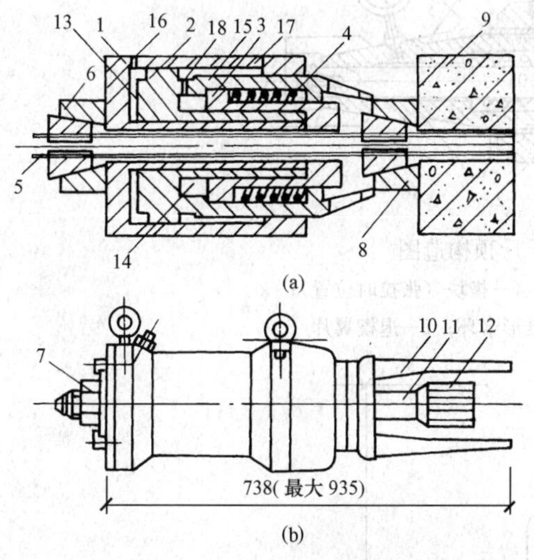

图 5 - 45 YC-60 型千斤顶

(a) 构造与工作原理图；(b) 加撑脚后的外貌图

1—张拉油缸；2—顶压油缸（即张拉活塞）；3—顶压活塞；4—弹簧；5—预应力筋；6—工具锚；7—螺母；8—锚环；9—构件；10—撑脚；11—张拉杆；12—连接器；13—张拉工作油室；14—顶压工作油室；15—张拉回程油室；16—张拉缸油嘴；17—顶压缸油嘴；18—油孔

3. YZ 型千斤顶

锥锚式 YZ 型千斤顶主要用于张拉钢丝束、钢筋或钢绞线束。基构造如图 5 - 46 所示。

YZ 型千斤顶在使用过程中，松楔的劳动强度大且不安全。因此 YZ-85 千斤顶如图 5 - 47所示。在千斤顶上增设退楔翼片，使该千斤顶具有张拉、顶锚、退楔三种功能，从而提高了工作效率，降低了劳动强度。

（二）电动高压油泵

电动高压油泵的类型比较多，如图 5 - 48 所示为 $ZB_4/500$ 型电动高压油泵，它由泵体、控制阀和车体管路等部分组成。

（三）千斤顶的校验

用千斤顶张拉预应力筋时，张拉力主要用油泵上的压力表读数表达。压力表所表明的读数，表示千斤顶主缸活塞单位面积上的压力值。理论上，将压力表读数乘以活塞面积，即可

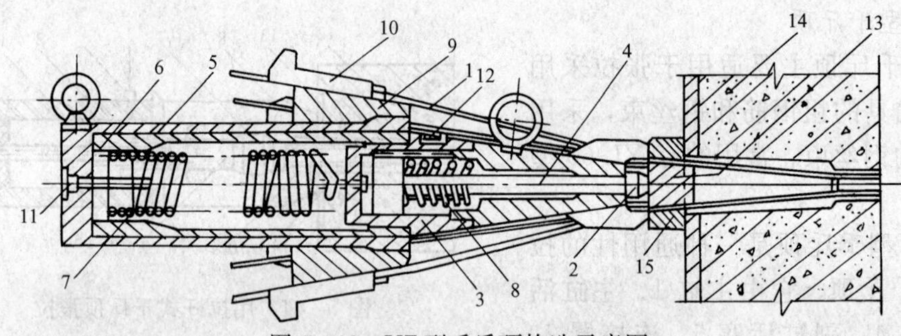

图 5-46 YZ 型千斤顶构造示意图

1— 预应力筋；2—顶压头；3—副缸；4—副缸活塞；5—主缸；6—主缸活塞；7—主缸拉力弹簧；8—副缸压力弹簧；9—锥形卡环；10—楔块；11—主缸油嘴；12—副缸油嘴；13—锚塞；14—构件；15—锚环

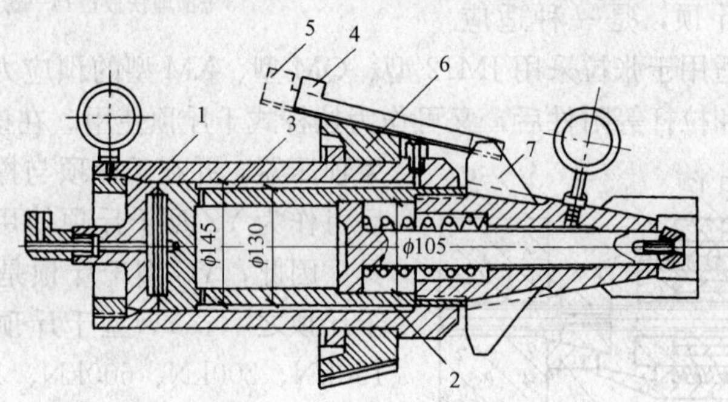

图 5-47 YZ-85 千斤顶构造图

1—主缸；2—副缸；3—退楔缸；4—楔块（张拉时位置）；5—楔块（退出时位置）；6—锥形卡环；7—退楔翼片

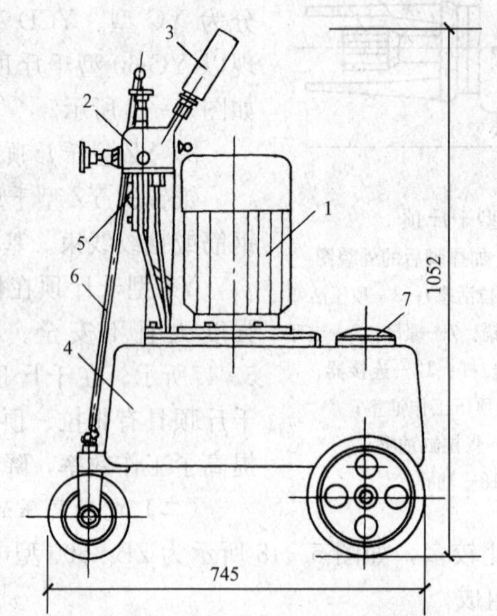

图 5-48 ZB_4/500 型电动高压油泵

1—电动机及泵体；2—控制阀；3—压力表；4—油箱小车；5—电气开关；6—拉手；7—加油口

求得张拉力的大小。设预应力筋的张拉力为 N，千斤顶的活塞面积为 A，则理论上的压力表读数 P，可用下式计算

$$P=\frac{N}{A}\ (\mathrm{MPa}) \tag{5-13}$$

但是，实际张拉力往往比式（5-13）的计算值小。其主要原因是一部分被活塞与油缸之间的摩阻力所抵消，而摩阻力的大小又与许多因素有关，具体数值很难通过计算确定。因此，施工中常采用张拉设备配套校验的方法，直接测定千斤顶的实际张拉力与压力表读数之间的关系，制成表格或绘制成 P 与 N 的关系曲线，供施工中直接查用。千斤顶校验时，千斤顶与压力表一定要配套校验，压力表的精度不宜低于1.5级，校验用的试验机或测力计精度不得低于±2%。张拉设备的校验期一般不超过半年，如在使用过程中张拉设备出现反常现象，或在千斤顶经过检修后开始使用时，应重新校验。

五、预应力筋张拉

预应力筋的张拉是制作预应力混凝土的关键，必须按照现行《混凝土结构工程施工质量验收规范》的有关规定进行施工。

1. 一般规定

预应力筋张拉时，结构的混凝土强度应符合设计要求，当设计无要求时，不应低于设计强度标准值的75%，以确保在张拉过程中，混凝土不至于受压而破坏。安装张拉设备时，直线预应力筋应使张拉力的作用线与孔道中心线重合；曲线预应力筋应使张拉力的作用线与孔道中心线末端的切线重合。预应力筋张拉、锚固完毕，留在锚具外的预应力筋长度不得小于30mm。锚具应用封端混凝土保护，长期外露的锚具应采用防锈措施。

2. 张拉控制力和张拉程序

后张法预应力筋的张拉控制应力 σ_{con} 不宜超过表5-1规定的数值。张拉程序与先张法相同。

3. 张拉方法

为了减少预应力筋与孔道摩擦引起的损失，预应力筋张拉端的设计应符合设计要求。当设计无要求时应符合下列规定：

（1）抽芯成形孔道。曲线预应力筋和长度大于24m的直线预应力筋，应在两端张拉；长度等于或小于24m的直线预应力，可在一端张拉。

（2）预埋波纹管孔道。曲线预应力筋和长度大于30m直线预应力筋，宜在两端张拉；长度等于或小于30m的直线预应力筋，可在一端张拉。

同一截面中有多根一端张拉的预应力筋，张拉端宜分别设置在结构的两端。当两端同时张拉同一根预应力筋时，为了减少预应力损失，宜先在一端锚固，再在另一端补足张拉力后进行锚固。

4. 张拉顺序

预应力筋的张拉顺序应符合设计要求，当设计无具体要求时，可采用分批、分阶段对称张拉，以使混凝土不产生超应力、构件不扭转与侧弯、结构不变位等。因此对称张拉是一项重要原则。同时还要考虑到尽量减少张拉机械的移动次数。

对配有多根预应力筋的预应力混凝土构件，由于不可能同时一次张拉，应分批、对称地进行张拉。分批张拉时，要考虑后批预应力筋张拉时对混凝土产生的弹性压缩而引起前批张

拉并锚固好的预应力筋应力筋应力值的降低，所以对前批张拉的预应力筋的张拉应力值应增加 $a_E\sigma_{pc}$，计算公式如下

$$a_E\sigma_{pc}=\frac{E_s}{E_c}\cdot\frac{(\sigma_{con}-\sigma_1)A_p}{A_n} \tag{5-14}$$

式中 a_E——钢筋弹性模量与混凝土弹性模量的比值；

σ_{pc}——后批张拉的预应力筋对前批张拉的预应力筋重心处的混凝土法向应力，MPa；

E_s——钢筋的弹性模量，MPa；

E_c——混凝土的弹性模量，MPa；

σ_{con}——预应力筋的控制应力，MPa；

σ_1——预应力筋的第一批应力损失值，MPa；

A_p——后批张拉的预应力筋截面面积，mm^2；

A_n——混凝土构件的净截面面积，mm^2。

采用分批张拉时，应按上式计算出分批张拉的预应力损失值，分别加到先批张拉预应力筋的张拉控制应力值内采用同一张拉值逐根复位补足。

六、孔道灌浆

预应力筋张拉后，应立即进行孔道灌浆，以防止预应力筋锈蚀，增加结构的整体性和耐久性。

（一）灌浆的要求

（1）孔道灌浆前应进行水泥浆配合比设计，并通过试验确定其流动度、泌水率、膨胀率及强度。

（2）灌浆宜用强度等级不低于 32.5MPa 的普通硅酸盐水泥和矿渣硅酸盐水泥配制的水泥浆，应优先采用普通硅酸盐水泥。水泥浆的强度不应低于 20MPa。

（3）水泥浆应有足够流动性，水灰比为 0.4 左右，流动度为 120～170mm。

（4）水泥浆 3h 泌水率宜控制在 2%，最大不得超过 3%。

（5）在水泥浆中掺入适量的减水剂（占水泥重量 0.25%的木质素磺酸钙、0.25%的 FDN)，一般可减水 10%～15%，对保证灌浆质量有明显效果。

在水泥浆中掺入占水泥重量 0.05‰的铝粉，可使水泥浆获得 2～3%的膨胀率，对提高孔道灌浆饱满度有好处，同时也能满足强度要求。此外，水泥浆中不得掺入氯化物、硫化物以及硝酸盐等，以防预应力筋受到腐蚀。

水泥浆强度不应低于 M20（灰浆强度等级 M20 系指立方体抗压标准强度为 $20N/mm^2$)，水泥浆试块用 70.7mm 立方体无底模制作。

（二）灌浆设备

灌浆设备包括砂浆搅拌机、灌浆泵、储浆桶、过滤器、橡胶管和喷浆嘴等。灌浆泵常用的型号有 UB3 型、UBJ1.8 型、C-263 型、C-251 型等，使用时应注意以下几点：

（1）使用前应检查球阀是否损坏或存有干灰浆等；

（2）起动时应进行清水试车，检查各管道接头和泵体是否漏水；

（3）使用时应先开动灌浆泵，然后再放灰浆；

（4）用完后，泵和管道必须清理干净，不得留有余灰。

（三）灌浆工艺

搅拌好的水泥浆通过过滤器置于贮浆桶内，并不断搅拌，以防泌水沉淀。

灌浆工作应缓慢均匀地进行，不得中断，并应排气通顺；在孔道两端冒出浓浆并封闭排气孔后，宜再继续加压至0.5～0.6N/mm²，稍后再封闭灌浆孔。灌浆顺序宜先下后上，以避免上层孔道漏浆而把下层孔道堵塞。

灌浆前孔道应用压力水冲洗，以清洗和湿润孔道。冲洗后，应采取有效措施排除孔道中的积水。

对较大的孔道或预埋管孔道，二次灌浆有利于增强孔道的密实率，但第二次灌浆时间要掌握恰当，一般在水泥浆泌水基本完成，初凝尚未开始时进行（夏季约30～45min，冬季约1～2h）。

第四节　无黏结预应力混凝土结构施工

在后张法预应力混凝土中，预应力可分为有黏结和无黏结两种。预应力筋张拉后浇筑混凝土与预应力筋黏结称为黏结预应力筋。凡是预应力筋张拉后允许预应力筋与其周围的混凝土产生相对滑动的预应力筋，称作无黏结预应力筋。

无黏结预应力混凝土的施工方法是在预应力筋的表面刷防腐润滑脂并套塑料管后，铺设在模板内的预应力筋设计位置处，然后浇筑混凝土，待混凝土达到要求的强度后，进行预应力筋的张拉和锚固。该工艺的优点是不需要留设孔道、穿筋、灌浆，施工简单，摩擦力小，预应力筋易弯成多跨曲线形状等，是近年发展起来的一项新技术。

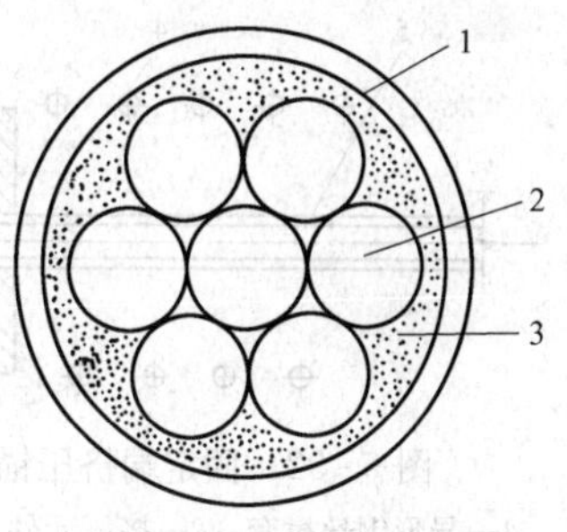

图5-49　无黏结筋断面

1—塑料管；2—钢绞线或钢丝束；3—防腐润滑油脂

一、无黏结预应力筋制作

无黏结预应力筋一般由钢绞线或7ϕ5高强钢丝组成的钢丝束，通过专用设备涂包防腐油脂和塑料套管而构成的一种新型预应力筋，其截面如图5-49所示。

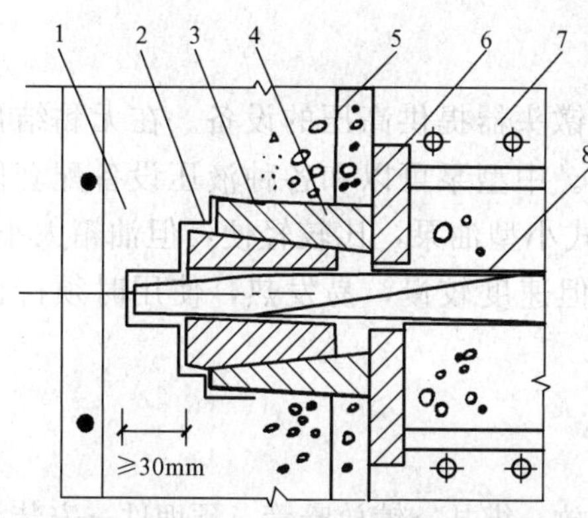

图5-50　张拉端凸出时的构造

1—混凝土圈梁；2—防腐油脂；3—塑料帽；4—锚具；5—钢筋；6—承压板；7—螺旋筋；8—无黏结预应力筋

无黏结预应力筋包括钢丝束和钢绞线。制作时要求每根通长，中间不能有接头，其制作工艺为：编束放盘→刷防腐润滑脂→覆裹塑料护套→冷却→调直→成型。

二、无黏结预应力筋锚具

无黏结预应力结构中，预应力筋的张拉力完全借助于锚具传递给混凝土，外荷载作用引起预应力筋受力的变化也全部由锚具承担。因此，无黏结预应力筋用的锚具不仅受力较大，而且承受重复荷载。无黏结预应力筋的锚具宜选用QM或XM体系的单孔锚具及挤压锚具，有时也采用小规格的群锚。

1. 张拉端

（1）锚具凸出混凝土表面，如图5-50所示。

(2) 锚具凹进混凝土表面，如图 5-51 (a) 所示；垫板连体式锚具凹进混凝土表面如图 5-51 (b) 所示。

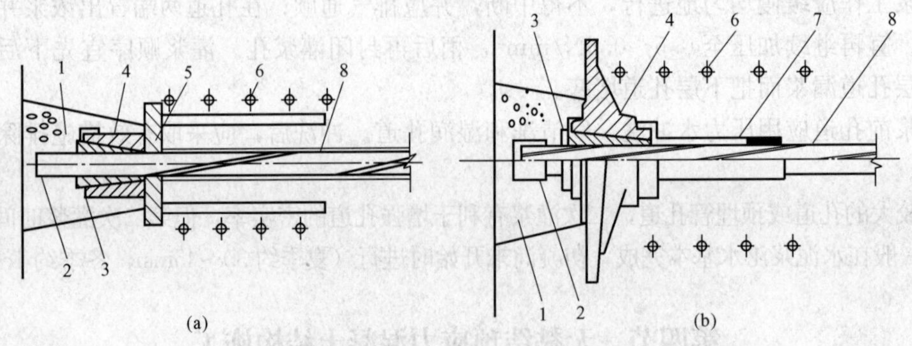

图 5-51 凹入式夹片锚具张拉端构造

(a) 圆套筒式锚具；(b) 垫板连体式锚具
1—混凝土或砂浆填实；2—塑料帽；3—防腐油脂；4—锚具；5—承压板；
6—螺旋筋；7—塑料保护套；8—无黏结预应力筋

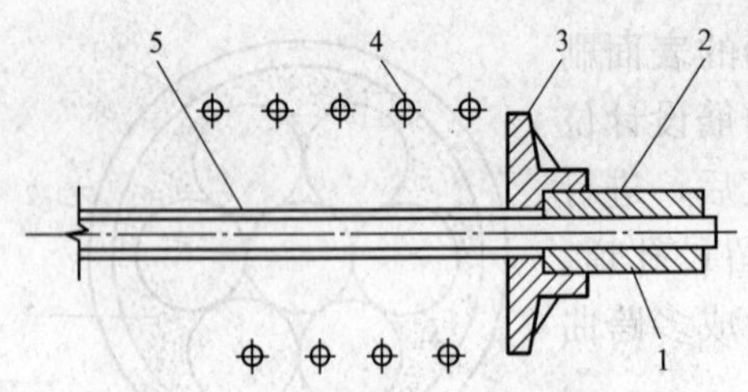

图 5-52 固定端挤压锚具构造

1—异形钢丝衬套；2—挤压元件；3—承压板；
4—螺旋筋；5—无黏结预应力筋

2. 固定端

挤压锚具。由挤压锚具、承压板和螺旋筋组成，如图 5-52 所示。

三、张拉设备及机具

配套张拉设备有千斤顶及油泵。机具有顶压器（液压和弹簧两种）、张拉杆、工具锚等。

1. 前卡千斤顶

无黏结预应力筋一般均采用前卡千斤顶单根张拉方法。YCQ20 型前卡穿心千斤顶与 QM 型锚具配合，可以采用不顶压工艺张拉，施工效率很高。对于要求顶压的锚具，它也可安装顶压器，对于群锚，它还可安装双筒撑套。

2. 电动高压油泵

电动高压油泵是为千斤顶、挤压朵或 LD-10 型镦头器提供高压的设备。在无黏结预应力混凝土施工中，常用的有中型泵和小型泵两种。中型泵可以和各种液压设备配套使用，但在高层建筑中略显笨重；另外还有一种手提式小型油泵，比较轻便，但油箱太小，可与 YCQ20 型千斤顶及 LD-10 镦头器配套使用，但速度较慢，易发热，使用时须待机冷却。

四、无黏结预应力混凝土施工

(一) 工艺流程

安装梁或楼板模板→放线→下部非预应力钢筋铺放、绑扎→铺放暗管、预埋件→安装无黏结筋张拉端模板（包括打眼、钉焊预埋承压板、螺旋筋、穴模及各部位马凳筋等）→铺放无黏结筋→修补破损的护套→上部非预应力钢筋铺放、绑扎→自检无黏结筋的标高、位置及端部状况→隐蔽工程检查验收→浇筑混凝土→混凝土养护→松动穴模、拆除侧模→张拉准备→混凝土强度试验→张拉无黏结筋→切除超长的无黏结筋→安放封端罩，端部封闭。

（二）施工操作要点

1. 现场制作

(1) 下料。无黏结筋的下料长度应按设计和施工工艺计算确定。下料应用砂轮锯切割。

(2) 制作固定端的挤压锚。制作挤压锚具时应遵守专项操作规定。在完成挤压后，护套应正好与挤压锚具头贴紧靠拢。

(3) 在使用连体锚作为张拉端锚具时，必须加套颈管，并切断护套，安装定心穴模。

2. 模板

底模板在建筑物周边宜外挑出去，以便早拆侧模。侧模应便于可靠固定锚具垫板。

3. 铺筋

(1) 底模安装后，应在模板上标出预应力筋的位置和走向，以便核查根数并留下标记。

(2) 为保证无黏结筋的曲线矢高要求，应合理编排预应力底筋。

(3) 无黏结筋的曲率可用马凳控制，间距为 0.8～1.2m。

(4) 无黏结筋为双向曲线配置时，必须事先编序，制定铺放顺序。

(5) 无黏结筋与预埋电线发生位置矛盾时，后者应予避让。

(6) 在施工中无黏结筋的护套如有破损，应对破损部位用塑料胶带包缠修补。

4. 端部节点安装

(1) 固定端挤压式锚具的承压板应与挤压锚固头贴紧并固定牢靠。

(2) 张拉端无黏结筋应与承压板垂直，承压板和穴模应与端模紧密固定。

(3) 穴模外端面与端模之间应加泡沫塑料垫片，防止漏浆。

(4) 张拉端无黏结筋外露长度与所使用的千斤顶有关，应具体核定并适当留有余量。

5. 混凝土浇筑及振捣

混凝土浇筑时，严禁踏压撞碰无黏结筋、支撑架以及端部预埋部件；张拉端、固定端混凝土必须振捣密实，以确保张拉操作的顺利进行。

6. 张拉

(1) 张拉依据和要求。

1）设计单位应向施工单位提出无黏结筋的张拉顺序、张拉值及伸长值。

2）张拉时混凝土强度设计无要求时，不应低于设计强度的 75%，并应有试验报告单。

3）张拉前必须对各种机具、设备及仪表进行校核标定。

4）无黏结筋张拉顺序应按设计要求进行，如设计无特殊要求时，可依次张拉。

5）为减少无黏结筋松弛、摩擦等损失，可采用超张拉法。

6）张拉后，按设计要求拆除模板及支撑。

(2) 张拉操作。

1）张拉千斤顶前端的附件配置与锚具形式有关，应视具体情况而定。

2）张拉时要控制给油速度。

3）无黏结筋曲线配置或长度超过 40m 时，宜采取两端张拉。

4）张拉前后，均应认真测量无黏结筋外露尺寸，并做好记录。

5）张拉程序宜采用从 $0 \rightarrow 103\%\sigma_{con}$ 张拉并直接锚固。同时校核伸长值，实际伸长值对计算伸长值的偏差应在 +10%～-5% 之间。

6）无黏结筋张拉时，应逐根填写张拉记录，经整理签署验收存档。

7. 端部处理

张拉后，应采用液压切筋器或砂轮锯切断超长部分的无黏结筋，严禁采用电弧切断。将外露无黏结筋切至约 30mm 后，涂专用防腐油脂，并加盖塑料封端罩，最后浇筑混凝土。当采用穴模时，应用微膨胀细石混凝土或高强度等级砂浆将构件凹槽堵平。

第五节 预应力混凝土现浇框架结构施工

预应力混凝土现浇框架结构是对框架梁或板以及局部柱施加预应力的一种结构体系，目前在国内被广泛采用。

预应力混凝土框架结构，分有黏结预应力框架结构和无黏结预应力框架结构。梁的跨度可为每跨 15m、18m、21m、25m 等。有的主梁为有黏结预应力，次梁为无黏结预应力，有的在柱中施加预应力。现浇预应力框架结构的楼板可用现浇板、预应力空心板，也可用预应力叠合楼板。预应力叠合楼板是由预应力薄板与现浇叠合层组成。预应力薄板厚度一般为 50mm，施工时可作为永久性模板使用，现浇叠合层厚度按设计要求而定，一般为 60～90mm。

现浇预应力框架结构中，框架梁一般配置曲线或折线预应力筋。

一、曲线孔道的留设

现浇预应力框架结构中，通常配置曲线预应力筋，因此在框架施工中必须留设曲线孔道。曲线孔道可采用金属波纹管留孔，其弯曲部分的坐标按预应力筋曲线方程计算确定，弯曲成型后的坐标误差应控制在 2mm 以内。如图 5-53 所示预应力混凝土现浇框架结构中所配置的曲线预应力筋为例，预应力筋的曲线方程为

$$y=\frac{4f}{l^2}x(l-x) \tag{5-15}$$

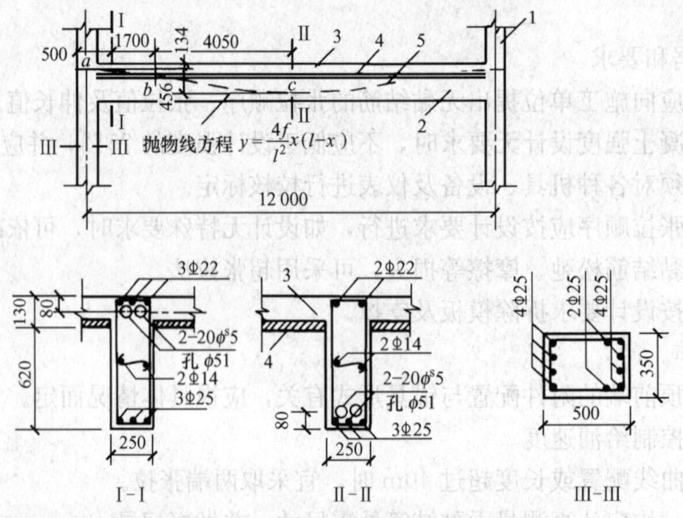

图 5-53 预应力混凝土现浇框架结构

1—框架柱；2—框架梁；3—现浇叠合层；4—预制预应力混凝土薄板；5—预应力筋

ab 段 $f=134$mm，bc 段 $f=456$mm。根据 x 坐标分别为 0.7m，1.7m，2.75m，

3.75m，4.75m 和 5.75m 时，计算所得 y 坐标分别为 47mm，134mm，340mm，479mm，562mm 和 590mm。因此，曲线孔道定位图，如图 5-54 所示。

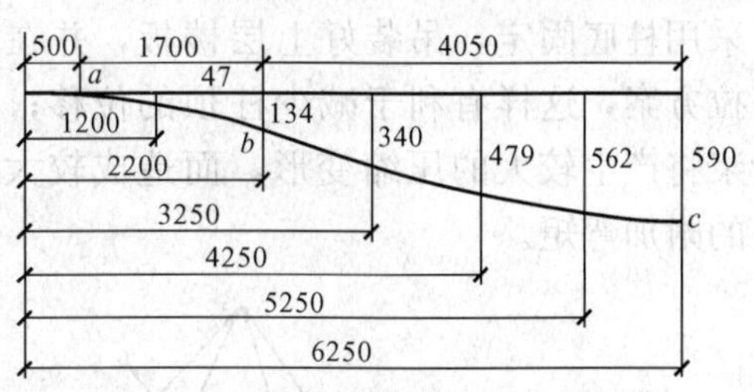

图 5-54　曲线孔道定位尺寸示意图

留孔波纹管可在现场弯曲成所需的曲线形状，接头部分用 300mm 长的大一号波纹管套接。关于灌浆孔和泌水孔则在波纹管上打孔后用带嘴弧形白铁（或塑料）压板形成，如图 5-55 所示。灌浆孔一般留在曲线筋的最低部位，泌水孔设在曲线筋的最高拐点处。灌浆孔和泌水孔用 ϕ20 塑料管，并伸出表面 50mm 左右。

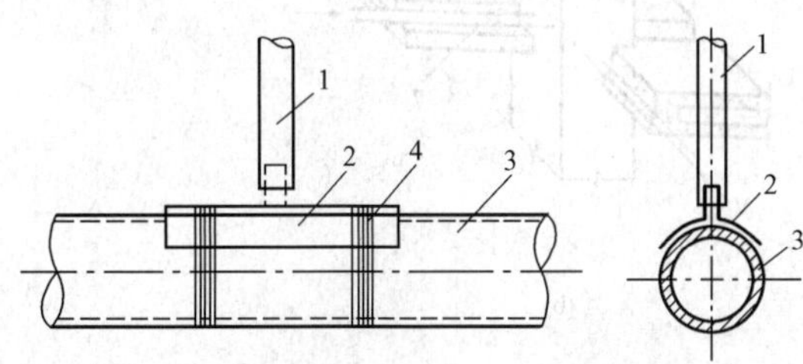

图 5-55　灌浆孔或泌水孔留设示意图

1—ϕ20 塑料管；2—带嘴弧形白铁压板；3—波纹管；4—绑扎铅丝

二、曲线预应力筋的张拉及应力控制

框架梁中曲线预应力筋的张拉采用两端同时张拉工艺，预应力筋的应力控制应保证其跨中的预应力值，一般要求在使用阶段跨中的有效预应力值为 $0.5 \sim 0.55 f_{ptk}$。曲线预应力筋在张拉阶段产生的预应力损失主要是锚具变形与预应力筋内缩和孔道摩阻损失，因此曲线预应力筋张拉锚固完毕后，应保证跨中有效预应力值在 $0.60 f_{ptk}$ 左右。

三、预应力混凝土现浇框架结构施工

预应力混凝土现浇框架结构施工顺序通常有以下三种：

(1) 逐层浇筑逐层张拉。施工顺序为浇筑完成一层框架梁混凝土后，张拉该层框架梁的预应力筋，预应力筋张拉完成后可以拆除该层梁的支撑。

(2) 数层浇筑顺向张拉。施工顺序为浇筑完成数层框架梁混凝土后，顺向（自下而上）逐层张拉框梁的预应力筋，下层预应力筋张拉时，上一层混凝土框架梁的混凝土强度至少应达到 C15。

(3) 数层浇筑逆向张拉。施工顺序为浇筑完成数层框架梁混凝土后，逆向（自上而下）逐层张拉框子梁的预应力筋。

四、预应力混凝土现浇板柱结构施工

预应力混凝土板柱结构，其基本单元是由四根预制钢筋混凝土柱、楼板、边梁、悬臂板和剪力墙等组成。在柱网纵横轴线处穿入预应力筋，通过预加应力使板牢固结合，形成整体，如图 5-56 所示。

主体结构安装顺序为：杯形基础杯底抄平控制柱安装标高→柱安装、校正和固定→在柱上装设支承楼板的临时支托→楼板和边梁的安装→灌注板柱之间的砂浆和养护。

装配式整体预应力板柱结构的预应力筋可配置成直线或曲线，一般采用碳素钢丝束或钢绞线束。锚具可选用钢质锥形锚具和 XM 型锚具，配以 YC-18、YC-20 型穿心式千斤顶进行高空张拉。

预应力筋的张拉方案视下列情况而定：当轴线长度较短、柱子又较短时，可采用柱底固定，吊装一层张拉一层的张拉方案比较安全和省事；当轴线长度较短，而柱长较长时，可采用柱底固定，吊装好上层楼板，并在板柱间接缝灌浆以后，再张拉下层预应力筋的张拉方案，这样有利于减少柱顶的位移；当轴线较长时，由于在张拉过程中板柱间接缝砂浆将产生较大的压缩变形，而造成较大柱顶位移，则必须采取有效措施，减少或消除柱的附加弯矩。

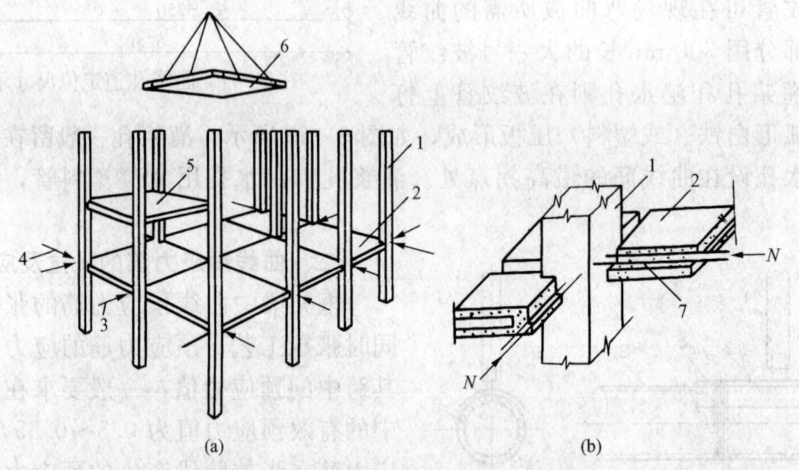

图 5-56 整体预应力板柱结构示意图

(a) 整体预应力板柱结构安装示意图；(b) 板与柱的摩擦节点

1—柱；2—楼板；3—纵向预应力；4—横向预应力；5—安装就位的楼板；6—正在吊装的楼板；7—预应力筋

预应力筋的张拉顺序和张拉制度一般是在层次安排上由一层开始逐层向上至顶层张拉；对每一层而言，先张拉长向的纵轴线预应力筋，后张拉短向的横轴线预应力筋；对于各轴线之间的张拉顺序，则先中柱后边柱，对称交叉张拉；对于每一轴线多根预应力筋张拉，则以对角线对称分批张拉。长向纵轴线的预应力筋由于长度较长，宜采用两端张拉，即一端先行张拉，另一端补张拉至 $103\%\sigma_{con}$ 后锚固的张拉工艺，以使预加应力沿长向轴线比较均匀地传递。横向预应力筋一般比较短，可采用一端张拉工艺。

预应力筋张拉锚固以后，立即进行柱上预留孔洞的灌浆，并浇筑楼板间的接缝混凝土。

工 程 实 践 案 例

一、工程概况

某市邮电大厦占地面积 $14156m^2$，总建筑面积 $53800m^2$。主楼为框筒结构，地下 1 层（局部 2 层），地上 32 层，总高度 137.2m。其中 5 层以下是裙房，6～27 层为标准层，层高 3.2m，第 28 层（96.2m）为旋转餐厅，层高 5.8m，29～32 层为机房、水箱层等。28 层的 12 道及 29 层 4 道悬挑梁采用后张法有黏结预应力结构，29 层周边 4 道框架梁由原来 4 跨 7.2m、4 跨 7.8m 变为 14.4m 和 2 跨 15.6m，亦采用预应力结构。预应力筋采用 $\phi^j15.24$，$f_{ptk}=1860N/m^2$ 的低松弛钢绞线。梁内穿设 $\phi55$～$\phi75$ 薄壁金属波纹管形成孔道。锚具采用 OVM15—4～OVM15-6 型，用 YCD-150 型千斤顶张拉，张拉控制应力为 $0.7f_{ptk}$。

二、预应力结构施工要点

1. 波纹管的埋设

悬挑梁、双跨连续的孔道曲线，如图 5-57、图 5-58 所示。波纹管穿设与梁钢筋绑扎交叉作业，待箍筋绑扎好后，根据孔道曲线定位图，每 1m 用 ϕ8 钢筋同梁箍筋焊成波纹管托架，在孔道曲线的反弯点、拐点等变化部位适当加密，然后用 6～8 股钢筋扎丝将波纹管固定在托架上。由于在接点部位钢筋较密，波纹管在穿设过程中尽量避免反复弯曲，防止管壁开裂。波纹管连接用大一号的接头套，长度不小于 300mm，两端各旋入 150mm，并用胶带缠绕 3 道封口，以防水泥浆流入管中。波纹管安设好后，在两端套入螺旋筋和喇叭口的锚垫板，锚垫板须垂直于孔道中心线，且牢固不跑位。部分悬挑预应力梁的锚固端原设计在梁侧边的柱脚处，但柱端面小、钢筋密，锚垫板放置困难，于是将波纹管穿过柱边在延伸 400mm，将锚垫板安装在框架梁内，在浇筑混凝土梁内留下 1m 的“后浇段”。

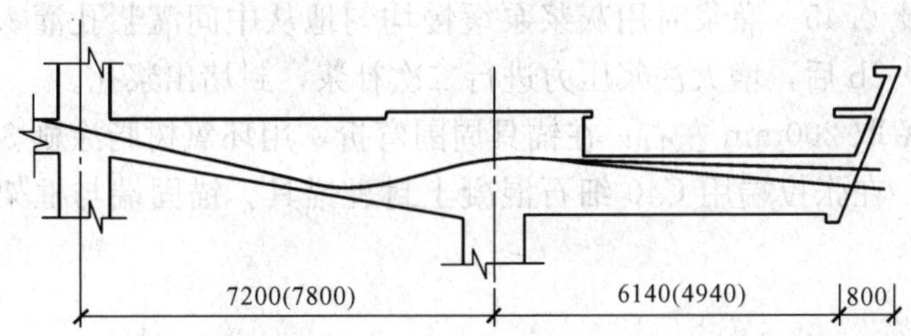

图 5-57 悬挑梁孔道曲线示意

2. 预应力筋穿束

悬挑梁内侧框架梁跨度为 7.8m、7.2m，梁的截面尺寸为 600mm×600mm～600mm×1510mm、800mm×900mm～800mm×1670mm，悬挑端跨度为 4.000～6.940m，截面尺寸为 600mm×800mm、800mm×900mm，梁内预应力筋分别为 2～7ϕ^j15.24、6～5ϕ^j15.24 钢绞线。双跨连续梁长度为 31.2m、28.8m，内设钢绞线 4～6ϕ^j15.24。钢绞线下料根据设计长度用薄片砂轮机切断，铁丝绑扎端头，并编号挂牌。穿束时，在每束钢绞线上设可拆卸的锥形引帽并逐根穿入波纹管内。双跨连续梁穿束时引帽可焊在钢绞线端头，以防掉入波纹管内堵塞孔道。

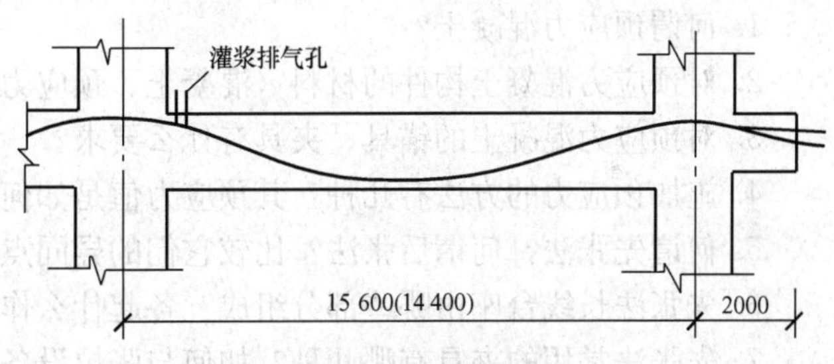

图 5-58 双跨连续梁孔道曲线示意

3. 灌浆孔、泌水孔设置

在预应力梁的各孔道的峰顶设置灌浆孔和泌水孔，其制作方法是在波纹管上留出直径约 30mm 的圆孔，然后用 ϕ80 半圆镀锌管做适当弯折，并在铁丝其上开孔焊在 ϕ25 的镀锌管上，在波纹管的圆孔周围，半圆管与波纹管之间用海绵垫，周围用胶带缠绕数层，并用铁丝扎牢，ϕ25 镀锌管伸出梁面 500mm，即作灌浆孔和工作泌水排气孔。

4. 混凝土浇筑

浇筑混凝土前，先对波纹管标高、位置以及锚垫板的连接固定进行复检，保证位置准确。混凝土浇筑时，特别注意振动棒不要直接接触及波纹管以防弯曲。由于在锚固区及节点部位钢筋较密，混凝土应细致振捣，保证密实性。另外，为了保证孔道畅通，在浇混凝土时派专人拉动波纹管内的钢绞线。

5. 预应力筋张拉

混凝土达到设计强度后，清除张拉端和锚固端的灰浆、杂物，搭设张拉平台。张拉采取双控方法，以拉应力为主，伸长值为辅。根据张拉合力点尽可能在截面重心和张拉宜对称的原则确定梁中各项预应力筋的张拉顺序。张拉程序为 $0 \rightarrow 0.2\sigma_{con} \rightarrow 0.6\sigma_{con} \rightarrow 1.03\sigma_{con}$（持荷5min，测最终伸长值）$\rightarrow 1.0\sigma_{con}$。

预应力筋张拉控制应力为 $0.7f_{ptk}$。每束 $5\phi^j 15.24$、$6\phi^j 15.24$、$7\phi^j 15.24$ 的张拉控制力分别为 911.40kN、1093.68kN、1275.96kN。

6. 灌浆、封锚

张拉完毕 24h 后，检查钢绞线无回缩、锚具无异常现象即可灌浆，灌浆采用 425 号普通硅酸盐水泥，水灰比 0.45。灌浆时用灰浆泵缓慢均匀地从中间灌浆孔灌入，不宜中断，待两端冒出浓浆为止。2h 后，增大注浆压力进行二次补浆，封堵出浆孔。

预应力筋外露留取 200mm 左右：在锚具周围弯折，用环氧树脂涂刷 3 道，然后支设张拉端、锚固端模板，在张拉端用 C40 细石混凝土封裹锚具。锚固端与框架梁“后浇段”的混凝土浇筑密实。

复习思考题

1. 何谓预应力混凝土？
2. 对预应力混凝土构件的材料（混凝土、预应力筋）有什么要求？
3. 对预应力混凝土的锚具、夹具有什么要求？
4. 施加预应力的方法有几种？其预应力值是如何建立和传递的？
5. 何谓先张法？何谓后张法？比较它们的异同点。
6. 先张法长线台座由哪些部分组成？各起什么作用？如何进行台座的稳定性验算？
7. 先张法常用的夹具有哪几种？如何与张拉设备配套使用？
8. 预应力筋为什么要先焊后拉？
9. 试述先张法的张拉程序和放松预应力筋的方法。
10. 后张法常用的锚具有哪些？如何与张拉设备配套使用？
11. 试述 XM 锚具的特点及适用情况。
12. 后张法孔道留设有几种方法？各适用于什么情况？应注意哪些问题？
13. 建立张拉程序的依据是什么？在张拉程序中为什么要超张拉和持荷 2min？
14. 预应力筋张拉方式有哪些？
15. 分批张拉时，如何弥补混凝土弹性压缩应力损失？
16. 重叠生产的预应力构件如何弥补其应力损失？
17. 如何计算张拉力和钢筋的伸长值？
18. 预应力筋张拉后，为什么必须及时进行孔道灌浆？对孔道灌浆有何要求？
19. 预应力筋张拉和钢筋冷拉有何区别？
20. 有黏结预应力与无黏结预应力施工工艺有何区别？

21. 对无黏结预应力筋材料有何要求？常用何种锚具与张拉设备？

22. 如何制作无黏结预应力筋？

23. 预应力混凝土现浇框架结构施工有哪几种方法？

习　　题

1. 某预应力混凝土屋架，采用机械张拉后张法施工，两端为螺丝端杆锚具，端杆长度为320mm，端杆外露出构件端部长度为120mm，孔道长度为23.80m，预应力筋为冷拉Ⅳ级钢筋，直径为20mm，钢筋长度为8m，实测钢筋冷拉率为4%，弹性回缩率为0.3%，张拉控制应力为$0.85f_{ptk}$（$f_{ptk}=500N/mm^2$）。试计算钢筋的下料长度和张拉力。

2. 某车间预应力混凝土吊车梁长度为6m，配置直线预应力筋为4束$6\phi^{1}12$钢筋，采用YC60型千斤顶一端张拉，千斤顶长度为435mm，两端均采用JM12-6型锚具，锚具厚度为55mm，垫板厚15mm，张拉控制应力（σ_{con}）为$0.85f_{ptk}$（$f_{ptk}=500N/mm^2$），试计算钢筋的下料长度和张拉力。

3. 某车间采用21m的预应力混凝土屋架，孔道长度20.8m，采用$2\phi^{1}28$钢筋，一端用螺丝端杆锚具（锚具长320mm，端部露出构件120mm），另一端用帮条锚具（帮条长60mm，垫板厚15mm），张拉控制应力$\sigma_{con}=0.85f_{ptk}$（$f_{ptk}=500N/mm^2$），混凝土采用C40，冷拉控制应力为$500N/mm^2$，冷拉率5%，弹性回缩率0.4%，现场钢筋每根长度为7.5m，屋架在工地三榀平卧重叠预制，采用拉杆式千斤顶一端张拉。试计算：

（1）预应力筋的下料长度；

（2）预应力筋的冷拉力及冷拉伸长值；

（3）确定预应力筋的张拉程序，计算每榀预应力筋的张拉力和伸长值。

第六章 结构安装工程

本章提要：本章主要介绍结构安装工程和钢结构安装工程中常用的起重机械类型、性能及使用特点；构件的吊装工艺及平面布置；结构安装方案的拟订。重点分析了起重机的选择及各参数间的关系、起重机开行路线及构件平面布置的关系，以及影响结构安装方案的因素，着重阐述了起重机稳定性验算。

学习要求：

(1) 了解结构吊装的准备工作，起重机的性能及特点，各种构件的吊装工艺及吊装中的质量安全技术措施。

(2) 掌握起重机的选择，正确选择结构安装方法，确定起重机的开行路线，拟定构件平面布置方案。

结构安装工程就是利用各种类型的起重机械将预先在工厂或施工现场制作的结构构件，严格按照设计图纸的要求在施工现场进行组装，以构成一幢完整的建筑物或构筑物的整个施工过程。在结构安装前，应拟定结构安装工程施工方案，根据厂房的平面尺寸、跨度、结构特点、构件类型、重量、安装高度以及施工现场具体条件，并结合现有设备情况合理选择起重机械；由起重机械的性能确定构件吊装工艺，结构安装方法，起重机开行路线，构件现场预制平面布置及构件的就位吊装平面布置，从而以达到缩短工期，保证工程质量，降低工程成本的目的。

第一节 起 重 机 械

结构安装用的起重机械主要有桅杆式起重机、自行式起重机、塔式起重机以及索具设备。

一、桅杆式起重机

在建筑工程中常用的桅杆式起重机有独脚拔杆、人字拔杆、悬臂拔杆和牵缆式桅杆起重机，如图 6-1 所示。

1. 独脚拔杆

独脚拔杆按制作的材料分为木独脚拔杆、钢管独脚拔杆和格构式独脚拔杆。

木独脚拔杆起重高度一般为 8～15m，起重量在 100kN 以内；钢管独脚拔杆起重高度在 20m 以内，起重量可达 300kN；格构式独脚拔杆起重高度可达 70m，起重量可达 1000kN。

独脚拔杆是由拔杆、起重滑轮组、卷扬机、缆风绳及锚碇等组成，起重时拔杆保持不大于 10°的倾角，如图 6-1 (a) 所示。

2. 人字拔杆

人字拔杆一般是由两根圆木或两根钢管用钢丝绳绑扎或铁件铰接而成，如图 6-1 (b) 所示。钢管人字拔杆所用钢管规格视拔杆起重量而定，起重量 100kN，拔杆长度 20m，钢管外径 273mm，壁厚 10mm。

3. 悬臂拔杆

悬臂拔杆是在独脚拔杆的中部或 2/3 高度处装一根起重臂而成，如图 6-1（c）所示。它的特点是起重高度和起重半径都较大，起重臂左右摆动角度也大，多用于轻型构件的吊装。

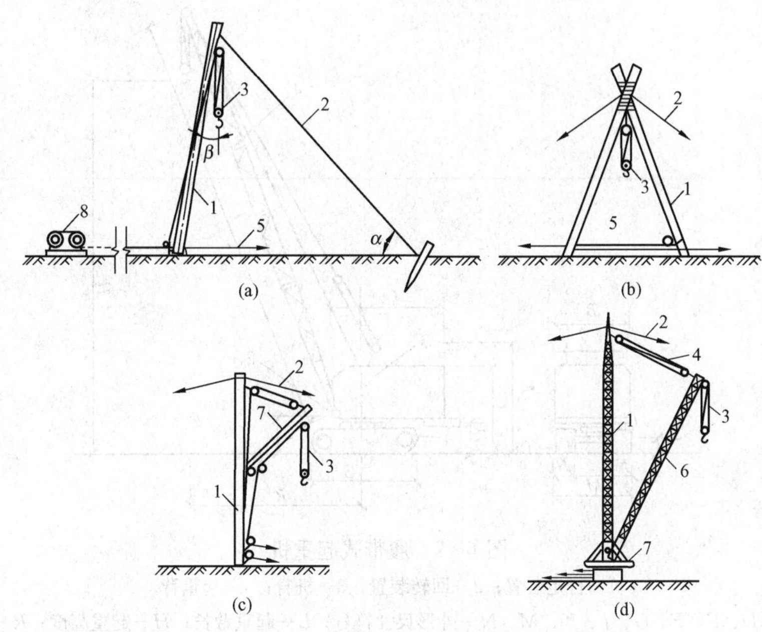

图 6-1 桅杆式起重机

（a）独脚拔杆；（b）人字拔杆；（c）悬臂拔杆；（d）牵缆式桅杆起重机

1—拔杆；2—缆风绳；3—起重滑轮组；4—导向装置；5—拉索；6—起重臂；7—回转盘；8—卷扬机

4. 牵缆式桅杆起重机

牵缆式桅杆起重机是独脚拔杆下端装一根起重臂而成，如图 6-1（d）所示。这种起重机的起重臂可以起伏，机身可回转 360°，可以在起重半径范围内，把构件吊到任何位置。由圆木制成的牵缆式桅杆起重机，桅杆高可达 25m，起重量 50kN 左右；用角钢组成的格构式截面杆件的牵缆式起重机，桅杆高度可达 80m，起重量 100kN 左右。牵缆式桅杆起重机需设较多的缆风绳，适用于构件多且集中的建筑物的结构安装工程。

二、自行式起重机

自行式起重机可分为履带式起重机、汽车式起重机与轮胎式起重机。自行式起重机的优点是灵活性大，移动方便，能为整个建筑工地服务。这类起重机的缺点是稳定性较差。

（一）履带式起重机

履带式起重机是一种自行式 360°全回转的起重机，如图 6-2 所示。它操作灵活，行驶方便，对地耐力要求不高，臂杆可以接长或更换。因此在一般单层工业厂房结构安装中使用最为广泛。履带式起重机主要由动力装置、传动机构、行走机构（履带）、工作机构（起重杆、起重滑轮组、变幅滑轮组、卷扬机）及平衡重等组成。

国产履带式起重机主要有 W_1-50 型履带式起重机，最大起重量 100kN，起重杆长度有

10m 及 18m 两种，适用于吊装跨度在 18m 以下，高度在 10m 以内的小型单层工业厂房结构及装卸作业。W_1-100 型履带式起重机，最大起重量 150kN，起重杆长度 13～23m，适用于吊装跨度为 18～24m、高度为 15m 左右的单层工业厂房结构。W_1-200 型履带式起重机，最大起重量 400kN，起重杆长度可达 40m，适用于吊装大型单层工业厂房结构。履带式起重机外形尺寸如图 6-2 和表 6-1 所示。

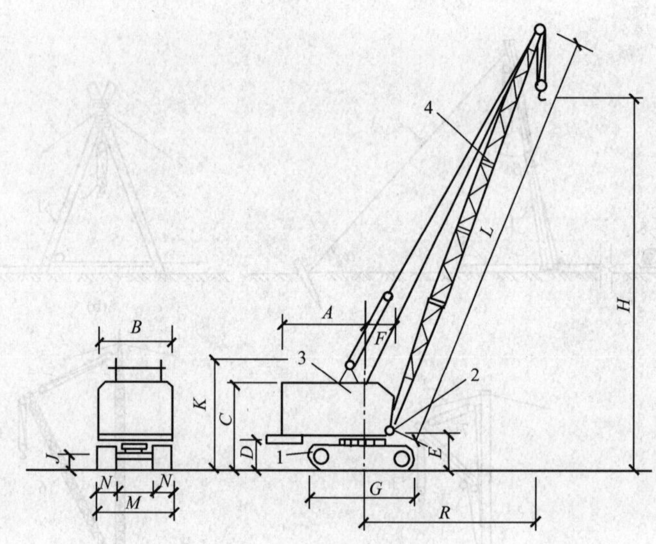

图 6-2 履带式起重机

1—行走装置；2—回转装置；3—机身；4—起重臂

A、B、C、D、E、F、G、J、K、M、N—外形尺寸符号；L—起重臂长；H—起重高度；R—起重半径

表 6-1 履带式起重机外形尺寸 mm

符号	名称	型号				
		W_1-50	W_1-100	W_1-200	∈-1252	西北 78D (80D)
A	机身尾部到回中心距离	2900	3300	4500	3540	3450
B	机身宽度	2700	3120	3200	3120	3500
C	机身顶部到地面高度	3220	3675	4125	3675	—
D	机身底部距地面高度	1000	1045	1190	1095	1220
E	起重臂下铰点中心距地面高度	1555	1700	2100	1700	1850
F	起重臂下铰点中心至回中心距离	1000	1300	1600	1300	1340
G	履带长度	3420	4005	4950	4005	4500 (4450)
M	履带架宽度	2850	3200	4050	3200	3250 (3500)
N	履带板宽度	550	675	800	675	680 (760)
J	行走底架距地面高度	300	275	390	270	310
K	机身上部支架距地面高度	3480	4170	6300	3930	4720 (5270)

1. 履带式起重机起重性能

起重机的起重能力常用三个工作参数表示，即起重量、起重高度和起重半径。三者的相互关系可用表 6-2 的形式表示，也可用曲线的形式表示，如图 6-3～图 6-5 所示。

表 6 - 2　　履带式起重机技术性能表

参数		型号										
		W_1-50			W_1-100		W_1-200			∈-1252		
起重臂长度（m）		10	18	18 带鸟嘴	13	23	15	30	40	12.5	20	25
最大工作幅度（m）		10	17	10	12.5	17.0	15.5	22.5	30	10.0	15.5	19.0
最小工作幅度（m）		3.7	4.5	6.0	4.23	6.5	4.5	8.0	10.0	4.0	5.65	6.5
起重量（kN）	最大工作幅度时	100	75	20	150	80	500	200	80	200	90	70
	最小工作幅度时	26	10	10	35	17	82	43	15	55	25	17
起重高度（m）	最大工作幅度时	9.2	17.2	17.2	11.0	19.0	12.0	26.8	36.0	10.7	17.9	22.8
	最小工作幅度时	3.7	7.6	14.0	5.8	16.0	3.0	19.0	25.0	8.1	12.7	17.0

注　表中数据所对应的起重臂倾角为 $\alpha_{\min}=30°$，$\alpha_{\max}=77°$。

起重量系指起重机在一定起重半径范围内起重的最大能力。起重半径系指起重机回转中心至吊钩中心的水平距离。起重高度系指起重机吊钩中心至停机面的垂直距离。

起重量、起重半径、起重高度三个工作参数间存在着互相制约的关系，其取值大小取决于起重臂长度及其仰角。当起重臂长度一定时，随着仰角的增大，起重量和起重高度增加，而起重半径减小；当起重臂的仰角不变时，随着起重臂长度的增加，起重半径和起重高度增加，而起重量减小。

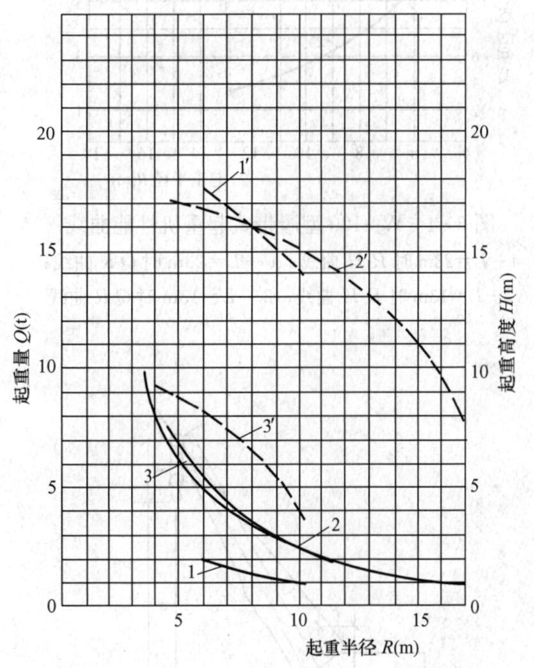

图 6 - 3　W_1-50 型履带式起重机性能曲线

1—L＝18m 有鸟嘴时 R-H 曲线；1′—L＝18m 有鸟嘴时 Q-R 曲线；2—L＝18m 时 R-H 曲线；2′—L＝18m 时 Q-R 曲线；3—L＝10m 时 R-H 曲线；3′—L＝10m 时 Q-R 曲线

起重半径 R、起重高度 H、起重臂长 L 及仰角 α 相互之间的几何关系，如图 6 - 6 所示，其计算式为

$$R=F+L\cos\alpha \qquad (6-1)$$

$$H=E+L\sin\alpha-d_0 \qquad (6-2)$$

式中　d_0——吊钩中心至起重臂顶端定滑轮中心的最小距离，一般为 2.5～3.5m；

E、F——可从表 6 - 1 查得。

2. *履带式起重机稳定性验算*

起重机稳定性是指整个机身在起重作业时的稳定程度。起重机在正常条件下工作，一般可以保持机身稳定，但在超负荷吊装或由于施工需要接长起重臂时，需进行稳定性验算，以保证在吊装作业中不发生倾覆事故。

履带式起重机的稳定性应以起重机处于最不利工作状态即稳定性最差时（机身与行驶方

向垂直）进行验算，此时，应以履带中心 A 为倾覆中心验算起重机稳定性，如图6-7所示。

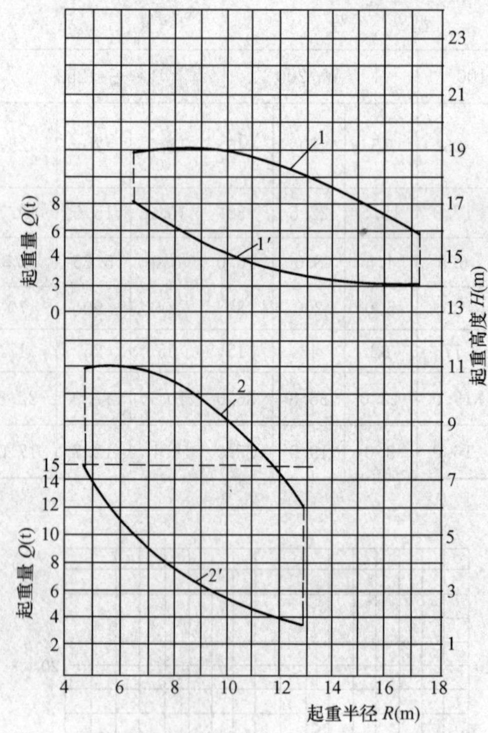

图 6-4 W_1-100 型履带式起重机性能曲线

1—$L=23$m 时 R-H 曲线；1′—$L=23$m 时 Q-R 曲线；

2—$L=13$m 时 R-H 曲线；2′—$L=13$m 时 Q-R 曲线

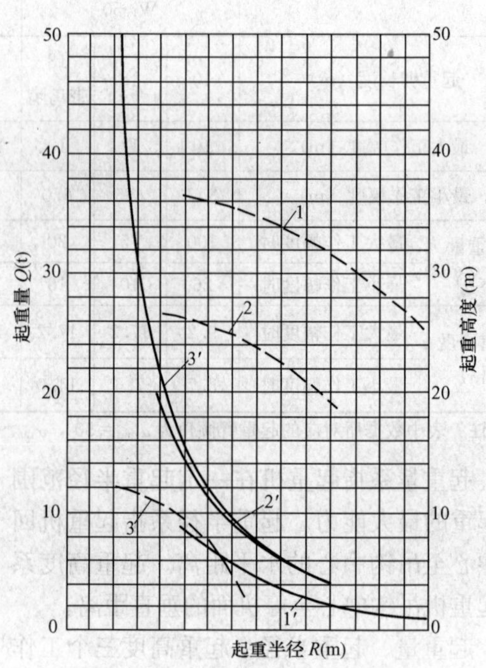

图 6-5 W_1-200 型起重机性能曲线

1—$L=40$m 时 R-H 曲线；2—$L=30$m 时 R-H 曲线；

3—$L=15$m 时 R-H 曲线；1′—$L=40$m 时 Q-R 曲线；

2′—$L=30$m 时 Q-R 曲线；3′—$L=15$m 时 Q-R 曲线

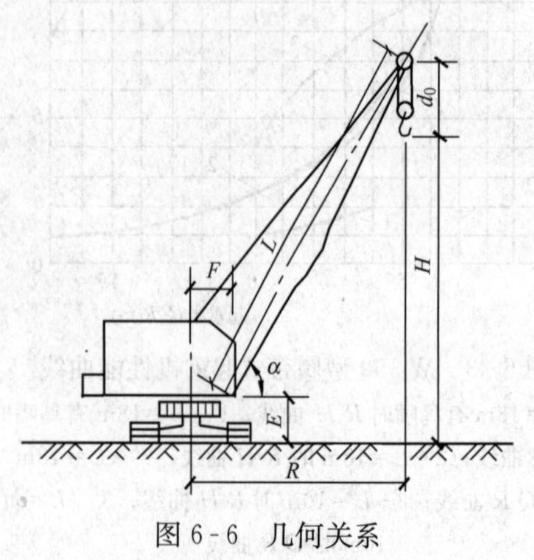

图 6-6 几何关系

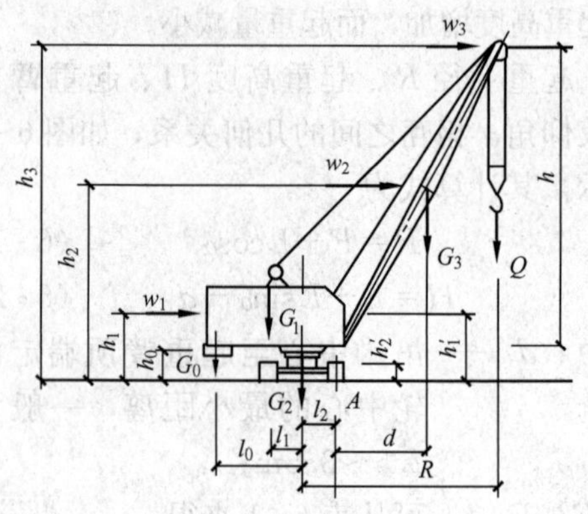

图 6-7 履带起重机稳定性验算

(1) 当考虑吊装荷载及附加荷载（风荷载、刹车惯性力和回转离心力等）时应满足下式要求

$$K_1=\frac{\text{稳定力矩}}{\text{倾覆力矩}}\geqslant 1.15$$

(2) 当仅考虑吊装荷载时应满足下式要求

$$K_2=\frac{稳定力矩}{倾覆力矩}\geqslant 1.40$$

以上两式中 K_1、K_2 称为稳定性安全系数。倾覆力矩取吊重一项所产生的力矩，稳定力矩取全部稳定力矩与其他倾覆力矩之差。

按 K_1 验算较复杂，施工现场一般用 K_2 简化验算，如图 6-7 所示可得

$$K_2=\frac{G_1l_1+G_2l_2+G_0l_0-G_3l_3}{Q(R-l_2)}\geqslant 1.40 \tag{6-3}$$

式中 G_0——起重机平衡重；

G_1——起重机可转动部分的重量；

G_2——起重机机身不转动部分的重量；

G_3——起重臂重量（起重臂接长时，为接长后的重量），为起重机重量的4%～7%；

l_0、l_1、l_2、l_3——以上各部分的重心至倾覆中心 A 点的相应距离；

R——起重机的回转半径；

Q——起重机的起重量。

验算后如不满足式（6-3）时应采取增加配重等措施。

【例 6-1】 某建筑工地拟选用 W_1-100 型履带式起重机（最大起重量 150kN）吊装厂房钢筋混凝土柱，每根柱重（包括索具）175.0kN，试验算起重机稳定性。

解 据现场实测 $G_1=202.0$kN，$G_2=144.0$kN，$G_0=30.0$kN，$G_3=435$kN（起重臂长度为 13m）。根据表 6-1 查得

$$l_2=\frac{M}{2}-\frac{N}{2}=\frac{3.2}{2}-\frac{0.675}{2}=1.26(\text{m})$$

实测 $l_1=2.63$m，$l_0=4.59$m。根据表 6-2 查得 $R=4.23$m。

所以 $$l_3=R-\left(l_2+\frac{13\cos 77^\circ}{2}\right)=1.29(\text{m})(最大仰角\ 77^\circ)$$

当 $Q=175$kN 时，将以上数值代入式（6-3）得

$$K_2=\frac{202\times 2.63+144\times 1.26+30\times 4.59-43.5\times 1.29}{175(4.23-1.26)}=1.53>1.40$$

如上例计算的 $K_2<1.40$ 时，可采取在机身尾部增加配重。需增加的重量 G'_0 可按下式计算

$$稳定力矩+G'_0l_0\geqslant 1.40\times 倾覆力矩$$

$$G'_0=\frac{1.40\times 倾覆力矩-稳定力矩}{l_0}$$

3. 起重臂接长验算

当起重机的起重高度或起重半径不足时可将起重臂接长，此时起重机的最大起重量 Q' 可根据力矩等量换算的原则求得。由 $\sum M_A=0$，如图 6-8 所示可列出

$$Q'\left(R'-\frac{M}{2}\right)+G'\left(\frac{R'+R}{2}-\frac{M}{2}\right)=Q\left(R-\frac{M}{2}\right)$$

整理后得

$$Q'=\frac{1}{2R'-M}[Q(2R-M)-G'(R'+R-M)] \tag{6-4}$$

式中 R'——起重臂接长后的起重半径；

G'——起重臂接长部分的重量。

当Q'值小于所吊构件重量时，须用式（6-3）进行稳定性验算，并采取相应措施，如在起重臂顶端拉设缆风绳等，以加强起重机稳定性。

（二）汽车式起重机

汽车式起重机是将起重机构安装在普通载重汽车或专用汽车底盘上的一种自行式全回转起重机，如图6-9所示。这种起重机的优点是运行速度快，能迅速转移，对路面破坏性很小。但吊装作业时必须支腿，不能负荷行驶。

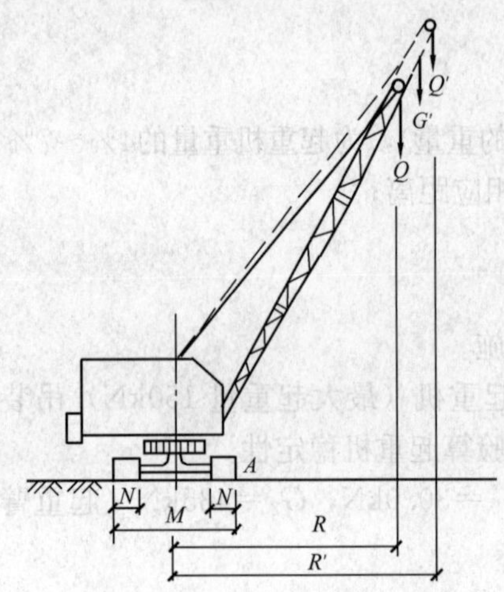

图6-8 起重臂接长计算简图

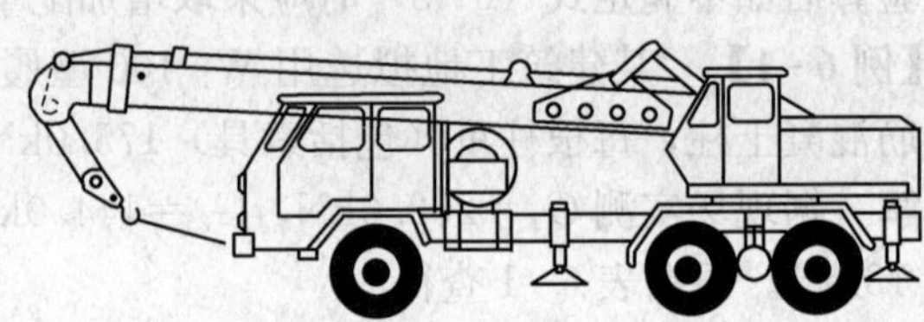

图6-9 汽车式起重机外貌图

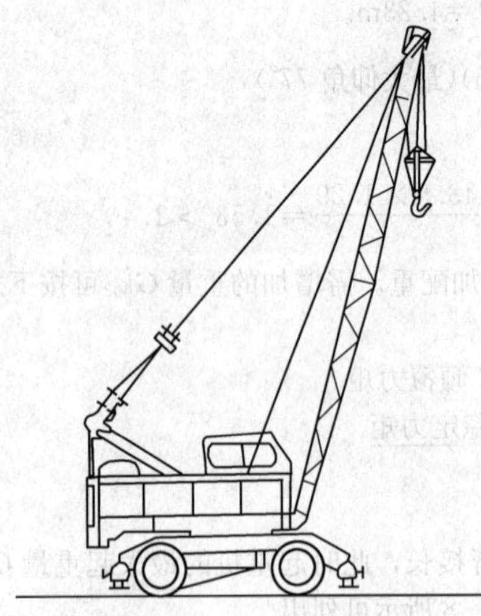

图6-10 轮胎式起重机

国产汽车式起重机主要有Q_2-8型、Q_2-12型、Q_2-16型。最大起重量分别为80kN、120kN、160kN。适用于构件装卸作业或用于安装标高较低的构件。国产重型汽车式起重机有Q_2-32型，起重臂长30m，最大起重量320kN，可用于一般厂房的构件安装。Q_3-100型，起重臂长12～60m，最大起重量1000kN，可用于大型构件安装。

（三）轮胎式起重机

轮胎式起重机是把起重机构安装在加重型轮胎和轮轴组成的特制底盘上的全回转起重机，如图6-10所示，吊装时一般用四个支腿支撑以保证机身的稳定性。

国产的轮胎式起重机有：QL_2-8型、QL_3-16型、QL_3-25型、QL_3-40型、QL_1-16型等。均可用于构件装卸和一般工业厂房的结构安装。

三、塔式起重机

塔式起重机的起重臂安装在塔身顶部，它具有较大的工作空间，起重高度大，广泛应用于多层及高层装配式结构安装工程。常用的塔式起重机的类型有轨道式塔式起重机、轮胎式塔式起重机、爬升式塔式起重机、附着式塔式起重机等。

(一) 轨道式塔式起重机

轨道式塔式起重机是一种能在轨道上行驶的起重机，又称自行式塔式起重机。这种起重机可负荷行走，有的只能在直线轨道上行驶，有的可沿“L”形或“U”形轨道上行驶。常用的轨道式塔式起重机有以下几种：

1. QT_1-2 型塔式起重机

QT_1-2 型塔式起重机是一种塔身回转式轻型塔式起重机，主要由塔身、起重臂和底盘组成，如图 6 - 11 所示。这种起重机塔身可以折叠，能整体运输，如图 6 - 12 所示。起重力矩 160kN・m，起重量 10～20kN，轨距 2.8m。适用于 5 层以下民用建筑结构安装和预制构件厂装卸作业。

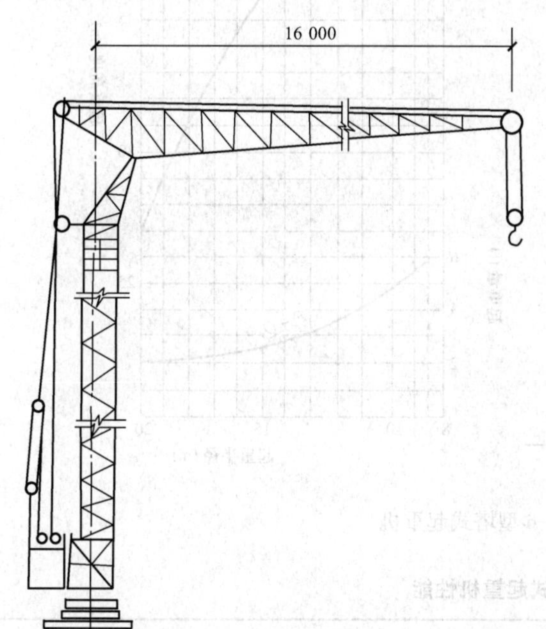

QT_1-2 型塔式起重机工作性能

幅度 (m)	起重高度 (m)	起重量 (kN)
16.00	17.20	10.0
15.00	20.30	10.7
14.00	22.80	11.5
13.00	24.40	12.3
12.00	25.60	13.4
11.00	26.60	14.6
10.00	27.40	16.0
9.00	28.00	17.8
8.00	28.30	20.0

图 6 - 11 QT_1-2 型塔式起重机

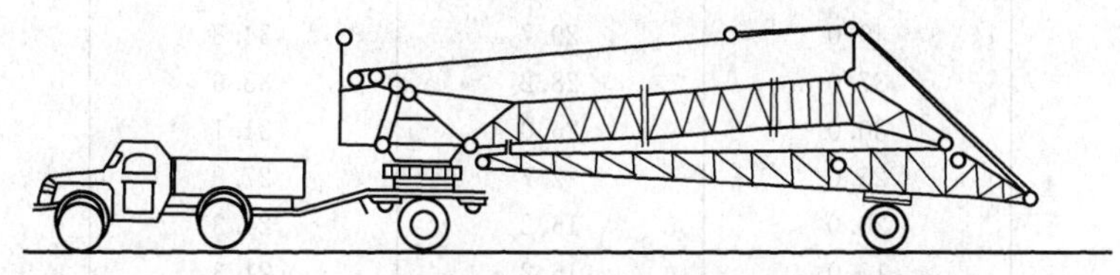

图 6 - 12 QT_1-2 型塔式起重机整体拖动示意图

2. QT_1-6 型塔式起重机

QT_1-6 型塔式起重机是塔顶旋转式塔式起重机，由底座、塔身、起重臂、塔顶及平衡重等组成。塔顶有齿式回转机构，塔顶通过它围绕塔身回转 360°。起重机底座有两种，一种有 4 个行走轮，只能直线行驶；另一种有 8 个行走轮能转弯行驶，内轨半径不小于 5m。QT_1-6 型塔式起重机的最大起重力矩为 400～450kN・m，起重量 20～60kN，其主要性能如图 6 - 13上的起重机性能曲线及表 6 - 3 所示。

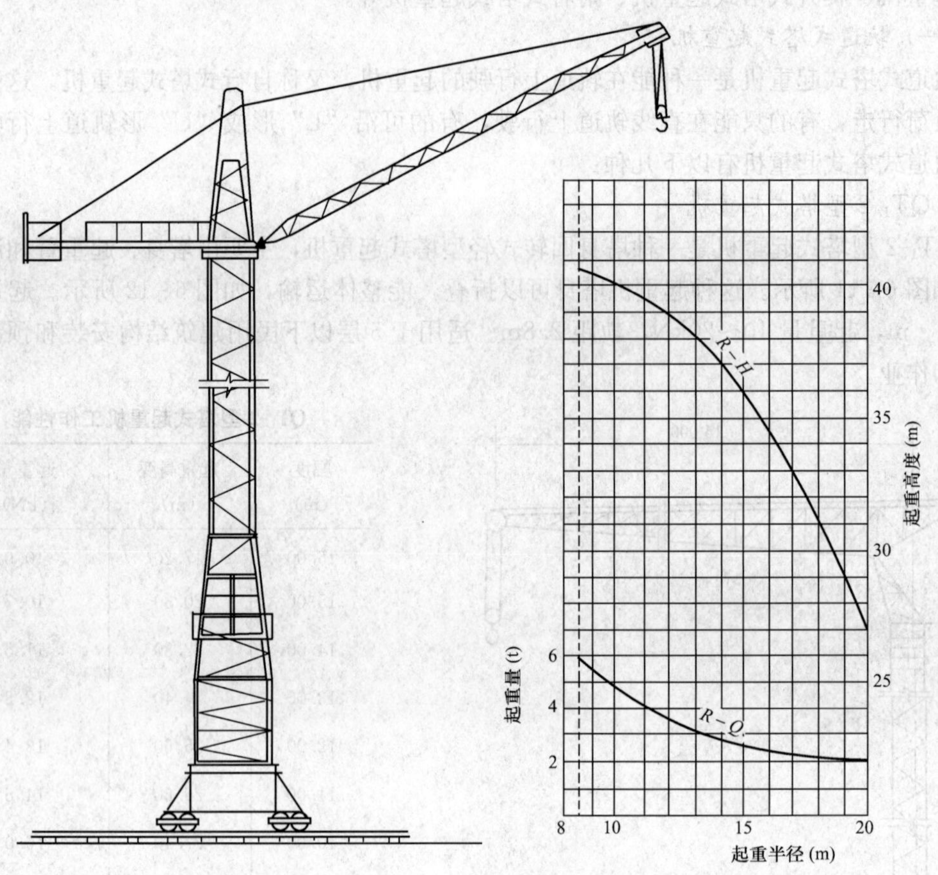

图 6-13 QT$_1$-6 型塔式起重机

表 6-3 **QT$_1$-6 型塔式起重机性能**

幅度 (m)	起重量 (kN)	起重高度（m）		
		无高接架	带一节高接架	带两节高接架
8.5	60.0	30.4	35.5	40.6
10	49.0	29.7	34.8	39.9
12.5	37.0	28.2	33.6	38.4
15	30.0	26.0	31.1	36.2
17.5	25.0	22.7	27.8	32.9
20	20.0	16.2	21.3	26.4
20	10.0	16.2	21.3	26.4

3. QT-60/80 型塔式起重机

QT-60/80 型塔式起重机是一种塔顶旋转式塔式起重机，起重力矩 600～800kN·m，最大起重量 100kN。这种起重机适用于多层装配式工业与民用建筑结构安装，尤其适合装配式大板房屋施工。

4. QT-20 型塔式起重机

QT-20 型塔式起重机为塔身回转式起重机，主钩最大起重量 200kN，起重半径 8.5～

20m，最大起重高度 53m，塔身高 35～57.8m，幅度 30m，适用于多层工业与民用建筑结构构件安装。

(二) 爬升式塔式起重机

爬升式塔式起重机是自升式塔式起重机的一种，它安装在高层装配式结构的框架梁上，每吊装 1～2 层楼的构件后，向上爬升一次。这类起重机主要用于高层（10 层以上）框架结构安装。其特点是机身体积小、重量轻、安装简单，适用于现场狭窄的高层建筑结构安装。

爬升式塔式起重机由底座、套架、塔身、塔顶、行车式起重臂、平衡臂等部分组成。起重机型号主要有 QT_5-4/40 型、QT_3-4 型和用原有 20～60kN 塔式起重机改装的爬升式塔式起重机。

QT_5-4/40 型塔式起重机，如图 6-14（a）所示的底座及套架上均设有可伸出和收回的活动支腿，在吊装构件过程中及爬升过程中分别将支腿支承在框架梁上。每层楼的框架梁上均需埋设地脚螺栓，用以固定活动支腿。

用 QT_1-6 型塔式起重机改装的爬升式塔式起重机，如图 6-14（b）所示。起重机底座梁上装有可回转的下支座，套架上设有可向上翻转的上支座。

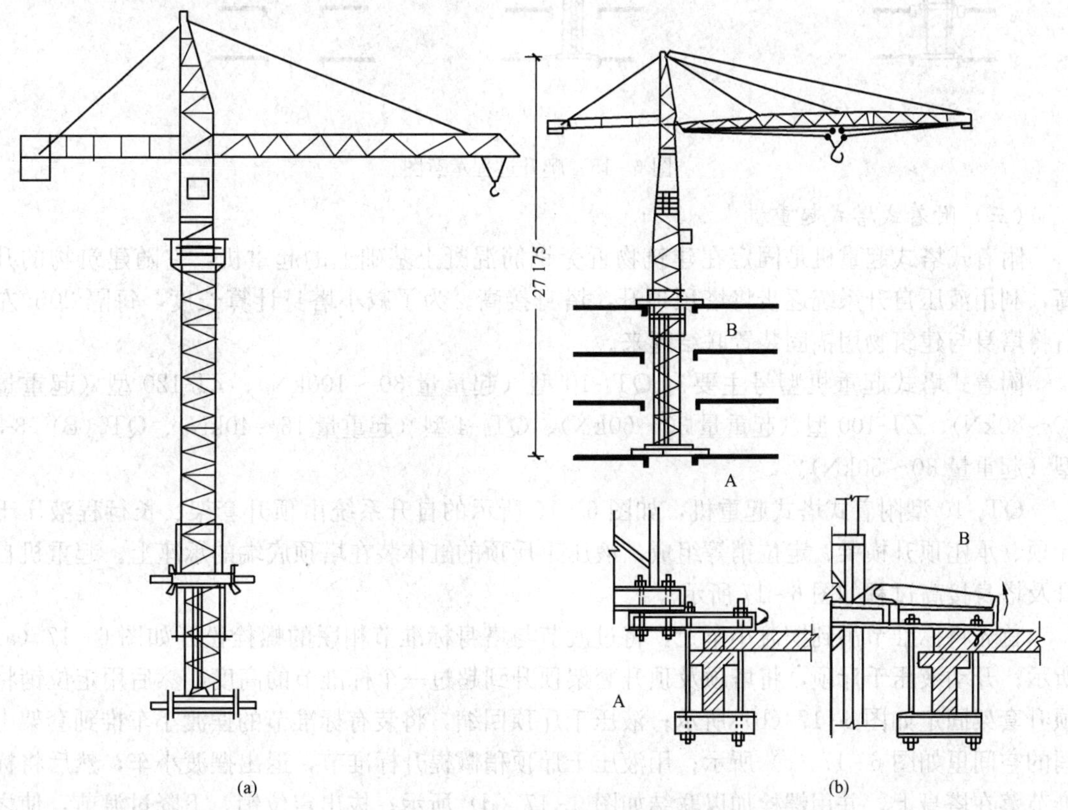

图 6-14 爬升式塔式起重机

(a) QT_5-4/40 型塔式起重机；(b) 用 QT_1-6 型改装的爬升式塔式起重机

QT_5-4/40 型爬升式塔式起重机的爬升过程，如图 6-15 所示。

首先将起重小车回至最小幅度，下降吊钩，使起重钢丝绳绕过回转支承上支座的导向滑轮，穿过走台的方洞，用吊钩吊住套架的提环，如图 6-15（a）所示。

放松固定套架的地脚螺栓，将活动支腿收进套架梁内，提升套架至两层楼高度，摇出套架活动支腿，用地脚螺栓固定，松开吊钩，如图 6-15（b）所示。

松开底座地脚螺栓，收回活动支腿，开动爬升机构将起重机提升两层楼高度，摇出底座活动支腿，并用地脚螺栓固定如图 6-15（c）所示。

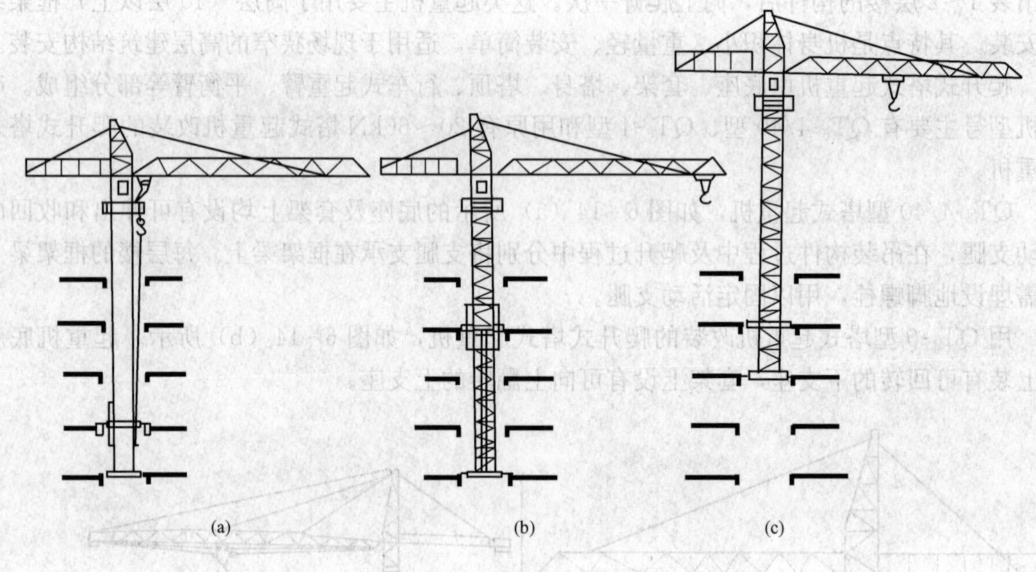

图 6-15　爬升过程示意图

（三）附着式塔式起重机

附着式塔式起重机是固定在建筑物近旁钢筋混凝土基础上的起重机，它随建筑物的升高，利用液压自升系统逐步将塔顶顶升，塔身接高。为了减小塔身计算长度，每隔 20m 左右将塔身与建筑物用锚固装置联结起来。

附着式塔式起重机型号主要有 QT_4-10 型（起重量 30～100kN）、ZT-120 型（起重量 40～80kN）、ZT-100 型（起重量 30～60kN）、QT_1-4 型（起重量 16～40kN）、QT（B）-3-5 型（起重量 30～50kN）。

QT_4-10 型附着式塔式起重机，如图 6-16 所示的自升系统由顶升套架、长行程液压千斤顶、承座顶升横梁、定位销等组成。液压千斤顶的缸体装在塔顶底端的承座上。起重机自升及塔身接高过程如图 6-17 所示。

首先将标准节吊到摆渡小车上，将过渡节与塔身标准节相联的螺栓松开如图 6-17（a）所示；开动液压千斤顶，将塔顶及顶升套架顶升到超过一个标准节的高度，然后用定位销将顶升套架固定如图 6-17（b）所示；液压千斤顶回缩，将装有标准节的摆渡小车推到套架中间的空间里如图 6-17（c）所示；用液压千斤顶稍微提升标准节，退出摆渡小车，然后将标准节落在塔身上，并用螺栓加以联结如图 6-17（d）所示；拔出定位销，下降过渡节，使之与塔身联成整体如图 6-17（e）所示。

四、索具设备

结构安装工程施工中要使用许多辅助工具，如卷扬机、滑轮组、钢丝绳、吊钩、卡环、横吊梁、柱销等，一般有定型产品可供选用。

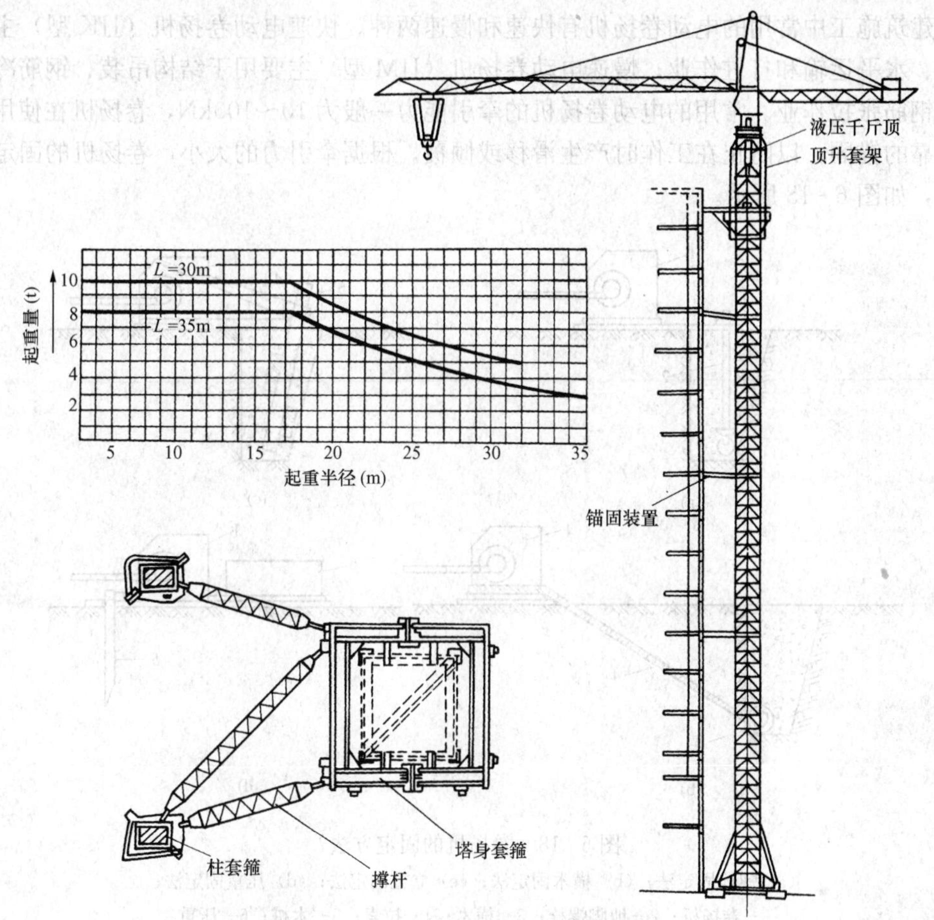

图 6-16 QT_4-10 型附着式塔式起重机

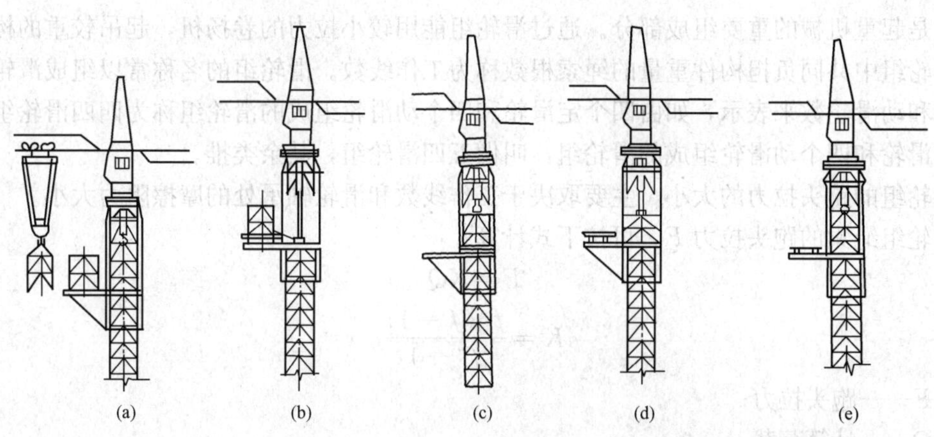

图 6-17 附着式塔式起重机自升过程

(a) 准备状态；(b) 顶升塔顶；(c) 推入标准节；(d) 安装标准节；(e) 塔顶与塔身联成整体

(一) 卷扬机

在建筑施工中常用的电动卷扬机有快速和慢速两种。快速电动卷扬机(JJK型)主要用于垂直、水平运输和打桩作业;慢速电动卷扬机(JJM型)主要用于结构吊装、钢筋冷拉和预应力钢筋张拉作业。常用的电动卷扬机的牵引能力一般为10~100kN,卷扬机在使用时必须作可靠的锚固,以防止在工作时产生滑移或倾覆。根据牵引力的大小,卷扬机的固定方法有四种,如图6-18所示。

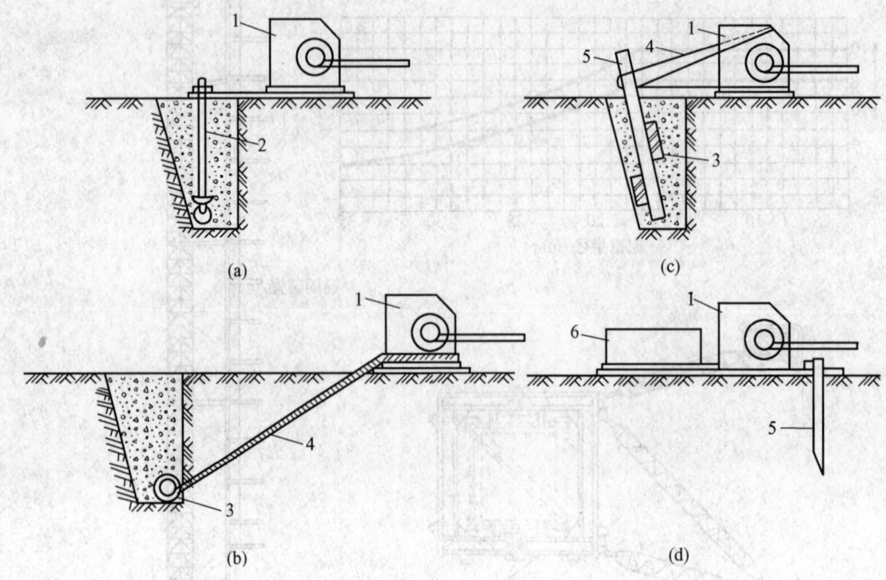

图6-18 卷扬机的固定方法

(a)螺栓固定法;(b)横木固定法;(c)立桩固定法;(d)压重固定法;
1—卷扬机;2—地脚螺栓;3—横木;4—拉索;5—木桩;6—压重

(二) 滑轮组

滑轮组是由一定数量的定滑轮和动滑轮以及绳索组成。滑轮组既能省力又可改变力的方向,它是起重机械的重要组成部分。通过滑轮组能用较小拉力的卷扬机,起吊较重的构件。

滑轮组中共同负担构件重量的绳索根数称为工作线数。滑轮组的名称常以组成滑轮组的定滑轮和动滑轮数来表示,如由四个定滑轮和四个动滑轮组成的滑轮组称为四四滑轮组;由五个定滑轮和四个动滑轮组成的滑轮组,叫做五四滑轮组,其余类推。

滑轮组的跑头拉力的大小,主要取决于工作线数和滑轮轴承处的摩擦阻力大小。

滑轮组绳索的跑头拉力F,可按下式计算

$$F=KQ \tag{6-5}$$

$$K=\frac{f^n(f-1)}{f^n-1}$$

式中 F——跑头拉力;

Q——计算荷载;

K——滑轮组省力系数;

f——单个滑轮阻力系数,青铜轴套轴承$f=1.04$,滚珠轴承$f=1.02$,无轴套轴承$f=1.06$;

n——工作线数，若绳索从定滑轮引出，则 n=定滑轮数+动滑轮数+1；若绳索从动滑轮引出，则 n=定滑轮数+动滑轮数。

起重机械用的滑轮多用青铜轴套轴承，其滑轮组省力系数见表6-4。

表6-4 青铜轴套滑轮组省力系数

工作线数 n	1	2	3	4	5	6	7	8	9	10
省力系数 K	1.040	0.529	0.360	0.275	0.224	0.190	0.166	0.148	0.134	0.123
工作线数 n	11	12	13	14	15	16	17	18	19	20
省力系数 K	0.114	0.106	0.100	0.095	0.090	0.086	0.082	0.079	0.076	0.074

（三）钢丝绳

结构安装工程用钢丝绳是由六股钢丝和一股绳芯捻成。每股钢丝又由多根直径0.4～4.0mm，抗拉强度为1400MPa、1550MPa、1700MPa、1850MPa或2000MPa的高强钢丝捻成。

建筑工程常用钢丝绳有以下几种。

6×19+1，即6股钢丝，每股19根钢丝，再加一根线芯。这种钢丝绳粗、硬而耐磨，一般用作缆风绳。

6×37+1，即6股钢丝，每股37根钢丝，再加一根线芯。这种钢丝绳比较柔软，一般用于穿滑轮组和作吊索。

6×61+1，即6股钢丝，每股61根钢丝，再加一根绳芯，这种钢丝绳质地软，一般用于重型起重机械的吊索。

1. 钢丝绳允许拉力的计算

钢丝允许拉力可按下式计算

$$F_g \leqslant \frac{F_0}{K} = \frac{\alpha F_{on}}{K} \tag{6-6}$$

式中 F_g——钢丝绳的允许拉力，kN；

F_0——钢丝绳的破断拉力，kN；

F_{on}——钢丝绳的破断拉力总和，kN；

α——钢丝绳破断拉力折算系数，查表6-5；

K——钢丝绳安全系数，查表6-6。

表6-5 钢丝绳破断拉力换算系数

钢丝绳结构	换算系数 α
6×19+1	0.85
6×37+1	0.82
6×61+1	0.80

表6-6 钢丝绳安全系数

用途	安全系数	用途	安全系数
作缆风绳	3.5	作吊索、无弯曲时	6～7
用于手动起重设备	4.5	作捆绑吊索	8～10
用于机动起重设备	5～6	用于载人的升降机	14

2. 钢丝绳选择计算

起重滑轮组钢丝绳的选择，应根据滑轮组绕出索的跑头拉力，考虑钢丝绳进入卷扬机途中经过导向滑轮的阻力影响来选择。按下式计算

$$F_G = fmF \tag{6-7}$$

式中 F_G——钢丝绳所受拉力，kN；

F——滑轮组跑头拉力，kN；

m——导向滑轮数；

f——导向滑轮阻力系数。

3. 钢丝绳的种类

按钢丝和钢丝股搓捻的方向分为：

(1) 顺捻绳。每股钢丝的搓捻方向与钢丝股的搓捻方向相同。这种钢丝绳柔性好，表面较平整，不易磨损；但容易松散和扭结卷曲，吊重物时，易使重物旋转。一般多用于拖拉或牵引装置。

(2) 反捻绳。每股钢丝的搓捻方向与钢丝股的搓捻方向相反。这种钢丝绳较硬，强度较高，不易松散，吊重物时不会扭结旋转，多用于吊装工作。

4. 钢丝绳使用时注意事项

(1) 使用中不准超载。当在吊重物的过程下，如绳股间有大量油挤出来时，说明荷载过大，必须立即检查。

(2) 钢丝绳穿过滑轮时，滑轮槽的直径应比绳的直径大 1～2.5mm；所需滑轮最小直径符合有关规定。

(3) 为减少钢丝绳的腐蚀和磨损，应定期加润滑油（一般以工作时间四个月左右加一次）。存放时，应保持干燥，并成卷排列、不得堆压。

(4) 使用旧钢丝绳，应事先进行检查。钢丝绳规格检查：测量钢丝绳直径，要用卡尺量出最大直径，量法如图 6-19 (a) 所示；钢丝绳安全检查：经检查有下列情况之一者，应予以报废。

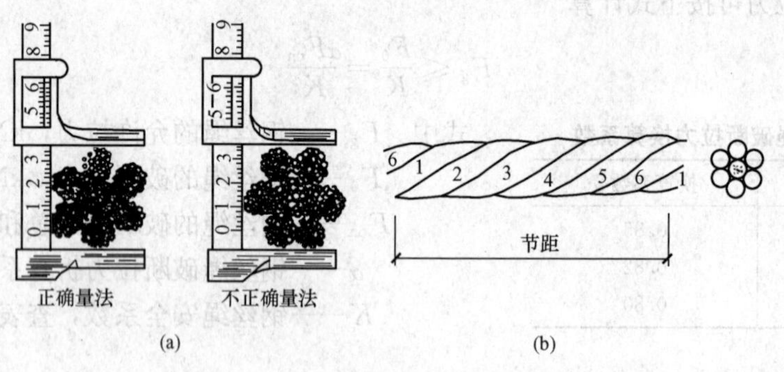

图 6-19 钢丝绳量法与节距

(a) 直径量法；(b) 节距量法

钢丝绳磨损或锈蚀达直径的 40%以上；钢丝绳整股破断；使用时断丝数目增加很快；钢丝绳每一节距长度范围内，断丝根数超过规定数值时。一节距指某一股钢丝搓绕绳一周的长度，约为钢丝直径的 8 倍，如图 6-19 (b) 所示。

(四) 吊装工具

1. 吊钩

吊钩有单钩和双钩两种，外形如图 6-20 (a) 所示。吊装时一般都用单钩。

2. 钢丝绳夹头（卡扣）

用于固定钢丝绳端部，外形如图 6-20（b）所示。选用夹头时，必须使 U 形的内侧净距等于钢丝绳的直径。使用夹头的数量和钢丝绳的粗细有关，粗绳用得较多。

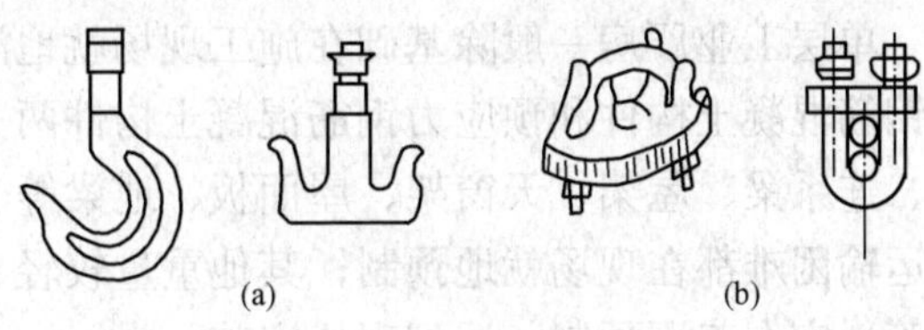

图 6-20　吊钩与钢丝绳夹头
（a）吊钩；（b）钢丝绳夹头

3. 卡环（卸甲）

用于吊索之间或吊索与构件吊环之间的连接。由弯环与销子两部分组成；弯环的形式有直形和马蹄形，销子的连接形式有螺栓式和活络式。活络卡环的销子端头和弯环孔眼无螺纹，可以直接抽出，多用于吊装柱子。当柱子就位并临时固定后，可以在地面上用绳将销子拉出，解除吊索，避免在高空作业。卡环外形及柱子的绑扎法，如图 6-21 所示。

4. 吊索（千斤绳）

作吊索用的钢丝绳要求质地柔软，容易弯曲，直径大于 11mm。根据形式不同，可分为环形吊索（万能吊索）和开口吊索，如图 6-22 所示。

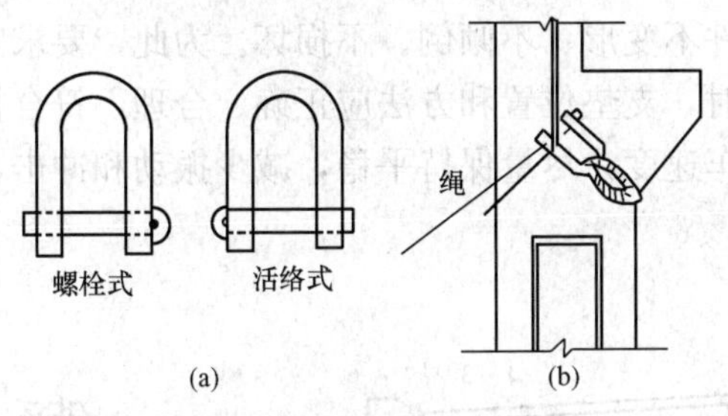

图 6-21　卡环及柱子绑扎
（a）卡环；（b）绑扎柱子（脱销示意）

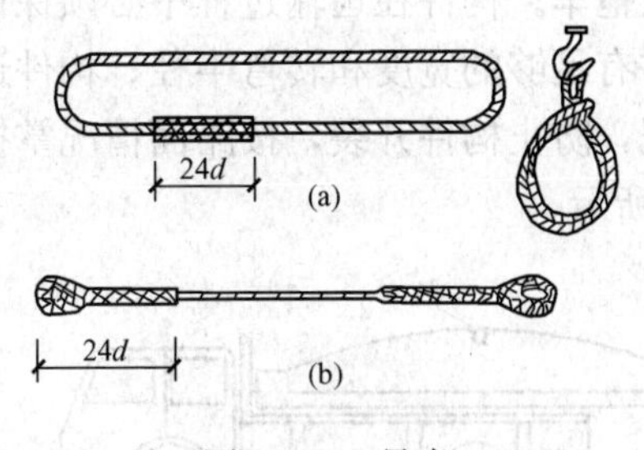

图 6-22　吊索
（a）环状吊索；（b）轻便吊索

5. 横吊梁

横吊梁又称铁扁担，常用于柱和屋架等构件的吊装。柱吊装采用直吊法时，用横吊梁使柱保持垂直；吊屋架时，用横吊梁可减少索具的高度。

横吊梁的型式有钢板横吊梁，如图 6-23 所示，钢管横吊梁，如图 6-24 所示。

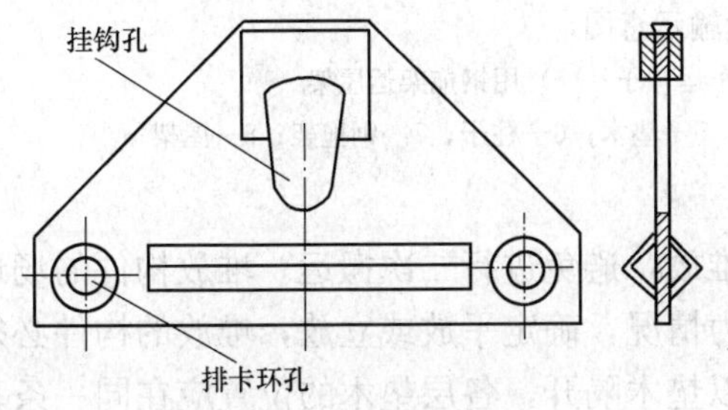

图 6-23　钢板横吊梁

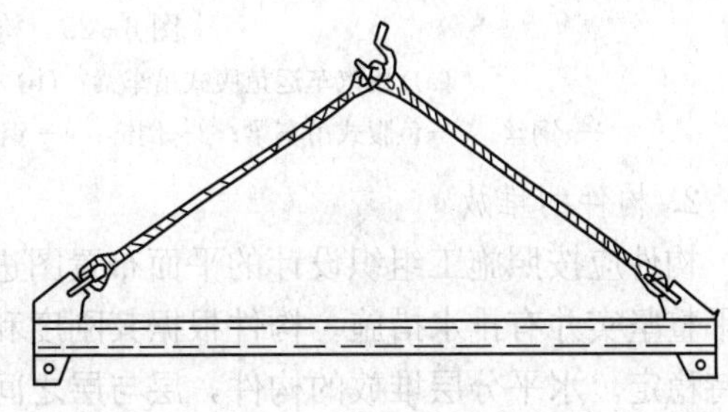
图 6-24　钢管横吊梁

第二节　单层工业厂房结构安装

单层工业厂房一般除基础在施工现场就地灌筑外，其他构件均为预制构件。一般分为普通钢筋混凝土构件和预应力钢筋混凝土构件两大类。单层工业厂房预制构件主要有柱、吊车梁、连系梁、屋架、天窗架、屋面板、地梁等。一般较重、较大的构件（如屋架、柱子）由于运输困难都在现场就地预制；其他重量较轻、数量较多的构件（如屋面板、吊车梁、连系梁等）宜在工厂预制，运到现场安装。

一、构件安装前的准备工作

（一）场地清理与铺设道路

起重机进场之前，按照现场平面布置图，标出起重机的开行路线，清理道路上的杂物，并进行平整压实。在回填土或松软地基上，要用枕木或厚钢板铺垫。雨季施工，要做好施工排水工作。

（二）构件的运输、堆放与临时加固

1. 构件的运输

钢筋混凝土构件的运输多采用汽车运输，选用载重量较大的载重汽车和半拖式或全拖式的平板拖车。构件在运输过程中必须保证构件不变形、不倾倒、不损坏。为此，要求路面平直，并有足够的宽度和转弯半径；构件运输时，支垫位置和方法应正确、合理，符合构件受力情况，防止构件开裂，按路面情况掌握行车速度，尽量保持平稳，减少振动和冲击，如图6-25所示。

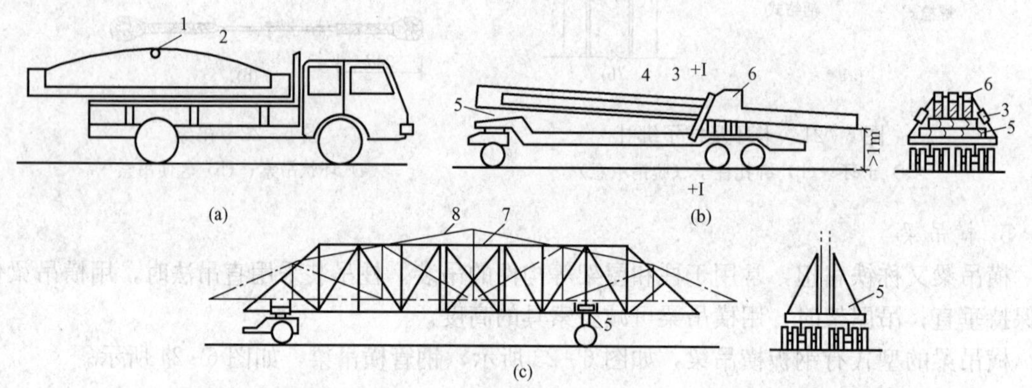

图6-25　构件运输示意图

(a) 用汽车运鱼腹式吊车梁；(b) 用拖车运柱子；(c) 用钢拖架运屋架

1—钢丝；2—鱼腹式吊车梁；3—倒链；4—钢丝绳；5—垫木；6—柱子；7—钢拖架；8—屋架

2. 构件的堆放

构件应按照施工组织设计的平面布置图进行堆放，避免进行二次搬运。堆放构件的场地应平整坚实并有排水措施。构件根据其刚度和受力情况，确定平放或立放，堆放的构件必须保持稳定。水平分层堆放的构件，层与层之间应以垫木隔开，各层垫木的位置应在同一条垂直线上，以免构件折断。构件堆垛的高度应按构件强度、堆场地面的承载力、垫木的强度和堆垛的稳定性而定。

3. 构件的临时加固

在吊装前须进行吊装应力的验算，并采取适当的临时加固措施。

(三) 构件的检查与清理

构件安装前应对所有构件进行全面检查。

(1) 数量。各类构件的数量是否与设计的件数相符。

(2) 强度。安装时混凝土的强度应不低于设计强度等级的 70%。对于一些大跨度或重要构件，如屋架，则应达到 100%的设计强度等级。对于预应力混凝土屋架，孔道灌浆强度应不低于 $15N/mm^2$。

(3) 外形尺寸。构件的外形尺寸，预埋件的位置和尺寸，吊环的位置和规格，接头的钢筋长度等是否符合设计要求，具体检查内容如下：

1) 柱子。检查总长度，柱脚底面平整度，柱脚到牛腿面的长度，截面尺寸，预埋件的位置和尺寸等。

2) 屋架。检查总长度及跨度，是否与轴线尺寸相吻合。屋架侧向弯曲，连接屋面板、天窗架等构件用的预埋件的位置等。

3) 吊车梁。检查总长度、高度、侧向弯曲、预埋件位置等。

4) 外表面。检查构件外表有无损伤、缺陷、变形；预埋件上有无粘砂浆等污物；吊环有无损伤、变形，能否穿卡环或钢丝绳等。预埋件上若粘有砂浆等污物，均应清除，以免影响拼装与焊接。

构件检查应做记录，对不合格的构件，应会同有关单位研究，并采取适当措施，才可进行安装。

(四) 构件的弹线与编号

构件经检查合格后，即可在构件表面上弹出中心线，以作为构件安装、对位、校正的依据。对形状复杂的构件，还要标出它的重心和绑扎点的位置。具体要求是：

(1) 柱子。要在三个面上弹出安装中心线，如图 6-26 所示。矩形截面可按几何中心线弹线；工字形截面柱，除在矩形截面弹出中心线外，为便于观察及避免视差，还应在工字形截面的翼缘部位弹出一条与中心线平行的线。所弹中心线的位置应与柱基杯口面上的安装中心线相吻合。此外，在柱顶与牛腿面上要弹出屋架与吊车梁的安装中心线。

(2) 屋架。屋架上弦顶面应弹出几何中心线，并从跨度中央向两端分别弹出天窗架、屋面板或檩条的安装位置线，在屋架的两个端头，弹出屋架的安装中心线。

(3) 梁。在梁的两端及顶面弹出安装中心线。在弹线的同时，应按图纸对构件进行编号，号码要写在明显部位。不易辨别上下左右的构件，应在构件上标明记号，以免安装时将方向搞错。

(五) 钢筋混凝土杯形基础的准备

基础准备工作主要有以下两项：

(1) 检查杯口尺寸，并根据柱网轴线在基础顶面弹出十字交叉的安装中心线，用于柱子校正，如图 6-27 所示。中心线对定位轴线的允许偏差为±10mm。

(2) 在杯口内壁测设一水平线，如图 6-27 所示。并对杯底标高进行一次抄平与调整，以便柱子安装后其牛腿面标高能符合设计要求。如图 6-28 所示的柱基，调整时先用尺测出杯底实际标高 H_1 (小柱测中间一点，大柱测四个角点)。牛腿面设计标高 H_2 与杯底实际标高的差，就是柱脚底面至牛腿面应有的长度 l_1，再与柱实际长度 l_2 相比（其差值就是制作误差），即可算出杯底标高调整值 ΔH，结合柱脚底面平整程度，用水泥砂浆或细石混凝土将杯底垫至所需高度。标高允许偏差为±5mm。

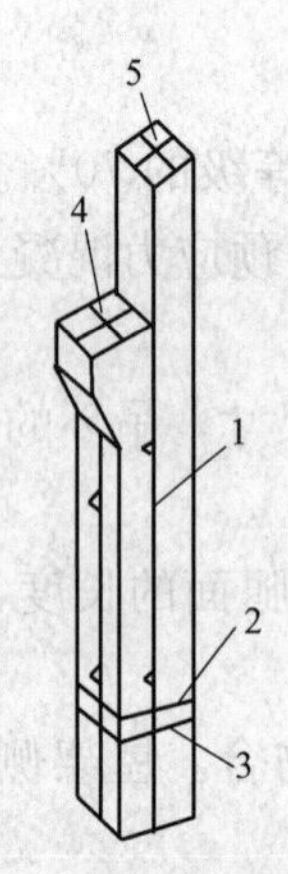

图 6-26 柱子弹线

1—柱子中心线；2—地坪标高线；3—基础顶面线；4—吊车梁对位线；5—柱顶中心线

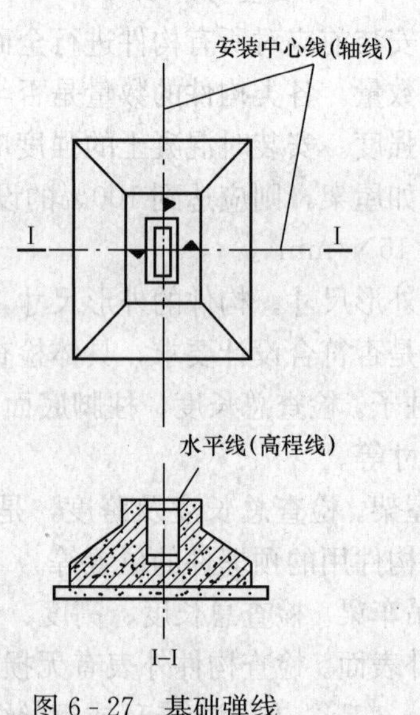

图 6-27 基础弹线

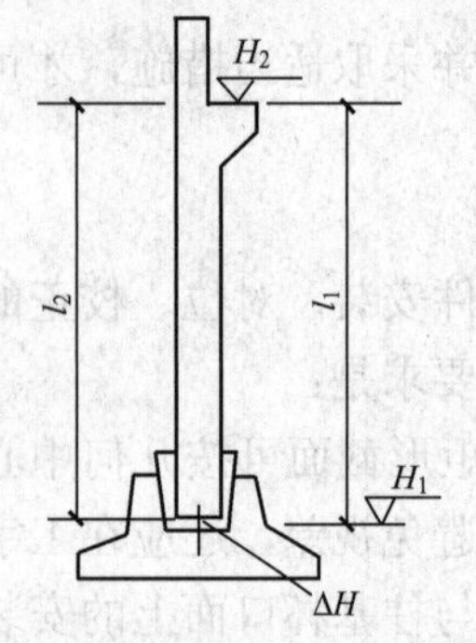

图 6-28 柱基抄平与调整

（六）料具的准备

结构安装之前，要准备好钢丝绳、吊具、吊索、滑车等；还要配备电焊机、电焊条。为配合高空作业，便于人员上下，准备好轻便的竹梯或挂梯。为临进固定柱子和调整构件的标高，准备好各种规格的垫铁、木楔或钢楔。

二、构件的安装工艺

（一）柱子的安装

柱子的安装工艺，包括绑扎、吊升、就位、临时固定、校正、最后固定等工序。

1. 绑扎

绑扎柱子用的吊具有吊索、卡环和铁扁担等。为使在高空中脱钩方便，尽量采用活络式卡环。为避免起吊时吊索磨损构件表面，要在吊索与构件之间垫以麻袋或木板。

柱子的绑扎位置和绑扎点，要根据柱子的形状、断面、长度、配筋和起重机性能等确定。中、小型柱子（重 130kN 以下），可以绑扎一点；重型柱子或配筋少而细长的柱子（如抗风柱），为防止起吊过程中柱身断裂，需绑扎两点。一点绑扎时，绑扎位置常选在牛腿下；工字形截面和双肢柱，绑扎点应选在实心处（工字形柱的矩形截面处和双肢柱的平腹杆处），否则，应在绑扎位置用方木垫平。特殊情况下，绑扎点要计算确定。常用的绑扎方法有：

（1）斜吊绑扎法。当柱平放起吊的抗弯强度满足要求时，可以采用斜吊绑扎法，如图 6-29所示，柱吊起后呈倾斜状态，起重钩可低于柱顶，因此，起重臂可以短些。

（2）直吊绑扎法。当柱平放起吊的抗弯强度不足，需将柱由平放转为侧立然后起吊时，可采用直吊绑扎法，如图 6-30 所示。起吊后，铁扁担高过柱顶，柱身呈直立状态，柱子垂直插入杯口。

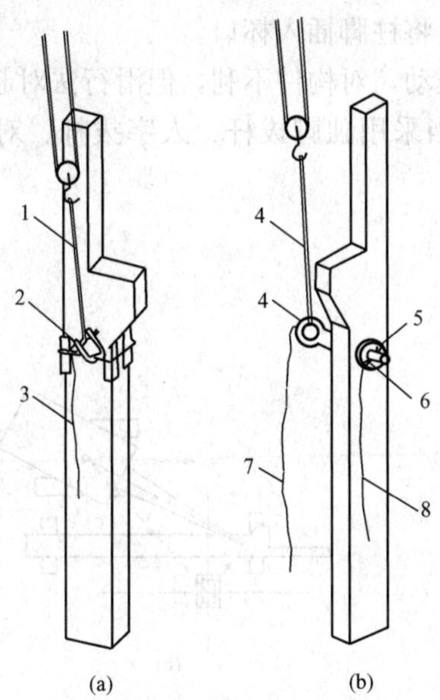

图 6-29　柱的斜吊绑扎法

(a) 采用活络卡环；(b) 采用柱销

1—吊索；2—活络卡环；3—活络卡环插销拉绳；4—柱销；5—垫圈；6—插销；7—柱销拉绳；8—插销拉绳

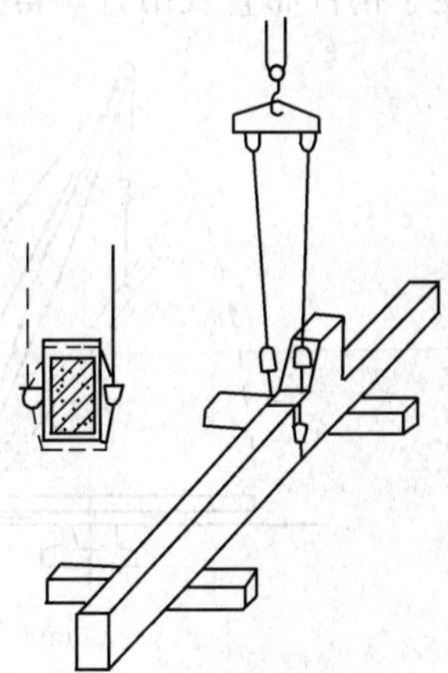

图 6-30　柱的直吊绑扎法

2. 吊升方法

柱子的吊升方法，根据柱子重量、长度、起重机性能和现场施工条件而定。一般可分为旋转法和滑行法两种。

(1) 旋转法。柱子吊升时，起重机边升钩，边回转起重杆，使柱子绕柱脚旋转而吊起之后插入杯口。为了便于操作和起重机吊升时起重臂不变幅，柱子在预制和堆放时，应使柱子的绑扎点，柱脚中心和杯口中心三点均位于起重机的同一起重半径的圆弧上。该圆弧的圆心为起重机的回转中心，半径为圆心到绑扎点的距离。柱子堆放时，应尽量使柱脚靠近杯口，以提高吊装速度。如图 6-31 所示。

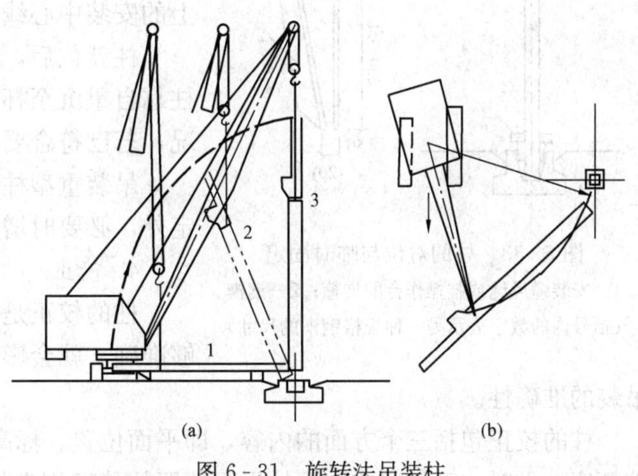

图 6-31　旋转法吊装柱

(a) 旋转过程；(b) 平面布置

用旋转法吊装时，柱在吊装过程中所受振动较小，生产效率较高，但对起重机的要求较高。采用自行式起重机吊装时，宜采用此法。

(2) 滑行法。采用滑行法吊装时，如图 6-32 所示，柱的平面布置应使绑扎点、基础杯口中心两点共弧，并在起重半径 R 为半径的圆弧上，柱的绑扎点宜靠近基础。起吊时，起重臂不动，仅起重钩上升，柱顶也随之上升，而柱脚则沿地面滑向基础，直至柱身转为直立状态，起重钩将柱提离地面，对准基础中心，将柱脚插入杯口。

用滑行法吊装时，柱在滑行过程中受到振动，对构件不利，但滑行法对起重机械的要求较低，只需要起重钩上升一个动作。因此，当采用独脚拔杆、人字拔杆、对一些长而重的柱，为便于构件布置及吊升，常采用此法。

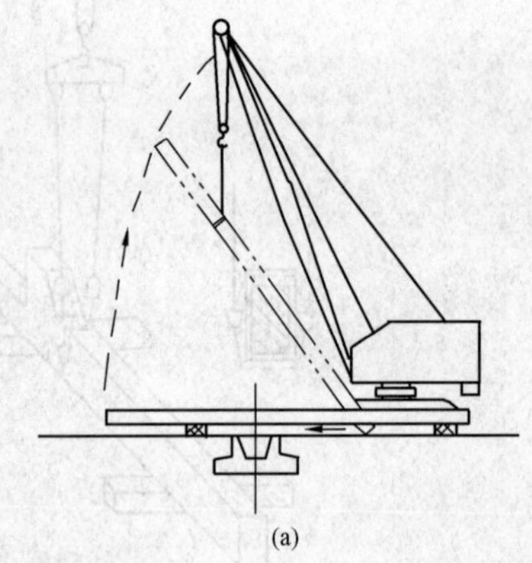

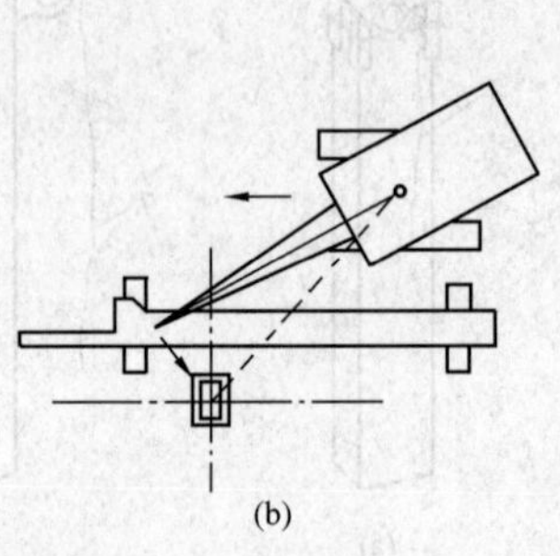

图 6-32　滑行法吊装柱

(a) 滑行过程；(b) 平面布置

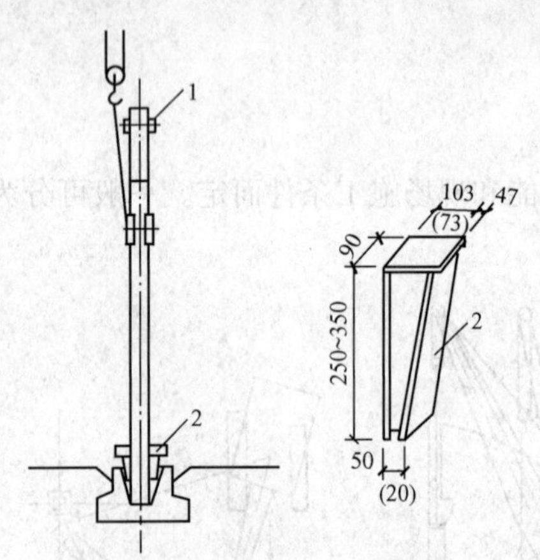

图 6-33　柱的对位与临时固定

1—安装缆风绳或挂操作台的夹箍；2—钢楔

(括号内的数字表示另一种规格钢楔的尺寸)

3. 就位和临时固定

柱脚插入杯口后，并不立即降至杯底，而是在离杯底 30～50mm 处进行悬空对位，如图 6-33 所示。就位的方法，是用八只木楔或钢楔从柱的四边打入杯口，并用撬棍撬动柱脚，使柱的安装中心线对准杯口上的安装中心线，并使柱基本保持垂直。

柱就位后，将八只楔块略加打紧，放松吊钩，让柱靠自重沉至杯底，再检查一下安装中心线对准的情况，若已符合要求，即将楔块打紧，将柱临时固定。

吊装重型柱或细长柱时，除采用八只楔块临时固定外，必要时增设缆风绳拉锚。

4. 校正

柱的校正是一项重要工作，如果柱的吊装对位不够准确，就会影响与柱相连接的吊车梁、屋架等构件吊装的准确性。

柱的校正包括三个方面的内容，即平面位置、标高及垂直度。但柱标高的校正在杯形基础杯底抄平时，已经完成，而柱平面位置的校正则在柱对位时也已完成。在柱临时固定后，则需进行柱垂直度的校正。柱垂直偏差的检查方法，是用两架经纬仪从柱相邻的两边（视线应基本与柱面垂直）去检查柱安装中心线的垂直度。在没有经纬仪的情况上，也可用垂球进行检查。如偏差超过规定值，则应校正柱的垂直度。垂直度校正方法常用楔子配合钢钎校正法，如图 6-34 所示；丝杠千斤顶平顶法，如图 6-35 所示；钢管撑杆校正法，如图 6-36 所示。在实际施工中，无论采用何种方法，均必须注意以下几点：

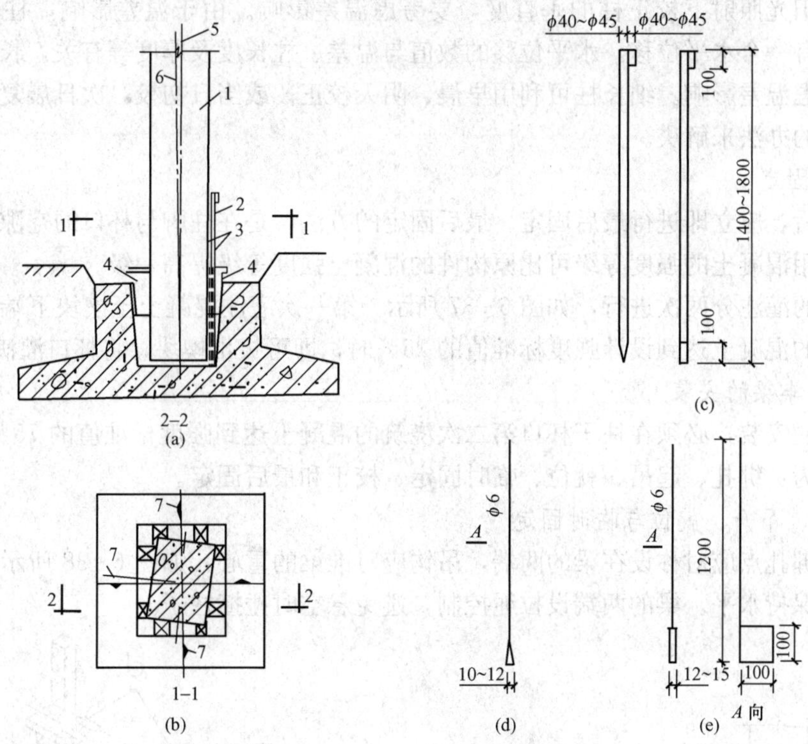

图 6-34　敲打刚钎法

(a) 2—2 剖面；(b) 1—1 剖视；(c) 刚钎详图；(d) 甲型旗型钢板；(e) 乙型旗型钢板

1—柱；2—刚钎；3—旗型钢板；4—钢楔；5—垂直线；6—柱中线；7—直尺

(1) 应先校正偏差大的，后校正偏差小的，如两个方向偏差数相近，则先校正小面，后校正大面。校正好一个方向后，稍打紧两面相对的四个楔子，再校正另一个方向。

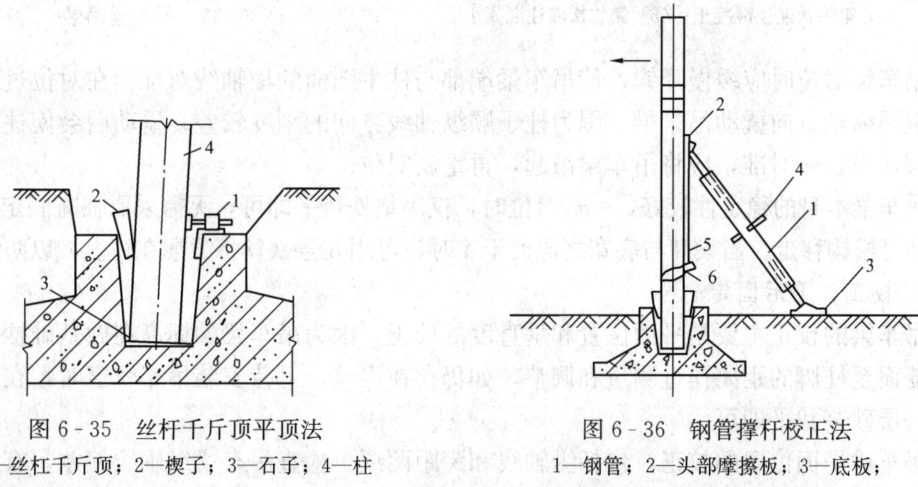

图 6-35　丝杆千斤顶平顶法

1—丝杠千斤顶；2—楔子；3—石子；4—柱

图 6-36　钢管撑杆校正法

1—钢管；2—头部摩擦板；3—底板；4—转动手柄；5—钢丝绳；6—卡环

(2) 柱在两个方向的垂直度都校正好后，应再复查平面位置，如偏差在 5mm 以内，则打紧八个楔子，并使其松紧基本一致。80kN 以上的柱校正后，如用木楔固定，最好在杯口另用大石块或混凝土块塞紧，柱底脚与杯底四周空隙较大者，宜用坚硬石块将柱脚卡死。

(3) 在阳光照射下校正柱的垂直度，要考虑温差影响。由于温差影响，柱将向阴面弯曲，使柱顶有一个水平位移。水平位移的数值与温差、柱长度及厚度等有关。长度小于10m的柱可不考虑温差影响。细长柱可利用早晨、阴天校正；或当日初校，次日晨复校；也可采取预留偏差的办法来解决。

5. 最后固定

柱校正后，应立即进行最后固定。最后固定的方法，是在柱脚与杯口的空隙中灌注细石混凝土。所用混凝土的强度等级可比原构件的混凝土强度等级提高一级。

混凝土的灌注分两次进行，如图6-37所示。第一次灌注混凝土至楔块下端，第二次当第一次灌注的混凝土达到设计强度标准值的25%时，即可拔出楔块，将杯口灌满混凝土。

(二) 吊车梁的安装

吊车梁的安装，必须在柱子杯口第二次浇筑的混凝土达到强度标准值的75%以后进行。其安装程序为：绑扎、起吊、就位、临时固定、校正和最后固定。

1. 绑扎、吊升、就位与临时固定

吊车梁绑扎点应对称设在梁的两端，吊钩应对准梁的重心，如图6-38所示。以便起吊后梁身基本保持水平。梁的两端设拉绳控制，避免悬空时碰撞柱子。

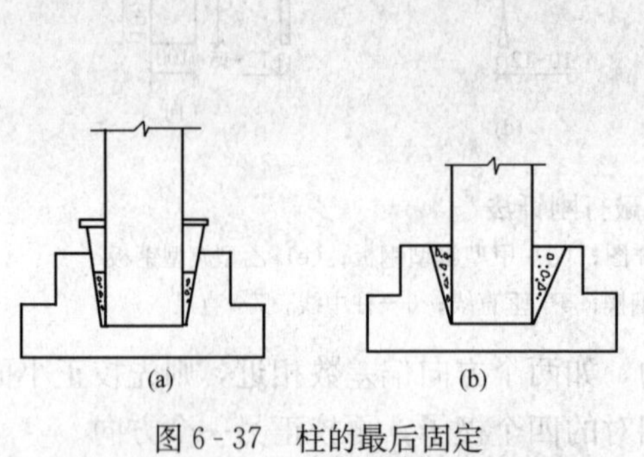

图6-37 柱的最后固定

(a) 第一次灌注混凝土；(b) 第二次灌注混凝土

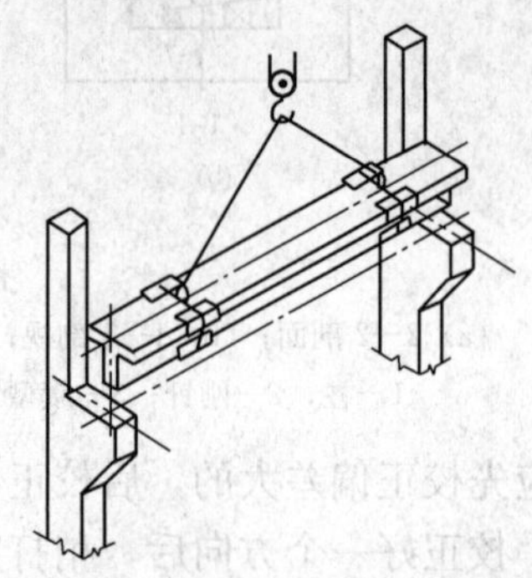

图6-38 吊车梁吊装

吊车梁对位时应缓慢降钩，使吊车梁端部与柱牛腿面的横轴线对准。在对位过程中不宜用撬棍顺纵轴方向撬动吊车梁。因为柱子顺纵轴线方向的刚度较差，撬动后会使柱顶产生偏移。假如横线未对准，应将吊车梁吊起，再重新对位。

吊车梁本身的稳定性较好，一般对位时，仅用垫铁垫平即可，无需采取临时固定措施，起重机即可松钩移走。当梁高与底宽之比大于4时，可用8号铁丝将梁捆在柱上，以防倾倒。

2. 校正、最后固定

吊车梁的校正主要是平面位置和垂直度的校正。因为吊车梁的标高在做基础抄平时，已对牛腿面至柱脚的距离作过测量和调整，如仍存在误差，可待安装吊车轨道时，在吊车梁面上抹一层砂浆找平即可。

吊车梁平面位置的校正，包括纵轴线和跨距两项。检查吊车梁纵轴线偏差，有以下几种方法。

(1) 通线法。根据柱的定位轴线，在车间两端地面定出吊车梁定位轴线的位置，打下木桩，并设置经纬仪。用经纬仪先将车间两端的四根吊车梁位置校正准确，并用钢尺检查两列吊车梁之间的跨距 L_K 是否符合要求。然后在四根已校正的吊车梁端设置支架（或垫块），约高 200mm，并根据吊车梁的定位轴线拉钢丝通线。如发现吊车梁的吊装纵轴线与通线不一致，则根据通线来逐根拨正吊车梁的安装中心线。拨动吊车梁可用撬棍或其他工具，如图 6-39 所示。

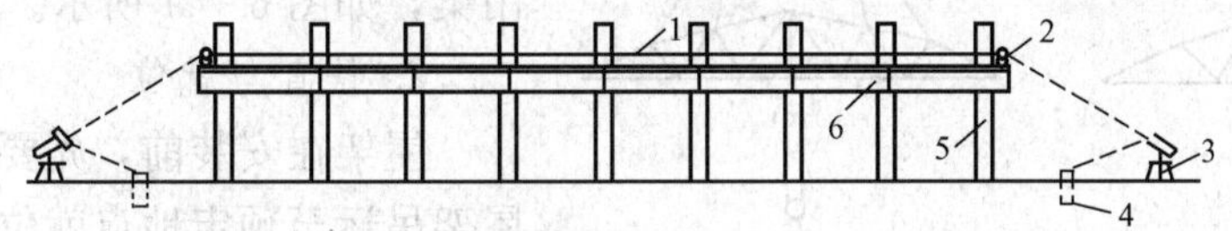

图 6-39 通线法校正吊车梁示意图

1—通线；2—支架；3—经纬仪；4—木桩；5—柱；6—吊车梁

(2) 平移轴线法。在柱列边设置经纬仪，如图 6-40 所示，逐根将杯口上柱的吊装准线投影到吊车梁顶面处的柱身上，并作出标志。若柱安装准线到柱定位轴线的距离为 a，则标志距吊车梁定位轴线应为 $\lambda-a$，(λ 为柱定位轴线到吊车梁定位轴线之间的距离，一般 $\lambda=$ 750mm)。可据此来逐根拨正吊车梁的安装纵轴线，并检查两列吊车梁之间的跨距 L_K 是否符合要求。

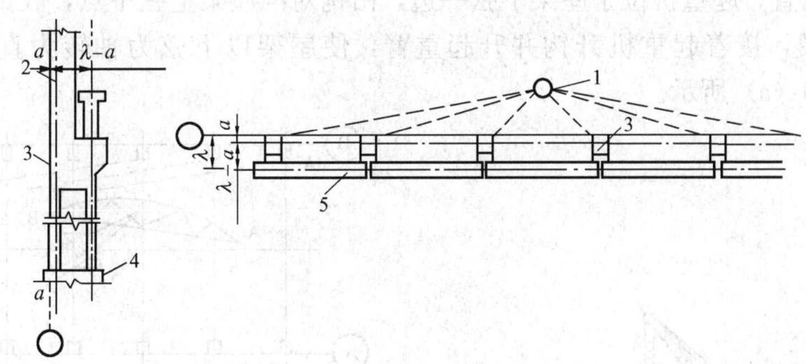

图 6-40 平移轴线法校正吊车梁

1—经纬仪；2—标志；3—柱；4—柱基础；5—吊车梁

在检查及拨正吊车梁纵轴线的同时，可用垂球检查吊车梁的垂直度。若发现有偏差，在吊车梁两端的支座面上加斜垫铁纠正。每迭垫铁不得超过三块。

(3) 边吊边校法。重型吊车梁，由于校正时撬动困难，也可在吊装时，借助于起重机，采取边吊装边校正的方法。

吊车梁的最后固定，是在吊车梁校正完毕后，用连接钢板与柱侧面、吊车梁顶端的预埋铁件相焊接，并在接头处支模，浇筑细石混凝土。

(三) 屋架的安装

工业厂房的钢筋混凝土屋架，一般在施工现场平卧预制。安装的施工顺序是绑扎、扶直与就位、吊升、对位、临时固定、校正和最后固定。

1. 绑扎

屋架的绑扎点应选在上弦节点处，左右对称，并高于屋架重心，在屋架两端应加拉绳，以控制屋架转动。绑扎时吊索与水平线的夹角不宜小于 45°，以免屋架承受过大的横向压力。必要时，为了减少屋架的起吊高度及所受横向压力，可采用横吊梁。

屋架跨度小于或等于 18m 时绑扎两点；当跨度大于 18m 时绑扎四点；当跨度大于 30m

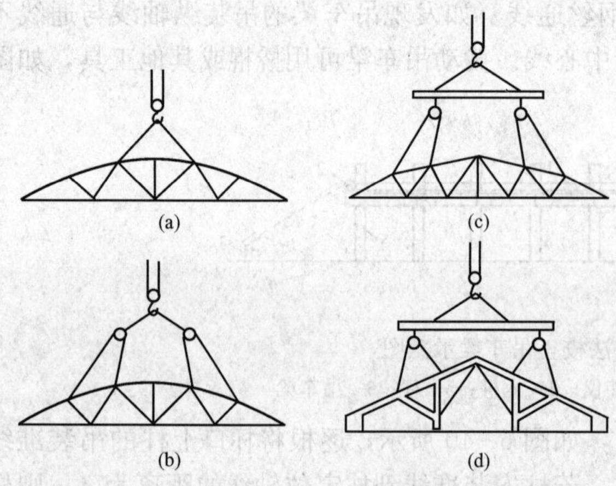

图 6-41 屋架的绑扎
(a) 屋架跨度小于或等于 18m 时；(b) 屋架跨度大于 18m 时；
(c) 屋架跨度大于 30m 时；(d) 三角形组合屋架

时，应考虑采有横吊梁，以减少绑扎高度，对三角组合屋架等刚度较差的屋架，下弦不能承受压力，故绑扎时也应采用横吊梁，如图 6-41 所示。

2. 扶直与就位

屋架在安装前，先要翻身扶直，并将屋架吊运至预定地点就位。

钢筋混凝土屋架的侧向刚度较差，扶直时由于自重影响，改变了杆件的受力性质，特别是上弦杆极易扭曲造成屋架损伤。因此在屋架扶直时必须采取技术措施，严格遵守操作要求，才能保证安全施工。

扶直屋架时，由于起重机与屋架相对位置不同，可分为正向扶直与反向扶直。

(1) 正向扶直。起重机位于屋架下弦一边，吊钩对准屋架上弦中点，收紧吊钩，然后略起臂使屋架脱模，接着起重机升钩并升起重臂，使屋架以下弦为轴转为直立状态，如图 6-42、图 6-43 (a) 所示。

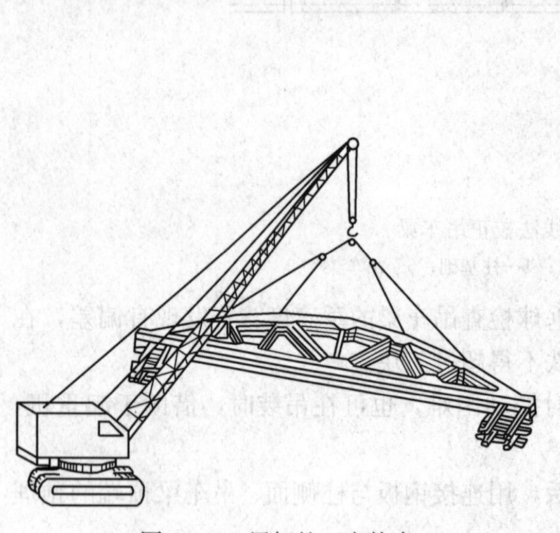
图 6-42 屋架的正向扶直

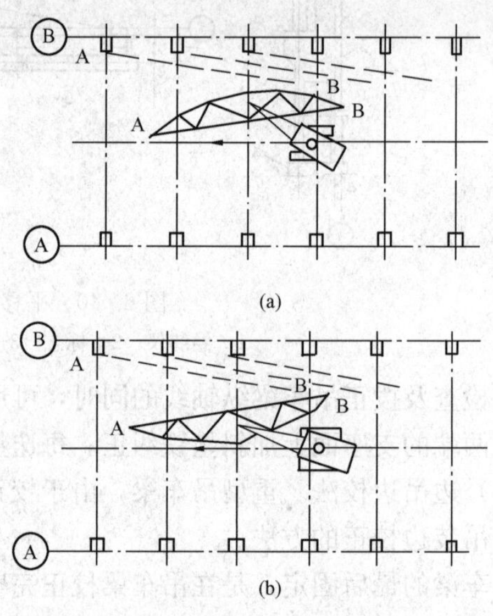

图 6-43 屋架的扶直
(a) 正向扶直；(b) 反向扶直（虚线表示屋架就位的位置）

(2) 反向扶直。起重机立于屋架上弦一边，吊钩对准屋架上弦中点，收紧吊钩，接着升钩并降低起重臂，使屋架以下弦为轴缓缓转为直立状态，如图 6-43 (b) 所示。

正向扶直与反向扶直的最大不同点，就是在扶直过程中，前者升高起重臂，后者降低起重臂。而升臂比降臂更易于操作，且较安全，故应尽可能采用正向扶直。

屋架扶直后，立即进行就位。屋架就位的位置与屋架的安装方法、起重机械性能有关，应少占场地、便于吊装。且应考虑到屋架的安装顺序、两端朝向等问题。一般靠柱边斜放或以 3～5 榀为一组平行柱边就位。

3. 吊升、对位与临时固定

屋架吊升是先将屋架吊离地面约 300mm，然后将屋架转至吊装位置下方，再将屋架提升超过柱顶约 300mm，然后将屋架缓缓降至柱顶，进行对位。

屋架对位应以建筑物的定位轴线为准。因此在屋架吊装前，应用经纬仪或其他工具在柱顶放出建筑物的定位轴线。如柱顶截面中线与定位轴线偏差过大时，可逐渐调整纠正。

屋架对位后，立即进行临时固定。临时固定稳妥后，起重机方可摘钩离去。

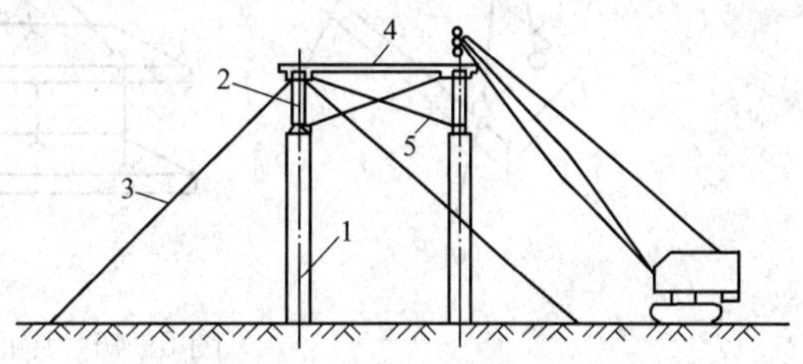

图 6-44 屋架的临时固定

1—柱子；2—屋架；3—缆风绳；4—工具式支撑；5—屋架垂直支撑

第一榀屋架的临时固定必须高度重视。因为它是单片结构，侧向稳定较差，而且还是第二榀屋架的临时固定的支撑。第一榀屋架的临时固定方法，通常是用四根缆风绳从两边将屋架拉牢，也可将屋架与抗风柱连接作临时固定。

第二榀屋架的临时固定，是用工具式支撑撑牢在第一榀屋架上，如图 6-44 所示。以后各榀屋架的临时固定也都是用工具式支撑撑牢在前一榀屋架上，如图 6-45 所示。

4. 校正、最后固定

屋架经对位、临时固定后，主要校正垂直度偏差。规范规定屋架上弦（在跨中）对通过两支座中心垂直面的偏差不得大于 $h/250$（h 为屋架高度）。检查时可用垂球或经纬仪。用经纬仪检查是将仪器安置在被检查屋架的跨外，距柱的横轴线约 1m 左右，然后观测屋架中间腹杆上的中心线（安装前已弹好），如偏差超出规定数值，可转动工具式支撑上的螺栓加以纠正，并在屋架端部支承面垫入薄钢片。校正无误后，立即用电焊焊牢作为最后固定，应对角施焊，以防焊缝收缩导致屋架倾斜。

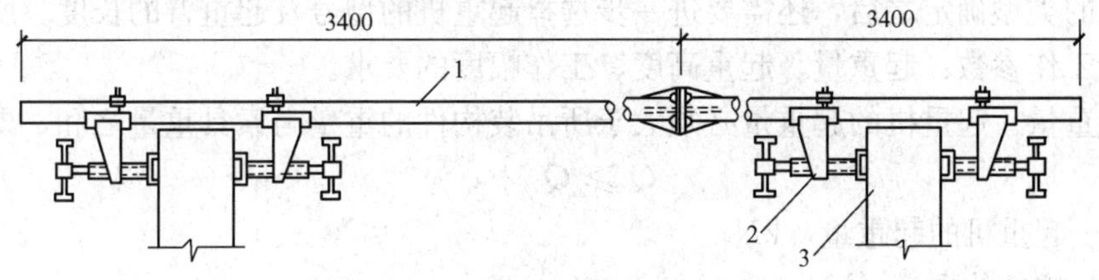

图 6-45 工具式支撑的构造

1—钢管；2—撑脚；3—屋架上弦

（四）屋面板的安装

屋面板四角一般预埋有吊环，如图 6-46 所示，用带钩的吊索钩住吊环即可安装。1.5m×6m 的屋面板有四个吊环，起吊时，应使四根吊索长度相等，屋面板保持水平。

屋面板的安装次序，应自两边檐口左右对称地逐块铺向屋脊，避免屋架承受半边荷载。屋面板对位后，立即进行电焊固定，每块屋面板可焊三点，最后一块只能焊两点。

三、结构安装方案

单层工业厂房结构的特点是平面尺寸大、承重结构的跨度与柱距大、构件类型少、重量大，厂房内还有各种设备基础（特别是重型厂房）等。因此，在拟定结构安装方案时，应着

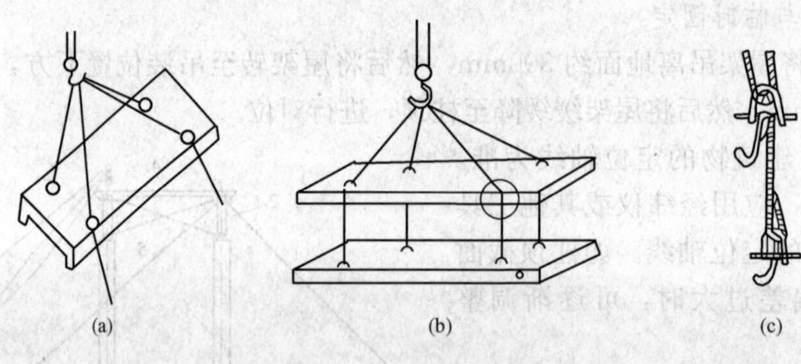

图 6-46 屋面板钩挂示意图

(a) 单块吊；(b) 多块吊；(c) 节点示意

重解决起重机选择、结构安装方法、起重机械开行路线与构件的平面布置等问题。

(一) 起重机的选择

起重机的选择是吊装工程的重要问题，因为它关系到构件安装方法、起重机开行路线与停机位置、构件平面布置等许多问题。

1. 起重机类型的选择

结构安装用的起重机类型，主要根据厂房的跨度、构件重量、安装高度以及施工现场条件和当地现有起重设备等确定。

中小型厂房结构采用自行式起重机安装是比较合理的。当厂房结构的高度和长度较大时，可选用塔式起重机安装屋盖结构。在缺乏自行式起重机的地方，可采用独脚拔杆、人字拔杆、悬臂拔杆等安装。大跨度的重型工业厂房，选用的起重机既要能安装厂房的承重结构，又要能完成设备的安装。所以多选用大型自行式起重机、重型塔式起重机、大型牵缆式桅杆起重机等。对于重型构件，当一台起重机无法吊装时，也可用两台起重机抬吊。

2. 起重机型号及起重臂长度的选择

起重机的类型确定之后，还需要进一步选择起重机的型号及起重臂的长度。所选起重机应满足三个工作参数：起重量、起重高度、工作幅度的要求。

(1) 起重量。起重机的起重量必须大于所吊装构件的重量与索具重量之和，即

$$Q \geqslant Q_1 + q \tag{6-8}$$

式中 Q——起重机的起重量，kN；

Q_1——构件的重量，kN；

q——索具的重量，kN。

(2) 起重高度。起重机的起重高度必须满足所吊装构件的安装高度要求，如图 6-47 所示，即

$$H \geqslant h_1 + h_2 + h_3 + h_4 \tag{6-9}$$

式中 H——起重机的起重高度，从停机面算起至吊钩钩口，m；

h_1——吊装支座表面高度，从停机面算起，m；

h_2——吊装间隙，视具体情况而定，但不小于 0.3，m；

h_3——绑扎点至构件吊起后底面的距离，m；

h_4——索具高度，自绑扎点至吊钩钩口，视具体情况而定，m。

(3) 工作幅度。当起重机可以不受限制地开到所安装构件附近去吊装构件时，可不验算

工作幅度。但当起重机受限制不能靠近安装位置去吊装构件时，则应验算当起重机的工作幅度为一定值时的起重量与起重高度能否满足吊装构件的要求。一般根据所需的 Q_{min}、H_{min} 值，初步选定起重机型号，再按下式进行计算

$$R_{min}=F+D+0.5b \tag{6-10a}$$

$$D=g+(h_1+h_2+h'_3-E)\cot\alpha \tag{6-10b}$$

式中　F——起重臂枢轴中心距回转中心距离，m；

D——起重臂枢轴中心距所吊构件边缘距离，可用式（6-10a）计算，m；

g——构件上口边缘与起重臂之间的水平空隙，不小于 0.5m，m；

E——吊杆枢轴心距地面高度，m；

α——起重臂的倾角；

h_1、h_2——含义同前；

h'_3——所吊构件的高度，m；

b——构件的宽度，m。

工作幅度的计算简图，如图 6-48 所示。

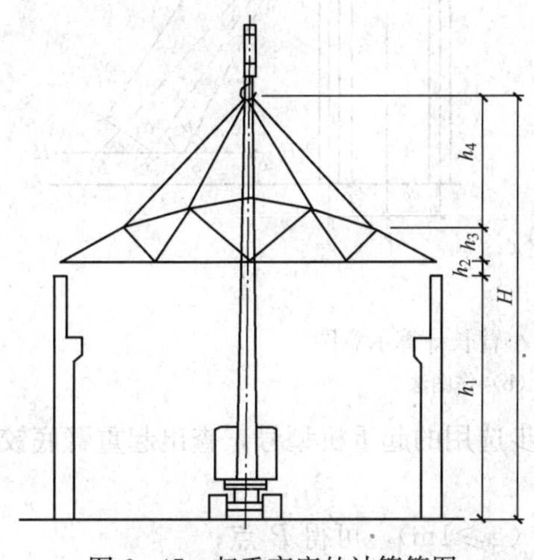

图 6-47　起重高度的计算简图

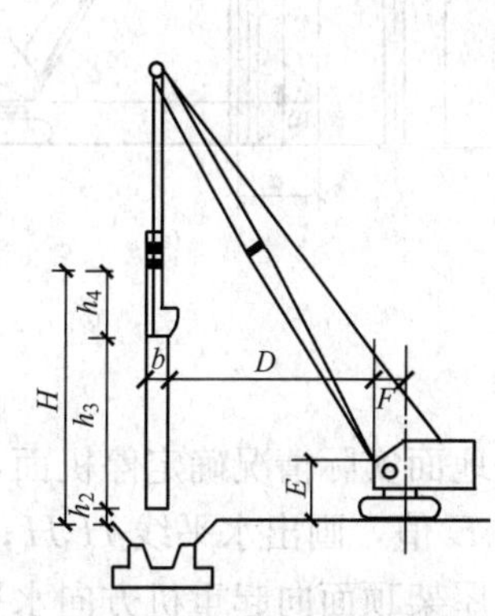

图 6-48　工作幅度计算简图

同一种型号的起重机可能具有几种不同长度的起重臂，应选择一种既能满足三个吊装工作参数的要求而又最短的起重臂。但有时由于各种构件吊装工作参数相差大，也可选择几种不同长度的起重臂。例如，吊装柱子可选用较短的起重臂，吊装屋面结构则选用较长的起重臂。

（4）最小起重臂长度的确定。当起重机的起重臂需跨过屋架去安装屋面板时，为了不碰动屋架，需求出起重臂的最小长度。求最小臂长可用数解法或图解法。

1）数解法。如图 6-49（a）所示为数解法求起重机最小臂长计算方法示意图。最小臂长 L_{min} 可按下式计算

$$L_{min}=l_1+l_2=\frac{h}{\sin\alpha}+\frac{a+g}{\cos\alpha} \tag{6-11a}$$

$$\alpha=\tan^{-1}\sqrt[3]{\frac{h}{a+g}} \tag{6-11b}$$

式中 L_{min}——起重臂最小臂长，m；

h——起重臂底铰至构件吊装支座（屋架上弦顶面）的高度，m；

a——起重钩需跨过已吊装结构的距离，m；

g——起重臂轴线与已吊装屋架轴线间的水平距离（至少取 1m）；

α——起重臂仰角，可按式（6-11a）计算。

2）作图法。如图 6-49（b）所示，可按以下作图步骤求起重机最小臂长：

①按一定比例绘出欲吊装厂房一个节间的纵剖面图，并画出起重机吊装屋面板时，起重钩需伸到处的垂线 V-V；

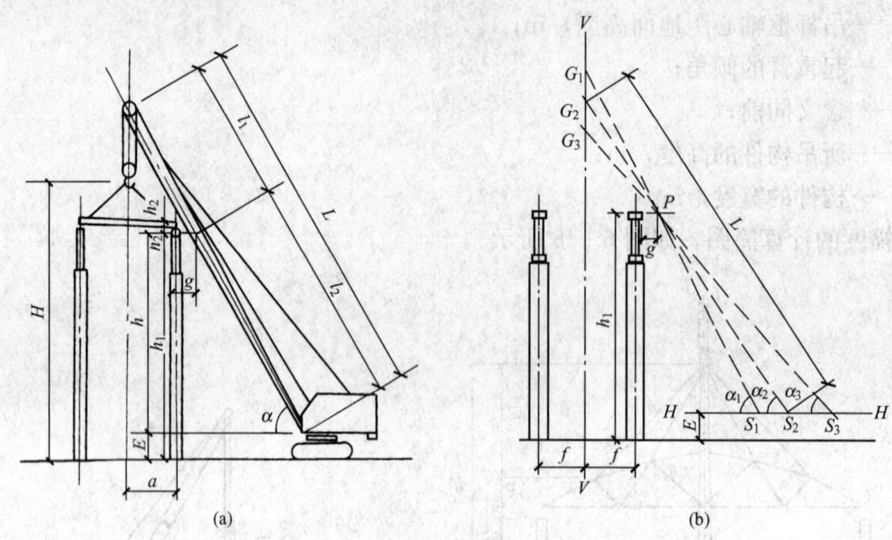

图 6-49 起重机最小臂长计算示意图

（a）数解法；（b）作图法

②按地面实际情况确定停机面，并根据初步选用的起重机型号，查出起重臂底铰至停机面的距离 E 值，画出水平线 H-H；

③自屋架顶面向起重机方向水平量出距离（$g \geqslant 1$m），可得 P 点；

④过 P 点画若干条直线，被 V-V 及 H-H 两线所截，得线段 S_1G_1、S_2G_2、S_3G_3……这些线段即起重机吊装屋面板时起重臂的轴线长度。取其中最短的一根即所求的最小臂长。量出 α 角，即所求的起重臂倾角。

按上述方法先确定起重机跨中，吊装跨中屋面板所需臂长及起重倾角。然后再复核一下能否满足吊装最边缘一块屋面板的要求。若不能满足吊装要求，则需改选较长的起重臂及改变起重倾角，或将起重机开到跨边去吊装跨边的屋面板。

（二）结构安装方法及起重机开行路线

1. 结构安装方法

单层工业厂房的结构安装方法，有分件安装法和综合安装法两种：

（1）分件安装法。是指起重机在车间内每开行一次仅安装一种或两种构件。通常分三次开行安装完全部构件。

第一次开行——安装全部柱子，并对柱子进行校正和最后固定；

第二次开行——安装吊车梁和连系梁以及柱间支撑等；

第三次开行——分节间安装屋架、天窗架、屋面板及屋面支撑等，如图6-50所示，表示分件安装时的构件安装顺序。

此外，在屋架安装之前还要进行屋架的扶直就位、屋面板的运输堆放，以及起重臂接长等工作。

分件安装法由于起重机每次开行是安装同类型构件，索具不需经常更换，操作程序基本相同，所以安装速度快；能充分发挥起重机的工作能力；构件的供应、现场的平面布置以及构件的校正也比较容易。因此，目前装配式钢筋混凝土单层工业厂房多采有分件安装法。

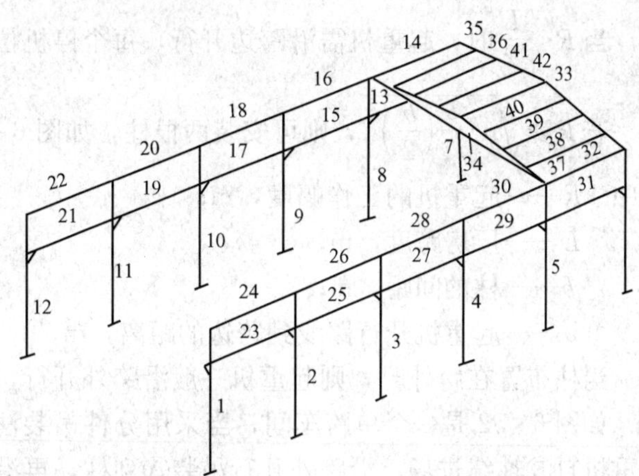

图6-50 分件安装时的构件吊装顺序

图中数字表示构件吊装顺序，其中：

1～12—柱；13～32—单数是吊车梁，双数是连系梁；

33、34—屋架；35～42—屋面板

(2) 综合安装法。是指起重机在车间内的一次开行中，分节间安装完所有各种类型的构件。开始安装4～6根柱子，立即加以校正和浇筑混凝土固定，接着安装吊车梁、连系梁、屋架、屋面板等构件。总之，起重机在每一停机位置，安装尽可能多的构件。因此，综合安装法起重机的开行路线较短，停机位置较少。但综合安装法要同时安装各种类型的构件，影响起重机生产效率的提高，使构件的供应、平面布置复杂，构件的校正也较困难。因此，目前较少采用。

由于分件安装法与综合安装法各有优缺点，目前有不少工地采用分件安装法吊装柱，而用综合安装法来吊装吊车梁、连系梁、屋架、屋面板等各种构件，起重机分两次开行安装完各种类型的构件。

2. 起重机的开行路线及停机位置

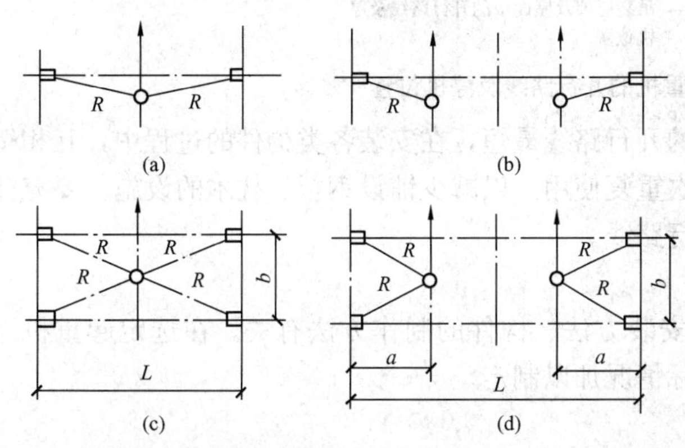

图6-51 起重机吊装柱时的开行路线及停机位置

起重机的开行路线和起重机的停机位置与起重机的性能、构件的尺寸及重量、构件的平面布置、构件的供应方式、安装方法等许多因素有关。

当安装屋架、屋面板等屋面构件时，起重机大多沿跨中开行；当吊装柱时，则视跨度大小、柱的尺寸、重量及起重机性能，可沿跨中开行或跨边开行，如图6-51所示；

当$R \geqslant L/2$时，起重机可沿跨中开行，每个停机位置可吊装两根柱，如图6-51(a)所示；

当$R \geqslant \sqrt{\left(\frac{L}{2}\right)^2 + \left(\frac{b}{2}\right)^2}$，则可安装四根柱，如图6-51(b)所示；

当$R<\frac{L}{2}$时，起重机需沿跨边开行，每个停机位置安装一根柱，如图6-51（c）所示；

若$R\geqslant\sqrt{a^2+\left(\frac{b}{2}\right)^2}$，则可安装两根柱，如图6-51（d）所示。

式中 R——起重机的工作幅度，m；

L——厂房跨度，m；

b——柱的间距，m；

a——起重机开行路线到跨边的距离，m。

当柱布置在跨外时，则起重机一般沿跨外开行，停机位置与跨边开行相似。

如图6-52是一个单跨车间，当采用分件吊装法时，起重机的开行路线及停机位置图。起重机自Ⓑ轴线进场，沿跨外开行吊装Ⓐ列柱，再沿Ⓑ轴线跨内开行吊装Ⓐ列柱，再转到Ⓑ轴扶直及排放屋架，再转到Ⓑ轴吊装Ⓑ列吊车梁、连系梁等，再转到Ⓐ轴吊装Ⓑ列吊车梁，再转到跨中吊装屋盖系统。

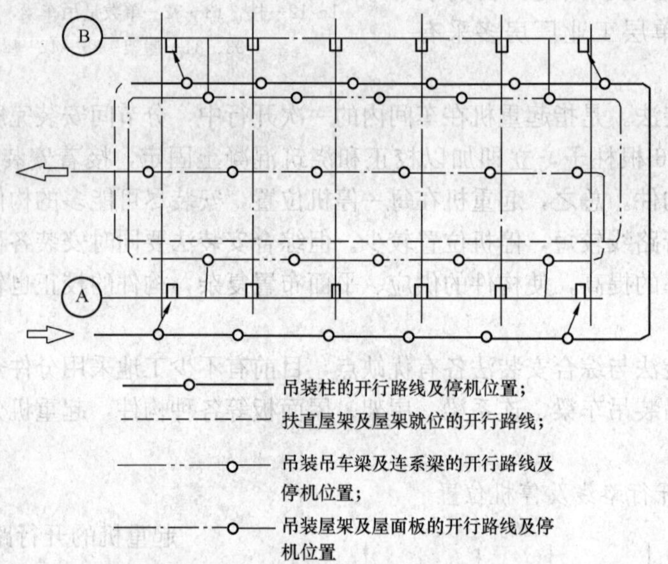

图6-52 起重机的开行路线及停机位置

制定安装方案是，尽可能使起重机的开行路线最短，在安装各类构件的过程中，互相衔接，不跑空车。同时，开行路线要能多次重复使用，以减少铺设钢板、枕木的设施。要充分利用附近的永久性道路作为起重机的开行路线。

（三）构件的平面布置与运输堆放

构件的平面布置与起重机的性能、安装方法、构件的制作方法有关。在选定起重机型号、确定施工方案后，根据施工现场实际情况加以制定。

1. 构件的平面布置原则

（1）每跨的构件宜布置在本跨内，如有困难时，也可布置在跨外便于安装的地方。

（2）构件的布置，应便于支模及浇筑混凝土；若为预应力混凝土构件，要留出抽管，穿筋的操作场地。

（3）构件的布置，要满足安装工艺的要求，尽可能布置在起重机的工作幅度内，尽量减少起重机负荷行驶的距离及起伏起重臂的次数。

（4）构件的布置，力求占地最少，保证起重机械、运输车辆的道路畅通。起重机回转时，机身不得与构件相碰。

（5）构件布置时，要注意安装朝向，避免在安装时空中调头，影响安装进度和安全。

（6）构件均应在坚实的地基上浇筑，新填土要加以夯实，以防下沉。

2. 预制阶段的构件平面布置

（1）柱的布置。柱的布置方式与场地大小、安装方法有关，一般有三种，即斜向布置、纵向布置及横向布置。

1）柱的斜向布置：柱子如用旋转法起吊，可按三点共弧斜向布置。确定预制位置，可采用作图法，其作图的步骤，如图 6-53 所示。

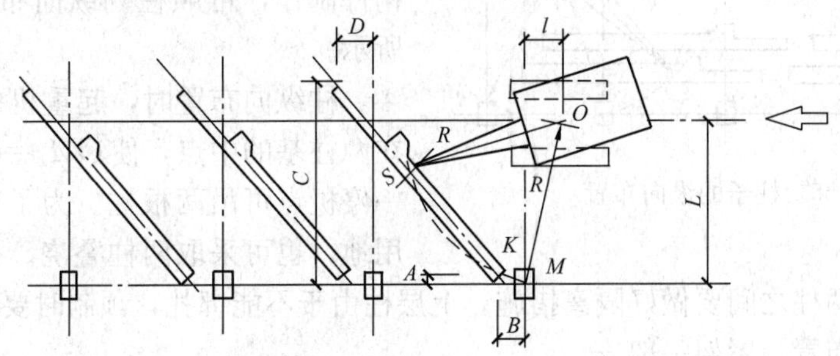

图 6-53　柱的斜向布置

① 确定起重机开行路线到柱基中线的距离 L 和起重机吊装柱子时与起重机相应的工作幅度 R，起重机的最小工作幅度 $R_{\min}$有关，要求

$$R_{\min} < L \leqslant R$$

同时，开行路线不要通过回填土地段，不要靠近构件，防止起重机回转时碰撞构件。

②确定起重机的停机点。安装柱子时，起重机位于所吊柱子的横轴线稍后的范围内比较合适；这样，司机可看到柱子的吊装情况便于安装对位。停机点确定的方法是，以要安装的基础杯口中心 M 为圆心，所选的工作幅度 R 为半径，画弧相交开行路线于 O 点，O 点即为安装那根柱子的停机点。

③ 确定柱的预制位置。以停机点 O 为圆心，OM 为半径画弧，在靠近柱基的弧上任选一点 K 作为预制时柱脚中心。K 点选定后，以 K 为圆心，柱脚到吊点的长度为半径画弧，与 OM 半径所画的弧相交于 S，连 KS 线，得出柱中心线，即可画出柱子的模板位置图。量出柱顶、柱脚中心点到柱列纵横轴线的距离 A、B、C、D，作为支模时的参考。

布置柱时，要注意柱牛腿的朝向，避免安装时在空中调头。当柱布置在跨内时，牛腿应面向起重机；布置在跨外时，牛腿应背向起重机。

布置柱时，有时由于场地限制或柱身过长，无法做到三点（杯口、柱脚、吊点）共弧，可根据不同情况，布置成两点共弧。两点共弧的布置方法有两种：一是将杯口、柱脚共弧，吊点放在工作幅度 R 之外，如图 6-54（a）所示。安装时，先用较大的工作幅度 R'吊起柱子，并升起重臂，当工作幅度变为 R 后，停止升臂，随之用旋转法安装柱子。另一种方法是：将吊点、杯口共弧，安装时采用滑行法，即起重机在吊点上空升钩，柱脚向前滑行，直到柱子成直立状态，起重臂稍加回转，即可将柱子插入杯口，如图 6-54（b）所示。

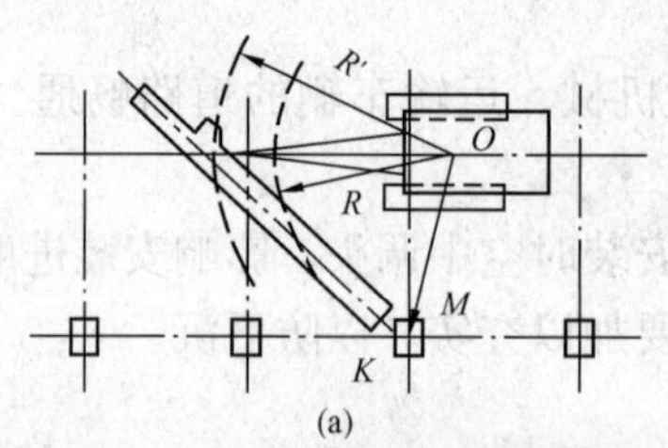

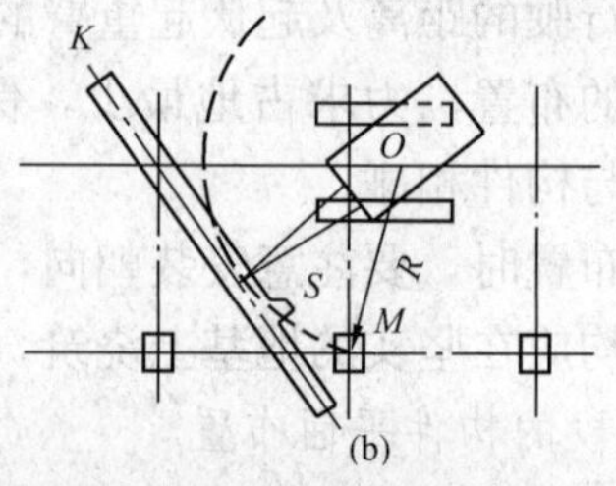

图 6-54 两点共弧布置法

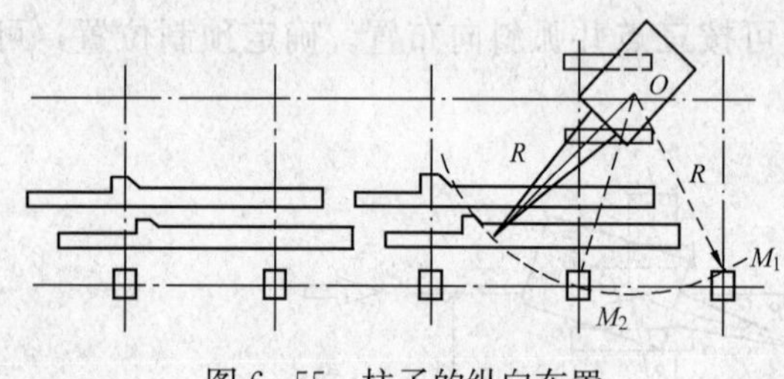

图 6-55 柱子的纵向布置

2）柱的纵向布置：对于一些较轻的柱，起重机能力有富余，考虑到节约场地，方便构件制作，可顺柱列纵向布置，如图 6-55 所示。

柱纵向布置时，起重机的停机点应安排在两柱基的中点，使 $OM_1=OM_2$，这样，每一停机点可吊两根柱。为了节约模板，减少用地，也可采取两柱叠浇。预制时，先安装的柱放在上层，两柱之间要做好隔离措施。上层柱由于不能绑扎，预制时要埋设吊环。

(2) 屋架的布置。屋架一般安排在跨内平卧迭浇预制，每迭 3～4 榀。布置的方式有三种：正面斜向布置、正反斜向布置、顺轴线正反向布置等，如图 6-56 所示。

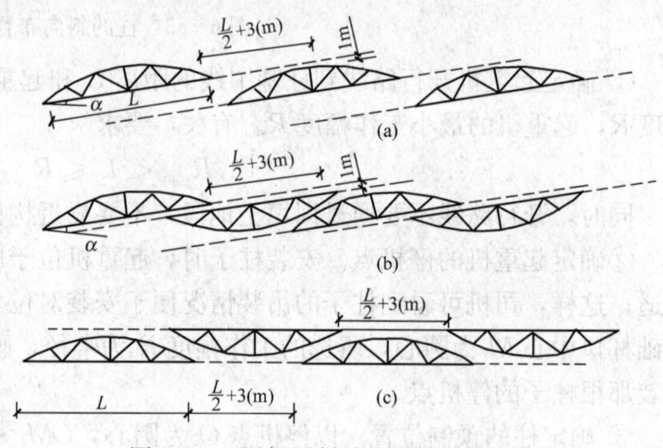

图 6-56 屋架预制时的几种布置方式

(a) 斜向布置；(b) 正反斜向布置；(c) 正反纵向布置

在上述三种布置形式中，应优先考虑采用斜向布置方式，因为它便于屋架的扶直就位。只有在场地受限制时才考虑采用其他两种形式。

屋架正面斜向布置时，下弦与厂房纵轴线的夹角 $\alpha=10°\sim20°$。预应力混凝土屋架，预留孔洞采用钢管时，屋架两端应留出 $\dfrac{L}{2}+3$（m）一段距离（L 为屋架跨度）作为抽管，穿筋的操作场地；如在一端抽管时，应留出 $L+3$（m）的一段距离。如用胶皮管预留孔洞时，距离可适当缩短。屋架之间的间隙可取 1m 左右以便支模及浇筑混凝土。屋架之间互相搭接的长度视场地大小及需要而定。

(3) 吊车梁的布置。当吊车梁安排在现场预制时，可靠近柱基顺纵向轴线或略作倾斜布置。也可插在柱子的空档中预制。如具有运输条件，也可在场外集中预制。

3. 安装阶段构件的就位布置及运输堆放

安装阶段的就位布置，是指柱子安装完毕后，其他构件的就位布置。包括屋架的扶直就位，吊车梁、屋面板的运输就位等。

(1) 屋架的扶直就位。屋架可靠柱边斜向就位或成组纵向就位。

1) 屋架的斜向就位：确定就位位置的方法，可采用作图法，其步骤如下：

①确定起重机安装屋架时的开行路线及停机点。安装屋架时，起重机一般沿跨中开行，也可根据安装需要稍偏于跨度的一边开行，先在跨中画出平行于纵轴线的开行路线，再以安装的某轴线（如②轴线）的屋架中心点 M_2 为圆心，以选择好的工作幅度 R 为半径画弧，相交开行路线上于 O_2 点，O_2 点即为安装②轴线屋架时的停机点，如图 6-57 所示。

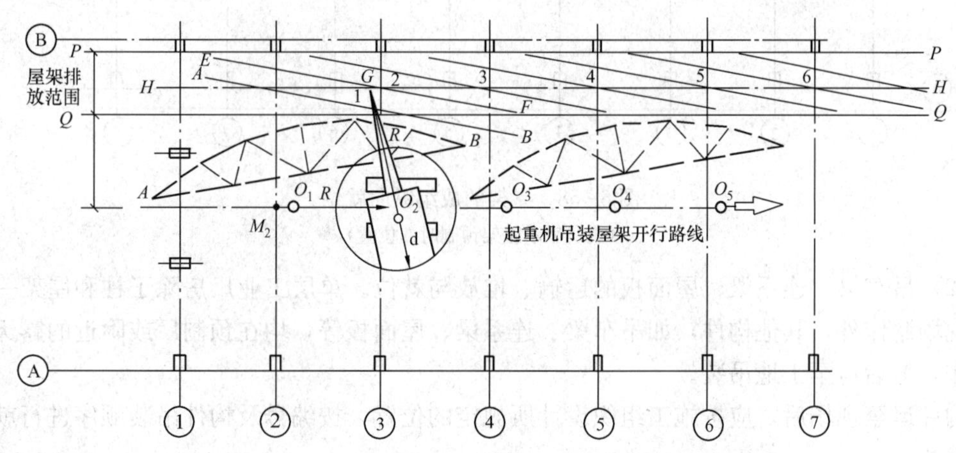

图 6-57 屋架的斜向就位
（虚线表示屋架预制时位置）

②确定屋架的就位范围。屋架一般靠柱边就位，但应离开柱边不小于 200mm，并可利用柱子作为屋架的临时支撑。当受场地限制时，屋架的端头也可稍许伸出跨外。根据以上原则，确定屋架就位范围的外边界线 PP。起重机安装屋架及屋面板时，机身需要回转，设起重机尾部至机身回转中心的距离为 d，则在距开行路线为（$d+0.5$）m 的范围内，不宜布置屋架和其他较高的构件；以此为界，画出就位范围的内边界线 QQ。两条边界线 PP、QQ 之间，即为屋架的就位范围。当厂房跨度较大时，这一范围的宽度过大，可根据实际情况加以缩小。

③确定屋架的就位位置。确定好就位范围后，在图上画出 PP、QQ 两边界线的中线 HH，屋架就位后，屋架的中点均在 HH 线上。以②轴线屋架为例，就位位置可按以下方法确定：以停机点 O_2 为圆心，安装屋架时的工作幅度 R 为半径，画弧交 HH 线于 G 点，G 点即为②号屋架就位后的中点。再以 G 点为圆心，屋架跨度之半为半径，画弧交 PP、QQ 两线于 E、F 两点，连 EF，即为②号屋架的就位位置。其他屋架的就位位置，均平行于此屋架，端点相距 6m，但①号屋架由于抗风柱的阻挡，要退到②号屋架的附近就位。

2) 屋架的成组纵向就位：屋架纵向就位时，一般以 4 ～5 榀为一组靠柱边顺轴线纵向就位。屋架与柱之间、屋架与屋架之间的净距不小于 200mm，相互之间用铅丝及支撑拉紧撑牢。每组屋架之间，应留 3m 左右的间距作为横向通道。应避免在已安装好的屋架下面去绑扎、吊装屋架。屋架起吊后，注意不要与已安装的屋架相碰；因此，布置屋架时，每组屋架的就位中心线，可大约安排在该组屋架倒数第二榀安装轴线之后 2m 处，如图 6-58 所示。

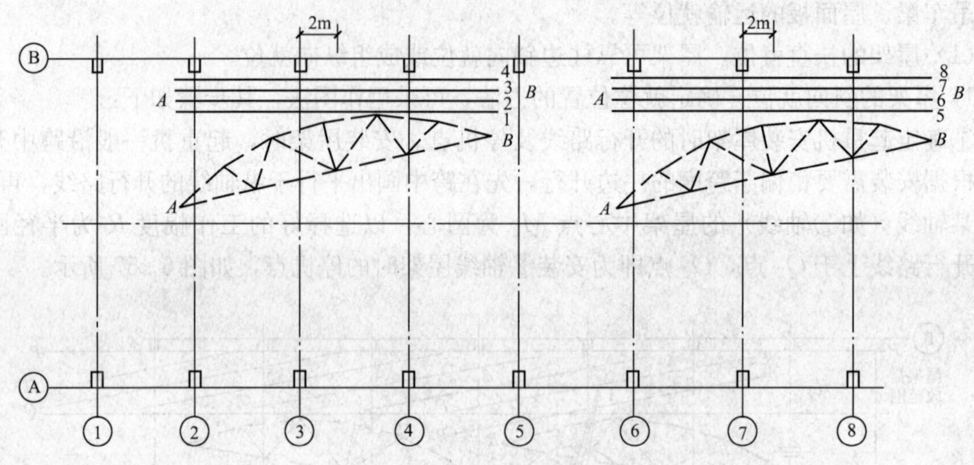

图 6-58　屋架的成组纵向就位

(虚线表示屋架预制时的位置)

(2) 吊车梁、连系梁、屋面板的运输、堆放与就位。单层工业厂房除了柱和屋架一般在施工现场制作外，其他构件，如吊车梁、连系梁、屋面板等，均在预制厂或附近的露天预制场制作，然后运至工地吊装。

构件运至现场后，应按施工组织设计所规定的位置，按编号及构件吊装顺序进行就位或集中堆放。

吊车梁、连系梁的就位位置，一般在其吊装位置的柱列附近，跨内跨外均可。有时也可不用就位，而从运输车辆上直接吊至牛腿上。

屋面板的就位位置，可布置在跨内或跨外，如图 6-59 所示。根据起重机吊装屋面板时所需的工作幅度，当屋面板在跨内就位时，大约应向后退 3～4 个节间开始就位，若在跨外就位，应向后退 1～2 个节间开始就位。

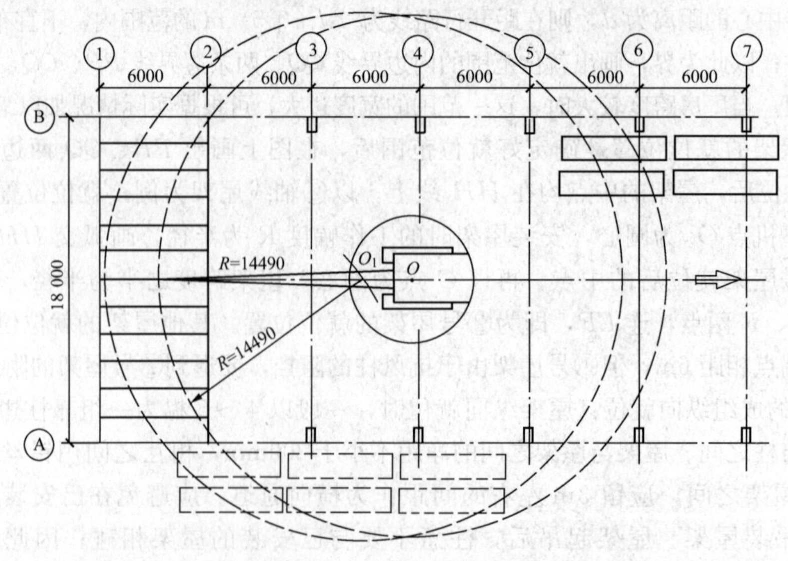

图 6-59　屋面板吊装工作参数计算简图及屋面板的就位布置图

(虚线表示当屋面板跨外布置时之位置)

以上所介绍的是单层工业厂房构件布置的原则与方法。构件的预制位置或就位位置是按作图法定出来的。掌握了这些原则之后，在实际工作中可将构件按比例用硬纸片剪成小模型，然后在同样比例的平面图上进行布置和调整。经研究确定后，绘出预制构件平面布置图。

第三节　结构安装工程的安全技术

结构安装工程的特点是构件重，操作面小，高空作业多，机械化程度高，多工程上下交叉作业等，如果措施不当，极易发生安全事故。组织施工时，要重视这些特点，采取相应的安全技术措施。

一、防止起重机倾翻措施

(1) 起重机的行驶道路必须平整坚实，松软土层要进行处理。如土质松软，需铺设道木或路基箱。起重机不得停置在斜坡上工作，也不允许起重机两个履带一高一低。当起重机通过墙基或地梁时，应在墙基两侧铺垫道木或石子，以免起重机直接辗压在墙基或地梁上。

(2) 应尽量避免超载吊装。但在某些特殊情况下难以避免时，应采取措施，如：在起重机起重臂上拉缆绳或在其尾部增加平衡重等。起重机增加平衡重后，卸载或空载时，起重臂必须落到与水平线夹角 60°以内。在操作时应缓慢进行。

(3) 禁止斜吊。这里讲的斜吊，是指所要起吊的重物不在起重机起重臂顶的正下方，因而当将捆绑重物的吊索挂上吊钩后，吊钩滑车组不与地面垂直，而与水平线成一个夹角。斜吊会造成超负荷及钢丝绳出槽，甚至造成拉断绳索。斜吊还会使重物在离开地面后发生快速摆动，可能碰伤人或其他物体。

(4) 应尽量避免满负荷行驶，如需做短距离负荷行驶，只能将构件吊离地面 300mm 左右，且要慢行，并将构件转至起重机的前方，用拉绳控制构件摆动。

(5) 双机抬吊时，要根据起重机的起重能力进行合理的负荷分配，并在操作时要统一指挥，互相密切配合。在整个抬吊过程中，两台起重机的吊钩滑车组均应基本保持垂直状态。

(6) 不吊重量不明的重大构件设备。

(7) 禁止在六级风的情况下进行吊装作业。

(8) 指挥人员应使用统一指挥信号，信号要鲜明、准确。起重机驾驶人员应听从指挥。

二、防止高空坠落措施

(1) 操作人员在进行高空作业时，必须正确使用安全带。安全带一般应高挂低用，即将安全带绳端的钩环挂于高处，而人在低处操作。

(2) 在高空使用撬杠时，人要立稳，如附近有脚手架或已安装好构件，应一手扶住，一手操作。撬杠插进深度要适宜，如果撬动距离较大，则应逐步撬动，不宜急于求成。

(3) 工人如需在高空作业时，应尽可能搭设临时操作台。操作台为工具式，拆装方便，自重轻，宽度为 0.8～1.0m，临时以角钢夹板固定在柱上部，低于安装位置 1～1.2m，工人在上面可进行屋架的校正与焊接工作。

(4) 如需在悬空的屋架上弦行走时，应在其上设置安全栏杆。

(5) 在雨期或冬期里，必须采取防滑措施。如：扫除构件上的冰雪；在屋架上捆绑麻袋，在屋面板上铺垫草袋等。

(6) 登高用的梯子必须牢固。使用时必须用绳子与已固定的构件绑牢。梯子与地面的夹角一般以 60°～70°为宜。

(7) 操作人员在脚手板上通行时，应思想集中，防止踏上挑头板。

(8) 安装有预留孔洞的楼板或屋面板时，应及时用木板盖严。

(9) 操作人员不得穿硬底皮鞋上高空作业。

三、防止高空落物伤人措施

(1) 地面操作人员必须戴安全帽。

(2) 高空操作人员使用的工具、零配件等，应放在随身佩带的工具袋内，不可随意向下丢掷。

(3) 在高空气割或电焊切割时，应采取措施，防止火花落下伤人。

(4) 地面操作人员，应尽量避免在高空作业面的正下方停留或通过，也不得在起重机的起重臂或正在吊装的构件下停留或通过。

(5) 构件安装后，必须检查连接质量，只有连接确保安全可靠，才能松钩或拆除临时固定工具。

(6) 吊装现场周围应设置临时栏杆，禁止非工作人员入内。

工 程 实 践 案 例

一、工程概况

某厂金工车间为两跨各 18m 的单层厂房，厂房长 84m，柱距 6m，共有 14 个节间。厂房平、剖面图，如图 6-60 所示。

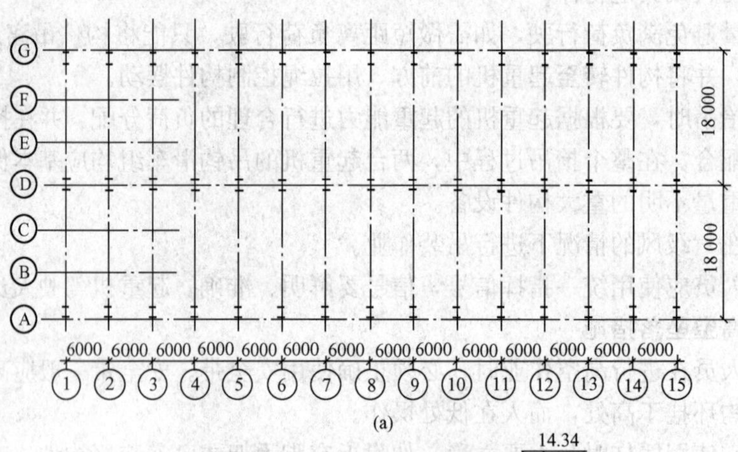

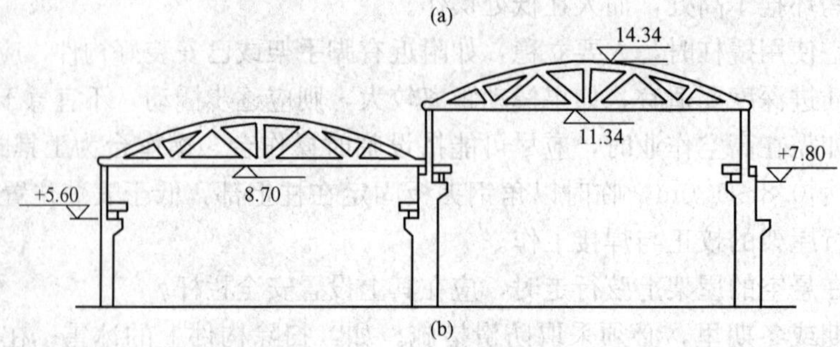

图 6-60 金工车间平、剖面图

(a) 平面图；(b) 剖面图

二、结构安装方法

采用分件安装法。柱现场预制，用履带式起重机吊装；柱吊装后，预制预应力屋架（后张法），屋架混凝土强度达到75%设计强度标准值后，穿预应力筋、张拉。屋架扶直就位后，屋盖结构一次吊装（屋架、连系梁、屋面板）。吊车梁在柱吊装完毕，屋架预制前进行吊装（由构件厂供应）。

金工车间主要预制构件一览表，见表6-7。

表6-7 金工车间主要预制构件一览表

轴 线	构件名称及型号	数 量	构件重量(kN)	构件长度(m)	安装标高(m)
Ⓐ～Ⓖ ①～⑮	基础梁 YJL	40	14	5.97	
Ⓓ～Ⓖ	连系梁 YLL	28	8	5.97	+8.20
Ⓐ Ⓓ～Ⓖ Ⓑ～Ⓒ Ⓔ～Ⓕ	柱 Z_1 柱 Z_2 柱 Z_3 柱 Z_4	15 30 4 4	51 64 46 58	10.1 13.1 12.6 15.6	
	低跨屋架 YGJ-18 高跨屋架 YGJ-18	15 15	44.6 44.6	17.70 17.70	+8.70 +11.34
	吊车梁 DCL_1 吊车梁 DCL_2	28 28	35 50.2	5.97 5.97	+5.60 +7.80
	屋面板 YWB	336	13.5	5.97	+14.34

三、起重机的选择

根据工地现有设备，选择履带式起重机进行结构吊装。部分主要构件吊装时的工作参数为：

（1）柱子。

最重的柱为：Z_2 柱重64kN，柱长13.1m；

要求起重量 $Q=Q_1+q=64+2=66(\text{kN})$；

要求起重高度，如图6-61所示

$$H=h_1+h_2+h_3+h_4=0+0.30+8.20+2.0=10.50(\text{m})$$

（2）屋架。

要求起重量 $Q=Q_1+q=44.6+3=47.6(\text{kN})$

要求起吊高度（如图6-62所示）

$$H=h_1+h_2+h_3+h_4=11.34+0.30+2.60+3.0=17.24(\text{m})$$

根据上述数据可选用 W_1-100型履带式起重机，臂长23m，起重高度19m。

（3）屋面板。

吊装高跨跨中屋面板时，如图6-63所示。

起重量 $Q=Q_1+q=13.5+2=15.5(\text{kN})$

起吊高度 $H=h_1+h_2+h_3+h_4=14.34+0.3+0.24+2.5=17.38(\text{m})$

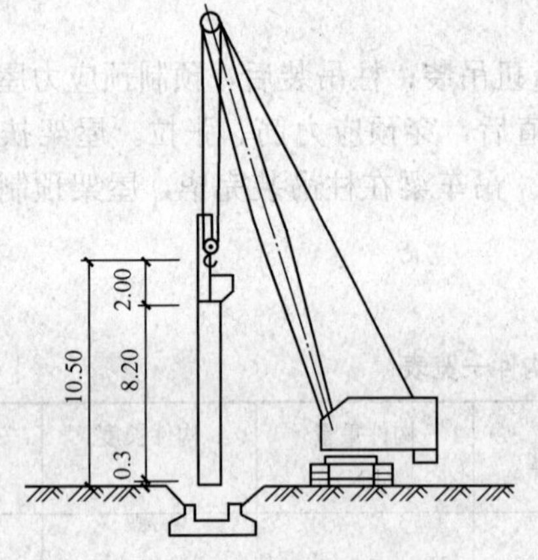

图 6-61 Z_2 柱起重高度计算简图

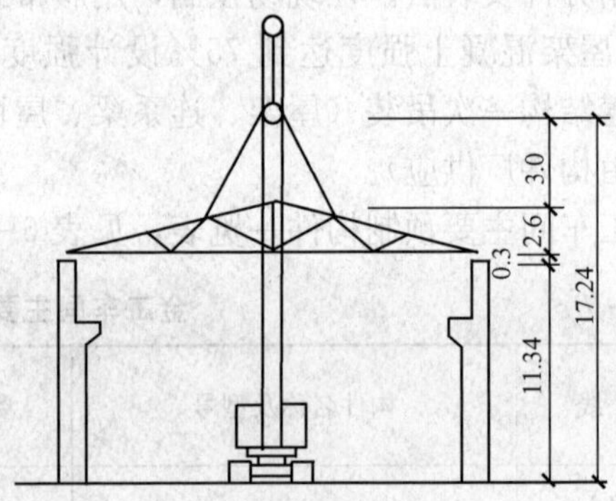

图 6-62 屋架起吊高度计算简图

吊装高跨跨中屋面板时，采用 W_1-100 型履带式起重机，最小起重臂长时的起重臂仰角 α 按下式计算

$$\alpha = \tan^{-1}\sqrt[3]{\frac{h}{a+g}}$$

$$= \tan^{-1}\sqrt[3]{\frac{14.34-1.70}{3+1}} \approx 56^\circ$$

所需最小起重臂长度可按下式求得

$$L_{\min} = \frac{h}{\sin\alpha} + \frac{a+g}{\cos\alpha}$$

$$= \frac{14.34-1.70}{\sin 56^\circ} + \frac{3+1}{\cos 56^\circ}$$

$$= 22.40(\mathrm{m})$$

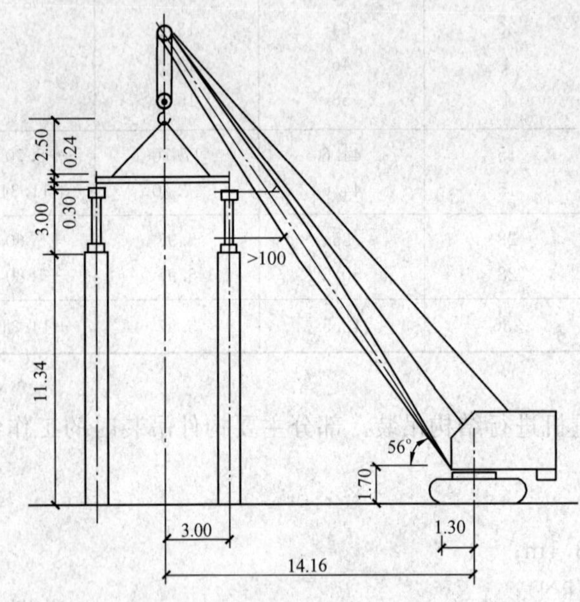

图 6-63 吊装屋面板计算简图

选用 W_1-100 型，臂长 23m，仰角 55°，吊装屋面板时的工作幅度 R 为

$$R = F + L\cos 56^\circ = 1.3 + 23\cos 56^\circ$$

$$= 1.3 + 12.86 = 14.16(\mathrm{m})$$

查 W_1-100 型履带式起重机性能表，当 $L=23\mathrm{m}$，$R=14.16\mathrm{m}$ 时，$Q=23\mathrm{kN} \geqslant 15.5\mathrm{kN}$，$H=17.5\mathrm{m}>17.38\mathrm{m}$，满足吊装跨中屋面板的要求。

综合各构件吊装时起重机的工作参数，确定选用 W_1-100 型履带式起重机，23m 起重臂吊装厂房各构件。查起重机性能表，确定出各构件吊装时起重机的工作参数，见表 6-8。

表 6-8　金工车间各主要构件吊装工作参数

构件名称	柱 Z_1			柱 Z_1			屋架 YGJ-18			屋面板		
工作参数	Q (kN)	H (m)	R (m)	Q (kN)	H (m)	R (m)	Q (kN)	H (m)	R (m)	Q (kN)	H (m)	R (m)
计算需要值	53	7.5		66	10.5		47.6	17.24		15.5	17.38	
23m 臂工作参数	53	19	8.7	66	19	7.5	50	19	9.0	23	17.50	14.16

四、起重机开行路线及构件平面布置

柱的预制位置即是吊装前排放的位置。吊装Ⓐ列柱 Z_1 时最大工作幅度 8.7m，吊装ⒹⒼ列柱最大工作幅度 R=7.5m，起重机跨边开行。采有一点绑扎旋转法起吊。柱的平面布置及起重机开行路线，如图 6-64 所示。

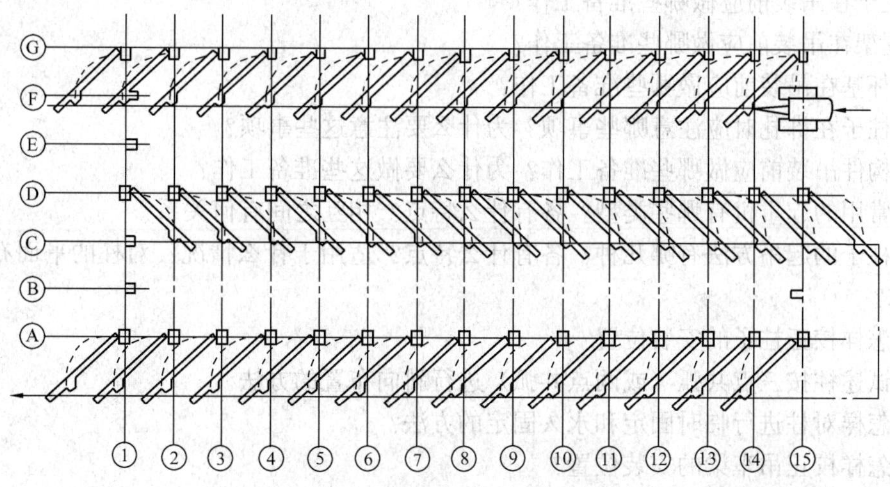

图 6-64 柱的平面布置及起重机开行路线

屋架现场叠浇预制，起吊前扶直排放，屋架排放的位置及吊装屋架时起重机开行路线，如图 6-65 所示。

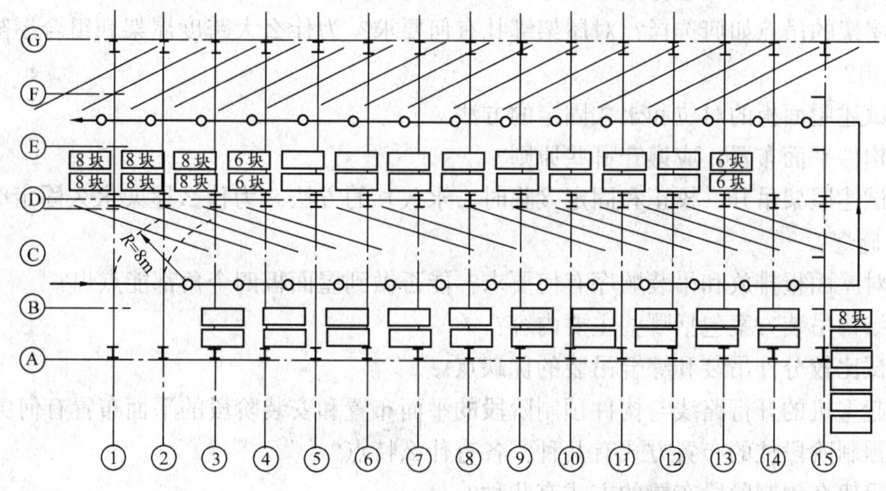

图 6-65 屋架、屋面板的布置及起重机开行路线

复习思考题

1. 履带式起重机由哪几部分组成？
2. 履带式起重机的特点是什么？目前常用的型号有哪些？
3. 塔式起重机有哪些类型？

4. 试述附着式塔式起重机的构造及自升原理。

5. 结构吊装中常用的钢丝绳有几种？如何计算钢丝绳的允许拉力？

6. 钢丝绳使用中应注意哪些问题？

7. 试述吊梁的作用及种类。

8. 柱子在吊装前应做哪些准备工作？

9. 屋架在吊装前应做哪些准备工作？

10. 杯基在吊装前应做哪些准备工作？

11. 柱子在绑扎时应注意哪些事项？为什么要注意这些事项？

12. 构件吊装前应做哪些准备工作？为什么要做这些准备工作？

13. 常用的起重机有哪些类型？各有什么特点？相互之间有何关系？

14. 柱子的起吊方法有哪几种？各有什么特点？适用于什么情况？对柱的平面布置各有什么要求？

15. 怎样校正柱子的安装位置？

16. 试述柱按三点共弧（或两点共弧）进行斜向布置的方法。

17. 怎样对柱进行临时固定和永久固定的方法？

18. 怎样校正吊车梁的安装位置？

19. 屋架的扶直排放有哪些方法？要注意哪些问题？

20. 结构安装选用起重机，应考虑哪些问题？

21. 当起重机的起重量或起重高度不能满足时，可采取什么措施？

22. 安装屋面板时，怎样选择起重机的起重臂长度（图解法）？

23. 屋架的吊点如何选择？对屋架绑扎有何要求？为什么大跨度屋架和组合屋架绑扎要采用铁扁担？

24. 试述屋面板的对位和永久固定的方法。

25. 构件平面布置，应遵守哪些原则？

26. 试述屋架吊升、校正和固定（临时、永久）的方法。为什么屋架永久固定时两端要采用对角施焊？

27. 对屋面板排放和吊装顺序有何要求？能否做到屋面板四个角都能点焊？

28. 结构吊装方案包括哪些主要内容？

29. 试比较分件吊装和综合吊装的优缺点。

30. 起重机的开行路线与构件预制阶段的平面布置和安装阶段的平面布置有何关系？

31. 预制阶段柱的布置方式有几种？各有什么特点？

32. 屋架在预制阶段布置的方式有几种？

33. 安装阶段屋架的扶直有几种方法？如何确定屋架的排放范围和排放位置？

34. 试述柱子吊装的验算（步骤、计算简图）方法。

35. 试述屋架扶直强度的验算（步骤、计算简图）方法。

习　　题

1. 某厂房柱的牛腿标高为 8.6m，吊车梁长 6m，高 0.9m。当起重机停机面为 −0.5m 时，试计算安装吊车梁时的起重高度。

2. 某厂房跨度为24m，柱距6m，天窗架顶面标高为18m，屋面板厚0.24m，现用履带式起重机安装天窗架屋面板，其停机面为－0.2m，起重臂底铰距地面高度为1.5m，试分别用数解法和图解法确定起重机的最小臂长。

3. 某厂房柱重8.35t，采用一点绑扎直吊，钢丝绳采用6×19＋1，钢丝强度为1400kN，试选用钢丝绳直径。

4. 已知某车间跨度为21m，柱距为6m，起重机分别沿两纵轴线跨内和跨外开行，当选用起重半径$R=7.0$m，开行路线距柱轴线$a=5.5$m时，试对柱进行预制平面布置。要求分别根据斜向布置和三点共弧进行设计并列出作图的步骤，确定出停机点的位置。

第七章　钢结构工程

本章提要：本章主要内容包括钢结构构件工厂制作的工艺过程；钢结构常用焊接方法、特点及适用范围；钢结构防腐、防火涂装工程施工；钢结构紧固件连接方法、特点及适用范围，普通螺栓、高强螺栓连接方法及施工要点；单层、多层及高层钢结构和钢网架结构安装的一般方法。

学习要求：

（1）了解钢结构构件工厂制作的工艺过程，钢结构常用焊接方法、特点及适用范围；熟悉钢结构防腐、防火涂装施工要点。

（2）熟悉钢结构紧固件连接方法、特点及适用范围；掌握普通螺栓、高强螺栓连接方法及施工要点。

（3）掌握单层、多层及高层钢结构和钢网架结构安装的一般方法。

钢结构工程是用钢板、型钢和圆钢等通过焊接、铆接、螺栓连接等方式组装而成的结构。与其他结构比较，钢结构具有强度高，塑性和韧性、匀质性和同向性都比较好；结构的重量轻；焊接构造简单，加工方便；施工周期短和精度高等特点，因而在建筑、桥梁等土木工程中被广泛采用。

第一节　钢结构加工制作工艺

一、钢结构加工制作

（一）加工制作前的准备工作

1. 加工制作图

设计院提供的设计图不能直接用来加工制作钢结构，而是要考虑加工工艺，如公差配合、加工余量、焊接控制等因素后，在原设计图的基础上绘制加工制作图。加工制作图是最后沟通设计人员及施工人员的意图，它起到制作要领书的作用，又是实际尺寸、划线、剪切、坡口加工、打孔、弯制、拼装、焊接、涂装、产品检查、堆放、发送等各项作业的指示书，还起到进行高水平管理的检查表的作用。

2. 加工制作前施工条件的分析

绘制加工制作图或审查设计图应边审边分析研究施工条件或者难易程度，必须认真分析焊接难度大的部分，是否使用高强螺栓及紧固器具，在狭窄处能否保持焊条的焊接角度等。

3. 钢卷尺

在钢结构工程中，主要使用皮尺、宽带钢卷尺及凸面钢卷尺中任何一种一级产品。最好使工厂用卷尺和现场用卷尺属同一类产品，也就是各工种之间使用"同一把尺"。如果有困难，则 10m 之间的相互差值控制在 0.5mm 之内。

4. 上岗操作人员应进行培训和考核，特殊工种应进行资格确认，充分做好各项工序的技术交底工作。

(二) 钢结构加工制作的工艺程序

1. 放样

放样是根据产品施工详图或零、部件图样要求的形状和尺寸，按照1∶1的比例把产品或零、部件的实形画在放样台或平板上，求取实长并制成样板的过程。对比较复杂的壳体零、部件，还需要作图展开。放样的步骤如下：

(1) 仔细阅读图纸，并对图纸进行核对。

(2) 准备放样需要的工具，包括钢尺、石笔、粉线、划针、圆规、铁皮剪刀等。

(3) 准备好做样板和样杆的材料，一般采用薄铁片和小扁钢。可先刷上防锈油漆。

(4) 放样以1∶1的比例在样板台上弹出大样。当大样尺寸过大时，可分段弹出，尺寸画法应避免偏差累积。

(5) 先以构件某一水平线和垂直线为基准，弹出十字线；然后据此逐一划出其他各个点和线，并标注尺寸。

(6) 放样过程中，应及时与技术部门协调；放样结束，应对照图纸进行自查；最后应根据样板编号编写构件号料明细表。

2. 号料

号料就是根据样板在钢材上画出构件的实样，并打上各种加工记号，为钢材的切割下料作准备。号料的步骤：

(1) 根据料单检查清点样板和样杆，点清号料数量。号料应使用经过检查合格的样板与样杆，不得直接使用钢尺。

(2) 准备号料的工具，包括石笔、样冲、圆规、划针、凿子等。

(3) 检查号料的钢材规格和质量。

(4) 不同规格、不同钢号的零件应分别号料，并依据先大后小的原则依次号料。对于需要拼接的同一构件，必须同时号料，以便拼接。

(5) 号料时，同时划出检查线、中心线、弯曲线，并注明接头处的字母、焊缝代号。

(6) 号孔应使用与孔径相等的圆规规孔，并打上样冲作出标记，便于钻孔后检查孔位是否正确。

(7) 弯曲构件号料时，应标出检查线，用于检查构件在加工、装焊后的曲率是否正确。

(8) 在号料过程中，应随时在样板、样杆上记录下已号料的数量，号料完毕，则应在样板、样杆上注明并记下实际数量。

3. 切割下料

切割的目的就是将放样和号料的零件形状从原材料上进行下料分离。钢材的切割可以通过切削、冲剪、摩擦机械力和热切割来实现。常用的切割方法有：气割、机械剪切和等离子切割三种方法。

(1) 气割法：是利用氧气与可燃气体混合产生的预热火焰加热金属表面达到燃烧温度并使金属发生剧烈的氧化，放出大量的热促使下层金属也自行燃烧，通过高压氧气射流，将氧化物吹除而引起一条狭小而整齐的割缝。随着割缝的移动，使切割过程连续切割出所需的形状。气割前，应将钢材切割区域表面的铁锈、污物等清除干净，气割后，应清除熔渣和飞溅物。

(2) 机械切割法：可利用上、下两剪刀的相对运动来切断钢材，或利用锯片的切削运动把钢材分离，或利用锯片与工件间的摩擦发热使金属熔化而被切断。常用的切割机械有剪板机、联合冲剪机、弓锯床、砂轮切割机等。

(3) 等离子切割法：是利用高温高速的等离子焰流将切口处金属及其氧化物熔化并吹掉来完成切割，所以能切割任何金属，特别是熔点较高的不锈钢及有色金属铝、铜等。

4. 坡口加工

焊接质量与坡口加工的精度有直接关系，如果坡口表面粗糙有尖锐且深的缺口，就容易在焊接时产生不熔部位，将在事后产生焊接裂缝。又如，在坡口表面粘附油污，焊接时就会产生气孔和裂缝，因此要重视坡口质量。坡口加工一般可用气体加工和机械加工，在特殊的情况下采用手动气体切割的方法，但必须进行事后处理，如打磨等。

5. 开孔

在焊接结构中，不可避免地将会产生焊接收缩和变形，因此在制作过程中，把握好什么时候开孔将在很大程度上影响产品精度 。特别是对于柱及梁的工程现场连接部位的孔群的尺寸精度直接影响钢结构安装的精度，因此把握好开孔的时间是十分重要的，一般有四种情况：

(1) 在构件加工时预先划上孔位，待拼装、焊接及变形矫正完成后，再划线确认进行打孔加工。

(2) 在构件一端先进行打孔加工，待拼装、焊接及变形矫正完成后，再对另一端进行打孔加工。

(3) 待构件焊接及变形矫正后，对端面进行精加工，然后以精加工面为准线，划线、打孔。

(4) 在划线时，考虑了焊接收缩量、变形的余量、允许公差等，直接进行打孔。

常用的机械打孔有电钻及风钻、立式钻床、摇臂钻床、桁式摇臂钻床、多轴钻床、NC开孔机，打孔后应用磨光机清除孔边毛刺。

6. 组装

(1) 组装的零件、部件应经检查合格，连接件和沿焊缝边缘约 50mm 范围内的铁锈、毛刺、污垢、油迹等应清除干净。

(2) 钢材的拼接应在组装前进行。构件的组装应在部件组装、部件焊接、部件矫正后进行。

(3) 组装可采用胎夹具方法。当在平台上组装时，平台的平面高低差不得超过 4mm。构件的组装应根据结构形式、焊接方法和焊接顺序等因素，确定合理的组装顺序。

(4) 组装的质量要求：除工艺要求外零件组装的间隙不得大于 1.0mm。对顶紧接触面应有 75%以上面积紧贴，用 0.3mm 塞尺检查，其塞入面积不得大于 25%，边缘最大间隙不得大于 0.8mm。金属接触部分的精加工可用龙门铣床、卧式镗床、牛头刨床、斜面切削机等来进行。

组装的隐蔽部位应在焊接（详见本章第二节）和涂装（详见本章第七节）检查合格后方可封闭。

二、钢结构构件的验收、运输、堆放

1. 钢结构构件的验收

钢构件加工制作完成后，应按照施工图和《钢结构工程施工质量验收规范》（GB

50205—2001）的规定进行验收，有的还分工厂验收、工地验收，因工地验收还增加了运输的因素，钢构件出厂时，应提供下列资料：

（1）产品合格证。

（2）施工图的设计变更文件。

（3）制作中技术问题处理的协议文件。

（4）钢材、连接材料、涂装材料的质量证明或试验报告。

（5）焊接工艺评定报告。

（6）高强度螺栓摩擦面抗滑移系数试验报告，焊缝无损检验报告及涂层检测资料。

（7）主要构件检验记录。

（8）预拼装记录：由于受运输、吊装条件的限制，另外设计的复杂性，有时构件要分两段或若干段出厂，为了保证工地安装的顺利进行，在出厂前进行预拼装。

（9）构件发运和包装清单。

2. 构件的运输

（1）发运的构件，在易见部位用油漆标上重量及重心位置的标志，以免在装、卸车和起吊过程中损坏构件。节点板、高强度螺栓连接面等重要部分要有适当的保护措施，零星的部件等都要按同一类别用螺栓和铁丝紧固成束包装发运。

（2）大型或重型构件的运输应根据行车路线、运输车辆的性能、码头状况、运输船只来编制运输方案。在运输方案中要着重考虑吊装工程的堆放条件、工期要求来编制构件的运输顺序。

（3）运输构件时，应根据构件的长度、重量和断面形状选用车辆；构件在运输车辆上的支点、两端伸长的长度及绑扎方法均应保证构件不产生永久变形、不损伤涂层。构件起吊必须严格按设计吊点起吊。

3. 构件的堆放

（1）构件一般要堆放在工厂的堆放场和现场的堆放场。构件堆放场地应平整坚实，无水坑、冰层，并应排水通畅，有较好的排水设施，同时有车辆进出的回路。

（2）构件应按种类、型号、安装顺序划分区域，插立标志牌。构件底层垫块要有足够的支承面，不允许垫块有大的沉降量，堆放的高度应有计算依据，以最下面的构件不产生永久变形为准，不得随意堆高。

（3）在堆放中，发现有变形不合格的构件，则严格检查，进行矫正，然后再堆放。不得把不合格的变形构件堆放在合格的构件中，否则会影响安装进度。

（4）对于已堆放好的构件，要派专人汇总资料。建立完善的构件进出厂管理制度，严禁乱翻、乱移。同时对已堆放好的构件进行适当保护，避免风吹雨打、日晒夜露。

第二节　钢结构构件的焊接

一、钢结构构件常用的焊接方法

焊接是借助于能源，使两个分离的物体产生原子（分子）间结合而连接成整体的过程。

采用焊接方法不仅可以连接金属材料，如钢材、铝、铜、钛等；还能连接非金属，如塑料、陶瓷；甚至还可以解决金属和非金属之间的连接，我们统称为工程焊接。用焊接方法制造的结构称为焊接结构，又称工程焊接结构。根据对象和用途大致可分为建筑焊接结构、贮罐和容器焊接结构、管道焊接结构、导电性焊接结构四类，我们所称的钢结构包含了这四类焊接结构。选用的结构材料是钢材，而且大多为普通碳素钢和低合金结构钢，主要的焊接方法有手工电弧焊、气体保护焊、自保护电弧焊、埋弧焊、螺柱焊、点焊等。

1. 手工电弧焊

依靠电弧的热量进行焊接的方法称为电弧焊，手工电弧焊是用手工操作焊条进行焊接的一种电弧焊，是钢结构焊接中最常用的方法。

手工电弧焊的原理，如图 7-1 所示，焊条和焊件就是两个电极产生电弧，电弧产生大量的热量，熔化焊条和焊件。焊条端部熔化形成熔滴，过渡到熔化的焊件的母材上融合，形成熔池并进行一系列复杂的物理——冶金反应。随着电弧的移动，液态熔池逐步冷却、结晶，形成焊缝。在高温作用下，冷敷于电焊条钢芯上的药皮熔融成溶渣，覆盖在熔池金属表面，它不仅能保护高温的熔池金属不与空气中有害的氧、氮发生化学反应，并且还能参与熔池的化学反应和渗入合金等，在冷却凝固的金属表面，形成保护渣壳。

2. 气体保护电弧焊

又称为熔化极气体电弧焊，以焊丝和焊件作为两个极，两极之间产生电弧热来熔化焊丝和焊件母材，同时向焊接区域送入保护气体，使电弧、熔化的焊丝、熔池及附近的母材与周围的空气隔开，焊丝自动送进，在电弧作用下不断熔化，与熔化的母材一起融合，形成焊缝金属。其原理如图 7-2 所示。

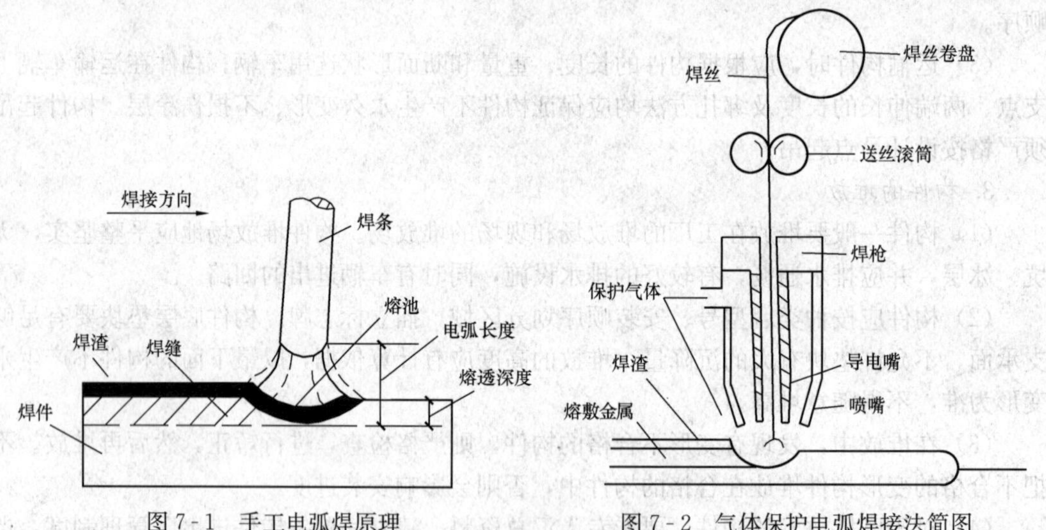

图 7-1 手工电弧焊原理　　图 7-2 气体保护电弧焊接法简图

这种焊接法简称 GMAW（Gas Metal Arc Welding）由于保护气体的不同，又可分为 CO_2 气体保护电弧焊，是目前最广泛使用的焊接法，特点是使用大电流和细焊丝，所焊接速度快、熔深大、作业效率高。

3. 自保护电弧焊

自保护电弧焊曾称为无气体保护电弧焊。与气体保护电弧焊相比抗风性好，风速达10m/s时仍能得到无气孔而且力学性能优越的焊缝。由于自动焊接，因此焊接效率极高。焊枪轻，不用气瓶，因此操作十分方便，但焊丝价格比 CO_2 保护焊要高。

4. 埋弧焊

埋弧焊是电弧在可熔化的颗粒状焊剂覆盖下燃烧的一种电弧焊。向熔池连续不断送进的裸焊丝，既是金属电极，也是填充材料，电弧在焊剂层下燃烧，将焊丝、母材熔化而形成熔池。熔融的焊剂成熔渣，覆盖在液态金属熔池的表面使高温熔池金属与空气隔开。焊剂形成熔渣除了起保护作用外，还与熔化金属参与冶金反应，从而影响焊缝金属的化学成分。

5. 窄间隙焊接

本方法是利用已有的气体保护焊的特别技术，具有焊接接头的坡口截面面积比手工电弧焊或气体保护焊的坡口截面面积小，这是本方法的特点 。

窄间隙焊接可以在平焊、横焊和立焊位置进行，横焊适合工程现场的柱接头，平焊和立焊分别适合于工厂内箱形柱的角接头和柱与梁的焊接。

6. 螺柱焊接

螺柱焊接是在螺柱与母材之间通以焊接电流，使相互接触的局部加热并接合的方法，主要用于抗剪连接件及混凝土锚栓等的焊接，另外还广泛用于安装隔热材料和隔音材料的连接件。

7. 点焊

首先这里指的点焊不同于钢结构构件组装中的点焊，它是一种电阻焊，在焊接区直接通电，利用其电阻发热局部提高被焊部位的温度，在压力作用下接合的方法。点焊在汽车工业、家用电器中常用，钢结构中复杂接头也有采用点焊的。

二、焊接应力和焊接变形

1. 焊接应力及变形产生的原因

焊接过程中，焊接热源对焊件进行局部加热，产生了不均匀的温度场，导致材料热胀冷缩的不均匀；处于高温区域的材料在加热（冷却）过程中应该有较大的伸长（收缩）量，但由于受到周围材料的约束而不能自由伸长（收缩）。于是在焊件中产生内应力，使高温区的材料受到挤压（拉伸），产生塑性变形。同时，金属材料在焊接过程中随着温度的变化还会发生相应的相变。不同的金属组织是有不同的性能，也会引起体积的变化，对焊接应力及变形产生不同程度的影响。因此，焊接过程对焊件进行了局部的、不均匀的加热是产生焊接应力和焊接变形的主要原因。

焊接过程中，应力变形是随时间而改变的。当焊件温度降至常温时，残存于焊件中的应力称为焊接残余应力；残留的变形称为焊接残余变形。焊接应力及变形的分布和大小与被焊材料的线膨胀系数、弹性模量、屈服点、焊件尺寸、形状和温度场等因素有关，而温度场又与被焊材料的热导率、热容、密度、焊接工艺参数，环境条件等密切相关。任何因素的波动均会对应力和变形产生影响。

2. 焊接变形的种类

焊接变形可分为线性缩短、角变形、弯曲变形、扭曲变形、波浪形失稳变形等。线性缩短是指焊件收缩引起的长度缩短和宽度变窄的变形，有纵向缩短和横向缩短之分；角变形是由于焊缝截面形状在厚度方向上不对称所引起的，在厚度方向上产生的变形；波浪变形是在大面积薄板拼焊时，在内应力作用下产生失稳而成为波浪形变形；扭曲变形一旦产生则难以矫正。主要由于装配质量不好，工件搁置不正，焊接顺序和方向安排不当造成的，在施工中特别要引起注意。

3. 焊接残余应力和变形的控制

在钢结构设计和施工时，不仅要考虑到强度、稳定性、经济性，而且必须要考虑焊缝的设置将产生的应力，变形对结构的影响。通常有以下几点经验。

(1) 在保证结构具有足够的强度的前提下，尽量减少焊缝的尺寸和长度，合理选取坡口形状。避免集中设置焊缝。

(2) 尽量对称布置焊缝，将焊缝安排在近中心区域，如近中性轴、焊缝中心、焊缝塑性变形区中心等。

(3) 在钢结构施焊中考虑夹具以减少焊接变形的可能性。

(4) 钢结构设计人员在设计时应考虑焊接工艺措施。主要有：合理的装配焊接顺序，合理焊接方法和参数；反变位法，刚性固定性，锤击法，强迫冷却法；预热和焊后热处理。

三、焊接的质量检验

焊接质量检验包括焊前检验、焊接生产中检验和成品检验。

(一) 焊前检验

检验技术文件（图纸、标准、工艺规程等）是否齐备。焊接材料（焊条、焊丝、焊剂、气体等）和钢材原材料的质量检验，构件装配和焊接件边缘质量检验、焊接设备（焊机和专用胎、模具等）是否完善。焊工应经过考试取得合格证，停焊时间达 6 个月及以上，应重新考核，才能上岗。

(二) 焊接生产中的检验

主要是对焊接设备运行情况、焊接规范和焊接工艺的执行情况，以及多层焊接过程中夹渣、未焊透等缺陷的自检等，目的是防止焊接过程中缺陷形成，及时发现缺陷，采取整改措施，特别是为了提高焊工对产品质量的高度责任心和认真执行焊接工艺的严明的纪律性。

(三) 焊接成品检验

全部焊接工作结束，焊缝清理干净后进行成品检验。检验的方法有很多种。通常可分为无损检验和破坏性检验两大类。

1. 无损检验

可分为外观检查、致密性检验、无损探伤。

(1) 外观检查：是一种简单而应用广泛的检查方法，焊缝的外观用肉眼或低倍放大镜进行检查表面气孔、夹渣、裂纹、弧坑、焊瘤等，并用测量工具检查焊缝尺寸是否符合要求。

(2) 致密性检验：主要用水（气）压试验、煤油渗漏、渗氨试验、真空试验、氦气探漏等方法，这些方法对于管道工程、压力容器等是很重要的方法。

(3) 无损探伤：主要有磁粉探伤、涡流探伤、渗透探伤、射线探伤、超声波探伤等，所谓无损探伤就是利用放射线、超声波、电磁辐射、磁性、涡流、渗透性等物理现象，在不损伤被检产品的情况下，发现和检查内部或表面缺陷的方法。

2. 破坏性检验

焊接质量的破坏性检验包括焊接接头的机械性能试验、焊缝化学成分分析、金相组织测定等，主要用于测定接头或焊缝性能是否能满足使用要求。机械性能试验，包括测定焊接接头的强度、延伸率、断面收缩率，拉伸试验、冷弯试验、冲击试验等；

化学成分分析：是对焊缝的化学成分分析，是测定熔敷金属化学成分，我国的焊条标准中以此做出了专门的规定；

金相组织测定是为了了解焊接接头各区域的组织，晶粒度大小和氧化物夹杂，氢白点等缺陷的分布情况，通常有宏观和微观方法之分。

第三节 紧固件连接工程

钢结构工程中使用的紧固件包括普通螺栓、扭剪型高强度螺栓、高强度大六角头螺栓、钢网架螺栓球节点用高强度螺栓及射钉、自攻钉、拉铆钉等。本节主要介绍普通螺栓和高强度螺栓。

一、普通螺栓连接

钢结构普通螺栓连接即将普通螺栓、螺母、垫圈机械地和连接件连接在一起形成的一种连接形式。

（一）普通螺栓种类

1. 普通螺栓规格

普通螺栓按照形式可分为六角头螺栓、双头螺栓、沿头螺栓等；按制作精度可分为 A、B、C 级三个等级，A、B 级为精制螺栓，C 级为粗制螺栓，钢结构用连接螺栓，除特殊注明外，一般即为普通粗制 C 级螺栓。

2. 螺母

钢结构常用的螺母，其公称高度 h 大于或等于 $0.8D$（D 为与其相匹配的螺栓直径），螺母强度设计应选用与之相匹配螺栓中最高性能等级的螺栓强度，当螺母拧紧到螺栓保证荷载时，必须不发生螺纹脱扣。

螺母的螺纹应和螺栓相一致，一般应为粗牙螺纹（除非特殊注明用丝牙螺纹），螺母的机械性能主要是螺母的保证应力和硬度，其值应符合规定。

3. 垫圈

常用钢结构螺栓连接的垫圈，按形状及其使用功能可以分成以下几类：

（1）圆平垫圈。一般放置于紧固螺栓头及螺母的支承面下面，用以增加螺栓头及螺母的支承面，同时放上可避免连接件表面损伤。

（2）方形垫圈。一般置于地脚螺栓头及螺母支承面下，有以增加支承面及遮盖较大螺栓孔眼。

（3）斜垫圈。主要用于工字钢、槽钢翼缘倾斜面的垫平，使螺母支承面垂直于螺杆，避免紧固时造成螺母支承面和被连接的倾斜面局部接触。

（4）弹簧垫圈。防止螺栓拧紧后在动载作用下的振动和松动，依靠垫圈的弹性功能及斜口摩擦面防止螺栓的松动，一般用于有动荷载（振动）或经常拆卸的结构连接处。

（二）普通螺栓施工

1. 一般要求

普通螺栓作为永久性连接螺栓时，应符合下列要求：

（1）对一般的螺栓连接，螺栓头和螺母下面应放置平垫圈，以增大承压面积。

（2）螺栓头下面放置的垫圈一般不应多于 2 个，螺母头下的垫圈一般不应多于 1 个。

（3）对于设计有要求防松动的螺栓、锚固螺栓应采用有防松装置的螺母或弹簧垫圈，或用人工方法采取防松措施。

(4) 对于承受动荷载或重要部位的螺栓连接，应按设计要求放置弹簧垫圈，弹簧垫圈必须设置在螺母一侧。

(5) 对于工字钢、槽钢类型应尽量使用斜垫圈，使螺母和螺栓头部的支承面垂直于螺杆。

2. 螺栓直径和长度的选择

(1) 螺栓直径的确定原则上应由设计人员按等强度原则通过计算确定，但对某一个工程来讲，螺栓直径规格应尽可能少，有的还需要适当归类，便于施工和管理；一般情况螺栓直径应与被连接件的厚度相匹配。

(2) 螺栓长度通常是指螺栓螺头内侧面到螺杆端头的长度，一般都是以5mm进制。从螺栓的标准规格上可以看出，螺纹的长度基本不变。显而易见，影响螺栓长度的因素主要有：被连接件厚度、螺母高度、垫圈的数量及厚度等。

3. 螺栓连接形式

钢板、槽钢、工字钢、角钢等常用螺栓连接形式。

4. 螺栓布置

螺栓连接接头中螺栓的排列布置主要有并列和交错排列两种形式，螺栓间的间距确定既要考虑连接效果（连接强度和变形），又要考虑螺栓的施工。

5. 螺栓紧固

普通螺栓连接对螺栓的紧固力没有要求，因此普通螺栓的紧固施工是以操作工的手感及连接接头的外形控制为准，即以一个操作工使用普通扳手靠自己的力量拧紧螺母，保证被连接接触面能密贴，无明显间隙。这种紧固施工方式虽然有很大的随意性，但能满足连接要求。为使连接接头中螺栓受力均匀，螺栓的紧固次序应从中间开始，对称向两头进行。对大型接头应采用复拧，即两次紧固方法，保证接头内各个螺栓能均匀受力。

二、高强度螺栓连接

高强度螺栓连接已成为与焊接并举的钢结构主要连接形式之一，按其受力状况可分为摩擦型连接、摩擦—承压型连接、承压型连接和张拉型连接等几种类型，其中摩擦型连接是目前建筑钢结构和桥梁钢结构中广泛采用的基本连接形式。

（一）高强度螺栓种类

高强度螺栓从外形上可分为大六角头和扭剪型两种：按性能等级可分为8.8级、10.9级、12.9级等，目前我国使用的大六角高强度螺栓有8.8级和10.9级两种，扭剪型高强度螺栓只有10.9级一种。

1. 大六角头高强度螺栓连接副

大六角头高强度螺栓连接副含一个螺栓、一个螺母、两个垫圈（螺头和螺母两侧各一个垫圈）。螺栓、螺母、垫圈在组成一个连接副时，其性能等级要匹配。

2. 扭剪型高强度螺栓连接副

扭剪型高强度螺栓连接副含一个螺栓、一个螺母、一个垫圈。

（二）高强度螺栓连接施工

1. 一般规定

(1) 施工前对高强螺栓连接副实物和摩擦面进行检验和复验，合格后方可进行施工。

(2) 对每一个连接接头，应先用临时螺栓或冲钉定位。为防止损伤螺纹引起扭矩系数的变化，严禁将高强度螺栓作为临时螺栓使用。对一个接头来说，临时螺栓和冲钉的数量原则上应根据该接头可能承担的荷载计算确定。

(3) 高强度螺栓的穿入，应在结构中心位置调整后进行，其穿入方向应以施工方便为准，力求一致；安装时要注意垫圈的正反面，即螺母带圆台面的一侧应朝向垫圈有倒角的一侧；对于大六角头高强度螺栓连接副靠近螺头一侧的垫圈，其有倒角的一侧朝向螺栓头。

(4) 高强度螺栓的安装应能自由穿入孔，严禁强行穿入，如不能自由穿入时，该孔应用铰刀进行修整，修整后孔的最大直径应小于1.2倍螺栓直径。修孔时，为了防止铁屑落入板迭缝中，铰孔前应将四周螺栓全部拧紧，使板迭密贴后再进行，严禁气割扩孔。

(5) 高强度螺栓连接中连接钢板的孔径略大于螺栓直径，并必须采取钻孔成型方法，钻孔后的钢板表面应平整、孔边无飞边和毛刺，连接板表面应无焊接飞溅物、油污等。

(6) 高强度螺栓连接板螺栓孔的孔距及边距除应符合要求外，还应考虑专用施工机具的可操作空间，一般规格的螺栓可操作空间，如图7-3及表7-1所示。

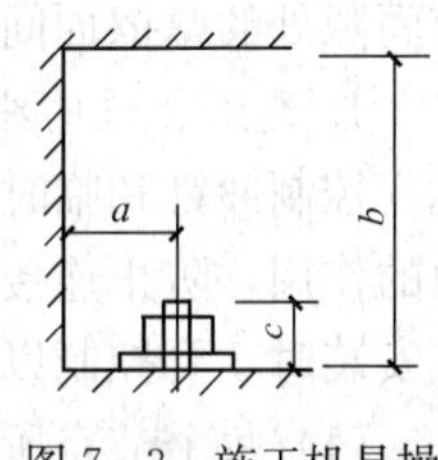

图7-3　施工机具操作空间示意

当表7-1中数值 a 不满足要求时，且数值 b 有足够大空间时，可考虑采用加长套筒施拧，此时套筒头部直径一般为螺母对角线尺寸加10mm。

(7) 高强度螺栓在终拧以后，螺栓丝扣外露应为2～3扣，其中允许有10％的螺栓丝扣外露1扣或4扣。

表7-1　施工机具可操作空间尺寸

扳手种类	最小尺寸（mm）	
	a	b
手动定扭矩扳手	45	140＋c
扭剪型电动扳手	65	530＋c
大六角电动扳手	60	

2. 施工工具的标定

各种扳手在使用前、后，使用过程及保管、维修过程中，极容易产生输出扭矩值的误差，使用各类没有质量控制的扳手，必会造成施拧螺栓预拉力的误差。因此扳手的标定是施工质量控制的重点，我们要掌握以下几点：

(1) 没有标定过的扳手，不准投入使用。

(2) 施拧及检查用的扭矩扳手，无论是电动定扭扳手，还是带响或表盘扭矩扳手，班前必须校正标定，班后还须校验，以确定此扳手在使用过程中，扭矩未发生变化。

(3) 当班后校验发现误差超过允许范围，则用此扳手施拧的螺栓应全部视为不合格。扳手重新校正后，欠拧的应实施重新施拧，超拧的应全部更换，重新按要求施拧。

(4) 施工用扳手在使用前标定，误差应控制在±3％内，使用后校验，误差不应超过±5％；检查用扭矩扳手标定误差不应超过±3％。

3. 接触面的加工处理

采用摩擦型高强度螺栓连接的节点对接触面的要求如下：

(1) 摩擦面的处理。高强度螺栓连接的形式和尺寸与普通螺栓连接基本上一样，所不同的是在安装高强度螺栓时必须将螺帽拧得很紧，使螺栓中的预拉力达到屈服点的80%左右，从而对构件连接处产生很高的预紧力。为了安装方便，孔径比螺栓杆大1～2mm，螺栓杆与孔壁之间视为不接触，这样在外力作用下，高强度螺栓连接就会全靠构件连接处的接触面的摩擦来防止发生滑动并传递内力。

摩擦面处理方法有：喷砂（抛丸）后生赤锈；喷砂后涂无机富锌漆；砂轮打磨；钢丝刷消除浮锈；酸洗等。其中以喷砂（抛丸）为最佳处理方法。

(2) 注意摩擦面的保护。应防止构件运输、装卸、堆放、二次搬运、翻吊时连接板的变形。安装前应处理好被污染的连接面表面。

(3) 接触面的间隙与处理。由于摩擦型高强度螺栓连接方法是靠螺栓压紧构件间连接处，用摩擦来阻止构件之间滑动达到内力传递。因此当构件与拼接板面有间隙时，则固定后有间隙处的摩擦面间压力减小，影响承载能力。

4. 选用合适的冲钉和临时螺栓量

控制冲钉和临时螺栓的最少用量是考虑安装时它们应能承受构件的自重和连接校正时外力的作用，防止连接后构件位置偏移，以及为了钢板间的有效夹紧，尽量消除间隙。因此，在安装时，要控制以下几点：

(1) 每个节点所需用的临时螺栓和冲钉数量，应按安装时可能产生的荷载计算确定。

(2) 临时螺栓与冲钉之和不应少于该节点螺栓总数的1/3。

(3) 临时螺栓不应少于2颗。

(4) 所用冲钉数不宜多于临时螺栓的30%。

(5) 连接用的高强度螺栓不得兼作临时螺栓，以免螺纹损伤和连接副表面状态改变，引起扭矩系数的变化。

5. 安装替换高强度螺栓注意事项

(1) 螺栓穿入方向应便于操作，并力求一致，目的使整体美观。

(2) 螺栓应自由穿入螺栓孔，对不能自由穿入的螺栓孔允许用铰刀或锉刀进行修整，不得将螺栓强行敲入，并不得气割扩孔。

(3) 螺栓连接副安装时，螺母凸台一侧应与垫圈有倒角的一面接触，大六角头螺栓的第二个垫圈有倒角的一面应朝向螺栓头。

(4) 安装高强度螺栓时构件的摩擦面应保持干燥，不得在雨中作业。

6. 初拧与终拧

(1) 高强度螺栓连接副的拧紧应分为初拧、终拧。对于大型节点应分为初拧、复拧、终拧。复拧扭矩等于初拧扭矩。初拧、复拧、终拧应在24h内完成。

(2) 施拧一般应按由螺栓群节点中心位置顺序向外拧紧的方法进行。

第四节　单层钢结构安装工程

单层钢结构工程是以单层工业厂房结构安装最为典型。钢结构单层工业厂房一般由柱、柱间支撑、吊车梁、制动梁（桁架）、托架、屋架、天窗架、上下弦支撑、檩条及墙体骨架等构件组成。柱基通常采用钢筋混凝土阶梯或独立基础。

一、安装前的准备工作

（1）钢结构安装前，应按构件明细表核对进场的构件，核查质量证明书，设计变更文件、加工制作图、设计文件、构件交工时所提交的技术资料。

（2）落实和深化施工组织设计，对起吊设备、安装工艺，对稳定性较差的构件，起吊前应进行稳定性验算，必要时应进行临时加固。大型构件和细长构件的吊点位置和吊环构造应符合设计或施工组织设计的要求，对大型或特殊的构件吊装前应进行试吊，确认无误后方可正式起吊。确定现场焊接的保护措施。

（3）应掌握安装前后外界环境，如风力、温度、风雪、日照等资料，做到胸中有数。

（4）钢结构安装前，应对下列图纸进行自审和会审：钢结构设计图；钢结构加工制作图；基础图；其他必要的图纸和技术文件。

（5）基础验收。

1）基础混凝土强度达到设计强度的75%以上。

2）基础周围回填完毕，具有较好的密实性，吊车行走不会塌陷。

3）基础的轴线、标高、编号等都以设计图标注在基础面上。

4）基础顶面平整，如不平，要事先修补，预留孔应清洁，地脚螺栓应完好，二次浇灌处的基础表面应凿毛。基础顶面标高应低于柱底面安装标高40～60mm。

5）锚栓、地脚螺栓预留孔的允许偏差应符合有关要求。

（6）垫板的设置。钢结构吊装中垫板的设置是一项很重要的工作，必须十分重视，垫板设置如图7-4所示。其原则为：

1）垫板要进行加工，有一定的精度。

2）垫板应设置在靠近地脚螺栓（锚栓）的柱脚底板加劲板或柱肢下，每根地脚螺栓（锚栓）侧应设1～2组垫板。

3）垫板与基础面接触应平整、紧密。二次浇灌混凝土前垫板之间应点焊固定。

4）每组垫板板叠不宜超过5块，同时宜外露出柱底板10～30mm。

5）垫板与基础面应紧贴、平稳，其面积大小应根据基础的抗压强度和柱脚底板二次浇灌前，柱承受的荷载及地脚螺栓（锚栓）的紧固拉力计算确定。

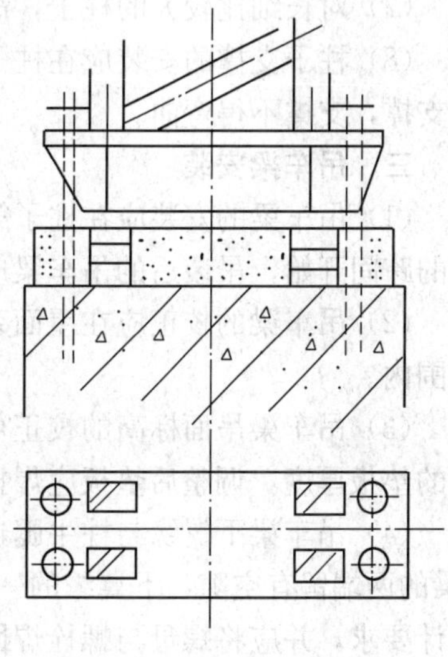

图7-4 垫板设置

6）每块垫板间应贴合紧密，每组垫板都应承受压力，使用成对斜垫板时，两块垫板斜度应相同，且重合长度不应少于垫板长度的2/3。

7）灌筑的砂浆应采用无收缩的微膨胀砂浆，一定要作砂浆试块，强度应高于基础混凝土强度一个等级。

二、钢柱子安装

（1）柱子安装前应设置标高观测点和中心线标志，并且与土建工程相一致。标高观测点的设置应与牛腿（肩梁）支承面为基准，设在柱的便于观测处，无牛腿（肩梁）柱，应以柱顶端与桁架连接的最后一个安装孔中心为基准。

(2) 中心线标志的设置应符合下列规定：

1) 在柱底板的上表面行线方向设一个中心标志，列线方向两侧各设一个中心标志。

2) 在柱身表面的行线和列线方向各设一个中心线，每条中心线在柱底部、中部（牛腿或肩梁部）和顶部各设一处中心标志。

3) 双牛腿（肩梁）柱在行线方向两个柱身表面分别设中心标志。

(3) 多节柱安装时，宜将柱组装后再整体吊装。

(4) 钢柱安装就位后需要调整，校正应符合下列规定：

1) 应排除阳光侧面照射所引起的偏差。

2) 应根据气温（季节）控制柱垂直度偏差：气温接近当地年平均气温时（春、秋季），柱垂直偏差应控制在“0”附近。气温高于或低于当地平均气温时，应以每个伸缩段（两伸缩缝间）设柱间支撑的柱子为基准，垂直度校正至接近“0”，行线方向连跨应以与屋架刚性连接的两柱为基准；此时，当气温高于平均气温（夏季）时，其他柱应倾向基准点相反方向；气温低于平均气温（冬季）时，其他柱应倾向基准点方向。柱的倾斜值应根据施工时气温和构件跨度与基准的距离而定。

(5) 柱子安装的允许偏差应符合有关要求。

(6) 屋架、吊车梁安装后，进行总体调整，然后固定连接。固定连接后尚应进行复测，超差的应进行调整。

(7) 对长细比较大的柱子，吊装后应增加临时固定措施。

(8) 柱子支撑的安装应在柱子找正后进行，只有确保柱子垂直度的情况下，才可安装柱间支撑，支撑不得弯曲。

三、吊车梁安装

(1) 吊车梁的安装应在柱子第一次校正和柱间支撑安装后进行。安装顺序应从有柱间支撑的跨间开始，吊装后的吊车梁应进行临时固定。

(2) 吊车梁的校正应在屋面系统构件安装并永久连接后进行，其允许偏差应控制在规定范围内。

(3) 吊车梁吊面标高的校正可通过调整柱底板下垫板厚度；调整吊车梁与柱牛腿支承面间的垫板厚度，调整后垫板应焊接牢固。

(4) 吊车梁下翼缘与柱牛腿连接应符合：吊车梁是靠制动桁架传给柱子制动力的简支梁（梁的两端留有空隙，下翼缘的一端为长螺栓连接孔）连接螺栓不应拧紧，所留间隙应符合设计要求，并应将螺母与螺栓焊固。纵向制动由吊车梁和辅助桁架共同传给柱的吊车梁，连接螺栓应拧紧后将螺母焊固。

(5) 吊车梁与辅助桁架的安装宜采用拼装后整体吊装。其侧向弯曲，扭曲和垂直度应符合规定。

(6) 当制动板与吊车梁为高强螺栓连接，与辅助桁架为焊接连接时按以下顺序安装：

1) 安装制动板与吊车梁应用冲钉和临时安装螺栓，制动板与辅助桁架用点焊临时固定。

2) 经检查各部分尺寸，并确认符合有关规定后，即可焊接制动板之间的拼接缝。

3) 安装并紧固制动板与吊车梁连接的高强度螺栓。

(7) 焊接制动板与辅助桁架的连接焊缝，安装吊车梁时，中部宜弯向辅助桁架，并应采取防止产生变形的焊接工艺施焊。

四、吊车轨道安装

(1) 吊车轨道的安装应在吊车梁安装符合规定后进行。

(2) 吊车轨道的规格和技术条件应符合设计要求和国家现行有关标准的规定，如有变形应经矫正后方可安装。

(3) 在吊车梁顶面上弹放墨线的安装基准线，也可在吊车梁顶面上拉设钢线，作为轨道安装基准线。

(4) 轨道接头采用鱼尾板连接时，要做到：

1) 轨道接头应顶紧，间隙不应大于3mm。接头错位，不应大于1mm。

2) 伸缩缝应符合设计要求，其允许偏差为±3mm。

轨道采用压轨器与吊车梁连接时，要做到：压轨器与吊车梁上翼应密贴，其间隙不得大于0.5mm，有间隙的长度不得大于压轨器长度的1/2；压轨器固定螺栓紧固后螺纹露长不应少于2倍螺距。

(5) 轨道端头与车挡之间的间隙应符合设计要求，当设计无要求时，应根据温度留出轨道自由膨胀的间隙。两车挡应与起重机缓冲器同时接触。

五、屋面系统结构安装

(1) 屋架的安装应在柱子校正符合规定后进行。

(2) 对分段出厂的大型桁架，现场组装时应符合：

1) 现场组装的平台，支点间距为L，支点的高度差不应大于$L/1000$，且不超过10mm。

2) 构件组装应按制作单位的编号和顺序进行，不得随意调换。

3) 桁架组装，应先用临时螺栓和冲钉固定，腹杆应同时连接，经检查达到规定后，方可进行节点的永久连接。

(3) 屋面系统结构可采用扩大组合拼装后吊装，扩大组合拼装单元宜成为具有一定刚度的空间结构，也可进行局部加固达到此目的。

(4) 每跨第一、第二榀屋架及构件形成的结构单元，是其他结构安装的基准。安全网、脚手架，临时栏杆等可在吊装前装设在构件上。垂直支撑、水平支撑、檩条和屋架角撑的安装应在屋架找正后进行，角撑安装应在屋架两侧对称进行，并应自由对位。

(5) 有托架且上部为重屋盖的屋面结构，应将一个柱间的全部屋面结构构件安装完，并且连接固定后再吊装其他部分。

(6) 天窗架可组装在屋架上一起起吊。

(7) 安装屋面天沟应保证排水坡度，当天沟侧壁是屋面板的支承点时，则侧壁板顶面标高与屋面板其他支承点的标高相匹配。

(8) 屋面系统结构安装允许偏差应符合设计规定的要求。

六、维护系统结构安装

墙面檩条等构件安装应在主体结构调整定位后进行。可用拉杆螺栓调整墙面檩条的平直度。

七、平台、梯子及栏杆的安装

(1) 钢平台、钢梯、栏杆安装应符合设计要求及有关规定。

(2) 平台钢弧应铺设平整、与支承梁密贴、表面有防滑措施，栏杆安装牢固可靠，扶手转角应光滑。

第五节　多层及高层钢结构安装工程

用于钢结构高层建筑的体系有：框架体系、框架剪力墙体系、框筒体系、组合筒体系及交错钢桁架体系等。钢结构具有强度高、抗震性能好、施工速度快的优点，所以在高层建筑中得到广泛应用。但同时用钢量大、造价高、防火要求高。

一、安装前的准备工作

多层及高层钢结构安装工程安装前的准备工作主要包括：

(1) 检查并标注定位轴线及标高的位置。

(2) 检查钢柱基础，包括基础的中心线、标高、地角螺栓等。

(3) 确定流水施工的方向，划分流水段。

(4) 安排钢构件在现场的堆放位置。

(5) 选择起重机械。起重机械的选择是多层及高层钢结构工程安装前准备工作的关键。

一般多层及高层钢结构的安装多采用塔式起重机，并要求塔式起重机应具有足够的起重能力，臂杆长度应具有足够的覆盖面；钢丝绳要满足起吊高度的要求；当需要多机作业时，臂杆要有足够的高差，互不碰撞并安全运转。

(6) 选择吊装方法。多层及高层钢结构的吊装多采用综合吊装法，其吊装顺序一般是：平面内从中间的一个节间开始，以一个节间的柱网为一个吊装单元，先吊装柱，后吊装梁，然后往四周扩展；垂直方向自下而上，组成稳定结构后，分层次安装次要构件，一节间一节间钢框架、一层楼一层楼安装完成。这样有利于消除安装误差累积和焊接变形，使误差减低到最少限度。

(7) 建筑物定位轴线、基础上柱的定位轴线和标高、地脚螺栓（锚栓）的允许偏差，应符合有关规定。

二、安装与校正

(一) 钢柱的吊装与校正

1. 钢柱吊装

钢结构高层建筑的柱子，多为3～4层一节，节与节之间用坡口焊连接。钢柱吊装前，应预先按施工需要在地面上把操作挂篮、爬梯等固定在相应的柱子部位上。钢柱的吊点在吊耳处，根据钢柱的重量和起重机的起重量，钢柱的吊装可选用双机抬吊或单机吊装，如图7-5所示。单机吊装时，需在柱根部垫以垫木，用旋转法起吊，防止柱根部拖地和碰撞地脚螺栓，损坏丝扣；双机抬吊时，多用递送法使钢柱在吊离地面后在空中进行回直。在吊装第一节钢柱时，应在预埋的地脚螺栓上加设保护套，以免钢柱就位时碰坏地脚螺栓的丝牙。

2. 钢柱校正

钢柱就位后，立即对垂直度、轴线、牛腿面标高进行初校，安设临时螺栓，然后卸去吊索。钢柱上下接触面间的间隙一般不得大于1.5mm。如间隙在1.6～6.0mm之间，可用低碳钢垫片垫实间隙。柱间间距偏差可用液压千斤顶与钢楔或倒链与钢丝绳或缆风绳进行校正，如图7-6所示。柱子安装的允许偏差应符合有关要求。

3. 柱底灌浆

在第一节框架安装、校正、螺栓紧固后，即应进行底层钢柱柱底灌浆，如图7-7所示。

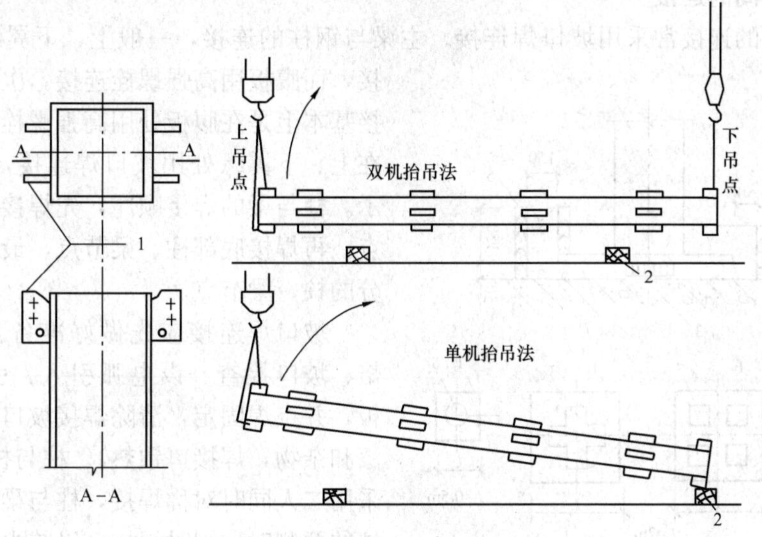

图 7-5　钢柱吊装

1—吊耳；2—垫木

灌浆方法是先在柱脚四周立模板，将基础上表面清除干净，清除积水，然后用高强度聚合砂浆从一侧自由灌入至密实，灌浆后用湿草袋和麻袋覆盖养护。

（二）钢梁的吊装与校正

钢梁在吊装前，应于柱子牛腿处检查标高和柱子间距，并应在梁上装好扶手杆和扶手绳，以便待主梁吊装就位后，将扶手绳与钢柱系牢，以保证施工人员的安全。钢梁一般可在钢梁的翼缘处开孔作为吊点，其位置取决于钢梁的跨度。为加快吊装速度，对重量较小的次梁和其他小梁，可利用多头吊索一次吊装数根。

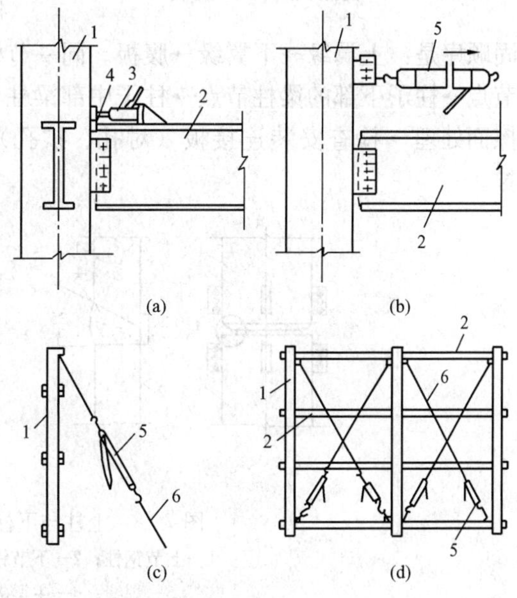

图 7-6　钢柱的校正

（a）千斤顶与钢楔校正法；（b）倒链与钢丝绳校正法；
（c）单柱缆风绳校正法；（d）群柱缆风绳校正法
1—钢柱；2—钢梁；3—100kN 液压千斤顶；
4—钢楔；5—20kN 倒链；6—钢丝绳

为了减少高空作业，保证质量，并加快吊装进度，可以将梁、柱在地面组装成排架后进行整体吊装。当一节钢框架吊装完毕，即需对已吊装的柱、梁进行误差检查和校正。对于控制柱网的基准线用线坠或激光仪观测，其他柱根据基准柱用钢卷尺量测，校正方法同单层钢结构安装工程柱、梁的校正。

梁校正完毕，用高强螺栓临时固定，再进行柱校正，紧固连接高强螺栓，焊接柱节点和梁节点，进行超声波检验。

三、构件间的连接

钢柱之间的连接常采用坡口焊连接。主梁与钢柱的连接，一般上、下翼缘用坡口焊连接，而腹板用高强螺栓连接。次梁与主梁的连接基本上是在腹板处用高强螺栓连接，少量再在上、下翼缘处用坡口焊连接，如图 7-8 所示。柱与梁的焊接顺序，先焊接顶部柱、梁节点，再焊接底部柱、梁节点，最后焊接中间部分的柱、梁节点。

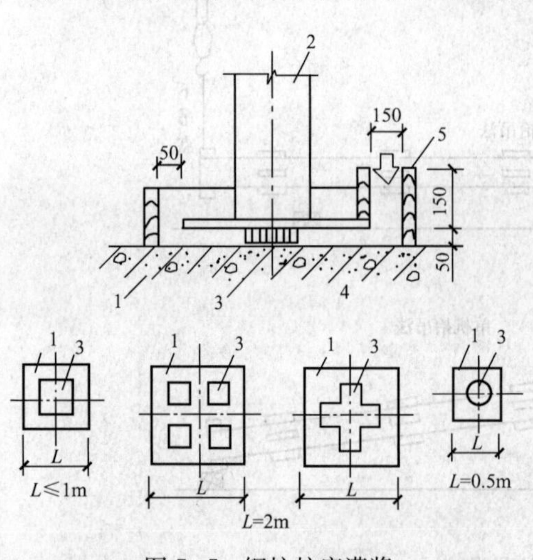

图 7-7　钢柱柱底灌浆

1—柱基；2—钢柱；3—无收缩水泥砂浆标高块；4—12mm 钢板；5—模板

坡口焊连接应先做好准备（包括焊条烘焙、坡口检查、设电弧引入、引出板和钢垫板，并点焊固定，清除焊接坡口、周边的防锈漆和杂物，焊接口预热）。柱与柱的对接焊接，采用二人同时对称焊接，柱与梁的焊接亦应在柱的两侧对称同时焊接，以减少焊接变形和残余应力。

高强螺栓连接两个连接构件的紧固顺序是：先主要构件，后次要构件。工字形构件的紧固顺序是：上翼缘→下翼缘→腹板。同一节柱上各梁柱节点的紧固顺序是：柱子上部的梁柱节点→柱子下部的梁柱节点→柱子中部梁柱节点。每一节点安设紧固高强度螺栓顺序是：摩擦面处理→检查安装连接板（对孔、扩孔）→临时螺栓连接→高强螺栓紧固→初拧→终拧。

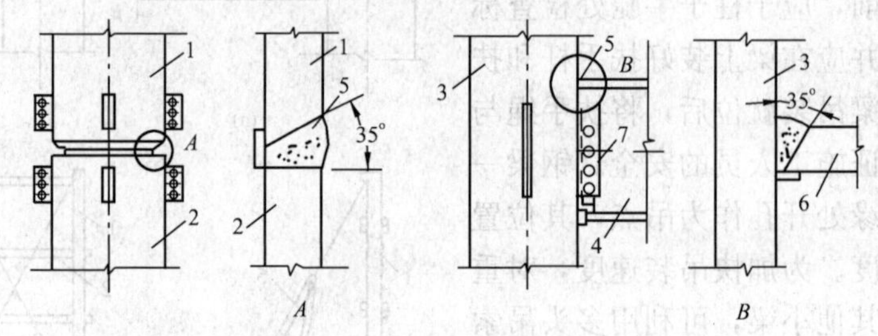

图 7-8　上柱与下柱、柱与梁连接构造

1—上节钢柱；2—下节钢柱；3—柱；4—主梁；5—焊缝；6—主梁翼板；7—高强螺栓

第六节　钢网架结构安装工程

网架结构是由多根杆件按照一定规律布置，通过结点连接而成的网格状杆系结构。它改变了一般平面桁架的受力状态，具有空间受力的性能。由于它的外形象一块平板，因此称为平板形网架。

网架结构的整体性能很好，能有效地承受各种非对称荷载，集中荷载和动力荷载。由于组成网架的杆件和节点可以定型化，适用于在工厂成批生产，制作完成后运到现场拼装，从而使网架的施工做到速度快，精度高，有利于质量的保证。网架结构的平面布置灵活，适用于不规则的建筑平面、大跨度建筑，也可用于中小跨度建筑中。因此网架结构在世界各国都得到了迅速的发展，在各类空间结构中的采用位居首位。

网架结构的安装方法可分为高空拼装法、整体安装法或高空滑移法三种。

一、高空拼装法

高空拼装法是先在地面上搭设拼装支架，然后用起重机把网架构件分件或分块吊至空中的设计位置，在支架上进行拼装的方法。此法有时不需大型起重设备，但拼装支架用量大，高空作业多，因此对高强螺栓连接的、用螺栓球节点的钢管网架较适宜。

施工前应根据结构特点、构件重量、安装标高、现场条件及现有设备确定吊装机械。

拼装支架可用木制或钢管制，支架可局部搭设作为活动式，亦可满堂搭设，如图 7-9 所示。局部支架的位置必须对准网架下弦的支承节点，支架间距不宜过大，以免网架安装过程中产生较大下垂。支架高度要方便操作，用千斤顶调整标高，则支架上表面距网架下弦节点 800mm 左右为宜。

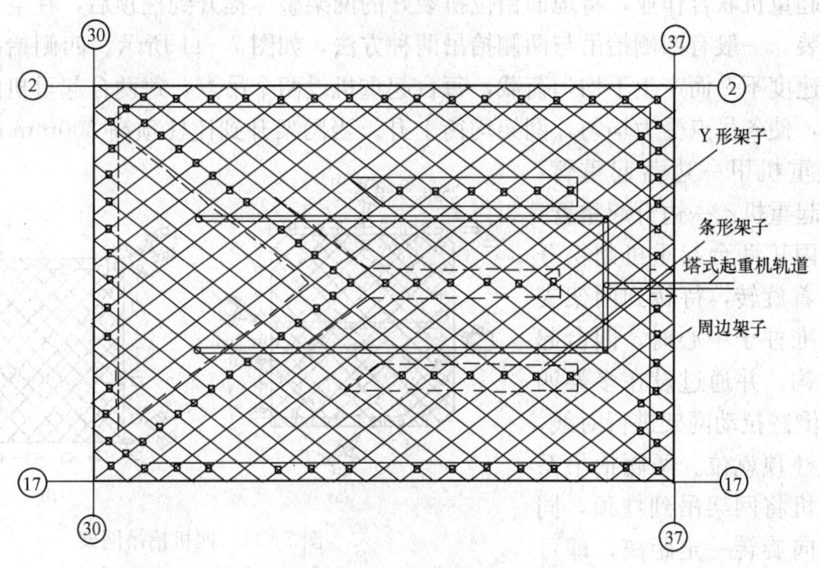

图 7-9　拼装支架的平面布置

高空拼装法拼装网架时，网架块件顺序安排要考虑减少误差积累和安装方便，另外要考虑结构的受力特点和吊装机械的性能。网架总的拼装顺序是从建筑物的一端开始向另一端以两个三角形同时推进，待两个三角形相反后，则按人字形逐榀向前推进，最后在另一端的正中闭合。每榀块体的安装顺序，在开始的两个三角形部分是由屋脊部分开始分别向两边拼装；两个三角形相交后，则由交点开始同时向两边拼装，如图 7-10 所示。

网架拼装后，下方有支架者用方木顶住中央竖杆处，用千斤顶顶住屋架中央竖杆下方进行标高调整。其他分块则随拼装随拧紧高强螺栓，并与已拼好的分块连接即可。由于螺栓大于螺杆直径，故高强螺栓需随拼装随拧紧，否则会加大网架的下垂。

网架拼装完毕并全面检查后，拆除全部支顶网架的方木和千斤顶。考虑到支承拆除后网

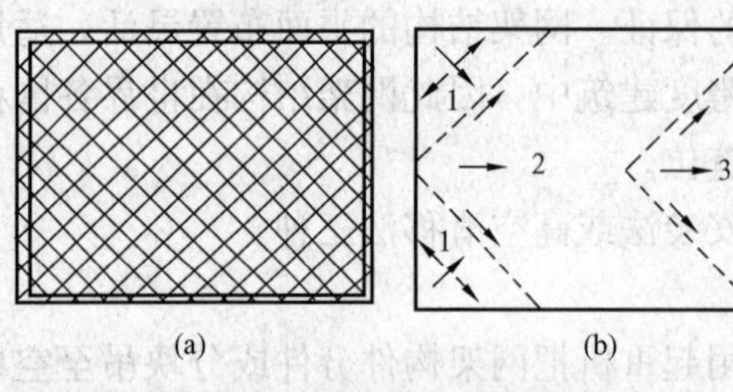

图 7-10 网架平面与拼装顺序
(a) 网架平面；(b) 拼装顺序
1、2、3—拼装顺序

架中央沉降最低，故按中央、中间和边缘三个区分阶段按比例下降支承，即分六次下降，每次下降的数值，三个区的比例是 2∶1.5∶1。下降支承时要严格控制同步下降，避免由于个别支点受力而使这个支点处的网架杆件变形过大甚至破坏。

二、整体安装法

整体安装法就是先将网架在地面上拼装成整体，然后用起重设备将其整体提升到设计位置上加以固定。这种施工方法不需高大的拼装支架，高空作业少，易保证焊接质量，但需要大型的起重设备，技术较复杂。因此，对球节点的钢管网架，尤其是三向网架等杆件较多的网架较适宜。根据所用设备不同，整体安装法又分为多机抬吊法、提升机提升法、桅杆提升法、千斤顶顶升法等。

1. 多机抬吊法

用四台起重机联合作业，将地面错位拼装好的网架整体提升到柱顶后，在空中进行移位落下就位安装。一般有四侧抬吊与两侧抬吊两种方法，如图 7-11 所示。四侧抬吊为防止起重机因升降速度不一而产生不均匀荷载，每台起重机设两个吊点，每两台起重机的吊索互相用滑轮串通，使各吊点受力均匀，网架均衡上升。当网架升到比柱顶高 300mm 时，进行空中移位。起重机甲一边落起重臂，一边升钩；起重机乙一边升起重臂，一边落钩；丙丁两台起重机则松开旋转刹车跟着旋转，待转到网架支座中心线对准柱子中心时，四台起重机同时落钩，并通过设在多架四角的拉索和倒链拉动网架进行对线，将网架落到柱顶就位。两侧抬吊系用四台起重机将网架吊到柱顶，同时向一个方向旋转一定距离，即可就位。

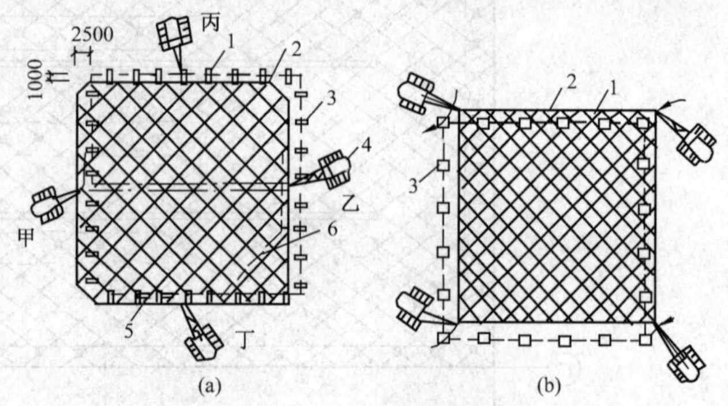

图 7-11 四机抬吊网架
(a) 四侧抬吊；(b) 两侧抬吊
1—网架安装位置；2—网架拼装位置；3—柱；
4—履带式起重机；5—吊点；6—串通吊索

多机抬吊法准备工作简单，安装快速方便。四侧抬吊与两侧抬吊比较，前者移位较平稳，但操作较复杂；后者空中移位较方便，便平稳性差一些。适用于跨度 40m 左右、高度 25m 左右的中小型网架屋盖的吊装。

2. 提升机提升法

在结构柱上安装升板工程用的电动穿心式提升机，将地面正位拼装的网架直接整体提升到柱顶横梁就位，如图 7-12 所示。

提升点设在网架四边的中部，每边 7～8 个。提升设备的组装系在柱顶加接短钢柱上，安装工字钢上横梁，每一吊点安放一台 300kN 电动穿心提升机，提升机的螺杆下端连接多节长 1.8m 的吊杆，下面连接横吊梁，梁中间用钢销与网架支座钢球上的吊环相连接。在钢柱顶上的上横梁处，又用螺杆连接着一个下横梁，作为拆卸吊杆时的停歇装置。当提升机每提升一节吊杆后（升速为 30mm/min），用 U 形卡板塞入下横梁上部和吊杆上端的支承法兰之间，卡住吊杆，卸去上吊杆，将提升螺杆下降与下一节吊杆接好，再继续上升，如此循环往复，直到网架升到托梁以上，然后把预先放在柱顶牛腿的托梁移至中间就位，再将网架下降于托梁上，即完成吊装。网架提升时应同步，每上升 600～900mm 观测一次，控制相邻两个提升点高差不大于 25mm。

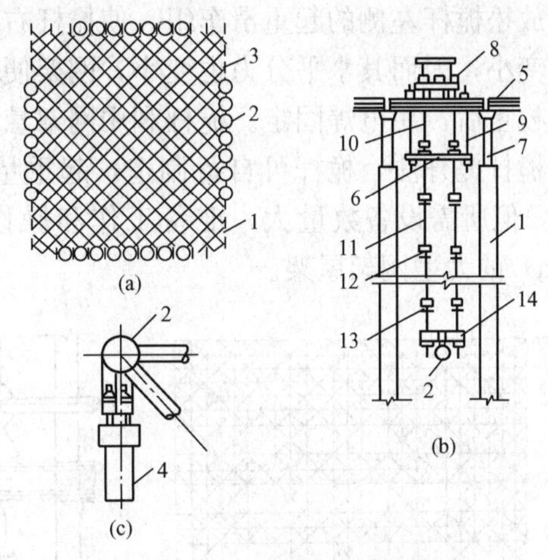

图 7-12　提升机提升网架

（a）网架平面；（b）网架提升装置；（c）支座构造

1—框架柱；2—钢球支座；3—网架；4—托架；5—上横梁；6—下横梁；7—短钢柱；8—电动穿心式提升机；9—吊挂螺栓；10—提升螺栓；11—吊杆；12—卡环接头；13—支承法兰；14—钢吊梁

提升机提升法不需大型吊装设备，机具和安装工艺简单，提升平稳，劳动强度低，工效高，施工安全，但准备工作量大。适用于跨度 50～70m，高度 40m 以上，重量较大的大、中型周边支承网架屋盖的安装。

3. 桅杆提升法

将网架在地面错位拼装，用多根独脚桅杆将其整体提升到柱顶以上，然后进行空中旋转和移位，落下就位安装，如图 7-13 所示。

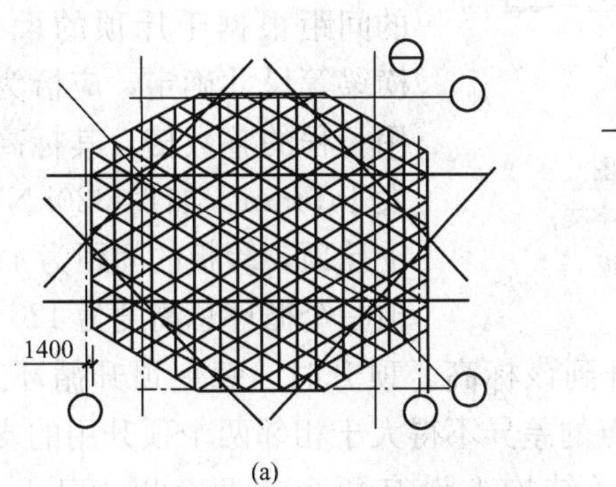

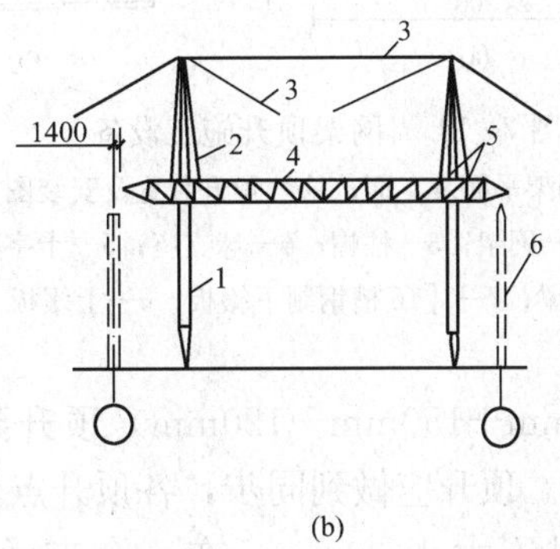

图 7-13　独脚桅杆提升网架

（a）网架平面布置；（b）网架吊装

1—独脚桅杆；2—吊索；3—缆风绳；4—网架；5—吊点（每根桅杆 8 个）；6—柱子

柱和桅杆应在网架拼装前竖立，当安装长方、八角形网架，在网架三向直径接近支座处竖立四根钢格构独脚桅杆，每根桅杆的两侧各挂一副起重滑车组，每副滑车组下设两个吊点，配一台卷筒直径、转速相同的电动卷扬机，使提升同步，每根桅杆设 6 根缆风绳与地面成 30°～40°夹角。

网架拼装时，逆时针转角 2°5′，使支座偏离柱 1.4m，即用多根桅杆将网架吊过柱顶后，需要向空中移位或旋转 1.4m。提升时，四根桅杆、八副起重滑车组同时收紧提升网架，使其等速平稳上升，相邻两桅杆处的网架高差应不大于 100mm。当提升到柱顶以上 500mm

时，放松桅杆左侧的起重滑车组，使桅杆右侧的起重滑车组保持不动，则左侧滑车组松弛，拉力变小，因而其水平分力也变小，网架便向左移动，进行高空移位或旋转就位，经轴线、标高校正后，用电焊固定。桅杆利用网架悬吊，采用倒装法拆除。

桅杆提升法，桅杆可自行制造，起重量大，可达 1000～2000kN，桅杆高度可达 50～60m，但所需设备数量大，准备工作和操作较复杂，适用于安装高、重、大（跨度 80～100m）的大型网架屋架。

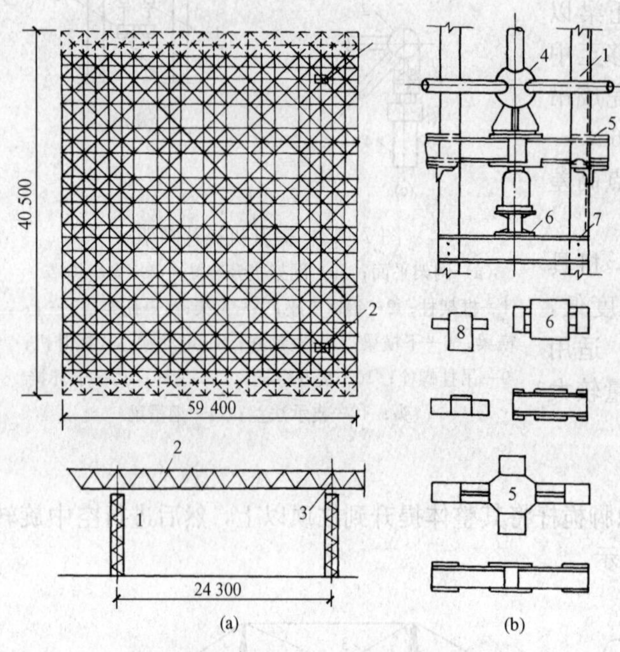

图 7-14 网架顶升施工设备

(a) 网架平面及立面；(b) 顶升装置及安装图

1—柱；2—网架；3—柱帽；4—球支座；5—十字架；6—横梁；7—［16 槽钢制下缀板；8—上缀板

4. 千斤顶顶升法

千斤顶顶升法是利用支承结构和千斤顶将网架整体顶升到设计位置，如图 7-14 所示。顶升用的支承结构一般多利用网架的永久性支承柱，亦可在原支点处或其附近设置临时顶升支架。顶升千斤顶可采用普通液压千斤顶或丝杠千斤顶，要求各千斤顶的行程和起重速度一致。网架多采用伞形柱帽的方式，在地面按原位整体拼装。由四根角钢组成的支承柱从腹杆间隙中穿过，在柱上设置缀板作为搁置横梁千斤顶和球支座用。上下临时缀板的间距根据千斤顶的尺寸、冲程、横梁等尺寸确定，应恰为千斤顶使用行程的整数倍，其标高偏差不得大于 5mm。如用 320kN 普通液压千斤顶，缀板的间距为 420mm，即顶一个循环总高度为 420mm，千斤顶分三次（150mm＋150mm＋120mm）顶升到该标高。顶升时，每一顶升循环工艺过程，如图 7-15 所示。顶升应做到同步，各顶升点的差异不得大于相邻两个顶升用的支承结构间距的 1/1000，且不大于 30mm；在一个支承结构上设有两个或两个以上千斤顶时不大于 10mm。

千斤顶顶升法设备简单，不用大型吊装设备；顶升支承结构可利用永久性支承，拼装网架不需搭设拼装支架，可节省费用，降低施工成本，操作简便安全。但顶升速度较慢，且对结构顶升的误差控制要求严格，以防失稳。适用于安装多支点支承的各种四角锥网架屋盖。

三、高空滑移法

采用这种施工方法时，网架多在建筑物前厅顶板上设拼装平台进行拼装，待第一个拼装单元或第一段拼装完毕，即将其下落至滑移轨道上，用牵引设备通过滑轮组将拼装好的网架向前滑移一定距离。接下来在拼装平台上拼装第二个拼装单元或第二段，接好后连同第一个拼装单元或第一段一同向前滑移，如此逐段拼装不断向前滑移，直至整个网架拼装完毕并滑移至就位位置。网架屋盖近年来采用高空平行滑移法施工逐渐增多，尤其适用于影剧院、礼堂等工程。

拼装好的网架的滑移，可在网架支座下设滚轮，使滚轮在滑道上滑动，如图 7-16 所示。亦可在网架支座下设支座底板，使支座底板沿预埋在钢筋混凝土框架梁上的预埋钢板滑动，如图 7-17 所示。

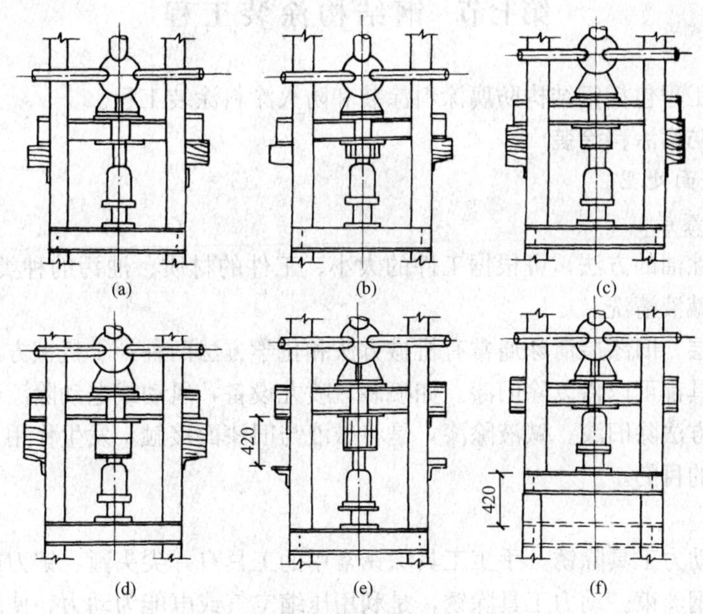

图 7-15　网架顶升施工过程

(a) 顶升 150mm，两侧垫方形垫板；(b) 回油，垫圈垫块；(c) 重复 (a) 过程；(d) 重复 (b) 过程；(e) 顶升 120mm，安装上缀板；(f) 回油，下缀板升一级

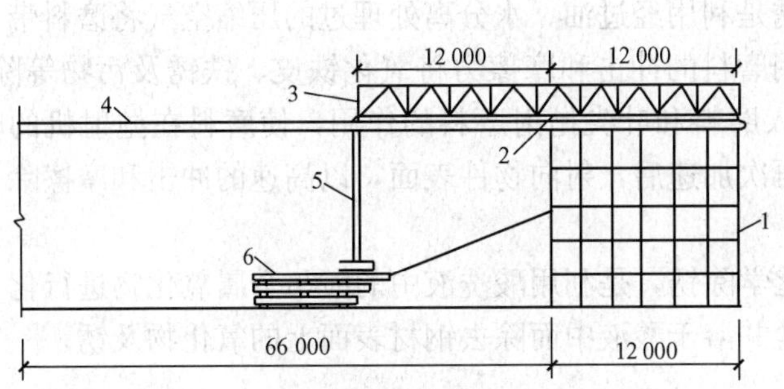

图 7-16　滑移轨道和滑移程序

1—拼装平台下的支柱；2—滚轮；3—网架；4—主滑动轨道；5—格构式钢柱；6—辅助滑动轨道

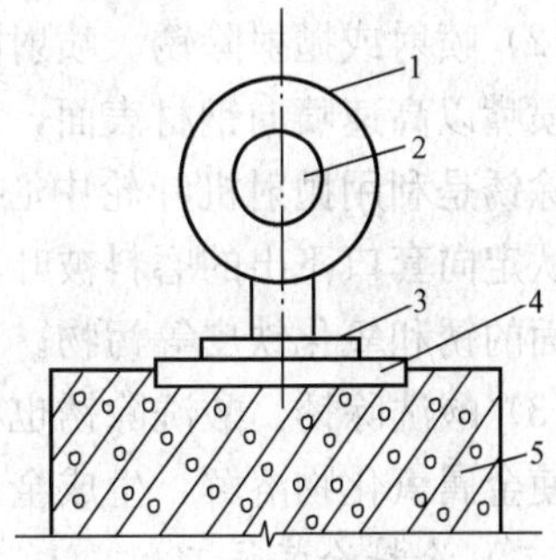

图 7-17　钢板滑动支座

1—球节点；2—杆件；3—支座钢板；4—预埋钢板；5—钢筋混凝土框架梁

网架先在地面将杆件拼装成两球一杆和四球五杆的小拼构件，然后用悬臂式桅杆、塔式或履带式起重机，按组合拼接顺序吊到拼接平台上进行扩大拼装，先就位点焊拼接网架下弦方格，再点焊横向跨度方向角腹杆，每节间单元网架部件点焊接接顺序由跨中间两端对称进行，焊完后临时加固，牵引可用慢速卷扬机进行，并设减速滑轮组，牵引点应分散设置，滑移速度应控制在 1m/min 内，做到两边同步滑移。当网架跨度大于 50m 时，应在跨中增设一条平稳滑道或辅助支顶平台。

高空滑移法，不需大型起重设备；可与室内其他工种平行作业，缩短总工期；用工省，减少高空作业；施工速度快。适用于场地狭小或跨越其他结构、起重机无法进入网架安装区域的中小型网架。

第七节 钢结构涂装工程

钢结构涂装工程包括钢结构防腐涂料涂装和防火涂料涂装工程。

一、钢结构防腐涂料涂装

（一）钢材表面处理

1. 除油及旧漆层

（1）除油。除油的方法，可根据工件的大小、工件的材质、油污的种类等因素来决定，常用溶剂清洗或碱液清洗。

（2）除旧漆层。旧漆层清除通常有机械方法和化学方法两种：①机械方法除旧漆。凡是除锈的机械或工具都可以借以除旧漆。如喷砂、喷丸设备，风动或电动除漆器等都是良好的工器具。②化学方法除旧漆。碱液除漆，是将碱液与旧漆面接触，发生作用后使涂层松软膨胀，达到除旧漆的目的。

2. 除锈

（1）手工或动力工具除锈。手工工具除锈常用的工具有：尖头锤、铲刀或刮刀、砂布或砂纸、钢丝刷或钢丝束。动力工具除锈，是利用压缩空气或电能为动力，使除锈工具产生圆周式或往复式运动，产生摩擦或冲击来清除铁锈或氧化铁皮等。其常用工具：气动端型平面砂磨机、气动角向平面砂磨机、电动角向平面砂磨机、直柄砂轮机、风动钢丝刷、风动打锈锤、风动齿形旋转式除锈器、风动气铲等。

（2）喷射或抛射除锈。喷射除锈是利用经过油、水分离处理过的压缩空气将磨料带入并通过喷嘴以高速喷向钢材表面，利用磨料的冲击和摩擦力将氧化铁皮、铁锈及污物等除掉。抛射除锈是利用抛射机叶轮中心吸入磨料和叶尖抛射磨料的作用，使磨料在抛射机的叶轮内，从定向套口飞出的磨料被叶轮再次加速后，射向物件表面，以高速的冲击和摩擦除去钢材表面的锈和氧化铁皮等污物。

（3）酸洗除锈。酸洗除锈也称化学除锈，是利用酸洗液中的酸与金属氧化物进行化学反应，使金属氧化物溶解，生成金属盐并溶于酸液中而除去钢材表面上的氧化物及锈。

（二）涂料涂装施工

1. 施工准备

（1）开桶。开桶前，首先应将桶外的灰尘、杂物除尽，以免混入油漆桶内。同时对涂料的名称、型号和颜色、制造日期进行检查。开桶后，若发现有结皮现象，应将漆皮全部取出，而不能将漆皮捣碎混入其中，以免影响质量。

（2）搅拌。由于油漆中各成分比重的不同，有的会出现沉淀现象。所以在使用前，必须将桶内的油漆和沉淀物全部搅拌均匀后才可使用。

（3）配比。双组分的涂料，在使用前必须严格按照说明书所规定的比例来混合。双组分涂料一旦配比混合后，就必须在规定的时间内用完，所以在施工时，必须控制好用量，以免产生浪费。

（4）熟化。双组分涂料有其熟化时间，要求将两组分混合搅拌均匀后，过一定熟化时间才能使用，对此应引起注意，以保证施工性能和漆膜的性能。

（5）稀释。一般涂料产品在出厂时，已将黏度调节到适宜于施工要求的黏度范围，开桶后经搅拌即可使用，但由于贮存条件、施工方法、作业环境、气温的高低等不同情况的影响，在使用时，有时需要稀释剂来调整黏度。施工时应对选用的稀释剂牌号及使用稀释剂的最大用量进行控制，否则会造成涂料的报废或性能下降影响质量。

（6）过滤。涂料在使用前，一般都需要过滤。将涂料中可能产生的或混入的固体颗粒、漆皮或其他杂物滤掉，以免造成杂物堵塞喷嘴及影响施工进度和漆膜的性能和外观。一般情况下，可以使用 80～120 的金属网或尼龙丝筛进行过滤，以达到质量控制的目的。

2. 施工环境条件

（1）工作场地。涂装工作尽可能在车间内进行，并应保持环境清洁和干燥，以防止已处理的涂件表面和已涂装好的任何表面被灰尘、水滴、油脂、焊接飞溅或其他脏物粘附在其上面而影响质量。

（2）环境温度。进行施工时环境温度一般可控制在 5～38℃之间。这是因为在气温低于5℃的条件下，环氧类化学固化型涂料的固化反应已经停止，因而不能施工。涂装温度不超过 38℃，温度控制应按使用说明书要求进行。

（3）相对湿度。涂装施工一般应控制相对湿度在 85％以下，也可以控制钢构件表面温度高于露点温度（露点是空气中水蒸气开始凝结成露水时的温度点，其与空气温度和相对湿度有关）。

3. 其他施工要求

（1）钢材表面进行处理达到清洁度后，一般应在 4～6h 内涂第一道底漆。涂装前钢材表面不容许再有锈蚀，否则应重新除锈，同时处理后表面沾上油迹或污垢时，应用溶剂清洗后，方可涂装。

（2）涂后 4h 内严防雨淋。当使用无气喷涂时，风力超过 5 级时，不宜喷涂。

（3）对钢构件需在工地现场进行焊接的部位，应按标准留出大于 30～50mm 的焊接特殊要求的宽度不涂刷或涂刷环氧富锌车间防锈底漆。

（4）应按不同涂料的说明严格控制层间最短间隔时间，保证涂料的干燥时间，避免产生针孔等质量问题。

4. 施工方法

防腐涂料涂装方法一般有刷涂、手工滚、浸涂和空气喷漆等。其中采用高压、无气喷涂具有功率高，涂料损失少，一次涂层厚的特点，在涂装时应优先考虑选用。

5. 防腐涂装施工

（1）涂料在开桶前，应充分摇匀。开桶后，原漆应不存在结皮、结块、凝胶等现象，有沉淀应充分搅拌，有漆皮应除掉。为保证漆膜的流动性而又不产生流淌，必须把涂料的黏度调整到一定范围之内。

（2）在涂刷过程中的顺序应自上而下，从左到右，先里后外，先难后易，纵横交错地进行涂刷。

（3）钢结构工程有一些部位，是禁止涂漆的。如地脚螺栓和底板、高强螺栓接合面、与混凝土紧贴或埋入的部位等。为防止误涂，施工前必须进行遮蔽保护。组装的符号在涂漆时，也可用橡皮带保护好。

(4) 涂装间隔时间，对涂层质量有很大的影响。间隔时间控制适当，可增强涂层间的附着力和涂层的综合防护性能，否则可能造成“咬底”或大面积脱落和返锈等现象。由于各种涂料的性能不同，其间隔时间也不一样，可根据涂料产品说明书设定间隔时间。

(5) 二次涂装的表面处理和补漆。二次涂装是指构件在加工厂加工制作，并按设计作业分工涂装完后，运至现场进行的涂装，或者涂装间隔时间超过最后间隔时间（一般约在一个月以上），再进行的涂装。对二次涂装的表面，应进行处理后，方可进行现场涂装。

(6) 修补涂装。涂装结束安装之前，经自检或专检涂层有缺陷时，应找出原因，并及时修补。

二、钢结构防火涂料涂装

(一) 防火涂层厚度确定

(1) 按照有关规范对钢结构耐火极限的要求，并根据标准耐火试验数据设计规定相应的涂层厚度。

(2) 根据标准耐火试验数据，即耐火极限与相应的保护层厚度，确定不同规格钢构件达到相同耐火极限所需的同种防火涂料的保护层厚度。

(3) 根据钢结构防火涂料进行 3 次以上耐火试验所取得的数据作曲线图确定出试验数据范围内某一耐火极限的涂层厚度。

(4) 直接选择工程中有代表性的型钢，喷涂防火涂料作耐火试验，根据实测耐火极限确定待喷涂层厚度。

(5) 防火涂层设计时，对保护层厚度的确定应以安全第一，耐火极限留有余地，涂层适当厚一些。如某种薄涂型钢结构防火涂料，标准耐火试验时，涂层厚度 5.5mm，刚好达到 1.5h 的耐火极限，采用该涂料喷涂保护耐火等级为一级的建筑，钢屋架宜规定喷涂厚度不低于 6mm。

(二) 防火涂料技术条件

(1) 防火涂料可用喷涂、抹涂、辊涂、刮涂或刷涂等方法中的任何一种或多种方法方便地施工，并能在通常的自然环境条件下干燥固化。

(2) 防火涂料应呈碱性或偏碱性。复层涂料相互配套。底层涂料应能同普通的防锈漆配合使用。

(3) 涂层实干后不应有刺激性气味。燃烧时一般不产生浓烟和有害人体健康的气体。

(三) 防火涂料施工

1. 施工准备

喷涂施工前，钢结构表面应除锈，并根据使用要求确定防锈处理。除锈和防火处理应符合现行《钢结构工程施工质量验收规范》(GB 50205—2001) 中有关规定。对大多数钢结构而言，需要涂防锈底漆。防锈底漆与防火涂料不应发生化学反应。有的防火涂料具有一定防锈作用，如试验证明可以不涂防锈漆时，也可不作防锈处理。

2. 施工环境条件

外喷涂是以一定的压力喷射防火涂料，目的是为了保证涂层黏结牢固，因此当风速在 5m/s 以上时，不宜施工。喷完后宜在环境温度 5～38℃，相对湿度≤85%，通风条件良好的情况下干燥固化。

3. 涂装施工

(1) 厚涂型钢结构防火涂料施工。

①喷涂应分若干次完成，第一次喷涂以基本盖住钢基材面即可，以后每次喷涂厚度为5～10mm，一般以7mm左右为宜。必须在前一次喷层基本干燥或固化后再接着喷，通常情况下，每天喷一遍即可。

②喷涂保护方式，喷涂次数与涂层厚度应根据防火设计要求确定。耐火极限1～3h，涂层厚度10～40mm，一般需喷2～5次。

③喷涂时，持枪手紧握喷枪，注意移动速度，不能在同一位置久留，造成涂料堆积流淌；输送涂料的管道长而笨重，应配一助手帮助移动和托起管道；配料及往挤压泵加料均要连续进行，不得停顿。

④施工过程中，操作者应采用测厚针检测涂层厚度，直到符合设计规定的厚度，方可停止喷涂。

⑤喷涂后的涂层要适当维修，对明显的乳突，应采用抹灰刀等工具剔除，以确保涂层表面均匀。

(2) 薄涂型钢结构防火涂料施工。

①底涂层一般应喷2～3遍，每遍间隔4～24h，待前遍基本干燥后再喷后一遍。头遍喷涂以盖住基底面70%即可，二、三遍喷涂每遍厚度不超过2.5mm为宜。每喷1mm厚的涂层，约耗湿涂料1.2～1.5kg/m^2。

②喷涂时手握喷枪要稳，喷嘴与钢基材面垂直或成70°角，喷口到喷面距离为400～600mm。要求回旋转喷涂，注意搭接处颜色一致，厚薄均匀，要防止漏喷、流淌。确保涂层完全闭合，轮廓清晰。

③喷涂过程中，操作人员要携带测厚计随时检测涂层厚度，确保各部位涂层达到设计规定的厚度要求。

④喷涂形成的涂层是粒状表面，当设计要求涂层表面要平整光滑时，待喷完最后一遍应采用抹灰刀或其他适用的工具作抹平处理，使外表面均匀平整。

⑤当底层厚度符合设计规定并基本干燥后，方可进行面层喷涂。面层涂料一般涂饰1～2遍。如头遍是从左至右喷，二遍则应从右至左喷，以确保全部覆盖住底涂层。面层喷涂用料为0.5～1.0kg/m^2。

⑥对于露天钢结构的防火保护，喷好防火的底涂层后，也可选用适合建筑外墙用的面层涂料作为防水装饰层，用量为1.0kg/m^{2}即可。

工 程 实 践 案 例

一、工程概况

某文体中心工程总建筑面积为14323m^2，包括A、B、C、D、E、F、G、H座，如图7-18所示。其中A、D、H座的屋盖结构采用了从英国引进，在国内首次采用的伞架支承曲率单层扁网壳钢结构。而D座是该中心的主要建筑物，内设有多功能1200座影剧院及展览室、大型公共敞厅等。

D座屋盖平面，由20个14m×14m大小相同、受力性能不同的钢结构网壳组成，其中

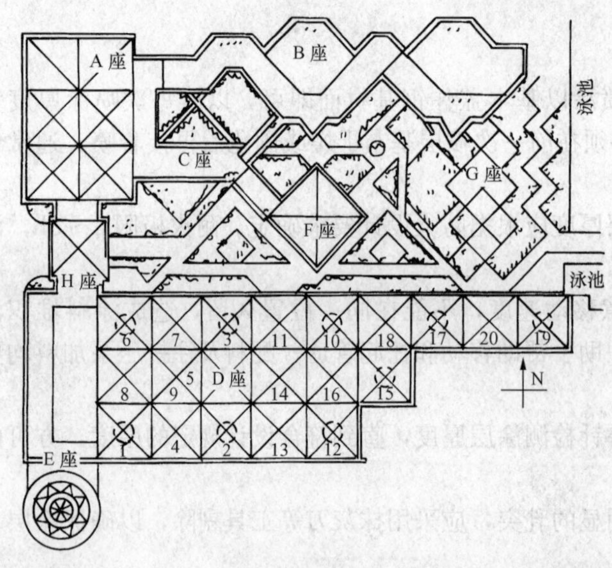

图 7-18　钢结构网壳平面图

9个钢结构网壳（如图 7-18 虚线所示）下设计有支承伞架，作为整个D座屋盖结构的承力和传力构件，伞架将屋盖荷载传递至直径为 3.5m 的钢筋混凝土筒体上，如图 7-19 所示，伞架四周的水平杆与屋盖网壳的连接通过 $D121\times6$mm 连杆焊接实现，如图 7-20 所示。整个D座屋盖面积为 3970m²，跨度为 42m，檐口高度 13.5m。

二、D座伞架安装条件及吊装方案选择

从设计院提供的英文资料看，英国主要是在大型公共建筑物（如希恩机场候机楼）中采用这种结构，而且安装伞架结构时，地面相当空旷，吊装方法是采用大型行走机械分件吊装就位，高空拼装后再施加预应力形成空间不变结构体系，最后吊装在工厂已加工完成的复合网壳（带屋面板）。

本工程D座屋盖安装之前，屋盖下的建筑物主体已基本完成，如西端的耳房、看台、东端三楼平台等；与D座相邻或相接的建筑物已建好，如西端的舞台部分，东端的游泳池管理楼。显然D座伞架的安装条件不如希恩机场候机楼，不可能硬搬英国的吊装方法。

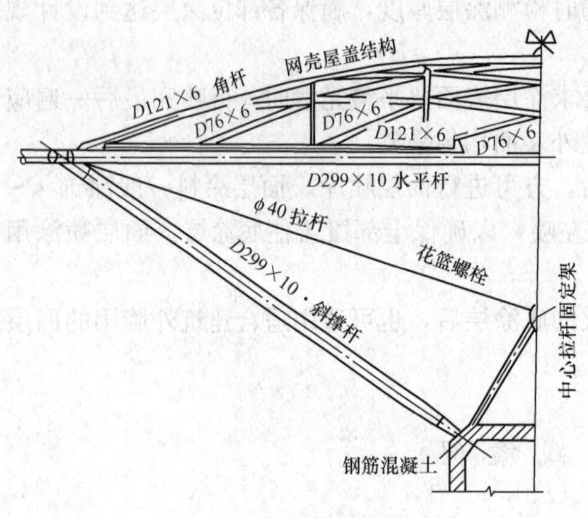

图 7-19　网壳屋盖结构

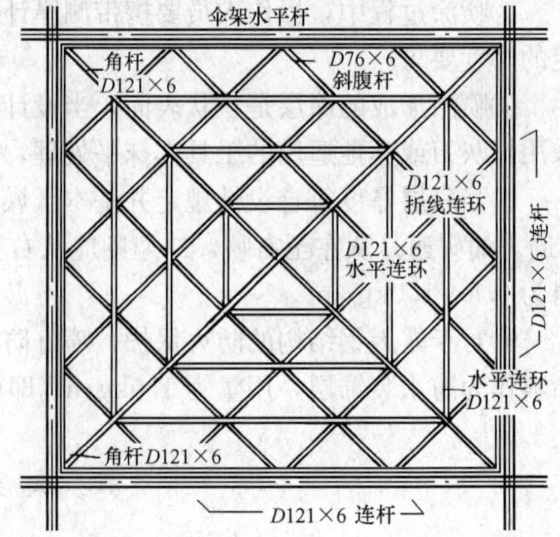

图 7-20　伞架四周水平杆与屋盖网壳的连接

三、D座吊装工艺

1. 伞架安装工艺

(1) 考虑到独脚拔杆的起重量，将伞架主要受力构件分为几种类型，如图 7-21 所示。在某造船厂加工成型，经严格的产品出厂检验合格后运至施工现场，按施工组织设计中的总平面图布置及吊装顺序堆放就位。

（2）考虑到独脚拔杆的移动和装拆方便，按吊装单元及吊装顺序（如图7-18中编号），从地面至伞架水平杆标高（13.5m）处搭设满堂脚手架，沿水平杆方向搭设1.5m宽的工作平台作为临时摆放水平杆，斜撑杆和水平节点杆及工人操作和焊接之用，同时按流水作业安装独脚拔杆。

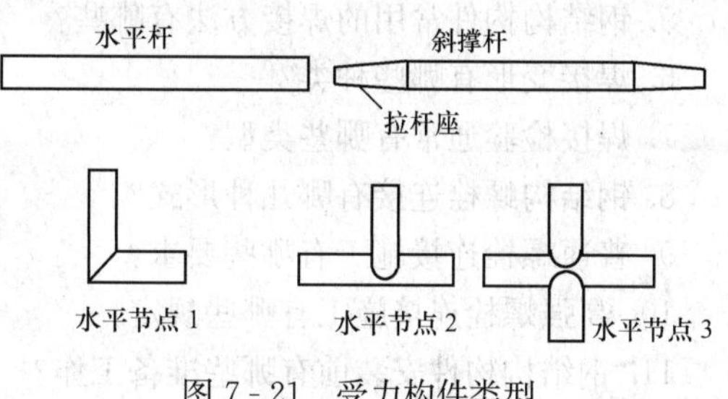

图7-21　受力构件类型

（3）伞架构件吊装顺序：①用独脚拔杆先将伞架四根斜撑杆吊装就位，下部与固定在钢筋混凝土筒体上的四个铰支座用设计的销子固定，上部临时放置在工作平台的钢管架上；②将伞架的四条水平杆及四个水平节点杆吊装放在工作平台上；③纵横向拉线检查水平杆（及节点杆）的平面位置，经纬仪校正标高，初校无误后，将斜撑杆与水平节点杆、水平杆及水平节点杆点焊临时固定；④再经最后校正无误后，将连接处满焊，考虑到焊接变形可能会影响杆件产生位移，在杆件制作时留有余量，而在施焊时采用对称方法进行。

（4）施加预应力：当所有伞架焊接工作完成后，为使其形成空间不变的结构体系以支承其上的网壳屋盖，必须先逐个对伞架按设计要求施加预应力。原设计是对分别铰支固定于斜撑杆顶端和中央支承架上的两段$\phi40$的圆钢用花篮螺栓连接，通过扭力扳手拧紧花篮螺栓，以拉杆建立预拉力。预拉应力大小是否达到设计要求，由扭矩的大小来折算。实际施工过程中考虑到该杆件预应力值是否准确，直接影响到伞架结构是否足以承受屋盖荷载的关键问题。因此，征得设计院的同意，决定根据钢材在弹性范围内应力与应变呈线性的特点，采用先将拉杆用花篮螺栓拉紧，再在拉杆上粘贴电阻应变片，拧紧花篮螺栓对拉杆所施加的预拉应力，通过应变仪的读数与$\phi40$圆钢的弹性模量准确的计算出来。

2. 屋面网壳安装工艺

待所有伞架拉杆的预拉应力施加完毕后，在原有伞架吊装工作平台之上搭设安装网壳的操作平台，网壳安装工艺如下：

（1）用手动葫芦吊装$D121$角杆，并校正标高及平面位置无误后，点焊固定。

（2）用葫芦吊装水平连环杆，就位并校核位置及标高后与角杆点焊固定。

（3）吊装斜腹杆，校核位置及标高后，点焊固定。

（4）校正所有杆件的位置准确无误后，将所有焊缝全部焊满，并最终固定。

四、结论

按上述吊装方案实施，除第一、二伞架（网壳）的安装速度由于处于摸索阶段较慢外，其余速度快、质量好，保证了合同工期，受到专家验收组的一致好评，被评为优良工程。

复习思考题

1. 钢结构具有哪些特点？
2. 钢结构构件加工制作前有哪些准备工作？
3. 试述钢结构构件加工制作的工艺程序。
4. 钢结构构件出厂时应提供哪些资料？

5. 钢结构构件常用的焊接方法有哪些?
6. 焊接变形有哪些种类?
7. 焊接检验通常有哪些类型?
8. 钢结构螺栓连接有哪几种形式?
9. 普通螺栓连接施工有哪些要求?
10. 高强螺栓连接施工有哪些规定?
11. 钢结构构件安装前有哪些准备工作?
12. 钢柱子安装中心线标志的设置有哪些规定?
13. 试述吊车梁的安装顺序。
14. 多层及高层钢结构安装前有哪些准备工作?
15. 网架结构的吊装方法有哪几种?
16. 钢结构涂料涂装施工准备工作有哪些?
17. 钢结构防腐涂装施工应做好哪些工作?
18. 钢结构防火涂料涂装对施工环境有哪些要求?

第八章 高层建筑主体结构工程施工

本章提要：本章内容包括高层建筑的结构体系、施工特点；高层建筑施工中常用的起重机械和不同结构体系的施工方案，高层建筑施工主要机械的性能、适用范围、选择方法及使用要求；脚手架的搭设、液压滑模施工、升板法施工、大模板施工、转换层结构施工等的工艺原理、施工方法和技术措施。

学习要求：

(1) 了解高层建筑的结构体系及施工特点，能对主体结构的施工方案进行选择、比较。

(2) 掌握常用塔式起重机的类型、性能及适用范围；能合理地进行选择和使用。

(3) 掌握液压滑模的组成系统，组装顺序及滑升原理，能对滑模施工中容易产生的质量事故进行分析和处理。

(4) 掌握脚手架的搭设、大模板组装方法及对施工质量、安全的要求。

(5) 掌握转换层结构施工工艺、施工方案、技术措施。

第一节 高层建筑结构施工概述

随着我国经济建设的迅猛发展，高层建筑在我国大中城市如雨后春笋般涌现出来，进一步展现出我国城市建设的规律和现代城市化的发展进程，同时，对建筑业科技进步也起着极大的推动作用。

高层建筑的施工技术水平随着工程建设的发展而不断提高，尤其近几年来有了突破性的重大进展。当今世界上一些先进的高层和超高层结构体系，都进入了我国的建筑设计和施工领域。在高层住宅方面，除通常采用的现浇剪力墙体系外，滑模施工日见增多，我国滑模施工工艺在滑升结构的类型、范围、外形、截面形式、工艺和机具等方面，都有了很大发展和创新，已处于国际先进水平。目前还推行了群体高层内浇外砌体系，加快了施工进度。在各类高层公共建筑方面，钢筋混凝土框筒、框剪、筒中筒等结构体系已广泛投入使用。在施工中，有采用预应力板柱结构和带框无砂陶粒混凝土结构。如广东国际大厦采用的无黏性预应力混凝土楼板，其高度已超过国际同类建筑的高度。在超高层建筑方面，全钢结构框架也开始出现。在解决关键技术超厚钢板的现场焊接中，采用气体保护焊焊接 130mm 厚钢板获得成功，并成功解决了整体钢框架的焊接变形控制和测量校正的措施，使这项技术达到了国际先进水平。随着大批新技术、新材料、新装备的普及和推广，高层建筑施工技术将会得到不断提高和发展。

一、高层建筑的定义

高层建筑主要是按其建设层数或建筑物（或构筑物）的总高度来作为划分高层建筑与一般建筑（或构筑物）的依据。按照 1972 年召开的国际高层建筑会议确认，将高层建筑按其层数或总高度划分为四种类型：

第一类高层建筑，指层数为 9～16 层，最高为 50m；

第二类高层建筑，指层数为17～25层，最高为75m；

第三类高层建筑，指层数为26～40层，最高为100m；

第四类高层建筑，指层数为40层以上，总高度在100m以上。

以上是国际建筑界对高层建筑的理解。结合我国的具体情况，我国国家标准对高层建筑作了如下的界定：“高层建筑是指10层以上的住宅和总高度超过24m的公共建筑和综合性建筑”[见《民用建筑设计通则》(JGJ37—1987)]。

二、高层建筑的结构体系与施工方法

1. 框架结构体系

框架结构同时承受竖向荷载和水平荷载，是我国过去在多层建筑中应用较多的结构型式之一。框架体系由梁、柱构件通过节点连接构成。框架结构的优点是建筑平面布置灵活，可形成较大的空间，有利于布置餐厅、会议厅、休息厅等，因此在公共建筑中应用较多。

框架结构仍属柔性结构，抗水平荷载的能力较弱，而且抗震性能较差，因此，其高度H不宜过高，一般H不宜超过60m，且H与房屋宽度B之比不宜超过5。否则为了同时满足强度和侧向刚度，就会出现肥梁胖柱，经济效果较差。

框架结构施工有现浇和预制装配之分。现浇框架目前多用组合式定型钢模现场进行浇筑，为了加快施工进度，梁、柱模板可预先整体组装然后进行安装。预制装配式框架多由工厂预制，用塔式起重机（轨道式或爬升式）或自行式起重机（履带式、汽车式起重机等）进行安装。装配式柱子的接头，有榫式、插入式、浆锚式等，接头要能传递轴力、弯矩和剪力。柱与梁的接头，有明牛腿式、暗牛腿式、齿槽式、整浇式等。可做成刚接（承受剪力和弯矩），亦可做成铰接（只承受垂直剪力）。装配式框架接头钢筋的焊接非常重要，要注意焊接变形和焊接应力，如图8-1所示。

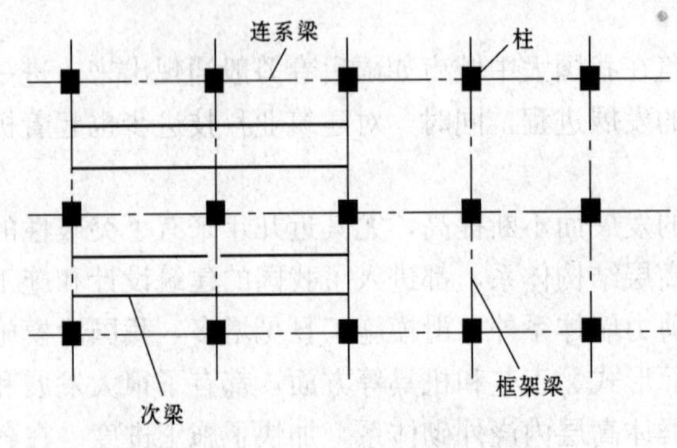

图8-1 框架结构体系

2. 剪力墙结构体系

剪力墙结构体系是利用建筑物的内墙和外墙作为承重骨架构成剪力墙来抵抗水平力的结构体系。剪力墙一般为钢筋混凝土墙，厚度不小于140mm。这种体系的侧向刚度大，可以承受较大的水平荷载和竖向荷载，但其主要荷载为水平荷载。剪力墙结构的高度H，一般不宜超过150m。

剪力墙结构适用于居住建筑和旅馆建筑，这类结构开间小，墙体多，变化少，采用剪力墙结构非常适宜。剪力墙结构体系的主要缺点，是建筑物平面被剪力墙分隔成小的开间，使建筑布置和使用要求受到一定的限制。剪力墙结构体系可以用大模板或滑升模板进行拼装施工。滑升模板用于施工高层剪力墙结构，我国于20世纪70年代就已开始，上海、北京、广州、深圳等地都有应用，并做了不少的改进，取得良好的效果，如图8-2所示。

3. 框架—剪力墙体系

在框架结构平面中的适当部位设置钢筋混凝土剪力墙，也可以利用楼梯间、电梯间墙体作为剪力墙，使其形成框架—剪力墙结构。框架—剪力墙既有框架平面布置灵活的优点，又能较好地承受水平荷载，并且抗震性能良好，是目前高层建筑中经常采用的一种结构体系。

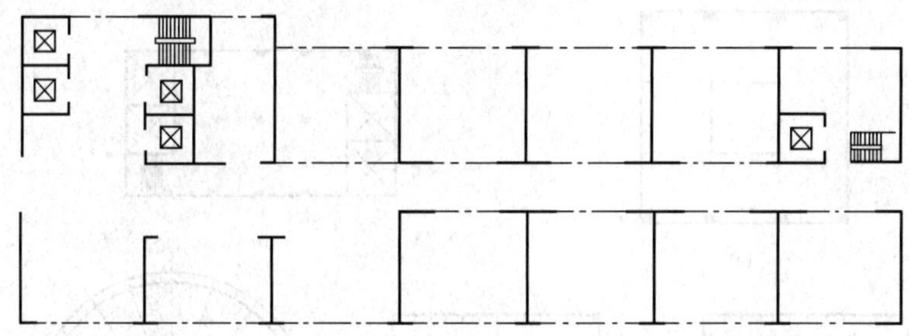

图 8-2　剪力墙结构体系

适用于 15～30 层的高层建筑，高度一般不超过 120m。

剪力墙一般为现浇钢筋混凝土墙板，常用大模板或组合式钢模进行现浇。框架部分用组合式钢模板进行现浇，如图 8-3 所示。

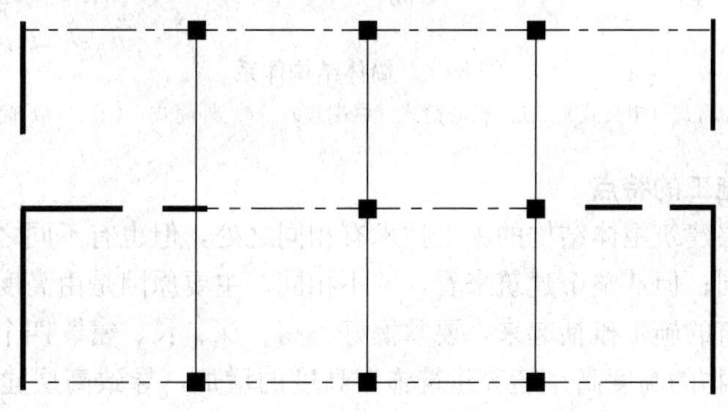

图 8-3　框架—剪力墙结构体系

4. 筒体体系

筒体体系是指由一个或几个筒体作为承重结构的高层建筑结构体系。水平荷载主要由筒体承受，具有很大的空间刚度和抗震能力。

整个筒体就如一个固定于基础上的封闭的空心悬臂梁，它不仅可以抵抗很大的弯矩，也可以抵抗扭矩，是非常有效的抗侧力体系。采用这种结构体系，建筑布置灵活，单位面积的结构材料消耗量少，是目前超高层建筑的主要结构体系之一。筒体体系又可分为以下几种体系，如图 8-4 所示。

（1）核心筒体系（或称内筒体系）：这种结构体系一般由设于建筑内部的电梯井或设备竖井的现浇钢筋混凝土筒体与外部的框架共同组成。

（2）框筒体系：这种结构体系由建筑物四周密集的柱子与高跨比较大的横梁组成。

（3）筒中筒体系：这种结构体系由内筒与外筒组成。

（4）成束筒体系：这种结构体系是由几个互相连在一起的筒体组成，因而具有非常大的侧向刚度，用于高度很大的超高层建筑。

核心筒的内筒和筒中筒结构体系多为现浇的钢混凝土墙板结构，如高度较大时，采用滑升模板施工方法较为适宜。

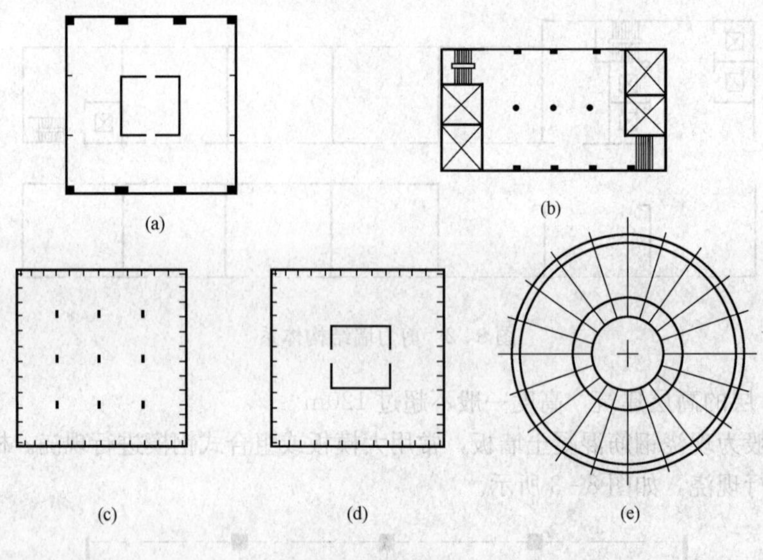

图 8-4 筒体结构体系

(a) 核心筒式 (中央式); (b) 核心筒式 (尽端式); (c) 外筒式; (d)、(e) 筒中筒式

三、高层建筑施工的特点

高层建筑和多层建筑主体结构的施工技术有相同之处，但也有不同之处。从逐层施工的方法来看，基本相同；但从整个建筑来看，并不相同。主要原因是由高度增高而带来施工条件的差异。高层建筑的施工概括起来，要掌握好“高、深、长、密”四个特点。

“高”是指建筑物的高度高。随着建筑施工高度的增加，导致高层建筑施工的特点是垂直运输量大，没有与之相适应的垂直运输设备，要建造高层建筑是相当困难的。

“深”是指基础埋置深度深。为了保证高层建筑整体稳定性，天然地基的埋置深度不宜小于建筑物高度的 1/12，采用桩基时，不宜小于建筑高度的 1/15（桩的长度不计算在埋置深度内），至少应有一层地下室。因此，一般埋深均在地面以下 5m。目前我国高层建筑中基础埋置最深的是北京京城大厦，地下四层，埋深－23.5m，深基础给施工带来很大的困难，尤其是软土地基的处理难度大。

“长”是指建筑物施工周期长。高层建筑施工周期都比较长，一般多层住宅每栋平均工期在 10 个月左右，而高层建筑的施工周期一般都在一年以上。要缩短施工周期，主要是缩短主体结构和装饰施工周期，各种高层结构体系可以采用不同的施工方法。而现浇混凝土是高层建筑施工的主导工序，合理地选择模板体系是缩短工期，降低成本的主要途径之一。

“密”是指高层建筑的施工条件复杂。高层建筑一般建造在密集的建筑群中，因此施工场地狭小，建造时必须保护相邻建筑、道路和地下管线不遭损坏，一般在基础工程施工时，均要采用挡土或加固等措施。

为此通过技术、经济比较，选择最优施工方案是十分必要的。同时在高层建筑施工组织设计中，需拟订相应的基础工程施工方案、主体结构工程施工方案和装饰工程施工方案等，以便更好地组织施工。

第二节　高层建筑主体结构施工用机械设备

高层建筑主体结构施工期间，每天都有大量建筑材料、半成品、成品及施工人员需要进行垂直运输，因此高层建筑主体结构施工用的机械设备，主要是塔式起重机、混凝土泵和施工外用电梯（人货两用电梯）。

一、塔式起重机

塔式起重机主要分为快速拆装塔式起重机和自升式塔式起重机两大类。前者即移动式塔式起重机，可根据需要换装不同的底盘而成为轨道式、轮胎式或履带式，后者一般多为轨道式、固定式、附着式和内爬式塔式起重机。高层建筑和超高层建筑施工用垂直运输机械，主要是附着式（自升式）塔式起重机和内爬式塔式起重机。

（一）高层建筑施工对塔式起重机的要求

1. 起重臂要长

高层建筑起重机标准臂长一般为30～45m，可以接长到50～60m。有的重型自升式塔式起重机的标准起重臂长80m，最长可接到95m。

2. 工作速度要高而且能调速

起重机的提升机构普遍具有3～4种工作速度，重物提升速度超过100m/min，有的重型塔式起重机，在起吊较轻荷载时的最大提升速度可达233m/min。

3. 采用小车变幅臂架

塔式起重机小车变幅臂架的优点是通过起重小车行走来变幅，再辅以适当的旋转就可进行构件就位，吊装比较方便。

4. 改善操纵条件

随着塔式起重机向大型、大高度、长起重臂方向发展，操作人员的能见高度愈来愈差。因此需要在起重臂端部（仰俯变幅或起重小车上）安装电视摄像机，操作人员在操作室可以利用电视进行控制，以方便安装和就位。

（二）塔式起重机的选择与布置

塔式起重机的选择要综合考虑建筑物的高度、建筑物的结构型式、构件的重量、现场的平面布置等各方面情况，同时要兼顾装、拆塔式起重机的场地和建筑结构满足塔架锚固、爬升的要求。

（1）由建筑物高度初步选定所需塔身高度，臂杆型式及塔式起重机类型。

（2）根据总工期的要求和施工方法，计算总安装数量及综合吊次，以施工定额为依据，排出进度计划，确定塔式起重机的台数和进出场日期。

（3）当一个工程因一台塔式起重机无法满足工期需要时，可采用多台塔式起重机同时作业。但是在多台起重机布置时，应避免相互碰撞与干扰，可采取以下措施：

1）在满足构件安装和保证塔式起重机有足够覆盖面积的前提下，尽量加大两台塔式起重机的塔身距离。并应考虑较低塔吊的起重臂不碰撞较高塔吊的塔身。

2）相邻两机起重臂应上下相互错开，较高塔吊的起重臂应高于较低塔吊的塔尖。

3）高低塔式起重机应分期进场，一般先进高度较低的塔式起重机，施工至一定高度后再安装较高的塔式起重机。

二、混凝土输送泵

混凝土泵是用压力将混凝土拌和物沿管道输送的一种设备，它能连续完成混凝土的水平运输和垂直运输。配以布料杆或布料机，就可方便地进行混凝土浇筑。在现浇结构的高层建筑施工中，采用泵送混凝土能有效地解决混凝土量巨大的基础施工以及占总垂直运输量70%左右的高层建筑上部结构混凝土的运输问题，有关泵送混凝土的施工内容详见第四章第三节。

三、施工电梯

施工电梯又称人货两用电梯，是高层建筑施工设备中唯一可运送人员上下的垂直运输设备。如果不采用施工电梯，高层建筑施工中的净工作时间损失将达30%左右，因此施工电梯是高层建筑施工提高生产率的关键设备之一。

施工电梯分钢索驱动式与齿轮、齿条驱动式两种。后者又分带平衡重和不带平衡重、单笼和双笼，单机组驱动和双机组驱动等六种型式。就载重量而言，有轻型、重型和超轻型之分。轻型的载重量10kN，或乘员12人；重型的载重量为20～24kN，或乘员27～30人；超轻型的载重为6kN或6～8人。施工电梯主要包括：

(1) 塔架：塔架的断面尺寸为650mm×650mm和800mm×800mm，由四根无缝钢管作主弦杆，也可采用方钢管。

(2) 平衡重系统：平衡重系统包括平衡重、天轮架、钢丝绳等。平衡重约等于梯笼自重加1/2的额定载重量。

(3) 梯笼升降传动机构：它由导轨上的齿条、电动机、行星减速器、蜗轮减速器、电磁制动装置等组成。

(4) 限速制动装置：常用的限速制动装置有重锤离心摩擦式捕捉器和偏心摩擦椎鼓制动器两种。

(5) 自行架设机构：塔架和附着装置的接高或拆除，利用梯笼的升降运动及附装在梯笼顶部的小吊杆。小吊杆有手动的，也有电动的。

施工电梯由于人货两用，提升速度多在40m/min左右，最高可达80m/min。施工电梯起升高度可达450m。电梯附墙后最大自由高度为7～10m。为了保证梯笼的安全运行防止意外坠落，施工电梯均设置了限速制动装置，当下降速度大于0.88～0.98m/s时，能自动切断电源实现平缓制动，逐步迫使梯笼停止运行。为了确保紧急情况下施工电梯的畅通，施工电梯的进线应专线供电，以防安全事故的发生。

在主体结构施工阶段，施工电梯主要运送对象是施工人员、钢筋、预埋件和工具等。到装饰施工时，施工电梯还要运送装修材料、卫生设备、水暖器材、管道设备等。在高层建筑施工中，装饰工程和安装工程经常提前插入，使整个工程处于结构施工、设备安装和装饰工程施工交叉平行进行的状态。而一台施工电梯的服务楼层面积约为600m^2，因此对人货电梯运输组织与管理十分重要。为充分发挥施工电梯的作用应采取以下措施：

(1) 施工楼层相对集中；

(2) 增加班次，白天以运送施工人员为主，晚上运送材料；

(3) 合理组织，尽可能满载运输；

(4) 上下班时每隔3～5个楼层停靠一次，以加快运行速度，电梯不允许在楼层等候；

(5) 在楼层设置相应生活设施，以减少施工人员上下流动。

四、高层建筑施工用脚手架

在高层建筑施工中，目前主要采用钢管扣件脚手架和门架式组合脚手架，工具式自升降脚手架也愈来愈多。高层建筑的脚手架一般用于安全防护和外墙装饰工程。在高层建筑结构施工中，为了修补外墙、处理接缝及外墙喷涂，也常用吊篮。正确选用外脚手架的构造型式并进行合理搭设，与缩短工期、顺利施工、保障安全和降低造价有密切的关系。

（一）钢管扣件脚手架

钢管扣件脚手架是目前使用最广泛的脚手架之一，其材料性能和搭拆方法与多层脚手架的要求相同（详见第三章第一节）。由于受到搭设高度的限制，立杆的间距相应缩小。高度在 20～30m 之间用单根立杆，立杆纵距 1.8m；高度在 30～40m 之间，若用单根立杆则纵距为 1.5m；高度在 40～50m 之间，若用单根立杆则纵距为 1.0m。

高度在 30～50m 之间，纵距要保持在 1.8m 者，则自立杆顶步算起，往下 30m 用单根立杆，再往下到地面部分，里外立杆均采用双根钢管，顺纵墙并列组成，必须用扣件紧固（如 45m 高度的脚手架，则从地面到 15m 高度用双立杆，从 15m 到 45m 高度用单立杆）。

高于 30m 的高层脚手架，应采用钢制可调节的连墙杆，承受拉力要求不低于 6.8kN 左右，并按下列要求施工：

（1）按垂直方向每隔 3.6m、水平方向每隔 5.4m 设置一道连墙杆。

（2）在高层建筑施工中，按上述位置将预埋件埋置在混凝土柱、墙、圈梁内。当混凝土强度达到 15N/mm^2 以上，方可实施与脚手架的连接。

（3）连墙杆应尽量靠近小横杆与立杆的连接处，但不应将小横杆直接用作连墙杆，如图 8-5 所示。

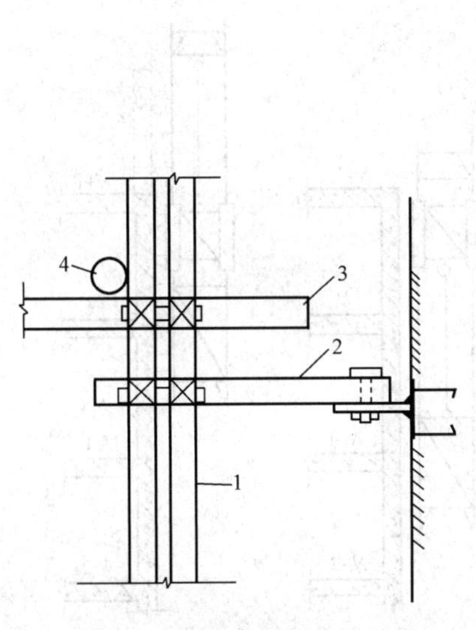

图 8-5　高层建筑连墙杆设置

1—立杆；2—连墙杆；3—小横杆；4—大横杆

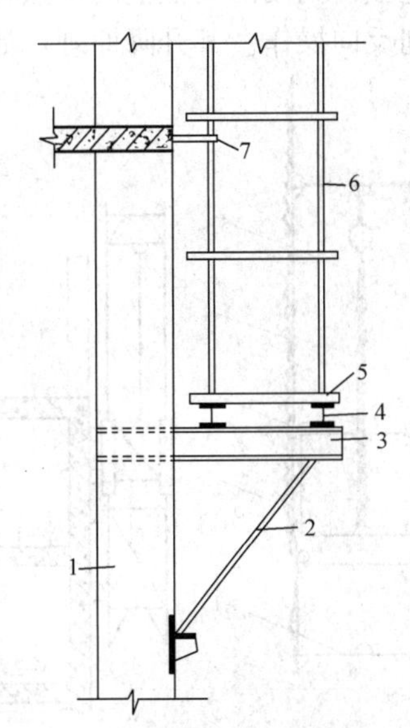

图 8-6　外挑钢梁脚手架

1—墙体；2—支撑；3—挑梁；4—横梁；5—槽钢；6—脚手架；7—附墙连接

（4）预埋件设置应保持上下垂直一条线。如遇特殊情况必须移位时，应在原位置邻近点设置。

对于超过 50m 的高层建筑脚手架应专门设计，并按批准的施工组织设计进行搭设。其常用的做法是：每隔若干层（约 30m 左右）沿建筑四周外墙设置一排由工字钢或者槽钢组成的三角悬挑梁，钢梁通过预埋件固定于混凝土外墙或柱上，如图 8-6 所示。脚手架按有关规定在钢梁上搭设。

（二）爬升式脚手架

爬升式脚手架（亦称附着升降式脚手架）是指采用各种形式的架体结构及附着支承结构、依靠设置于架体上或工程结构上的专用升降设备实现沿建筑物外墙升降的施工脚手架。这种脚手架吸收了吊脚手架和挂脚手架的优点，不但可以附墙升降，而且可以节省大量脚手架材料和人工。

爬升式脚架的分类有多种多样，按支承形式可分为悬挑式、吊拉式、导轨式和导座式等；按升降动力类型可分为电动、手拉葫芦和液压等方式；按升降方式可分为单片式、分段式和整体式等；按控制方法分为人工控制和自动控制等；按爬升方式可分为套管式、挑梁式、互爬式和导轨式等。

1. 套管式附着升降脚手架

套管式附着升降脚手架的基本结构，如图 8-7 所示，由脚手架系统和提升设备两部分组成，脚手架系统由升降框和连接升降杠的纵向水平杆、剪刀撑、脚手板以及安全网等组成。

套管式附着升降脚手架的升降是通过固定杠的交替升降来实现。固定框和滑动框可以相对滑动，并且分别同建筑物固定。因此在固定框固定的情况下，可以松开滑动框与建筑物之间的连接，利用固定框上的滑动框提升一定高度并与建筑物固定，然后，再松开固定框同建筑物之间的连接，利用滑动框上的吊点将固定框提高一定的高度并固定，从而完成一个提升过程；下降则反向操作。其升降原理，如图 8-8 所示。

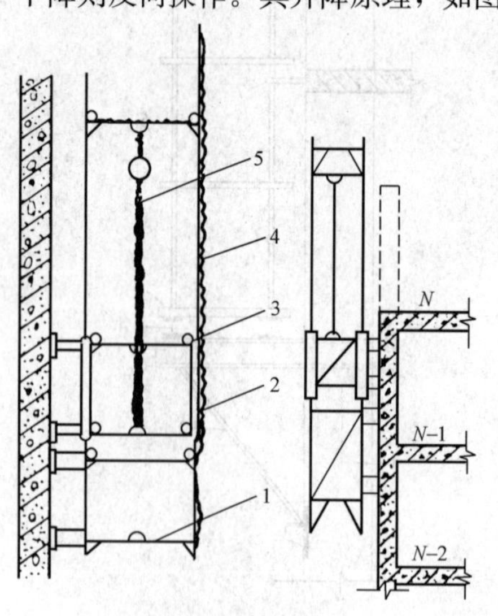

图 8-7　套管式爬架的基本结构

1—固定框；2—滑动框；3—纵向水平杆；4—安全网；5—提升机具

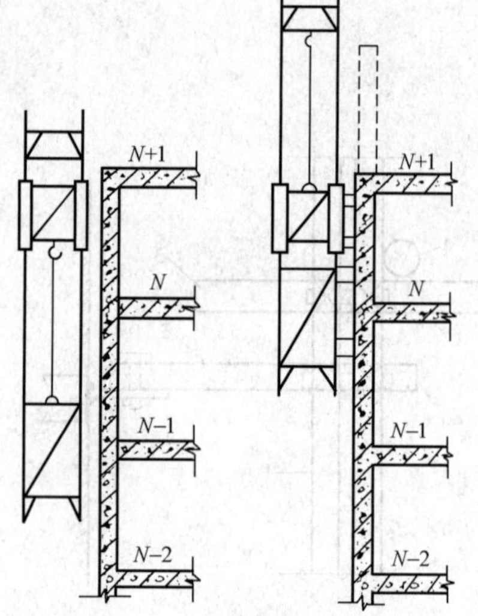

图 8-8　套管式爬架的升降原理

2. 悬挑式附着升降脚手架

悬挑式附着升降脚手架是目前应用较广的一种附着升降脚手架，其种类也很多，基本构造，如图 8-9 所示，由脚手架、爬升机构和提升系统三部分组成。脚手架可用扣件式钢管脚手架或碗扣式钢管脚手架搭设而成；爬升机构包括承力托盘、提升挑梁、导向轮及防倾覆防坠落安全装置等部件；提升系统一般使用环链式电动葫芦和控制柜，电动葫芦的额定提升荷载一般不小于 70kN，提升速度一般不宜超过 250mm/min。悬挂式附着升降脚架的升降原理：将电动葫芦（或其他提升设备）挂在挑梁上，葫芦的吊钩挂在承力托盘上，使各电动葫芦受力，松开承力托盘同建筑物的固定连接，开动电动葫芦，则爬架即沿建筑物上升（或下降），待爬架升高（或下降）一层，到达预定位置时，将承力托盘同建筑物固定，并将架子同建筑物连接好，则架子即完成一次升（或降）的过程。再将挑梁移至一个位置，准备下一次升降。

3. 互爬式附着升降脚手架

互爬式附着升降脚手架基本结构形式，如图 8-10 所示，由单元脚手架、附墙支撑机构和提升装置组成。单元脚手架可由扣件式钢管脚手架和碗扣式脚手架搭设而成。附墙支撑机构是将单元脚手架吊在建筑物上，还可在架子底部设置斜撑杆支撑单元脚手架。提升装置一般使用手拉葫芦，其额定提升荷载不小于 20kN，手拉葫芦的吊钩挂在与被升单元相邻的横梁上，挂钩则挂在被提升单元底部。

互爬式附着升降脚手架的升降原理，如图 8-11 所示。每一个单元脚手架单独提升，当提升某一单元时，先将提升葫芦的挂钩钩住被提升单元底部，解除被提升单元约束，操作人员站在两相邻的架体上进行升降操作；当该升降单元到位后，与建筑物固定，再将葫芦挂在该单元横梁上，进行与之相邻单元脚手架可同时进行升降操作。

4. 导轨式附着升降脚手架

导轨式附着升降脚手架其基本结构由脚手架、爬升机构和提升系统三部分组成。其爬升机构是一套独特的机构，包括导轨、导轨组、提升滑轮组、提升挂座、连墙支杆、连墙支座、边墙挂板、限定锁、限位锁挡块及斜拉钢丝绳等定型构件。提升系统也是采用手提葫芦或环链式电动葫芦。

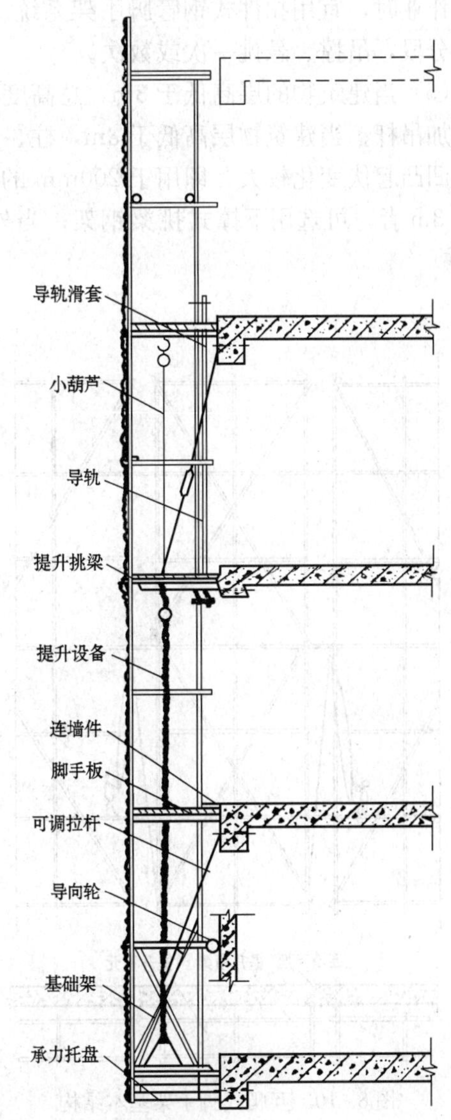

图 8-9　悬挑式爬升脚手架的基本构造

导轨式附着升降脚手架的升降原理，如图 8-12 所示。导轨沿建筑竖向布置，其长度比脚手架高一层，架子上部和下部均装有导轮，提升挂座固定钢丝绳，钢丝绳绕过提升滑轮组同提升葫芦的挂钩连接；启动提升葫芦，架子沿导轨上升，提升到位后固定；将底部空出的那根导轨及连墙挂板拆除，装到顶部，将提升挂座移到上部，准备下次提升。

(三) 高层建筑外脚手架方案的选择原则

(1) 选用的外脚手架系统必须安全感好，防御意外情况要有切实的措施。

(2) 能满足工程施工的技术和进度要求，即适应性强。

(3) 所选用的外脚手架方案是可行的、经济的。

(4) 当建筑物高度不超过 40m 时，外脚手架在结构施工阶段用于安全防护，装修阶段用于油化、涂料时，宜选用挂架—吊篮脚手架系统、承插式钢框脚手架系统；若建筑物外凹凸不大于 1m，宜用桥式脚手架系统；若围护结构用于砌砖、装修工程贴面砖等施工荷载较大的作业时，宜用扣件式钢管脚手架系统。当建筑物的高度超过 40m 时，则需沿高度方向进行分段，吊撑、悬挑一次或数次。

(5) 当建筑物的层高低于 3m，总高度不超过 60m，可选用上吊式扣件钢管撑架或斜撑钢管加吊杆；当建筑物层高低于 3m，柱、梁、剪力墙现浇，可选用三角形钢架；当建筑物外部凹凸起伏变化较大，即用于 200mm 的纵向或横向装饰线条等，且建筑物层高又大于或等于 3m 者，可选用下撑式挑梁钢架；当外脚手架选用桥式脚手架时，可选用下撑式空间钢架。

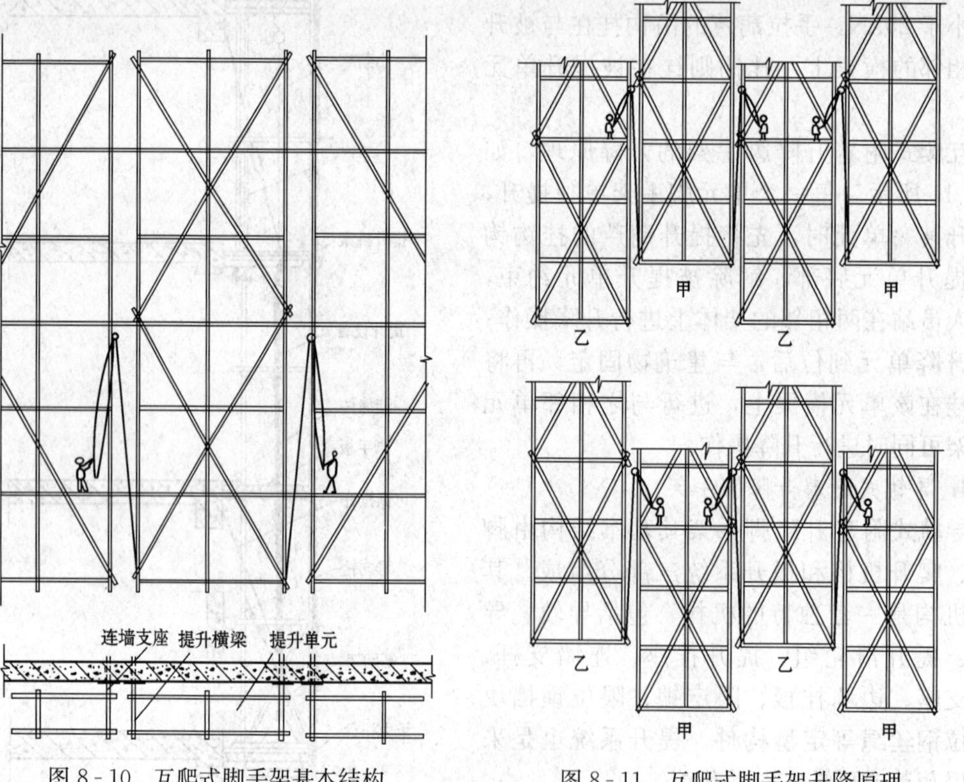

图 8-10 互爬式脚手架基本结构

图 8-11 互爬式脚手架升降原理

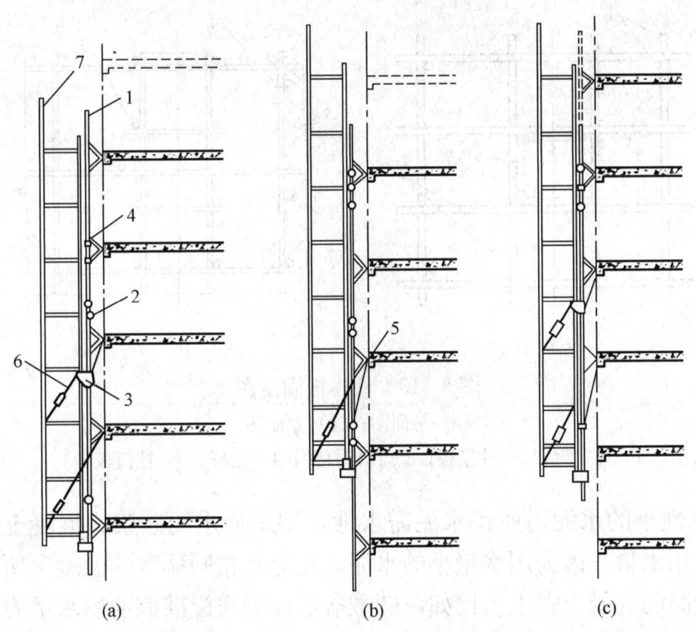

图 8 - 12　导轨式附着升降脚手架的升降原理

1—导轨；2—导轮；3—提升挂座；4—连墙支杆；
5—连墙支座；6—斜拉钢丝绳；7—脚手架

第三节　高层建筑主体结构的施工

高层建筑主体结构施工，根据结构体系的不同，可采用以下几种施工形式：高层框架结构施工、大模板施工、滑升模板施工、筒体结构施工及台模施工工艺等。

一、高层框架结构的施工

（一）全现浇钢筋混凝土结构的施工

在高层全现浇框架结构施工中，主要解决模板工程中的组合问题，高强混凝土的制备问题，泵送混凝土的施工技术和无黏结预应力混凝土的施工问题。

1. 组合模板

施工前，做好配板设计和模具准备，使模板成为梁、板、柱的模数。

（1）柱模板。先将第一段四面模板就位拼装好，立即校正，调整其对角线，要使模板竖直，位置要准；待第一段模板拼装好以后，用柱箍固定，接着拼第二段，直至一层柱的全高，如图 8 - 13 所示。

（2）梁模板。安装梁模板，常用桁架支承，如图 8 - 14 所示。安装就位时，两端安装孔应先准确套入立柱，用螺栓固定，并在立柱上加设横档，以确保立柱的稳定。梁模与柱模的联结，一般采用角模或小钢模拼接，如图 8 - 15 所示。

2. 高强混凝土的制备

对于全现浇钢筋混凝土框架结构需用 C50～C60 的高强混凝土，这是因为高强混凝土节约材料用量，降低造价。要制备高强混凝土，其主要技术途径有：

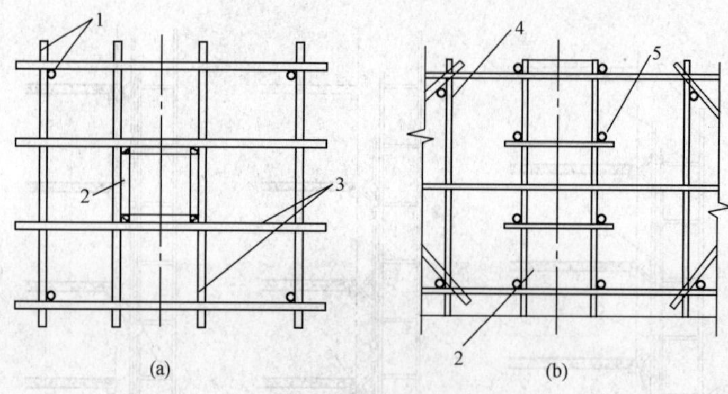

图 8-13 柱模板固定图

(a) 平面图；(b) 立面图

1—井字架；2—柱模板；3—固定杆件；4—立杆；5—柱模板箍

(1) 选用需水性小的水泥。所谓水泥需水性，即是使水泥砂浆式混凝土达到可塑性或流动性所需要的拌和用水量。因为用水量小的水泥，在配制相同稠度的混凝土所采用的水灰比更小，就可以获得较高的混凝土强度。比如，硅酸盐水泥所需标准稠度用水量为 21%～28%，而火山灰质硅酸盐水泥所需标准稠度用水量则为 26%～32%，相比之下，需水性要大些。

(2) 选用合适的水泥细度。因为水泥颗粒越细，强度越高，但水化作用也太快。一般选用 52.5 级硅酸盐水泥，富余系数在 1.13 以上，水泥颗粒直径为 30μm 左右，或将一般水泥进行二次磨细，以增加细度，提高水化反应的能力，加快混凝土各个龄期强度的发展。

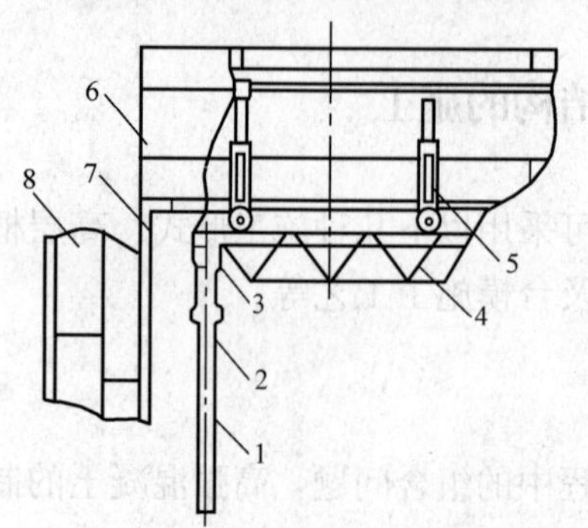

图 8-14 桁架支承梁模安装图

1—立顶柱；2—微调螺栓；3—柱模顶帽；
4—桁架；5—梁卡具；6—梁模板；
7—柱梁模交接；8—柱模板

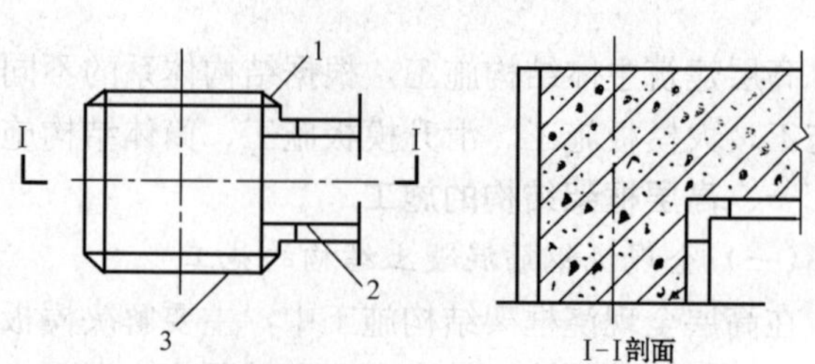

图 8-15 梁模与柱模

1—联结用的角模；2—梁的侧模；3—柱模

(3) 选用高标号水泥。要配制高强度混凝土，必须采用优质的高标号水泥。

(4) 降低水灰比。当选定水泥之后，水灰比越小，水泥浆的黏滞性越大，所配制的混凝土强度也就越高。配制一般混凝土，其水灰比一般为 0.6；加入减水剂，可使水灰比由 0.6 降到 0.30～0.35，而配制的混凝土的强度等级为 C50～C60；若再加入高活性掺和料，如粉煤灰外掺料、沸石粉外掺料和硅灰等，可使水灰比降低为 0.25，则配制的混凝土强度等级可达 C100～C130，此时混凝土仍有较好的和易性。

高强混凝土的施工要点：严格控制配合比；严格控制搅拌时间；严格掌握浇筑要领；严格质量养护措施。

（二）现浇柱、预制梁和楼板框架结构的施工

在有抗震要求的高层建筑施工中，使用得较多的一种工业化建筑体系，类似装配式结构的施工，但又使柱、梁的接头由焊接改为现浇，其梁、柱节点整体性加强了，比全现浇框架体系可减少支、拆模板的工序，加快了施工进度。目前在现场常用的有两种方法，其一为先浇筑柱子，后吊装预制的梁和板；二是先吊装预制的梁，后浇筑柱子，最后吊装板。

二、高层建筑大模板施工

大模板在高层建筑的剪力墙体系中已普遍采用，这是因为现浇混凝土量大，需要的模板量也大，为降低劳动强度，加快施工进度，提高工程质量，故根据需要，将每道墙以一块或数块模板，由起重机承担吊、装、拆，进行流水施工。

大模板的迎风面积大，一般在 20 层以内的剪力墙体系中采用较多；耗钢量达 110kg/m^2；施工单位的设备投资也大，一般小型企业使用有困难。大模板的组装，如图 8-16 所示。

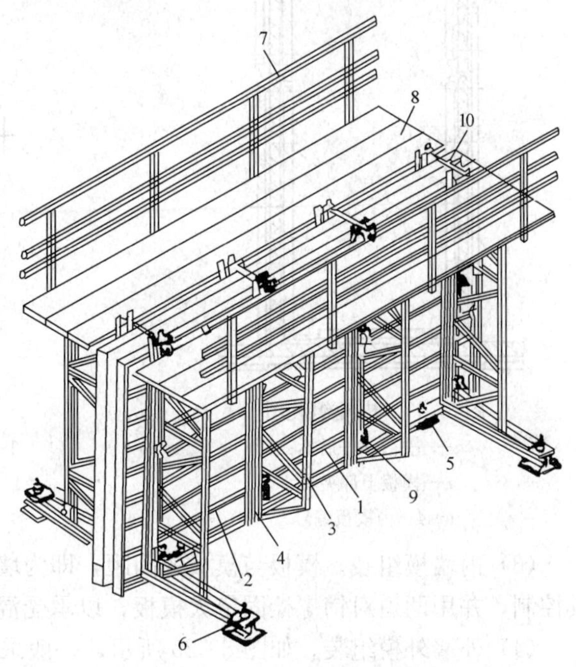

图 8-16　大模板组装示意图

1—面板；2—水平加劲肋；3—支撑桁架；4—竖楞；5—调整水平度的螺旋千斤顶；6—调整垂直度的螺旋千斤顶；7—栏杆；8—脚手板；9—穿墙螺栓；10—固定卡具

1. 常用的大模板的种类

（1）内浇外挂体系。这种体系的全部纵横剪力墙均用大模板现浇，对于非承重墙和内隔墙则采用预制墙板。它适用于有抗震要求的 16 层以下的高层建筑。

（2）内浇外砌体系。这种体系是将外墙挂板改为砌砖，目的是避免板缝渗水；内墙仍为现浇钢筋混凝土。

（3）全现浇体系。这种体系适用于 16 层以上的高层建筑，除内隔墙外，全部纵、横承重墙，均采用大模板现浇钢筋混凝土。

2. 大模板施工的准备工作

（1）划分施工流水段。因为高层建筑，上面主体呈“火箭”形，作业面不宽，所以常常以两、三幢建筑物进行流水作业。

（2）起重机械的选择。在高层建筑施工中，对塔吊的选择，是根据建筑高度而定的。当建筑高度在 13～14 层左右，一般选用起重臂的回转半径为 30m 的 600kN 塔式起重机，其起重高度为 40m；若层数更高时，就得选用 800kN · m 以上的塔式起重机。

（3）大模板的组装。高层建筑现浇钢筋混凝土所用的模板，有钢模板、木模板、钢木混合模板和钢化玻璃模板等，常用钢模板。其对模板的组装，按用途分为标准间内模组装、外廊挑梁模板组装、内墙模板组装和外墙模板组装四种；按模板形状则分为平模组装，小角模组装、大角模组装和筒板组装四种。

按用途分：

（1）标准间内模组装。一个标准间的内墙模板由四种规格共 6 块模板组成，如图 8-17

所示板与板的组装，以及角模的组装，在后面作详细说明。

(2) 外廊挑梁模板的组装。先将钢筋混凝土挑梁预制好，装入大模内，如图 8-18 所示。组装模板后，要使上面的缺口，正好镶入预制的钢筋混凝土挑梁。

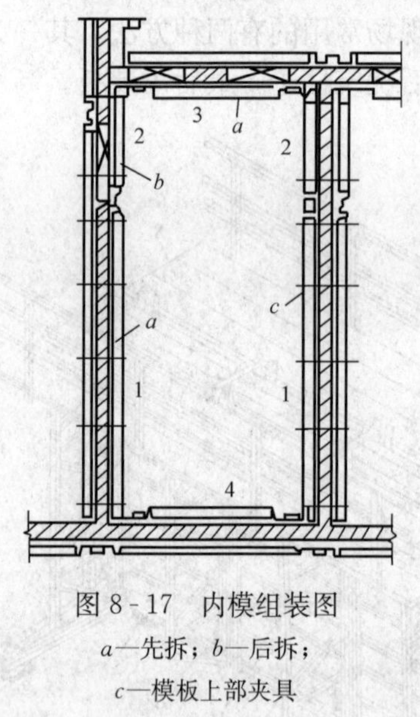

图 8-17　内模组装图

a—先拆；b—后拆；

c—模板上部夹具

1～4—内模板编号

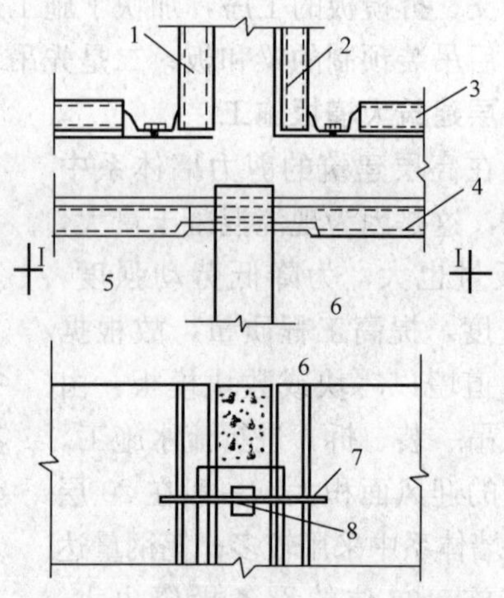

图 8-18　外廊挑梁模板组装图

1—横墙模；2—现浇横墙；3—走廊内模；4—走廊外模；5—现浇坡度廊墙；6—预制挑梁；7—定位销；8—楔块

(3) 内墙模组装。模板与模板的间距，即为墙厚，下部用混凝土导墙块控制，上部用夹具控制，并用两道对销螺栓固定大模板，以承受混凝土的侧压力，如图 8-19 所示。

(4) 外墙外模组装。如图 8-20 所示，一般采用悬挑外模，这是因为拆除内模不受外模的影响。其拆除的顺序为：先拆内模，再拆角模，最后拆外模。

按模板的形状分：

(1) 平板模的组装。对高层建筑的墙体浇筑混凝土，一般是先立横墙大模，浇筑横墙，待拆除横墙模板后再组装纵墙模板，如图 8-21 所示。

使用平模较普遍，这是因为它的构造简单，制作也方便，装、拆都灵活，浇筑成的墙体混凝土平整，但不能同时浇筑纵、横墙的混凝土，故整体性差，施工层次多。

(2) 小角模的组装。因纵、横墙不能同时浇筑混凝土，所以将小角模与平模配套使用。小角模与平模的组装，如图 8-22 (a) 所示；小角模构成的阴角，如图 8-22 (b) 所示。

由于组装小角模，就增加了组、拆工序，且小角模刚度较差，阴角也不够方正，拆除也较困难。

(3) 大角模的组装。由于小角模存在缺陷，而大角模则不然，它在房间的阴角处，形成“L”形，可使纵、横墙的混凝土同时浇筑。这样，结构的整体性好，联结也方便，模板的刚度和稳定性都好。拆模后，阴角较方正，如图 8-23 所示。但在模板接槎时，会使浇筑的混凝土墙面形成凹凸不平，需待整修。

(4) 筒子模的组装。筒子模是由四个面的模板经过铰接与钢结构构架连接而成，在安装中架用活动连接杆调整其几何尺寸，满足墙体模板安装要求的一种定型模板体系，如图 8-24 所示。筒子模的刚度大，整体性好，能增强自身稳定，其操作平台较宽，并能提高工效，加快施工进度。但体积较大，需要较大的起重设备。

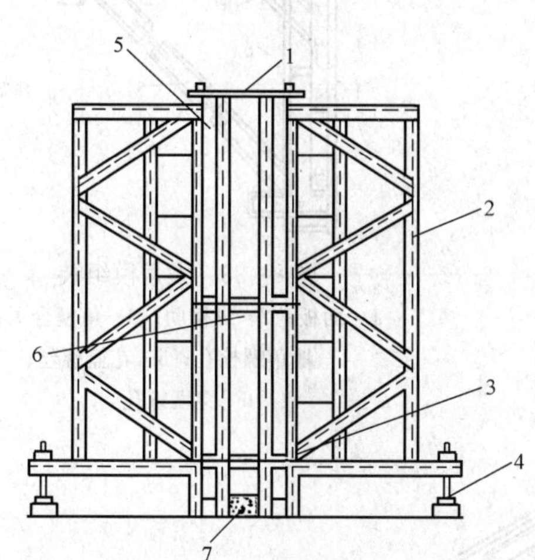

图 8-19　内墙大模板安装

1—上夹具；2—桁架；3—穿墙螺栓；4—校正螺栓；5—大模板（内模）；6—套管；7—导墙

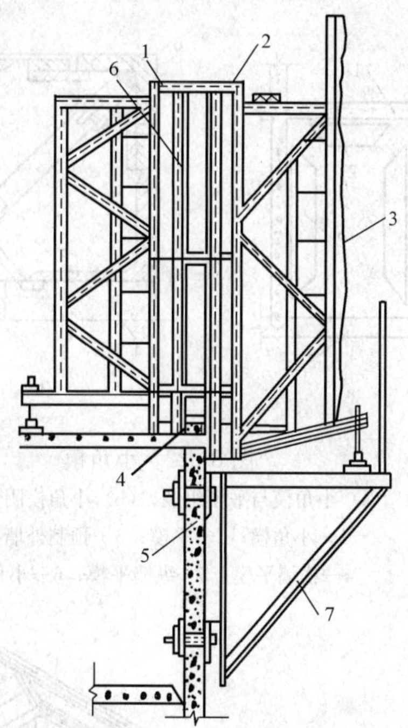

图 8-20　悬挑外模

1—外模悬挑梁；2—外模；3—安全网；4—预制导墙；5—混凝土墙；6—内模；7—走道扶墙三角架

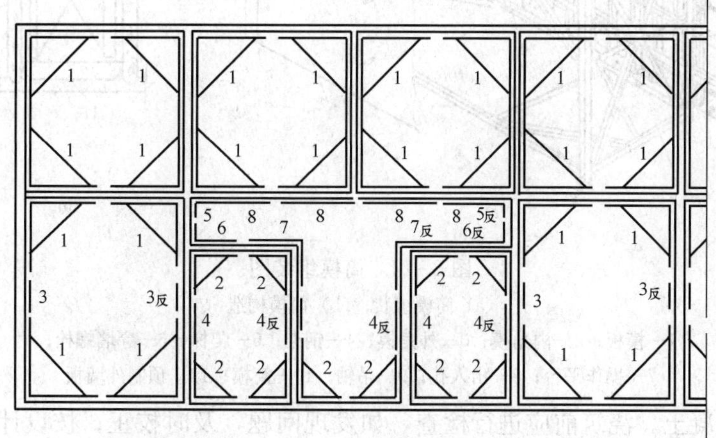

图 8-21　平板模组装图

1—大角模；2—小角模；3、4、8—平模；5～7—角模

3. 大模板现浇混凝土结构的施工工艺

（1）准备工作。先设计模板组装图，标明组装顺序；组装模板；预留门、窗框的位置；埋好预埋件；弹出墙身线；在组装好的模板上刷好脱模剂；将绑扎好的钢筋放入大模板内；并检查位置是否正确。

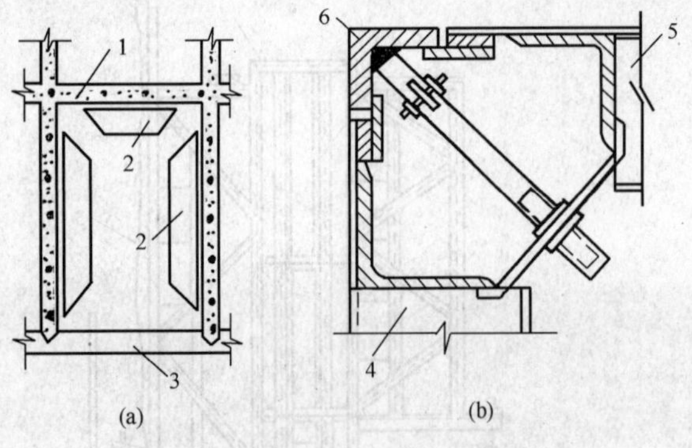

图 8-22 小角模

（a）小角模与平模组装；（b）小角模阴角组装

1—小角模；2—平模；3—预制外墙板；

4—横墙平模；5—纵墙平模；6—小角模

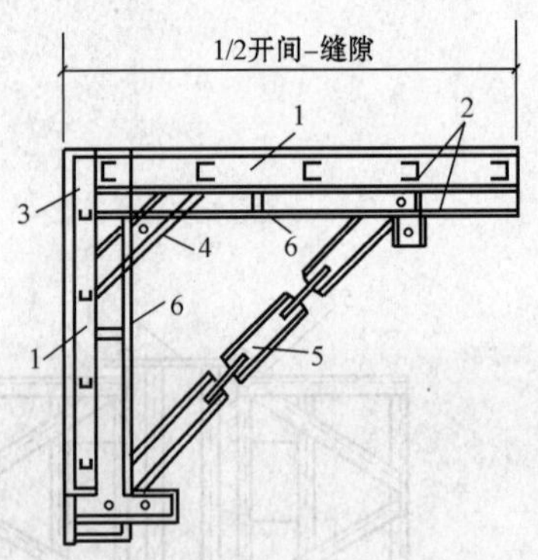

图 8-23 大角模组装

1—面板；2—纵横肋；3—角模合页；

4—地角螺栓孔；5—花篮螺丝；

6—穿墙螺孔

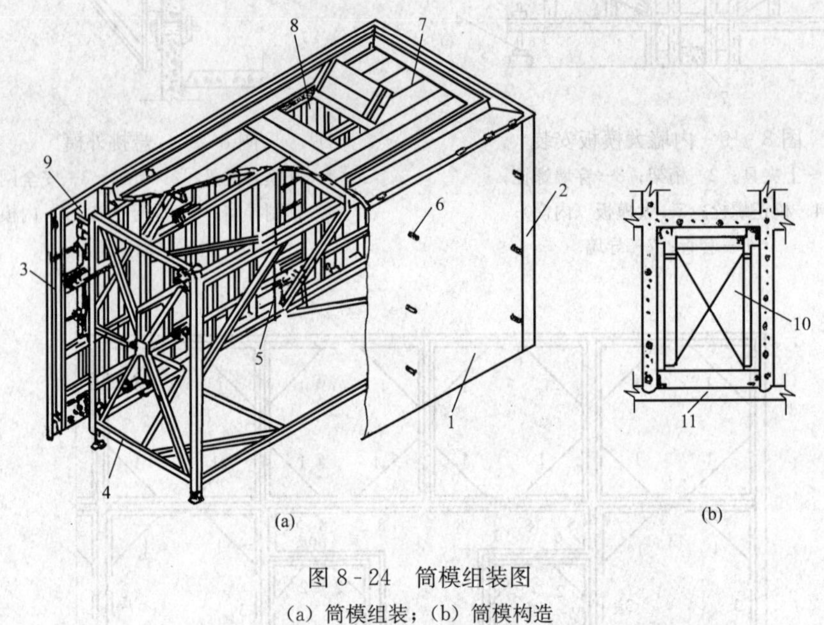

图 8-24 筒模组装图

（a）筒模组装；（b）筒模构造

1—模板；2—内角模；3—外角模；4—钢架；5—爬梯；6—穿墙螺栓；

7—操作平台；8—出入孔；9—吊轴；10—筒模；11—预制外墙板

（2）浇筑混凝土。浇筑前应进行检查，如发现问题，及时校正；按设计要求进行配料，以便使混凝土能达到强度要求；浇筑时每次浇筑高度为 300～400mm。

（3）模板的拆除和清理。当混凝土浇筑后，应及时养护，待混凝土强度达到规定值，才能拆除模板。拆模时，应将全部零件装入箱内，以防丢失。

（4）质量要求。采用大模板浇筑的混凝土结构，其允许误差为：墙身轴线±5mm；墙身标高±10mm；墙面平整度±4mm；垂直度±5mm。

4. 大模板施工过程中应采取的安全措施

（1）检查。施工前，应检查电器、绳索、吊具等。

（2）持证上岗，专人负责。起重机的操作人员应是训练有素的熟练工，指挥人员应具有的丰富经验。

(3) 安全网沿外墙满布。

(4) 拆模。当混凝土的强度大于 1.2N/mm^2 时方可拆模，若要吊装楼面板，墙体混凝土的强度不得小于 2.5N/mm^2。

三、高层建筑液压滑升模板施工

滑升模板施工，是一种机械化程度高，施工速度快的现浇钢筋混凝土的施工工艺。特别是在烟囱、筒仓、水塔、电视塔等高耸构筑物的施工中应用较多，近几年在高层建筑的施工中已广泛应用。

液压滑升模板的施工特点：在建筑物、构筑物的底部平面，沿墙、柱、梁等构件的周边，每次装模高度为 1.2m。随后在模板内绑扎钢筋，并浇筑混凝土，当混凝土本身能承受上部新浇混凝土的荷载后，再用提升设备将模板不断向上提升。这样分层浇筑的混凝土，随着模板的不断上升，连续浇筑成形，所以整体性好。

1. 液压滑升模板施工的特点

(1) 大量节省模板和脚手架，节约劳动力 30%～50%，降低工程费用 20%以上。

(2) 由于大量减小支模、拆模和搭设脚手架等工序，使绑扎钢筋、浇筑混凝土和模板的滑升紧密配合，改善了施工条件，提高了工效，加快工程进度，可缩短工期约 1/3。

(3) 整体性好，质量高，抗震能力强，操作人员在平台上和吊脚手架上工作，安全可靠。

(4) 滑升模板的缺点：耗钢量大，需一套专用的提升设备，一次性投资大。

2. 液压滑升模板的装置

液压滑升模板是由模板、提升架、操作平台、支承杆及液压千斤顶组成，并安装就位。液压千斤顶在支承杆上爬升，并带动提升架、模板及操作平台一起随之爬升，从而不间断地分层进行施工。其液压滑模装置，如图 8-25 所示。

高层建筑施工中，采用滑模施工方法，应认真进行设计。在进行滑升模板的设计之前，首先要确定滑模施工的工作范围。即根据建筑物的平面形状、尺寸和结构特点，确定哪些结构部件采用其他方法施工。

模板与操作平台系统应有足够的强度、整体刚度和稳定性，以确保建筑物的几何形状和尺寸的准确以及施工的安全。液压提升系统必须工作可靠，运转性能良好。施工精度与观测系统必须简便，以确保滑模施工的质量。

3. 液压滑升模板的施工工艺

高层建筑滑升模板的施工工艺主要有“滑一浇一”和“滑三浇一”两种。

所谓“滑一浇一”，就是现浇墙体用滑升模板，浇筑一层墙体后，模板滑升，紧接着支模现浇楼板。这样施工，其特点是：增强了墙体和楼板联结的整体性，因为横向和竖向是连续的；逐层封闭，操作平台与楼层之间只有一个楼层的空间高度；开创了立体作业面，有些工序可以提前穿插进行。

所谓“滑三浇一”就是先利用滑模浇筑三层墙体，然后再支模浇筑横向结构，如楼板、阳台等。其特点：一是施工顺序上可以错开，即先竖向墙体，后横向楼板等；二是在时间上和空间上可以分开进行竖向和横向作业；三是各个施工过程不会出现相互干扰的现象。

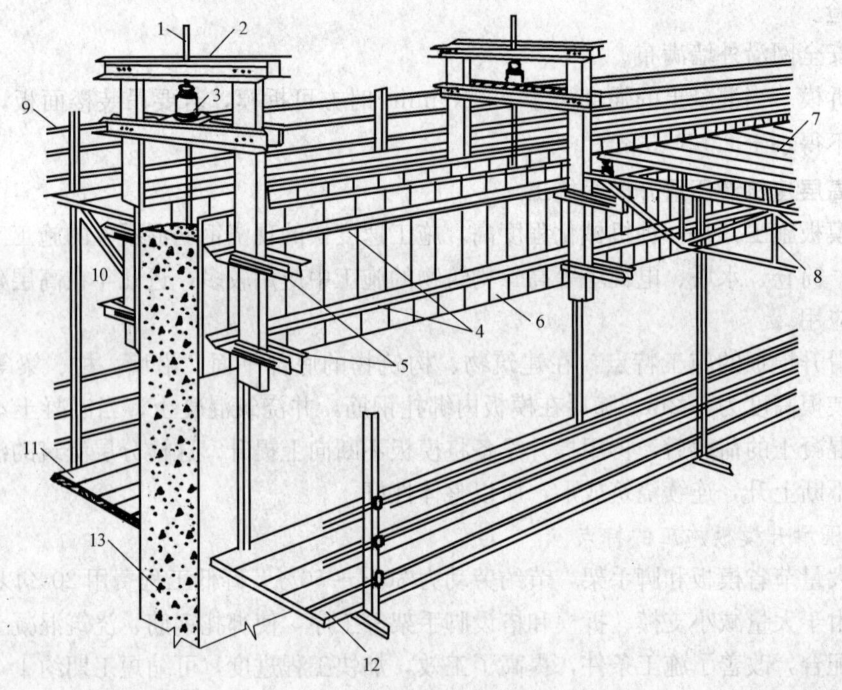

图 8-25 液压滑升模板组成示意图

1—支承杆；2—提升架；3—液压千斤顶；4—围圈；5—围圈支托；6—模板；7—操作平台；8—平台桁架；9—栏杆；10—外挑三脚架；11—外吊脚手；12—内吊脚手；13—混凝土墙体

四、筒体结构施工

随着社会经济和科学技术的发展，高层建筑的层数也越来越多，而框架—剪力墙结构体系已不能满足超高层建筑在水平荷载作用下的强度和刚度要求，而在设计方面，多采用筒体结构。

(一) 筒体结构的施工特点

在高层建筑中，一般在20层以上或建筑物的高度在100m左右，或超过100m，大都采用筒体结构。对于筒体结构的施工，其特点如下：

(1) 标准层多，有利于材料、机具、人力的配备和统一管理；

(2) 现浇混凝土的量大，其模板复杂，这就要求装拆方便，定型化，能多次重复使用；

(3) 垂直运输量大，必须选择好垂直运输机械；

(4) 制定施工方案时，因为高层建筑施工的工期长，要考虑采取雨季和冬季施工措施。

(二) 提模施工

提模施工是高层建筑现浇筒体结构的一种施工方法，运用升板机来逐层提升墙、柱和梁的模板，由一层一直到顶层，待整个结构工程完成后，才拆除模板。

提模系统是由劲性钢柱和工具式钢柱、提升架、操作平台以及外挂脚手架组成，如图8-26所示。其工艺流程是：先在地面上组装墙、柱、梁的模板；待模板组装好以后，浇筑混凝土，待混凝土达到一定强度后，拆除模板；由升板机将模板提升到上一层楼的位置；浇筑钢筋混凝土楼板；再组装墙、柱、梁的模板。这样循环的工序，直至整个结构工程浇筑完毕。

用提升模板浇筑筒体结构的钢筋混凝土，具有以下特点：一是与塔式起重机完成同样作业，升模的“小机群”可以节约台班吊次，且模板还可以不落地；二是采用散支散拆，可以减少50%的模板；三是脚手架是外挂的，其费用可省50%；四是由于非连续性作业，与滑模相比，操作易掌握，便于管理，质量有保证。

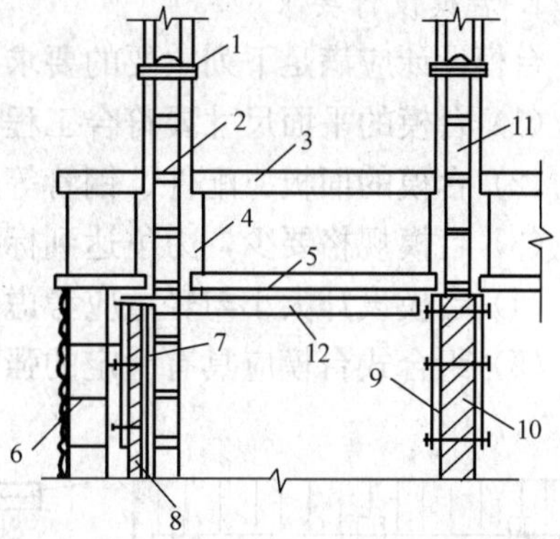

图8-26　提模系统示意图

1—升板机；2—工具式钢柱；3—提升架（承力架）；4—吊杆；5—操作平台；6—外挂脚手架；7—墙模板；8—混凝土墙；9—柱模板；10—混凝土柱；11—劲性钢柱；12—梁模板

1. 提模施工主要机械设备

(1) 升板机。一般采用电动螺杆提升机，其功率为3kW/台，额定提升重力为300kN/台，提升速度为1.8m/h。

(2) 内爬塔吊。一般将爬塔设在电梯井内，且露出建筑物外不少于9个标准节。

(3) 混凝土泵。一般采用固定式高压泵，将混凝土一次泵送到位。

(4) 垂直运输的电梯。人货两用，一般配置2～3台。

(5) 外挑转运平台。其作用是将模板、支撑、钢柱、钢梁等由室内转往上一层楼。

2. 提模施工时注意的事项

(1) 待楼板的钢筋混凝土达到一定强度后，才进行墙、柱轴线位置的弹线。

(2) 先组装、校正、固定外墙内模，再组装、校正、固定外模，然后用穿墙栓将内、外模板固定。

(3) 混凝土经养护，使其强度达到1.2N/mm^{2}以上时才能拆除侧模；浇筑一层，养护一层，检查验收一层后，才进行下一楼层的施工。

五、台模施工工艺

台模又称为桌模、飞模，是一种由台板、梁、支架、支撑、调节支腿及配件组成的工具式模板。它适用于高层建筑大柱网、大空间的现浇钢筋混凝土框架结构、框架—剪力墙结构的楼板施工，特别适用于无柱帽的无梁楼盖结构工程施工。台模可以整体组装整体脱模，借助于起重机械从已完成浇筑混凝土的楼层“飞出”转移到上一楼层重新支设使用；也可以在同一楼层内水平移动浇筑另一侧的楼盖混凝土，以实现流水作业。因此，使用台模省时省工，施工速度快，但通用性差。

工具式台模种类较多，有无支腿式（又称悬挂架式）和有支腿式，后者又分为分离式支腿、伸缩式支腿、折叠式支腿。我国在高层建筑施工中使用的台模，除了自行设计的钢管脚手架和门式架组装台模外，还引进了国外的支腿伸缩式台模体系。

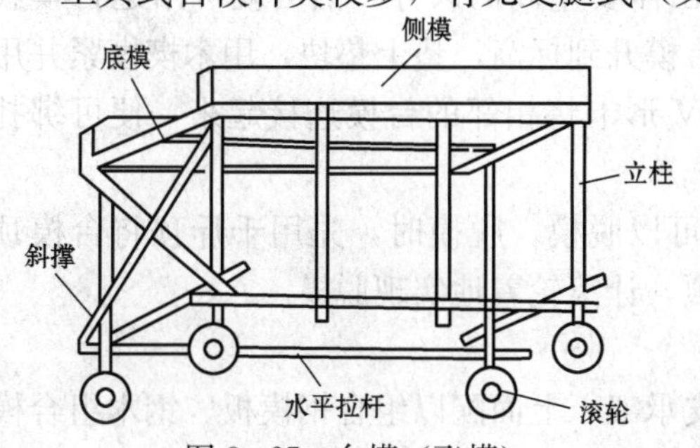

图8-27　台模（飞模）

（一）组合式台模

组合式台模主要是用组合钢模板及配件钢管脚手，按柱网尺寸搭设成的一种台模，如图8-27所示。

1. 台模设计要求

台模设计应满足下列主要的要求：

(1) 台模的平面尺寸要符合工程的柱网结构尺寸，以减少周边的拼装补缝工作；

(2) 台模的面板、配件、钢管等应尽量使用标准材料，以便拆除后重复使用；

(3) 台模规格要少，力争达到标准组装，以便多次重复使用；

(4) 台模设计大小与轻重应考虑升降机的水平移动和起重机的吊动能力；

(5) 组合式台模应具有一定的强度、刚度，以满足施工荷载及转移支设的要求。

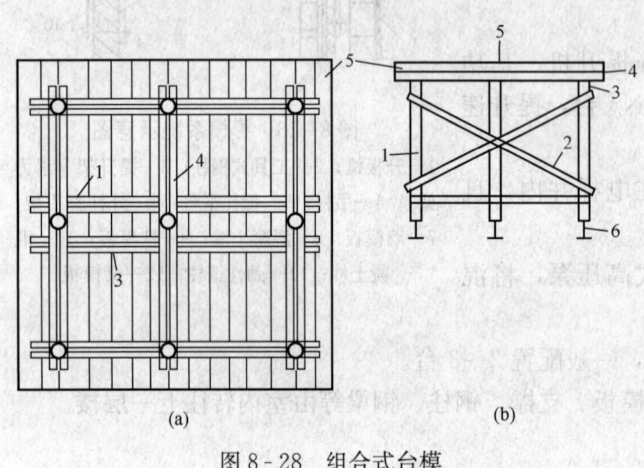

图 8-28 组合式台模

(a) 台面仰视图；(b) 侧面图

1—主柱；2—剪刀撑；3—主梁；4—次梁；5—模板；6—内缩式伸缩腿

2. 台模的构造

如图 8-28 所示的组合式台模，模板全部采用 30mm×1500mm 的定型钢模板，模板之间用 V 形卡和 L 形插销连接，次梁采用 60mm×40mm×2.5mm 矩形钢管，次梁与面板之间用钩头螺栓和蝶形扣件连接；主梁采用 70mm×50mm×3.0mm 矩形钢管，主次梁之间用紧固螺栓和蝶形扣件连接。主柱采用 ϕ48×3.5mm 钢管和 ϕ38×4mm 内缩式伸缩腿，间隔 100mm 钻 ϕ13 的圆孔，用 ϕ12 的圆销固定。ϕ38×4mm 伸缩腿下端焊 100mm×100mm 的正方形钢板，钢板下面用木楔来调整台模少量高度。每个台模用立柱 6～9 根，最大荷载 20kN/m^2。主柱之间用 ϕ48×3.5mm 的钢管作水平支撑和剪刀撑。四角梁端头焊接四只吊环，用于吊运台模。台模的升降采用螺旋千斤顶，台模移动时用安装在主柱下端的滚轮。

3. 台模的组装、安装和脱模

(1) 组装台模：台模一般在施工现场按施工组织设计进行组装。组装可用正装法和倒装法。正装法是先组装台模架子，后组装最上面的模板；倒装法则与其相反，先在已铺好的平台上把模板装好，然后紧接着安装支架，最后将台模翻 180°旋转过来吊运就位使用。

(2) 台模安装：安装前，先在地（楼）面上根据中心轴线控制桩，弹出安装台模的边线，并在将来立柱安放位置处分别测出标高，标出需要垫高的尺寸，然后就可吊运台模就位。台模就位后，按标出的标高尺寸用千斤顶将台模升到标高，垫上垫块，用木楔楔紧并用钉子将其固定。整个楼层的台模调整好后，就用 V 形卡将相邻的台模连接起来，便可绑扎钢筋和浇筑混凝土。

(3) 脱模：楼板混凝土达到拆模强度后，就可以脱模。脱模时，先用千斤顶将台模顶住，拔脱木楔和垫块，装上滚轮，然后降下千斤顶，让滚轮着地实现脱模。

(二) 多功能门式架台模

多功能门式架台模是用多功能门式脚手架作支承架，上面配以组合钢模板、钢木组合模板、钢竹组合模板、薄钢板与木板组合、多层胶合板作面板的台模。

1. 多功能门式架台模的拼装和安装就位

拼装程序：平整场地→按台模设计图纸核对构件尺寸→铺脚手垫板→放底托线尺寸→按线安放底托→将门式脚手架插入底托内→安装交叉拉杆→安装上部形顶托→调平找正调好高度→安装大龙骨→安装下部角钢及上部连接件→安装小龙骨→铺木板（多层胶合板）安装薄钢板→安装 $\phi48$ 水平、斜拉杆、剪刀撑→安装吊环及栏杆→检查纠正验收。多功能门式架台模结构组成如图 8-29 所示。

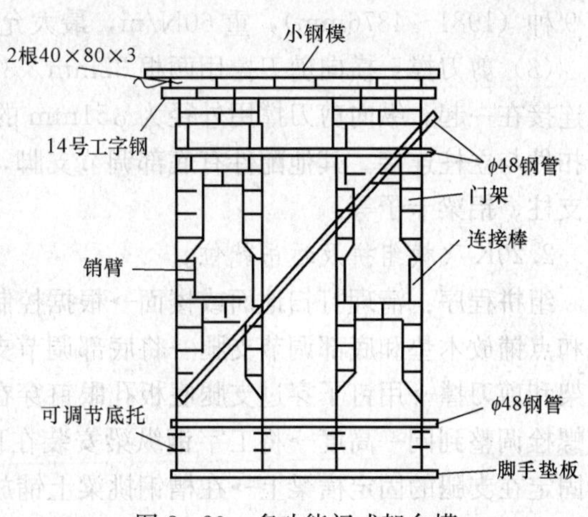

图 8-29 多功能门式架台模

2. 多功能门式架台模升层、落地或拆模的工艺流程

多功能门式架台模升层、落地或拆模程序为：拆除防护栏杆→在留下的四个底托处装四个起落架→挂四个手拉葫芦→台模脱模→台模水平滑动离开柱子外皮→台模放在滚轮上推出楼层→启动起重机械将台模飞出，吊往上一层楼面。

台模安装与拆除应严格按照操作程序进行，保证安装质量，注意拆除安全。

（三）20K 飞模

1. 飞模的结构组成

20K 飞模为支腿伸缩式台模。由面板、支架、纵梁、横梁、接长管和调节螺栓等组成，如图 8-30 所示。

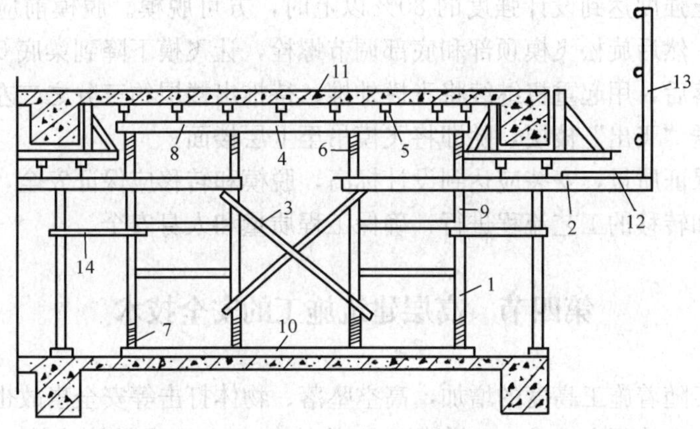
图 8-30 20K 飞模

1—承重钢管支架；2—钢管剪刀撑；3—工字钢纵梁；4—槽钢挑梁；
5—合金横梁；6—底部调节螺旋；7—顶部调节螺旋；8—顶板；
9—伸长接长管；10—垫板；11—九层胶合板；12—脚手板；
13—防护栏杆；14—防护立柱

(1) 支架：由钢筋焊接成双支柱支架，高 1530mm，宽 1219mm 或 610mm。

(2) 纵梁：纵梁用 16 号工字钢制作；挑梁用 16 号槽钢制作；横梁为 J400 铝梁，长度有 9 种（1981～4876mm），重 60N/m，最大允许弯矩为 9.3kN・m。

（3）剪刀撑：横向剪刀撑用两根 32mm×32mm×3.2mm 的角钢，中间用铆钉将两根角钢连接在一起。纵向剪刀撑用外径为 ϕ51mm 的薄型钢管，中间用直角扣件连接，两端用万向扣件与立柱连接。其他配件有底部调节支脚，调节螺栓支腿、延伸管、接长管、顶板、单腿支柱、铝梁卡子等。

2. 20K 飞模组拼及运吊就位

组拼程序：清理打扫地面或楼面→根据控制中心线放线→绑扎柱子钢筋→按照弹出的边线和点铺放木垫和底部调节支腿→将底部调节支腿的螺栓调到同一高度→按飞模设计图安装支架和剪刀撑→用钉子穿过支腿底板孔眼钉穿在木垫板上→安装顶部调节螺栓及顶板→将调节螺栓调整到同一高度→将工字钢纵梁安装在顶板上并用夹子固定→用 V 形螺栓把槽钢挑梁固定在支腿的固定横梁上→在槽钢挑梁上铺放脚手板并用铅丝扎牢→安装保护栏杆和挂安全网。

飞模拼装完毕后，就可以整体吊运安装就位。就位后，用上、下调节螺栓将整个平台升到设计标高。紧接着在槽钢挑梁下安放单腿支柱并安装水平拉杆，能过水平拉杆把单腿支柱和支架固定。

楼板飞模安装就位后，就进行梁模、柱模板的搭设安装、调直对正、固定等工作。然后填补飞模平台四周的胶合板，调理修补梁、柱、板交界处的模板，清理扫除柱模内的杂物垃圾，即可浇筑柱子的混凝土。

柱子混凝土浇筑振捣完后，马上清扫干净平台模板，粘贴板缝胶条，刷脱模剂，清理干净梁板内的各种杂物，按浇筑混凝土的规定和方法浇筑梁板混凝土。

（四）飞模的脱模和转移

当梁板混凝土强度达到设计强度的 80％以上时，方可脱模。脱模前应先将柱、梁模板及支承立柱拆除；然后旋松飞模顶部和底部调节螺栓，让飞模下降到梁底 50mm 以下。

飞模整体下落后，用起重机继续将飞模外推，待推出楼层约三分之二左右时，再一面起吊一面将飞模外送“飞出”楼层，随即将飞模吊至上层楼面。

飞模拼装应保证质量，安装应达到设计标高，脱模和转移应保证安全，严格按照飞模拼装、就位、脱模和转移的工艺流程进行，确保工程质量和人身安全。

第四节　高层建筑施工的安全技术

高层建筑施工随着施工高度的增加，高空坠落、物体打击等安全事故也有所增加。据统计近年来高处坠落事故死亡人数占工伤死亡人数的 46％。为了保护建筑工人在生产中的安全，高层建筑施工除遵守一般建筑安装工程的安全操作规程外，尚应根据高层建筑施工的特点，编制出相应的安全技术规程。

一、高层建筑脚手架的搭设和拆除

高层建筑的脚手架搭拆，除要遵守普通脚手架搭设的要求外，尚须遵守下列规定：

（1）高层脚手架的底脚必须牢固，须在墙基回填土以后搭设。回填土应分层夯实，达到坚实平整，上铺 100～150mm 厚道渣，认真做好排水处理。在道渣上铺砌块或混凝土预制块，然后在砌块上铺通长的 12～16 号槽钢，使立杆垂直稳定地立在槽钢和砌块上。

（2）高层脚手架的外侧，从第二步到第五步，每步均须在外立杆里侧设 1m 高的防护栏杆和 400mm 高的挡脚板，防护栏杆与立杆要用扣件扣牢。五步以上除防护栏杆照做外，应全部设防护安全笆和防护安全网。在沿街或居民密集区则应从第二步开始，外侧全部设防护安全笆和防护安全网，一般高层建筑结构施工中，安全网除随楼层施工架设外，首层和每隔四层设一道安全网。脚手架每隔四步，应在里立杆与墙面之间铺设通长的安全底笆，底笆与里立杆的连接不应少于 4 点。

脚手架与结构的拉撑连杆不准设在阳台栏杆、窗框等薄弱部位，拉撑连杆应设计成既能承受拉力又能承受压力的工具型为好。无论是受拉或受压的拉撑连杆，一定要待拆除脚手架时才能逐步从上而下拆除。施工中途如妨碍其他工序操作，需要拆除个别拉撑连杆时，必须经工程施工管理人员同意，并采取有效的加固措施。经检查确实牢固可靠后，方可拆除，任何人不得擅自拆除。

二、高层建筑施工的防雷保护措施

由于高层建筑施工工地四周的起重机、井架、脚手架突出很高，材料堆积很多，万一遭受雷击，不但对施工人员的生命有危险，而且容易引起大火，造成严重事故。

为此高层建筑施工期间，应采取如下的防雷措施：

（1）施工时应按照正式设计图纸的要求，先做全部接地设备。

（2）结构施工时，应按图纸规定，随时将混凝土中的主筋与接地装置连接，以防施工期间遭到雷击。

（3）建筑工地上的井字架等垂直运输设备上，应将一侧的中间立杆接高，高出顶端 2m 作为接闪器，并在该立杆下端设置接地器，同时应将卷扬机的金属外壳可靠接地。

（4）建筑工地上的起重机最上端必须装设避雷针，并连接于接地装置上，接地装置应尽可能利用永久性接地系统，起重机上的避雷针，应能保护整个起重机。

（5）建筑物四周的钢脚手架应连接可靠，并有良好的接地，并做好避雷装置。

三、高层建筑施工其他安全措施

（1）高层建筑结构施工中要严防高空坠落和物体打击，在“四口”“五临边”均需采取有效的防护措施。

1）“四口”的防护措施：凡楼梯口、电梯口（包括垃圾洞口）、预留洞口，必须设围栏或盖板。混凝土预制楼板的预留洞口可事先预埋钢筋网。设备安装时剪掉预埋钢筋。

正在施工的建筑物的出入口和井架通道口，必须搭设板棚或者席棚，棚的宽度应大于出入口，棚的长度应根据建筑的高度确定。

2）“五临边”的防护措施：凡尚未安装栏杆的阳台周边、无脚手架的屋面周边、井架通道的两侧边、框架建筑的楼层周边、斜道两侧边等，必须设置 1m 高的双层围栏或搭设安全网。

（2）高层建筑结构施工时，应采用稳妥可靠的上下通信联系措施。

（3）结构施工时，施工层使用的中小型电气机具，应安装漏电保护装置。

（4）加强消防治安工作，消防用水设专用管线，并保证足够的水压。

（5）起重机械必须按国家标准安装，经动力设备部门验收合格后，方能使用，使用中应健全保养制度，安全防护装置应保持齐全有效。

工 程 实 践 案 例

一、工程概况

某大厦工程主体地上 27 层，高 96.3m，裙房 3 层，是由前后两个弧形组成的不规则几何体。采用悬挂式递进组合外脚手架，并成功地应用于该工程的施工中。

二、设计原理

该脚手架是利用现有的普通脚手架的钢管扣件，预先在地面上搭设妥善（立柱间距、大横杆及小横杆间距以及剪刀撑布置均按钢管扣件脚手架搭设标准)，形成每榀相对独立的架子。然后用塔式起重机将其安装在预先埋置于结构上挑出的支架上，再组合在一起，即成为一组独立外脚手架。这样搭设吊放 4 层，随着施工作业面的升降，借助塔式起重机一组组向上（下）转移。这种脚手架具有安全可靠、经济适用、操作简单的特点。适用于高层建筑结构施工和装修施工。本脚手架设计的主要内容是独立架子和支承桁架的设计。

(1) 独立架子。如图 8-31 所示，整个架子是由纵横向水平杆和立杆组成的多层空间框架结构，架管全部采用 ϕ48mm×3.5mm 钢管，立杆纵距为 1.44m，横距为 0.6m，步距 1.2m，剪刀撑在两端设置，连接 3 根立杆。

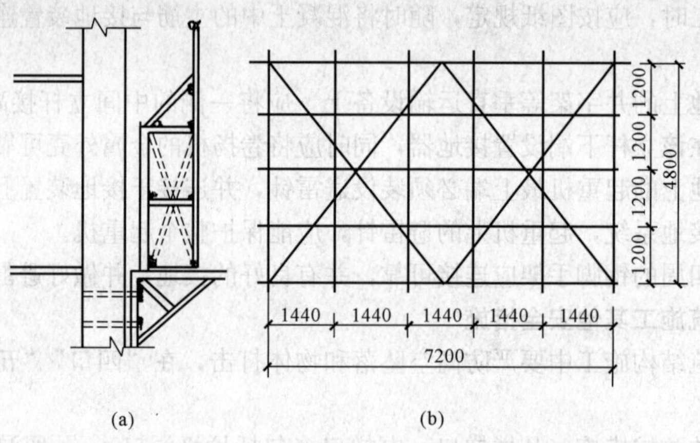

图 8-31 独立架子

(2) 支承架。由长 1.5m 的角钢（L70mm×8mm）一次弯制成直角形，再与钢管（ϕ50mm×4mm）焊接成三角桁架。它与埋置在柱（墙）内的预埋件经螺栓连接固定于柱（墙）上，用以支承架子。其固定螺栓选用 ϕ18mm 普通 C 级螺栓。

三、脚手架强度验算

(1) 三角桁架验算。施工荷载取 2.7kN/m^2，由立杆传递荷载取内外分配系数分别为 0.44 和 0.56，作用于三角桁架上的力 $P_{内}$＝5.8kN，$P_{外}$＝7.38kN，如图 8-32 所示。压杆内力为 10.3kN，其压杆计算满足强度要求。

(2) 架子强度验算。计算简图如图 8-33 所示，作用于其上的荷载 P_1＝1.28kN，P_2＝2.56kN。跨中弯矩 M＝12.87kN·m，最下层大横杆的拉力 T＝5.3kN，其拉力 σ_t＝1.08kN/m^2＜[σ]＝16.67kN/m^2。

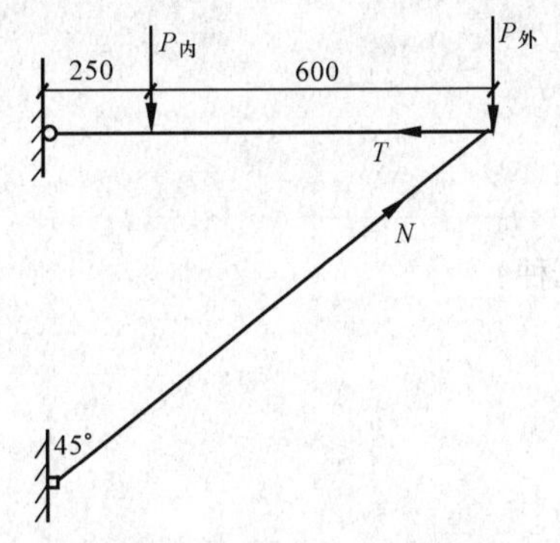

图 8-32　三角桁架计算示意

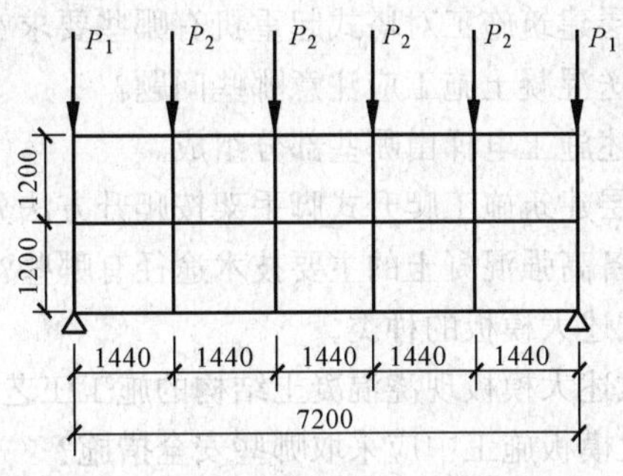

图 8-33　架子强度验算计算简图

四、施工组织与操作步骤

(1) 人员组织。指挥 1 人，塔吊司机 1 人，架子工 10 人，共计 12 人。

(2) 设备组织。①施工用塔吊，要求回转半径大于楼长度；②对讲机 3 部；③4 绳吊环 1 个；④20m 长尼龙绳 1 条；⑤架子工必备操作工具。

(3) 施工操作步骤。牛腿（支承架）安装→清理架子、拆除每榀架子横向连接→拆除架子底网→绑吊钩与控制绳→起吊→就位→安装连接架子与牛腿→拆除吊钩与控制绳→连接架子（横向）及护网（底网）。

(4) 操作要点。①指挥口令必须明确；②在塔吊吊绳受力后方可拆除架子与牛腿的连接；③连接好架子与牛腿后方可拆除塔吊吊环。

五、施工安全注意事项

该架子在施工过程中，由于安装上层架子时，站在下层架子上工作，因而作业环境大为改善。同时一个架子的整体安装，减少了高空外作业量，简化了操作过程，增加了作业人员的安全保障。但由于架子施工仍属于高空作业，因此要按高空作业来要求人员，并注意以下几条安全事项：

(1) 操作人员必须持证上岗，系安全带、戴安全帽、身上衣服结扎整齐。

(2) 对讲机由指挥、吊车司机和架子工组长各持 1 部。作业时，吊车司机和组长均按指挥口令操作，不得擅自作业，信号不明确不准操作。

(3) 缆风绳在起吊后，必须由专人控制，不得松手，以防架子在高空失控无法到位。

(4) 架子在操作过程中，严禁下部有人员工作，距建筑物周围 10m 设禁区。

六、经济效益分析

本脚手架同正常施工所搭设外架相比，可节约钢管 10.20t、脚手板木材 50m^3、劳动消耗量 1800 工日。取得了较好的经济效益。除吊装以外的工作均可在地面上操作，大大降低了劳动强度，增强了施工作业人员的安全性。

复 习 思 考 题

1. 试述高层建筑分哪几类。
2. 试述高层建筑结构体系有哪几类。
3. 高层建筑施工具有哪些特点？

4. 高层建筑主体结构施工常用的机械设备有哪些？
5. 高层建筑施工对塔式起重机有哪些要求？
6. 泵送混凝土施工应注意哪些问题？
7. 简述施工电梯由哪些部分组成。
8. 高层建筑施工爬升式脚手架按爬升方法分为哪几种？
9. 制备高强混凝土的主要技术途径有哪些？
10. 试述大模板的种类。
11. 试述大模板现浇混凝土结构的施工工艺。
12. 大模板施工中应采取哪些安全措施？
13. 试述液压滑升模板的施工特点及应用范围。
14. 液压滑升模板由哪几部分组成？
15. 试述液压滑升模板的施工工艺。
16. 筒体结构施工有哪些特点？
17. 采用提模施工主要机械设备有哪些？
18. 简答“四口”和“五临边”的安全防护措施的内容。

第九章　防　水　工　程

本章提要：本章内容包括地下防水、屋面防水和卫生间防水工程。地下防水着重介绍卷材防水层、冷胶料防水层、水泥砂浆防水层及防水混凝土的构造，性能，施工方法和质量要求。屋面防水则重点分析了卷材防水屋面、涂膜防水屋面施工方法和施工工艺，分析了刚性防水屋面裂缝漏水的原因、施工要点和质量控制措施。卫生间防水层的构造、性能和做法。

学习要求：

（1）熟悉地下工程防水等级标准，卷材防水层、冷胶料防水层及水泥砂浆防水层的构造、性能和做法。掌握卷材防水层的铺贴方法；水泥砂浆防水层的防水机理。

（2）熟悉屋面工程防水等级标准，卷材防水屋面的构造和各层的作用；掌握卷材防水屋面、涂膜防水屋面的施工要点及质量标准；掌握自防水屋面施工特点，刚性防水屋面的构造要求及产生质量通病的原因。

（3）掌握卫生间防水层的构造、性能和做法，以及保证防水工程质量的技术措施。

建筑防水工程施工是建筑物施工中的重要组成部分。通过对防水材料的合理选择与施工，建筑物可防御浸水和渗漏发生，确保建筑物能够充分发挥使用功能，并延长使用寿命。因此防水工程的施工必须严格遵守有关操作规程，切实保证工程质量，确保人民的生产和生活正常进行。

第一节　建筑防水的分类与等级

一、建筑防水分类

建筑防水在整个建筑工程中虽属分部分项工程，但其特点又具有相对独立性。建筑防水技术是一项综合技术性很强的系统工程，涉及防水设计的技巧、防水材料的质量、防水施工技术水平的高低以及防水工程全过程包括使用过程中的管理水平等。只有做好这些环节，才能确保建筑防水工程的质量和耐用年限。建筑防水按其采取的措施和手段不同，可分为材料防水和构造防水两大类。

1. 材料防水

材料防水是依靠防水材料经过施工形成整体封闭防水层来阻断水的通路，以达到防水的目的或增强抗渗漏的能力，材料防水按采用防水材料的不同，分为柔性防水和刚性防水两大类。柔性防水又分卷材防水和涂膜防水。柔性防水材料主要包括各种防水卷材和防水涂料，经过施工将其铺贴或涂布在防水工程的迎水面，达到防水目的。刚性防水指混凝土防水，其采用的材料主要有普通细石混凝土、补偿收缩混凝土等。混凝土防水是依靠增强混凝土的密实性及采取构造措施达到防水目的。

2. 构造防水

构造防水是采取合适的构造形式阻断水的通路，防止水侵入室内的统称。如对各类接缝，各部分和构件之间设置的温度缝、变形缝以及节点细部构造的防水处理均属构造防水。

二、建筑防水等级

1. 屋面防水等级和设防要求

国家标准《屋面工程质量验收规范》(GB 50207—2002)按建筑物类别将屋面防水的设防要求分为4个等级，见表9-1。

2. 地下工程防水等级和防水标准

国家标准《地下工程防水技术规范》(GB 50108—2001)按地下工程围护结构防水要求，分为4个防水等级，见表9-2。其中工业与民用建筑的地下室，按其用途性质均达到一级或二级防水标准。

表9-1　屋面防水等级和设防要求

项　目	屋面防水等级			
	Ⅰ	Ⅱ	Ⅲ	Ⅳ
建筑物类别	特别重要或对防水有特殊要求的建筑	重要的建筑和高层建筑	一般建筑	非永久性的建筑
防水层合理使用年限	25年	15年	10年	5年
防水层选用材料	宜选用合成高分子防水卷材、高聚物改性沥青防水卷材、金属板材、合成高分子防水涂料、细石混凝土等材料	宜选用高聚物改性沥青防水卷材、合成高分子防水卷材、金属板材、合成高分子防水涂料、高聚物改性沥青防水涂料、细石混凝土、平瓦、油毡瓦等材料	宜选用三毡四油沥青防水卷材、高聚物改性沥青防水卷材、合成高分子防水卷材、金属板材、高聚物改性沥青防水涂料、合成高分子防水涂料、细石混凝土、平瓦、油毡瓦等材料	可选用二毡三油沥青防水卷材、高聚物改性沥青防水涂料等材料
设防要求	三道或三道以上防水设防	二道防水设防	一道防水设防	一道防水设防

表9-2　各类地下工程的防水等级

防水等级	一　级	二　级	三　级	四　级
标准	不允许渗水，围护结构无湿渍	不允许漏水，围护结构有少量、偶见的湿渍	有少量漏水点，不得有线流和漏泥沙，每昼夜漏水量<0.5L/m²	有漏水点，不得有线流和漏泥沙，每昼夜漏水量<2L/m²
工程名称	医院、餐厅、旅馆、影剧院、商场、冷库、粮库、金库、档案库、通信工程、计算机房、电站控制室、配电间、防水要求较高的生产车间 指挥工程、武器弹药库，防水要求较高的人员掩蔽部 铁路旅客站台、行李房、地下铁道车站、城市人行地道	一般生产车间、空调机房、发电机房、燃料库 一般人防掩蔽工程 电气化铁路隧道、寒冷地区铁路隧道、地铁运行区间隧道、城市公路隧道、水泵房	电缆隧道 水下隧道、非电气化铁路隧道、一般公路隧道	取水隧道、污水排放隧道 人防疏散干道、涵洞

第二节 屋面防水工程

屋面防水工程主要有卷材防水屋面、涂料防水屋面和刚性防水屋面。

一、卷材防水屋面

卷材防水屋面所用的卷材有沥青防水卷材、高聚物改性沥青防水卷材和合成高分子防水卷材等。目前沥青卷材已被淘汰。卷材经粘贴后形成一整片屋面覆盖层起到防水的作用。卷材有一定的韧性，可以适应一定程度的涨缩和变形。粘贴层的材料取决于卷材种类：沥青卷材用沥青胶作粘贴层；高聚物改性沥青防水卷材则用改性沥青胶；合成橡胶树脂类卷材和合成高分子系列卷材，需用特制的黏结剂冷粘贴于预涂底胶的屋面基层上，形成一层整体不透水的屋面防水覆盖层。卷材防水屋面构造，如图 9-1 所示。

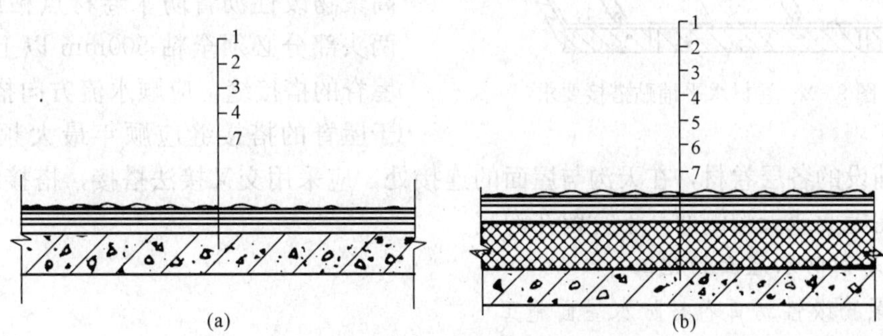

图 9-1 卷材防水屋面构造示意图

(a) 无保温层油毡屋面；(b) 有保温层油毡屋面

1—保护层；2—卷材防水层；3—底油结合层；

4—找平层；5—保温层；6—隔气层；7—结构层

(一) 卷材防水施工的基本要求

1. 基层与找平层

基层与找平层应做好嵌缝（预制板）、找平及转角和基层处理等工作。

采用水泥砂浆找平层时，水泥砂浆抹平收水后进行二次压光，并充分养护，不得有酥松、起砂、起皮及起壳现象，否则必须进行修补。屋面基层与女儿墙、立墙、天窗壁、烟囱、变形缝等突出屋面结构的连接处，以及基层的转角处（各水落口、檐口、天沟、檐沟、屋脊等）均应做成圆弧。

铺设防水层（或隔气层）前，找平层必须干燥、洁净。基层处理剂（或称冷底子油）的选用应与卷材相容。基层处理剂可采用喷涂、刷涂施工。喷涂应均匀，待第一遍干燥后再进行第二遍喷涂，待最后一遍干燥后，方可铺设卷材。

2. 施工顺序及铺设方向

卷材铺贴应采取先高后低、先远后近的施工方向，即高低跨屋面，先铺高跨后铺低跨；等高的大面积屋面，先铺离上料地点较远的部位，后铺较近部位。这样可以避免已经铺设好的屋面因材料运输遭人员踩踏和破坏。大面积铺贴卷材前，应先做好节点密封处理，附加层和屋面排水较集中部位（屋面与水落口连接处、檐口、天沟等）及分格缝的空铺条处理等，然后由屋面最低标高处向上施工。施工段的划分宜设在屋脊、檐口、天沟、变形缝等处。

卷材铺贴方向应根据屋面坡度和周围是否有振动来确定。当屋面坡度小于3%时，卷材宜平行于屋脊铺贴；屋面坡度在3%～15%时，卷材可平行或垂直于屋脊铺贴；屋面坡度大于15%或受振动时，沥青防水卷材应垂直屋脊铺贴，高聚物改性沥青防水卷材和合成高分子防水卷材可平行或垂直于屋脊铺贴，但上下层卷材不得相互垂直铺贴。

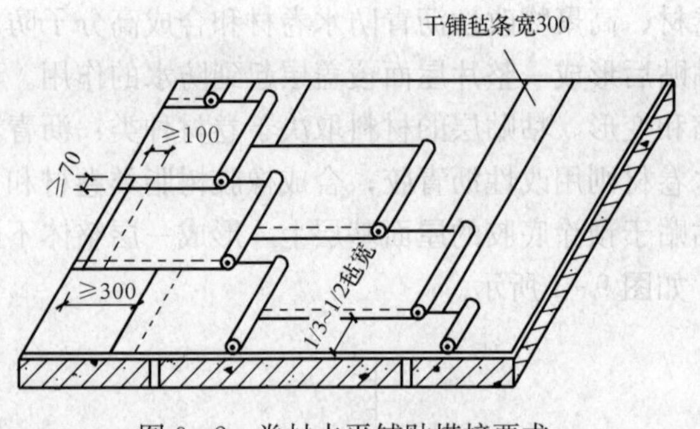

图9-2 卷材水平铺贴搭接要求

3. 搭接方法、宽度和要求

卷材铺贴应采用搭接法。相邻两幅卷材的接头应相互错开300mm以上，以免出现接头处多层卷材相重叠而黏结不实。叠层铺贴，上、下层两幅卷材的搭接缝也应错开1/3幅宽，如图9-2所示。当采用高聚物改性沥青防水卷材点粘或空铺时，两头部分必须全粘500mm以上。平行于屋脊的搭接缝，应顺水流方向搭接；垂直于屋脊的搭接缝应顺年最大频率风向搭接。叠层铺设的各层卷材，在天沟与屋面的连接处，应采用交叉接法搭接，搭接缝应错开，接缝宜留在屋面或天沟侧面，不宜留在沟底。

(二) 卷材防水屋面的施工

1. 高聚物改性沥青卷材防水屋面施工

所谓“改性”，即改善沥青性能，在石油沥青中掺入适量聚合物，特别是橡胶，以降低沥青的脆点，并提高其耐热性。采用这类聚合物改性的材料，可以延长屋面的使用期限。

(1) 材料要求。

1) 主体材料。高聚物改性沥青卷材主要包括SBS改性沥青柔性卷材、铝箔塑胶卷材、化纤胎改性卷材、塑料沥青聚酯卷材以及彩砂面聚酯胎弹性体卷材等产品。

2) 配套材料。配套材料主要是胶黏剂(包括冷底子油)。该材料主要用于卷材与基层的粘接，又可用于排水口、管子根部等容易渗漏水的薄弱部位的密封处理等。

3) 辅助材料。辅助材料主要是汽油，它用作胶黏剂的稀释剂、机具的清洗剂和热熔施工时汽油喷灯的燃料。

(2) 施工准备。

1) 施工工具准备。高聚物改性沥青卷材的施工工具包括：小平铲、扫帚、高压吹风机、电动搅拌器、滚动刷、铁桶、汽油喷灯、剪刀、钢卷尺、小线纯、彩色粉等。

2) 施工条件准备。

①屋面找平层应抹平压光，坡度应符合设计要求，不允许有起砂、掉灰和凹凸不平等缺陷存在，其含水率一般不宜大于9%。

②找平层不应有局部积水现象，找平层与突起物(如女儿墙、烟囱、通气孔、变形缝等)相连接的阴角，应抹成均匀光滑的小圆角，找平层与檐口、排水口、沟脊等相连接的阳角，应抹成均匀光滑的圆弧形。

(3) 施工要点。

高聚物改性沥青卷材防水屋面施工，可以采取单层外露构造或双层外露构造，分别如图

9-3 和图 9-4 所示。其施工方法有冷粘贴施工和热熔施工。

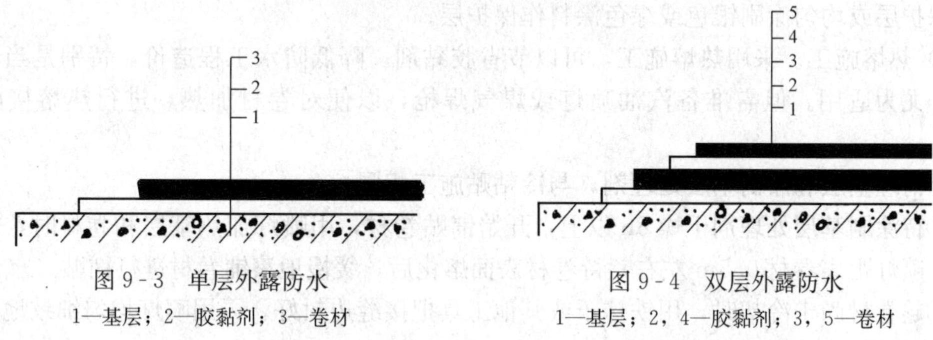

图 9-3　单层外露防水

1—基层；2—胶黏剂；3—卷材

图 9-4　双层外露防水

1—基层；2，4—胶黏剂；3，5—卷材

1）冷粘贴施工。

①清理基层。施工前，应将基层表面突出物铲除，并将尘土杂物等清除干净。

②涂刷基层处理剂。基层处理剂用汽油等溶剂稀释胶黏剂制成，涂刷时要均匀一致，切勿反复涂刷。

③复杂部位增强处理。待基层处理干燥后，可先对排水口、管子根部、烟囱底部等容易发生渗漏的薄弱部位，在距中心 200mm 范围内，均匀涂胶，厚度以 1mm 左右为宜，涂胶后随即粘贴一层聚酯纤维无纺布，并在无纺布上再涂刷一道厚度为 1mm 左右的粘胶剂，干燥后即可形成一层无接缝和弹塑性的整体层。

④铺贴卷材防水层。根据卷材的铺贴方法，在流水坡度以下坡开始弹出基准线，边涂刷胶黏剂边向前滚铺卷材，并及时用压辊用力压实处理。用毛刷涂刷时，蘸胶液要饱满，涂刷要均匀，滚压时注意不要卷入空气或异物。

⑤卷材接缝处理。卷材纵横之间的搭接宽度为 100mm，一般接缝既可用胶黏剂黏合，也可用汽油喷灯等进行加热熔接，其中以加热熔接的效果更为理想。双层做法时，第二层卷材的搭接缝与第一层搭接缝错开卷材幅宽的 1/3～1/2。

⑥接缝边缘和卷材末端收头处理。对卷材搭接缝的边缘以及末端收头部位，应刮抹膏状的胶黏剂进行黏合封闭处理，以达到密封防水的目的。必要时，也可在经过密封处理的末端收头处，再用掺入水泥重量 20%的环保胶的水泥砂浆进行压缝处理，如图 9-5 和图 9-6 所示。

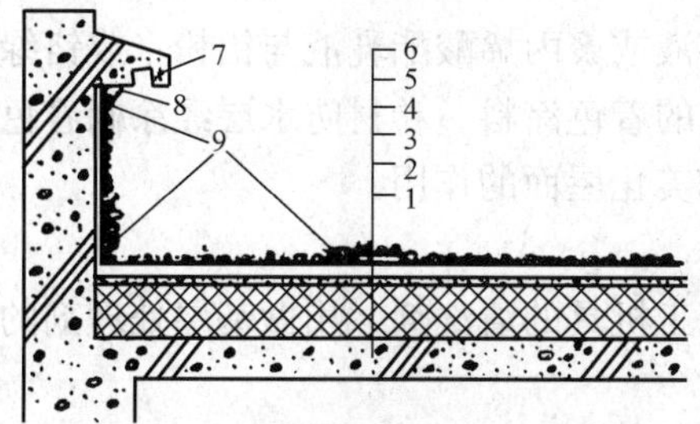

图 9-5　卷材接缝及收头处理之一

1—结构层；2—保温层；3—找平层；4—胶黏剂；
5—防水层；6—保护层；7—滴水槽；
8—环保胶水泥砂浆；9—膏状胶黏剂

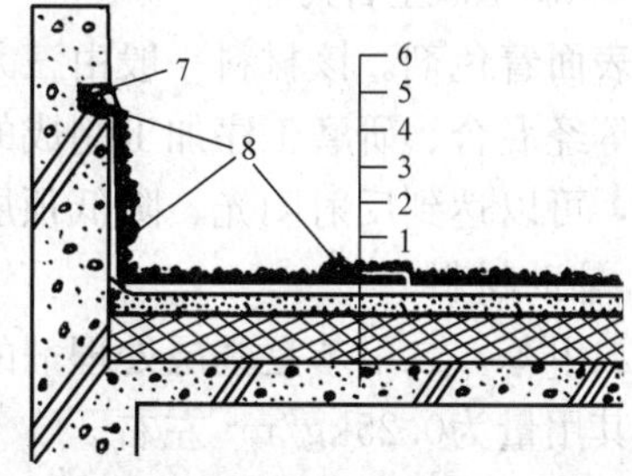

图 9-6　卷材接缝及收头处理之二

1—结构层；2—保温层；3—找平层；4—胶黏剂；
5—防水层；6—保护层；7—环保胶水泥砂浆；
8—膏状胶黏剂

⑦保护层施工。为了遮蔽或反射阳光的辐射和延长卷材防水层的使用寿命，在防水层铺

设完毕清扫干净和检查验收合格后，即可在防水层表面上采用边涂刷胶黏剂，边铺撒膨胀蛭石粉保护层或均匀涂刷银色或绿色涂料作保护层。

2）热熔施工。采用热熔施工，可以节省胶黏剂，降低防水工程造价，特别是当气温较低时，尤为适用。但需准备汽油喷灯或煤气焊枪，以便对卷材加热，进行热熔接的铺设处理。

①清理基层和涂刷基层处理剂，与冷粘贴施工相同。

②待涂刷基层处理剂干燥 8h 以上，开始铺贴卷材，用喷灯加热基层和卷材时，加热要均匀，喷灯距离卷材 0.5m 左右，待卷材表面熔化后，缓慢地滚铺卷材进行铺贴。

③趁卷材尚未冷却时，用铁抹子或其他工具把接缝边封好，再用喷灯均匀细致地密封。

④其他与冷粘贴法施工相同。

2. 高分子卷材防水屋面施工

合成高分子防水卷材有橡胶、塑料和橡塑共混三大系列，这类防水卷材与传统的石油、沥青卷材相比，具有单层结构防水、冷施工、使用寿命长等优点。

(1) 材料要求。

1）主体材料。

合成高分子防水卷材主要包括三元乙丙橡胶防水卷材、氯化聚乙烯与橡胶共混防水卷材、氯化聚乙烯防水卷材、氯璜化聚乙烯防水卷材以及聚氯乙烯防水卷材等。

2）配套材料。

①基层处理剂。一般采用氯丁橡胶乳液，主要作用是隔绝基层渗透的水分和提高基层表面与合成高分子防水卷材之间的黏结能力。

②基层胶黏剂。该材料主要用于防水卷材与找平层之间的黏结，一般可选用氯丁橡胶类的黏结剂。其黏结剥离强度大于 50N/25mm，基层胶黏剂的用量为 0.4kg/m^2 左右。

③卷材接缝胶黏剂。卷材接缝胶黏剂为专用胶黏剂，它是以丁基橡胶、氯化丁基橡胶或氯丁橡胶和硫化剂、促进剂、填充剂和溶剂等配制而成的双组分或单组分常温硫化型的胶黏剂。

④卷材接缝密封剂。一般可选用单组分氯璜化聚乙烯密封膏或双组分聚氯酯密封膏等材料作接缝密封剂，主要用于卷材与卷材搭接缝边缘以及卷材末端收头部位的密封处理。其用量以 0.05kg/m^2 左右为宜。

⑤表面着色剂。该材料一般由三元乙丙橡胶溶液或聚丙烯酸酯乳液与铝粉（或铬绿、钛青绿）等经混合、研磨工序加工制成的银色或绿色的着色涂料。卷材防水层经涂刷着色涂料处理后，可以达到反射阳光、降低顶层室内温度和美化屋面的作用。

3）辅助材料。

①二甲苯。二甲苯是基层处理剂的稀释剂和施工机具的清洗剂，用做基层处理剂的稀释剂时，其用量为0.25kg/m^2 左右。

②乙酸乙酯。该材料主要用于擦洗手及被胶黏剂等材料污染的部位，其用量为 0.05kg/m^{2}左右。

(2) 施工准备。

1）施工机具的准备。主要有电动搅拌器、高压吹风机、滚动刷、手持压辊、剪子、皮尺等。

2）施工条件的准备。

①找平层用水泥砂浆找平压光，平整度可用2m长靠尺检查，找平层与靠尺之间的最大空隙不应超过5mm，空隙仅允许平缓变化，如图9-7所示。

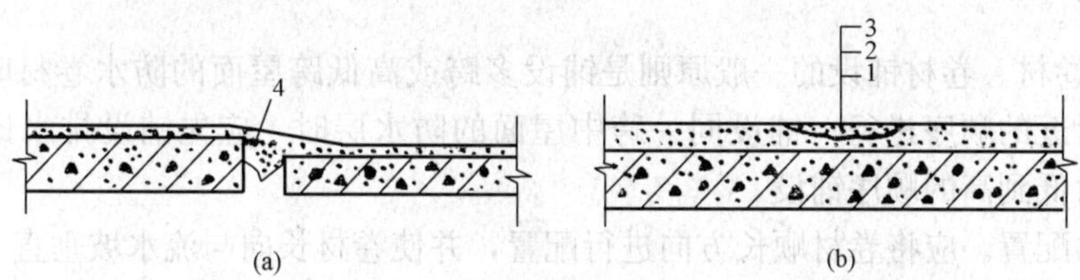

图9-7 基层处理做法

(a) 两板不平基层处理；(b) 基层有凹坑处理

1—清理坑部；2—刷环保胶一道；3—环保胶水泥砂浆找平；4—找平成坡

②基层与突出屋面的结构（女儿墙、烟囱、管道等）相连的阴角，应抹成均匀且平整光滑的圆角。基层与檐口、天沟、排水口等相连接的阳角应抹成光滑的圆弧。

③平屋顶基层的坡度应符合设计要求，一般坡度以2%～5%为宜，天沟的纵向坡度不宜小于5%。

④基层必须干燥，含水率以小于9%为宜。

⑤在铺贴卷材防水层之前，必须将表面的突出物、砂浆疙瘩等异物铲平，并将尘土杂物清扫干净。对阴阳角、管道根部、排水口部位更应认真清理干净。

(3) 施工操作要点。

合成高分子卷材防水屋面施工工艺一般有：单层外露防水施工、涂膜与卷材复合防水施工、有刚性保护层的施工，分别如图9-8～图9-10所示。下面主要介绍单层外露防水施工操作要点如下：

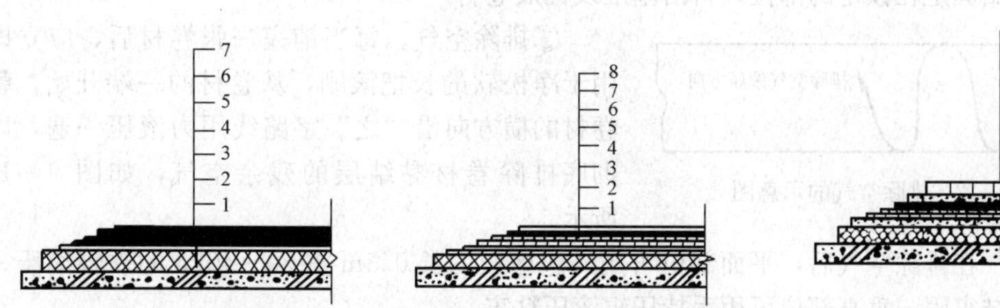

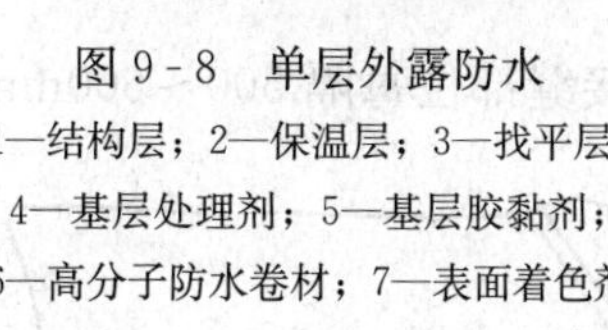

图9-8 单层外露防水

1—结构层；2—保温层；3—找平层；4—基层处理剂；5—基层胶黏剂；6—高分子防水卷材；7—表面着色剂

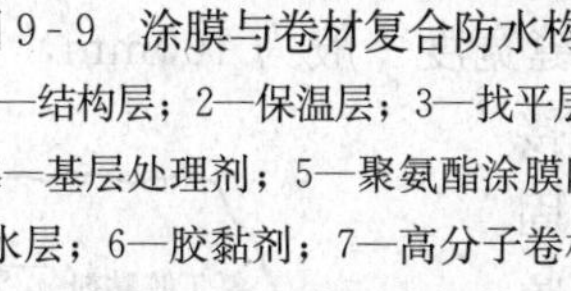

图9-9 涂膜与卷材复合防水构造

1—结构层；2—保温层；3—找平层；4—基层处理剂；5—聚氨酯涂膜防水层；6—胶黏剂；7—高分子卷材防水层；8—表面着色剂

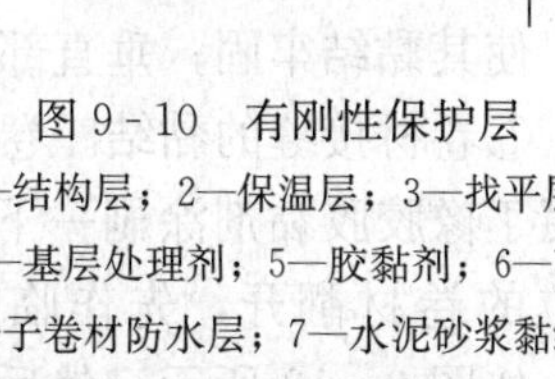

图9-10 有刚性保护层

1—结构层；2—保温层；3—找平层；4—基层处理剂；5—胶黏剂；6—高分子卷材防水层；7—水泥砂浆黏结层；8—面砖等饰面层

1）涂布基层处理剂。一般是将聚氨酯涂膜防水材料的甲料、乙料、二甲苯按1：1.5：3的比例配合搅拌均匀，再用长把滚刷蘸满后均匀涂布在基层表面上，干燥4h以上，即可进行下一道工序的施工；用喷涂机喷涂时要求厚薄均匀，经干燥12h左右才能进行下一道工序的施工。

2）复杂部位增强处理。平屋顶的阴角、排水口、通气孔根部等处，是易发生渗漏的薄弱部位，在铺贴防水卷材之前，应采用聚氨酯涂膜防水材料胶黏带进行增强处理。

3）涂布基层胶黏剂。先将盛氯丁橡胶的铁桶打开，用手持电动搅拌器搅拌均匀，即可进行涂布施工。

4）铺设卷材。卷材铺设的一般原则是铺设多跨或高低跨屋面的防水卷材时，应按先高后低，先远后近的顺序进行；铺设同一跨中屋面的防水层时，应先铺设排水比较集中的部位，按标高由低到高的顺序铺设。

①卷材的配置。应将卷材顺长方向进行配置，并使卷材长向与流水坡垂直，卷材搭接要顺流水方向，不能成逆向，如图 9-11 所示。

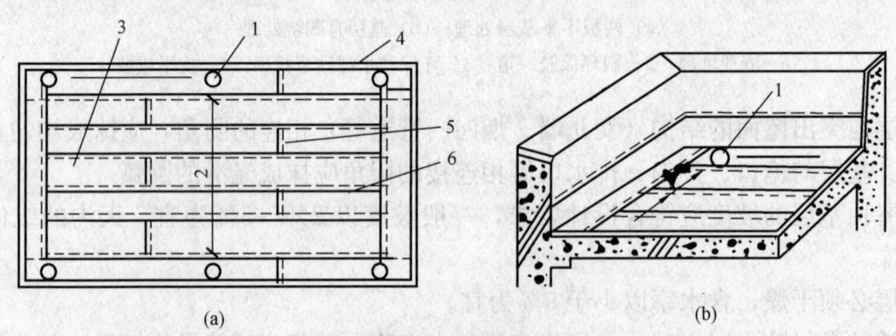

图 9-11　卷材配置示意图

(a) 平面图；(b) 剖示图

1—排水口；2—排水坡；3—封脊卷材；4—女儿墙；5—横向卷材接头；6—纵向卷材接头

②卷材铺贴。根据卷材配置方案，从流水下坡开始，先弹出基准线，然后将已涂布胶黏剂的卷材卷成圆筒，在其中心插一根 $\phi30$ 长 1.5m 的钢管，由两人分别手持钢管两端，将卷材的一端粘贴固定在预定的部位，再沿基准线铺展卷材。

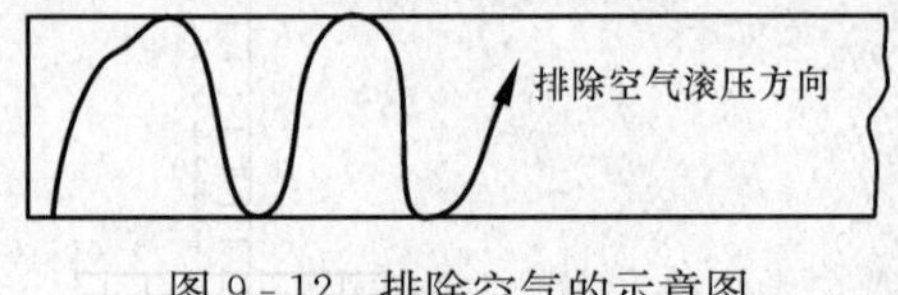

图 9-12　排除空气的示意图

③排除空气。每当铺完一张卷材后，应立即用干净松软的长把滚刷，从卷材的一端开始，朝卷材的横方向沿“之”字路线用力滚压一遍，以彻底排除卷材黏结层的残余空气，如图 9-12 所示。

④滚压。在排除空气后，平面部位可用外包橡胶的长 0.3m 重 30～40kg 的铁辊滚压一遍，使其黏结牢固；垂直部位可用手持压辊滚压粘牢。

⑤卷材接缝的黏结。卷材的接缝宽度一般为 100mm，在搭接缝部位每隔 500～600mm，用氯丁橡胶胶黏剂涂刷一下，将搭接部位的卷材翻开，先作临时黏结固定，如图 9-13 所示；然后用丁基胶胶黏剂的 A，B 两个组分，按1∶1的比例配合搅拌均匀，再用油漆刷均匀刷在卷材接缝的两个黏结面上，干燥 20～30min，指感基本不粘时，即可进行黏合。

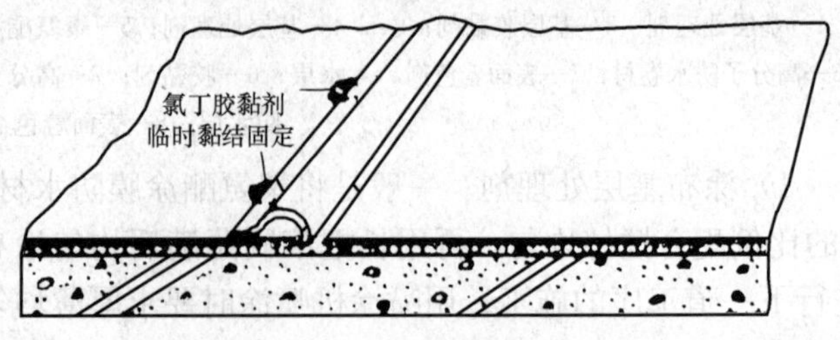

图 9-13　搭接缝部位的临时黏结固定

⑥卷材收头处理。为了防止卷材末端收头和搭接缝边缘的剥落或渗漏，该部位必须用单组分氯磺化聚乙烯或聚氨酯密封膏封闭严密，并在末端收头处用掺有水泥用量20%的环保胶的水泥砂浆进行压缝处理。

5）屋面着色。在卷材铺设完毕，经认真检查确认完全合格后，将卷材表面的尘土杂物等彻底清扫干净，再用长滚刷均匀涂布银色或绿色的表面着色涂料进行屋面着色。

二、涂料防水屋面

防水涂料是以高分子合成材料为主体，在常温下呈无定型液态，经涂布并能在结构表面形成坚韧防水膜的物料总称，主要有薄质涂料和厚质涂料两大类。涂料防水施工操作简便，无污染，冷操作，无接缝，能适应复杂基层，防水性能好，温度适应性强，易修补。

1. 薄质防水涂料的施工

薄质防水涂料屋面一般有三胶、一毡三胶、二毡四胶、一布一毡四胶、二布五胶等做法。施工前按设计要求对屋面板的板缝用细石混凝土嵌填密实或上部用油膏嵌缝，将屋面清扫干净，并在突出屋面结构的交接处、转角处加铺一层附加层，宽度250～350mm；板端缝、檐口板与屋面交接处先干铺一层宽度为150～300mm塑料薄膜缓冲层。

胶料可采取涂刷、刮涂或机械喷涂的方法。如果设计要求加衬（玻璃棉布或毡片），衬布应采用搭接法，搭接要求参见石油沥青油毡的铺贴搭接。铺加衬布前应先浇胶料刮刷均匀，纤维不露白，并用辊子滚压密实，将布下空气排尽。必须待上道涂层干燥后再进行下道涂层施工，干燥时间要视当地气温而定，一般需4～24h。整个防水层施工完毕，在一周内不许上人或进行其他工序施工。

2. 厚质防水涂料的施工

石灰乳化沥青属于厚质防水涂料，采用抹压法施工，要求基层干燥密实、坚固干净无松动现象，不得起砂、起皮，石灰乳化沥青应搅拌均匀，无沉淀块粒，其稠度为50～100mm，铺抹前根据不同季节和气温高低决定涂刷不同的冷底子油。当日最高气温≥30℃时，应先用水将屋面基层冲洗干净，然后刷稀释的石灰乳化沥青冷底子油一道。在春秋季节，应在清洁的屋面基层上涂刷汽油冷底子油（汽油：沥青＝7：3）一道，必要时应通过试抹确定冷底子油的种类和配合比。待冷底子油干燥后，立即铺抹石灰乳化沥青，厚度为5～7mm，待表面收水后，用铁抹子压实抹光，施工气温以5～30℃为宜。

3. 涂抹保护层的施工

根据设计规定或涂料的使用说明书选定涂层保护材料。一般薄质涂料宜用蛭石、云母粉、铝粉及浅色涂料，厚质涂料可用黄砂、石英砂及石屑粉。进行保护层施工时，在防水层涂刷最后一道涂层时，就立即均匀撒布保护层材料，并随即用胶辊滚压，使之粘牢，隔日将多余部分扫去。涂层刷浅色涂料时，须待防水层最后一道涂膜充分干燥后，将配好的浅色涂料均匀地涂刷一道。要求不露底，不起泡，未干前禁止上人踩踏。

三、刚性防水屋面施工

刚性防水屋面实质上是刚性混凝土板块防水和柔性接缝防水材料的复合防水屋面。这种刚柔结合的防水屋面适应结构层的变形，它主要是依靠混凝土自身的密实性或采用补偿收缩混凝土，并配合一定的结构措施来达到防水目的。这些结构措施包括：屋面具有一定的坡度便于雨水及时排除；增加钢筋；设置隔离层（减少结构层变形对防水层的不利影响）；混凝土分块设缝，以使板面在温度、湿度变化时不致开裂；采用油膏嵌缝，以适应屋面基层变形，保证分格缝的防水功能。由于刚性防水层对地基不均匀沉降、温度变化、结构振动等因素都非常敏感，所以刚性防水屋面适用于屋面结构刚度较大及地基地质条件较好的建筑。即可用在防水等级为Ⅲ级的屋面防水，也可用作Ⅰ、Ⅱ级屋面多道防水设防中的一道防水层；不适用于设有松散材料保温层的屋面以及受较大振动或冲击的建筑屋面。刚性防水屋面施工可分为普通细石混凝土防水层、补偿收缩混凝土防水层施工。

（一）刚性防水屋面的一般要求

1. 屋面结构层板缝及刚柔结合处理

（1）刚性防水屋面的结构层宜为整体现浇的钢筋混凝土。刚性防水屋面的坡度宜为2%～3%,并应采用结构找坡。

（2）屋面结构层如采用装配式钢筋混凝土板时，应用强度等级不小于C20的细石混凝土灌缝，灌缝的细石混凝土宜掺微膨胀剂。当屋面板板缝宽度大于40mm或上窄下宽时，板缝内必须设置构造钢筋，板端缝应进行密封处理。

（3）刚性防水层与山墙、女儿墙以及突出屋面结构的交接处均应做柔性密封处理。

（4）细石混凝土防水层与结构层间宜设隔离层。

（5）防水层的细石混凝土宜掺外加剂，如膨胀剂、减水剂、防水剂等，并必须用机械搅拌和机械振捣。刚性防水层应设置分格缝，分格缝必须嵌填密封材料。

2. 材料要求

（1）防水层的细石混凝土用普通硅酸盐水泥或硅酸盐水泥；用矿渣硅酸盐水泥时应采取减小泌水性的措施。水泥强度等级不宜低于32.5级。不得使用火山灰质水泥。水泥贮存时应防止受潮，存放期不得超过三个月，否则必须重新检验，确定其强度等级。

（2）防水层内配置的钢筋宜采用冷拔低碳钢丝。

（3）在防水层的细石混凝土和砂浆中，粗骨料的最大粒径不宜超过15mm，含泥量不应大于1%；细骨料应采用中砂或粗砂，含泥量不应大于2%；拌和用水应采用不含有害物质的洁净水。

（4）防水层细石混凝土使用的膨胀剂、减水剂、防水剂等外加剂，应根据不同品种的适用范围及技术要求选定。

外加剂应分类保管，不得混杂，并应存放于阴凉、通风、干燥处。运输时应避免雨淋、日晒和受潮。

（二）普通细石混凝土防水施工

1. 施工准备

（1）施工机具。细石混凝土应用机械搅拌，机械振捣，以保证混凝土质量。所用机具包括混凝土搅拌机、平板振捣器等。

（2）隔离层施工。隔离层可选用干铺卷材、砂垫层、低强度等级砂浆等材料。干铺卷材隔离层做法是在找平层上干铺一层卷材，卷材的接缝均应粘牢；表面涂刷二道石灰水或掺10%水泥的石灰浆（防止日晒卷材发软），待隔离层干燥有一定强度后进行防水层施工。

（3）配筋。钢筋网片可绑扎或点焊成型。保护层不小于10mm。

（4）支分格缝模板。模板应做成上宽下窄，一般上口尺寸25mm、下口尺寸20mm，模板应先浸水并涂刷隔离剂，用砂浆固定在隔离层上。

（5）细石混凝土配制。应按防水混凝土的要求配制，每立方米混凝土的水泥用量不小于

330kg；含砂率为35%～40%；灰砂比为1∶2～1∶2.5；水灰比不大于0.55；坍落度以3～5mm为宜。普通细石混凝土中，掺入减水剂或防水剂时，应准确计量，投料顺序得当，拌和均匀。

2. 施工工艺

细石混凝土防水层施工质量的好坏，关键在于保证混凝土的密实性和及时养护。

（1）浇筑。浇筑细石混凝土应注意防止混凝土分层离析。混凝土搅拌时间不应少于2min。运输中应防止漏浆或离析，如发生离析应重新搅拌。用浇灌斗吊运的倾倒高度不应大于1m，分散倾倒在屋面，浇筑混凝土应从高处往低处进行。铺摊混凝土时必须保护钢筋不错位。分格板块内的混凝土应一次整体浇灌，不留施工缝。从搅拌至浇筑完成应控制在2h以内。

（2）振捣。用平板振捣器振捣至表面泛浆为宜。在分格缝处，应在两侧同时浇筑混凝土后再振，以免模板位移。浇筑中用2m靠尺检查，混凝土表面刮平，抹压。

（3）表面处理。表面刮平，用铁抹子压实、压光，达到平整并符合排水坡度要求。抹压时严禁在表面洒水、加水泥浆或撒干水泥。当混凝土初凝后，拆出分格缝模板并修整。混凝土收水后应进行二次表面压光，并在终凝前三次压光成活。

（4）养护。混凝土浇筑12～24h后应进行养护。养护时间不应少于14d，采用淋水、覆盖等养护方法，养护初期屋面不允许上人。

（三）补偿收缩混凝土防水施工

补偿收缩混凝土实际是一种适度膨胀的混凝土。国内目前应用较多的是在混凝土中掺入适量U型膨胀剂（U—typc Expansive Agent 简称UEA）制作的防水混凝土，称为UEA补偿收缩混凝土。它具有抗裂和抗渗双重功能，可使结构与防水合二为一，达到结构自防水的目的。

U型膨胀剂是一种以硫铝酸盐、硫酸铝、硫酸铝钾和硫酸钙等组成的无机化合物，并与明矾石、石膏等混合粉磨成的高效复合膨胀材料。将适量的UEA（一般取代水泥重量的10%～14%）掺入普通混凝土中，能有效地增加混凝土的抗裂、抗渗能力，是一种具有补偿收缩性能的新型防水混凝土。

补偿收缩混凝土防水的基本原理是钙矾石是水泥和水泥制品的膨胀源，当U型膨胀剂加入普通水泥与水拌和后，与硅酸钙析出的氢氧化钙作用，形成水化硫铝酸钙。当混凝土膨胀时，混凝土中的钢筋对它的膨胀产生限制作用，钢筋本身也因与混凝土一起膨胀而产生拉应力，同时也就在混凝土中产生了相应的压应力。一般说来，在限制膨胀条件下，导入的预应力值为0.20～0.70MPa，这等于提高了混凝土的早期抗拉强度，推迟了混凝土产生收缩的过程。在此期间，混凝土经浇水养护，抗拉强度获得了较大幅度的增长。当混凝土开始收缩时，其抗拉强度已增长到足以抵抗收缩应力，从而防止或大大减少混凝土收缩裂缝的出现。

抗渗的前提是抗裂，作为一个整体性的防水层，抗裂是关键，也是先决条件。尽管普通防水混凝土（密实性混凝土）或其他外加剂防水混凝土的抗渗标号能够满足设计要求，但它们都不具有膨胀性能和抗裂功能。相反，UEA混凝土建立的0.2～0.7MPa预压应力，改善了钢筋混凝土中的应力状态，其补偿收缩作用产生的抗裂、抗渗功能，正是混凝土达到自防水的主要依据，也是与其他防水混凝土只防渗不抗裂的根本区别。

UEA补偿收缩混凝土在水化过程中形成的大量钙矾石，能够填充堵塞混凝土的毛细孔隙，切断水的渗透通路，并可使大孔减少，总的孔隙率下降，高压水银测孔表明，掺入12%UEA的水泥总孔隙率为0.124cm³/g，而不掺的水泥为0.21cm³/g，相差40%以上。

补偿收缩混凝土的施工要点：

(1) 补偿收缩混凝土的水灰比、每立方米混凝土水泥最小用量、含砂率、灰砂比以及分格缝和节点施工等均与普通细石混凝土相同。

(2) 用膨胀剂拌制补偿收缩混凝土时，应按配合比准确称量；搅拌投料时膨胀剂应与水泥同时加入。混凝土连续搅拌时间不应少于3min。

(3) 每个分格板块的混凝土必须一次浇筑完成，严禁留施工缝；抹压时严禁在表面洒水、加水泥浆或撒干水泥。混凝土收水后应进行二次压光。

(4) 补偿收缩混凝土防水层的养护与普通细石混凝土要求相同。

第三节　地下室防水施工

随着国民经济建设的发展，城市高层建筑和超高层建筑越来越增多。由于深基础的设置和建筑功能的需要，一般均设有一层或多层地下室，其防水作用就更加重要。目前采用较多的施工方法有混凝土结构自防水施工、水泥砂浆抹面防水施工、卷材防水施工、涂膜防水施工等。

一、混凝土结构自防水施工

混凝土结构自防水是以工程结构本身的混凝土密实性，实现防水功能的一种防水做法。它使结构承重和防水合为一体，其造价低，工序简单，施工方便。

(一) 种类及适用范围

1. 种类

防水混凝土一般分为普通防水混凝土、外加剂防水混凝土和膨胀性防水混凝土。

2. 适用范围

不同类型的防水混凝土具有不同特点，可按使用要求选择。各种防水混凝土的适用范围见表9-3。

表9-3　防水混凝土的适用范围

种类		最高抗渗压力(N/mm²)	特点	适用范围
普通防水混凝土		>3.0	施工简便，材料来源广泛	适用于一般工业与民用建筑及公共建筑的地下防水工程
外加剂防水混凝土	加气剂防水混凝土	>2.2	抗冻性好	适用于北方高寒地区，抗冻要求较高的防水工程及一般防水工程，不适用于抗压强度>20N/mm²，耐磨性要求较高的防水工程
	减水剂防水混凝土	>2.2	拌和物流动性好	适用于钢筋密集或捣固困难的薄壁防水构筑物，也适用于对混凝土凝结时间（促凝或缓凝）和流动性有特殊要求的防水工程（如泵送混凝土）

续表

种类		最高抗渗压力 (N/mm^2)	特点	适用范围
外加剂防水混凝土	三乙醇胺防水混凝土	>3.8	早期强度高，抗渗标号高	用于工期紧迫，要求早强及抗渗较高的防水工程及一般防水工程
	氧化铁防水混凝土	>3.8		适用于水中结构的无筋少筋厚大防水混凝土工程及一般地下防水工程、砂浆修补抹面工程。在接触直流电源或预应力混凝土及重要的薄壁结构上不宜使用
膨胀性防水混凝土		>3.6	密实性好，抗裂性好	适用于地下工程防水和地上防水构筑物的后浇缝

（二）普通防水混凝土

通过预先调整配合比的方法，改变混凝土内部孔隙特征（形态和大小），堵塞漏水通路，不加其他防水措施，仅以提高混凝土自身密实性达到防水的目的。

1. 材料要求

防水混凝土使用的水泥在不受侵蚀性介质和冻融作用时，宜采用普通硅酸盐水泥、火山灰硅酸盐水泥、粉煤灰硅酸盐水泥，水泥强度等级不宜低于32.5级。

防水混凝土所用的砂石应符合规范规定，且石子最大粒径不宜大于40mm，砂宜用中砂。

拌制混凝土所用的水，应采用不含有害物质的洁净水。防水混凝土可根据工程需要掺入引气剂、减水剂、密实剂等外加剂，其掺量和品种应经试验确定。

2. 配合比设计

防水混凝土的配合比应通过试验确定。其抗渗等级应比设计要求提高0.2MPa。配合比设计时，水泥强度等级为32.5级以上，水泥用量不得少于300kg/m^3；当水泥强度等级为42.5级以上，并掺有活性粉细料时，水泥用量不得少于280kg/m^3；砂率宜为35%～40%；灰砂比宜为1：2.5～1：2，水灰比宜在0.55以下，最大不得超过0.6；坍落度不宜大于50mm，如掺外加剂或采用泵送混凝土时，可不受此限制。

（三）外加剂防水混凝土

外加剂防水混凝土是靠掺入少量有机或无机物外加剂改善混凝土的和易性，提高密实性和抗渗性，以适应工程需要的防水混凝土。按所掺外加剂种类不同可分为减水剂防水混凝土、加气剂防水混凝土和氯化铁防水混凝土等。

1. 减水剂防水混凝土的配制及施工要点

(1) 减水剂防水混凝土的配合比。以通用的MF减水剂为例，MF减水剂防水混凝土的配合比见表9-4。

(2) MF水溶液的配制。将MF减水剂和热水按1：3的比例（重量比）配合，搅拌至完全溶解后，贮存待用。MF（干粉）的掺量一般为水泥用量的0.5%，如每盘混凝土的水泥用量为100kg时，掺入1：3MF水溶液为1.81L或2.0kg。

(3) 减水剂防水混凝土的搅拌。MF减水剂防水混凝土的配合比必须经过准确称量，并用强制式搅拌机搅拌，搅拌时间一般要求不少于1.5min，也不要超过2.0min。同时对混凝土坍落度要经常抽查检验，并严格控制在规定的范围内。

表 9-4 **MF 减水剂防水混凝土配合比**

混凝土强度等级	配合比 水泥：砂：石	水灰比	砂率（%）	坍落度（mm）	单方材料用量（kg/m³）			MF 掺量（%）
					水泥	砂子	石子	
C30	1：1.25：3.08	0.426	37	100～120	390	710	1200	0.5
C35	1：1.57：3.05	0.405	34	100～120	410	645	1250	0.5

(4) 减水剂防水混凝土的运输和浇灌。搅拌好的防水混凝土应用翻斗车运输到施工现场。浇灌混凝土时，要选用频率为 14000 次/min 的高频插入式振捣器振捣密实。浇灌混凝土时，应尽量一次连续浇灌完毕，尽可能不留或少留施工缝。如遇大面积混凝土施工，难以完成连续浇灌，必须留施工缝时，施工缝应用 BW 膨胀橡胶止水条代替传统的止水钢板进行密封防水处理。

(5) 防水混凝土施工缝的处理。BW 膨胀橡胶止水条是由聚氨酯等高分子聚合物和适量的无机材料混合加工制成。其截面为 20mm×30mm，带有自黏性能的条状物。该材料在静水中浸泡 15min 左右，体积可膨胀 50%以上，能堵塞 1.5MPa 压力水的渗透，可有效地解决施工缝的抗渗防水难题。BW 膨胀橡胶条的主要技术性能指标：膨胀率≥100%；耐热性在 150℃条件下，不流淌；耐低温性在－20℃条件下，不发脆；剪力强度 0.06MPa；剥离强度0.1kN/m；耐水压 0.6～1.5MPa；比重 1.3。

施工时，只要将包装 BW 膨胀橡胶止水条的隔离纸撕掉，直接粘贴在平整和清理干净的施工缝处，压紧粘牢；必要时还须每隔 1m 左右加钉一个水泥钢钉，固定后即可浇灌下一作业段的防水混凝土，如图 9-14 所示。

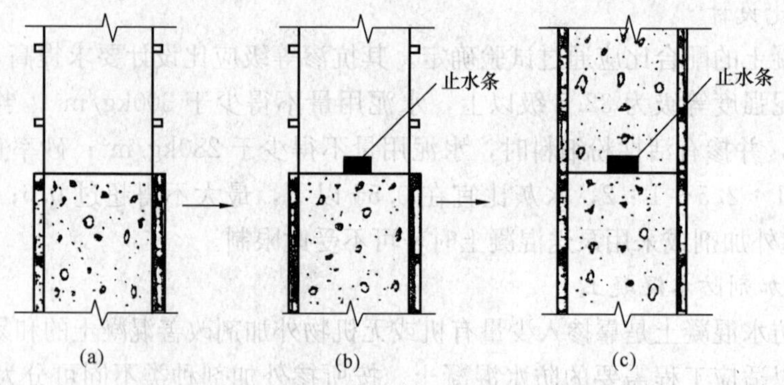

图 9-14 地下室防水混凝土施工缝的处理

(a) 上一工序浇筑的混凝土施工缝平面；(b) 在施工缝平面处粘贴 BW 膨胀橡胶止水条；(c) 施工缝处前后浇筑的混凝土

(6) 穿墙管道的防水处理。在穿墙管部位，一般采用预埋加焊止水环的套管。安装穿墙管道时，先将管道穿过预埋套管，然后一端以封口钢板将套管与穿墙管焊牢，再从另一端将套管与穿墙管之间的缝隙用聚氨酯等弹性密封膏嵌填，再用封口钢板封堵严密，如图 9-15 所示。

(7) 防水混凝土后浇缝的处理。当地下室为大面积防水混凝土结构时，应考虑防水混凝土后期的干缩、蠕变或不均匀沉降等因素，容易引起构筑物变形、开裂而造成渗漏水的问题。为此，应在工程结构设计时预留必要的后浇缝隙（缝内的结构钢筋不能断开，仅在浇灌混凝土时预留后浇缝）。待各段防水混凝土施工完毕并基本收缩变形完成后，再浇筑具有一定膨胀性能和较高强度的明矾石膨胀水泥混凝土。在后浇缝浇筑明矾石膨胀水泥混凝土前，必须将预留后浇缝中结构混凝土两侧的表面凿毛和彻底清扫干净，以保证先后浇筑的混凝土互相黏结牢固，不出现缝隙，使其起到结构和防水合一的作用。后浇缝的混凝土浇筑完成后应保持在潮湿条件下养护4周以上。

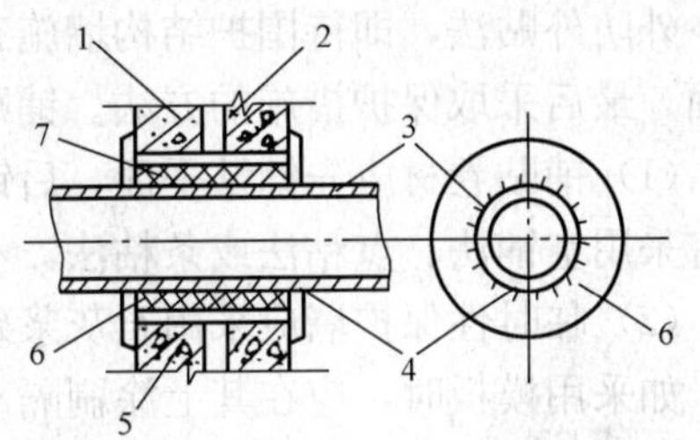

图9-15 预埋加焊止水环套管做法

1—防水混凝土结构；2—止水环；3—穿墙管道；4—焊缝；5—预埋套管；6—封口钢板；7—密封膏

(8) 减水剂防水混凝土的保护。对在常温条件下和暴露在空气中的防水混凝土，应覆盖塑料薄膜或草帘进行潮湿保水养护7天以上。因为在潮湿条件下可使水泥充分水化，水化生成物可将毛细孔堵塞，切断水的通道，从而提高水泥面的致密性和防水抗渗功能。如为冬季施工，减水剂防水混凝土可采用蓄热法养护。

(9) 回填灰土。减水剂防水混凝土施工完成后，宜在地下室混凝土结构的外侧加做一道附加防水层。以确保地下室工程防水质量。整个防水工程经检查验收合格后，即可分层回填二八灰土，并分层夯实，使其形成混凝土结构外围防水的另一道防线。

2. 防水混凝土质量的检查及验收

(1) 各种原材料必须符合现行国家标准、施工及验收规范和设计要求，并要提供质量证明文件、检测报告以及检验记录。

(2) 应有防水混凝土的强度、抗渗性能等检测报告。

(3) 施工单位要提供分项工程及隐蔽工程的验收记录资料。

(4) 防水混凝土的外观应认真检查有无蜂窝、麻面、孔洞、露筋等影响质量的缺陷。穿墙管、变形缝等细部构造是否用弹性或弹塑性密封膏封闭严密。整个防水层是否形成一个整体，地下室结构的各个部位有无渗漏水现象。若发现有局部渗漏水现象时，应找准漏水点，并采用打孔、预埋喷嘴和用压力灌注氰凝（氰凝是一种新型灌浆堵漏材料）的方法进行修补，至无渗漏水为止。

二、水泥砂浆防水施工

水泥砂浆防水施工属刚性防水附加层的施工。如地下室工程以混凝土结构自防水为主，并不意味着其他防水做法不重要。因为大面积的防水混凝土难免会有缺陷。另外，防水混凝土虽然不渗水，但透湿量还是相当大的，所以对防水、防湿要求较高的地下室，还必须在混凝土的迎水面或背水面抹防水砂浆附加层。

水泥砂浆防水层所用的材料及配合比应符合规范规定。水泥砂浆防水层是由水泥砂浆层和水泥浆层交替铺抹而成，一般需做4～5层，其总厚度为15～20mm。施工时分层铺抹或喷射，水泥砂浆每层厚度宜为5～10mm，铺抹后应压实，表面提浆压光；水泥浆每层厚度宜为2mm。防水层各层间应紧密结合，并宜连续施工。如必须留设施工缝时，平面留槎采用阶梯坡形槎，接槎位置一般宜留在地面上，亦可留在墙面上，但须离开阴阳角处200mm。

三、地下室卷材防水施工

地下室卷材防水层的施工方法主要有以下两种：外防外贴法和外防内贴法。

外防外贴法，即待围护结构墙施工完成后，将立面卷材防水层直接铺贴在围护结构的外表面，最后采取保护措施的方法。铺贴卷材防水层应符合下列规定：

(1) 铺贴卷材应先铺贴平面，后铺贴立面，交接处应交叉搭接，平面防水卷材的施工方法宜采用空铺法、点粘法或条粘法，不宜采用满粘法。

(2) 临时性保护墙应采用石灰浆砌筑，其内表面亦应采用石灰砂浆做找平层，并刷石灰浆。如采用模板时，应在其上涂刷隔离剂。各层卷材铺好后，其顶端应临时固定。

(3) 从平面折向立面的卷材与永久性保护墙的接触面，应采用胶结料紧密贴严；与临时性保护墙接触面，应临时贴附在该墙上或模板上。

(4) 围护结构完成，在拆除临时性保护墙后，即可铺贴立墙卷材。铺贴立墙卷材之前，应先将临时性保护墙区段各层卷材的接槎揭开，并将其表面清理干净。如卷材有局部损伤，应进行修补后方可继续施工。多层卷材应错槎接缝，上层卷材应盖过下层卷材。铺贴立墙防水层必须采用满粘法施工。

外防外贴法施工临时性保护墙铺设卷材应遵守规范规定，如图 9-16 所示；立墙卷材防水层错槎接缝方法，如图 9-17 所示。

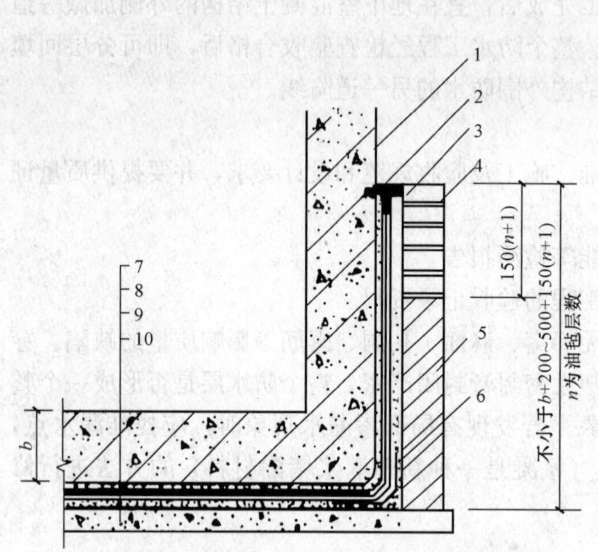

图 9-16　临时性保护墙铺设卷材示意图

1—围护结构；2—永久性木条；3—临时性木条；
4—临时性保护墙；5—永久性保护墙；
6—卷材附加层；7—保护层；
8—卷材防水层；9—找平层；
10—混凝土垫层

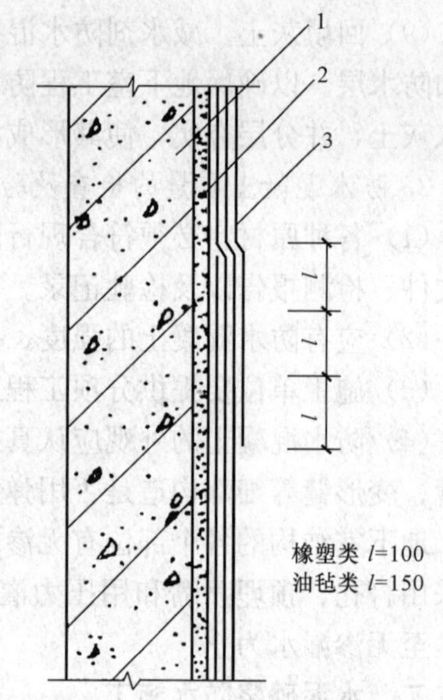

图 9-17　立墙卷材防水层错槎接缝

1—围护结构；2—找平层；3—卷材防水层

当施工条件受到限制时，可采用外防内贴法铺贴卷材防水层。

外防内贴法是在浇筑混凝土垫层后，在垫层上将永久性保护墙全部砌好，再将卷材铺贴在永久性保护墙和垫层上的方法。待防水层全部做好，最后浇筑围护结构的混凝土。采用这一方法，保护墙内表面应抹 1：3 水泥砂浆找平层。卷材宜先铺立面，后铺平面。铺贴立面时，应先铺转角，后铺大面。防水层采用沥青防水卷材的层数宜为 3～4 层；采用高聚物改性沥青防水卷材的层数宜为 2～3 层；采用合成高分子防水卷材的层数宜为 1～2 层。

黏结卷材的找平层表面应使用与卷材材性相容的基层处理剂或底料涂刷均匀，以增强卷材与找平层的黏结力。卷材防水层基层的所有阴阳角处均应做成圆弧。对沥青类卷材，圆弧半径应大于150mm。在立面与平面的转角处，卷材的接缝应留在平面上，距立面不应小于600mm；在转角处和易产生变形或渗水的部位，应增铺1～2层相同的卷材或选用柔性好、拉伸强度较高的卷材作附加防水层。

四、地下室涂膜防水施工

1. 主要材料

（1）聚氨酯涂膜防水材料甲组分。由甲苯二异氰酸酯（TDI），二苯基甲烷二异氰酸酯（MDI），聚丙二醇醚（N220）和聚丙三醇醚（N330）等原料在加热搅拌条件下，经过氢转移的加成聚合反应制成，其异氰酸基的含量应控制在3.5%左右为宜，其用量为1kg/m^{2}左右。

（2）聚氨酯涂膜防水材料乙组分。主要由固化剂，煤焦油，以及增韧剂、防霉剂、促进剂、增粘剂、填充剂等，在加热条件下脱水和搅拌均匀，再经过研磨等工序加工制成的一种混合物。其中固化剂主要有氨基和羟基两大类，如选用羟基固化的乙组分，其羟基含量应控制在0.7%～0.8%之间，其用量为1.5kg/m^{2}左右。

（3）聚氨酯涂膜的主要技术性能。聚氨酯的甲、乙组分按1∶1.5的比例配合搅拌均匀，摊铺成厚度为1.5～2.0mm的防水涂膜。

（4）无机铝盐防水剂：主要由无机铝盐等多种无机盐类的水溶液配制而成，为淡黄色透明油状液体，比重为1.31～1.35，属找平层水泥砂浆的添加剂，目的是降低找平层的透湿系，使基层含水率较快地达到施工要求。

（5）涤纶无纺布（又称聚酯纤维无纺布）。由涤纶纤维加工制成，规格为60g/m^{2}左右，用于底板与立墙之间的阴角作增强材料。

（6）聚乙烯泡沫塑料片材。由聚乙烯树脂和化学助剂等，经过捏合、混炼、挤出和盐浴发泡等工序加工制成，厚度为5～6mm，宽度为800～900mm，容重为40kg/m^{3}左右，主要用作地下室外墙防水涂膜的软保护层。

（7）辅助材料。主要包括二甲苯（涂料稀释剂和机具清涂剂）、二月桂酸二丁基锡（促凝剂）和苯磺酰氯（缓凝剂）等。

2. 施工机具

施工机具有小平铲、扫帚、铁桷、电动搅拌器、油刷、滚刷、灭火器等。

3. 施工作业条件准备

（1）为了防止地下水或地表水的渗透，使基层的含水率满足施工要求，在基坑的混凝土垫层表面上，应抹20mm左右厚度的无机铝盐防水砂浆（配合比为水泥∶中砂∶无机铝盐防水剂∶水＝1∶3∶0.1∶0.35～1∶3∶0.1∶0.30），要求抹平压光，不应有空鼓、起砂、掉灰等缺陷存在。立墙混凝土外表面如有水泡、气孔、蜂窝、麻面等现象，应采用加入水泥量15%的环保胶或聚醋酸乙烯乳液调制的水泥腻子填充刮平。

（2）遇有穿墙套管部位，尽管两端应带法兰盘，并应安装牢固，收头圆滑。

（3）涂膜防水的基层表面必须干燥，其含水率小于9%。

4. 施工操作步骤

（1）清理基层。聚氨酯涂膜防水的基层表面，必须把尘土杂物等认真清理干净。

（2）涂布底胶。将聚氨酯甲、乙组分和二甲苯按1∶1.5∶2的比例（重量比）配合搅拌均匀，再用长把滚刷蘸满这种底胶，均匀涂布在基层表面上，涂布量以 0.3kg/m² 左右为宜。涂布底胶后应固化干燥 4h 以上，才能进行下一工序施工。

(3) 聚氨酯涂膜防水材料的配制。聚氨酯涂膜防水材料应随用随配，配制好的混合料最好在 2h 内用完。配制方法是将聚氨酯甲、乙组分和二甲苯按 1∶1.5∶0.3 的比例配合，用电动搅拌机搅拌均匀备用。

(4) 涂膜防水层施工。用长把滚刷蘸满已配好的聚氨酯涂膜防水混合材料，均匀涂布在涂过底胶和干净的基层表面上，涂布时要求厚薄均匀一致。对平面基层以涂刷 3～4 度为宜，每度涂布量为 0.6～0.8kg/m²；对立面基层以涂刷 4～5 度为宜，每度涂布量为 0.5～0.6kg/m²。防水涂膜的总厚度以不小于 2mm 为合格。

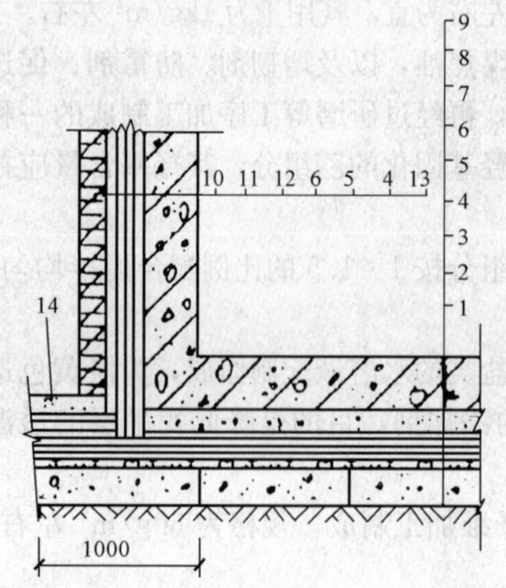

图 9-18　地下室聚氨酯涂膜防水构造

1—素土夯实；2—素混凝土垫层；3—水泥砂浆找平层；4—聚氨酯底胶；5—第一、二度聚氨酯涂膜；6—第三度聚氨酯涂膜；7—油毡保护隔离层；8—细石混凝土保护层；9—钢筋混凝土底板；10—聚乙烯泡沫塑料软保护层；11—第五度聚氨酯涂膜；12—第四度聚氨酯涂膜；13—钢筋混凝土墙；14—涤纶纤维无纺布增强层

涂完第一度涂膜后，一般需固化 5h 以上，至基本不粘手时，再按上述方法涂第二、三、四、五度涂膜。但对平面的涂布方面，后一度应与前一度的涂布方向相垂直。凡遇到底板与立墙连接的阴角，均需铺设涤纶纤维无纺布进行附加增强处理，如图 9-18 所示。具体做法是在涂布第二度涂膜后，立即铺贴涤纶纤维无纺布，铺贴时使无纺布均匀平坦地黏结在涂膜上，并滚压密实，不应有空鼓和皱折现象存在。经过 5h 以上的固化，方可涂布第三度涂膜。这样做的目的是防止增强后的涂膜出现空鼓或皱折等缺陷。

(5) 平面部位铺贴油毡保护隔离层。当平面部位最后一度聚氨酯涂膜完全固化，经过检查验收合格后，即可空铺一层石油沥青纸胎油毡作保护隔离层，铺设时可用少许聚氨酯混合料或氯丁胶系列胶黏剂点粘固定，以防止在浇筑细石混凝土时发生位移。

(6) 浇筑细石混凝土保护层。对平面部位可在石油沥青纸胎油毡保护隔离层上，直接浇筑 40～50mm 厚的细石混凝土作刚性保护层。施工时必须防止施工机具如手推车或铁锹损坏油毡保护隔离层和涂膜防水层。如发现有损坏现象，必须立即用聚氨酯的混合料修复后，方可继续浇筑细石混凝土，以免留下渗漏水的隐患。

(7) 钢筋混凝土结构施工。在完成细石混凝土保护层的施工和养护固化后，即可根据设计要求和规范规定，绑扎钢筋并进行结构混凝土的施工。

(8) 立面粘贴聚乙烯泡沫塑料保护层。对立墙部位，宜在聚氨酯涂膜防水层的外侧直接粘贴 5～6mm 厚的聚乙烯泡沫塑料片材作软保护层，其具体做法是在涂刷第四度聚氨酯防水涂膜，待完全固化和经过认真检查验收合格后，再均匀涂布第五度涂膜。在涂膜未固化前，应立即粘贴聚乙烯泡沫塑料片材作保护层；也可在第五度完全固化后，用氯丁橡胶系胶黏剂把聚乙烯泡沫塑料片材点粘固定，形成防水涂膜保护层。粘贴时，要求泡沫塑料片材拼缝严密，以防止在回填灰土时损坏防水涂膜。

(9) 回填灰土。完成聚乙烯泡沫塑料保护层的施工后，即可按照设计要求或规范的规定，分层回填 2∶8 灰土，并分层夯实。

5. 成品保护

(1) 操作人员应严格保护已做好的涂膜防水层，在做保护层以前不允许非本工序的施工人员进入施工现场，以防止损坏防水层。

(2) 施工人员必须严格按照操作步骤进行施工，严防施工材料污染其他不做防水涂膜的工程部位。

6. 施工注意事项

(1) 施工用的材料必须用铁桶包装，并要封闭严密，不允许敞开贮存。

(2) 施工用材料有一定的毒性，存放材料的仓库和施工现场，必须通风良好。无通风条件的地方必须安装通风设备，否则不允许进行聚氨酯涂膜防水层施工。

(3) 施工材料多属易燃物质，存料、配料以及施工现场严禁烟火，并应配备足够的消防器材。

(4) 每次施工用过的机具，必须及时用二甲苯等有机溶剂认真清洗干净，以便重复使用。

第四节 卫生间防水施工

卫生间一般有较多穿过楼地面或墙体的管道，平面形状较复杂且面积较小，如果采用各种防水卷材施工，因防水卷材的剪口和接缝较多，很难黏结牢固、封闭严密，难以形成一个有弹性的整体防水层，比较容易发生渗漏水的质量事故。为了提高卫生间的防水工程质量，通过大量的实验和实践证明，以涂膜防水代替各种卷材防水，尤其是选用高弹性的聚氨酯涂膜防水或选用弹塑性的氯丁胶乳沥青涂料防水等新材料和新工艺，可以使卫生间的地面和墙面形成一个没有接缝、封闭严密的整体防水层，从而达到防水的目的。

一、卫生间地面聚氨酯防水涂料施工

聚氨酯涂膜防水材料是双组分化学反应固化型的高弹性防水涂料，多以甲、乙双组分形式使用。其特点是在固化前为无定型黏稠状态物质，在任何复杂的基层表面均能施工，对端部收头处的质量能得到保证。形成较厚的涂膜，具有橡胶弹性，延伸性好、抗拉强度和抗撕裂强度高。但原材料成本高；施工时要求准确称量配合、搅拌均匀、分层施工；防水基层有较好的防滑度。

(一) 材料准备

1. 主要材料

(1) 聚氨酯涂膜防水材料包括甲组分（预聚体）和乙组分。

(2) 其他材料。无机铝盐防水剂，是水泥砂浆找平层的添加剂，目的是使找平层降低透湿率，使基层含水率较快地达到施工要求；涤纶无纺布，由涤纶纤维加工制成，用于底板与立墙之间的阴角作增强材料。

2. 辅助材料

主要包括二甲苯（清洗工具用）、二月桂酸二丁基锡（凝固过慢时，可作促进剂用）、苯磺酰氯（凝固过快时，可作缓凝剂用）等。

（二）基层处理

(1) 卫生间的防水基层必须用 1∶3 的水泥砂浆找平，要求抹平压光无空鼓，表面要坚实，不应有起砂、掉灰现象。在抹找平层时，凡遇到管子根部周围要略高于地面，在地漏的周围应做成略低于地面的洼坑。

(2) 卫生间楼（地）面找平层的坡度以 1%～2% 为宜，凡遇到阴、阳角处，要抹成半径不小于 10mm 的小圆弧。

(3) 穿过楼地面或墙壁的管件（如套管、地漏等）及卫生洁具等，必须安装牢固，收头圆滑。下水管转角墙的坡度及其与立墙之间的距离如图 9-19 所示。

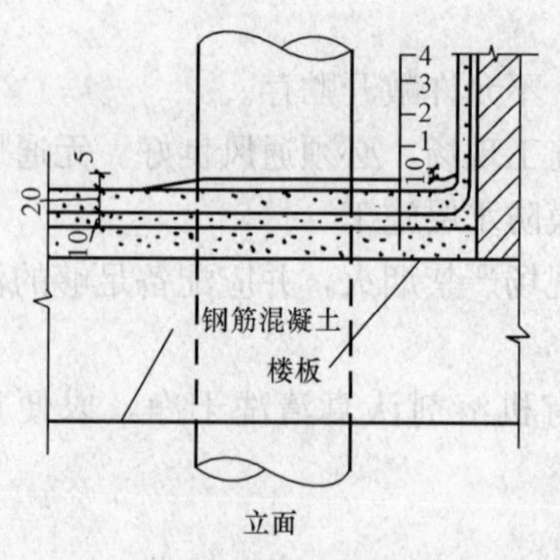

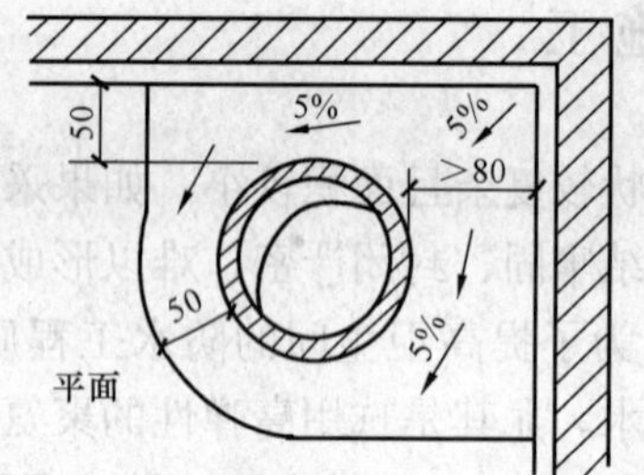

图 9-19　卫生间下水管道转角墙立面及平面图

1—垫层；2—找平面；3—防水层；4—抹面层

(4) 基层必须基本干燥，一般在基层表面均匀泛白无明显水印时，才能进行涂膜防水层施工。施工前要把基层表面的尘土杂物彻底清扫干净。

（三）施工操作程序

1. 清理基层

施工前，先将基层表面的突出物、砂浆疙瘩等异物铲除，并进行彻底清扫。如发现有油污、铁锈等，要用钢丝刷、砂布和有机溶剂等彻底清扫干净。

2. 涂布底胶

将聚氨酯甲、乙组分和二甲苯按 1∶1.5∶2 的比例（质量比）配合搅拌均匀，再用小滚刷均匀涂布在基层表面上。干燥固化 4h 以上，才能进行下道工序。

3. 配制聚氨酯涂膜防水涂料

将聚氨酯甲、乙组分和二甲苯按 1∶1.5∶2 的比例配合，用电动搅拌机搅拌均匀备用。应随配随用，一般在 2h 内用完。

4. 涂膜防水施工

用小滚刷或油漆刷将已配好的防水混合材料均匀涂布在底胶已干燥的基层表面上。涂布时要求厚薄均匀一致，平刷上 3～4 度为宜。防水涂膜的总厚度以不小于 1.5mm 为合格。涂完第一度涂膜后，一般需固化 5h 以上，在基本不粘托时，再按上述方法涂布第二、三、四度涂膜，并使后一度与前一度的涂膜方向相垂直。对管子根部和地漏周围以及下水管转角墙部位，必须认真涂刷，涂刷厚度不小于 2mm。在最后一度涂膜固化前要及时撒少许干净的粒径为 2～3mm 的小豆石，使其与涂膜防水层黏结牢固，作为与水泥浆保护层黏结的过渡层。

5. 做好保护层

当聚氨酯涂膜防水层完全固化，并通过蓄水试验后，即可铺设一层厚度为 15～25mm 的水泥砂浆保护层。然后可根据要求铺设陶瓷面砖或马赛克等饰面层。

（四）质量要求

(1) 聚氨酯涂膜防水材料的技术性能应符合设计要求或标准规定，并附有质量证明文件和现场取样进行检测的试验报告以及其他有关质量的证明文件。

(2) 涂膜厚度应均匀一致，总厚度不应小于1.5mm。

(3) 涂膜防水层必须均匀固化，不应有明显的凹坑、气泡和渗漏水的现象。

二、卫生间楼地面氯丁胶乳沥青防水涂料施工

氯丁胶乳沥青防水涂料是氯丁橡胶乳液与乳化沥青混合加工而成，它具有橡胶和石油沥青材料双重优点。该涂料与溶剂性同类涂料相比，成本较低，基本无毒，不易燃，不污染环境，成膜性好，涂膜的抗裂性较强，适用于冷施工。

(一) 施工前的准备

(1) 材料的准备。氯丁胶乳沥青防水涂料，聚酯纤维无纺布。

(2) 施工工具的准备。主要有大棕毛刷（板长240～400mm），人造毛滚刷（ϕ60×250mm），小油漆刷（50～100mm）和扫帚等。

(二) 施工操作程序

1. 阴角、管子根部和地漏等部位的施工

这些部位易发生渗漏，必须先铺一布二油进行附加补强处理。即将涂料用毛刷均匀涂刷在需要进行附加补强处理的部位，按形状要求把剪好的聚酯纤维无纺布粘贴好，然后涂刷涂料。待干燥后，再按要求进行一布四油施工。

2. 一布四油施工

(1) 在洁净的基层上均匀涂刷第一遍涂料，待涂料表面干燥后（4h以上），即可铺贴聚酯纤维无纺布，接着涂刷第二遍涂料。施工时可边铺边涂刷涂料。聚酯纤维无纺布的搭接宽度不应小于70mm。铺布要用毛刷将布铺刷平整，彻底排除气泡，使涂料浸透布纹，不得有白茬、折皱，垂直面应贴高250mm以上，收头处必须粘贴牢固，封闭严密。

(2) 第二遍涂料涂刷，待干燥（24h以上）后，再均匀涂刷第三遍涂料，待表面干燥（4h以上）后再涂刷第四遍涂料。

3. 蓄水试验

第四遍涂料涂刷干燥（24h以上）后，方可进行蓄水试验，蓄水高度一般为50～100mm，蓄水时间24～48h，当无渗漏现象时，方可进行刚性保护层施工。

(三) 质量要求

(1) 水泥砂浆找平层做完后，应对其平整度、坡度和干燥程度进行预验收。

(2) 防水涂料应有产品质量证明书以及现场取样的复检报告。

(3) 施工完成后，氯丁胶乳沥青涂膜防水层不得有起鼓、裂纹、孔洞等缺陷。末端收头部位应粘贴牢固，封闭严密，形成整体的防水层。

(4) 做完防水层的卫生间，经24h以上的蓄水检验，无渗漏现象方为合格。

(5) 要提供检查验收记录，连同材料质量证明文件等技术资料一并归档备查。

三、卫生间涂膜防水施工注意事项

(1) 施工用材料有毒性，存放材料的仓库和施工现场必须通风良好，无通风条件的地方必须安装机械通风设备。

(2) 施工材料多属易燃物，存放、配料以及施工现场必须严禁烟火，并配备足够的消防器材。

(3) 在施工过程中，严禁上人踩踏未完全干燥的涂膜防水层。操作人员应穿平底胶布

鞋，以免损坏涂膜防水层。

(4) 凡需做附加补强层的部位，应先施工，然后再进行大面防水层施工。

(5) 已完工的涂膜防水层，必须经蓄水试验无渗漏现象后，方可进行刚性保护层施工。进行刚性保护层施工时，切勿损坏防水层，以免留下渗漏隐患。

四、卫生间渗漏及堵漏措施

(一) 板面及墙面渗水

1. 产生原因

(1) 混凝土、砂浆施工的质量不良，存在微孔渗漏；

(2) 板面、隔墙出现轻微裂缝；

(3) 防水层施工质量不好或被损坏。

2. 堵漏措施

(1) 拆除卫生间渗漏部位饰面材料，涂刷防水涂料。

(2) 如有开裂现象，则应对裂缝先进行增强防水处理，再刷防水涂料。增强处理一般采用贴缝法、填缝法和填缝加贴缝法。贴缝法主要适用于微小的裂缝，可刷防水涂料并加贴纤维材料或布条，做防水处理。填缝法主要用于较显著的裂缝，施工时要先进行扩缝处理，将缝扩展成 15mm×15mm 左右的 V 形槽，清理干净后刮填嵌缝材料。填缝加贴缝法除采用填缝处理外，在缝表面再涂刷防水涂料，并粘贴纤维材料处理。

(3) 当渗漏不严重，饰面材料拆除困难时，也可直接在其表面刮涂透明或彩色聚氨酯防水涂料。

(二) 卫生洁具及穿楼板管道、排水管口等部位渗漏水

1. 产生原因

(1) 细部处理方法不当，卫生洁具及管口周围填塞不严；

(2) 由于振动及砂浆、混凝土收缩等原因出现裂缝；

(3) 卫生洁具及管口周围未用弹性材料处理，或施工时嵌缝材料及防水涂料黏结不牢；

(4) 嵌缝材料及防水涂层被拉裂。

2. 堵漏措施

(1) 将渗漏部位彻底清理，刮填弹性嵌缝材料。

(2) 在渗漏部位涂刷防水涂料，并粘贴纤维材料增强。

第五节 防水工程质量控制

一、材料质量控制

防水材料的外观、质量、规格和物理性能均应符合标准、规范的规定要求。并应对进场材料进行抽样检验，常见材料的检验项目如下：

1. 卷材

(1) 沥青防水卷材。纵向拉力、耐热度、柔性和不透水性。

(2) 高聚物改性沥青防水卷材。拉伸性能、耐热度、柔性和不透水性。

(3) 合成高分子防水卷材。拉伸强度、断裂伸长率、低温弯折性和不透水性。

2. 胶黏剂

(1) 改性沥青胶黏剂。黏结剥离强度。

(2) 合成高分子胶黏剂。黏结剥离强度和黏结剥离强度浸水后保持率。

3. 防水涂料

检验固体含量、耐热度、柔性、不透水性和延伸性。合成高分子防水涂料还需检验拉伸强度和断裂延伸率。

4. 胎体增强材料

检验拉力和延伸率。

5. 密封材料

(1) 改性沥青密封材料。改性石油沥青密封材料应检验黏结性、耐热度和柔韧性；改性煤焦油沥青密封材料应检验黏结延伸率、耐热度、柔韧性和回弹率。

(2) 合成高分子密封材料。检验黏结性、柔性和拉伸—压缩循环性能。

6. 保温材料

(1) 松散保温材料应检查粒径、堆积密度。

(2) 板状保温材料应检查密度、厚度、板的形状和强度。

二、施工过程质量控制

(1) 编制防水工程施工方案。主要包括工程概况、图纸会审纪要、施工准备、工艺流程、操作要点、工程质量验收、安全注意事项、成品保护、工程回访等内容。

(2) 防水工程必须由防水专业队伍或防水工负责施工。

(3) 防水工程所用各类材料均应符合质量标准和设计要求。

(4) 防水工程施工中应做分项工程的交接检查，如未经检查验收，不得进行后续施工。

(5) 基层要求。

1) 基层（找平层）和刚性防水层的平整度，应用 2m 靠尺检查。面层与直尺间最大空隙不应大于 5mm。基层表面不得有酥松、起层起砂、空鼓等现象。平面与突出物连接处和阴阳角等部位的找平层应抹成圆弧。防水层作业前，基层应干净、干燥。

2) 屋面坡度应准确，排水系统应通畅。

(6) 细部构造要求。各细部构造防水处理应达到规范规定和设计要求。

(7) 卷材防水层要求。铺贴工艺应符合标准、规范的规定和设计要求，卷材搭接宽度准确，接缝严密。平立面卷材及搭接部位卷材铺贴后表面应平整，无皱折、鼓泡、翘边等现象，接缝牢固严密。

(8) 涂膜防水层要求。

1) 涂膜厚度必须达到标准、规范规定和设计要求。

2) 涂膜防水层不应有裂纹、脱皮、起鼓、薄厚不匀或堆积、露底、露胎以及皱皮等现象。

(9) 密封处理要求。密封部位的材料应紧密黏结基层。密封处理必须达到设计要求，嵌填密实，表面光滑、平直。不出现开裂、翘边、鼓泡、龟裂等现象。

(10) 刚性防水层要求。

1) 除防水混凝土和防水砂浆所用材料应符合标准规定外，外加剂及预埋件等均应符合有关标准和设计要求。

2）防水混凝土必须密实，其强度和抗渗等级必须符合设计要求和有关标准规定。

3）刚性防水层的厚度应符合设计要求，其表面应平整，不起砂，不出现裂缝。细石混凝土防水层内的钢筋位置应准确。分格缝做到平直，位置正确。

4）施工缝、变形缝的止水片（带），穿墙管件，支模铁件等设置和构造部位必须符合设计要求和有关规范规定。

（11）屋面保温层要求。

1）保温材料的强度、表观密度、导热系数、吸水率以及配合比，均应符合规范规定和设计要求。

2）松散保温材料，应分层铺设，压实适当，表面平整，找坡正确。

3）板状保温材料，应粘贴紧密，铺平垫稳，找坡正确，错缝铺设并嵌填密实。

4）整体现浇保温层，应拌和均匀，分层铺设，压实适当，表面平整，找坡正确。

（12）成品保护。防水工程完工后强调成品保护。工程验收前应把施工用的物品搬走，杂物清扫干净，经蓄水试验和验收后，方可做保护层，要求现场作业人员不穿钉子鞋，避免破坏防水层。水暖工、架子工操作后要进行检查，对破损的防水层应及时修理好，避免后患。

（13）保护层要求。

1）松散材料保护层和涂料保护层应覆盖均匀，黏结牢固。

2）块体保护层应铺砌平整，勾缝严密。分格缝的留设应正确。

3）刚性保护层与防水层之间应设置隔离层，分格缝的留设应正确。

三、防水功能质量检验

（1）防水层施工中，每一道防水层完成后，应由专人进行检查，合格后方可进行下一道防水层的施工。

（2）检验屋面有无渗漏水、积水，排水系统是否畅通，可在雨后或持续淋水 2h 以后进行，有可能做蓄水检验时，蓄水时间为 24h。厕浴间蓄水检验亦为 24h。

（3）各类防水工程的细部构造处理，各种接缝，保护层等均应做外观检验。

（4）涂膜防水层的涂膜厚度检查，可用针刺法或仪器检测。每 $100m^2$ 防水面层不应少于一处，每项工程至少检测三处。

（5）各种密封防水处理部位和地下防水工程经检查合格后方可隐蔽。

（6）工程完工在经过一个雨季后，就要进行回访，发现渗漏及时修补。

工 程 实 践 案 例

一、工程概况

某机场新航站楼总建筑面积 34 万 m^2，其中平屋面面积 1.8 万 m^2，均为上人屋面，面层作法为 300mm×300mm×6mm 釉面砖，防水层材料为美国创高 TP-1400SR 自粘型防水卷材。由于屋面各种管道很多，加之平屋面面积大，为确保工程质量，按 6m×6m 在找平层施工时留设断底缝，兼作排气槽，在管道根部、雨水口、女儿墙等节点处用创高 60 做附加层，再铺贴卷材防水，并用创高 DY 嵌缝膏对防水收头做柔性密封。该工程已经过一个夏季的考验，未发现渗漏现象，取得了良好效果。

二、屋面构造

由于该工程的特殊重要性，平层屋面上设有架空层，自下而上构造层次为：①250mm厚预制钢筋混凝土结构层；②100mm厚FSG憎水珍珠岩保温砖；③60mm厚预制钢筋混凝土架空板；④40mm厚细石混凝土叠合层；⑤创高TP-1400SR防水层；⑥30mm厚细石混凝土保护层内置铅丝网；⑦5mm厚1∶1.5水泥砂浆；⑧300×300×6mm地砖，砖缝5mm，1∶1水泥砂浆嵌缝，各特殊部位防水构造，如图9-20～图9-22所示。

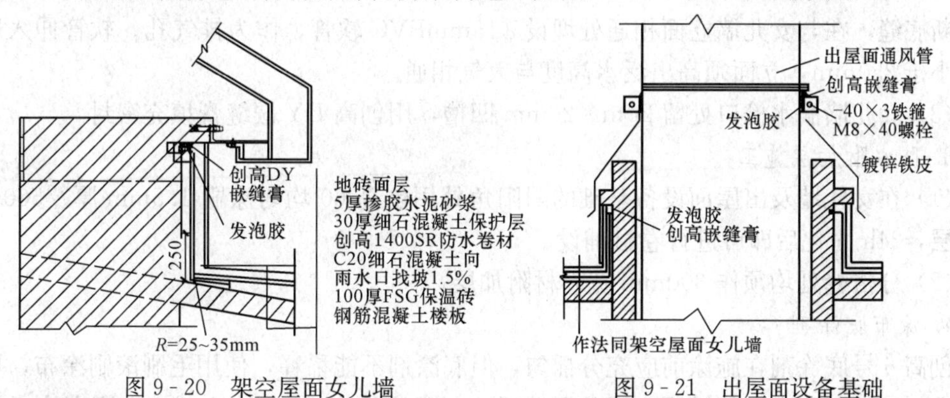

图9-20 架空屋面女儿墙　　图9-21 出屋面设备基础

三、创高防水材料的技术性能

创高TP-1400SR卷材为自粘型防水材料，涂布底涂剂创高6号后，直接粘贴，且接头搭接简便、牢固，易于操作，其技术性能如下：不透水性0.2MPa、24h不透水；耐热性80℃，2h无变化；低温性−20℃、30min，$R=15$mm、无裂纹；截面抗拉强度9.6MPa；延伸性300%（检验依据：Q/BSH02—02—1992冷自粘无胎自粘防水卷材）。

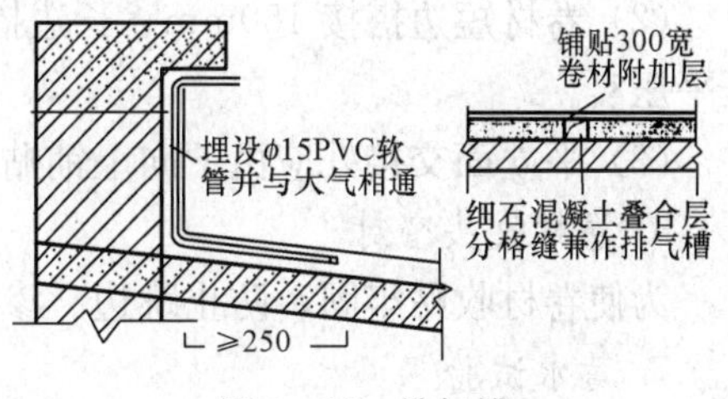

图9-22 排气槽

创高60为单组分材料，不用搅拌，不用底料，能与水和空气作用形成极富弹力的防水涂膜，可单独作为防水层，且延伸率高，抗渗能力强，适用于复杂基层施工，如屋面管道、设备基础、天沟等，用它作附加层，再配以创高TP-1400SR卷材，防水效果极佳。创高TP-60涂料成膜后的技术性能如下：延伸率950%；抗拉强度2.0MPa；适应温度为−40～60℃；吸水性2.4%（6个月）；抗裂性：0～1.6mm裂缝（1.3mm厚涂膜）。

四、施工工艺流程

基层清理→断底缝及各处节点的柔性密封→防水附加层施工→涂布底涂剂→铺贴防水卷材→收头密封→蓄水试验→保护层施工→釉面砖镶贴。

五、施工要点

1. 基层处理

（1）对基层表面进行清理，铲除砂浆疙瘩等突起物，遇有基层剥落、起砂、裂缝等现象，可用1∶2.5水泥砂浆内掺40%众霸-Ⅱ型胶修整。

（2）在排水口、管道根部及女儿墙拐角处，遇有油污铁锈，应用砂纸和创高200清洁剂清除，并对基层进行反复彻底清扫。

（3）对超过1.5mm的缝隙须挖成7mm宽、12mm深小槽，填入填充料后，用创高60

密封。

(4) 对找平层内预埋的机电管线，在其两侧各 150mm 范围内剔出凹槽，配置 50×50mm 网眼的钢板网，然后用 C30 豆石混凝土灌注，表面压光。

2. 断底缝及各处节点柔性密封

(1) 6m×6m 处分格缝必须断底，并清理干净，确保无砂浆、油污等附着物。

(2) 每间隔一道断底缝内放置聚苯乙烯蜂窝撑条，然后用创高 DY 嵌缝膏嵌缝；与之相邻的断底缝，在与女儿墙立面相通处埋设 ϕ15mmPVC 软管，作为排气孔。软管伸入屋面长度不小于 250mm，立面须高出泛水高度与大气相通。

(3) 女儿墙滴水檐口处留 20m×20mm 凹槽，用创高 DY 嵌缝膏填充密封。

3. 防水附加层施工

(1) 在女儿墙及出屋面设备基础的阴阳角处用创高 60 均匀涂刷 1.5mm 厚、500mm 宽附加层，24h 固化后即可进行卷材铺设。

(2) 分格缝处均须作 300mm 宽卷材附加层。

4. 涂布底涂剂

创高 6 号底涂剂在施涂前应充分摇匀，但底涂剂不能稀释，使用毛刷滚刷涂布，要求厚薄一致，不得漏刷和堆积过厚，视基层情况，每千克涂布 3.5～5.5m^2。底涂完毕后应尽快铺卷材，由于底涂剂有挥发性，如 6h 内还未铺贴卷材应重新涂布底涂剂，所以每次涂布面积不宜过大。

5. 铺贴创高 TP1400SR 卷材

(1) 铺贴时由平面低处向上铺展，用刷子及钢辘筒推平，使其与基层粘牢。钢辘筒应为直径 150mm、长 400mm、重 50kg 的实心钢辘，表面圆滑、无刺。

(2) 卷材短边搭接 150mm、长边搭接 100mm，接头位置应相互错开，搭接处须用辘筒压平压实。

(3) 平立面交接处应由下向上铺贴，使卷材紧贴阴角，不得有空鼓、粘贴不牢等现象。

6. 卷材收头密封

为使卷材收贴牢固，防止跳边、渗漏，收头处用创高 DY 嵌缝膏密封。

7. 蓄水试验

防水层铺设完成后，封堵屋面所有出水口，放入至少 25mm 深的水持续 36h，经检查无渗漏后，办理隐检手续，方可进行下道工序的施工。

8. 保护层施工

将防水层表面清理干净，铺设 30mm 厚 C20 细石混凝土保护层，内置 50m×50mm 网眼的铅丝网，并找好屋面坡度。

9. 面层镶贴

在细石混凝土保护层有一定强度但尚未完全干硬之前即开始铺贴釉面砖，砖缝 5mm，贴砖砂浆 5mm 厚内掺众霸Ⅰ型胶。

六、施工注意事项及成品保护措施

(1) 防水基层必须干燥，防水层施工不得在雨天进行，施工时应在现场准备足够的塑料布，以便遇雨时及时覆盖工作面；

(2) 雨水口要保证畅通，周围不得堆放材料、工具，在施工完成后要及时清理；

(3) 作业人员必须配备橡胶手套、口罩、工作服等劳保用品；

(4) 施工现场及材料存储场地严禁明火作业，并配备消防器材；

(5) 在已做好的防水层上应设专人看护，防止意外损坏，如发现损坏，应用创高 200 清洁剂处理破损面，再用相同卷材或创高 60 涂料修补。

复习思考题

1. 建筑防水按其采取的措施和手段不同分为几类？
2. 建筑防水划分为几个等级？分别适用哪些范围？耐用年限各是多少？
3. 防水卷材按性质可分为哪几类？
4. 简述高聚物改性沥青防水卷材的分类和特点。
5. 试述合成高分子防水卷材的特性。
6. 建筑防水涂料的概念及常用的品种有哪些？
7. 简答地下室防水采用较多的施工方法有哪些？
8. 何谓混凝土结构自防水？防水混凝土一般可分为哪几类？
9. 试述减水剂防水混凝土的施工要点。
10. 地下室卷材防水层的施工方法有哪两种？
11. 试述地下室涂膜防水施工操作步骤。
12. 试述细石混凝土防水施工工艺。确保施工质量的关键是什么？
13. 试述补偿收缩混凝土防水的基本原理。
14. 补偿收缩混凝土防水施工要点有哪些？
15. 试述卷材热溶法和冷粘法的施工工艺。
16. 试述防水涂膜的施工要点。
17. 编制防水施工方案主要包括哪些内容？
18. 对卷材涂膜防水层有些什么要求？
19. 防水功能质量检验应包括哪些方面？

第十章　装　饰　工　程

本章提要： 本章内容包括抹灰工程、贴面工程、涂料工程、地面工程、吊顶工程、壁纸裱糊工程、幕墙工程、建筑节能工程等内容。增加了装饰工程对建筑物的外观和艺术形象及环境，隔热、隔音、防潮，以及保护墙面免受外界条件的侵蚀，提高围护结构的耐久性等功能的介绍。本章除重点阐述一般装饰工程的做法和质量要求外，还着重介绍了装饰工程所用的新材料、新技术和新工艺。

学习要求：

（1）了解一般抹灰层的组成、作用和做法，掌握一般抹灰和装饰抹灰的质量标准及施工操作要点。

（2）熟悉面砖施工操作要点；掌握大理石、花岗石施工工艺。

（3）了解装饰工程的新材料、新技术及发展方向，掌握幕墙工程、涂料工程、地面工程、吊顶工程、建筑节能工程、壁纸裱糊工程的质量要求和施工工艺。

建筑装饰是指建筑饰面，即为了人们视觉要求和对建筑主体结构的保护作用而进行的艺术处理与加工。建筑装饰是与建筑物密不可分的统一整体，它不能脱离建筑物而单独存在。装饰施工是围绕建筑物的墙面、地面、顶棚、梁柱、门窗等表面附着装饰层的空间环境来进行。它是建筑功能的延伸、补充和完善。但随着国民经济的发展，人们对工作、生活、居住环境质量的要求越来越高，建筑装饰也日趋复杂化和多元化，多风格、多功能并尽可能高档豪华的建筑涌现了出来，如娱乐城、康体中心，特别是高级宾馆、酒店、商厦、度假村、旅游业之类的建筑都趋向多功能和尽善尽美，集休息、购物、游乐，观光、健身，商业业务，办公为一体，要求超豪华的装饰和所谓超值享受，提供完备的服务和舒适方便的起居条件及优雅宜人的共享空间，促使建筑装饰工程迅速发展，异彩纷呈，不断更新换代。建筑装饰施工不断采用新型材料，集材性、工艺、造型、色彩、美学为一体，逐步提高装饰工程工业化水平，将结构与装饰合一，干作业代替湿作业，高效率的装饰施工机具的使用，保证了装饰施工质量，并减少了大量手工劳动。对装饰施工中工艺的操作和工序的处理，都严格按规范化的流程来实施，已达到相当高的专业水准。

由于装饰施工过程是一项十分复杂的生产活动，项目繁多，涉及面广，工程量大，施工工期长，耗用的劳动量多。如在一般民用建筑中，平均每平方米的建筑面积就有 $3\sim5m^2$ 的内抹灰，有 $0.15\sim1.3m^2$ 的外抹灰；劳动量占总劳动量的15%～30%；工期占总工期的30%～40%；造价占总造价的30%左右，对一些装饰要求高的公共建筑，装饰部分的工期和造价甚至占整个建筑物总工期和总造价的50%以上。因此，装饰工程在建筑工程中占有相当重要的地位。

第一节　抹　灰　工　程

一、抹灰工程的分类和组成

抹灰工程按面层不同分为一般抹灰和装饰抹灰。

一般抹灰按其构造可分为底层和面层。底层可用石灰砂浆、水泥混合砂浆、水泥砂浆、聚合物水泥砂浆、膨胀珍珠岩水泥砂浆等；面层可用麻刀灰、纸筋石灰以及石膏灰等。

装饰抹灰一般也分为底层和面层。底层多用水泥砂浆；面层则根据所用材料及施工工艺的不同，分为水刷石、水磨石、斩假石、干粘石、拉毛灰、喷涂、滚涂、弹涂等。

二、一般抹灰施工

（一）一般抹灰的级别

根据建筑物的标准及其在装饰上的要求，一般抹灰又可以分为三级，即普通抹灰、中级抹灰和高级抹灰。

普通抹灰用于简易住宅、大型设施和非居住性的房屋（如汽车库、仓库、锅炉房）以及居住物中的地下室、储藏室。要求做一层底层和一层面层，亦可不分层一遍成活，做到分层赶平，修整，表面压光。

中级抹灰用于一般住宅、公用和工业建筑（如住宅、宿舍、教学楼、办公楼）以及高标准建筑物中的附属用房。要求做一层底层、一层中层、一层面层。做到阳角找方，设置标筋，分层赶平、修整，表面压光。

高级抹灰用于大型公共建筑物、纪念性建筑物（如剧院、礼堂、宾馆、展览馆和高级住宅）以及有特殊要求的高级建筑等。要求一层底层、数层中层和一层面层。做到阴阳角找方，设置标筋，分层赶平，修整，表面压光。

（二）一般抹灰施工

1. 施工准备

抹灰工程采用的材料质量直接影响工程质量，因而其所用材料的质量必须符合国家现行的技术标准的规定。水泥标号应不低于 32.5 号，其安定性试验必须合格；砂料应坚硬洁净，其中黏土、泥灰、粉末等含量不超过 3%，过筛后不得含有杂物；石灰膏必须经过块状石灰淋制，并经过 3mm 见方筛孔过滤，熟化时间不少于 15 天。纸筋石灰宜集中加工，纸筋应磨细，且熟化时间不少于 15 天。

一般抹灰施工常用机具有砂浆搅拌机、纤维-白灰混合磨碎机、铁抹子、木抹子、阳角抹子、压子、托灰板、木杠、方尺和托线板，如图 10-1 所示。

2. 基层处理

抹灰前应对基层进行必要的处理，对于凹凸不平的部位应剔平补齐，填平孔洞沟槽；表面太光的要剔毛，或用 1∶1 水泥浆掺 10%环保胶薄抹一层，使之易于挂灰。不同材料交接处应铺设金属网，搭缝宽度从缝边起每边不得小于 100mm。

3. 施工方法

一般抹灰的施工，按部位可分为墙面抹灰和顶棚抹灰。

（1）墙面抹灰。

1）中级和普通抹灰。为了保证墙面垂直平整，应先在墙面上作灰饼标筋，然后抹底层灰，如图 10-2 所示。其施工方法是先用托线板检查墙面平整垂直程度，在墙的上角各做一个标准灰饼，其大小约 50mm 见方，厚度即抹灰厚度，以墙面平整垂直决定，最薄不小于 7mm。然后根据这两个灰饼用托线板或线锤挂垂直做墙面下角两个标准灰饼，再用钉子钉在左右灰饼附近墙缝里，栓上小线挂好通线，并根据小线位置每隔 1.2～1.5mm 作若干标准灰饼。待灰饼稍干后即可竖向沿灰饼抹宽约 100mm 的砂浆条，以灰饼面为准用木杠刮

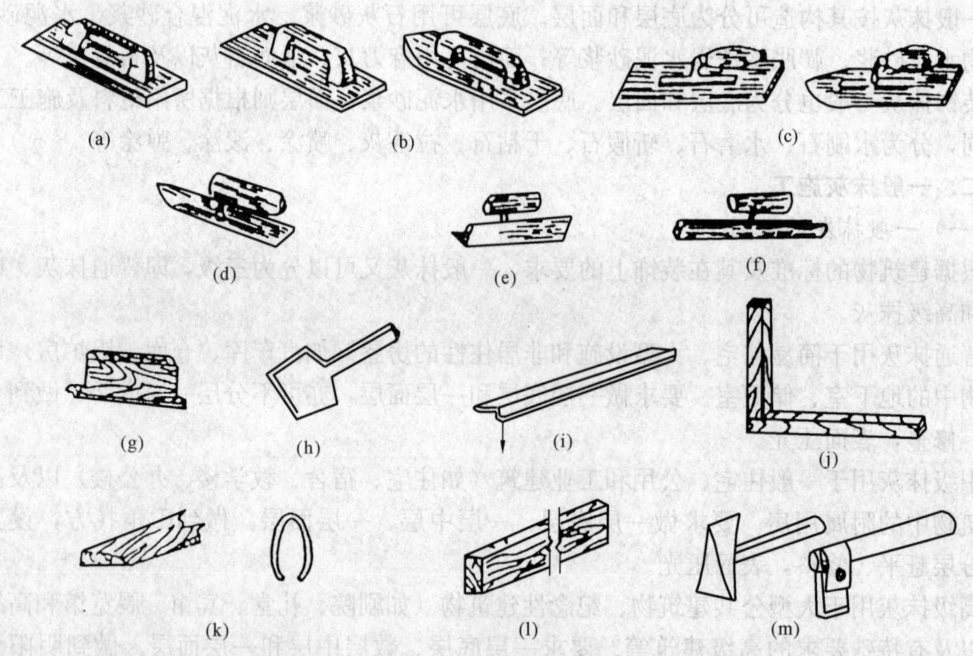

图 10-1 常用抹灰工具

(a) 木抹刀；(b) 塑料抹刀；(c) 铁抹刀；(d) 压板；(e) 阴角抹刀；(f) 阳角抹刀；(g) 捋角器；(h) 托灰板；(i) 挂线板；(j) 方尺；(k) 八字靠尺和钢筋卡子；(l) 刮子（木杠）；(m) 剁斧

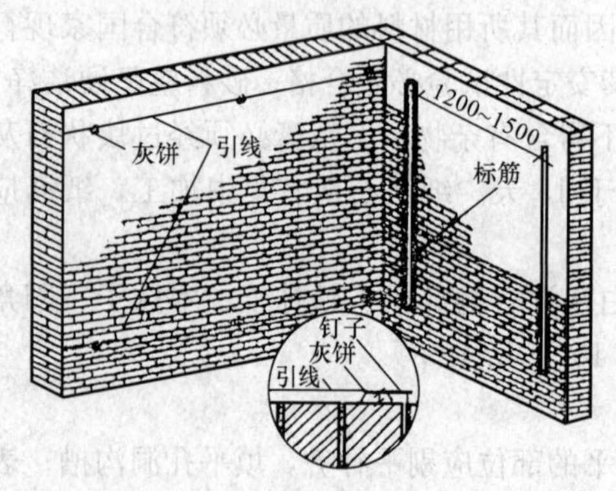

图 10-2 灰饼、标筋位置示意

平，即为标筋。标筋稍干后可抹底层灰。

2）高级抹灰。先将房间规方，小房间可以一面墙做基线，用方尺规方。如房间面积较大，要在地面上先弹出十字线，据此十字线至离墙角100mm处，弹出墙角抹灰准线，并在准线上下两端排好通线后做标准灰饼及标筋。最后抹底层灰。

(2) 室内墙面、柱面和门洞口的阳角，应用1∶2水泥砂浆抹出护角，其高度不低于2m，每侧宽度不小于50mm。

(3) 面层应在底层灰6～7成干时涂抹，如底层灰过干应先浇水润湿。如为水泥砂浆面层，须将底层灰表面扫毛或划出纹道，面层涂抹后应经两遍压光。

(4) 顶棚抹灰。顶棚抹灰前应在墙顶四周适当位置弹出水平线，据此定出抹灰层厚度；即可沿顶棚四周抹灰并圈边找平。在底层灰6～7成干时，涂抹罩面灰，分两遍抹平压实，其厚度不大于2mm。顶棚面要求表面顺平，并压实压光，不应有抹纹、气泡和接槎不平等现象。顶棚与墙面相交的阴角应成一条直线。

三、装饰抹灰施工

装饰抹灰与一般抹灰的区别在于两者具有不同的装饰面层，其底层和中层的做法基本相同，下面介绍几种主要装饰面层的施工。

(一) 水刷石施工

水刷石是一种传统的装饰抹灰，常用于外墙面的装饰层，也可用于檐口、腰线、窗楣、门窗套、柱面等装饰部位。

1. 施工准备工作

(1) 工具：铁抹子、压抹子、托灰板、八字靠尺、钢筋卡子、方尺、木杠、水壶、扫帚、棕刷、砂浆搅拌机及手压（电动）式小型浆泵。

(2) 材料配合比。基层一般为10～15mm厚的1∶3水泥砂浆；面层可用1∶1大八厘水泥石子浆、1∶1.25中八厘水泥石子浆或1∶1.5小八厘水泥石子浆。面层的厚度也有所不同，大八厘为20mm，中八厘为15mm，小八厘为10mm。有时为减轻普通水泥的灰色调，可用部分石灰膏代替水泥但不宜过多，用彩色石子时可用白水泥。

2. 施工操作程序

(1) 用1∶3水泥砂浆抹基层10～15mm，收平后用抹子划不规则线，以增加同面层的黏结力。

(2) 在干后的基层上用水浇湿，贴分格条，薄刮素水泥浆一道。

(3) 接着抹水泥石子浆，同分格条厚；先粗抹平整，然后用铁抹子反复刮压，使石子密实、均匀。

(4) 待面层刚开始初凝时（用手指按之略有指印），用棕刷浆水刷沾表面水泥浆2～3遍，使石子露出粒径的三分之一。如表面发现因洗刷翘起的石子，即用铁抹拍平，拍平后露出水泥浆，仍用水刷洗。刷洗应自上而下进行，注意不要冲坏面层，刷洗过程也可用喷浆泵喷清水冲洗。

(5) 用清水清洗表面，要求高的工程还可用稀草酸清洗一遍后，再用水冲洗。

3. 质量要求

石粒清晰，分布均匀、紧密平整，色泽一致，不得有掉粒和接槎痕迹。

(二) 斩假石施工

斩假石是在抹灰面层上做出有规律的槽缝，做成象用石头砌成的墙面。面层做法同水刷石大体相同，石子粒径一般较小，以小八厘或石屑为宜。除水刷石工具外，还要有剁斧。其操作程序为：分块弹线，嵌条分格，刷素水泥浆；接着将拌制好的水泥石屑砂浆分两次抹上，头道浆要薄，二道浆抹至与分格条平；待收水后用木抹子打磨压实，上下溜直，最后用软扫帚顺着斩纹方向清扫一遍。面层石屑抹浆后，要防烈日曝晒或冰冻，并需进行养护6～10天。斩假石开斩前，应先试斩，以石子不脱落为准。在边角处要轻斩，斩成水平纹，中间部分斩成垂直纹。斩好后取出分格条并用钢丝刷顺斩纹刷净尘土。

斩假石面层，要求斩纹顺直，间距均匀，深浅一致，线条清晰，留出边缘宽窄一样，棱角分明，并不得有损坏。

(三) 干粘石施工

干粘石是在水刷石的基础上，改变了施工方法，达到同水刷石基本相同的外装饰效果，具有节约材料，提高工效的目的。

1. 施工准备

(1) 工具：干粘石施工，除用一般抹灰工具外，还需用拍板和托盘。

(2) 材料：干粘石抹面所用的石子以小八厘为多（粒径3～5mm），也可用中八厘（粒径5～6mm)，很少用大八厘，干粘石饰面所用砂子以0.35～0.5mm的中砂为好，含泥量不得超过3%，使用前过筛。水泥用普通水泥和白水泥，同一饰面要用同一种标号水泥。黏结砂浆可用1∶3水泥砂浆，也可用1∶0.5∶2水泥、石膏、砂的混合砂浆，因此材料还包括石膏。美术干粘石要求在黏结砂浆中加矿物颜料，颜料的色彩和质量应按设计严格检查。为增强黏结层的黏结力，砂浆中还可掺入适量的环保胶。

2. 施工操作程序

(1) 基层处理：先将基层清扫干净，混凝土表面要清除隔离剂，浇水湿润后薄抹纯水泥浆一道，然后抹水泥砂浆。

(2) 弹线嵌条：在基层抹灰和表面处理后，按设计要求分格弹线，在线上贴分格条。

(3) 抹黏结层：黏结层厚度一般为石子粒径的1～1.2倍。黏结层砂浆层一般分二次抹成，第一次薄抹打底，保证与底面黏结，第二道抹成总厚度不超过4～7mm，然后用靠尺找平、高刮低补，注意不要留下抹纹。

(4) 撒石子：黏结层砂浆抹完后立即甩石子，顺序是先边后中，先上后下，撒石子时，动作要快，撒均匀。每板上、下、左、右安排齐整，搭接紧密，撒完后可进行局部密度调整。

(5) 压石子：压石子也同样是先压边、后压中间、从左至右、从上到下。压石子分三步进行，轻压、重压、重拍，即在水泥砂浆不同凝结程度时用不同压法。在完全凝结前压完，压头遍可用大铁板，后二道可用普通宽铁板，干粘石面层达到一定强度后，应洒水养护。

3. 质量要求

石粒黏结牢固、分布均匀、颜色一致、不露浆、不漏粘、线条清晰、棱角方正。

(四) 拉毛灰

拉毛灰是一种传统的装饰抹灰方法，通常用水泥石灰砂浆或水泥纸筋灰浆做成。拉毛灰的表面具有粗糙的质感，有利于建筑形象的塑造。拉毛面层因施工方法和所用工具不同，可分为以下几种：

(1) 拉毛。面层涂抹砂浆，用铁抹子或木抹子轻压，顺势轻轻拉起，拉时用力均匀，速度一致，如个别地方毛头大小不均匀时，应随时补拉一、二次呈均匀时为止。

(2) 搭毛。用猪鬃刷蘸灰浆垂直击在墙面上，并随手拉起即形成毛面。如个别毛头不均匀，同样随时拉一、二次。

(3) 洒毛。用竹丝帚蘸灰浆均匀地洒于墙面。

除以上做法外，有的是将拉毛面用铁抹子轻轻压平毛头，形成平面的均匀花纹；或在面层灰浆中掺入各种颜色，使底面与花纹或毛头形成两种不同的颜色。

(五) 聚合水泥砂浆喷涂、滚涂、弹涂装饰施工

1. 喷涂饰面

喷涂饰面是用喷枪将聚合物砂浆均匀喷涂在底层上，此种砂浆由于加入了环保胶，能提高装饰面层的表面强度与黏结强度。通过调整砂浆的稠度和喷射压力的大小，可喷成砂浆饱满、波纹起伏的“波面”；或表面布满细碎颗粒的“粒状”；也可在表面涂层上再喷以不同色调的砂浆点，形成“花点套色”。其分层做法为：①10～13mm厚1∶3水泥砂浆打底，木抹搓平。采用滑升、大模板工艺的混凝土墙体，可以不抹底层砂浆，只作局部找平，但表面必

须平整。在喷涂前，先喷刷 1∶3（胶∶水）环保胶水溶液一道，以保证涂层黏结牢固。②3～4mm 厚喷涂饰面层，要求三遍成活。③饰面层收水后，在分格缝处用铁皮刮子沿着靠尺刮去面层，露出基层，做成分格缝，缝内可涂刷聚合物水泥浆。④面层干燥后，喷罩甲基硅醇纳憎水剂，以提高涂层的耐久性和减小墙面的污染。

近年来广泛采用喷塑料涂料（如水性或油性丙烯树脂、聚氨酯等）作喷涂的饰面材料。实践证明，外墙喷塑是今后建筑装饰的一个发展方向，它具有防水、防潮、耐酸、耐碱的性能，面层色彩可任意选定，对气候的适应性强，施工方便，工期短等优点。

2. 滚涂饰面

滚涂饰面是将带颜色的聚合物砂浆均匀涂抹在底层上，随即用平面或带有拉毛、刻有花纹的橡皮、泡沫塑料滚子滚出所需的图案和花纹。其分层作法为：①10～13mm 厚水泥砂浆打底，木抹搓平；②粘贴分格条（施工前在分格处先刮一层聚合物水泥浆，滚涂前将涂有环保胶水溶液的电工胶布贴上，等饰面砂浆收水后揭下胶布）；③3mm 厚色浆罩面，随抹随用辊子滚出各种花纹；④待面层干燥后，喷涂有机硅水溶液。

3. 弹涂饰面

弹涂饰面是用电动弹力器将水泥色浆弹到墙面上，形成 1～3mm 左右的圆状色点。由于 色浆一般由 2～3 种颜色组成，不同色点在墙面上相互交错、相互衬托，犹如水刷石、干粘石；也可做成单色光面、细麻面、小拉毛拍平等多种形式。实践证明，这种工艺可在墙面上做底灰，再作弹涂饰面；也可直接弹涂在基层较平整的混凝土板、石膏板、水泥石棉板等板面上。其施工流程为：基层找平修整或做砂浆底灰→调配色浆刷底色→弹力器做头道色点→弹力器做二道色点→弹力器局部找均匀→树脂罩面防护层。

第二节 饰 面 工 程

饰面工程是指把块料面层镶贴于墙柱表面以形成装饰层。块料面层的种类可分为饰面砖和饰面板两大类。饰面砖有：釉面瓷砖、外墙面砖、陶瓷锦砖、玻璃锦砖、劈离砖等；饰面板有天然石饰面板（如大理石、花岗石、青石板等）、人造石饰面板（预制水磨石板、预制水刷石板、人造大理石等）、金属饰面板（如不锈钢板、涂层钢板、铝合金饰面板等）、木质饰面板（如胶合板、木条板）、塑料饰面板、玻璃饰面等。

一、大理石（花岗石、青石板、预制水磨石板等）饰面板的安装

大理石、花岗石、青石板、预制水磨石板等安装工艺基本相同，以大理石为例，其安装工艺流程如下：材料准备与验收→基层处理→板材钻孔→饰面板固定→灌浆→清理→嵌缝→打蜡。

1. 材料准备与验收

大理石拆除包装后，应按设计要求挑选规格、品种、颜色一致，无裂纹、无缺边、掉角及局部污染变色的块料，分别堆放。按设计尺寸要求在平地上进行试拼，校正尺寸，使宽度符合要求，缝平直均匀，并调整颜色、花纹，力求色调一致，上下左右纹理通顺，不得有花纹横、竖突变现象。试拼后分部位逐块按安装顺序予以编号，以便安装时对号入座。对轻微破裂的石材，可用环氧树脂胶黏剂黏结；表面有洼坑、麻点或缺棱掉角的石材，可用环氧树脂腻子修补。

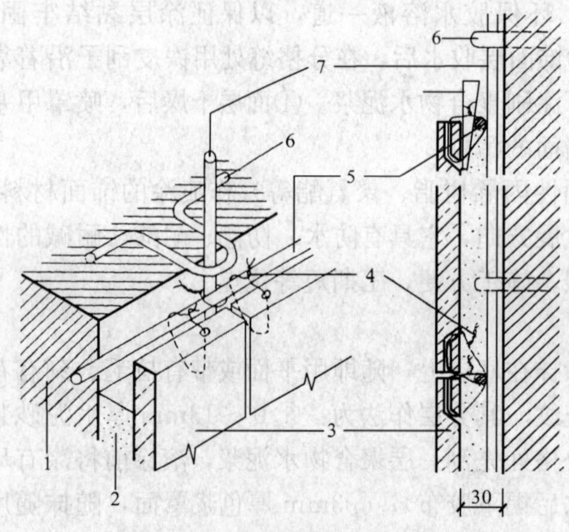

图 10-3 饰面板钢筋网片固定

1—墙体；2—水泥砂浆；3—大理石板；
4—铜丝或铅丝；5—横筋；6—铁环；7—立筋

2. 基层处理

安装前检查基层的实际偏差，墙面还应检查垂直度、平整度情况，偏差较大者应剔凿、修补。对表面光滑的基层进行凿毛处理。然后将基层表面清理干净，并浇水湿润，抹水泥砂浆找平层。找平层干燥后，在基层上分块弹出水平线和垂直线，并在地面上顺墙（柱）弹出大理石外廓尺寸线，在外廓尺寸线上再弹出每块大理石板的就位线，板缝应符合有关规定。

3. 饰面板固定方法

(1) 绑扎固定灌浆法。首先绑扎用于固定饰面板的钢筋网片。采用 $\phi 6$ 双向钢筋网，依据弹好的控制线与基层的预埋件绑牢或焊牢，钢筋网竖向钢筋间距不大于500mm，横向钢筋与块材连接孔网的位置一致。第一道横向钢筋绑在第一层板材下口上面约100mm处，以后每道横筋绑在比该层板材上口低10～20mm处。钢筋网必须绑扎牢固，不得有颤动和弯曲现象。预埋铁件在结构施工时埋设，如图10-3所示。也可用如图10-4所示的冲击电钻，在基层上打直径为 $\phi 6.5 \sim \phi 8.5$、深不小于60mm的孔，将 $\phi 6 \sim \phi 8$ 短钢筋埋入，外露50mm以上，并做弯钩，用绑扎或焊接的方式固定水平钢筋，如图10-5所示。

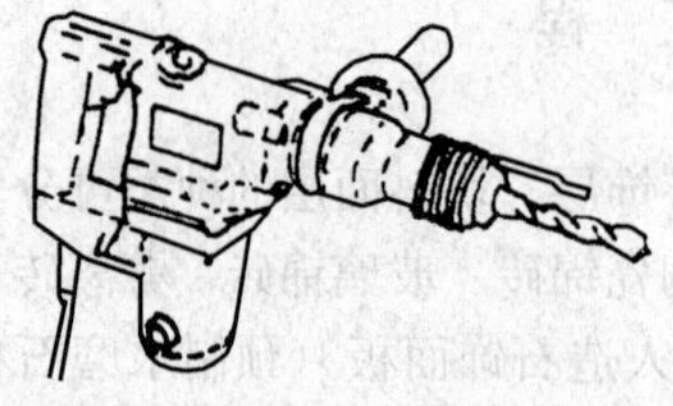

图 10-4 冲击电钻

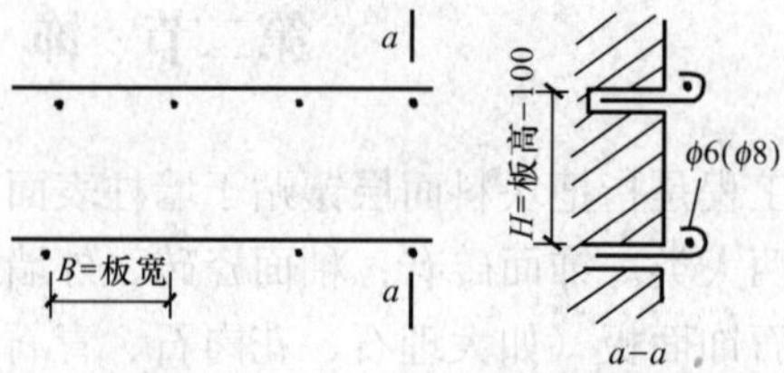

图 10-5 水平钢筋固定

其次要对大理石进行修边、钻孔、剔槽，如图10-6所示。以便穿绑铜丝（或铅丝）与墙面钢筋网片绑牢，固定饰面板。每块板的上、下边钻孔数量均不得少于2个，如板宽超过500mm，应不少于三个。打眼的位置应与基层上钢筋网的横向钢筋位置相适应，一般在板材断面上由背面算起2/3处，用笔画好钻孔位置，相应的背面也画出钻孔位置，距边沿不小于30mm，然后钻孔，使竖孔、横孔相连通，孔径为5mm，能满足穿线即可。为了使铜丝通过处不占水平缝位置，在石板侧面的孔壁再轻轻剔一道槽，深约5mm，以便埋卧铜丝。板材钻孔后，即穿入20

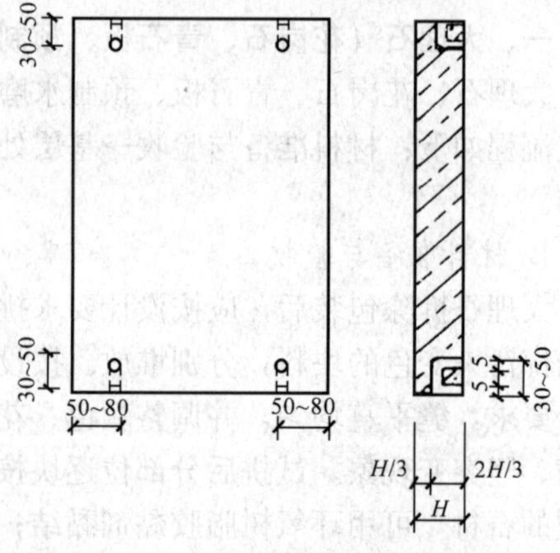

图 10-6 大理石钻孔与凿沟

号铜丝备用。

饰面板安装前，先将饰面板背面，侧面清洗干净并阴干。从最下一层开始，两端用块材找平找直，拉上横线，再从中间或一端开始安装。安装时，按部位编号取大理石板就位，先将下口铜丝绑在横筋上，再绑上口铜丝，用托线板靠直靠平，并用木楔垫稳，再将铜丝系紧，保证板与板交接处四角平整。安装完一层后，再用托线板找垂直，水平尺找平整、方尺找阴阳角。石板找好垂直、平整、方正后，在石板表面横竖接缝处每隔 100～150mm 用调成糊状的石膏浆予以粘贴，临时固定石板，使该层石板成一整体，以防止发生移位。余下的石板间缝隙，应用纸或石膏灰封严。待石膏凝结、硬化后进行灌浆。

(2) 钉固定灌浆法。首先进行石板钻孔。将大理石饰面板直立固定于木架上，用如图 10-7 所示的手电钻在距板两端 1/4 处居板厚中心钻孔，孔径 6mm，深 35～40mm。板宽≤500mm 的打直孔两个；板宽＞500mm 打直孔三个；＞800mm的打直孔四个。将板旋转 90°固定于木架上，在板两侧分别各打直孔一个，孔位距下端 100mm 处，孔径 6mm，孔深 35～40mm，上下直孔都用合金錾子在板侧面方向剔槽，槽深 7mm，以便安卧 U 形钉，如图 10-8 所示。然后对基体钻孔，按基体放线分块位置临时就位板材，对应于板材上下直孔的基体位置上，用冲击电钻钻成与板材孔数相等的斜孔，斜孔成 45°角度，孔径 6mm，孔深 40～50mm，如图 10-9 所示。

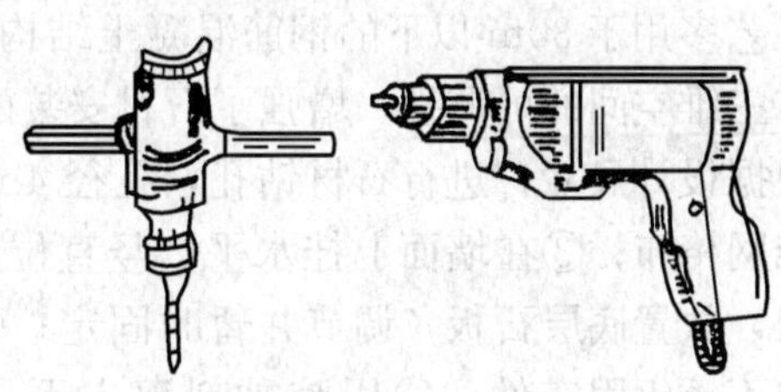

图 10-7 手电钻

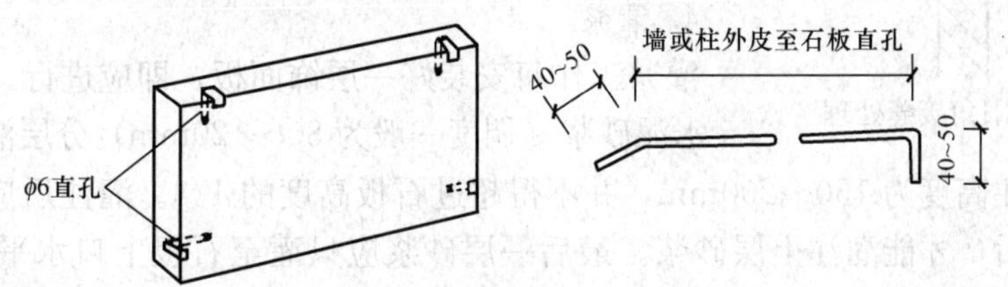

图 10-8 大理石钻直孔和 U 形钉

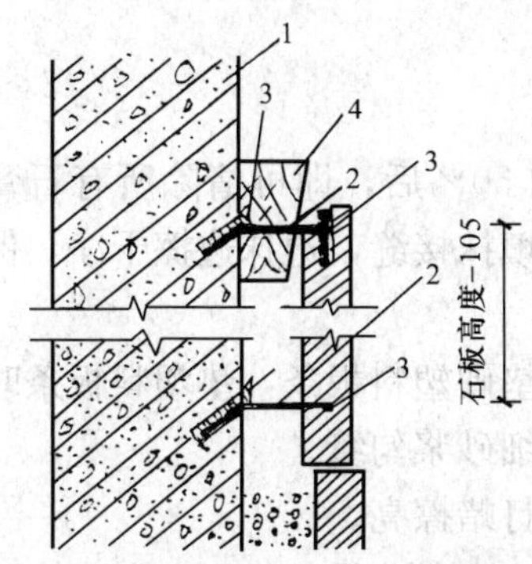

图 10-9 石板就位、固定示意图

1—基体；2—U 形钉；

3—硬木小楔；4—大头木楔

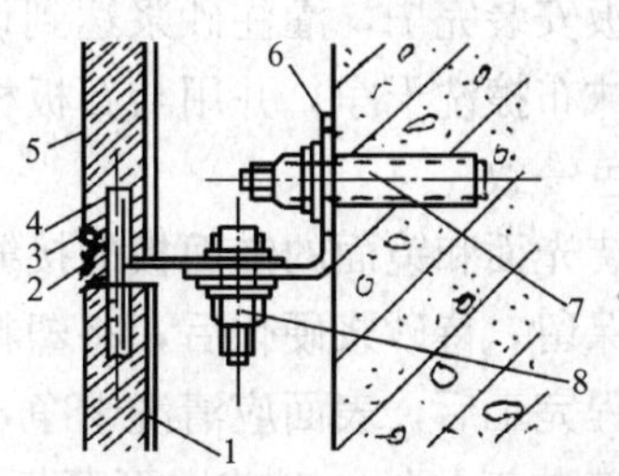

图 10-10 平挂安装示意图

1—玻纤布增强层；2—嵌缝；3—钢针；

4—长孔（充填环氧树脂胶黏剂）；5—石衬薄板；

6—L 型不锈钢固定件；7—膨胀螺栓；8—紧固螺栓

基体钻孔后，将大理石板安放就位，根据板材与基体相距的孔距，用钳子现制直径5mm的不锈钢U形钉，一端勾进大理石板直孔内，随即用硬木小楔楔紧；另一端勾进基体斜孔内，拉小线或用靠尺板和水平尺，校正板的上下口及板面的垂直度和平整度，并检查与相邻板材接合是否严密，随后将基体斜孔内不锈钢U形钉楔紧。接着用大头木楔紧固于板材与基体之间，以紧固U形钉，如图10-10所示。

大理石饰面板位置校正准确、临时固定后，即可分层灌浆。

(3) 钢针式干挂法。钢针式干挂工艺是利用高强螺栓和耐腐蚀、强度高的柔性连接件将薄型石材饰面挂在建筑物结构的外表面，石材与结构表面之间留出40～50mm的空腔，此工艺多用于30m以下的钢筋混凝土结构，不适宜用于砖墙或加气混凝土墙。由于连接件具有三维空间的可调性，增强了石材安装的灵活性，易于使饰面平整。干挂法工艺流程为：①根据设计尺寸，进行石材钻孔，孔径4mm，孔深20mm；②石材背面刷胶黏剂，贴玻璃纤维网格布；③在墙面上挂水平、竖直位置线，以控制石材的垂直、平整；④支底层石材托架，放置底层石板，调节并暂时固定；⑤用冲击电钻在结构上钻孔，插入膨胀螺栓，镶L型不锈钢固定件；⑥用胶黏剂灌入下层板材上部孔眼，插入连接钢针（ϕ4不锈钢，长8mm），将胶黏剂灌入上层板材下孔内，再把上层板材对准钢针插入；⑦校正并临时固定板材；⑧重复⑤～⑦工序，直至完成全部板材安装，最后镶顶层板材；⑨清理板材饰面，贴防污胶条，嵌缝，刷罩面涂料。这种工艺安装板材后不需要灌浆。

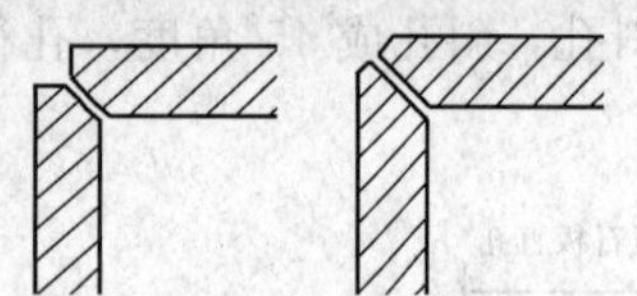

图10-11　阴阳角接缝处理

饰面板安装过程中，对异形尺寸板材可用切割机切割。阴阳角处接缝的处理，如图10-11所示。

4. 灌浆

灌浆工作每安装好一层饰面板，即应进行。可用1∶1.5～2.5水泥砂浆（稠度一般为80～120mm）分层灌入石板内侧缝隙中，每层灌注高度为150～200mm，并不得超过石板高度的1/3。灌注后应插捣密实，待下层砂浆初凝后，才能灌注上层砂浆。最后一层砂浆应只灌至石板上口水平接缝以下50～100mm处，所留余量作为安装上层石板时灌浆的结合层。最后一层砂浆初凝后，可清理擦净石板上口余浆，砂浆终凝后，可将上口木楔轻轻移动抽出，打掉上口有碍安装上层石板的石膏，然后按同样方法依次逐层安装上层石板。

5. 嵌缝

全部石板安装完毕，灌注砂浆达到设计强度标准值的50%后，即可清除所有石膏和余浆痕迹，用抹布擦洗干净，并用与石板相同颜色的水泥浆填抹接缝，边抹边擦干净，保证缝隙密实，颜色一致。

室外安装光面和镜面的饰面板的接缝，可在水平缝中垫硬塑料板条，垫塑料板条时，应将压出部分保留，待砂浆硬化后，将塑料条剔出，用水泥细砂浆勾缝。

全部工程完工后，表面应清洗干净，晾干后，再进行打蜡擦亮。

除上述安装工艺外，对花岗石薄板、厚度为10～12mm的镜面大理石。人造饰面板以及小规格的饰面板，也可采用胶黏剂或水泥浆粘贴。

二、面砖或釉面瓷砖的镶贴

面砖或釉面瓷砖镶贴前应经挑选、预排，不同部位的排列方式分别如图10-12～图10-14所示。使规格、颜色一致，灰缝均匀。基层应扫净，浇水湿润，用1∶3水泥砂浆打底，厚7～10mm，找平划毛，打底后养护1～2d方可镶贴。镶贴前应找好规矩，按砖实际尺寸弹出横竖控制线，定出水平标准和皮数。接缝宽度应符合设计要求，一般宽约为1～1.5mm。然后用废瓷砖按黏结层厚度用混合砂浆贴灰饼，找出标准，灰饼间距一般为1.5～1.6m，阳角处要两面挂直。镶贴时先浇水湿润底层，根据弹线稳好平尺板，作为镶贴第一皮瓷砖的依据。贴时一般从阳角开始，由下往上逐层粘贴，使不成整块的留在阴角。如有水池、镜框者，应以水池、镜框为中心往两面分贴，总之，先贴阳角大面，后贴阴角、凹槽等难度较大的部位。如墙面有突出的管线、灯具、卫生器具支承物，应用整砖套割吻合，不得用非整砖拼凑镶贴。

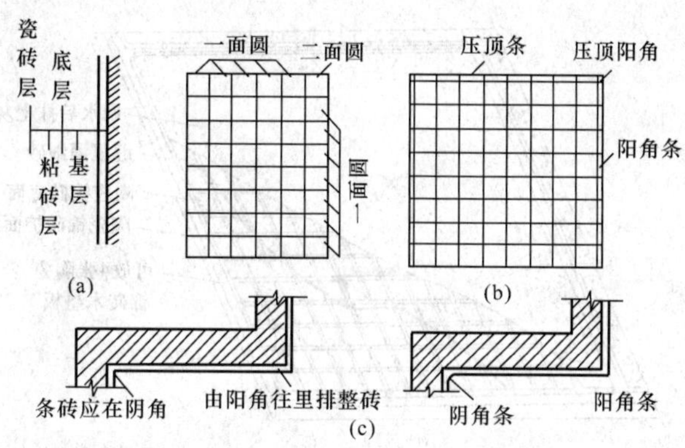

图10-12 瓷砖墙面排砖示意图

(a) 纵剖图；(b) 平面图；(c) 横剖面

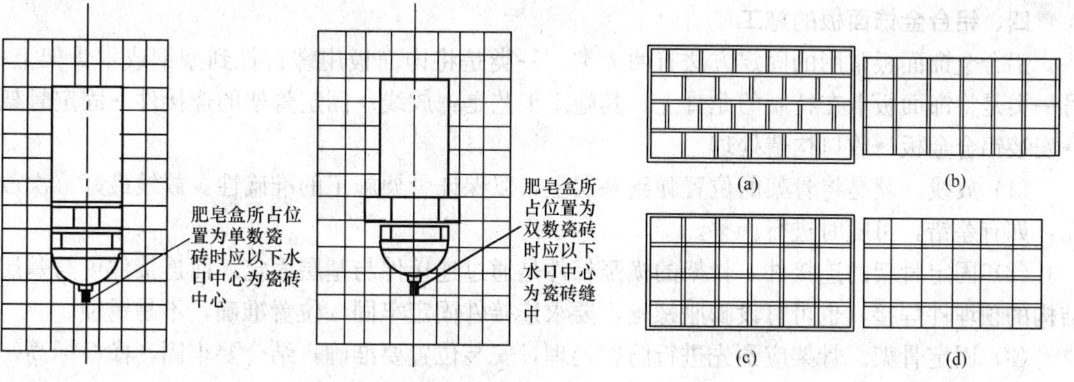

图10-13 洗脸盆、镜箱和肥皂盒部位瓷砖排列示意图

图10-14 外墙面砖排缝示意图

(a) 错缝；(b) 通缝；(c) 竖通缝；(d) 横通缝

镶贴后的每块瓷砖，当采用混合砂浆黏结层时，可用小铲把轻轻敲击；当采用环保胶水泥浆黏结层时，可用手轻压，并用橡皮捶轻轻敲击，使其与基层黏结密实牢固，并要用靠尺随时检查平直方正情况，修正缝隙。凡遇缺灰、黏结不密实等情况时，应取下瓷砖重新粘贴，不得在砖口处塞灰，以防止空鼓。

室外接缝应用水泥浆嵌缝；室内接缝，宜用与釉面瓷砖相同颜色的石灰膏（非潮湿房间）或水泥浆嵌缝。待整个墙面与嵌缝材料硬化后，用棉丝、砂纸清理或用稀盐酸刷洗，然后用清水冲洗干净。

三、陶瓷锦砖的镶贴

陶瓷锦砖镶贴前，应按照设计图案要求及图纸尺寸，核实墙面的实际尺寸，根据排砖模数和分格要求，绘制出施工大样图，加工好分格条，并对陶瓷锦砖统一编号，便于镶贴时对号入座。

基层上用12～15mm厚1∶3水泥砂浆打底，找平划毛，洒水养护。镶贴前弹出水平、

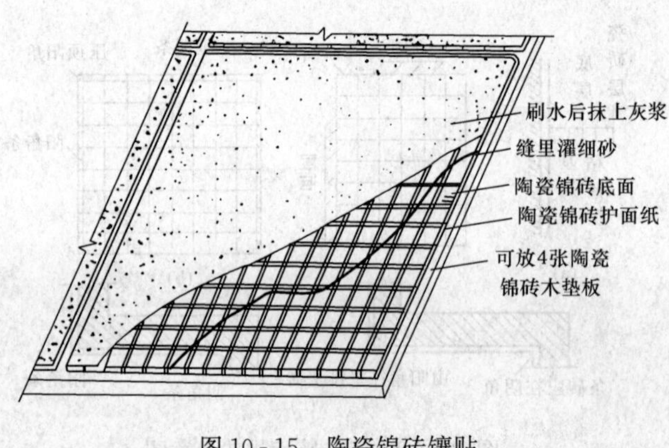

图 10-15 陶瓷锦砖镶贴

垂直分格线，找好规矩。然后在湿润的底层上刷素水泥浆一道，再抹一层 2～3mm 厚 1∶0.3 水泥纸筋灰或 3mm 厚 1∶1 水泥砂浆（掺 2%乳胶）黏结层，用靠尺刮平，抹子抹平。同时将锦砖底面朝上铺在木垫板上，缝里撒灌 1∶2 干水泥砂，并用软毛刷子刷净底面浮砂，薄薄涂上一层黏结灰浆，如图 10-15 所示。然后将陶瓷锦砖按平尺板上口沿线由下往上对齐接缝粘贴于墙上。粘贴时应仔细拍实，使其表面平整。待水泥砂浆初凝后，用软毛刷将护纸刷水润湿，约半小时后揭纸，并检查缝的平直大小，校正拨直。粘贴 48h 后，除了取出米厘条后留下的大缝用 1∶1水泥砂浆嵌缝外，其他小缝均用素水泥浆嵌平。待嵌缝材料硬化后，用稀盐酸溶液刷洗，并随即用清水冲洗干净。

四、铝合金饰面板的施工

铝合金饰面板常用的固定方法有两大类，一类是将饰面板用螺钉拧到型钢或木骨架上；另一类是将饰面板卡在特制的龙骨上。其施工工艺是：放线→固定骨架的连接件→固定骨架→安装铝合金板→收口构造处理。

（1）放线。就是将骨架的位置弹到基层上，以保证骨架施工的准确性。放线最好一次放完，如有差错，可随时进行调整。

（2）固定骨架的连接件。骨架的横竖杆件是通过连接件与基层固定，而连接件可与基层结构的预埋件焊接，也可打设膨胀螺栓，要求连接件固定牢固，位置准确，不易锈蚀。

（3）固定骨架。骨架应预先进行防腐处理，安装位置要准确，结合要牢固，横杆标高一致，骨架表面要平整。

（4）安装铝合金饰面板。板的安装要牢固、平整无翘起、卷边等现象。板与板之间的间隙一般为 10～20mm，用橡胶条或密封胶等弹性材料处理。安装完毕后，在易于被污染的部位，要用塑料薄膜覆盖保护；易被碰撞的部位，应设安全栏杆保护。

（5）收口构造处理。系指饰面板安装后对水平部位的压顶，端部的收口，伸缩缝、沉降缝的处理，以及两种不同材料交接处的处理。因这些部位往往是饰面施工的重点，直接影响美观和功能，所以必须用特制的铝合金成型板进行妥善处理。

五、木质饰面板施工

木质饰面板是一种美观、雅致、耐久、隔声和保温性能较好的高级内墙饰面。木饰面由防潮层、木龙筋、木饰面板和木帽头等组成，如图 10-16 所示。防潮层常用油毡和油纸，其层数由设计作出规定；木龙筋常用杉木、红松、白松等，要求木质干燥、变形小。竖筋断面常用 40mm×50mm、35mm×50mm 和 40mm×40mm 等，横筋断面常用 40mm×50mm、35mm×40mm 和 40mm×40mm 等，外侧面要刨光。竖、横

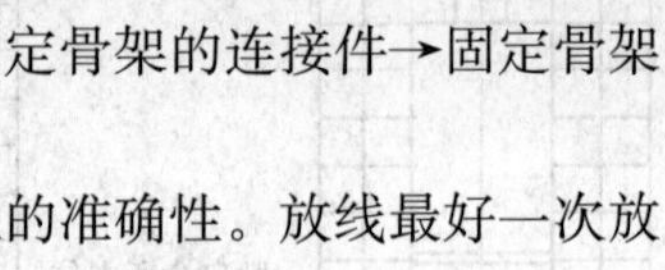

5
1 2 4 3 离缝

图 10-16 木质饰面板构造

1—防潮层；2—横筋；3—竖筋；4—胶合板（或木板条）；5—木榫

龙筋除外侧面外，要满刷一度防腐剂；木饰面板常采用五夹板做饰面板，也有用木板和企口板作饰面板。木材不能腐朽、颜色要一致；木帽头和护角应用与饰面板相同的材料，必须充分干燥，不能有裂缝及 20mm 以上的活节疤，不允许有死节。

施工时根据设计图纸的要求和饰面板的规格尺寸，在墙面上弹出水平标高控制线，再弹出竖筋和横筋中心位置线；按所弹出墨线上的钉子位置，先在墙上埋木榫（或在砌墙和捣混凝土时，预先埋好木砖），然后根据控制线和木榫钉上木龙筋。木龙筋要横平竖直，接头平齐，外侧面要在同一个面上。

木龙筋固定好后，即可安装饰面板。当用胶合板时，根据设计图纸分块尺寸，弹出竖筋面中心线，并在胶合板上划好线，用细齿板锯锯开，用细长刨将侧边刨光，再用 25～35mm 钉子将胶合板钉在木龙筋上。胶合板饰面板的竖缝一般宜离缝钉，缝宽 6～10mm，木龙筋中心线两边离饰面板边距离要相等。胶合板饰面板如设横缝时，亦常为离缝做法，做法同竖缝。钉子距离 80～150mm，钉帽要敲扁，并顺木纹冲送进饰面板 1mm 左右。另外，门框或筒子板与饰面板相接处要平齐，且用饰面板覆盖。要做到木饰面线角整齐，表面光滑、木纹对齐、线条清秀并要求分格缝横平竖直、大小一致；当用企口木板作饰面板时，安装斜着钉暗钉。遇有异形，应根据设计图纸制作；当用木板作饰面板时，有打槽、拼缝和拼槽的做法，应根据图纸先做出实样，预制好后，进行安装。

钉上帽头时，要钉通，断面大小和出线规格要一致，表面光滑，不得有刨丝和歪扭现象，接头作暗榫，要平直。钉阳角护角时，用统长和相同断面料，要起榫割角。先要弹好墨线，后用 35mm 钉子钉牢，钉距 300mm 左右。

木饰面板施工完后，要涂刷涂料，胶合板表面常刷泡立水漆，木板和企口木板常刷混色油漆。

六、裱糊工程施工

裱糊工程是我国历史悠久的一种传统装饰工艺。常用的裱糊材料有纸基塑料壁纸和玻璃纤维墙布。按外观分为：印花、压花、浮雕、低发泡和高发泡等；按施工方法有现场刷胶裱糊和背面预涂压纸胶直接铺贴两种。

（一）裱糊工程施工程序

裱糊工程施工程序一般分为基层处理、刷底胶、弹线、裁纸、闷水、刷胶、裱糊等工序。

1. 基层处理

裱糊工程基层必须干燥，要求含水率为：对混凝土和抹灰层不大于 8%；对木制品不大于 12%。基层表面应坚实、平滑；飞刺、麻点、砂浆和裂缝应清除；阴阳角顺直；表面污垢、尘土要清理干净；泛碱部位宜用 9%的稀醋酸中和、清洗等。

2. 刷底胶

为了避免基层吸水过快，裱糊前应用 1∶1 的环保胶水溶液作底胶涂刷基层表面。

3. 弹线

为了保证粘贴壁纸花纹、图案线条连接顺当，在基层表面底胶干燥后，应弹垂直线和水平线作为裱糊的基准线。

4. 裁纸

弹好线后应根据墙面尺寸，壁纸和墙布品种、图案、颜色、规格进行选配分类，拼花裁切。图案花纹应对齐、裁边要平直整齐。然后编号平放待用。

5. 闷水及涂胶

准备裱糊的壁纸背面刷清水或放入清水中浸泡 3 分钟，使其充分吸水后，抖掉明水、阴干后再裱糊。复合壁纸不得浸水。

裱糊时应先在基层表面刷一遍黏结剂，并在壁纸背面均匀地涂刷一层薄的粘胶剂，但不能漏刷。

6. 壁纸粘贴

将纸幅垂直对准基准线粘贴，花纹图案拼缝严密，不允许搭接，并用刮板由高往低刮平粘牢。

(二) 裱糊工程的质量要求

(1) 壁纸、墙布必须粘贴牢固，表面色泽一致，不得有气泡、空鼓、裂缝、翘边、皱折和污斑等现象，斜视时无胶痕；

(2) 表面平整，无波纹起伏。壁纸、墙布与挂镜线、贴脸板和踢脚板紧接，不得有缝隙；

(3) 各幅拼接应横平竖直，拼接处花纹、图案吻合，不离缝、不搭接，距墙面 1.5m 处正视，不显拼缝；

(4) 阴阳转角垂直，棱角分明，阴角处搭接顺光，阳角处无接缝；

(5) 壁纸、墙布边缘平直整齐，不得有边毛、飞刺；

(6) 不得有漏贴、补贴和脱层等缺陷。

七、涂料工程施工

涂料工程包括油漆涂饰和涂料涂饰，它是将胶体的溶液涂敷在物体表面、使之与基层黏结，并形成一层完整而坚韧的薄膜，借此以达到装饰、美化和保护基层免受外界侵蚀的目的。

(一) 油漆涂饰施工

1. 建筑工程中常用的油漆

建筑工程中常用油漆的种类及其主要特性如下：

(1) 清油（鱼油、熟油）。清油又称鱼油、熟油，干燥后漆膜柔软，易发粘。多用于调稀厚漆和红丹防锈漆，也可单独涂刷于金属、木材表面或打底及调配腻子。

(2) 厚漆（铅油）。厚漆又称铅油，有红、白、黄、绿、灰、黑等色。使用时需加清油、松香水等稀释。漆膜柔软，与面漆黏结性好，但干燥慢，光亮度、坚硬性较差。可用于各种涂层打底或单独用于表面涂层，也可用来调配色油和腻子。

(3) 调和漆。调和漆分油性和磁性两类，油性调和漆的漆膜附着力强，有较高的弹性，不易粉化、脱落及龟裂，经久耐用，但漆膜较软，干燥缓慢，光泽差，适用于室外面层涂刷。磁性调和漆常用的有脂胶调和漆和酚醛调和漆等，漆膜较硬，颜色鲜明，光亮平滑，能耐水洗，但耐气候性差，易失光、龟裂和粉化，故仅用于室内面层涂刷。调和漆有大红、奶油、白、绿、灰、黑等色，不需调配，使用时只需调匀或配色，稠度过大时可用松节油或 200 号溶剂汽油稀释。

(4) 清漆。清漆分油质清漆和挥发性清漆两类。油质清漆又称凡立水，常用的有酯胶清漆、酚醛清漆、醇酸清漆等。漆膜干燥快，透明光泽，适用于木门窗、板壁及金属表面罩光。挥发性清漆又称泡立水，常用的有漆片，漆膜干燥快、坚硬光亮，但耐水、耐热、耐气候性差，易失光，多用于室内木材面层的油漆或家具罩面。

(5) 聚醋酸乙烯乳胶漆。这是一种性能良好的新型涂料和墙漆，适用于作高级建筑室内抹灰面，木材面的面层涂刷，也可用于室外抹灰面。其优点是漆膜坚硬平整，附着力强、干燥快，耐曝晒和水洗，新墙面稍经干燥即可涂刷。

此外，还有磁漆、大漆、硝基纤维漆（即蜡克）、耐热漆、耐火漆、防锈漆及防腐漆等。

2. 油漆涂饰施工

油漆工程施工包括基层处理、打底子、抹腻子和涂刷油漆等工序。

(1) 基层处理。为了使油漆和基层表面黏结牢固，节省材料，必须对木料、金属、抹灰层和混凝土基层的表面进行处理。木材基层将表面的灰尘、污垢清除干净，表面上的缝隙，毛刺、节疤和脂襄修整后，用腻子填补，金属基层，应将表面除去锈斑、尘土、油渍、焊渣等杂物；抹灰层和混凝土基层，要求表面干燥、洁净，不得有起皮和松散处等，粗糙的表面应磨光，缝隙和小孔应用腻子刮平。

(2) 打底子。在处理好的基层表面上刷底子油一遍（可适当加色），并使其厚薄均匀一致，以保证整个油漆面色泽均匀。

(3) 抹腻子。腻子是由油料加上填料（石膏粉、大白粉）、水或松香水拌制成膏状物。抹腻子的目的是使表面平整。对于高级油漆施工，需在基层上全部抹一层腻子，待其干后用砂纸打磨，然后再抹腻子，再打磨，直到表面平整光滑为止。

(4) 涂刷油漆。油漆施工按质量要求不同分为普通油漆、中级油漆和高级油漆三种。一般松软木材面、金属面以采用普通或中级油漆较多；硬质木材面、抹灰面则采用中级或高级油漆。涂饰的方法有刷涂、喷涂、擦涂、揩涂及滚涂等多种。

在整个涂刷油漆的过程中，油漆不得任意稀释，最后一遍油漆不宜加催干剂。涂刷中，应待前一遍油漆干燥后方可涂刷后一遍油漆。

(二) 涂料涂饰施工

建筑涂料从化学组成上可分为有机高分子涂料、无机高分子涂料以及有机无机复合高分子涂料；按涂膜层状态分为薄质型涂料（如苯-丙乳胶漆）、厚质型涂料（如乙-丙乳液厚涂料）、砂壁状涂层涂料（如彩砂苯-丙外墙涂料、彩色复层凹凸花纹涂料）等；按自身的特殊性能分为防火涂料、防水涂料、防霉涂料、防结露涂料等；按使用部位分为内墙涂料、外墙涂料、地面涂料、顶棚涂料、门窗涂料及屋面防水涂料等。

1. 新型外墙涂料

(1) JDL—82A着色砂丙烯酸系建筑涂料。该涂料由丙烯酸系乳液、人工着色石英砂及各种助剂混合而成。其特点是结膜快、耐污染、耐褪色性能良好，而且色彩鲜艳、质感丰富、黏结力强，适用于混凝土、水泥砂浆、石棉水泥板、纸面石膏板、砖墙等基层。其施工工序和要求如下；

1) 基层处理。要清除墙面的油污、铁锈、油迹，要求墙面有一定的强度，无粉化、起砂和空鼓现象。墙面如有缺棱掉角处，应用砂浆修补，有孔洞应用水泥：环保胶＝100：20加适量水配成的腻子处理。

2) 喷涂前将涂料搅拌均匀，加水量不得超过涂料重量的5%，喷涂厚度要均匀，待第一道干燥后再喷第二道。

3）喷涂机具采用喷嘴孔径5～7mm的喷斗，喷斗距离墙面300～400mm，空气压缩机的压力为0.5～0.7MPa。涂料最低施工温度为5℃，贮存温度为5～40℃。该涂料由25kg/方铁筒和25kg/塑料筒包装，施工用量为3.5～4kg/m²。

(2) 彩砂涂料。彩砂涂料是丙烯酸酯类建筑涂料的一种，这类涂料有优异的耐候性、耐水性、耐碱性和保色性等。彩砂涂料是粗置料涂料的一种，研制彩砂涂料是为了解决涂料褪色、变色问题，并从耐久性和装饰效果方面提供一种中、高档建筑涂料。彩砂涂料是用着色骨料代替一般涂料中的颜料、填料，从根本上解决了褪色问题。同时，着色骨料由于是高温烧结、人工制造，可做到色彩鲜艳、质感丰富。彩砂涂料所用的合成树脂乳液使涂料的耐水性、成膜温度、与基层的黏结力、耐候性等都有了改进，从而提高了涂料的耐久性。其施工工艺如下：

1）基层处理　基层表面要求平整、洁净，基本干燥，有一定强度。需刮腻子找平时，可用配合比为水泥：环保胶＝100∶20（加适量水）的环保胶水泥腻子，不能使用强度低的材料作腻子，以免涂膜成片脱落。为减少基层的吸水性，便于刮腻子操作，可先在基层上刷一道环保胶：水＝1∶3的水溶液。新抹的水泥砂浆层至少间隔3d，最好7d后再喷涂彩砂涂料，否则会引起涂层表面泛白和“花脸”。

2）弹线分格　大面积墙面上喷涂彩砂涂料均应弹线做分格缝，以便于涂料施工接槎。分格缝的做法是，按墨线粘贴20mm宽的分格条，在喷罩面胶前取出，然后把缝内的胶和石粒刮净。

3）配料　彩砂涂料的配合比为BB-01乳液（或BB-02乳液）：骨料：增稠剂（2%水溶液）：成膜助剂；防霉剂和水＝100∶400～500∶20∶4～6∶适量。无论是单组分包装或是双组分包装的彩砂涂料，都按配合比充分搅拌均匀。不能随意加水冲稀，以免影响涂层质量，涂料有沉淀时应随时搅拌均匀。涂料一般用量为2kg/m²。

4）喷涂　喷斗要把握平稳，出料口与墙面垂直，距离约400～500mm，空气压缩机压力保持在0.6～0.8MPa。喷嘴直径以5mm为宜，喷涂时喷斗要缓慢移动，使涂层充分盖底。如发现涂层局部尚未盖底，应在涂层干燥前喷涂找补。一般在喷石后用胶辊滚压两遍，把悬浮石料压入涂料中，做到饰面密实平整，观感好。然后隔2h左右再喷罩面胶两遍，以使石粒黏结牢固，不致掉落，风雨天不宜施工。

(3) 丙烯酸有光凹凸乳胶漆。丙烯酸有光凹凸乳胶漆是以有机高分子材料苯乙烯、丙烯酸脂乳液为主要胶黏剂，加上不同的颜料、填料和集料而制成的薄质型和厚质型两部分涂料。厚质型涂料是丙烯酸凹凸乳胶底漆；薄质型涂料是各色丙烯酸有光乳胶漆。该乳液型涂料具有良好的耐水性、耐碱性和装饰效果。

丙烯酸凹凸乳胶漆通过喷涂，再经过辊压就可得到各种式样的凹凸花纹，增强立体感。涂饰的方法有两种：一种是在底层上喷一遍凹凸乳胶底漆，经过辊压后再在凹凸乳胶底漆上喷1～2遍各色丙烯酸有光乳胶漆；另一种方法是在底层上喷一遍各色丙烯酸有光乳胶漆，等干后再在其上喷涂丙烯酸凹凸乳胶底漆，然后经过辊压显出凹凸图案，等干后再罩一层苯丙乳液。经过如此几道工序后，建筑物外墙面显示出各种各样的花纹图案和美丽的色彩，装饰质感极佳。

2. 新型内墙涂料

(1) 乳胶漆。乳胶漆属乳液型涂料，是以合成树脂乳液为主要成膜物质，加入颜料、填料以及保护胶体、增塑剂、耐湿剂、防冻剂、消泡剂、防霉剂等辅助材料，经过研磨或分散处理而制成的涂料。乳胶漆具有以下特点：

1）安全无毒 乳胶漆以水为分散介质，随水分的蒸发而干燥成膜，施工时无有机溶剂逸出，不污染空气，不危害人体，且不浪费溶剂。

2）涂膜透气性好 乳胶漆形成的涂膜是多孔而透气的，可避免因涂膜内外湿度差而引起鼓泡或结露。

3）操作方便 乳胶漆可采用刷涂、滚涂、喷涂等施工方法，施工后的容器和工具可以用水洗刷，而且涂膜干燥较快，施工时两遍之间的间歇只需几小时，这有利于连续作业和加快施工进度。

4）涂膜耐碱性好 该漆具有良好的耐碱性，可在初步干燥、返白的墙面上涂刷，基层内的少量水分则可通过涂膜向外散发，而不致顶坏涂膜。

乳胶漆适宜于混凝土、水泥砂浆、石棉水泥板、纸面石膏板等基层。要求基层有足够的强度，无粉化、起砂或掉皮现象。新墙面可用乳胶加老粉作腻子嵌平，磨光后涂刷。旧墙面应先除去风化物、旧涂层，用水清洗干净后方能涂刷。

喷涂时空气压缩机的压力应控制在0.5～0.8MPa。手握喷斗要稳，出料口与墙面垂直，喷嘴距墙面500mm左右。先喷涂门、窗口、然后横向来回旋喷墙面，防止漏喷和流坠。顶棚和墙面一般喷两遍成活，两遍间隔约2d。若顶棚与墙面喷涂不同颜色的涂料时，应先喷涂顶棚，后喷涂墙面。喷涂前用纸或塑料布将不喷涂的部位，如门窗扇及其他装饰体遮盖住，以免污染。

刷涂时，可用排笔，先刷门、窗口，然后竖向、横向涂刷两遍，其间隔时间为2h。要求接头严密，颜色均匀一致。

（2）喷塑涂料。喷塑涂料是以丙烯酸酯乳液和无机高分子材料为主要成膜物质的有骨料的建筑涂料（又称“浮雕涂料”或“华丽喷砖”）。它是用喷枪将其喷涂在基层上，适用于内、外墙装饰。

喷塑涂层结构分为底油、骨架、面油三部分。底油是涂布乙烯-丙烯酸酯共聚乳液，既能抗碱、耐水，又能增加骨架与基层的黏结力；骨架是喷塑涂料特有的一层成型层，是主要构成部分，用特制的喷枪、喷嘴将涂料喷涂在底油上，再经过滚压形成主体花纹图案；面油是喷塑涂层的表面层，面油内加入各种耐晒彩色颜料，使喷塑涂层带有柔和的色彩。

喷塑涂料可用于水泥砂浆、混凝土、水泥石棉板、胶合板等面层上。喷塑按喷嘴大小分为小花、中花、大花。施工时应预先做出样板，经有关单位鉴定后方可进行。其施工工艺如下：

1）基层处理与养护 喷塑施工前，基层要先养护，夏季气温27℃左右时，现抹水泥砂浆须养护4～7d，现浇混凝土需7d；冬季气温10℃以上时，现抹水泥砂浆面7～10d，现浇混凝土需14d方可开始喷塑。如用胶合板做基层，胶合板和基体一定要刷一道均匀胶水，胶合板是用钉子固定时，其钉帽应打扁并进入板面0.5～1mm，钉眼用腻子抹平，板与板之间接缝要用腻子补平。喷塑前应将工作面周围门窗框、扇以及不作喷塑的墙面用旧报纸或塑料布加以遮盖防护，避免污染，在雨天和风力较大时不宜施工。

2）粘分格条 外墙面大面积喷塑一定要有分格条，分格条应宽窄薄厚一致，粘贴在中层砂浆面上应横平竖直、交接严密，分格条粘贴前一天应先泡水浸透，完工后应适时取出，取出时要注意别碰坏喷塑材料。

3）喷刷底油　用油刷或喷枪将底油涂布于基层。

4）喷点料（骨架层）用单斗喷枪，空压机压力为0.5～0.6MPa，风速5m/s，喷嘴距墙面500～600mm，与饰面成60～90℃，由一人持喷枪，一人负责搅拌骨料成糊状，一人专门添料，在每一分格块内要连续喷，表面颜色要一致，花纹大小要均匀，不显接槎，喷出的材料不得有气鼓、起皮、漏喷、脱落、裂缝及流坠等现象。

5）压花　如要压花，隔15min后，可用蘸松节油的塑料辊在喷点上用力均匀轻松辊压，压花厚度为5～6mm为宜。

6）喷面油色彩按设计要求一次性配足，以保证整个饰面的色泽均匀，不宜过厚，不可漏喷，一般以喷2道为宜，第一道用水性面油，第二道用油性面油，但需待第一道涂膜干后再喷涂第二道，在常温下，前后两道施涂的时间不应小于4h。

7）分格缝上色基层原有分格条喷涂后即可揭起，分格缝可根据设计要求的颜色重新描涂。

第三节　楼地面工程

楼地面工程是人们工作和生活中接触最频繁的一个分部工程。反映楼地面工程档次和质量水平的，有地面的承载能力、耐磨性、耐腐蚀性、抗渗漏能力、隔声性能、弹性、光洁程度、平整度等指标以及色泽、图案等艺术效果。

一、楼地面的组成及其分类

（一）楼地面的组成

楼地面是房屋建筑底层地坪与楼层地坪的总称。由面层、垫层和基层等部分构成。

（二）楼地面的分类

按面层材料分有：土、灰土、三合土、菱苦土、水泥砂浆、混凝土、水磨石、马赛克、木、砖和塑料地面等。

按面层结构分有：整体地面（如灰土、菱苦土、水泥砂浆、混凝土、现浇水磨石、三合土等）、块料地面（缸砖、拼花木板、马赛克、水泥花砖、预制水磨石块、大理石板材、花岗石板材等）和涂布地面。

二、楼地面面层施工

（一）水泥砂浆地面

水泥砂浆地面面层的厚度为15～20mm。一般用32.5号水泥与中砂或粗砂配制，配合比为1∶2.5～1∶2（体积比），砂浆应是干硬性的，以手捏成团稍出浆为准。

操作前先按设计测定地坪面层标高，同时将垫层清扫干净洒水湿润后，刷一道含4～5%的环保胶水素水泥浆，紧跟着铺上水泥砂浆，用刮尺赶平，并用木抹子压实，待砂浆初凝后终凝前，用铁抹子反复压光三遍，不允许撒干灰砂收水抹压。砂浆终凝后（一般在12h后）铺盖草袋、锯末等浇水养护。水泥砂浆面层除用铁抹子压光以外，其养护是保证面层不起砂的关键，应引起足够的重视。当施工大面积水泥砂浆面层时，应按要求留设分格缝，防止砂浆面层发生不规则裂缝，一旦发生裂缝应立即修补。

（二）细石混凝土地面

细石混凝土地面可以克服水泥砂浆地面干缩较大的缺点。这种地面强度高、干缩值小，但厚度较大，一般为30～40mm。混凝土的强度等级不低于C20，浇筑时的坍落度不应大于30mm，水泥采用不低于32.5号的普通硅酸盐水泥或硅酸盐水泥，砂用中砂或粗砂，碎石或卵石的粒径应不大于15mm，且不大于面层厚度的2/3。

混凝土铺设时，预先在地坪四周弹出水平线，以控制面层的厚度，并用木板隔成宽小于3m的条形区段，先刷以水灰比0.4～0.5的水泥浆，随刷随铺混凝土，用刮尺找平，用表面振动器振捣密实或采用滚筒交叉来回滚压3～5遍，至表面泛浆为止，然后进行抹平和压光。混凝土面层应在初凝前完成抹平工作，终凝前完成压光工作。

用钢筋混凝土现浇楼板或强度等级低于C15混凝土垫层兼面层时，可采用随捣随抹的方法。必要时加适量1∶2.5～1∶2水泥砂浆抹平压光。随抹水泥砂浆面层工作，应在基层混凝土或细石混凝土初凝前完成。

混凝土面层三遍压光成活及养护同水泥砂浆面层。

（三）水磨石地面施工

水磨石面层做法如图10-17所示，现浇水磨石地面面层应在完成顶棚和墙面抹灰后，再施工水磨石地面面层。其工艺流程如下：

基层清理→浇水冲洗湿润→设置标筋→做水泥砂浆找平层→养护→镶嵌玻璃条（或金属条）→铺抹水泥石子浆面层→养护、试磨→两浆三磨→冲洗干后打蜡。

水磨石面层所用的石粒，应用坚硬可磨的岩石（如白云石、大理石等）做成，石粒应洁净无杂物，其粒径除特殊要求外，一般为4～12mm。白色或浅色的水磨石面层，应采用白水泥；深色的水磨石面层，宜采用标号不低于32.5号的硅酸盐水泥、普通硅酸盐水泥或矿渣硅酸盐水泥。水泥中掺入的颜料宜用耐光、耐碱的矿物颜料，掺入量不宜大于水泥量的12%。

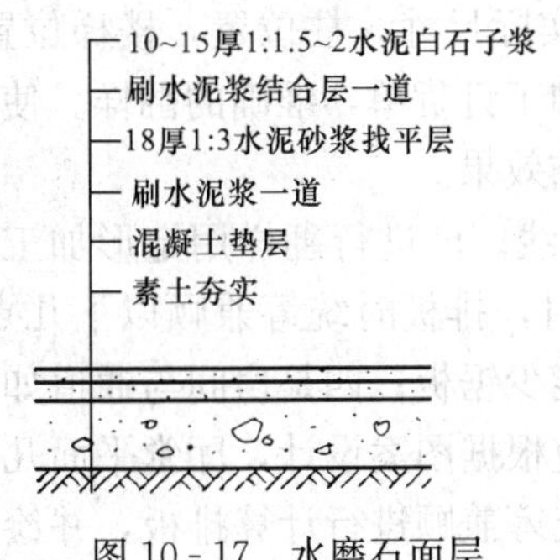

图10-17　水磨石面层

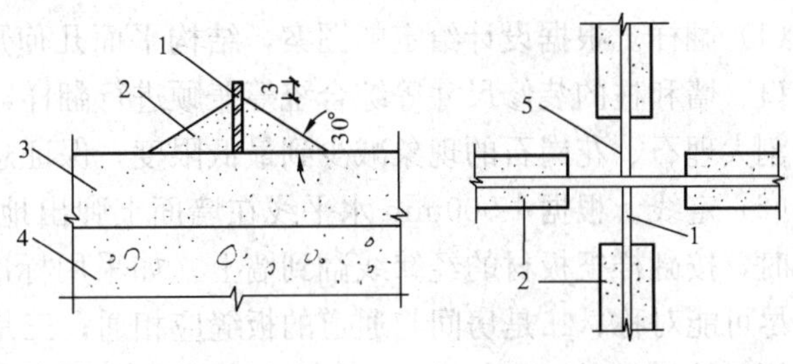

图10-18　分格嵌条设置

1—分格条；2—素水泥浆；3—水泥砂浆找平层；4—混凝土垫层；5—40～50mm内不抹素水泥浆

水磨石面层宜在找平层水泥砂浆抗压强度达到1.2MPa（一般养护2～3d）后铺设。水磨石面层铺设前，应在找平层上按设计要求的图案设置分格条（可用铜条、铝条或玻璃条）。嵌条时，用木条顺线找齐，将嵌条紧靠在木条边上，用素水泥浆涂抹嵌条的一边，先稳好一面，然后拿开木条在嵌条的另一边涂抹水泥浆。在分格条下的水泥浆形成八字角，素水泥浆涂抹的高度应比分格条低3mm。分格条嵌好后，应拉5m长通线对其进行检查并整修，嵌条应平直，交接处要平整、方正，镶嵌牢固，接头严密，作为铺设面层的标准，如图10-18所示。嵌条后，应浇水养护，待素水泥浆硬化后，在找平层表面刷一遍与面层颜色相同的水灰比为0.4～0.5的水泥浆做结合层，随刷随铺水泥石子浆。水泥石子浆的虚铺厚度比分格嵌条高出1～2mm。要铺平整，用滚筒滚压密实。待表面出浆后，再用抹子抹平。在滚压过程中，如发现表面石子偏少，可在水泥浆较多处补撒石子并拍平，增加美观，次日开始养护。

在同一面层上采用几种颜色图案时，先做深色，后做浅色，先做大面，后做镶边，待前一种色浆凝固后，再做后一种，以免混色。

水磨石开磨前应先试磨，以表面石粒不松动方可开磨。

水磨石面层使用磨石机按二浆三磨磨光。第一遍用60～80号粗金刚石磨，边磨边洒水，要求磨匀磨平，使全部分格条外露。用水将水泥浆冲洗干净，用同色水泥浆涂抹，以填补面层所呈现的细小孔隙和凹痕，洒水养护2～3d。第二遍用100～150号金刚石，要求磨到表面光滑为止，用水冲洗干后，刷一遍同色水泥浆，养护2天。第三遍用180～240号金刚石，磨至表面石子均匀显露，平整光滑，无砂眼细孔，用水冲洗后，涂抹草酸溶液（热水∶草酸＝1∶0.35重量比，溶化冷却后用）一遍。再用280号细油石，研磨至出白浆，表面光滑为止，用水冲洗晾干后打蜡。

水磨石面层上蜡工作，应在影响面层质量的其他工序全部完成后进行。可用川蜡500g、煤油2000g放在桶里熬到130℃（冒白烟），现加松香水300g、鱼油50g调制，将蜡包在薄布内，在面层上薄薄涂一层，待干后再用钉有细帆布（或麻布）的木块代替油石，装在磨石机的磨盘上进行研磨，直到光滑洁亮为止。上蜡后铺锯末进行保护。

（四）大理石、花岗石、碎拼大理石地面施工

大理石、花岗石属高档地面材料，一般为光面，部分采用粗磨的花岗石用作广场地面和局部镶贴。大理石、花岗石地面用于高档公用建筑厅堂、电梯间及主要楼梯间的地面铺设。由于大理石抗风化能力弱，因而大理石板材不宜用于室外地面面层。

1. 大理石、花岗石板块楼地面施工

（1）翻样。根据设计给定的图案，结构平面几何形状的实际尺寸，柱位置，楼梯位置，门洞口、墙和柱的装修尺寸等综合统筹兼顾进行翻样，提出加工订货单，准确的翻样。使现场切割大理石、花岗石的现象减少到最低限度，保证总体装饰效果。

（2）定线。根据＋500mm水平线在墙面上弹出地面标高线。已进行翻样用定形加工的板材时，按翻样把板材的经纬线翻到墙上。如采用标准板材时，排板时统筹兼顾以下几点：一是尽可能对称；二是房间与通道的板缝应相通；三是尽可能少锯板；四是房间与通道如用不同颜色的板材时，分色线应留置于门扇处。有图案的厅堂应根据图案设计，厅堂平面几何形状尺寸、板材规格、镶边宽窄、门洞口、墙、柱面装饰等统筹兼顾进行计算排板，并绘制大样图、排板后将经纬线定线尺寸翻到墙面上。

（3）试铺。在正式铺设前，对每一个房间，厅堂的板材进行试铺。试铺时充分考虑其图案、颜色、纹理等。一个好的试铺，可使地面颜色、纹理协调美观、相邻两块板的色差不能太明显，有的大理石可拼合成天然图案，能显示出独具匠心的效果。试铺后按两个方向编号排列，并按编号码放整齐。

（4）灌浆擦缝。板材铺砌1～2昼夜后进行灌浆擦缝。调与板面颜色接近的稀水泥色浆，用浆壶徐徐灌入板缝（一次难灌实，可几次灌），并用长把刮板把流出的水泥浆喂入缝隙内。灌浆1～2h后，用棉丝团蘸原稀水泥浆擦缝，与板面擦平，同时将板面上水泥浆擦净。然后

面层覆盖保护。

(5) 镶贴踢脚板。在墙面抹灰时，留出踢脚板的高度和镶贴所需的厚度，有镶贴踢脚板的墙处不得留有白灰砂浆等易于造成踢脚板空鼓的杂物。踢脚板出墙厚度宜为8～10mm。镶贴前先将踢脚板用水浸湿阴干，在阳角相交处的踢脚板，镶贴前预先割成45°。踢脚板的立缝宜与地面板缝对齐。镶贴踢脚板可采用粘贴法，也可采用灌浆法。

(6) 打蜡。在各工序完工后才能打蜡，要求达到光滑洁净。打蜡方法与现制水磨石相同。

2. 碎拼大理石面层施工

碎拼天然大理石面层应采用颜色协调、薄厚一致、不带尖角的碎块大理石板材在水泥砂浆结合层上铺设。

按设计要求的颜色、规格挑选碎拼大理石，有裂缝有尖角的应剔除。在墙上弹出地面水平标高线，必要时在基层上弹线确定碎拼大理石的平面布置，然后进行试拼。试拼后，将碎大理石块移至一边，将基层清理干净，洒水润湿，刷素水泥浆结合层，随刷随铺干硬性砂浆结合层（找平层），铺砌碎块大理石。铺砌方法与铺砌大理石地面的方法相同。铺砌1～2昼夜后灌缝，灌水泥砂浆，厚度与碎拼大理石上表面平，并将其表面抹平压光，洒水养护不少于7d，按要求磨光和打蜡。做得好的碎拼大理石地面，能达到色泽协调、图案丰富的装饰效果。

（五）陶瓷地砖地面

陶瓷地砖是近几年发展很快的中档地面面层材料，花色品种多，施工方便，广泛用于各类公用建筑和住宅工程。铺设陶瓷地砖、缸砖、水泥花砖地面的施工工艺如下：

(1) 铺找平层。基层清理干净后提前浇水湿润。铺找平层时应先刷素水泥浆一道，随刷随铺砂浆。

(2) 排砖弹线。根据+500mm水平线在墙面上弹出地面标高线。根据地面的平面几何形状尺寸及砖的大小进行计算排砖。排砖时统筹兼顾以下几点：一是尽可能对称；二是房间与通道的砖缝应相通，三是不割或少割砖，可利用砖缝宽窄、镶边来调节；四是房间与通道如用不同颜色的砖时，分色线应留置于门扇处。排后直接在找平层上弹纵、横控制线（小砖可每隔四块弹一控制线），并严格控制好方正。

(3) 选砖。由于砖的大小及颜色有差异，铺砖前一定要选砖分类。将尺寸大小及颜色相近的砖铺在同一房间内。同时保证砖缝均匀顺直、砖的颜色一致。

(4) 铺砖。纵向先铺几行砖，找好位置和标高，并以此为准，拉线铺砖。铺砖时应从里向外退向门口的方向逐排铺设，每块砖应跟线。铺砖的操作是，在找平层上刷水泥浆（随刷随铺）、将预先浸水晾干的砖的背面朝上，抹1∶2水泥砂浆黏结层，厚度不小于10mm，将抹好砂浆的砖铺砌到找平层上，砖上楞应前跟线找正找直，用橡皮锤敲震拍实。

(5) 拨缝修整。拉线拨缝修整，将缝找直，并用靠尺板检查平整度，将缝内多余的砂浆扫出，将砖拍实。

(6) 勾缝。铺好的地面砖，应养护48h才能勾缝。勾缝用1∶1水泥砂浆，要求勾缝密实、灰缝平整光洁、深浅一致，一般灰缝低于砖面3～4mm。如设计要求不留缝，则需灌缝擦缝，可用干水泥并喷水的方法灌缝。

（六）地毯地面施工

1. 地毯的分类

按地毯的材质分类有：纯毛地毯（即羊毛地毯）为我国传统的手工艺品之一，历史悠久，驰名中外，图案优美，色彩鲜艳，质地厚实，经久耐用，广泛用于宾馆、会堂、舞台及其他公共建筑物的楼地面上；混纺地毯；合成纤维地毯；塑料地毯系采用聚氯乙烯树脂、增塑剂等多种辅助材料，经均匀混炼、塑制而成的一种新型轻质地毯材料，可以代替羊毛地毯或化纤地毯使用。具有质地柔软、色彩鲜艳、舒适耐用、不会燃烧、污染后可用水洗刷等特点。

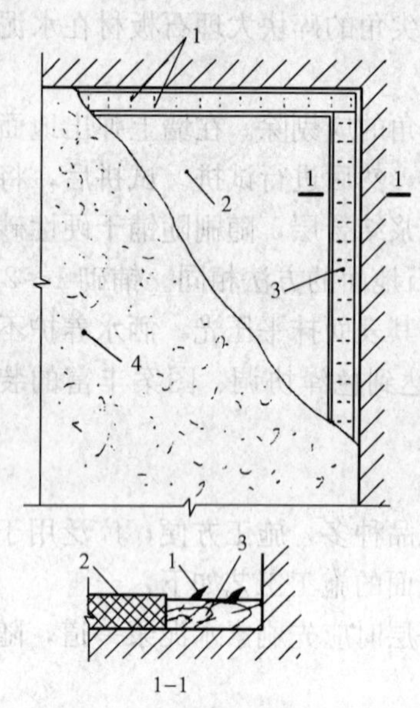

图 10-19 固定式满铺地毯
1—倒刺钉；2—泡沫塑料衬垫厚 10mm；3—木条 25×8；4—尼龙地毯

2. 地毯的铺设方法

地毯的铺设方法分为固定式与不固定式两种；就铺设范围有满铺与局部铺设之分。

不固定式将地毯裁边，黏结接缝成一整片，直接摊铺于地上，不与地面黏结，四周沿墙脚修齐即可。

固定式将地毯裁边，黏结接缝成一整片，四周与房间地面加以固定。一般在木条上钉倒刺固定，其施工方法如下：

(1) 基层表面处理。平整的表面只须打扫干净，高低不平处须用水泥砂浆填嵌平整。

(2) 先在室内四周装倒刺木条，木条宽 20～25mm，厚 7～8mm，应根据衬垫材料而定。即木条厚度应比补垫材料的厚度小 1～2mm。在木条上预先钉好倒刺钉，钉尖突出木条 3～4mm，钉子间距 40～50mm。在离墙 5～7mm 处，将倒刺木条用胶或膨胀螺栓固定在水泥地面上，倒刺钉要略倒向墙一侧，与水平面成 60°～75°，如图 10-19 所示。

(3) 将地毯平铺在宽阔平整之处，按房间净面积放线裁剪。应注意地毯的伸长率，在裁剪时要扣除伸长量，裁好的地毯卷起来备用。

(4) 地毯不够大时可拼装，拼缝用尼龙线缝合，在背面抹接缝胶并贴麻布接缝条。

(5) 用泡沫塑料或橡胶作衬垫材料。衬垫铺在倒刺木条之内，其尺寸为木条之间的净尺寸，不够长时可以拼接。将木条内的水泥地面清扫干净，用粘胶将衬垫材料平摊后粘牢。

(6) 从房间一边开始，将裁好的地毯卷向另一边展开，注意不要使衬垫起皱移位，用撑平器双向撑开地毯，在墙边用木槌敲打，使木条上的倒刺钉尖刺入地毯。四周钉好后，将地毯边挤入木条与墙的间隙内，使地毯不致卷曲翘边。

(7) 门口处地毯的敞边处装上门口压条，拆去暂时固定的螺丝。门口压条是厚度为 2mm 左右的铝合金材料，其尺寸形状，如图 10-20 所示。使用时，将 18mm 的一面轻轻敲下，紧压住地毯面层，其 21mm 的一面应压在地毯之下，并与地面用螺丝加以固定。

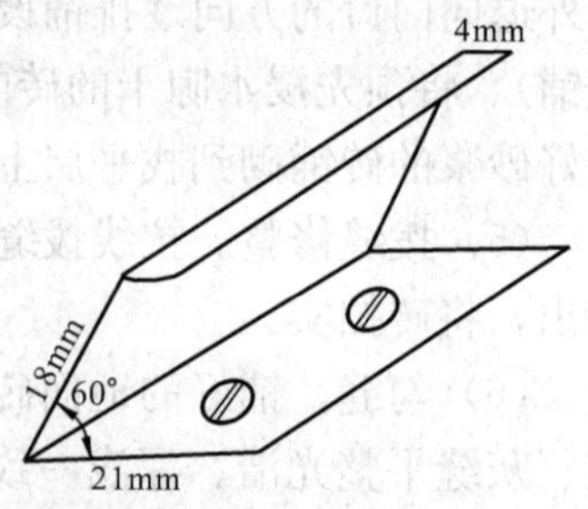

图 10-20 铝合金门口压条

(8) 打扫地毯。用吸尘器清洁地毯上的灰尘。

第四节 顶棚工程施工

顶棚又称天棚，系指楼板以下部分，也是室内装饰工程中的一个重要组成部分。作为顶棚，要求表面光洁、美观，并能起反射光的作用，以改善室内的亮度和内部环境。顶棚有直接式和悬吊式两种。

一、直接式顶棚

直接式顶棚是指在楼板底面直接涂刷和抹灰，或者粘贴装饰材料。一般用于装饰要求不高的办公、住宅等建筑。直接式顶棚分直接喷（刷）顶棚、直接抹灰式顶棚和直接粘贴式顶棚。

1. 直接喷（刷）顶棚施工

(1) 喷（刷）常在混凝土底板上进行。若为预制混凝土板，要扫净板底浮灰、砂浆等杂物，再用水泥砂浆将板的接缝抹平。预制板安装时要调整好板底的平整度，不宜出现太大的高差。现浇混凝土板底面平整度要好，不应出现凹凸和麻面，也不宜太光滑，喷（刷）前预先修补。清理板底是一道不可忽视的工作，应将油毡、灰纸等粘附在板底的模板填缝物清除干净，并用水泥砂浆填补大的孔洞，然后刮平。

(2) 板表面过于平滑时，在浆液中加适量的羧甲基纤维素、环保胶等，以增加黏结效果，或选用黏结性好的涂料。

(3) 喷（刷）浆由顶棚一端开始至另一端结束。要掌握好浆液的稠度，既要使板底均匀覆盖，又不产生流坠现象。

2. 直接抹灰顶棚施工

(1) 嵌缝抹黏结剂。对板底进行清理后，将板缝用水泥砂浆修补，待其干后，刷水刮素水泥浆一道。刮抹不宜过厚，因过厚易导致脱落。

(2) 抹平。一般分两次完成，第一遍抹水泥石灰砂浆 8～10mm 厚，从房间的短边开始，用铁抹子将浆砂刮于板底，然后用木抹改搓平搓毛，待其有一定强度后再抹第二遍砂浆 5mm 厚，用木抹子搓干搓毛。在潮湿房间可抹水泥浆，非潮湿房间抹纸筋石灰砂浆。

(3) 做装饰线脚。在顶棚与墙体交接处，灯具安放处，在顶棚抹灰的同时按设计要求做一些线脚。简单的半圆角，用阴角抹子即可做成；较复杂的线脚要用死模或活模来做。

(4) 喷（刷）浆。在抹灰完成后，表面往往喷（刷）大白浆或其他涂料，方法同前。

3. 直接粘贴式顶棚的施工

直接粘贴式顶棚有两种做法：一是精装饰材料在支撑时铺于模板上，然后浇灌混凝土，使装饰材料粘于混凝土上，拆除模板后即可作为装饰面层，这种饰面使用的是板材，如干抹灰板、压型钢板等。二是在混凝土构件安装和现浇混凝土拆模后，清理楼底面，以黏结剂把装饰面层粘上，这种饰面使用的是干抹灰板、石膏板等。

二、悬吊式顶棚

悬吊式顶棚是现代室内装饰的重要组成部分，它直接影响整个建筑空间的装饰风格与效果，同时还具有保温、隔热、隔声、照明、通风、防火等作用。悬吊式顶棚主要由吊筋（吊杆、吊头等）、龙骨（搁栅）和饰面板三部分组成。

1. 吊筋

对于现浇钢筋混凝土楼板，一般在混凝土中预埋 $\phi6$ 钢筋（吊环）或 8 号镀锌铁丝作为吊筋，也可以采用金属膨胀螺丝、射钉固定钢筋（钢丝、镀锌铁丝）作为吊筋，如图 10-21 所示。

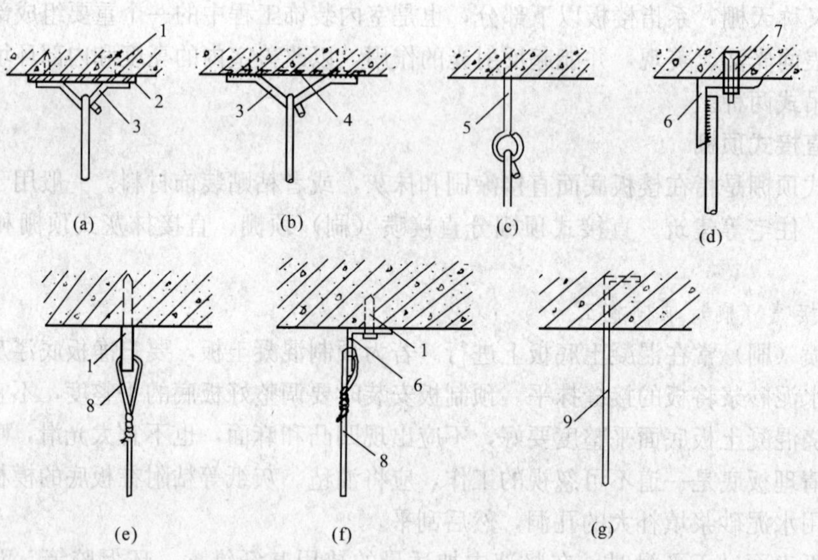

图 10-21 吊筋固定法

(a) 射钉固定；(b) 预埋铁件固定；(c) 预埋 $\phi6$ 钢筋吊环；(d) 金属膨胀螺丝固定；(e) 射钉直接连接钢丝（或 8 号铁丝）；(f) 射钉角铁连接法；(g) 预埋 8 号镀锌铁丝

1—射钉；2—焊板；3—$\phi10$ 钢筋吊环；4—预埋钢板；5—$\phi6$ 钢筋；6—角钢；7—金属膨胀螺丝；8—铝合金丝（8 号、12 号、14 号）；9—8 号镀锌铁丝

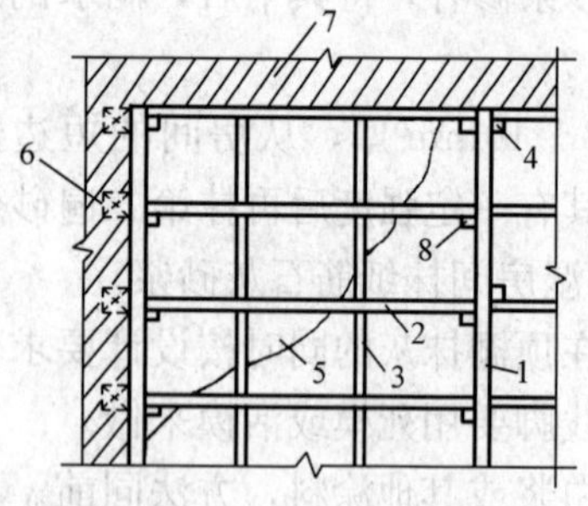

图 10-22 木质龙骨吊顶

1—大龙骨；2—小龙骨；3—横撑龙骨；4—吊筋；5—罩面板；6—木砖；7—砖墙；8—吊木

2. 龙骨安装

悬吊式顶棚龙骨有木质龙骨、轻钢龙骨和铝合金龙骨。

木质龙骨由大龙骨、小龙骨、横撑龙骨和吊木等组成，如图 10-22 所示。大龙骨用 60mm×80mm 方木，沿房间短向布置。用事先预埋的钢筋圆钩穿上 8 号镀锌铁丝将龙骨拧紧；或用 $\phi6$ 或 $\phi8$ 螺栓与预埋钢筋焊牢，穿透大龙骨上紧螺母。大龙骨间距以 1m 为宜。吊顶的起拱一般为房间短向的 1/200。小龙骨安装时，按照墙上弹的水平控制线，先钉四周的小龙骨，然后按设计要求分档划线钉小龙骨。最后钉横撑龙骨。小龙骨、横撑龙骨一般用 40mm×60mm 或 50mm×50mm 方木，底面相平，间距与罩面板相对应，安装前须有一面刨平。大龙骨、小龙骨联接处的小吊木要逐根错开，不要钉在同一侧，小龙骨接头也要错开，接头处钉左右双面木夹板。

轻钢龙骨和铝合金龙骨，其断面形状有：U 型、T 型等数种，每根龙骨长 2～3m，在现场用连接件拼装，接头应相应错开。U 型龙骨吊顶安装示意图，如图 10-23 所示；TL 型铝合金龙骨安装示意图，如图 10-24、图 10-25 所示。轻钢龙骨和铝合金龙骨安装过程如下：

(1) 弹线：根据楼层标高水平线，用尺竖向量至顶棚设计标高，沿墙四周弹出顶棚标高水平线（水平允许偏差±5mm），并沿顶棚高水平线在墙上划好龙骨分档位置线。

(2) 安装大龙骨吊杆：按照在墙上弹出的标高线和龙骨位置线，找出吊点中心，将吊杆焊接固定在预埋件上。未设预埋件时，可按吊点中心用射钉固定吊杆或铁丝。计算好吊杆的长度，确定吊杆下端的标高。与吊挂件连接的一端套丝长度应留有余地，并配好螺母。

(3) 大龙骨安装：将组装好吊挂件的大龙骨，按分档线位置使吊挂件穿入相应的吊杆螺栓上，拧紧螺母。然后，相接大龙骨，装连接件，并以房间为单元，拉线调整标高和平直。中间起拱高度应不小于房间短向跨度的 1/200。龙骨切割采用小型无齿锯，如图 10-26 所示。靠四周墙边的龙骨用射钉钉固在墙上，射钉间距为 1m。

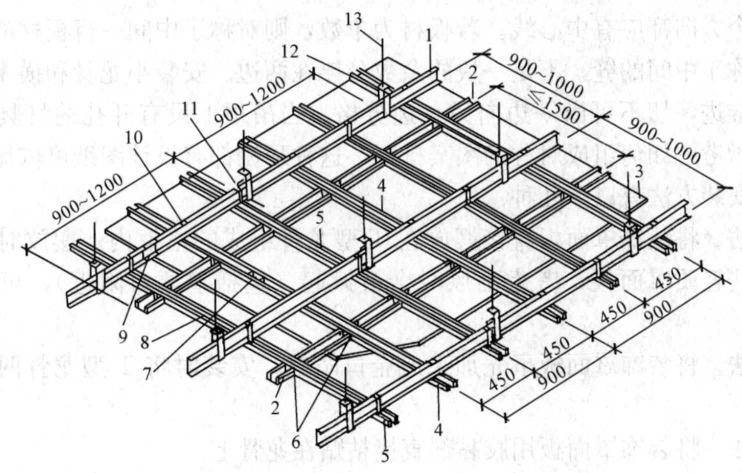

图 10-23 U 型龙骨吊顶示意图

1—BD 大龙骨；2—UZ 横撑龙骨；3—吊顶板；4—UZ 龙骨；5—UX 龙骨；
6—UZ_3 支托连接；7—UZ_2 连接件；8—UX_2 连接件；9—BD_2 连接件；
10—UZ_1 吊挂；11—UX_1 吊挂；12—BD_1 吊件；13—吊杆 $\phi 8 \sim \phi 10$

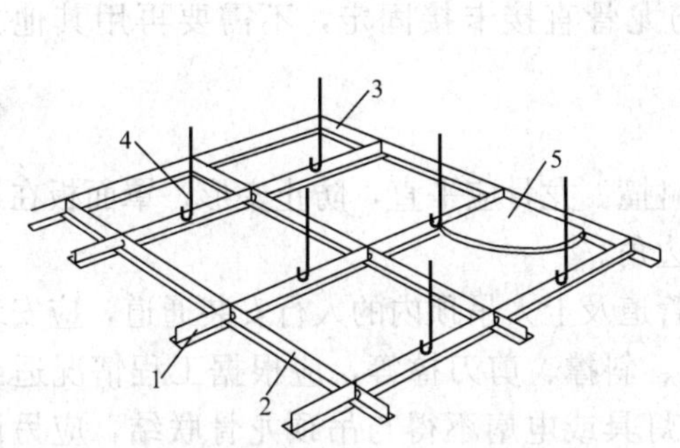

图 10-24 TL 型铝合金吊顶（不上人吊顶）

1—大 T；2—小 T；3—角条；
4—吊件；5—饰面板

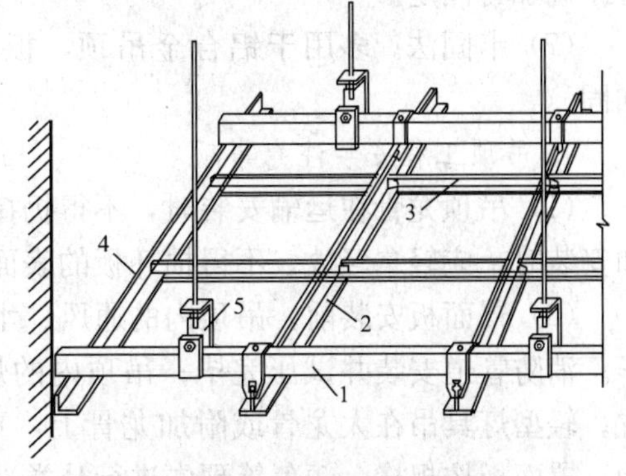

图 10-25 TL 型铝合金吊顶

1—大龙骨；2—大 T；3—小 T；
4—角条；5—大吊挂件

(4) 小龙骨安装：按已弹好的小龙骨分档线，卡放小龙骨吊挂件，然后按设计规定的小龙骨间距，将小龙骨通过吊挂件垂直吊挂在大龙骨上，吊挂件U型腿用钳子卧入大龙骨内。小龙骨的间距应按饰面板的密缝或离缝要求进行不同的安装。小龙骨中距应计算准确并应通过翻样确定。

(5) 横撑龙骨安装：横撑龙骨应用小龙骨截取。安装时，将截取的小龙骨的端头插入支托，扣在小龙骨上，并用钳子将挂搭弯入小龙骨内。组装好后的小龙骨和横撑龙骨底面要求平齐。横撑龙骨间距应根据所用饰面板规格尺寸确定。

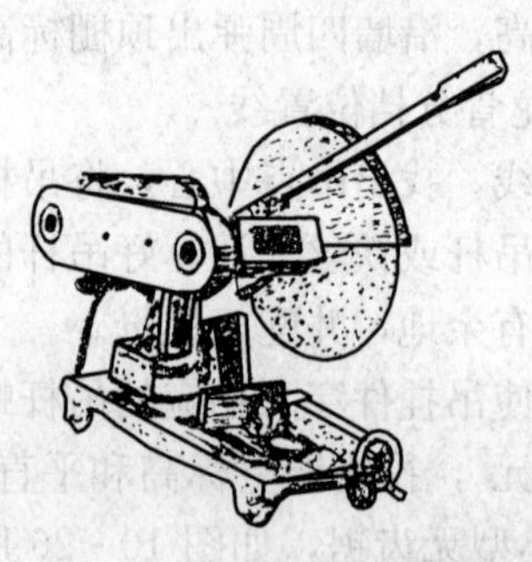

图 10-26　J3G-400 型小型无齿锯

3. 罩面板安装

罩面板是统一的规格尺寸，所以应按室内的长和宽的净尺寸来安排。每个方向都应有中心线。若板材为单数，则对称于中间一行板材的中线；若板材为双数，则对称于中间的缝，不足一块的余数分摊在两边。安装小龙骨和横木时，也应从中心向四个方向推进，切不可由一边向另一边分格。当吊顶上设有开孔的灯具和通风排气孔时，更应该通盘考虑如何组成对称的图案排列，这种顶棚都有设计图纸可依循。

罩面板的安装方法有以下几种：

(1) 搁置法。将装饰罩面板直接摆放在 T 型龙骨组成的格框内。摆放时要按设计图案要求摆放。有些轻质罩面板，考虑刮风时会被掀起（包括空调口附近），可用木条、卡子固定。

(2) 嵌入法。将装饰罩面板事先加工成企口暗缝，安装时将 T 型龙骨两肢插入企口缝内固定。

(3) 粘贴法。将装饰罩面板用胶黏剂直接粘贴在龙骨上。

(4) 钉固法。将装饰罩面板用钉、螺丝钉、自攻螺丝等固定在龙骨上，钉子应排列整齐。

(5) 压条固定法。用木、铝、塑料等压缝条将装饰罩面板钉固在龙骨上。

(6) 塑料小花固定法。在板的四角采用塑料小花压角用螺丝固定，并在小花之间沿板边等距离加钉固定。

(7) 卡固法。多用于铝合金吊顶，板材与龙骨直接卡接固定，不需要再用其他方法加固。

4. 吊顶工程安装注意事项

(1) 吊顶龙骨在运输安装时，不得扔摔、碰撞。龙骨应平直，防止变形；罩面板在运输和安装时，应轻拿轻放，不得损坏板的表面和边角。

(2) 罩面板安装前，吊顶内的通风、水电管道及上人吊顶内的人行安装通道，应安装完毕。消防管道安装并试压完毕；吊顶内的灯槽、斜撑、剪刀撑等，应根据工程情况适当布置。轻型灯具吊在大龙骨或附加龙骨上，重型灯具或电扇不得与吊顶龙骨联结，应另设吊钩；罩面板按规格、颜色等预先进行分类选配。

(3) 罩面板安装时不得有悬臂现象，应增设附加龙骨固定。施工用的临时通道应架设或吊挂在结构受力构件上，严禁以吊顶龙骨作为支撑点。

5. 质量要求

吊顶工程所用的材料品种、规格、颜色以及基层构造、固定方法等应符合设计要求。罩面板与龙骨应连接紧密，表面应平整，不得有污染、折裂、缺棱掉角、锤伤等缺陷、接缝应均匀一致，粘贴的罩面不得有脱层，胶合板不得有刨透之处。搁置的罩面板不得有漏、透、翘角现象。

第五节 门窗及建筑幕墙工程

一、门窗工程

(一) 木门窗

木门窗的制作多在木材加工厂进行。其工序包括配料、截料、刨料、划线、打眼、开榫、铲口、起线及拼装。制作好的门窗运至现场在室内竖直排放，并用枕木垫平。严禁与酸碱等物一起存放，室内应清洁、干燥、通风。

木门窗安装前应根据门窗图纸，检查门窗的品种、规格、开启方向及组合杆、附件，并对其外形及平整度检查校正。同时，也应检查洞口尺寸，如与设计不符合应予以纠正。

木门窗必须采用后塞口法在现场进行安装。即在砌墙时预留出门窗洞口，以后把门窗框装进去。门窗框在洞内要立正立直，同一层的门窗要拉通线控制水平，上下门窗也应在一条垂直线上。门窗框依靠木楔临时固定，再用钉子钉固在预埋木砖上。

木门窗扇安装，先应量好门窗框的裁口尺寸，然后在门窗扇上划线，以掌握门窗扇四周的留缝宽度；将扇放入框中试装合格后，按扇高的 1/8～1/10，在框上按铰链（合页）大小画线，并剔出铰链槽，槽深一定要与铰链厚相适应，槽底要平，然后将门窗扇装上。门窗扇应开关灵活，不能过紧或过松。

门窗小五金应安装齐全，位置适宜，固定可靠。小五金均应用木螺丝固定，不得用钉子代替。

(二) 钢门窗

钢门窗安装前应先清点，核对型号、规格、数量、开启方向及所带的五金零件是否齐全，凡有翘曲、变形者，应调直修复后方可安装。

钢门窗采用后塞口法安装。可在洞口四周墙体预留孔埋设铁脚连接件固定；或在结构内预埋铁件，安装时将铁脚焊在预埋铁件上。

钢门窗是框与扇连成一体的，安装时先用木楔临时固定。木楔应塞在四角及中梃处，不要塞在架空处，然后用线锤和水准尺校正其垂直与水平，成排窗子应在横竖两个方向拉线和吊线，做到横平竖直，上、下高低一致，进出一致。框扇配合间隙在合页面不应大于 2mm，在执手面不应大于 1.5mm，安装后要检查开关灵活，无阻滞和回弹现象。

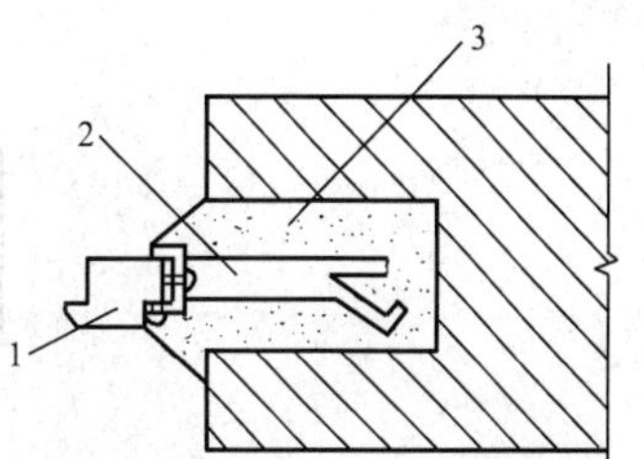

图 10 - 27 钢窗预埋铁脚
1—窗框；2—铁脚；
3—留洞 60×60×100mm

门窗位置确定后，即将铁脚与预埋件焊接或埋入预留墙洞内，用 1∶2 水泥砂浆或细石混凝土将洞口缝隙填实。养护 3d 后，取出木楔，用 1∶2 水泥砂浆嵌填框与墙之间的缝隙。钢窗铁脚的形状，如图 10 - 27 所示，以卡口咬住框边。

用这种形式预留孔洞，位置比较灵活。每 500～700mm 设置一个，且每边不少于 2 个。铁脚离端角的距离约 180mm。

钢窗的组合应按向左或向右顺序逐框进行，用适合的螺栓将钢窗与组合构件紧密拼合，拼合处应嵌满油灰；组合构件的上下两端必须伸入砌体 50mm，在钢窗经垂直和水平校正后与铁脚同时浇灌水泥砂浆固定。凡是两个组合构件的交接处必须用电焊焊固。

（三）铝合金门窗

安装前应检查铝合金门窗成品及构配件；还要检查洞口标高线及几何形状、预埋件位置、间距，埋设是否牢固。

铝合金门窗一般是先安装门窗框，后安装门窗扇，用后塞口法。门窗框安装要求位置准确，横平、竖直，高低一致，牢固严密。安装时将门窗框安放到洞口正确位置，先用木楔临时定位后，拉通线进行调整，使上、下、左、右的门窗分别在同一竖直线、水平线上；框边四周间隙与框表面距墙体外表面尺寸一致。再仔细校正其正、侧面垂直度，水平度及位置合格后，楔紧木楔。再一次校正。然后按设计规定的门窗框与墙体或预埋件连接固定方式进行焊接固定（或用钢钉固定、膨胀螺钉固定、木螺丝固定）。常用的固定方法，如图 10-28 所示。不论采用何种方法固定，紧固件至窗角的距离不应大于 180mm，紧固件间距应小于 600mm，如图 10-29 所示。

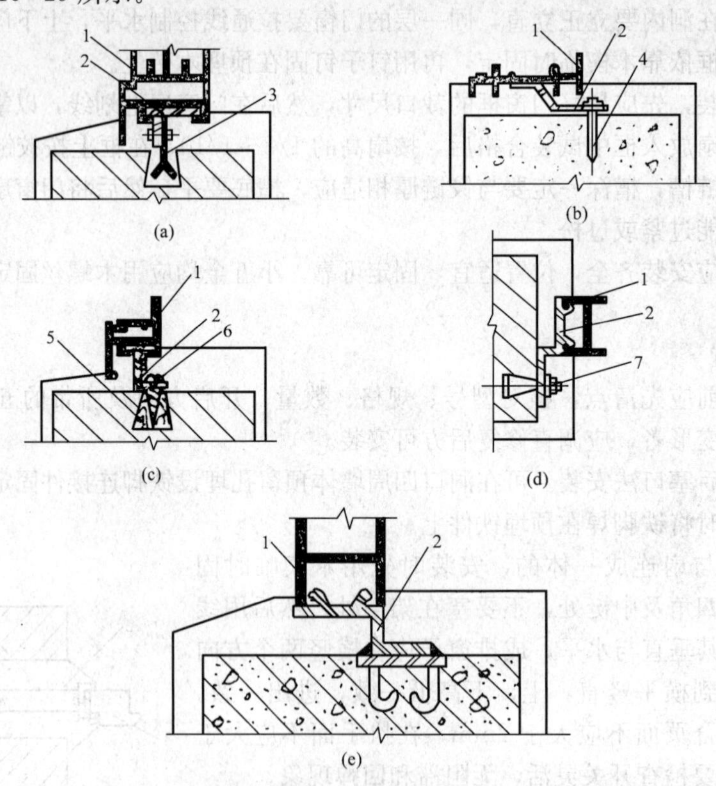

图 10-28 铝合金门窗与墙体连接方式

(a) 预留洞燕尾铁脚连接；(b) 射钉连接方式；(c) 预埋木砖连接；(d) 膨胀螺钉连接；(e) 预埋铁件焊接连接

1—门窗框；2—连接铁件；3—燕尾铁脚；4—射（钢）钉；5—木砖；6—木螺钉；7—膨胀螺钉

铝合金门窗与墙体连接固定时应遵守下列规定：

(1) 门窗装入洞口应横平竖直，外框与洞口应连接牢固，不得将门窗外框直接埋入墙体。门窗安装节点及缝隙处理，如图 10-30 所示。

(2) 连接件应对称地排列在门窗框两侧，相邻铁件宜内外错开，连接铁件不得露出装饰层。

(3) 焊接连接铁件时，应用橡胶或石棉板遮盖门窗框，不得烧损门窗框，焊接完毕应清除焊渣，焊接应牢固。

(4) 紧固件离墙体边缘应不小于 50mm，且不能装在缝隙中。

(5) 门窗框与墙体连接用的预埋连接件、紧固件规格和要求，必须符合设计图纸的规定。

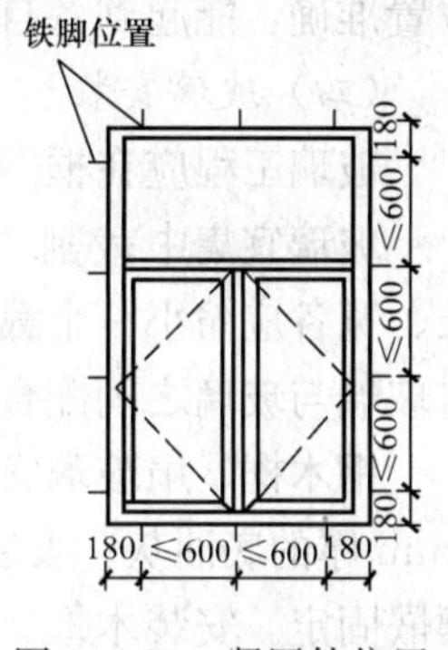

图 10-29 紧固件位置示意图

(6) 横向及竖向组合时，应采取套插，搭接形成曲面组合，搭接长度宜为 10mm，并用密封膏密封。组合方法如图 10-31 所示。

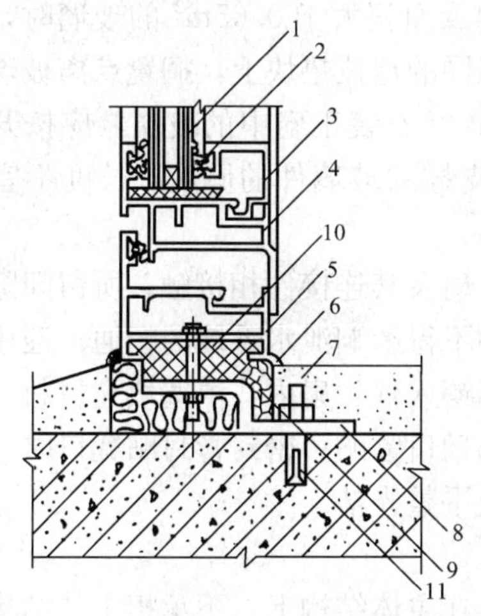

图 10-30 铝合金门窗安装节点及缝隙处理示意图

1—玻璃；2—橡胶条；3—压条；4—内扇；5—外框；6—密封膏；7—砂浆；8—地脚；9—软填料；10—塑料垫；11—膨胀螺栓

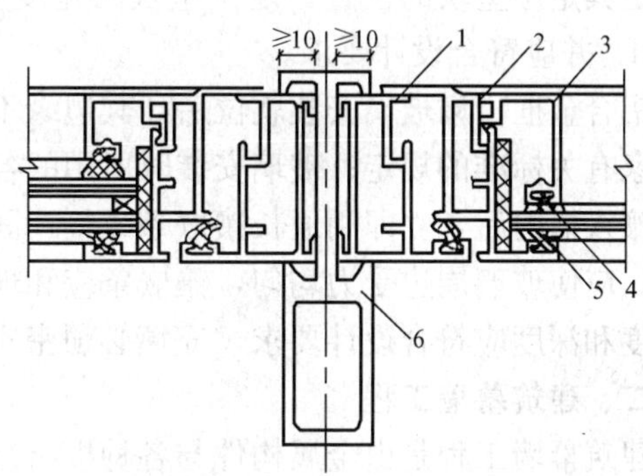

图 10-31 铝合金门窗组合方法示意图

1—外框；2—内扇；3—压条；4—橡胶条；5—玻璃；6—组合杆件

(7) 安装密封条时应留有伸缩余量，一般比门窗的装配边长 20～30mm，在转角处应斜面断开，并用胶黏剂粘贴牢固，以免产生收缩缝。

(8) 若门窗为明螺丝连接时，应用与门窗颜色相同的密封材料将其掩埋密封。

(9) 安装后的门窗必须有可靠的刚性，必要时可增设加固件，并应作防腐处理。

铝合金门窗安装固定经检查合格后，取下木楔，及时按设计要求处理门窗框与四周墙体缝隙。若设计未规定填塞材料时，应用矿棉条或玻璃棉毡分层填塞缝隙，外表留 5～8mm 深槽口填嵌密封材料。应在窗台板安装后将四周缝同时嵌填，嵌填时应防止门窗框碰撞变形。

门窗扇的安装要求位置准确、平直，缝隙均匀，严密牢固，启闭灵活，五金零配件安装位置准确，能起到各自的作用。

(四) 玻璃安装

玻璃工程应在框、扇校正和五金件安装完毕后，以及框、扇最后一遍涂料前进行。

玻璃宜集中裁割，边缘不得有缺口和斜曲。钢木框、扇玻璃按设计尺寸或实测尺寸，长、宽各应缩小一个裁口宽度的1/4裁割，铝合金框、扇玻璃的裁割尺寸符合现行国家标准对玻璃与玻璃之间配合尺寸的规定，并满足设计和安装的要求。

钢木框、扇玻璃安装前，应将裁口内的污垢清除干净，并沿裁口的全长均匀涂抹1～3mm厚的底油灰。安装边长大于1.5m或短边大于1m的玻璃，应用橡胶垫并用压条和螺钉镶嵌固定。安装木框、扇玻璃，应用钉子固定，钉距不得大于300mm，且每边不少于两个，并用油灰填实抹光；用木压条固定时，应先涂干性油，并不应将玻璃压得过紧。安装钢框、扇玻璃，应用钢丝卡固定，间距不得大于300mm，且每边不少于两个，并用油灰填实抹光；采用橡胶垫时，应先将橡胶嵌入裁口内，并用压条和螺钉固定。

铝合金框、扇玻璃安装前，应清除槽口内的灰浆、杂物等，畅通排水孔。使用密封膏前，接缝处的玻璃表面必须清洁、干燥。安装中空玻璃及面积大于0.65m^2的玻璃时，应符合下列规定：①安装于竖框中的玻璃，应搁置在两块相同的定位垫块上，搁置点离玻璃垂直边缘的距离宜为玻璃宽度的1/4，且不宜小于150mm；②安装于扇中的玻璃，应按开启方向确定其定位垫块的位置，定位垫块的宽度应大于所支撑的玻璃件的厚度，长度不宜小于25mm，并应符合设计要求。

铝合金框、扇玻璃安装就位后，其边缘不得和框、扇及其连接件相接触，所留间隙应符合国家有关标准的规定；玻璃安装时所用的各种材料均不得影响泄水系统的畅通；迎风面的玻璃镶入框内后，立即用通长镶嵌条或垫片固定；玻璃镶入框、扇内，填塞填充材料、镶嵌条时，应使玻璃周边受力均匀，镶嵌条应和玻璃、玻璃槽口紧贴；密封膏封贴缝口时，封贴的宽度和深度应符合设计要求，充填必须密实，外表应平整光洁。

二、建筑幕墙工程

建筑幕墙工程是由金属构件与各种板材组成的悬挂在主体结构上，不承担主体结构荷载与作用的建筑物外围护结构。按建筑幕墙的面板可将其分为玻璃幕墙、金属幕墙、石材幕墙、混凝土幕墙及组合幕墙等。按建筑幕墙的安装形式又可将其分为散装建筑幕墙、半单元建筑幕墙、单元建筑幕墙、小单元建筑幕墙。

(一) 玻璃幕墙

1. 玻璃幕墙的分类

面板材料为玻璃的建筑幕墙称为玻璃幕墙。玻璃幕墙采用大面积的玻璃装饰于建筑物的外立面，利用玻璃本身的一些特殊性能，使建筑物显得别具一格，光亮、洁净、明快、挺拔，较之其他装饰材料，在色泽与光彩方面，都给人一种全新的概念。

按照所需玻璃幕墙的建筑效果，可采用不同结构形式的玻璃幕墙。目前玻璃幕墙的主要形式有框支撑玻璃幕墙、点支撑玻璃幕墙及全玻幕墙。框支撑玻璃幕墙由金属框架作为玻璃幕墙结构的支撑，而玻璃则作为装饰的面板，玻璃与金属框架周边连接；点支撑玻璃幕墙由玻璃面板、点支撑装置及支撑结构构成，玻璃与支撑结构间通过点支撑装置相连，相对于框支撑玻璃幕墙来说，玻璃与支撑结构呈点状连接；全玻幕墙由玻璃肋和玻璃面板构成，玻璃本身就是承受自重及风荷载的承重构件。对于框支撑玻璃幕墙，按照金属框架是否外露，分为明框玻璃幕墙、隐框玻璃幕墙、半隐框玻璃幕墙。金属框架的构件显露于面板外表面的框支撑玻璃幕墙称为明框玻璃幕墙；金属框架的构件完全不显露于面板外表面的框支撑玻璃幕墙称为隐框玻璃幕墙；金属框架的竖向或横向构件，显露于面板外表面的框支撑玻璃幕墙称为半隐框玻璃幕墙。

2. 玻璃幕墙的构造

明框玻璃幕墙是用铝合金压板和螺栓将玻璃固定在骨架的立柱和横梁上，压板的表面再扣插铝合金装饰板，如图 10 - 32 所示。隐框玻璃幕墙常用的构造形式主要有两种：一种是用结构胶将玻璃粘贴在铝合金框架上，再用连接件将铝合金框固定在铝合金骨架上，如图 10 - 33 所示；另一种是在玻璃上打孔，再用专用连接件（如接驳器）穿过玻璃孔将玻璃与钢骨架相连，这种玻璃幕墙又称点支式玻璃幕墙。点支式幕墙在我国正处于蓬勃的发展阶段，从传统的玻璃肋点支式玻璃幕墙（图 10 - 34）、单梁点支式玻璃幕墙（图 10 - 35）、桁架点支式玻璃幕墙（图 10 - 36），到张拉索杆结构点支式玻璃幕墙（图 10 - 37）和张拉自平衡索杆点支式玻璃幕墙（图 10 - 38）。点支式玻璃结构与张拉膜结构相组合创造出了崭新的建筑形式。

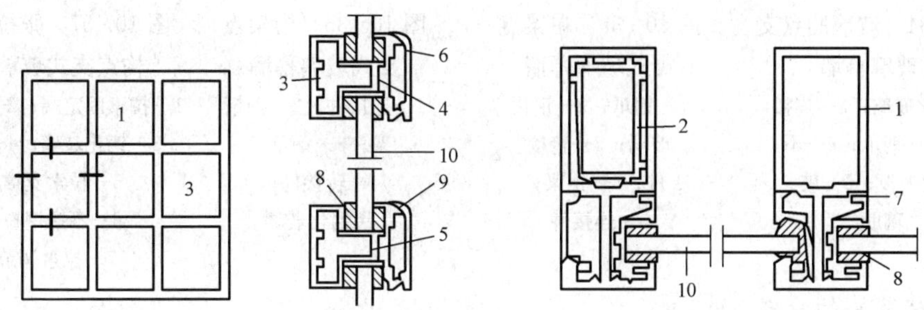

图 10 - 32　明框玻璃幕墙构造示意图

1—立柱；2—套管；3—横梁；4—压板；5—螺栓；6—装饰扣板；
7—附件；8—橡胶压条；9—定位垫块；10—玻璃

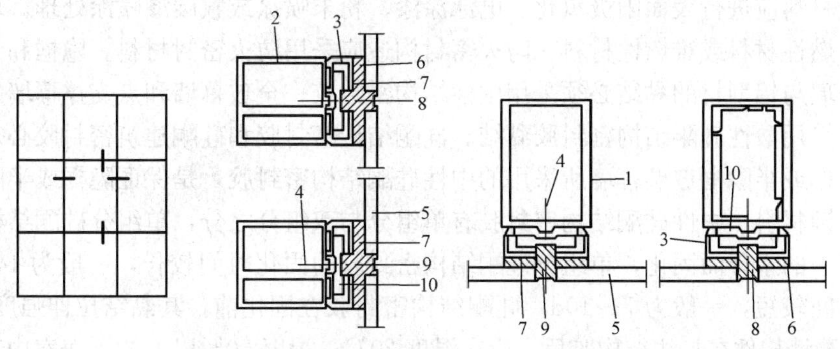

图 10 - 33　隐框玻璃幕墙构造示意图

1—立柱；2—横梁；3—铝合金框；4—紧固螺栓；5—玻璃；
6—垫条；7—结构胶；8—泡沫棒；9—耐候胶；10—固定件

玻璃幕墙应按围护结构设计，具有足够的承载能力、刚度、稳定性和相对于主体结构的位移能力。采用螺栓连接的幕墙构件，应有可靠的防松、防滑措施；采用挂接或插接的幕墙构件应有可靠的防脱、防滑措施。

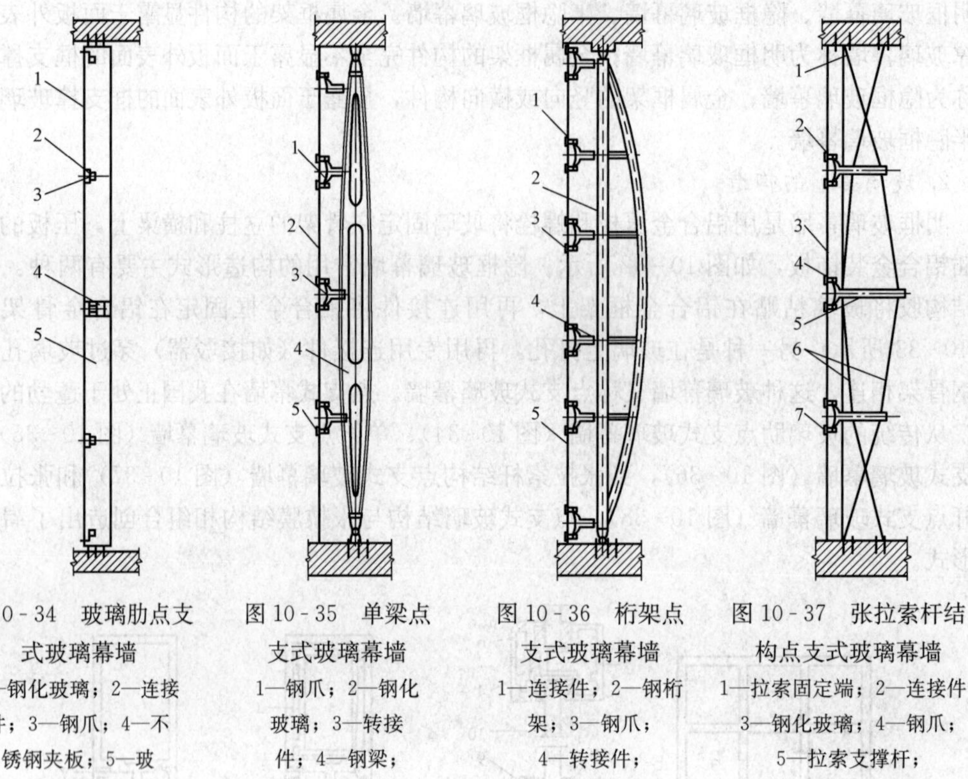

图 10-34 玻璃肋点支式玻璃幕墙
1—钢化玻璃；2—连接件；3—钢爪；4—不锈钢夹板；5—玻璃肋

图 10-35 单梁点支式玻璃幕墙
1—钢爪；2—钢化玻璃；3—转接件；4—钢梁；5—连接件

图 10-36 桁架点支式玻璃幕墙
1—连接件；2—钢桁架；3—钢爪；4—转接件；5—钢化玻璃

图 10-37 张拉索杆结构点支式玻璃幕墙
1—拉索固定端；2—连接件；3—钢化玻璃；4—钢爪；5—拉索支撑杆；6—不锈钢拉索；7—拉索调节端

3. 玻璃幕墙的材料

玻璃幕墙用材料应符合国家现行标准的有关规定及设计。尚无相应标准的材料应符合设计要求，并应有出厂合格证。玻璃幕墙应选用耐候性的材料。金属材料和金属零配件除不锈钢及耐候钢外，钢材应进行表面热浸镀锌处理、无机镀锌涂料处理或采取其他有效的防腐措施，铝合金材料应进行表面阳极氧化、电泳涂漆、粉末喷涂或氟碳漆喷涂处理。玻璃幕墙材料宜采用不燃性材料或难燃性材料，防火密封构造应采用防火密封材料。隐框和半隐框玻璃幕墙，其玻璃与铝型材的黏结必须采用中性结构密封胶；全玻幕墙和点支撑幕墙采用镀膜玻璃时，不应采用酸性硅酮结构密封胶黏结。硅酮结构密封胶和硅酮建筑密封胶必须在有效期内使用。隐框或半隐框玻璃幕墙所采用的中性硅酮结构密封胶，是保证隐框或半隐框玻璃幕墙安全的关键材料。中性硅酮结构密封胶有单组分与双组分之分，单组分硅酮结构密封胶是靠吸收空气中的水分而固化，单组分硅酮结构密封胶的固化时间较长，一般为 14～21d，双组分固化时间较短，一般为 7～10d。硅酮结构密封胶在固化前，其黏结拉伸强度是很弱的，因此，玻璃幕墙构件在打注结构胶后，应在温度 20℃、湿度 50%以上的干净室内养护，待固化后才能进行下道工序。幕墙工程所使用的结构密封胶，应选用法定检测机构检测的合格产品，在使用前对幕墙工程选用的铝合金型材、玻璃、双面胶带、硅酮耐候密封胶、塑料泡沫棒等与硅酮结构密封胶接触的材料做兼容性试验和黏结剥离性试验，试验合格后方可进行打胶。

4. 玻璃幕墙的制作与安装

玻璃幕墙在加工制作前应与土建设计施工图进行核对，对已建主体结构进行复测，并应按实测结果对幕墙设计进行必要调整。加工幕墙构件所采用的设备、机具应满足幕墙构件加工精度要求，其量具应定期进行计量认证。采用硅酮结构密封胶黏结固定隐框玻璃幕墙构件时，应在洁净、通风的室内进行注胶，且环境温度、湿度条件应符合结构胶产品的规定。注胶宽度和厚度应符合设计要求。除全玻幕墙外，不应在现场打注硅酮结构密封胶。单元式幕墙的单元组件、隐框幕墙的装配组件均应在工厂加工组装。低辐射镀膜玻璃应根据其镀膜材料的黏结性能和其他技术要求，确定加工制作工艺；镀膜与硅酮结构密封胶不相容时，应除去镀膜层。硅酮结构密封胶不宜作为硅酮建筑密封胶使用。

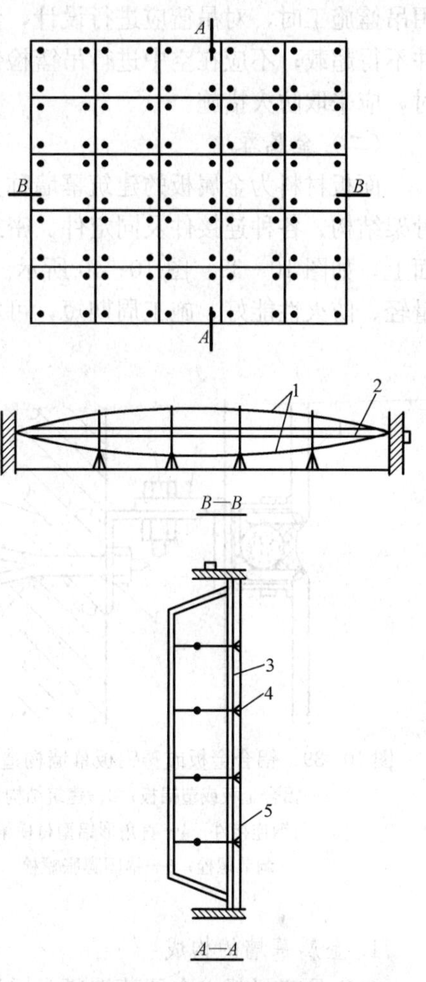

图 10-38 张拉自平衡索杆结构点式玻璃幕墙

1—不锈钢拉索；2—自平衡钢管；3—钢桁架；4—钢爪；5—钢化夹胶玻璃

安装玻璃幕墙的主体结构，应符合有关结构施工质量验收规范的要求。进场安装的玻璃幕墙构件及附件的材料品种、规格、色泽和性能均应符合设计要求。玻璃幕墙的安装施工应单独编制施工组织设计，并应包括：①工程进度计划；②与主体结构施工、设备安装、装饰装修的协调配合方案；③搬运、吊装方法；④测量方法；⑤安装方法；⑥安装顺序；⑦构件、组件和成品的现场保护方法；⑧检查验收；⑨安全措施。

单元式玻璃幕墙的安装施工组织设计尚应包括：①吊具的类型和吊具的移动方法，单元组件起吊地点、垂直运输与楼层上水平运输方法和机具；②收口单元位置、收口闭合工艺及操作方法；③单元组件吊装顺序以及吊装、调整、定位固定等方法和措施；④幕墙施工组织设计应与主体工程施工组织设计衔接，单元幕墙收口部位应与总施工平面图中工机具的布置协调，如果采用吊车直接吊装单元组件时，应使吊车臂覆盖全部安装位置。点支撑玻璃幕墙的安装施工组织设计尚应包括：①支撑钢结构的运输、现场拼装和吊装方案；②拉杆、拉索体系预拉力的施加、测量、调整方案以及索杆的定位、固定方法；③玻璃的运输、就位、调整和固定方法；④胶缝的充填及质量保证措施。

玻璃幕墙安装施工应符合现行行业标准《建筑施工高处作业安全技术规范》(JGJ 80—1991)、《建筑机械使用安全技术规程》(JGJ 33—2001)、《施工现场临时用电安全技术规范》(JGJ 46—2005) 的有关规定。安装施工机具在使用前，应进行严格检查。电工具应进行绝缘电压试验。手持玻璃吸盘及玻璃吸盘机，应进行吸附重量和吸附持续时间试验。采用外脚手架施工时，脚手架应经过设计，并应与主体结构可靠连接。采用落地式钢管脚手架时，应双排布置。当高层建筑的玻璃幕墙安装与主体结构施工交叉作业时，在主体结构的施工层下方应设置防护网；在距离地面约3m高度处，应设置挑出宽度不小于 6m 的水平防护网。采用吊篮施工时，对吊篮应进行设计，使用前应进行安全检查；吊篮不应作为竖向运输工具，并不得超载；不应在空中进行吊篮检修；吊篮上的施工人员必须配系安全带。现场焊接作业时，应采取防火措施。

(二) 金属幕墙

面板材料为金属板的建筑幕墙称为金属幕墙。金属幕墙主要由金属饰面板、同定支座、骨架结构、各种连接件及同定件、密封材料等构成，金属饰面板悬挂或固定在承重骨架或墙面上，如图10-39、图10-40所示。与玻璃幕墙和石材幕墙相比，金属幕墙的强度高、重量轻、防火性能好、施工周期短，可应用于各类建筑物。

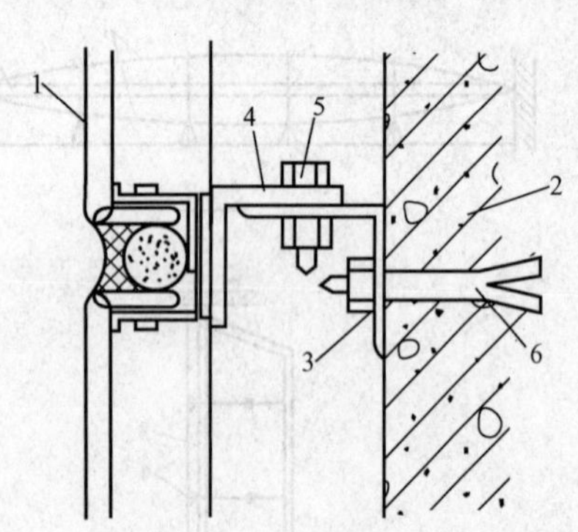

图10-39　铝合金板或塑铝板幕墙构造示意图
1—铝合金板或塑铝板；2—建筑结构；3—角钢连接件；4—直角形铝型材横梁；5—调节螺栓；6—锚固膨胀螺栓

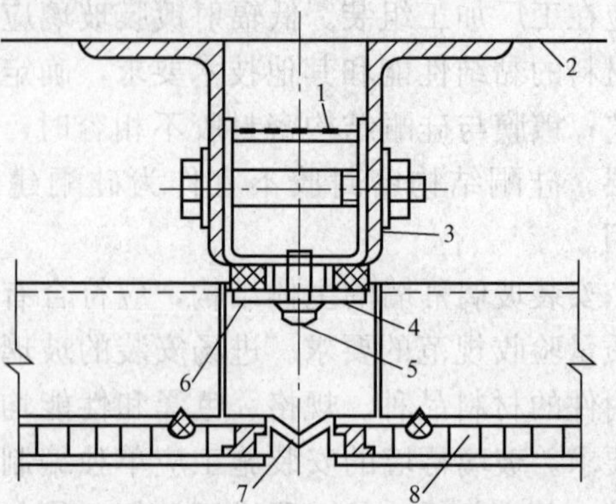

图10-40　铝合金蜂窝板幕墙构造示意图
1—焊接钢板；2—结构边线；3—L75×50×5角钢；4—5×3铝管；5—螺丝带垫圈；6—4s×45×5铝板；7—橡胶带；8—蜂窝铝合金外墙板

1. 金属幕墙的构成

(1) 骨架材料。金属幕墙通常采用型钢骨架或铝合金骨架。型钢骨架结构强度高、造价低、锚固间距大，一般用于低层建筑或对安装精度要求不高的金属幕墙结构中。由于型钢骨架易生锈，在施工前必须进行相应的防腐处理，而且型钢骨架对使用维护的要求较高，所以金属幕墙的骨架多采用铝型材骨架。

(2) 饰面材料。金属幕墙饰面板的常用材料有彩色涂层复合钢板、铝合金板、蜂窝铝合金复合板和塑铝板等。彩色涂层复合钢板是以彩色涂层钢板为面层，以轻质保温材料为芯板，经过复合后而形成的一种板材。金属幕墙采用的铝合金板一般是LF21铝合金板，其厚度为2.5mm。为了提高较大规格的铝合金板的板面刚度，通常在铝合金板的背面用与板面相同质地的铝合金带或角铝进行加强。铝合金板的表面则采用粉末喷涂或氟碳喷涂工艺进行处理，协调铝合金板面色调的同时也可提高板材的使用寿命。蜂窝铝合金复合板是在两块铝板中间加上用各种材料制成的蜂窝状夹层，蜂窝铝合金板的夹层材料以铝箔为主。塑铝板是以铝合金板为面层材料，聚乙烯或聚氯乙烯等热塑性塑料为芯板材料，经复合而成的装饰板。

(3) 连接件。金属幕墙的骨架结构需通过连接件与建筑的主体结构相连。连接件需进行防锈、防腐处理。

(4) 辅助材料。辅助材料主要指填充材料、保温隔热材料、防火防潮材料、密封材料和黏结材料等。填充材料主要是聚乙烯发泡材料。保温隔热材料主要用岩棉、矿棉及玻璃棉等。密封材料及黏结材料有中性的耐候硅酮胶、双面胶及结构胶。密封胶的性能应满足设计要求，且宜采用中性耐候硅酮胶，不得将过期的密封胶用于幕墙工程中。双面胶在选用时应考虑到金属幕墙所承受的风荷载的大小。当风荷载大于1.8kN/m² 时，则选用中等硬度的聚氨基乙酯低发泡间隔双面胶带；当风荷载小于或等于1.8 kN/m² 时，宜选用聚乙烯低发泡间隔双面胶带。结构胶采用中性胶，并不得使用过期的结构胶，结构胶的性能应满足国家规范的有关规定。

2. 金属幕墙的安装

金属幕墙在施工前应按照施工图纸，对照现场尺寸的实际情况进行详细的核查。发现有图纸与施工现场情况不相符合时，应会同有关人员进行现场会审。

金属幕墙的施工流程如下：

安装预埋件→测量放样→骨架的安装→保温隔热和防火材料的安装→防雷处理→饰面板的安装→节点的处理→清理。

(1) 安装预埋件。金属幕墙的预埋件主要是指与建筑结构相连接的预埋钢板和幕墙骨架的固定支座等。预埋铁件用厚钢板制成，其表面应做防腐防锈处理。预埋铁件在结构混凝土浇筑前进行，也可用高强膨胀螺栓直接将其固定在已施工完成的建筑结构上。预埋铁件的表面沿垂直方向的倾斜误差较大时，应采用厚度适中的钢板垫平后焊牢，严禁用钢筋头等不规则金属件进行垫焊或搭接焊。预埋铁件固定后，再用高强螺栓或焊接的方法将幕墙支座固定在预埋铁件上，固定支座可用不锈钢板或经过镀锌处理过的角钢制成。

(2) 测量放样。将预埋件和建筑物轴线的位置复测后，再将竖向骨架和横向骨架的位置定出，并用经纬仪定出幕墙的转角位置。测量时应控制好测量误差，测量时的风力不超过四级。放样后应及时校核相关尺寸，确保幕墙的垂直度和立柱位置的正确性。

(3) 骨架的安装。骨架在安装前应检查铝合金骨架的规格尺寸、连接件加工处理的情况等是否符合图纸和规范的要求。将经过热浸镀锌处理过的连接角钢焊接在预埋铁件上，焊接时应采用对称焊接，以防止产生焊接变形。预埋铁件上的连接铁件焊接后，需对焊缝进行防锈处理。用不锈钢螺栓将立柱固定在连接角钢上，在立柱与连接铁件的接触处固定厚度为1mm左右的橡胶绝缘片，以防不同的金属之间产生电化学腐蚀。立柱的尺寸经过校准后拧紧螺栓。再用L形铝角件将铝合金横梁安装在立柱上，立柱与横梁之间用弹性橡胶垫片隔开，横梁与立柱的接缝用密封胶密封处理。

(4) 幕墙的防火、隔热和防雷处理。在金属幕墙与楼板结构之间的缝隙处，用厚度不小于1.5mm经过防腐处理的耐热钢板和岩棉或矿棉进行防火密封处理，形成防火隔离带，隔离带中间不得有空隙。幕墙有保温隔热要求时，在铝合金骨架的空当内用阻燃型聚苯乙烯泡沫板等材料进行填充，泡沫板的尺寸可根据现场尺寸裁切。将泡沫板固定在铝合金框架内，再用彩色涂层钢板或不锈钢板等材料进行封闭。金属幕墙的饰面板如果用铝合金蜂窝板时，由于蜂窝板本身具有较好的保温隔热性能，则在板的背面可以不做上述的保温隔热处理。幕墙的防雷体系应与建筑结构的防雷体系有可靠的连接，以确保整片幕墙框架具有连续而有效的导电性，保证防雷系统的接地装置安全可靠。防雷系统与供电系统不得共享接地装置。

(5) 饰面板的安装。饰面板在安装时应做好保护工作，避免板面被硬物撞击或划伤。按照幕墙上饰面板的分格布置要求，将饰面板固定在铝合金骨架上，固定时应注意分格缝的水平度和垂直度应满足有关要求。饰面板固定后，在板的接缝内安装泡沫棒。板的接缝四周须用保护胶纸粘贴，以防密封胶污染板面。注胶的宽度与深度的比例一般为 2：1。密封胶固化后再将保护胶纸撕去。

(6) 节点的处理。金属幕墙的节点主要是指幕墙的转角处、不同材料的交接处、女儿墙的压顶、墙面边缘的收口、墙面下端部位和幕墙的变形缝等部位。这类节点的处理，既要满足建筑结构的功能要求，又要与建筑装饰相协调，起到烘托饰面美观的作用。在铝合金板墙中，一般采用特制的铝合金成型板进行构造处理。幕墙的变形缝处用异形金属板和氯丁橡胶带进行处理。

(7) 清理。清理工作主要是指对幕墙板面的清洗。有保护胶纸的板面应将保护胶纸及时撕去，撕胶纸时应按从上至下的方向进行。板面清洗时所用的清洗剂应是中性清洗剂，不得用碱性或酸性清洗剂，以免板面被污损。

(三) 石材幕墙

面板材料为石板材的建筑幕墙称为石材幕墙。它利用金属挂件将石板材钩挂在钢骨架或结构上。石材幕墙主要由石材面板、固定支座、骨架结构、各种连接件及固定件、密封材料等组成。石材幕墙不仅能够承受自重荷载、风荷载、地震荷载和温度应力的作用，还应满足保温隔热、防火、防水和隔声等方面的要求，因此石材幕墙应进行承载力和刚度方面的计算。

由于花岗岩的强度高、耐久性好，因而一般用花岗岩作为石材幕墙的面板材料。为保证板材的安全性，防止板材与连接件处产生裂缝，板材的厚度一般在 30mm 以上。花岗岩板材的色泽应基本一致，板体上不应有影响安全要求的明显缝隙，毛面板的正反面和镜面板的背面应刷涂透明隔离剂，以防雨水的侵蚀作用，板材的规格公差不能超过规定的范围。石材的吸水率应小于 0.8%，弯曲强度不应小于 8.0MPa。石材的放射性应符合 JC 518—1993《天然石材产品放射性防护分类控制标准》的规定。

骨架结构材料有铝合金型材和碳素钢型材。铝合金型材的质量应符合石材幕墙规范的规定，碳素钢型材的质量应满足 GB 50017—2003《钢结构设计规范》的要求。碳素钢构件应采用热镀锌防腐处理，焊接部位处必须刷富锌防锈漆。

石材幕墙的连接件和固定件有挂件和螺栓。挂件一般用不锈钢和铝合金。不锈钢挂件用于无骨架体系和钢骨架体系，铝合金挂件与铝合金骨架配套使用。螺栓有热镀锌钢螺栓或不锈钢螺栓。固定支座用螺栓固定时须做现场拉拔实验，以确定螺栓的承载力。

石材幕墙的构造有直接式（见图 10-41)、骨架式（见图 10-42)、背栓式、黏结式和组合式等。直接式石材幕墙就是用挂件将石材直接固定在主体结构上的一种构造形式；骨架式是在主体结构上安装相应的骨架体系，在骨架上安装金属挂件，通过金属挂件将石材固定在骨架上；背栓式是在石材的背面用柱锥式钻头钻出专用孔，将专用锚栓固定在孔洞内，通过锚栓和金属挂件将板材固定在骨架上；黏结式是在板材背面的某些位置上用干挂石材胶，将石材直接粘贴在主体结构上的一种施工工艺；组合式则是将石材、保温材料等在工厂内加工后形成组合框架，再将组合框架固定在钢骨架上。

石材幕墙的施工工艺如下：

安装预埋件→测量放样→安装骨架→石材面板的安装→接缝处理→清洗扫尾。

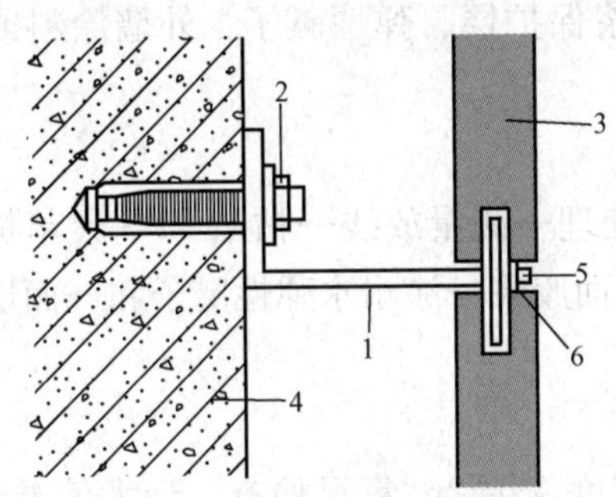

图 10-41 直接式石材幕墙构造示意图

1—挂件；2—膨胀螺栓；3—石材；
4—基体；5—耐候胶；6—泡沫棒

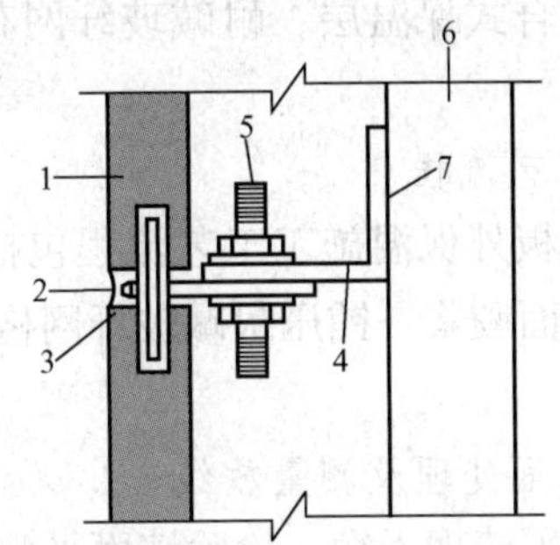

图 10-42 骨架式石材幕墙构造示意图

1—石材；2—耐候胶；3—泡沫棒；4—挂件；
5—螺栓；6—骨架；7—焊缝

（四）幕墙工程的质量验收

(1) 幕墙工程的质量验收按 GB 50210—2001《建筑装饰装修工程质量验收规范》进行。

(2) 相同设计、材料、工艺和施工条件的幕墙工程每 500～1000m² 应划分为一个检验批，不足 500m² 也应划分为一个检验批。同一单位工程的不连续的幕墙工程应单独划分检验批。对于异型或有特殊要求的幕墙，检验批的划分应根据幕墙的结构工艺特点，由监理单位（或建设单位）和施工单位协商确定。

(3) 每个检验批每 100m²，应至少抽查一处，每处不得小于 10m²。对于异型或有特殊要求的幕墙，应根据幕墙的结构和工艺特点及幕墙工程的规模，由监理单位（或建设单位）和施工单位协商确定。

(4) 验收。主要从幕墙结构的安全与安装偏差及装饰效果等方面着手进行验收，验收时必须检查相关的资料，并对幕墙的外观质量及安装允许偏差进行检验。

第六节 建筑节能保温工程

建筑节能是指在保证建筑使用功能和室内热环境质量的前提下，降低其使用过程中能源消耗的活动。鉴于日益严峻的能源紧张和建筑能耗浪费，节能建筑的普遍推广，建筑节能保温工程施工已日趋普遍。根据房屋的结构形式可采用不同的保温方式，外墙保温有外墙外保温和外墙内保温。外墙内保温施工是在外墙结构的内部加做保温层。因为存在冷桥、占用建筑面积、容易引起开裂、影响装修、在内墙悬挂和固定物件也容易破坏内保温结构等因素已被限制使用。外墙外保温施工是在外墙结构的外侧加做保温层，包在主体结构的外侧，能够保护主体结构，延长建筑物的使用寿命；有效减少了建筑结构的热桥，增加建筑的有效空间，同时消除了冷凝，提高了居住的舒适度。外墙外保温技术是目前大力推广的一种建筑节能保温技术。

外墙外保温做法主要有：在承重墙体的外侧粘贴（钉、挂）膨胀型聚苯乙烯板（EPS）、挤塑型聚苯乙烯板（XPS），聚氨酯硬泡喷涂（PUR）和粉刷胶粉聚苯颗粒保温砂浆等，目前应用最多的是膨胀型 EPS 聚苯板外保温。

一、EPS聚苯板外保温施工

EPS复合式保温技术是一项高效经济、应用广泛的外墙外保温技术，它由承重或围护墙体、EPS复合式保温层、耐碱玻纤网布抗裂砂浆保护层、弹性腻子、外墙涂料或瓷砖面层组成。

1. 施工工艺流程

EPS聚苯板外保温施工工艺流程包括：基层处理→测量放线→粘贴EPS聚苯板→聚苯板打磨→涂抹面胶浆→铺压耐碱玻纤网格布→涂抹面胶浆→涂耐水弹性腻子和→面层涂料或面砖施工。

2. 墙体基面处理及测量放线

墙体基面须清理干净，检验墙面平整度和垂直度，用2m靠尺检查，最大偏差≤5mm。在墙面弹出水平控制线，建筑物外墙阳角挂垂直基准钢线；每个楼层在适当位置挂水平线，以控制EPS聚苯板的垂直和平整度。

3. EPS板的固定方法

(1) 粘贴法。粘贴法有点框法、条粘法和满粘法，通常采用点框法。用钢抹子沿EPS板的四周涂抹配制好的黏结剂，宽度为50mm，板的中间均匀设置8个直径100mm的黏结点，厚10mm，黏结剂的涂抹面积不得小于40%。板应自下而上沿水平方向横向铺贴，错缝1/2板长。粘贴法适用于外墙饰面采用涂料的外墙外保温层施工。

(2) EPS板粘贴与锚栓结合法。该法是在粘贴法的基础上设置若干锚栓固定EPS保温板。锚栓为高强超韧尼龙或塑料精制而成，尾部设有螺丝自攻性胀塞结构。锚栓用量每平方米10层以下约6个，10～18层8个，19～24层10个，24层以上12个。单个锚栓抗拉承载力极限值≥1.5kN。适用于外墙饰面为瓷砖的外墙保温层施工，尤其适用于基面附着力差的已有建筑围护结构的节能改造。

(3) 钢丝网架埋入法。该工艺是将单面钢丝网架聚苯板内置于混凝土墙体的外模内侧，墙体混凝土浇筑时与钢丝网架聚苯板一次浇筑成型为复合墙体。钢丝网架聚苯板在工厂预制成块体，现场根据排板尺寸裁割拼装，外墙主体与保温层一次成活，工效提高，工期缩短，施工安全。

钢丝网架聚苯板依靠混凝土与聚苯板的黏结力及斜插钢丝、L型钢筋等与混凝土墙体锚固。保温板的固定效果最佳，缺点是造价稍高，且斜插钢丝直接传热，会降低墙体的保温效果。适用于外墙饰面采用瓷砖的高层建筑和超高层建筑。

4. EPS板的打磨

EPS板粘贴固定后需静置24h才能进行打磨，以防EPS板移动。打磨用专用的搓抹子将板边的不平之处磨平，消除板间接缝的高低差，打磨时散落的EPS碎屑随时清理干净。板缝间隙大于1.6mm时应用EPS板条填实后磨平。

5. 网格布的铺设

网格布的铺设通常采用二道抹面砂浆法。用不锈钢抹子在EPS板表面均匀涂抹面积略大于一块网格布的抹面砂浆，随即将网格布压入抹面砂浆中，待砂浆稍干至可碰触时，立即用抹子涂抹第二道抹面砂浆，将网格布埋在两道抹面砂浆的中间。全部抹面砂浆和网格布铺设完毕后，静置养护3d，方可进行下一道工序的施工。

6. 饰面层的选择

EPS复合式外墙保温层属于轻质、柔性的保温构造，饰面材料采用涂料属“柔—柔”搭配，外保温体系自重约10kg/m^2，而瓷砖面层外保温自重可达50kg/m^{2}以上，即便用附加锚栓或埋入法来确保瓷砖与保温层间的附着安全性，但“柔性基底—刚性面层”的构造缺陷仍然明显。瓷砖背面的冷凝水易发生冻融破坏，温湿应力导致砖缝处面层开裂较难避免。EPS复合式外墙保温层的饰面层应优先选用高弹性涂料，饰面材料为石材，应采用“干挂法”施工。

7. 门窗洞口及阳角的处理

门窗洞口角部的聚苯板，应采用整块聚苯板切割出洞口，不得用碎（小）块拼接。铺设网格布时，应在洞口四角处沿45°方向贴补一块标准网格布（200mm×300mm），以防止角部开裂。

二、XPS挤塑板外保温施工

挤塑板（XPS）是通过加热挤塑而制成的硬质泡沫材料。相对于EPS，XPS具有强度较高、导热系数较小、隔汽性能较好、吸水性低等优点。30mm厚的XPS保温板，其效果相当于50mm厚EPS聚苯板，120mm厚水泥珍珠岩。

挤塑板XPS的性能优于EPS聚苯板，但价格也高出1倍以上，其施工工艺与EPS聚苯板基本相同。

三、聚氨酯硬泡体保温材料的施工

聚氨酯硬泡体是目前最理想的保温防水一体化材料，导热系数仅为EPS聚苯板的1/2；超强的自黏性能（无需任何中间黏结材料），与屋面及外墙黏结牢固，抗风压性能良好；离明火自熄，燃烧时只炭化不滴淌；均匀喷涂在外墙或屋面表面，硬质泡沫形成无缝屋盖和整体外墙保温壳体，防水抗渗性能优异。

聚氨酯硬泡喷涂是用聚氨酯黑白两种胶体材料，采用高压（大于10MPa）无气喷涂机，混合后高速旋转形成均匀细小雾状点喷涂在物体表面，几秒钟内产生无数微小的封闭泡孔结构，使外墙或屋面表面形成黏结牢固的无缝保温防水层。

1. 聚氨酯硬泡保温防水屋面喷涂施工

施工现场温度不宜低于15℃，空气相对湿度宜小于85%，风力应小于3级，否则聚氨酯硬泡体泡沫在风力作用下会四处飞扬，无法保证聚氨酯硬泡体喷涂层表面呈现连续的、均匀的喷涂波纹，当风力大于3级时，应采取挡风措施。

屋面结构层应设找坡层或找平层。找坡层或找平层应坚实、平整、干燥。平屋面的排水坡度不应小于2%，天沟、檐沟的纵向排水坡度不应小于1%。

屋面与山墙、女儿墙、天沟、檐沟，以及突出屋面结构的连接处应为圆弧形，圆弧半径$R=80\sim100$mm。屋面上设备、管线等应在聚氨酯硬泡体防水保温喷涂施工前安装就位，避免割破防水保温层的表面。

2. 聚氨酯外墙保温喷涂施工要点

(1) 基层处理、弹线。对基层墙面应满涂聚氨酯防潮底漆，防潮底漆涂刷均匀，无漏刷、透底现象。阴阳角处吊垂直厚度控制线，对于墙面宽度≥2m处，需再加水平控制线。

(2) 聚氨酯喷涂。开启喷涂机将硬泡聚氨酯均匀喷涂于墙面，当厚度达到约1.0cm厚时，按50cm间距、梅花状分布插定厚度标杆，每平方米密度宜控制在4～5枝。继续喷涂硬泡聚氨酯至标杆头被发泡材料覆盖为止。施工喷涂可多遍完成，每次喷涂厚度宜控制在1cm之内。

(3) 修整保温层及喷刷界面砂浆。喷涂20min后清理、修整遮挡部位及超过保温层总厚度的突出部分。修整完毕且在喷涂4h后，将聚氨酯界面砂浆喷刷于硬泡聚氨酯保温层表面。

(4) 抹胶粉聚苯颗粒浆料。用胶粉聚苯颗粒找平浆料做标准厚度冲筋，分两遍抹胶粉聚苯颗粒浆料进行找平，每遍间隔在24h以上。

(5) 抗裂砂浆层及饰面层施工。找平层施工完3～7d后，即可进行抗裂砂浆层施工。

工程实践案例

一、工程概况

某金融大厦，地下3层，地上39层，建筑面积4.89万m^2，高171.2m，是一座智能型综合楼。裙房外墙为烧毛花岗石干挂板，主楼外饰面由玻璃铝板幕墙和烧毛花岗石反打板组成。反打板分两种：由牛腿支撑在楼面上的复合板和悬挂在混凝土剪力墙上的槽形板，其构造如图10-43、图10-44所示。共23种规格，1150块，普通尺寸2500mm×3500mm，最大块重46kN，面积近1万m^2，安装高度171.2m。

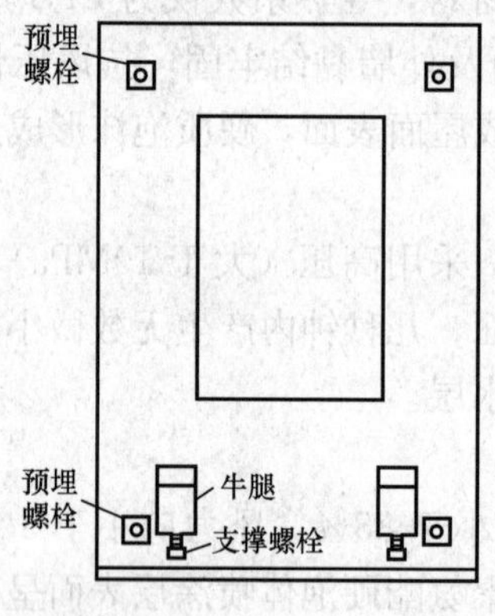

图10-43 复合板背面构造

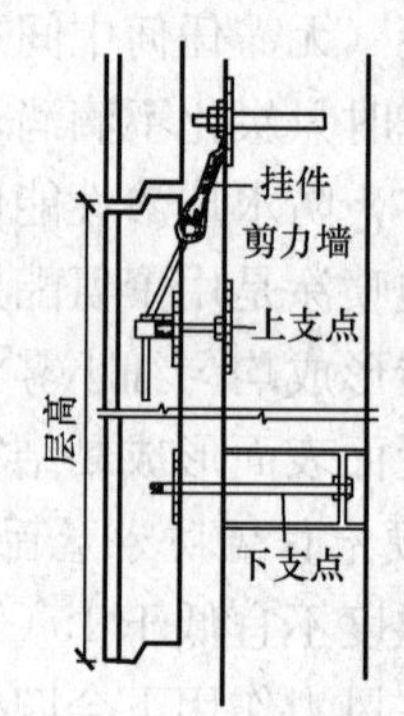

图10-44 挂板构造

二、施工质量控制

1. 质量标准

本工程质量目标为鲁班奖，为此确定以《建筑装饰装修工程质量验收规范》(GB 50210—2001) 中麻面天然石质量标准作为安装标准。并以此为依据对反打板的预制提出了更严格的精度要求，见表10-1。

2. 成品保护措施

(1) 反打板翻身、搁置过程中垫胶皮面方木，且避免面层棱角与之接触，预埋螺栓涂黄油塑料包封，插放时专人护扶，避免碰撞插架。吊装就位时在螺栓上套方木，并系2根拉绳控制空中方向，确保面层向外，由此进行螺栓保护和避免面层的碰撞摩擦。

(2) 就位调整时不允许撬动面层。

(3) 在板缝边贴胶带，然后填涂耐候胶，以防污染面层。

表 10-1 反打板预制标准 mm

项目	允许偏差	项目	允许偏差
高度	±2	分格线平直	2
宽度	±2	接缝高差	2
厚度	±2	窗口对角线差	3
翘曲	3	窗口位移	2
对角线差	5	预埋件位移	5
表面平整	2		

三、安装

依据反打板的构造特点和质量标准，制定了安装工艺流程，并设计制作了适用的调整工具。

1. 测量放线

以主体施工时设置的楼面井字控制线为依据，在楼面弹出板面位置控制线（轴线），在梁侧弹出板顶标高控制线和分块控制线。标高控制线做闭合检查，分块控制线整尺量测，以免误差积累。

2. 预埋件处理

预埋件位置的精确度对安装速度和结构安全有着重要影响，这项工作必须在前期做好，以各控制线为依据对超偏差的预埋件按规范要求处理，对偏差较大甚至无法使用的预埋件由承包方拟定处理方案，经设计认可后实施。

3. 调整工具的就位

复合板就位前倒链、钢拉杆，如图 10-45 所示就位。复合板就位后用倒链将其与上层主体结构拉结，此时塔吊即可脱钩，将钢拉杆上脚板与复合板背螺栓连接，下脚板用膨胀螺栓与楼面固定。每块板设 2 组钢拉杆，平拉杆调轴线位置和板缝平整，斜拉杆调垂直度，夹箍连杆，如图 10-46 所示夹住相邻两板牛腿调竖缝宽度，长扳手旋转牛腿底螺栓调标高和竖缝垂直。

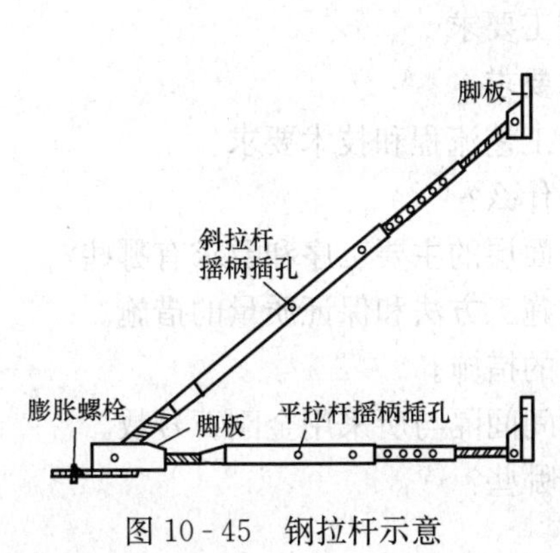

图 10-45 钢拉杆示意

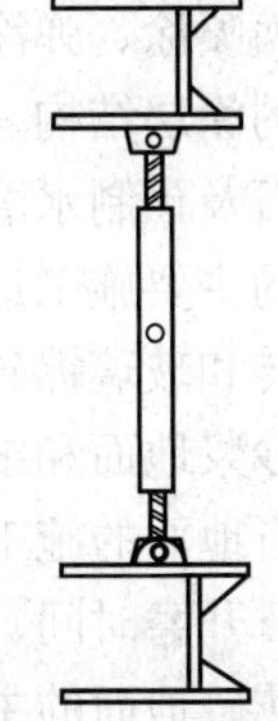

图 10-46 夹箍连杆示意

为易于调整并缩短调节时间，反打板就位前在已安装完毕的下层板顶和竖缝处放置与板缝适宜的圆钢头。

校正顺序：先轴线、板面垂直，后竖缝宽度、垂直和标高，如此循环两个过程即可调好。

4. 挂板的就位校正

挂板的所有操作均由吊篮中操作人员完成，吊篮上下2层，操作时与主体结构拉结稳定以免晃动。在放置圆钢头初步就位后立即安装不锈钢挂件，然后塔吊脱钩，松紧挂件的螺栓帽调标高和竖缝垂直。旋转上下支点螺栓调轴线位置、垂直度和板缝高差。撬动板底内侧调竖缝宽度。调整完毕后对所有螺栓螺帽焊接固定，然后做防水处理。

四、结论

1. 本工程反打板安装是按先两边后中间的顺序，用经纬仪校正大角，确保了大角的顺直和垂直精度，中间板用钢丝线控制轴线和标高，消除人工测量的繁琐和误差。无论是中间板还是大角板均是由下到上一次到顶，吊篮的左右移动次数大大减少，加快了安装速度。

2. 适用而安全的调节工具对加快安装速度提高安装质量有重要影响，套筒式钢拉杆强度高、刚度大，既可伸缩粗调又可利用螺杆微调，解决了传统撬棍、楔子的反复调整和精度不足、又易损坏面层的难题。

复习思考题

1. 装饰工程有什么功能和特点？
2. 抹灰工程有哪些种类？组成的作用是什么？
3. 抹灰为什么要分层？分为几级？
4. 对抹灰材料的质量有什么要求？
5. 抹灰工程在施工前应做哪些准备工作（基层表面的处理材料准备等)？有什么技术要求？
6. 各粉刷层的作用和施工要求是什么？护墙角有什么作用？叙述其做法。
7. 试述立标法的操作程序。
8. 面层粉刷应掌握的技术关键是什么？
9. 试述水刷石面层的施工工序和技术要求。
10. 试述干粘石施工工艺过程和要注意的问题。
11. 试述外墙面喷涂、弹涂的施工方法和施工要求。
12. 试述喷塑的涂层结构、施工工艺和技术要求。
13. 试述大理石及预制水磨石饰面板安装的工艺流程和技术要求。
14. 铺釉面砖的主要施工过程和技术要求是什么？
15. 铺陶瓷锦砖和玻璃锦砖（玻璃马赛克）面层的主要工序和要求有哪些？
16. 试述水泥砂浆地面和细石混凝土地面的施工方法和保证质量的措施。
17. 试述水磨石地面的施工方法和保证质量的措施。
18. 试述水磨石开磨时间、要求各遍磨光时间间隔与所采用金刚石号数。
19. 铺贴水泥花砖地面的主要工序和要求有哪些？
20. 试述地毯的铺设方法。
21. 试述楼地面工程的质量要求。
22. 试述涂料基层的处理，不同质量等级涂层对刮腻子、磨光、涂刷涂料等主要工序的要求。

23. 试述刷浆的方法与质量要求。
24. 试述对裱糊工程基层表面和材料要求。
25. 试述裱糊工程的施工顺序和工艺流程。
26. 试述铝合金吊顶、轻钢龙骨吊顶构造、安装的施工过程。
27. 木吊顶的施工过程是什么？安装木吊顶应掌握哪些技术要求？
28. 试述轻钢龙骨隔墙的安装方法。
29. 试述木门窗的安装方法及应注意的事项。
30. 试述钢门窗的运输、堆放和安装。
31. 试述铝合金门窗的合理安装时间、施工准备与成品保护。
32. 试述铝合金门窗与墙体连接方式及安装的主要工序。
33. 建筑幕墙按面板不同可以分为哪几类？
34. 常用的玻璃幕墙构造形式有哪些？如何进行玻璃幕墙的安装？
35. 简答金属幕墙主要由哪几部分构成及安装施工工艺流程。
36. 简答石材幕墙的施工工艺流程。
37. 简述建筑节能的概念。
38. 何谓外墙内保温和外墙外保温？二者主要有哪些区别？
39. 外墙外保温做法主要有哪几种？目前应用最多的是哪种？
40. 简述 EPS 聚苯板外保温施工工艺流程及 EPS 板固定方法。
41. 简答聚氨酯外墙保温喷涂施工要点。

第十一章　冬雨期施工

本章提要：本章内容包括冬期施工、雨季施工等内容。冬期和雨期施工的特点，遵守的原则，施工时注意事项。在冬期施工部分，阐明了混凝土和砖石砌体等不同分部工程在冬期施工时的特点，以及所需采取的措施。在雨期施工部分，介绍了雨期施工的注意事项。

学习要求：

（1）了解冬期和雨期施工的特点。

（2）熟悉冬期和雨期施工必须遵守的原则，施工时的注意事项。

（3）掌握冬期和雨期施工所采取的措施。

（4）掌握不同分部工程冬期和雨季施工的一些常用方法，选择合理的施工方案。

我国地域辽阔，气候复杂，很多地区受内陆和海上高低压及季节风交替的影响，气候变化较大。在华北、东北、西北、青藏高原，每年都有较多的低湿季节。沿海一带城市，受海洋暖湿气流影响，春夏之交雨水频繁，并伴有台风、暴雨和潮汛。气候的变化无常（主要是冬期和雨期）给施工带来很大的困难，常规的施工方法已不能满足要求。为了保证建筑工程在全年不间断地施工，在冬季和雨季应从具体条件出发，选择合理的施工方案，采取具体的措施，提高工程质量，降低工程的费用。

第一节　冬期施工方法

冬期施工，是指室外日平均气温降低到5℃或5℃以下，或者最低气温降低到0℃或0℃以下时，用一般的施工方法难以达到预期的目的，必须采取特殊的措施进行施工的方法。我国的冬期施工的地区主要在东北、华北和西北，大约每年有3～6个月的时间处于冬期施工。我国部分城市冬期施工的起止日期见表11-1。

表11-1　我国部分城市冬期施工的起止日期　日/月

城市名称	日最低气温≤0℃	日最低气温稳定≤5℃	城市名称	日最低气温≤0℃	日最低气温稳定≤5℃
	起止日期	起止日期		起止日期	起止日期
哈尔滨	5/10～2/5	13/10～23/4	牡丹江	1/10～5/5	14/10～19/4
长春	6/10～29/4	14/9～28/5	吉林	30/9～4/5	11/9～28/5
沈阳	13/10～19/4	26/10～6/4	丹东	24/10～11/4	5/11～6/4
呼和浩特	30/9～5/5	17/10～13/4	海拉尔	15/9～25/5	25/9～5/5
兰州	25/10～9/4	29/10～26/3	酒泉	9/10～24/4	21/10～8/4
乌鲁木齐	10/10～25/4	14/10～11/4	哈密	15/10～15/4	28/10～26/3
北京	28/10～3/4	12/11～22/3	克拉玛依	19/10～6/4	26/10～31/3
银川	16/10～23/4	27/10～1/4	石嘴山	10/10～26/4	26/10～3/4
西安	12/11～21/3	16/10～16/4	延安	16/10～16/4	31/10～26/3
太原	12/10～17/4	2/11～27/3	大同	5/10～5/5	20/10～9/4
西宁	13/10～29/4	20/10～10/4	天津	11/11～27/3	15/11～21/3

冬期施工的特点是冬期施工是在施工条件和环境条件不利的情况下进行的施工，是工程事故的多发期，它具有隐蔽性和滞后性，一些工程质量事故当时不易觉察，要到春天解冻后才开始暴露。这就给事故处理带来极大的难度。据有关资料分析，有三分之二的工程质量事故发生在冬期，尤其是混凝土工程。它不仅给工程带来损失，而且影响工程的使用寿命，因此必须及早做好准备。冬期施工的计划性和准备工作的时间性较强，常常由于仓促施工，有时出现一些质量问题。

为了保证冬期施工的质量，冬期施工必须遵守以下原则：保证工程质量；保证经济合理，减少因为采取技术措施而增加的费用；对所需的热源及技术措施和材料有可靠的保证，消耗的能源最少；工期能满足合同要求；做好安全生产。

为了保证冬期施工的顺利进行，必须做好冬期施工的准备。掌握当地的气温情况，安排好冬期施工的项目，编制冬期施工技术措施和合理的施工方案。冬期施工所用原材料、专用设备、能源、暂设工程和保温材料等应提前准备。组织冬期施工培训，学习冬期施工有关的规范、规定和冬期施工的理论、操作技术，进行安全教育，确定合理的冬期施工管理体系。

一、土方工程的冬期施工

（一）土的冻结及防冻

土在冬期由于受冻而变得坚硬，挖掘困难。土的冻结有其自然规律，在整个冬期期间的冻结深度可参见《建筑施工手册》，其中未列出的地区，在地表面无雪和草皮覆盖条件下的全年标准冻结深度 Z_0，可按下式估算

$$Z_0 = 0.28\sqrt{\sum T_m + 7} - 0.5 \tag{11-1}$$

式中 $\sum T_m$——低于 0℃的月平均气温的累计值（取连续 10 年以上的年平均值），以正号代入。

对于土方工程，一般应尽量安排在入冬之前施工较为合理；必须在冬期施工时，应采取防冻措施，以利土方工程的顺利施工。土防冻的常用方法有：地面耕耘耙平防冻法、覆雪防冻法、隔热材料防冻法等。

1. 地面耕耘耙平防冻法

入冬前，将指定施工的地段，地面耕起 250～300mm 并耙平。在耕松的土中，有许多充满空气的孔隙，以降低土层的导热性。经耕松耙平的土壤，经 z 昼夜冻结后，其冻结深度 H 为

$$H = A(4P - P^2) \tag{11-2a}$$

$$P = \frac{\sum zt}{1000} \tag{11-2b}$$

式中 A——土的防冻计算系数，参见表 11-2；

P——由式（11-2b）求得；

z——土冻结的时间，天；

t——土冻结时外部空气温度（负温度）。

2. 覆雪防冻法

在积雪量大的地方，可以利用自然条件，覆雪防冻，效果很好。覆雪防冻的方法通常分为三种类型：

（1）利用灌木和小树林等植物挡风起涡旋存雪，待挖土之前再铲除这些植物。

表 11-2 地面耕耘耙平或由他处取来松土覆盖的土防冻计算系数

地面保温的方法	P											
	0.1	0.2	0.3	0.4	0.5	0.6	0.7	0.8	0.9	1.0	1.5	2.0
耕松 250mm 并耙平覆盖松土不少于 500mm	15 35	16 36	17 37	18 39	20 41	22 44	24 47	25 51	28 55	30 59	30 60	30 60

注 本表取自《建筑施工手册》。

(2) 设篱笆或造雪堤为积雪提供条件。

(3) 挖沟填雪防冻。

覆雪层对冻结深度 H 的影响，可以用下式估算，即

$$H=60(4P-P^2)/K_1-\lambda h_{SH} \tag{11-3}$$

式中 λ——雪的影响系数，对松雪取 3，堆雪和撒雪取 2，初融雪取 1.5；

K_1——冻结速度系数，参见表 11-3；

h_{SH}——雪覆盖平均厚度，mm；

P——与式 (11-2a) 同。

表 11-3 冻结速度系数 K_1 的概值

土的性质	木质保温材料			炉 渣		泥炭末	松散土	密实土
	树叶	刨花	锯末	干的	湿的			
尘砂土	3.3	3.2	2.8	2.0	1.6	2.8	1.4	1.12
细砂土	3.1	3.1	2.7	1.9	1.6	2.7	1.3	1.08
砂质黏土	2.7	2.6	2.3	1.6	1.3	2.3	1.2	1.06
粘 土	2.2	2.1	1.9	1.3	1.1	1.9	1.2	1.00

注 表中 K_1 值，对地下水位低的（比冻结线低 1m）土有效，对地下水位高的土（饱和水的），其值接近于 1；本表摘自《建筑施工手册》。

3. 隔热材料防冻法

面积较小的地面防冻，可以直接用隔热材料覆盖。覆盖层厚度 h_{FG} 可按下式计算，即

$$h_{FG}=\frac{H}{K_1} \tag{11-4}$$

式中 H——无保温层的土冻结深度，按式 (11-2a) 计算，mm；

K_1——冻结速度系数，参见表 11-3。

(二) 冻土的破碎与挖掘

在没有保温防冻条件，或土已冻结时，可以采用冻土破碎法首先将冻土破碎，然后再进行挖掘。

1. 冻土破碎法

冻土破碎方法主要有爆破法、机械法和人工法。爆破法是以炸药放入直立爆破孔或水平爆破孔中进行爆破，冻土破碎后再用挖土机械挖掘。机械法，当冻土厚度为 0.25m 以内时，可用中等动力的普通挖掘机挖掘；当冻土厚度不超过 0.4m 时，可用大马力的挖掘机挖掘；当冻土厚度在 0.6～1m 时，常用吊锤打桩机往地面打楔或用楔形锤打桩机进行机械松碎，再进行挖掘。人工法，常用镐、铁楔子等工具挖掘冻土。冻土挖掘时，应注意下述几方面：

(1) 各种管道、设备、油料和炸药必须采取保温措施，防止因冻结产生破坏和变质。

(2) 运输道路和操作的作业面应采取必要的防滑措施。

(3) 冻土挖掘施工应精心组织，密切配合，留有预备力量，应组织连续施工；若需分段连续施工，在分段处应采取防冻措施。

2. 冻土的钻孔

冻土的钻孔可用机械或手工方法进行。机械法钻孔常用电钻或气动钻，钻头用弹簧钢条锻成，厚度为6～8mm，宽度50～60m。手工法钻孔是用烧热的钎子进行。钎子用直径50～75mm，长1.0～1.5m的钢管制成，在管的下端焊上硬合金小齿。钻孔时，应将钎子在烘炉中烤至赤热程度。

(三) 冻土的回填

由于土冻结后即成为坚硬的土块，在回填过程中不能夯实或压实，土解冻后就会造成大量沉降，所以施工及验收规范中对用冻土作回填土有一定规定。室内的基坑（槽）或管沟不得用含有冻土块的土回填；室外的基坑（槽）或管沟可用含有冻土块的土回填，但冻土块体积不得超过填土体积的15%，管沟至管顶0.5m范围内不得用含有冻土块的土回填等。为此，冬期施工的回填土工程可以采取下列措施：

(1) 回填用土预先保温。

(2) 将挖出的不冻土采取防冻措施，留作回填用土。

(3) 土方调配应保持挖方和填方的平衡，使挖出的土立即回填并夯实。

(4) 适当减少冬期回填土量，在保证基底土不遭受冻结的条件下，尽量少填土。

(5) 要确保冬期施工回填土的质量等，如清除回填处的冻雪；对重大项目可用砂土回填；利用工业废料回填等。

二、砌体工程的冬期施工

当预计连续10天内的平均气温低于5℃时，砌体工程的施工，应按照冬期施工技术规定进行。冬期施工期限以外，当日最低气温低于－3℃时，也应按冬期施工有关规定进行。气温可根据当地旬气象预报或历年气象资料估计。

砌体工程的冬期施工方法有：掺盐砂浆法、冻结法和外加剂法。

(一) 掺盐砂浆法

掺入盐类的水泥砂浆、水泥混合砂浆或微沫砂浆称为掺盐砂浆。采用这种砂浆砌筑的方法称为掺盐砂浆法。

1. 掺盐砂浆法的原理和适用范围

掺盐砂浆法就是在砌筑砂浆内掺入一定数量的抗冻化学剂，来降低水溶液的冰点，以保证砂浆中有液态水存在，使水化反应在一定负温下不间断进行，使砂浆在负温下强度能够继续缓慢增长。同时，由于降低了砂浆中水的冰点，砌体的表面不会立即结冰而形成冰膜，故砂浆和砌体能较好的黏结。

掺盐砂浆中的抗冻化学剂，目前主要是氯化钠和氯化钙。其他还有亚硝酸钠、碳酸钾和硝酸钙等。

采用掺盐砂浆法具有施工简便，施工费用低，货源易于解决等优点，所以在我国砌体工程冬期施工中普遍采用掺盐砂浆法。

2. 掺盐砂浆法的施工工艺

(1) 对材料的要求。砌体工程冬期施工所用材料应符合下列规定：砌体在砌筑前，应清除冰霜；拌制砂浆所用的砂中，不得含有冰块和直径大于 10mm 的冻结块；石灰膏等应防止受冻，如遭冻结，应经融化后，方可使用；水泥应选用普通硅酸盐水泥；拌制砂浆时，水的温度不得超过 80℃，砂的温度不得超过 40℃。

(2) 对砂浆的要求。采用掺盐法进行施工，应按不同负温界限控制掺盐量；当砂浆中氯盐掺量过少，砂浆内会出现大量冰结晶体，水化反应极其缓慢，会降低早期强度。如果氯盐掺量大于 10%，砂浆的后期强度会显著降低，同时导致砌体析盐量过大，增大吸湿性，降低保温性能。

盐溶液应设专人配制。先配制成标准浓度，即氯化钠标准溶液为每公斤含纯氯化钠 20%，比重为 1.15；氯化钙标准溶液比重为 1.18；均以波美比重测定，置于专用容器内，然后再以一定的比例掺入温水，配制成所需的施工溶液。

掺盐砂浆法的砂浆使用温度不应低于 5℃，当日最低气温等于或低于 -15℃时，对砌筑承重砌体的砂浆强度等级应比常温施工时提高一级。拌和砂浆前要对原材料进行加热，应优先加热水；当满足不了温度时，再进行砂的加热。当拌和水的温度超过 60℃时，拌制时投料顺序是：水和砂先拌，然后再投放水泥。掺盐砂浆中掺入微沫剂时，盐溶液和微沫剂在砂浆拌和过程中先后加入。砂浆应采用机械进行拌和，搅拌的时间应比常温季节增加一倍。拌和后的砂浆应注意保温。

(3) 施工准备工作。由于氯盐对钢筋有腐蚀作用，掺盐法用于设有构造配筋的砌体时，钢筋除锈后涂沥青 1～2 道，以防钢筋锈蚀。

普通砖和空心砖在正温度条件下砌筑时，应采用随浇水随砌筑的办法；负温度条件下，只要有可能应该尽量浇热盐水。当气温过低，浇水确有困难，则必须适当增大砂浆的稠度。抗震设计烈度为九度的建筑物，普通砖和空心砖无法浇水湿润时，无特殊措施，不得砌筑。

(4) 砌筑施工工艺。掺盐砂浆法砌筑砖砌体，应采用“三一”砌砖法进行操作。即：一铲灰、一块砖、一揉压，使砂浆与砖的接触面能充分结合，提高砌体的抗压及抗剪强度。不得大面积铺灰，减少砂浆温度的失散。砌筑时要求灰浆饱满；灰缝厚薄均匀，水平缝和垂直缝的厚度和宽度，应控制在 8～10mm。采用掺盐砂浆法砌筑砌体，砌体转角处和交接处应同时砌筑，对不能同时砌筑而又必须留置的临时间断处，应砌成斜槎。砌体表面不应铺设砂浆层，宜采用保温材料加以覆盖。继续施工前，应先用扫帚扫净砌体表面，然后再施工。

(二) 冻结法

冻结法是指采用不掺化学外加剂的普通水泥砂浆或水泥混合砂浆进行砌筑的一种冬期施工方法。

1. 冻结法的原理和适用范围

冻结法的砂浆内不掺任何抗冻化学剂，允许砂浆在铺砌完毕后就受冻。受冻的砂浆可获得较大的冻结强度，而且冻结的强度随气温的降低而增高。但当气温升高而砌体解冻时，砂浆强度仍然等于冻结前的强度。当气温转入正温后，水泥水化作用又重新进行，砂浆强度可继续增长。

冻结法允许砂浆砌筑后遭受冻结，且在解冻后其强度仍可继续增长。所以对有保温、绝缘、装饰等特殊要求的工程和受力配筋砌体以及不受地震区条件限制的其他工程，均可采用冻结法施工。

冻结法施工的砂浆，经冻结、融化和硬化三个阶段后，使砂浆强度，砂浆与砖石砌体间的黏结力都有不同程度的降低。砌体在融化阶段，由于砂浆强度接近于零，将会增加砌体的变形和沉降。所以对下列结构不宜选用：空斗墙，毛石墙，承受侧压力的砌体，在解冻期间可能受到振动或动力荷载的砌体，在解冻期间不允许发生沉降的砌体（如筒拱支座）。

2. 冻结法的施工工艺

（1）对材料的要求。冻结法的砂浆使用时的温度不应低于10℃；当日最低气温高于或者等于－25℃时，对砌筑承重砌体的砂浆强度等级应按常温施工时提高一级；当日最低气温低于－25℃时，则应提高二级。

（2）砌筑施工工艺。采用冻结法施工时，应按照“三一”砌筑方法，对于房屋转角处和内外墙交接处的灰缝应特别仔细砌筑。采用一顺一丁的组砌方法。冻结法施工中宜采用水平分段施工，墙体一般应在一个施工段的范围内，砌筑至一个施工层的高度，不得间断。每天砌筑高度和临时间断处均不宜大于1.2m。不设沉降缝的砌体，其分段处的高差不得大于4m。砌体水平灰缝应控制在10mm以内。为了达到灰缝平直砂浆饱满和墙面垂直及平整的要求，砌筑时要随时检查，发现偏差及时纠正，保证墙体砌筑质量。对超过五皮砖的砌体，如发现歪斜，不准敲墙砸墙，必须拆除重砌。

（3）砌体的解冻。砌体解冻时，由于砂浆的强度接近于零，所以增加了砌体解冻期间的变形和沉降，其下沉量比常温施工增大10%～20%。解冻期间，由于砂浆遭冻后强度降低，砂浆与砌体之间的黏结力减弱，致使砌体在解冻期间的稳定性较差。用冻结法砌筑的砌体，在开冻前需进行检查，开冻过程中应组织观测。如发现裂缝、不均匀下沉等情况，应分析原因并立即采取加固措施。在楼板水平面上，墙的拐角处，交接处和交叉处每半砖设置一根$\phi 6$钢筋拉结。具体做法如图11-1所示。

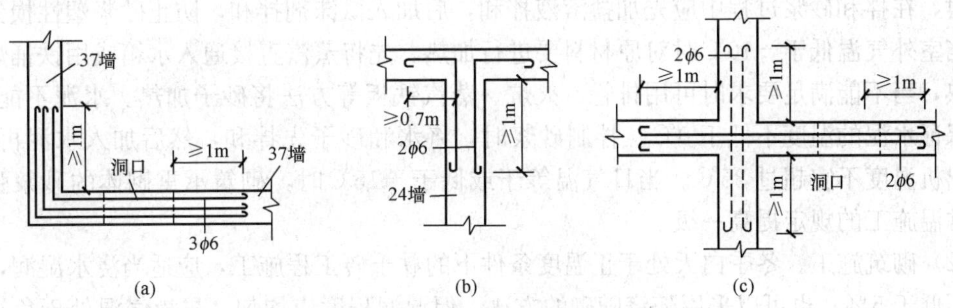

图11-1 冻结法砌筑拉结平面布置图

（a）墙拐角处；（b）内外墙交接处；（c）墙交接处

在解冻期进行观测时，应特别注意多层房屋下层的柱和窗间墙，梁端支承处、墙交接处和过梁模板支承处等地方。此外，还必须观测砌体沉降的大小、方向和均匀性，砌体灰缝内砂浆的硬化情况。观测一般需15天左右。

（三）外加剂法

外加剂法是指掺入一定量外加剂的砌筑砂浆进行砌筑的施工方法。当在砂浆中掺入一定量的盐类外加剂时，盐能使砂浆中的液态水冰点降低，缓遭冻结，负温下的砂浆仍含有液态水，从而使水泥可以充分地水化。有些外加剂还可以加速水泥的水化以及在负温下凝结和硬化，既有防冻剂又有早强剂的作用。此法施工简便、造价低，货源易于解决，有抗冻、早强的作用，在我国被广泛采用。

1. 外加剂法的适用范围

我国外加剂品种较多，一般多使用单盐氯化钠或复盐氯化钠、氯化钙，有时也使用亚硝酸钠和碳酸钾，再掺入微沫剂来改善砂浆的和易性、抗冻性。氯盐有锈蚀金属和易受潮等缺点，同时还参与水泥的水化。砂浆中氯盐掺量过少，砂浆的溶液出现大量的冰结晶体，水泥的水化反应缓慢，甚至停止，早期强度很低。砂浆中氯盐掺量大于 10%，产生严重的析盐现象；大于 20%砂浆强度显著下降。大量的氯盐参加水泥水化，在负温下易生成高氯铝酸盐，气温回升时又转化为低氯形式的氯铝酸盐而分离出含水氯化钙，使砂浆体积膨胀，沿灰缝呈现 1～2mm 厚的松散腐蚀层，与空气接触部分有 1～2mm 的粉尘，砂浆后期强度下降，影响墙面装饰质量和效果。

对装饰有特殊要求的工程不应采用此法；使用湿度大于 80%的建筑物不得使用；经常受 40℃以上高温影响的建筑物不得使用；接近高压电线的建筑物不得使用；配筋、钢埋件无可靠的防腐处理措施的砌体不得使用；经常处于地下水位范围内，以及在地下未设防水层的结构不得使用。此外，一般工程均可采用外加剂法施工。

2. 外加剂的配制方法

外加剂溶液配制有两种方法：一是定量浓度的溶液在砂浆搅拌时掺进去，二是先配制高浓度的溶液，使用时稀释到要求的浓度，作为拌和水使用。固体氯化钠加水溶解后，标准溶液的比重以 1.15 为宜，氯化钙的标准溶液比重以 1.18 为宜。最后掺入量应在标准溶液基础上再进行换算。不得随意加水加盐，以防止盐浓度改变。

3. 外加剂法施工要点

(1) 拌制砂浆。应采用机械拌制，拌和时间比常温增加 0.5～1 倍。如在砂浆中掺入微沫剂时，在拌和砂浆过程中应先加盐溶液拌和，后加入微沫剂拌和，防止砂浆塑性损失。

当室外气温低于－10℃时对原材料要进行加热。先将蒸汽直接通入水箱或用铁桶烧水把水加热，当不能满足要求时可用排管、火炕、蒸汽铁板等方法将砂子加热。水泥不能加热，但要保证水泥的温度不低于 0℃。拌制砂浆时，将水和砂子先拌和，然后加入水泥再拌和，砂浆出机温度不宜超过 35℃。当日气温等于或低于－15℃时，砌筑承重砌体的砂浆强度等级比常温施工的规定提高一级。

(2) 砌筑施工。冬季白天处于正温度条件下的黏土砖工程施工，应适当浇水湿润，其含水率不低于 5%；也可以采用随浇随砌的方法，但湿润程度应均匀。昼夜气温处于负温度的严寒地区，当砌砖时确实无法浇水湿润，则应适当增加砂浆的含水量，其稠度为 70～120mm 为宜。应采用“三一”砌筑法，每皮砖都刮浆的操作方法，确保灰缝的饱满程度，以弥补由于干砖吸水而引起砌体强度的降低。

每日砌筑墙体高度不宜超过 1.8m，墙体转角及纵横交接处最好同时砌筑，若要留槎，最好留成长度不小于高度 2/3 的斜槎；除转角处外，若留直槎，必须做成阳槎，每层设 $\phi 6$ 拉结钢筋。砌筑时的砂浆温度不得低于＋5℃，砖表面与砂浆的温差不宜超过 30℃。

三、混凝土工程冬期施工

根据当地多年气温资料，室外日平均气温连续 5d 稳定低于 5℃时，混凝土工程的施工即应进入冬期施工的要求，这称为混凝土的冬期施工。

(一) 混凝土冬期施工的起止日期

按冬期施工的定义，混凝土冬期施工期限是根据自然气温的变化来确定。当自然平均气温连续5天稳定低于5℃，并连续5d尚未高出5℃的第一天为冬期施工的初始日。同样，当气温回升时可取连续5d稳定高于5℃的末日作为冬期施工的终止日。初日和末日之间的日期即为冬期施工期。

确定混凝土工程冬期施工的起止日期，可根据当地多年资料定出。我国部分地区混凝土工程冬期施工的起止日期见表11-1。

(二) 混凝土冬期施工原理

1. 混凝土的早期冻害机理

混凝土的早期冻害是指新浇筑和在硬化过程中的初龄期混凝土，受寒冷气温的影响，使混凝土遭到冻结，给混凝土的各项指标造成不同程度的影响和损害。温度、水和混凝土内部结构的孔隙是混凝土受冻害的重要条件。

新浇筑的混凝土遭到冻害，主要是由低温造成的。当温度降至＋5℃时，混凝土的初凝时间会大大地推迟；降至0℃时混凝土的硬化速度变得非常缓慢；降至0℃以下时，水开始结冰，水化作用停止，使混凝土的体积膨胀，内部产生一系列的微裂纹。

硬化过程中的初龄期混凝土，内部结构基本形成，但并不十分牢固，遭到不利的影响，很容易破坏。当温度降到0℃时，混凝土内部毛细孔中的自由水表面开始结冰，体积膨胀，将内部未冻结的部分水封闭并沿毛细孔道压向内部。随着冻结的发展，结冰体积越来越大，内部未冻结的水压力越来越高，水压力增高超过混凝土的抗拉强度时，毛细孔胀破，混凝土产生微裂纹。随着冻结向混凝土的深层发展，又产生新的微裂纹，微裂纹相互连接出现贯通微裂缝。

2. 混凝土早期冻害对其性能的影响

在混凝土冬期施工中，早期受冻后其结构及物理力学性能将受到严重的损害。

(1) 混凝土内部的结构破坏。硬化过程中的初龄期混凝土遭冻及新浇筑混凝土立即遭冻后，内部产生一系列的微裂纹甚至微裂缝，这些微裂纹、裂缝破坏了混凝土的内部自身的整体性。试验和工程实践证明混凝土解冻以后，即使再养护28d，这些微裂纹也不能得到全部修补。

(2) 混凝土的抗压、抗拉强度的降低。混凝土在负温下遭到冻结，当温度回升到正温时，水泥的水化作用可继续进行，但冻结对混凝土的抗压、抗拉强度影响较大。冻结时温度越低，强度损失越大；水灰比越大，强度损失越大；受冻时强度越低，强度损失越大。特别是浇筑后立即受冻，抗压强度损失可达50%以上，即使后期正温养护三个月，也恢复不到原设计的强度水平，抗拉强度损失可达40%。

(3) 钢筋混凝土的黏结强度降低。试验结果证明，混凝土早期受冻对混凝土与钢筋的黏结强度影响较大。对强度低的混凝土影响更严重。

3. 温度对混凝土强度增长的影响

混凝土的强度只有在正温养护条件下，才能持续不断地增长，并且随着温度的增高，混凝土强度的增长速度加快。

4. 混凝土允许受冻的临界强度

混凝土允许受冻的临界强度是指新浇筑的混凝土，在受冻前达到某一强度值，然后遭到冻结，当恢复正温养护后，混凝土后期的强度可以继续增长，经 28 天标准养护可达到设计强度的 95%以上，这一受冻前的强度称为混凝土允许受冻的临界强度。临界强度与水泥品种、混凝土的强度、水灰比等因素有关。

规范规定的临界强度值是在混凝土的水灰比不大于 0.6 的前提下试验后制定，如施工时必须大于 0.6 时，需重新试验，确定临界强度值。采用硅酸盐水泥或普通硅酸盐水泥配制的普通混凝土，允许受冻临界强度为设计混凝土强度标准值的 30%。采用矿渣水泥的混凝土允许受冻临界强度不得小于 $5N/mm^2$。

（三）冬期施工对混凝土材料的要求

1. 水泥

冬期施工时，根据工程特点、混凝土工作环境及养护条件，尽量使用快硬、早期强度增长快、早期水化热较高的高强度等级水泥，使之较快地达到临界强度。应优先选用硅酸盐水泥或普通硅酸盐水泥。水泥的强度等级不应低于 32.5 号，最少水泥用量不宜少于 $300kg/m^3$。在使用其他品种的水泥时，应注意其中的掺合材料对混凝土的抗冻、抗渗的性能等影响。冬期施工的混凝土严禁使用高铝水泥，高铝水泥重结晶导致强度下降，它对钢筋的保护作用比硅酸盐水泥差。

2. 骨料

冬期施工时，所用的骨料必须清洁，不得含有冰、雪等冻结物以及易冻裂的矿物质。掺有钾、钠离子防冻剂的混凝土，不应混有活性二氧化硅成分的骨料，以免发生碱骨料反应，导致混凝土的体积膨胀，破坏混凝土结构。

3. 水

拌和水中不得含有导致延缓水泥正常凝结硬化的杂质，以及能引起钢筋锈蚀和混凝土腐蚀的离子。凡一般饮用的自来水和天然的洁净水，都可以用来拌制混凝土。

4. 外加剂

混凝土中掺入适量的外加剂，可以保证混凝土在低温条件下早强和负温下的硬化，防止早期受冻，提高混凝土的耐久性。多使用无氯盐的防冻剂、引气剂或引气减水剂，但不应使用对钢筋有腐蚀和降低混凝土的抗渗性。

5. 掺合料

混凝土中掺入一定量的粉煤灰，能达到改善混凝土性能、提高工程质量、节约水泥、降低成本等优点。掺入一定量的氟石粉能有效地改善混凝土的和易性，提高混凝土的抗渗性，调解水泥水化和提高混凝土初始温度的作用。氟石粉的适宜掺量一般为水泥用量的 10%～15%，最好通过试验确定。

6. 保温材料

混凝土工程冬期施工使用的保温材料，应根据工程类型、结构特点、施工条件、气温情况进行选用。优先选用导热系数小、密闭性好、坚固耐用、防风防潮、价格低廉、重量轻、能多次使用的地方性的材料，如草帘、草袋、炉渣、锯末等。保温材料必须保持干燥，受潮后保温性能成倍降低。随着工业新技术的发展，冬期施工中也越来越广泛地使用轻质高效能的保温材料，如珍珠岩、石棉以及聚氨酯泡沫塑料等。

（四）混凝土冬期施工工艺要求

冬期混凝土施工的特点，就在于采取必要的措施，以消除低温对混凝土硬化所产生的不利影响，保护混凝土在达到规定强度以前不受冻害。冬期施工工艺，应根据工程情况、施工要求以及外界气温条件，经过热工计算及经济比较确定。

1. 混凝土的拌制

(1) 材料加热。要使新浇筑的混凝土在一定的时间内达到所要求的强度，必须具备温度条件，而混凝土获得的热量，除了水泥的水化热以外，只能靠加热的办法取得。国内外一致的做法是，在混凝土搅拌的过程中加热组成材料。

组成材料加热的原则是：根据材料比热大小和加热方法的难易程度，应优先加热水，其次是砂石，水的热容量约为骨料的五倍；水泥不得加热但要保持正温，水泥加热不易均匀，过热的水泥遇水会导致水泥假凝。骨料中不得夹杂冰块以及其他杂质。水、骨料加热的温度不应过高，以免导致水泥出现假凝现象，所以对材料加热的温度必须进行热工计算并加以限制。材料加热的最高允许温度见表 11-4。

表 11-4　拌和水及骨料最高加热温度　℃

项　次	项　　目	拌和水	骨　料
1	强度等级＜42.5 号的普通硅酸盐水泥、矿渣硅酸盐水泥	80	60
2	等度等级≥42.5 号的普通硅酸盐水泥、硅酸盐水泥	60	40

水的加热有直接加热和间接加热两种方法。直接加热法是用铁桶、大锅或热水炉用燃料提高水的温度。此方法适用于施工场地狭窄、零星分散或没有蒸汽源的工程。间接加热是直接向贮水箱内通蒸汽提高水的温度；或在贮水箱内设置蒸汽加热器、电加热器、汽水热交换罐提高水的温度。间接加热法安全、节省人力，但需要设备较多。

砂加热有烘烤加热、直接加热和间接加热三种方法。烘烤法是用砖砌成火道，顶面覆盖钢板，在钢板上面烘炒砂子。此法设备简单、投资少，但加热不均匀、耗能量大、污染环境；对除取砂堆表面上的冻结层最有效。直接加热法又称湿热法，是在砂堆内插入蒸汽花管，直接向砂堆排放蒸汽，提高砂的温度。这种方法设备简单，加热迅速；但蒸汽使砂的含水率变化较大，必须及时注意调整混凝土的用水量。间接加热法又称干热法，是在砂堆中安放蒸汽排管，管内蒸汽间接加热砂子，提高砂的温度。间接加热法砂子的含水率变化小；但加热时间长，投资大、费用高。

石子在通常情况下尽量不加热，当气温较低时，为提高拌和物的温度，可根据情况，按砂的加热的方法加热。

(2) 投料顺序、搅拌时间。冬期施工为了加强混凝土的搅拌效果，应选择强制式搅拌机。合理的投料顺序，可以使混凝土获得良好的和易性，拌和物的温度均匀，有利于混凝土强度的发展，又可以提高搅拌机的效率。一般是先投入骨料和加热的水，搅拌一定时间后，水温降低到 40℃左右时，再投入水泥继续搅拌到规定的时间，要绝对防止水泥假凝。投料量在任何情况下不得超载，一定要与搅拌机的规格、容量相匹配，否则会影响拌和物的均匀性。

搅拌时间是影响混凝土质量的重要因素之一。搅拌时间必须满足表 11-5 规定的最短时间。为满足各组成材料间的热平衡，可以适当延长搅拌时间。搅拌时间短，拌和不均匀，混凝土的和易性和施工性能差，强度降低；搅拌时间长，和易性也会降低，有时产生分层离析现象。

表 11-5　冬期施工混凝土搅拌的最短时间　s

混凝土坍落度（mm）	搅拌机类型	搅拌机容量（L）		
		小于 250	250～650	大于 650
小于等于 30	自落式	135	180	225
	强制式	90	135	180
大于 30	自落式	135	135	180
	强制式	90	90	135

(3) 混凝土拌和物的热工计算。

混凝土拌和物的热工计算，可按下式进行

$$T_0=[0.92(m_{ce}T_{ce}+m_{sa}T_{sa}+m_gT_g)+4.2T_w(m_W-W_{sa}m_{sa}-W_gm_g)+c_1(W_{sa}m_{sa}T_{sa}+W_gm_gT_g)-c_2(W_{sa}m_{sa}+W_gm_g)]/[4.2m_W+0.9(m_{ce}+m_{sa}+m_g)] \tag{11-5}$$

式中　T_0——混凝土拌和物的理论温度,℃；

m_W，m_{ce}，m_{sa}，m_g——水、水泥、砂、石的用量，kg；

T_w，T_{ce}，T_{sa}，T_g——水、水泥、砂和石的温度,℃；

W_{sa}，W_g——砂、石的含水率，%；

c_1——水的比热容，kJ/kg·K；

c_2——冰的溶解热，kJ/kg。

当骨料的温度>0℃时 $c_1=4.2$　$c_2=0$

当骨料的温度<0℃时 $c_1=2.1$　$c_2=335$

【例 11-1】　已知混凝土每立方米的材料用量为水 175kg，32.5 号普通硅酸盐水泥 300kg，砂子 650kg，石子 1250kg。材料的温度分别为水 70℃，砂子 42℃，石子 34℃，水泥 6℃。实测骨料的含水率砂子 3%，石子 2%。试计算混凝土拌和物的温度。

解

$$T_0=\frac{0.92(300\times6+650\times42+1250\times34)+4.2\times70(175-0.03\times650-0.02\times1250)}{4.2\times175+0.9+(300+650+1250)}$$

$$+\frac{4.2(0.03\times650\times42+0.02\times1250\times34)}{4.2\times175+0.9(300+650+1250)}$$

$$=\frac{109817}{2715}=40.4(℃)$$

即混凝土拌和物的温度为 40.4℃。

2. 混凝土的运输

混凝土拌和物经搅拌倾出后，应及时运到浇筑地点，入模成型。在运输的过程中，仍然要有热损失。运输过程中是热损失的关键，混凝土的入模温度主要取决于运输过程中的蓄热程度。因此，运输速度要快，运输距离要短，装卸和转运次数要少，保温要好。

混凝土运输过程中的温度降低，受运输工具、装卸次数、运输时间、出机温度和环境变化等因素的影响。其温度的降低值可通过热工计算求出。

混凝土拌和物的出机温度可按式（11-6）进行计算

$$T_1 = T_0 - 0.16(T_0 - T_i) \tag{11-6}$$

式中 T_1——混凝土拌和物出机温度,℃;

T_0——混凝土拌和物的理论温度,℃;

T_i——搅拌机棚内温度,℃。

混凝土运输过程中温度降低值由式(11-7)确定

$$T_a = (\alpha t_1 + 0.032n)(T_1 - T_b) \tag{11-7}$$

式中 T_a——混凝土运输过程中温度降低值,℃;

t_1——混凝土自运输至浇筑时的时间,h;

n——混凝土转运次数;

T_b——混凝土运输时的环境大气温度,℃;

α——温度损失系数,h^{-1}。

温度损失系数与运输工具和保温状况有关,一般可用式(11-8)计算

$$\alpha = \frac{\lambda\varphi}{K} \tag{11-8}$$

式中 λ——混凝土导热系数,W/(m·K);

φ——冷却表面系数,m^{-1};

K——冷却传递系数,$K/m^2 \cdot K$。

当用混凝土搅拌运输车时 $\alpha=0.25$;采用开敞式大型自卸汽车时 $\alpha=0.20$;采用开敞式小型自卸汽车时 $\alpha=0.30$;采用封闭式自卸汽车时 $\alpha=0.10$;当用手推车时 $\alpha=0.50$;混凝土出机运输至浇筑时的温度可按式(11-9)计算

$$T_2 = T_1 - T_a \tag{11-9}$$

式中 T_2——混凝土拌和物出机运输至浇筑时的温度(混凝土的入模温度),℃;

T_a——混凝土运输过程中温度降低值,℃。

【例 11-2】 混凝土拌和物的理论温度为 25℃,选用 J1-400 搅拌机拌制混凝土。搅拌棚内温度为+5℃。出机的混凝土用手推车运送到浇筑地点,运输到浇筑时间为 15min,倒运 2 次,室外平均气温−5℃。计算混凝土浇筑时的温度。

解 (1)混凝土出机温度

$$\begin{aligned} T_1 &= T_0 - 0.16(T_0 - T_i) \\ &= 25 - 0.16(25 - 5) = 21.8(℃) \end{aligned}$$

(2)混凝土运输过程中的温度降低值

$$\begin{aligned} T_a &= (\alpha t_1 + 0.032n)(T_1 - T_b) \\ &= (0.5 \times 0.25 + 0.032 \times 2)(21.8 + 5) \\ &= 5.06(℃) \end{aligned}$$

(3)混凝土浇筑时的温度

$$\begin{aligned} T_2 &= T_1 - T_a \\ &= 21.8 - 5.06 \approx 16.7(℃) \end{aligned}$$

3. 混凝土的浇筑

在混凝土浇筑前,应清除模板和钢筋上的冰雪和杂物。冬期施工混凝土的浇筑时间不应

超过30min，金属预埋件和直径大于25mm的钢筋应进行预热，混凝土浇筑后开始养护的温度不得低于+2℃。大体积混凝土应分层浇筑，每层厚度不得超过表11-6的规定。

整体式结构混凝土浇筑，并采用加热养护时，浇筑的程序和施工缝位置的留设，应防止较大的温度应力产生。装配式结构受力接头混凝土的施工，浇筑前应将结合部位的表面加热至正温，浇筑后在温度不超过45℃的条件下，养护到设计要求的强度；构造要求接头混凝土，可浇筑掺有不使钢筋锈蚀的外加剂混凝土。

表11-6　冬期施工混凝土浇筑层的厚度

项　次	捣实混凝土的方法		浇筑层厚度（mm）
1	插入式振捣		振捣棒长度的1.25倍
2	表面振捣		200
3	人工振捣 (1) 混凝土基础、无筋或少筋结构 (2) 梁、板、柱结构 (3) 配筋密列结构		 250 200 150
4	轻骨料混凝土	插入式振捣 表面振捣（振动时加荷）	300 200

冬期不得在强冻胀性地基上浇筑混凝土；在弱冻胀性地基上浇筑混凝土，地基土应进行保温；在非冻胀性地基上浇筑混凝土，可以不考虑地基土对混凝土的冻胀的影响，但在地基受冻前，混凝土的抗压强度不得低于受冻临界强度。在浇筑混凝土时，考虑模板和钢筋的吸热影响，混凝土浇筑成型完成时的温度可按式（11-10）计算

$$T_3=\frac{c_2T_2+c_fm_fT_f+c_sm_sT_s}{c_cm_c+c_fm_f+c_sm_s} \tag{11-10}$$

式中　T_3——考虑模板和钢筋的吸热影响，混凝土浇筑成型完成时的温度,℃；

T_2——混凝土拌和物运输到浇筑时的温度,℃；

c_c、c_f、c_s——混凝土、模板、钢筋的比热容（kJ/kg·K），混凝土取1kJ/kg·K，钢材取0.48kJ/kg·K；

m_c——每立方米混凝土重量，kg；

m_f、m_s——与每立方米混凝土相接触的模板、钢筋的重量，kg；

T_f、T_s——模板、钢筋的温度，未预热者可采用当时的环境气温,℃。

（五）混凝土冬期施工方法的选择

混凝土冬期施工方法是保证混凝土在硬化过程中防止早期受冻所采取的各种措施。

1. 施工方法的分类与选择

(1) 施工方法的分类。根据热源条件和使用的材料，混凝土冬期施工的养护方法有两类。

1）混凝土养护期间不加热方法。外界环境气温不很低，厚大的结构工程施工时，可提高混凝土的初始浇筑温度，同时在模板的外面用保温材料加强对混凝土的保温，不需要在养护期间对混凝土额外加热，就使水泥的水化热较早较快地释放。在短时间内，或混凝土内温度降低到0℃以前，混凝土可达到临界强度，如蓄热法、综合蓄热

法、掺化学外加剂法等。

2）混凝土养护期加热方法。天气严寒、气温较低，对于不太厚大的结构构件，需要利用外部热源对新浇筑的混凝土进行加热养护。加热的方式可直接对混凝土加热，也可加热混凝土周围的空气，使混凝土处于正温养护条件，如蒸汽加热法、电热法、暖棚法等。

（2）冬期施工方法的选择。选择混凝土施工方法时，应考虑的主要因素是自然气温条件、结构类型、水泥品种、施工工期、能源状况以及经济条件。常用的混凝土冬期施工方法见表 11-7，供参考使用。

对于工期不紧和无特殊限制的工程，应本着节约能源和降低冬期施工费用的原则，优先选用养护期间不加热的施工方法或综合养护法。一个好的施工方案，首先应在能避免混凝土早期受冻前提下，用最低的施工费用在最短的施工期内，能获得优良的施工质量，也就是在施工质量、施工期限和施工费用三个方面综合考虑选择最佳方案。

2. 混凝土工程冬期施工的养护

冬期施工时，混凝土养护工艺有暖棚法、蓄热法、电热法、蒸气加热法等。

（1）暖棚法养护。暖棚法是浇筑和养护混凝土时，在建筑物或构件周围搭起暖棚，棚内设置热源，以维持棚内的正温环境，使混凝土在正温下硬化。

本法适用于建筑物面积不大而混凝土工程又很集中的工程。其优点是施工操作与常温无异，方便可靠；缺点是暖棚搭设需消耗较多材料和劳动力，需要大量热源，费用较高。

表 11-7　冬期施工方法的特点和适用条件

施工方法		施工方法的特点	适宜条件
不加热养护法	蓄热法	1. 原材料加热视气温条件； 2. 用一般或高效保温材料覆盖于塑料薄膜上，防止水分和热量散失； 3. 混凝土温度降至 0℃时，要达到受冻临界强度； 4. 混凝土硬化慢，但费用低，施工方便	1. 自然气温不低于－15℃； 2. 地面以上的工程； 3. 混凝土结构表面系数不大于 5 的结构
	综合蓄热法	1. 原材料加热； 2. 混凝土中掺早强剂或防冻剂； 3. 用一般或高效保温材料覆盖于塑料薄膜上，防止水分和热量散失； 4. 混凝土温度降至外加剂设计温度前，要达到受冻临界强度； 5. 混凝土早期强度增长较好，费用较低	1. 混凝土结构表面系数 5≤M≤15； 2. 混凝土养护期间平均气温不低于－12℃； 3. 适用于梁、板、柱及框架结构，大模板墙体结构
	掺化学外加剂法	1. 原材料加热视气温条件； 2. 掺早强剂或防冻剂，适当覆盖保温； 3. 混凝土温度降至冰点前应达到受冻临界强度； 4. 混凝土硬化慢，但费用低，施工方便	1. 自然气温不低于 20℃，在混凝土冰点以内； 2. 外加剂品种，性能应与结构特点和施工条件相适应； 3. 混凝土结构表面系数大于 5≤M≤15

续表

施工方法		施工方法的特点	适宜条件
加热养护法	蒸汽加热法	1. 原材料加热视气温条件； 2. 利用结构条件或将混凝土罩以外套，形成蒸汽室； 3. 在混凝土内部预留孔道通气； 4. 利用模板通汽形成热膜； 5. 耗能大，费用高	1. 现场预制构件、地下结构、现浇梁、板、柱等； 2. 较厚的构件、梁、柱和框架； 3. 竖向结构； 4. 表面系数 6～8
	电热法	1. 利用电能转换为热能加热混凝土； 2. 利用磁感应加热混凝土； 3. 利用红外辐射加热混凝土； 4. 耗能大，费用高； 5. 混凝土硬化快	1. 墙、梁和基础； 2. 不多的梁、柱及厚度不大于200mm的板及基础； 3. 框架、梁、柱接头； 4. 表面系数 8 以上
	暖棚法	1. 在结构周围增设暖棚，设热源使棚内保持正温； 2. 封闭工程的外围结构设热源使室内保持正温； 3. 原材料是否加热视气温条件； 4. 施工费用高	1. 工程量集中的结构； 2. 有外围护的结构； 3. 表面系数 6～10 的结构

(2) 蓄热法养护。蓄热法是利用混凝土组成材料的预加热量和水泥的水化热量，并增设保温材料将浇筑后的混凝土严密覆盖，使混凝土缓慢冷却，并在冷却过程中逐渐硬化，当混凝土温度降至0℃时，可达到抗冻临界强度或预期强度要求。

当结构面积系数较小或气温不太低时，宜优先选用蓄热法养护工艺。本法具有经济、简便、节能等优点；但蓄热法施工，有强度增长缓慢等缺点。

(3) 电热法养护。电热法分为电热毯加热法、工频涡流加热法和电极法。

电热毯加热法是以电热毯为加热元件，适用于以钢模板浇筑的构件。电热毯由四层玻璃纤维布中间夹以电阻丝制成。电热毯的尺寸应根据钢模板背后的区格大小而定，约为300mm×400mm，电压60V，每块功率75W，通电后表面温度可达110℃，但应按规范规定控制。

在钢模板的区格内卡入电热毯后，再覆盖石棉板和其他保温材料，外侧用环保胶黏贴水泥纸袋两层挡风。对大模板现浇墙体加热时，对易于散热较多的部位，即墙体顶部，底部和墙体连接部位，应双面密布电热毯，中间部位可以较疏或两面交错铺设。

在混凝土浇筑前应先通电将模板预热，浇筑过程中应留出测温孔，浇筑后应定期测定温度并做好记录，养护过程中应根据混凝土温度变化可断续送电。

工频涡流加热法是在钢模板的外侧布设钢管，钢管与板面贴紧并焊牢，管内穿以导线。当导线中有电流通过时，在管壁上产生热效应，通过钢模板将热量传导给混凝土，使混凝土升温。在通常情况下，每平方米模板约需布设 ϕ15 (1/2″) 钢管 5m，用截面积为 25～35mm^2 的铝芯线作导线，通以电压为 100～140V 的电流，为了减少热能损失，降低能耗，在模板外面应用毛毯、矿棉板或聚氨酯泡沫等材料保温。

工频涡流加热法适用于钢模板浇筑的混凝土墙体、梁、柱和接头。其优点是温度比较均匀，控制方便；缺点是需制作专用模板，增加了模板费用。

电极法是在混凝土结构的内部或表面设置电极，通以低压电流。由于混凝土的电阻作用，使电能变为热能，所产生的热量对混凝土加热。电极法采用交流电（直流电会使混凝土内水分分解），工作电压宜为 50～110V，在无筋混凝土和每立方米混凝土中含钢量不大于 50kg 的结构中，电压可采用 120～220V。

电极种类及适用范围见表 11-8。电极法养护工艺耗钢量和耗电量较大，但养护效果好，易于控制。

采用电极法养护工艺，当混凝土浇筑完毕，电极布置妥当后，首先将混凝土的外露表面覆盖，通电后要随时注意观察混凝土表面温度和湿度，如出现干燥现象，应切断电源用温水润湿混凝土表面，再继续通电养护。施工时，混凝土的升温速度和降温速度均应符合规范规定。对薄壁结构或易于散热冷却部位，应加强保温措施。

表 11-8　　电极种类及适用特点

分　类	特　　点	应用范围
表面电极法	将电极固定在木模板内侧，电极可用 $\phi6$ 钢筋或宽 40～60mm 的白铁皮做成。电极间距：钢筋为 200～300mm，白铁皮为 100～150mm	常用于墙、梁、基础等结构
棒形电极法	电极用 $\phi6$～$\phi12$ 的钢筋断料制成，直接由结构物表面插入或通过木模板插入混凝土内，其长度由结构断面而定	常用于柱、梁、基础等结构
弦形电极法	电极用 $\phi8$～$\phi10$ 的钢筋制成，每段长 2.5～3.0m，混凝土浇筑前用绝缘垫将电极固定在箍筋上，电极端部弯成直角露出木模板	常用于钢筋不多的柱、梁及厚度大于 200mm 板和基础等结构

(4) 蒸气加热法养护。蒸气加热法养护工艺分为：一是让蒸气与混凝土直接接触，利用蒸气的温热作用来养护混凝土；二是将蒸气作为热载体，通过某种形式的散热器，将热量传导给混凝土使混凝土升温。前者有蒸气室、蒸气套法和内部通气法养护工艺；后者有毛管法和热模法养护工艺。蒸气养护法的主要优点是蒸气含热量高，湿度大，成本较低，缺点是温度湿度难以保持均匀稳定，热能利用率低，现场管道多，容易发生冷凝和冰冻。

养护混凝土的蒸气需用量与采用的养护方法、被养护混凝土构件的形状和体积，以及与养护的环境气温等有关。应用蒸气加热法养护需要配置锅炉及布置输送管网设施。蒸气养护法的适用性比较广泛，其中蒸气室法适用于加热地槽中的混凝土结构及地面上的小型预制构件；蒸气套法适用于现浇柱、梁及肋形楼板等整体结构的加热；内部通气法适用于柱、梁等现浇构件加热；热模法适用于空腔式模板或排管式模板等特制钢模板的混凝土工程，对混凝土进行间接加热。

(六) 混凝土冬期施工的质量保证

冬期施工混凝土的质量保证除满足常温下施工的质量要求外，还应注意下述几方面问题：

(1) 混凝土冬期施工，应保证化学附加剂的质量和掺量；应检查水和骨料的加热温度，混凝土出机、浇筑、硬化过程的温度，每工作班至少应测量四次；测定混凝土温度降至 0℃ 的强度，并做好检查测试记录。

(2) 混凝土在养护过程中应随时检查保温情况，并应了解结构物浇筑日期、要求温度、养护期限等，一旦发现混凝土温度过高或过低，都应及时采取必要措施。

(3) 混凝土浇筑过程中的试块留置除与常温下施工相同外，还应增加两组补充试块与构件同条件养护，用于测定混凝土受冻前的强度和与构件同条件养护28天后转入标准养护28天再测其强度。

四、装饰工程冬期施工

(一) 装饰工程施工的环境温度要求

室内外装饰工程的环境温度，应符合下列规定：

(1) 刷浆、饰面和花饰工程以及高级的抹灰不应低于5℃；

(2) 中级和普通抹灰以及玻璃工程应在0℃以上；

(3) 裱糊工程不应低于10℃；

(4) 用胶黏剂粘贴的罩面板工程，应按产品说明要求的温度施工；

(5) 涂刷清漆不应低于8℃，乳胶漆应按产品说明要求的温度施工；

(6) 室外涂刷石灰浆不应低于3℃。

环境温度是指施工现场的最低温度；室内温度应靠近外墙离地面高500mm处测得。

(二) 一般抹灰冬期施工

1. 热作法施工

热作法施工是利用房屋的永久热源或临时热源来提高和保持操作环境的温度，人为创造一个正温环境，使抹灰砂浆硬化和固结。热作法一般用于室内抹灰。常用的热源有火炉、蒸汽、远红外加热器等。

室内抹灰应在屋面已做好的情况下进行。在进行室内抹灰之前，应将门、窗封闭、脚手眼堵好，并且室内温度不应低于+5℃。抹灰前应设法使墙体融化，墙体的融化深度应大于1/2墙厚，且不小于120mm，地面基层为正温，方能进行施工。抹灰时砂浆的温度不低于10℃。抹灰工程结束后，至少15d内应保持不低于10℃的室温，或在墙面抹灰层湿度不大于8%之后，方可停止供热。地面工程以表面温度为准，须养护36h后开始洒水养护，且至少在7天内保持不低于10℃的表面温度。

2. 冷作法

冷作法施工是在负温下不施加任何采暖措施而进行抹灰作业，称为冷作抹灰。在使用的砂浆中掺入氯化钠等抗冻剂，以降低抹灰砂浆的冰点。掺氯盐的冷作法抹灰，严禁用于高压电源部位。砂浆中的黄砂宜用中粗砂，石膏熟化时间常温下一般不少于15天。用冻结法砌筑的墙，室外抹灰应待其完全解冻后施工，不得用热水冲刷冻结的墙面或用火消除墙面的冰霜。

抹灰的环境温度不得低于－5℃，若低于－5℃，可选择适当的方法使环境温度上升至－5℃以上，待抹灰完工后，即可撤除热源。

(三) 装饰抹灰冬期施工

装饰抹灰冬期施工除按一般抹灰施工要求掺盐外，可另加水泥重量20%的环保胶水，要注意搅拌砂浆时应先加一种材料搅拌均匀后再加另一种材料，避免直接混合搅拌。

(四) 其他装饰工程的冬期施工

冬期进行油漆、刷浆、裱糊、饰面工程，应采用热作法施工。应尽量利用永久性的采暖设施。室内温度应保持均衡，不得突然变化，低于规定室内温度。否则不能保证工程质量。

冬期气温低，油漆会发粘不易涂刷，涂刷后漆膜不易干燥。为了便于施工，可在油漆中加一定量的催干剂，保证在24h内干燥。

五、屋面工程冬期施工

卷材屋面冬期施工宜选择气温不低于－15℃的风和日暖的天气，利用日照使基层达到正温条件，方可铺设卷材。当气温低于－5℃时，不宜进行找平层施工。

油毡使用前应放在＋15℃的室内预热8h，并在铺贴前一日，清扫油毡表面的滑石粉，使用时，根据施工进度的要求，分批送至屋面。

冬期施工不宜采用焦油系列产品，应采用石油系列产品。沥青胶配合比应准确。沥青的熬制及使用温度应比常温季节高10℃，且不低于200℃。

铺设前，应检查基层的强度、含水率及平整度。基层含水率不超过15％，防止基层含水率过大，转入常温后水分蒸发引起油毡鼓泡。

扫清基层上的霜雪，冰层、垃圾，然后涂刷冷底子油一度。铺贴卷材时，应做到随涂沥青胶随铺贴和压实油毡，以免沥青胶冷却黏结不好，产生孔隙气等。沥青胶厚度宜控制在1～2mm，最大不应超过2mm。

第二节 雨期施工方法

一、雨期施工的概述

（一）我国雨季的气象特点

我国地域辽阔，各地降水量及其时间分布极不均衡。华南地区降水量较高，全年降水量可达到1700mm；其次为华中、华东和西南地区，全年降水量达1000～1300mm左右；华北、西北地区降水量较少，全年降水量只有300～600mm。北方地区雨季集中在6～8月，雨量大且比较集中；南方地区雨季时间较长，全年约70％～80％时间为雨季，并较北方提前。因此，在建筑工程施工中，应根据各地区气象特点，合理安排雨期施工，是确保工程质量和生产安全、提高施工经济效益的重要保证。

（二）雨期施工特点

(1) 雨期施工的开始具有突然性。由于暴雨山洪等恶劣气象往往不期而至，这就需要雨期施工的准备和防范措施及早进行。

(2) 雨期施工带有突击性。因为雨水对建筑结构和地基基础的冲刷或浸泡具有严重的破坏性，必须迅速及时地防护，才能避免给工程造成损失。

(3) 雨期往往持续时间很长，阻碍了工程（主要包括土方工程、屋面工程等）顺利进行，拖延工期。对这点应事先有充分估计并做好合理安排。

（三）雨期施工的原则

雨期施工带有突击性，组织施工应避免突发性气候变化（如暴雨、山洪、台风、雷电等）带来的灾害性损失，并及时迅速地制定应急性保护措施，以减轻对工程施工造成的损失。因此，雨期施工的原则主要有下述几点：

1. 坚持以“预防为主”的原则

组织雨期施工，应坚持以预防为主的原则。施工前，应根据分项工程的施工特点，事前采取必要的防雨措施，加强施工现场和作业面的防洪排水工作，以确保雨期施工正常进行，不受季节性气候的影响。

2. 合理组织，统筹规划的原则

应坚持科学而合理的组织施工，统筹规划的原则。对那些易受雨期影响造成质量与安全事故的分项工程，如深基础开挖、屋面防水等工程，宜避开雨期组织施工。因工期要求而无法避开雨期组织施工的项目，一般应组织人力、材料、设备的集中供应，并制定相应的质量与安全保证措施，采取短期突击性施工的方式。

3. 对突发事件的应急原则

对于一些地区雨期降水量比较集中，易于遭到暴雨、狂风、雷电等的突然袭击。如果出现这种恶劣气候，一般宜采取停工等待。因工艺技术原因而不能停工等待的项目，如现浇钢筋混凝土结构的重要部位，需要组织连续施工，应采取必要的应急措施，如加强现场排洪、作业面防雨，高耸设备加固及防雷等措施，以确保施工质量及生产安全。

4. 信息反馈原则

雨期施工应加强信息反馈，如施工前，应与气象部门联系，了解施工期间的气象变化规律；加强施工现场管理，收集工程进度、人员流动及材料、机械设备的储备等信息资料，为雨期施工制定合理的施工组织措施、统筹规划施工项目进度、防止突发性事件的防灾措施等提供可靠依据。

二、雨期施工的技术准备

（一）施工现场的技术准备

1. 施工现场总平面图设计

在施工现场总平面图的设计中，应反映出雨期施工特点和要求，如现场防洪水排水渠道的布置、材料堆放场地积水排除措施、道路排水及防滑措施等，都应在施工总平面布置图中显示出来。施工现场的道路，设施必须做到排水畅通。尽量做到雨停水干，要防止地面水渗入地下室，基础、地沟内。要做好对危石的处理，防止滑坡和塌方。

2. 工艺技术准备

对雨期组织施工的项目，事前应对设计图纸的技术要求组织精心的研究，制定合理的工艺方案及相应措施，施工操作要求，立体交叉作业的安全措施，质量保证措施，高耸设备安装的加固措施，运输方案，防洪排水方案等技术准备工作。

（二）机电设备及材料的防护

雨期施工，对机电设备及材料防护的要点是：

(1) 机电设备的电闸箱、动力装置、控制装置等部位，应采取防潮，防湿措施，并应安装接地保护装置。

(2) 对塔式起重机的接地装置应进行全面检查，包括接地装置，接地体的深度、距离、棒径、地线截面应符合规定要求。

(3) 对原材料及半成品的保护，包括木制构件、石膏板、轻钢龙骨及容易受潮的原材料等，应采取防雨防潮措施，在室内堆放应保持通风良好，垫高堆码，注意防雨及材料四周排水。水泥应按“先收先发、后收后发”的原则，避免久存受潮而影响水泥的活性。

（三）施工设施的检修及停工维护

(1) 以施工现场的各类临时设施，如宿舍、办公室、食堂、仓库、加工车间等应定期全面检修，特别是在暴雨、狂风来临前应做必要的加固处理。对危险建筑物应进行全面翻修，加固或拆除。

（2）对停工的工程应做好维护，如对地下室窗井，人防通道、洞口等应加以遮盖或封闭、防止雨水灌入。

三、雨期施工的主要技术措施

雨期施工主要解决雨水的排除问题，对于大中型工程的施工现场，必须做好临时排水系统的总体规划，其中包括阻止场外水流入现场和使现场内积水排出场外两部分。其原则是上游截水，下游散水；坑底抽水，地面排水。做总体规划设计时，应根据当地历年最大降雨量和降雨时期，结合地形和施工要求通盘考虑。

1. 现场临时排（截）水沟的设计

临时排水沟和截水沟的设计一般应符合下列规定：

（1）纵向边坡坡度应根据地形确定，一般应小于3‰，平坦地区不应小于2‰，沼泽地区可减至1‰；

（2）沟的边坡坡度应根据土质和沟的深度确定，黏性土边坡一般为1∶0.7～1∶1.5；

（3）横断面的尺寸应根据施工期内可能遇到的最大流量确定，最大流量则应根据当地气象资料，查出历年在这段期间的最大降雨量，再按其汇水面积计算，如图11-2所示。

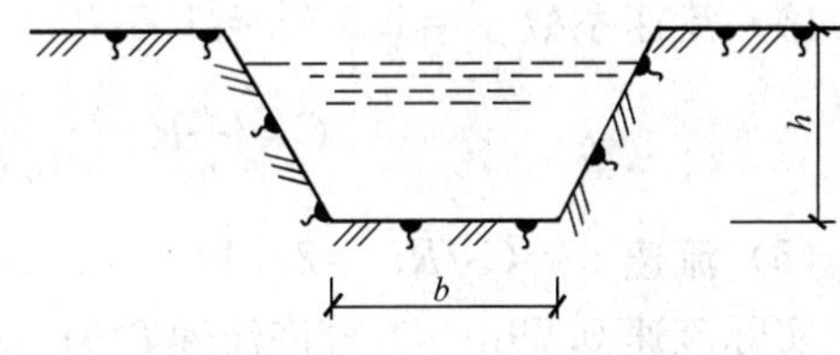

图11-2 排水沟剖面图

计算公式如下：

1）流速

$$v = C\sqrt{Ri} \tag{11-11}$$

式中 v——流速，m/s；

C——流速系数，1/s；

R——水力半径，m；

i——沟底纵向坡度，%。

流速系数 C 按下式计算

$$C = \frac{1}{n}R^{y} \tag{11-12}$$

式中 n——粗糙系数，土质水沟 $n=0.025 \sim 0.035$，石质水沟 $n=0.040 \sim 0.055$；

y——当 $0.1<R<1$m 时，$y=1.5\sqrt{n}$；当 $1<R<3$m 时，$y=1.3\sqrt{n}$。

水力半径按下式计算

$$R = \frac{W}{x} \tag{11-13}$$

式中 W——水流断面面积，m^2；

x——湿周，即水浸湿的周长，m。

水流断面面积按下式计算

$$W = bh + mh^2 \tag{11-14}$$

湿周按下式计算

$$x = b + 2\sqrt{1+m^2}h \tag{11-15}$$

式中 b——排水沟底宽，m；

h——水流高度，m；

m——坡度系数。

2）流量

$$Q = vW \tag{11-16}$$

式中 Q——流量，m^3/s。

【例 11-3】 有一土质排水沟，底宽 $b=0.4m$，边坡系数 $m=1$，底面坡度 $i=4‰$，粗糙系数 $n=0.025$，当正常水深 $h=0.4m$ 时，问能否通过流量 $Q=0.15m^3/s$（允许流速 0.7m/s）的水流？

解 （1）水流断面面积 $W=bh+mh^2=0.4\times0.4+1\times0.4^2=0.32$（$m^2$）

（2）湿周（水浸湿的周长）

$$x=b+2\sqrt{1+m^2}h=0.4+2\sqrt{1+1^2}\times0.4=1.532(m)$$

（3）水力半径 $$R=\frac{W}{x}=\frac{0.32}{1.532}=0.209(m)$$

（4）流速系数 $y=1.5\sqrt{n}=1.5\sqrt{0.025}=1.5\times0.158=0.24$

$$C=\frac{1}{n}R^y=\frac{1}{0.025}\times0.209^{0.24}=27.47$$

（5）流速 $v=C\sqrt{Ri}=27.47\times\sqrt{0.209\times0.004}=0.79(m/s)$

实际流速 0.79m/s＞容许流速 0.7m/s，须适当加固，夯拍表层。

（6）流量 $Q=vW=0.79\times0.32=0.25$（m^3/s）＞0.15（m^3/s）

经过计算，排水沟能通过流量 $0.15m^3/s$ 的水流。

2. 土方和基础工程

（1）雨期开挖基槽（坑）或管沟时，应注意边坡稳定。必要时可适当放缓边坡坡度或设置支撑。施工时应加强对边坡和支撑的检查。

（2）为防止边坡被雨水冲塌，可在边坡上加钉钢丝网片，再浇筑 50mm 厚细石混凝土。

（3）雨期施工的工作面不宜过大，应逐段、逐片的分期完成。基础挖到标高后，及时验收并浇筑混凝土垫层。

（4）为防止基坑浸泡，开挖时要在坑内做好排水沟、集水井。

（5）位于地下的池子和地下室，施工时应考虑周到。如预先考虑不周，浇捣后，遇有大雨时，往往会造成地下室和池子上浮的事故。

【例 11-4】 有一水池外径为 18m，壁厚 400mm，池高 5.6m，底板外径 19m，底板厚 400mm，垫层 100mm，试计算水池的上浮的积水临界高度。

解 池底板重力 $Q_1=9.5\times9.5\times\pi\times(0.4+0.1)\times25=3544$（kN）

池壁重力 $Q_2=(18-0.4)\times\pi\times5.6\times0.4\times25=3096$（kN）

池总重力 $Q_3=Q_1+Q_2=3544+3096=6640$（kN）

水池周围每米积水对池子的浮力（水的浮力取 $10kN/m^2$）$9\times9\times\pi\times1\times10=2544$（kN/m）则水池上浮的积水临界高度为 $h=\frac{6640}{2544}=2.61$（m）

答：若池外积水超过 2.61m，水池可能上浮。

基础施工完毕，应抓紧基坑四周的回填工作。停止人工降水时，应验算箱形基础抗浮稳定性、地下水对基础的浮力。抗浮稳定系数不宜小于1.2，以防止出现基础上浮或者倾斜的重大质量事故。如抗浮稳定系数不能满足要求时，应继续抽水，直到施工上部结构荷载加上后能满足抗浮稳定系数要求时为止。当遇上大雨，水泵不能及时有效的降低积水高度时，应迅速将积水灌回箱形基础之内，以此来增加基础的抗浮能力。

3. 砌体工程

(1) 砖在雨期必须集中堆放，不宜浇水。砌墙时要求干湿砖块合理搭配。砖湿度较大时不可上墙。砌筑高度不宜超过1m。

(2) 雨期遇大雨必须停工。砌砖收工时应在砖墙顶盖一层干砖，避免大雨冲刷灰浆。大雨过后受雨冲刷过的新砌墙体应翻砌最上面两皮砖。

(3) 稳定性较差的窗间墙、独立砖柱，应加设临时支撑或及时浇筑圈梁，以增加墙体稳定性。

(4) 砌体施工时，内外墙要尽量同时砌筑，并注意转角及丁字墙间的搭接要同时跟上。遇台风时，应在与风向相反的方向加临时支撑，以保护墙体的稳定。

(5) 雨后继续施工，须复核已完工砌体的垂直度和标高。

4. 混凝土工程

(1) 模板隔离层在涂刷前要及时掌握天气预报，以防隔离层被雨水冲掉。

(2) 遇到大雨应停止浇筑混凝土，已浇部分应加以覆盖。现浇混凝土应根据结构情况和可能，多考虑几道施工缝的留设位置。

(3) 雨期施工时，应加强对混凝土粗细骨料含水率的测定，及时调整用水量。

(4) 大面积的混凝土浇筑前，要了解2～3d的天气预报，尽量避开大雨。混凝土浇筑现场要预备大量防雨材料，以备浇筑时突然遇雨进行覆盖。

(5) 模板支撑下回填土要夯实，并支好垫板，雨后及时检查有无下沉。

5. 吊装工程

(1) 构件堆放地面要平整坚实，周围要做好排水工作，严禁构件堆放区积水、浸泡，防止泥土粘到预埋件上。

(2) 塔式起重机路基，必须高出自然地面150mm，严禁雨水浸泡路基。

(3) 雨后吊装时，要先做试吊，将构件吊至1m左右，往返上下数次稳定后再进行吊装工作。

6. 屋面工程

(1) 卷材屋面应尽量在雨季前施工，并同时安装屋面的落水管。

(2) 雨天严禁油卷材面施工，卷材、保温材料不准淋雨。

(3) 雨季屋面工程宜采用“湿铺法”施工工艺，“湿铺法”就是在“潮湿”基层上铺贴卷材，先喷刷1～2道冷底子油，喷刷工作宜在水泥砂浆凝结初期进行操作，以防基层浸水。如基层浸水，应在基层表面干燥后方可铺贴卷材。如基层潮湿且干燥有困难时，可采用排汽屋面。

7. 抹灰工程

(1) 雨天不准进行室外抹灰，至少应能预计1～2d的气候变化情况。对已经施工的墙面，应注意防止雨水污染。

(2) 室内抹灰尽量在做完屋面后进行，至少做完屋面找平层。

(3) 雨天不宜作罩面油漆。

8. 雨期施工的机械设备防雨和防雷设施

(1) 所有机械棚要搭设牢固，防止倒塌漏雨。机电设备采取防雨、防淹措施，安装接地安全装置。机动电闸的漏电保护装置要可靠。

(2) 雨期为防止雷电袭击造成事故，在施工现场高出建筑物的塔吊、人货电梯、钢脚手架等必须装设防雷装置。

施工现场的防雷装置一般是由避雷针、接地线和接地体三个部分组成。

1) 避雷针装在高出建筑物的塔吊、人货电梯、钢脚手架的最顶端上。

2) 接地线可用截面积不小于 16mm^2 的铝导线，或用截面积不小于 12mm^2 的铜导线，也可用直径不小于 8mm 的圆钢。

3) 接地体有棒形和带形两种。棒形接地体一般采用长度 1.5m、壁厚不小于 2.5mm 的钢管或 L5mm×50mm 的角钢。将其一端打光并垂直打入地下，其顶端离地平面不小于 500mm。带形接地体可采用截面积不小于 50mm^2，长度不小于 3m 的扁钢，平卧于地下 500mm 处。

4) 防雷装置的避雷针、接地线和接地体必须焊接（双面焊），焊缝长度应为圆钢直径的 6 倍或扁钢宽度的两倍以上，电阻不宜超过 10Ω。

第三节　冬期与雨期施工的安全技术

冬期的风雪冰冻，雨期的风雨潮汛，给建筑施工带来了困难，影响和阻碍了正常的施工活动。为此必须采取切实的防范措施，以确保施工安全。

一、冬期施工的安全技术

冬期施工主要应做好防水、防寒、防毒、防滑、防爆等工作。

(1) 冬期施工前各类脚手架要加固，要加设防滑设施，及时清除积雪。

(2) 易燃材料必须经常注意清理，必须保证消防水源的供应，保证消防道路的畅通。

(3) 严寒时节，施工现场应根据实际需要和规定配设挡风设备。

(4) 要防止一氧化碳中毒，防止锅炉爆炸。

二、雨期施工的安全技术

雨期施工主要应做好防雨、防风、防雷、防电、防汛等工作。

(1) 基础工程应开设排水沟、基槽、坑沟等，雨后积水应设置防护栏或警示标志，深度超过 1m 的基槽、井坑应设支撑。

(2) 一切机械设备应设置在地势较高、防潮避雨的地方，要搭设防雨棚。机械设备的电源线路要绝缘良好，要有完善的保护接零。

(3) 脚手架要经常检查，发现问题要及时处理或更换加固。

(4) 高层建筑、脚手架和构筑物要按电气专业规定设临时避雷装置。

工 程 实 践 案 例

一、工程概况

某广场工程单体建筑面积 215835m^2，平面呈 L 形，南北长 272m，东西宽 107m 和

55m，地下3层，埋深17.3m，地上为钢筋混凝土框架结构11层，局部13层，四方亭宝鼎高度64.3m。集商业、购物、休闲、娱乐、高尚居住环境于一体。建筑设计既有现代化大型商业中心的风格和氛围，体现了民族传统和古都风貌。

该广场工程基础底板为大体积混凝土，施工时正值冬季。混凝土底板轴线尺寸479.53×153.54m，基坑面积超过7.5万m^2。基础类型为筏基与独立柱基和抗水板（裙房部分）组合而成，筏基底板有50余个不同标高及215个深度和形状不同的独立基坑。筏基厚度1.8～2.2m，最厚处5.1m。在筏基底板上支撑起11幢塔（板）楼，分别为东区3幢办公楼，1幢公寓楼；中区1幢酒店及2幢办公楼；西区3幢办公楼，1幢公寓楼；地下结构全部相通。底板混凝土为C35、P12抗渗混凝土。底板及外墙采用UEA补偿收缩混凝土，掺UEA膨胀剂及麦斯特高效减水剂。底板混凝土总量约14万m^3，钢筋总量3.4万t。基础中的裙房部位为0.65m厚抗水板，并有1层75mm厚聚苯板＋50mm厚焦渣的压缩变形层。抗水板上有250mm厚卵石滤水层。

筏基大底板上贯穿东南西北方向预留沉降后浇带和一条后浇带（施工缝），将整个底板分为15块，如图11-3所示。每块混凝土量约6000～11000m^3，后浇带宽1.5m；下口设聚氯乙烯平蹼止水带，中间设BW-Ⅱ型止水条。

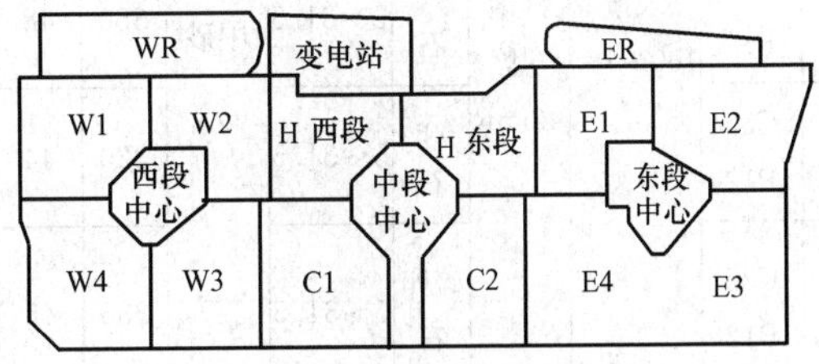

图11-3　某广场工程沉降后浇带划分图

防水工程共设3道防线：①材料防水，氯化聚乙烯-橡胶防水卷材或聚氨酯涂膜；②P12刚性自防水混凝土；③卵石滤水层加集水井。

二、底板混凝土工程施工特点

(1) 本工程混凝土量大，总量约14万m^3，且标高尺寸变化多，独立基坑类型多而复杂，配筋多而间距密，最多达18层。

(2) 沉降后浇带及施工缝将整个底板分为15块，每块混凝土必须一次浇筑完成，不允许留垂直施工缝，每块混凝土量约1万m^3。浇筑混凝土强度大，质量要求高。

(3) 工期紧，底板工程要求两个半月内完成，正值冬期施工。

(4) 本工程处于城市最繁华的闹市区，交通组织困难极大。基坑总面积达10万m^2，而周围道路及施工用地十分紧张，面对多家施工单位，泵送管线长，施工区域交叉干扰多，现场的组织协调工作十分艰巨。

(5) 多个搅拌站同时供应同强度等级混凝土，对原材料的选择严格并要求统一，既要满足各项技术要求，还须控制含碱量，含碱量应低于3kg/m^3。

(6) 设计及功能上的要求给施工带来不少难度，如裙房底板下有压缩层，压缩量需经试验确定，部分基坑深、坡度陡，垫层需在钢丝网上抹细石混凝土，支模需吊帮，外墙需设置两种止水带等。

三、主要施工技术及管理措施

1. 统一配合比

设计要求底板及外墙混凝土为C35、P12抗渗混凝土。由于底板施工阶段正值冬季（1997年12月～1998年2月）。考虑底板大体积混凝土水化热高不会受冻，决定厚度大于等于1m的底板及墙体掺JD-10防冻剂。混凝土配合比统一制定。为减少碱集料反应，对水泥、砂、石、UEA、粉煤灰及外加剂等均在试验基础上进行选择，配合比见表11-9。

表11-9　　底板大体积混凝土配合比

<table>
<tr><th rowspan="3">序号</th><th colspan="2">混凝土设计要求</th><th rowspan="3">水泥品种强度等级</th><th colspan="2">粗集料</th><th rowspan="3">细集料品种</th><th colspan="10">混凝土配合比（kg/m³）</th><th colspan="2" rowspan="2">抗压强度（MPa）</th></tr>
<tr><th rowspan="2">强度等级</th><th>坍落度</th><th rowspan="2">品种</th><th rowspan="2">料径范围（mm）</th><th rowspan="2">水泥C</th><th rowspan="2">膨胀剂UEA</th><th rowspan="2">粉煤灰FA</th><th rowspan="2">砂S</th><th rowspan="2">石G</th><th rowspan="2">水W</th><th colspan="2">外加剂</th><th rowspan="2">砂率（%）</th><th rowspan="2">水胶比</th></tr>
<tr><th>（mm）</th><th>Pozz 1050</th><th>Rh 1100</th><th>7d</th><th>28d</th></tr>
<tr><td>1</td><td>C40 P12</td><td rowspan="5">入模 160～180</td><td rowspan="5">普通硅酸盐 42.5R</td><td>碎卵石</td><td>5～31.5</td><td rowspan="5">中砂</td><td>350</td><td>48</td><td>65</td><td>720</td><td>1037</td><td>180</td><td>3.24L （0.7%）</td><td>6.0L （1.3%）</td><td>41</td><td>0.39</td><td>35.6</td><td>55.6</td></tr>
<tr><td>2</td><td>C35 P12</td><td>碎卵石</td><td>5～31.5</td><td>320</td><td>44</td><td>60</td><td>754</td><td>1044</td><td>180</td><td>2.97L （0.7%）</td><td>5.51L （1.3%）</td><td>42</td><td>0.42</td><td>24.1</td><td>43.3</td></tr>
<tr><td>3</td><td>C40 P12</td><td>碎石</td><td>5～31.5</td><td>350</td><td>48</td><td>65</td><td>716</td><td>1031</td><td>190</td><td>3.24L （0.7%）</td><td>6.0L （1.3%）</td><td>41</td><td>0.41</td><td>37.6</td><td></td></tr>
<tr><td>4</td><td>C35 P12</td><td>碎石</td><td>5～31.5</td><td>320</td><td>44</td><td>60</td><td>768</td><td>1018</td><td>190</td><td>2.97L （0.7%）</td><td>5.51L （1.3%）</td><td>43</td><td>0.45</td><td>22.7</td><td>43.9</td></tr>
<tr><td>5</td><td>C35 P12</td><td>碎卵石</td><td>5～31.5</td><td>335</td><td>45</td><td>55</td><td>732</td><td>1053</td><td>180</td><td colspan="2">JD-10 15.22L （3.5%）</td><td>41</td><td>0.41</td><td>24.4</td><td></td></tr>
</table>

注　1. 混凝土入模坍落度要求为160～180mm，出机坍落度可根据实际情况控制在200～240mm；
2. 集料为绝干状态，膨胀剂为低碱UEA，掺量为内掺12%；
3. Pozz1050和Rh1100为某建材有限公司生产，掺量为100kg胶凝材料体积掺量；
4. JD-10防冻剂为某特种材料公司生产的防冻剂，掺量3.5%（重量比）；
5. 本表中1～4号配合比仅限于厚度不小于1m的大体积混凝土使用，5号配合比仅限于厚度小于1m的抗水板、墙使用。

大体积混凝土应优先选择矿渣水泥，但为控制含碱量，采用高标号低碱琉璃河普硅42.5R水泥，其水化热问题通过掺粉煤灰来解决，配合比中42.5R普硅水泥+15%粉煤灰+12%低碱UEA，其混合水化热与32.5号水泥水化热相当，效果理想。

考虑到本工程地处闹市区，运输车辆易堵塞，为使施工中有充裕的混凝土浇筑接槎时间，将初凝和终凝时间调整到合适时间。混凝土初凝定为12±2h，终凝时间为16±2h，坍落度定为出机坍落度200～240mm，入泵坍落度160～180mm，冬期施工混凝土出机温度控制地10～20℃，并选用能有效降低或推迟水化热峰值的外加剂。

2. 混凝土施工工艺

大体积混凝土应采取分层浇筑、阶梯式推进。每层混凝土应在初凝前完成上层浇筑，新旧混凝土接槎时间不允许超过8h。

振捣手须经培训上岗，佩袖标操作，快插慢拔，接槎时应插入下层混凝土50mm左右。特殊部位如钢筋较密、插筋根部、斜坡上下口处要重点加强振捣。

底板混凝土表面，要求抹3遍（2遍木抹槎平，1遍铁抹压实），以减少表面收缩裂缝。

3. 养护与测温

混凝土振捣压抹以后及时覆盖塑料薄膜，上部盖2层防火草帘，保温保湿养护。

测温点按 8m×8m 设 1 个，测混凝土中心温度、表面温度与大气温度。中心温度与表面温度、表面温度与大气温度之差控制在 25℃以内。掺防冻剂混凝土强度达到 3.5N/mm^2 前每 2h 测一次，以后每 6h 测一次。大体积混凝土升温阶段每 4h 测一次，降温阶段每 6h 测一次。

4. 沉降后浇带处理

沉降后浇带及后浇带（施工缝）将筏基分成 15 块。后浇带宽 1.5m。按业主要求，沉降后浇带混凝土提前浇筑，约在混凝土整体收缩完成 80%左右进行，其等级提高一级，UEA 掺量由 12%提高到 13%，使新混凝土在限制下膨胀，提高密实性。

5. 劳动组织

成立混凝土调度中心，负责商品混凝土调度管理，确保底板混凝土施工的连续性。在底板混凝土浇筑期间，配备 200 台以上混凝土罐车，每个建制保证 6 台地泵（或泵车），并有备用泵及泵管。要求混凝土供应量满足 15000m^3/24h 的要求，现场 20 台塔吊配合泵送混凝土施工，一旦泵送受阻即改用塔吊协助接槎，防止冷缝产生。

6. 交通运输组织及调度

设立交通指挥中心，现场设置标志线，罐车优先，兼顾其他，使大密度、高强度底板混凝土施工顺利进行。

四、结论

该广场工程底板混凝土冬期施工由于施工组织得当，技术措施有力，进展十分顺利，从 1997 年 12 月 16 日开始施工到 1998 年 2 月 28 日全部完成约 14 万 m^3 混凝土，尤其是 1998 年 2 月 21～28 日 8 天中连续浇筑混凝土达 62801m^3，平均日浇筑混凝土 7850m^3，其中 2 月 21 日、2 月 27 日先后创出日浇筑混凝土 10451m^3 和 12839m^3 的全国民用建筑日浇筑混凝土新纪录，且底板大体积补偿收缩混凝土、补偿收缩抗冻混凝土强度及抗渗等级均满足设计要求。

复习思考题

1. 何谓冬期施工？
2. 冬期施工具有哪些特点？
3. 冬期施工应遵循哪些原则？
4. 地基土的保温防冻有哪几种方法？每种方法的特点是什么？
5. 为什么要对越冬的基础进行维护？
6. 砌筑工程冬期施工对砌筑材料有哪些要求？
7. 冬期砌筑工程施工方法分哪几类？
8. 简述外加剂法砌筑工程冬期施工的适用范围及施工特点。
9. 简述冻结法砌筑工程冬期施工的适用范围及施工要点。
10. 何谓混凝土冬期施工？
11. 简述混凝土的早期冻害对混凝土性能的影响。
12. 何谓混凝土允许受冻的临界强度？它与哪些因素有关？
13. 冬期混凝土工程施工对水泥、骨料有何要求？

14. 简述冬期混凝土工程施工时对原材料加热的原则及方法。
15. 冬期混凝土工程施工，混凝土浇筑时应注意哪些问题?
16. 冬期混凝土工程施工方法分哪几类? 常用的有哪几种方法?
17. 混凝土工程冬期施工中蓄热法施工的适用条件有哪些?
18. 冬期施工中如何对混凝土进行测温?
19. 何谓混凝土的成熟度?
20. 抹灰工程冬期施工有哪些方法?
21. 简述雨期施工的基本原则。
22. 简述雨期施工技术准备工作的内容。
23. 基础工程雨期施工应采取哪些技术措施?
24. 如何保证雨期施工的砌筑工程质量?
25. 钢筋混凝土工程雨期施工应该注意哪些问题?
26. 各分项工程雨期施工有什么要求?
27. 冬雨期施工安全技术主要应注意哪几个方面?

参 考 文 献

[1] 刘宗仁. 土木工程施工. 北京：高等教育出版社，2003.

[2] 赵志缙，应惠清. 建筑施工. 上海：同济大学出版社，1998.

[3] 祖青山. 建筑施工技术. 北京：中国环境出版社，1994.

[4] 方承训，郭立民. 建筑施工. 北京：中国建筑工业出版社，1997.

[5] 毛鹤琴. 土木工程施工. 2 版. 武汉：武汉工业大学出版社，2004.

[6] 刘宗仁，宁仁岐. 建筑施工技术. 哈尔滨：黑龙江科学技术出版社，1995.

[7] 廖代广. 建筑施工技术. 武汉：武汉工业大学出版社，2000.

[8] 黄启发. 建筑施工知识. 北京：中国建筑工业出版社，1994.

[9] 卢循. 建筑施工技术. 北京：中国建筑工业出版社，1995.

[10] 应惠清. 建筑施工技术. 北京：高等教育出版社，2001.

[11] 中国建筑工业出版社. 建筑工程施工质量验收规范汇编. 北京：中国建筑工业出版社、中国计划出版社，2002.

[12] 徐伟，苏宏阳，金福安. 土木工程施工手册. 北京：中国计划出版社，2003.

[13]《建筑施工手册》编写组. 建筑施工手册. 4 版. 北京：中国建筑工业出版社，2003.

[14] 重庆大学，同济大学，哈尔滨工业大学. 土木工程施工. 北京：中国建筑工业出版社，2003.

[15] 童华炜. 土木工程施工. 北京：科学出版社，2006.

[16] 全国建筑业企业项目经理培训教材编写委员会. 施工项目技术知识. 修订版. 北京：中国建筑工业出版社，2001.

[17] 王洪健，杜曰武，张立伟. 建筑施工技术. 哈尔滨：黑龙江科学技术出版社，2000.